室内土工试验手册
丛书译委会主任：梅国雄　丁　智

# 室内土工试验手册

## 第2卷：渗透、剪切和压缩试验
## （第三版）

Manual of Soil Laboratory Testing
Volume Ⅱ：Permeability，Shear Strength
and Compressibility tests 3rd Edition

［英］K. H. 黑德　R. J. 埃普斯　著
吴文兵等　译

中国建筑工业出版社

**著作权合同登记图字：01-2019-1754 号**

**图书在版编目（CIP）数据**

室内土工试验手册. 第 2 卷，渗透、剪切和压缩试验 ：第三版 / 梅国雄主编 ；（英）K. H. 黑德，（英）R. J. 埃普斯著 ；吴文兵等译. — 北京 ：中国建筑工业出版社，2023. 5

书名原文：Manual of Soil Laboratory Testing，Volume Ⅱ：Permeability，Shear Strength and Compressibility tests 3rd Edition

ISBN 978-7-112-28567-9

Ⅰ. ①室… Ⅱ. ①梅… ②K… ③R… ④吴… Ⅲ. ①室内试验-土工试验-手册 Ⅳ. ①TU411-62

中国国家版本馆 CIP 数据核字（2023）第 057259 号



责任编辑：刘颖超　李静伟　杨　允
责任校对：董　楠

室内土工试验手册
丛书译委会主任：梅国雄　丁　智
**室内土工试验手册**
**第 2 卷：渗透、剪切和压缩试验**
**（第三版）**
Manual of Soil Laboratory Testing
Volume Ⅱ：Permeability，Shear Strength
and Compressibility tests 3rd Edition
［英］K. H. 黑德　R. J. 埃普斯　著
吴文兵 等　译

*

中国建筑工业出版社出版、发行（北京海淀三里河路 9 号）
各地新华书店、建筑书店经销
北京鸿文瀚海文化传媒有限公司制版
北京中科印刷有限公司印刷

*

开本：787 毫米×1092 毫米　1/16　印张：27　字数：668 千字
2023 年 9 月第一版　2023 年 9 月第一次印刷
定价：**128.00** 元
ISBN 978-7-112-28567-9
（40625）

# 室内土工试验手册

## 从书译委会

主　任：梅国雄（浙江大学）
　　　　丁　智（浙大城市学院）
副主任：朱鸿鹄（南京大学）
　　　　吴文兵（中国地质大学（武汉））
　　　　倪芃芃（中山大学）

# 第2卷：渗透、剪切和压缩试验

## 本卷译委会

主任：吴文兵（中国地质大学（武汉））
委员（按姓氏笔画排序）
　　田　乙（昆明理工大学）
　　刘　浩（中国地质大学（武汉））
　　刘　鑫（中国地质大学（武汉））
　　李传勋（江苏大学）
　　李振亚（河海大学）
　　李立辰（中国地质大学（武汉））
　　张　超（湖南大学）
　　张　驿（江苏海洋大学）
　　张云鹏（中国地质大学（武汉））
　　杨晓燕（湖北第二师范学院）
　　陈力博（中国地质大学（武汉））
　　贺　勇（中南大学）
　　周海祚（天津大学）
　　宗梦繁（江苏海洋大学）
　　闻敏杰（浙江理工大学）
　　梁荣柱（中国地质大学（武汉））
　　滕继东（中南大学）

# 序言

从 1773 年库仑创立抗剪强度理论，到 1923 年太沙基提出一维固结理论，再到近代的剑桥模型等各种模型理论的建立，土工试验都是研究的基本手段，我国土力学的研究也是始于 1945 年黄文熙先生创立的第一个土工试验室。此外，在很多重大土木工程开展之前，土工试验也是不可或缺的技术手段，可以为设计和施工的顺利实施提供可靠的参数和数据支撑。

对土工试验仪器、方法和详细的试验操作流程的熟练掌握，有助于深化对土的特性与行为的理解，有助于土力学的创新与岩土工程的发展。《室内土工试验手册（第三版）》原著由英国著名学者 K. H. 黑德和 R. J. 埃普斯担任主编，对室内土工试验相关的专业术语、试验原理和操作流程进行了系统、详细的整理和介绍，为从事土工试验人员提供了一本全面、实用、可靠的工具书。该手册一直深受专业人员的信赖，至今已修订至第三版，在国际土工试验领域具有广泛的影响力。

为了国内科研和技术人员更好地学习和了解这本手册，浙江大学梅国雄教授和浙大城市学院丁智教授，联合岩土工程博士、中国建筑工业出版社刘颖超编辑召集国内外 20 余所高校、50 余位学者，共同参与该手册的翻译和审校工作。这些学者都具有深厚的专业知识和英文功底，翻译过程中对书中的每一个细节进行了精心打磨和整理，力争最接近原著意思并符合国内专业知识环境。此外该中译本采用中英双语对照的形式，既可以快速学习土工试验操作的基本知识，也可以通过原版图书了解相关英文知识背景，符合科研全球化和工程国际化的发展方向。

侠之大者，为国为民。翻译工作常常被低估，但实际上，它是知识传递中的一项至关重要的环节。翻译是一项需要细致入微和高度专注的工作。译者们为确保每一个专业术语和概念的准确对应而进行的努力，将有助于推广中国土工试验领域的研究，促进国际合作，提高我国土木工程的国际声誉。他们的奉献精神和专业素养，必将激励更多的人投身到土工试验领域。

我相信，这套书的翻译出版能进一步激发研究人员探索土力学奥秘的好奇心，提升我国岩土工程理论和实践水平，为国家重大土木工程建设、“一带一路”等提供更好的基础保障。

张建民

2023 年 9 月

# 译者的话

土是岩石风化之后的产物，具有典型的碎散性、三相性和天然变异性，其力学特性与工程应用场景密切相关。卡尔·太沙基被誉为“土力学之父”，他于1943年出版的第一本《土力学》专著为工程师提供了一个理解土的基本力学行为的理论框架，使全球的岩土工程从业者都能使用一个共同的语言来描述岩土工程问题，从而为土力学及岩土工程几十年来的蓬勃发展打下了坚实的基础。

从太沙基时代开始，室内土工试验在土力学中的重要性便众所周知。这些试验是理解土的基本力学行为的重要手段。通过试验，我们能够深入了解土体的物理力学性质，为理论计算和工程设计提供必要的参数，并验证土力学分析理论的准确性和实用性。例如，通过测定土的强度，我们能够确定地基承载力和边坡稳定性的关键参数；通过测定土的变形性质，我们可以预测建筑物沉降和地面变形情况；通过测定土的渗流特性，我们能为路基设计、渗流侵蚀防治以及土石坝渗流分析等工程问题提供解决方案。

室内土工试验的核心目的是在实验室内重现土样在特定的埋藏深度、应力历史、应力水平和饱和度等条件下的状态，并通过试验手段模拟土样在未来工程应用中可能遇到的各种工况。基于这些试验，我们能够深入分析应力路径、边界条件和荷载类型等多种因素的作用机制及其时间效应。因此，室内土工试验是岩土工程设计和施工的基础，同时也对土力学理论的持续发展起到了关键作用。

K. H. 黑德和 R. J. 埃普斯合著的《*Manual of Soil Laboratory Testing*》是一套全面介绍室内土工试验的经典手册。该书已经修订至第三版，并在国际岩土工程界广受赞誉。译者精选这一套经典著作进行翻译，目的是让读者能够准确掌握室内土工试验相关的专业术语、试验原理和操作流程，以及了解国际上一些先进的试验方法和设备。在翻译过程中，译者努力保留了原文的语言风格，以确保读者不仅能够全面理解其内容，更能深入地领会和应用。

翻译经典著作是一项意义重大且影响深远的工作。非常感谢中国工程院院士、清华大学张建民教授长期对我们年青学者的厚爱和对这样工作的支持，欣然乐意作序推荐。浙江大学梅国雄教授和浙大城市学院丁智教授，联合岩土工程博士、中国建筑工业出版社刘颖超编辑专门召集成立了译委会，三卷手册分别由南京大学朱鸿鹄、中国地质大学（武汉）吴文兵、中山大学倪芃芃三位学者主持翻译工作。本套丛书集结了来自天津大学、湖南大学、中南大学、西南交通大学、英国剑桥大学等20余所高校的50余位青年学者参与翻译和校对。中国建筑工业出版社的杨允、李静伟编辑为手册的图表制作和文字校对付出了巨大的努力。这些年轻学者有热情，更有干劲，为土力学及岩土工程事业的发展和创新注入了新活力！

译者谨识

2023年9月

# 第 2 卷前言

本卷全面介绍了测量土体的渗透系数、加州承载比值、排水和不排水抗剪强度、固结相关参数等的室内土工试验方法，包括试验设备和操作、试验样本的准备、渗透性和可侵蚀性测试、加州承载比测试、直剪试验、不排水压缩试验、单向固结试验、以及附录和索引等内容，可为从事室内土工试验的专业工程人员、咨询顾问人员、科研人员和学生提供重要参考和指导。

K. H. 黑德教授和 R. J. 埃普斯教授是两位具有丰富经验的土工实验室管理者和运营者。他们从 20 世纪 50 年代开始从事这项工作，积累了大量的实践经验和知识。两位教授均认为室内土工试验的每一步操作都需要被操作人员充分理解，因此本卷内容在编著时使用了逐步分解和循序渐进的呈现手法。

在本卷的翻译过程中，中国地质大学（武汉）的梁荣柱老师主译第 8 章，河海大学的李振亚老师主译第 9 章，湖南大学的张超老师主译第 10 章，天津大学的周海祚老师主译第 11 章，中南大学的滕继东老师主译第 12 章，中国地质大学（武汉）的吴文兵老师和刘浩老师主译第 13 章，中南大学的贺勇老师主译第 14 章，中国地质大学（武汉）的刘浩老师主译附录，中国地质大学（武汉）的刘鑫、李立辰、张云鹏、陈力博，江苏大学的李传勋，昆明理工大学的田乙，江苏海洋大学的宗梦繁、张驿，浙江理工大学的闻敏杰，湖北第二师范学院的杨晓燕等老师分别参与相关章节的翻译和校对工作，本卷由吴文兵统稿。

限于译者水平，书中难免有不足和疏漏之处，敬请广大读者提出宝贵的意见和建议！

译者

2023 年 9 月

# 第三版前言

本书为该系列图书第三版的第 2 卷，旨在为实验室技术人员和其他从事土工试验人员提供工作指导。本书并不以任何方式替代书中所提到的标准，而是对试验标准的每一步提出要求。第三版经过修订新增了 BS 1377：1990 的相关内容，包括最近的修订内容、欧洲规范 7 中对取样的影响以及试验方法。

本卷图书涉及 BS 1377：1990 的第 1、5 和 7 部分，以及第 4 部分的加州承载比（CBR）测试。同时涵盖了 DD EN ISO / TS 17892-6：2004 的第 12 章（第 12.10 节）中对落锥法的描述，并参考了一些最新的 ASTM 标准。根据欧洲规范 7，只有 1 级样品可用于未受扰动的抗剪强度和固结试验，这使得试验中试样直径的多样性更灵活。虽然试图在第 9 章和第 13 章中解决这些问题，但是仍欢迎读者基于此提出任何意见。

第 8 章介绍了进行测试所需的实验室设备，并新增了电子测量仪器的简要说明，这些将在第 3 卷中更详细地讨论。但是，实际的测试程序是通过手动观察、记录和计算来描述的，因此可以清楚地理解其原理。对校准部分（第 8.4 节）进行了修订，引用了当前的英国标准，并考虑了 BS EN ISO 17025：2005 的要求，其中包括对测试设备测量不确定性估计的简要说明，这将在第 3 卷中更详细地介绍。

我们希望通过基本数学和物理知识的假设以及有关试验程序的一些背景资料和基本理论，来帮助读者理解试验的重要性和局限性及某些复杂的基本原理。

我们希望这本书能够为读者提供有用的信息，并在实验室中得到很好的利用。同时，也欢迎读者们提出宝贵的意见和建议。

K. H. 黑德
萨里郡科巴姆
R. J. 埃普斯
汉普郡奥尔顿

# 致谢

我们要感谢ELE International为本书提供许多照片，同时也感谢英国标准协会、控制测试有限公司、DH・布登伯格公司、Fugro工程服务有限公司、Geolabs有限公司、Geonor AS、牛顿岩土力学技术实验室、土力学有限公司、土体结构有限公司、英国赫特福德郡大学、英国谢菲尔德大学、西英格兰大学和Fugro工程服务公司的约翰・阿什沃斯，参阅附图说明可查看获批准复制图片、数据及附图。我们也要感谢地质设计咨询工程师在提供图纸方面的帮助。

我们十分感谢这些机构的工作人员，特别是伊恩・布歇尔、蒂姆・嘉丁纳、约翰・马斯特斯、克里斯・华莱士、保罗・肯特、约翰・阿什沃思和彼得・基顿所提供的协助以及约翰・马斯特斯对修改稿的审查。

最后，我们要感谢基思・惠特尔斯博士为我们提供了本次修订和出版的机会。

# 目录

# 第 2 卷内容概要

| 步骤或试验 | 章节 | 标准或参考 |
| --- | --- | --- |
| 第 8 章 | | |
| 校对 | 8.4 | BS 第 1 部分:4.4 |
| 第 9 章 | | |
| 制备原样 | | |
| 柱状:剪切盒和刻度表 | 9.2.3 | BS 第 1 部分:8.6 |
| 压缩(38mm) | 9.2.4 | BS 第 1 部分:8.3,8.4 |
| 一套三件(38mm) | 9.2.5 | BS 第 1 部分:8.4 |
| 压缩(100mm) | 9.2.6 | BS 第 1 部分:8.3 |
| 块状:剪切盒和刻度表 | 9.3.1 | BS 第 1 部分:8.7 |
| 压缩 | 9.3.2 | BS 第 1 部分:8.5.3 |
| 大直径 | 9.3.3 | BS 第 1 部分:8.5.3 |
| 大剪切盒 | 9.3.4 | BS 第 7 部分:5.4 |
| 封装形式 | 9.3.5 | BS 第 1 部分:8.5.4 |
| 土体车床 | 9.4 | BS 第 1 部分:8.5.2 |
| 再压缩:剪切盒和刻度表 | 9.5.3 | BS 第 1 部分:7.7 |
| 压缩(38mm) | 9.5.4 | BS 第 1 部分:7.7 |
| 压缩模具 | 9.5.5 | BS 第 1 部分:7.7.4 |
| 大直径 | 9.5.6 | BS 第 1 部分:7.7.5 |
| 第 10 章 | | |
| 渗透性-常水头: | | |
| 标准渗透仪 | 10.6.3 | BS 第 5 部分:5,ASTM D2434 |
| 试样轴向加载 | 10.6.4 | — |
| 大渗透仪 | 10.6.5 | (原创作者) |
| 过滤材料 | 10.6.6 | Lund (1949) |
| 水平渗透仪 | 10.6.7 | 英国交通部(1990) |
| 渗透性-变水头: | | |
| 标准渗透仪 | 10.7.2 | — |
| 试样筒 | 10.7.3 | — |
| 密封件 | 10.7.4 | — |
| 再压缩试样 | 10.7.5 | — |
| 易腐蚀性: | | |
| 针孔 | 10.8.2 | BS 第 5 部分:6.2,ASTM D4647 |
| 碎屑 | 10.8.3 | BS 第 5 部分:6.3 |

续表

| 步骤或试验 | 章节 | 标准或参考 |
| --- | --- | --- |
| 分散性 | 10.8.4 | BS 第 5 部分:6.4,ASTM D4221 |
| 水中提取物分析 | 10.8.5 | Sherard 等(1972) |
| 圆柱分散 | 10.8.6 | Atkinson,Charles 和 Mhach (1990) |
| 第 11 章 | | |
| 加利福尼亚承载比 | 11.7.2 | BS 第 4 部分:7,ASTM D1883 |
| CBR 浸泡步骤 | 11.6.9 | BS 第 4 部分:7.3,ASTM D1883 |
| 第 12 章 | | |
| 直剪试验: | | |
| 小剪切盒 | 12.5.6 | BS 第 7 部分:4,ASTM D3080 |
| 大剪切盒 | 12.6.4 | BS 第 7 部分:5 |
| 排水强度 | 12.7.4 | BS 第 7 部分:4,ASTM D3080 |
| 残余强度 | 12.7.5 | BS 第 7 部分:4 |
| 剪切面 | 12.7.6 | (原创作者)et al |
| 十字板剪切试验 | 12.8.4 | BS 第 7 部分:3,ASTM D4648 |
| 微型剪切仪 | 12.8.5 | (供应商) |
| 环剪 | 12.9 | BS 第 7 部分:6 |
| 落锥 | 12.1 | BS DD CEN ISO/TS 17892-6 |
| 第 13 章 | | |
| 无侧限压缩: | | |
| 加载架 | 13.5.1 | BS 第 7 部分:7.2,ASTM D2166 |
| 自动 | 13.5.2 | BS 第 7 部分:7.3 |
| 重塑 | 13.5.3 | Terzaghi 和 Peck(1967) |
| 三轴压缩: | | |
| 普通标准型 | 13.6.3 | BS 第 7 部分:8,ASTM D2850 |
| 大直径 | 13.6.4 | BS 第 7 部分:8,ASTM D2850 |
| 多级 | 13.6.5 | BS 第 7 部分:9 |
| 自由端 | 13.6.6 | Rowe 和 Barden(1964) |
| 高压 | 13.6.7 | — |
| 特殊方向 | 13.6.8 | (原创作者) |
| 重组试样 | 13.6.9 | Bishop 和 Henkel 等(1962) |
| 第 14 章 | | |
| 固结仪: | | |
| BS 操作步骤 | 14.5.5 | BS 第 5 部分:3 |
| ASTM 操作步骤 | 14.5.8 | ASTM D2435 |
| 膨胀压力 | 14.6.1 | BS 第 5 部分:4.3,ASTM D4546 |
| 膨胀 | 14.6.2 | BS 第 5 部分:4.4 |

续表

| 步骤或试验 | 章节 | 标准或参考 |
| --- | --- | --- |
| 饱和土体沉降 | 14.6.3 | BS 第 5 部分:4.5,ASTM D4546 |
| 超固结黏土 | 14.6.5 | — |
| 泥炭 | 14.7 | Hobbs(1987) |
| 膨胀指数 | 14.6.4 | ASTM D4829 |
| 铁渣的膨胀 | 14.6.4 | (Emery(1979)),ASTM D4729 |

* 除非另有说明，否则 BS 表示 BS 1377：1990。

ASTM 指的是 ASTM 标准年鉴（2010）第 04.08 卷。

# 第8章
# 范围、设备和实验室实践

本章主译：梁荣柱（中国地质大学（武汉））

## 8.1 引言

### 8.1.1 第2卷内容

在第1卷（第三版）的第1.1.3节中提到，室内试验通常用于确定土体在工程意义上的物理性质，可以分为两大类：

（1）土的分类试验，用于划分土的一般类观并判断其所属的工程类别；

（2）土的工程性质试验，如渗透性，抗剪强度和压缩性。

第1卷（第三版）中介绍了对土体进行分类的常规试验，即上述的第1类室内试验。第2卷介绍更加直接地确定土体工程性质的试验方法，即上述的第2类室内试验。

第2卷中提到的“抗剪强度”是指基于土体总应力确定的“瞬时”不排水剪切强度。需要结合孔隙水压力确定的土体有效抗剪强度将在第3卷中介绍，其他类型的试验也将在第3卷中呈现。用于测量“峰值”和“残余”排水抗剪强度的排水剪切试验不需要测最孔隙水压力，因此将在本卷第12章介绍。

本卷试验描述的传统试验仪器需要人工观察和记录数据，随着现代电子技术的发展，出现了具有数字显示功能和自动数据采集、处理功能的电子测量设备。这类电子设备在本章第8.2.6节中提到，但是笔者认为传统的手动操作设备更适合指导实践和理解其基本原理。

### 8.1.2 参考标准

本书第4部分、第5部分和第7部分中的用于测定土的工程特性的标准试验均与英国标准BS 1377：1990一致，并被业内普遍接受（在本卷中，BS 1377：1990被称为“英国标准”或“BS”）。

上述试验以及其他试验也适当参考了美国材料与试验协会制定的标准（ASTM），解释了英国标准（BS）和美国标准（US）在细节上的差异之处。对于一些未采用英国或美国标准的试验，则采用现行普遍操作方法。

本卷参考了第1卷（第三版）的试验步骤，但未重复介绍第1卷（第三版）中设备的详细资料。

### 8.1.3 内容介绍

1. 使用方法

第8.1.4节概述了常规实验室操作方法，并参考了第1卷（第三版）和本卷的其他部分。建议技术人员在试验之前研究这些内容并注意第 8.5 节关于安全方面的介绍。

2. 仪器设备

第 8.2 节中介绍了几种常用的土工试验的设备和工具，包括试验测址仪器、试样制备装置、加载架、恒压系统和一般的试验仪器。一些试验中所需的特殊设备将在对应章节进行介绍。另外，还将简单介绍能在很多试验中替代常规观测方法的电子元器件。

第 8.3 节描述了测量仪器的正确使用和维护方法，在使用设备开始试验前应仔细研究学习。校准包含在第 8.4 节中。

3. 试样制备

第 9 章介绍了从未扰动或重塑土样中制备未扰动试样的常用方法。此处“试样”指的是实际用于试验的部分材料，通常是从较大的“样品”中切割和修整而成（详见第 1 卷第 1.1.7 节）。关于其他类型试样的制备方法在相应的章节中也会进行介绍。

4. 试验及其背景

第 10 章至第 14 章专门讨论特殊类型的试验与试验原理。首先简单介绍这些试验，然后给出本书中使用的专业词汇定义列表。试验原理部分介绍了试验的理论背景，能够让读者对试验过程、相关的计算及图形绘制有一定的认识，并简要概述了试验的一些重要应用以及试验结果在工程实践中的应用。

本书的重点是在实验室中制备试样和进行试验时应遵循的详细步骤。每个试验都会给出试验设备列表和试验阶段表，然后介绍试验步骤和实操细节，最后通过典型案例介绍了试验数据的计算、图表绘制及其应用。

5. 单位和术语

在本卷中均使用公制（SI）度量单位。在相关标准使用英制单位的情况下（特别是 ASTM 标准），用括号中的公制单位等效项表示。所有计算均以公制单位给出。在英国标准的试验中，除非特别定义，否则使用的符号、术语均与英国标准中使用的符号、术语相同。相关符号列在附录中。

附录提供了本卷中使用的公制（SI）单位以及与英制、美制和高斯制（CGS）单位相关的公制单位转换因子，还包括符号摘要以及对常用数据的快速查找。

### 8.1.4　实验室实践

1. 概述

第 1 卷（第三版）第 1.3 节中推荐的一般实验室操作和技术同样适用于本卷中描述的试验流程。还需要注意以下几点：

应正确安装和使用试验设备，尤其是动力设备，并应研究学习和遵守制造商的说明。请小心操作测量仪器，本卷所述试验所需仪器的使用和维护指南见第 8.3 节。第 8.4 节所述仪器的校准是仪器使用的重要环节，应在开始时进行检验校准，并随后在适当的定期间隔内进行重新检查。

任何试验的价值在很大程度上取决于试验土样的质量。第9章给出了从较大原状土样品中制备良好原状试样的步骤。

2. 安全

第8.5节强调了实验室安全的重要性，是对第1卷（第三版）第1.6节相关内容的补充。

3. 试验数据和结果

实验室试验通常按工程师的要求开展，工程师需要将实验结果作为数据的一部分用于解决工程问题。

观测数据必须如实、准确地记录：目标是记录观察到的内容，而不是试验者认为应该观察到的。关于试验期间发生的情况的描述性注释应记录为试验数据的一部分，并在需要时提供给工程师。

在试验过程中，技术人员应查找任何可能出现的误差或错误源。应针对可疑数据编写适当的注释，并尽可能重复读数。

在计算和绘制数据时，应检查与总体趋势不吻合的任何数据（例如，图上的一个或多个点远离其余数据所呈现的合理关系）。如果重新检查表明误差不存在于计算中，则应在可行的情况下对游荡点重复试验。

在试验结束时，技术人员应严格检查最终结果，并考虑其对于材料类型和试验条件是否合理。如果结果在重新检查计算和绘图后仍有问题，则需要在咨询工程师后重复试验。

试验结果应该以适合于试验类型的精度进行报告。只能在最终结果进行四舍五入，不能在中间阶段进行。第1卷（第三版）表1.8总结了各类试验结果报告的建议精度，本卷中的试验在末尾都给出其建议精度，并在表8.1中进行了总结。

## 8.2 实验室设备

### 8.2.1 测量仪器

1. 常规仪器和电子仪器

本书中涉及的试验步骤中介绍了用于测量位移、荷载和压力的“常规”机械仪器的使用。操作员应熟悉这些仪器的使用，同时还要兼顾人工记录和评估数据，本书提供了熟悉试验流程的最佳方式。常用的仪器类型总结如下，相关仪器的保养和使用将在第8.3节介绍，仪器校准将在第8.4节介绍。

但是现在在许多实验室中此类测试都是通过电子仪器进行的，通过数据记录仪和计算机进行数据采集和存储。在进行本书中涉及的大多数试验时，此类仪器可以代替传统仪器。电子测量和监测系统在第8.2.6节中进行简要描述，但更详细的内容将在第3卷给出。

2. 位移计

位移千分表（此处称为“千分表”）提供了最简单的测量位移方法，精度达到

0.01mm 或 0.002mm。在第 1 卷（第三版）表 1.1 中介绍了位移千分表，并在图 1.1 中展示了其中的两种类型。表 8.2 中给出的类型是土力学实验室中最常用的类型，并在本卷中介绍，其中（a）类型的千分表是最常用的。更多带有插图的详细介绍请参见第 8.3.2 节。

千分表配件包括加长杆和各种类型的铁砧，将在第 8.3.2 节中介绍。如图 8.1（a）所示，通过台式支架可以将千分表用作独立的测量设备，配有磁性底座的支架［图 8.1（b)］可将其牢固地固定在钢质表面上。

数字千分表在本书中也有介绍（见第 8.3.2 节和图 8.21），电子位移传感器（见第 8.2.6 节）的使用方式与千分表相同。

3. 测力装置

在土工试验中最常用的测力方法是钢制测力环（下文称为“测力环”）。表 8.3 总结了本卷中介绍的测力环的测量范围，图 8.2 中展示了几种典刑的测力环。第 8.3.3 节更详细地介绍了测力环，第 8.4.4 节介绍了测力环的校准。其他相关类型的测力装置还包括应变计测压元件和水下测压元件（第 8.2.6 节）。

**报告实验室测试结果的推荐精度**　　**表 8.1**

| 位置 | 项目 | 符号 | 精度 | 单位 |
|---|---|---|---|---|
| 通用 | 标本尺寸 | | 0.1 | mm |
| | 密度 | $\rho,\rho_D$ | 0.01 | $Mg/m^3$ |
| | 含水率 | $w$ | <10：0.1<br>>10：1 | %<br>% |
| | 孔隙率 | $n$ | 1 | % |
| 第 10 章 | 渗透系数 | $k$ | 2 位有效数字$\times 10^{-n}$<br>其中 $n$ 是整数 | m/s |
| 第 11 章 | CBR 值 | CBR | 2 位有效数字 | % |
| 第 12 章 | 抗剪切角 | $\varphi',\varphi'_r$ | 0.5 | ° |
| | 表观黏聚力 | $c',c'_r,c_u$ | 2 位有效数字 | kPa |
| | 十字板抗剪强度 | $\tau_v$ | 2 位有效数字 | kPa |
| 第 13 章 | 无侧限抗压强度 | $q_u$ | 2 位有效数字 | kPa |
| | 同上(自动记录测试) | $q_u$ | <50：2<br>(50～100)：5<br>>100：10 | kPa<br>kPa<br>kPa |
| | 破坏应变 | $\varepsilon_f$ | 0.2 | % |
| | 应变率 | | 2 位有效数字 | %/min |
| | 灵敏度 | $S_t$ | 1 小数位 | — |
| | 不排水黏聚力 | $c_u$ | 1 | kPa |
| | 孔隙比 | $e$ | 0.01 | — |
| 第 14 章 | 饱和度 | $S_r$ | 1 | % |
| | 膨胀压力 | $p_s$ | 1 | kPa |
| | 施加压力 | $p$ | 1 | kPa |
| | 体积压缩系数 | $m_v$ | 2 位有效数字 | $m^2/MN$ |

续表

| 位置 | 项目 | 符号 | 精度 | 单位 |
|---|---|---|---|---|
| 第 14 章 | 固结系数 | | 2 位有效数字 | $m^2/a$ |
| | 压缩率： | | | |
| | 初始 | $r_0$ | | |
| | 初级 | $r_p$ | 1 | % |
| | 次级 | $r_s$ | | |
| | 次压缩系数 | $C_{sec}$ | 2 位有效数字 | — |
| | 压缩指数 | $C_c$ | 2 位有效数字 | — |
| | 膨胀指数 | $C_s$ | 2 位有效数字 | — |

**用于线性测量的千分表**　　**表 8.2**

| 图 8.20 的对应序号 | 端面直径（mm） | 行程（mm） | 分度（1 格/mm） | 表盘标记和方向 | 每转行程 | 主要用途 |
|---|---|---|---|---|---|---|
| (a) | 57 | 25 | 0.01 | 0～100(C)* | 1 | 一般：剪切位移，轴向应变，CBR 渗透 |
| (b) | 75 | 50 | 0.01 | 0～100(C) | 1 | 轴向应变（大土样） |
| (c) | 57 | 5 | 0.002 | 0～100(C) | 0.2 | 测力环 |
| (d) | 57 | 12.7 | 0.002 | 0～20(C)or (AC)** | 0.2 | 一般（C）固结沉降（AC） |
| (e) | 57 | 12.7 | 0.002 | 0～0.2 (AC) | 0.2 | 固结沉降 |

*（C）＝顺时针旋转

**（AC）＝逆时针旋转（向后读取）

CBR＝加州承载比

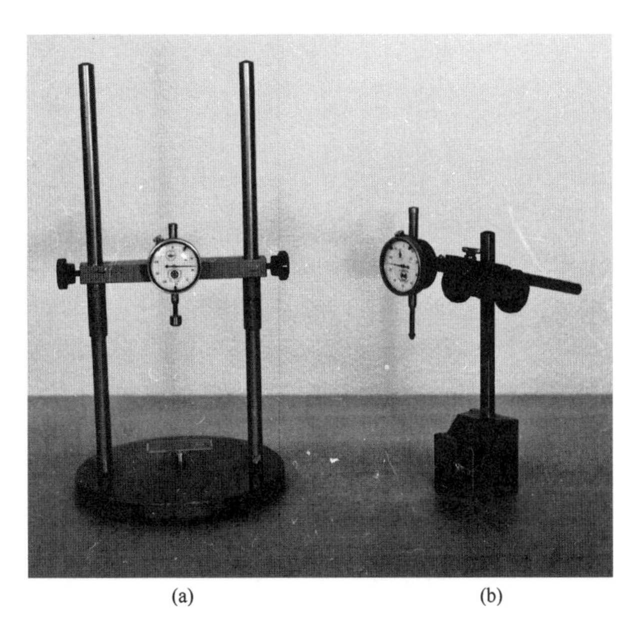

(a)　　(b)

图 8.1　千分表配件

(a) 台式标准比较器；(b) 磁性底座

用于土体测试的测力环　　表 8.3

| 量程(kN) | 典型灵敏度(N/div) | 最大工作负荷读数(分格) |
|---|---|---|
| 2 | 1.3 | 1500 |
| 4.5 | 3.0 | 1500 |
| 10 | 7.7 | 1300 |
| 20 | 18 | 1100 |
| 28 | 25 | 1100 |
| 50 | 45 | 1100 |
| 100 | 100 | 1100 |

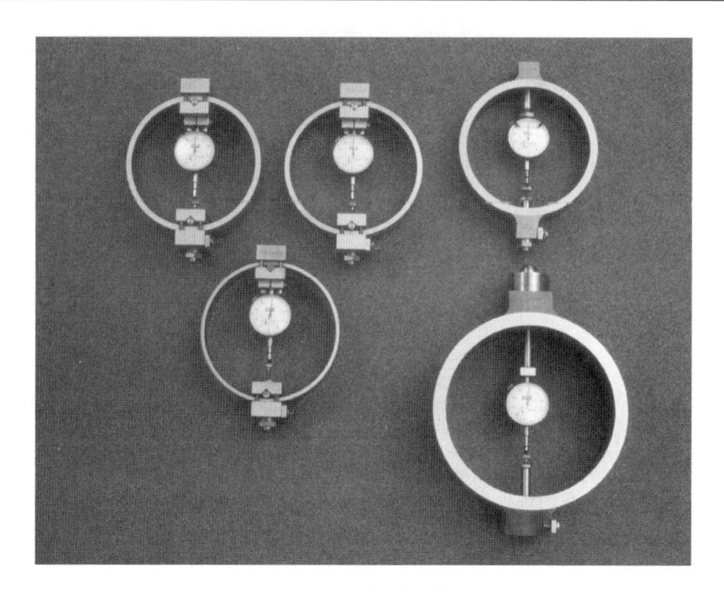

图 8.2　几种典型的测力环

4. *压力表*

表 8.4 总结了土工试验中用于测量流体（水）压力的压力表的常规类型和尺寸。

用于土体测试的典型压力表　　表 8.4

| 仪表类型（第 8.3.4 节） | 直径（mm） | 工作范围* | 刻度标记（1 格） | 参考图 |
|---|---|---|---|---|
| 商用仪表 | 150 或 200 | 0～600kPa<br>0～1000kPa | 20kPa<br>20kPa | 图 8.3(a) |
| 标准测试 | 200 或 250 | 0～1000kPa<br>0～1200kPa<br>0～1600kPa | 10kPa 或 5kPa<br>10kPa<br>10kPa | 图 8.3(b) |
| 真空测试 | 80～150 | −100～0kPa<br>0～760torr<br>水的绝对值为 0 | 5kPa 或 2kPa<br>10torr<br>0.2m | 图 8.3(c) |

* 压力（torr 除外）与大气压的关系为零。

如图 8.3（a）所示的普通商用压力表通常可以满足监测恒压系统。图 8.3（b）中所示的“试验”等级仪表更精确、更可靠，该类型仪表是校准时必要的参考仪表。详见第 8.3.4 节。

为了校准这些压力表，需要使用一个自重式压力表测试仪。校准在第 8.4.5 节中介绍。

为了准确测量低压，需要使用水压力计，过去也曾使用水银压力计。第 8.3.5 节给出了压力计读数的方法。

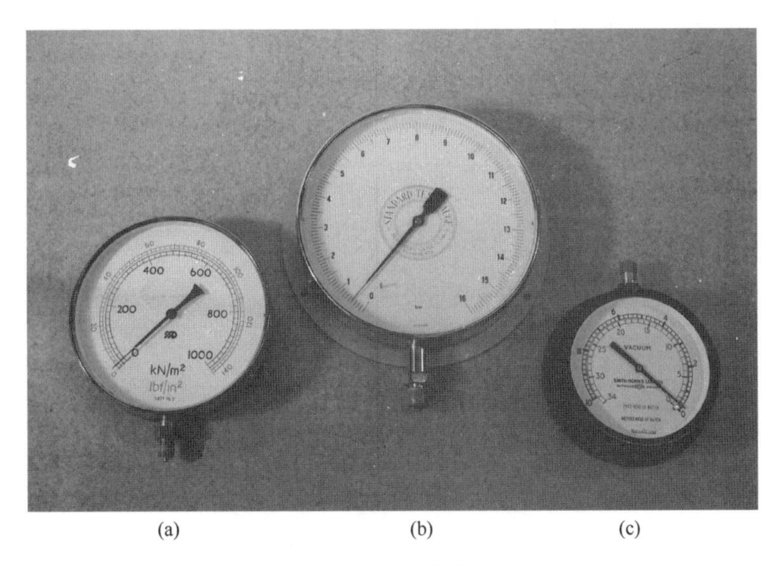


(a)　　(b)　　(c)

图 8.3　压力表

（a）直径 200mm 的商用压力表，0～1000kPa；（b）“测试”级仪表，直径 250mm，0～160kPa；（c）真空测试用仪表，直径 150mm，－100～0kPa

电压力传感器（第 8.2.6 节）为常规试验测量，尤其是使用多个压力源的情况提供了压力表的替代品。数字压力表（第 8.3.4 节和图 8.25）是通过将压力传感器连接到刻度盘上制作而成。

### 8.2.2　试样制备设备

第 9 章第 9.1.2 节详细介绍了制备本卷所述试验中的未扰动和再压实试样所需的设备。

相关设备包括：

推土器

样品管和成型器

推土器配件

小工具

杂件

土体修样器

小型振动器

### 8.2.3　加载支架

加载支架一般可分为以下三种类型：

（1）带有手动或电动加载装置的支架，用于压力试验。

（2）用于直剪试验的支架，通常是电动的。

（3）自重杠杆臂支架，用于固结试验。

在本章中，“加载支架”为第一种类型，第二种类型被称为剪切机将在第12章中进行介绍。第三种通常被称为固结压力机，将在第14章中进行介绍。

用于土工试验的通用加载支架的测试范围从10kN的台式设备到500kN的大型落地式设备不等。表8.5列出了本卷中提到的典型设备。

电动加载支架通常可提供无级变速控制，提供的压板速度约为0.00001～10mm/min。现代设备结合了步进电机驱动、微处理器控制、液晶显示屏和用于外部计算机控制的连接端口。其他功能包括快速加卸荷设备及超程限位开关。较早版本的加载支架装有5档变速杆，并使用数量不同的齿轮将其调节至36速或42速，以覆盖更大的加载速度范围。手动设备一般使用一个2档的变速箱，较高的档位用于快速调整位置或复位。

**用于土体压缩试验的加载支架**　　**表8.5**

| 量程(kN) | 安装 | 操作 | 应用 |
|---|---|---|---|
| 10 | 工作台 | 手动和机动 | 单轴或三轴压缩，最大直径为50mm |
| 50 | 工作台 | 手动或机动:多速或5速 | 单轴或三轴压缩，最大直径为100mm。CBR;软岩，水泥土 |
| 100 | 地板 | 机动;多速或无级 | 直径不超过150mm的土体和软岩石 |
| 500 | 地板 | 机动;多速或无级 | 大型土体和岩石标本 |

### 8.2.4　恒压系统

以下是5种不同类型的恒压系统，都可以为室内三轴压缩试验持续提供稳定的水压力：

（1）由脚踏泵提供压力的独立式空气-水压力系统。

（2）由电动机（也可以用汽油或柴油发动机替代）驱动空气压缩机提供压力的空气-水压力系统。

（3）水银罐系统。

（4）电动油—水恒压系统。

（5）利用压缩空气瓶提供压力的空气—水压力系统。

类型1适用于仅有少量三轴仪器的小型实验室或者不具备电力驱动设备的实验室。每一个加压试验仪器都需要配备一个单独的恒压系统。

类型2更为通用且更容易操作。一台恒压系统可以为多台试验仪器提供压力，而且只要压缩机和储气罐容量足够大，该系统可以无限制扩容，连续工作时的压力通常为压缩机最大额定输出压力的70％。

类型3非常稳定且压力控制最精准，但是考虑到水银对人体健康和安全的影响，现在商业性实验室已经停止使用。该系统也只是作为一种曾经使用过的历史方法进行介绍。

类型4可以精准提供高达1700kPa的压力，但一个系统在同时只能提供一个固定的压力值。这类系统适用于小型实验室或者有特殊试验要求的设备。

类型5用在无法安装空气压缩机的实验室中，但其并未被广泛运用。

下面将对几种恒压系统进行更多的介绍。

1. 脚踏泵式空气-水压力系统

脚踏泵式空气-水压力系统是一种最简单的空气-水压力系统。它由一个独立式的铜制或其他耐腐蚀金属制成的压力瓶、压力表、阀门和连接三轴室的柔性管道组成，由普通的脚踏泵为其提供压力。压力瓶也可以像类型 2 一样通过控制阀连接于电动压力系统。在电动压力系统出现问题时，脚踏泵式系统可做备用。

图 8.4 展示了脚踏泵式压力系统的工作原理。压力瓶内装有大约一半的水，将气压转换为水压。下端连接三轴室，上端连接脚踏泵或者空气压缩系统。压力瓶通过软管连接三轴室和脚踏泵（或空气压缩系统）。图 8.5 展示的是一个常见的脚踏泵式空气-水压力系统。

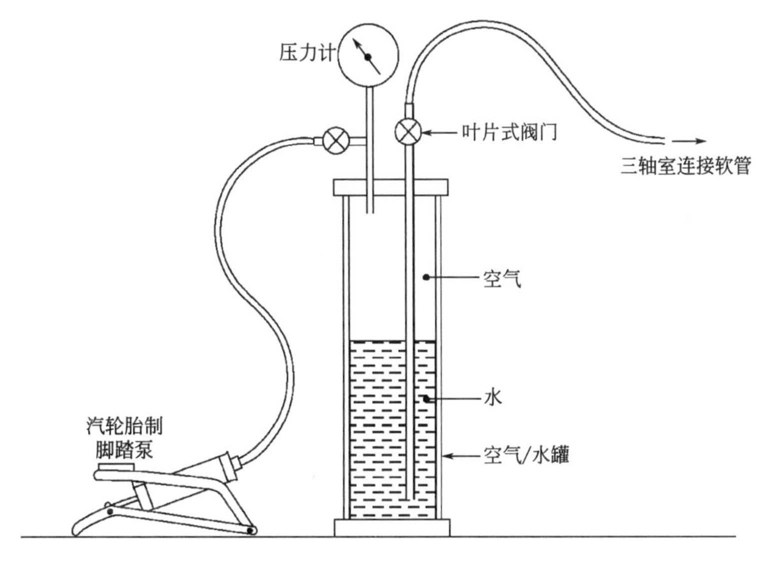


图 8.4　脚踏泵式空气-水压力系统的工作原理

在试验开始时，如果气瓶内水足够多，瓶内的水可以直接充满小型三轴室。但更高效的做法是用另外一条供水线路先将三轴室内充满水再加水压。相比气瓶补水，用额外补水的方式可以使大型三轴室更快地充满水；同时，三轴室排水时的速度也能更快。当三轴室完全充满水时，即可通过脚踏泵施加压力。气瓶内的空气提供了稳压的作用，即便有少量水流入和流出三轴室也可以保持压力。

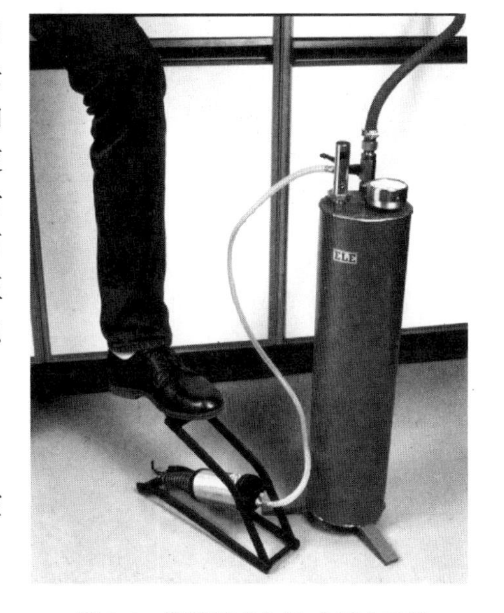


图 8.5　脚踏泵式空气-水压力系统

2. 电动空气压缩机系统

电动空气压缩机系统是一个由电力驱动的空气水恒压系统，其组成部分如下：

空气压缩机系统组件

电动压缩机

空气接收装置
安全阀门
前置压力调节器
旋钮式压力开关
启动装置
空气过滤器
各类阀门
插座连接头
排水管
压缩空气传送管道
恒压减压阀（调节阀）
存水弯和二次过滤器
气囊式气缸
压力计

图 8.6 展示了各类压力调节装置的连接方式，并具体说明了电动空气压缩机的工作原理。图 8.7 则展示了一种常见的安装在空气接受室上的电动空气压缩机。

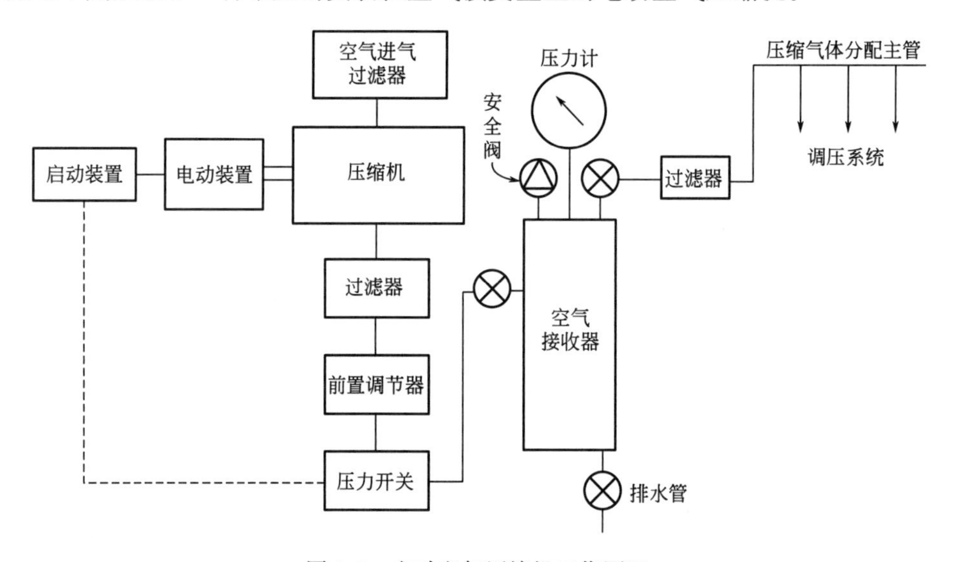


图 8.6　电动空气压缩机工作原理

前置压力调节阀已经预先设置好管线上所需要分配的线性分布的压力，所设定的压力值会稍微高于所需压力的最大值。调节器依靠旋钮式压力开关控制压缩机马达的开启和关闭，从而使压力维持在上、下限之间，其原理与热水器中保持沐浴水温恒定的恒温器相同。

空气接收器可以帮助消除压力的瞬时波动。如果实验室内压力供应线太长，就需要在实验室内安装带有安全阀门的二级空气接收器。此外，还可以使用直径比管路流量需求稍大的压缩空气环来代替实验室内的接收器。

过滤器需保持清洁，因此经常去除油、灰尘和水是必须的。存水弯和二次过滤装置用于每个实验室压力调节器之前去除凝聚物和任何灰尘或油的残留物也是十分必须的。第

图8.7　空气压缩机组，电力驱动装置，空气接收器，过滤器，压力调节阀门，气囊式空气-水转换气缸

8.5.3节将具体阐述空气压缩系统在操作安全上的必要措施。

减压调节阀存在于实验室内每一条压力传输线上，使分配的管线压力降低到试验所需要的压力大小。调节器以放气原理运行，因此会持续性地失去一部分空气，会听到放气的“嘶嘶”声。一旦调节完成，即便压力供应线路的压力出现了轻微波动，凋节阀也能保持持续稳定的压力。已经调整好气压的空气会进入气瓶内的气囊，通过气囊给水加压，而不是通过空气和水的直接接触来加压。如图8.8所示，加压后的水会进入三轴室，压力大小会显示在压力计上。图8.9展示了空气压力计，存水弯和过滤器，以及其中一个压力调节器阀门。当然，具备拥有多个调节器的压力控制面板也是较为常见的。

如图8.8所示，为了快速充满和排空三轴室并确保气缸内始终充满足够的水，三轴室也可直接连接补水管道和溢水管道，此时气缸内的水就仅用于给三轴室加压并维持压力。

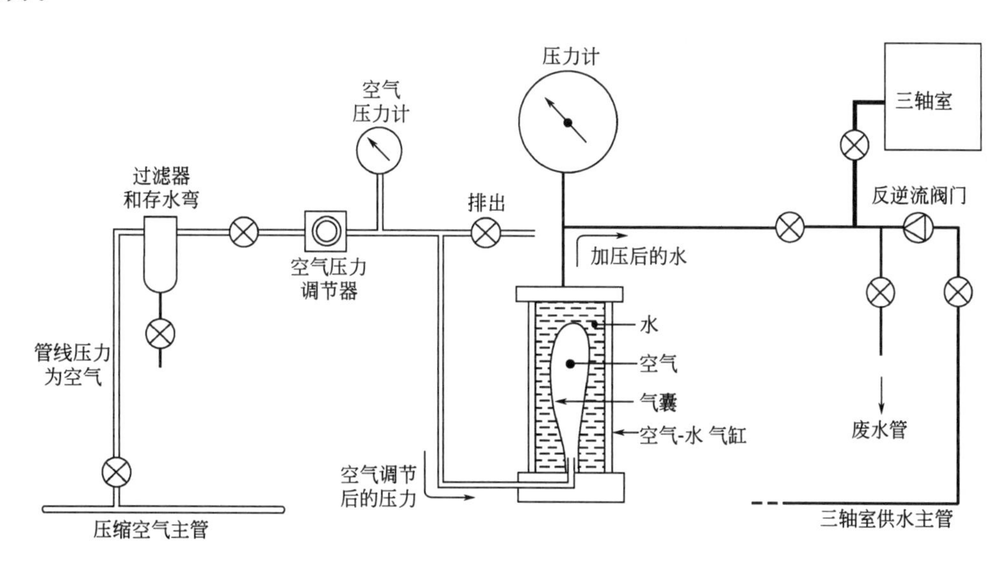


图8.8　气囊式空气-水压缩系统的工作原理

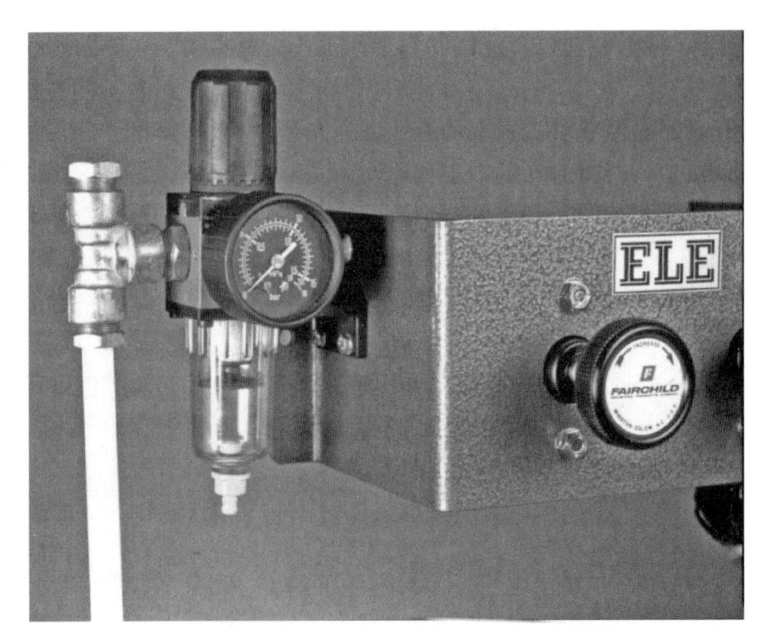


图8.9　空气压力调节器、空气压力计、过滤器和存水弯

作为阻止污水被迫退回主供水管道的保护措施，如图8.9所示的止回阀是必须安装的。

3. 水银罐系统

Bishop和Henkel在1964年提出了自补偿水银罐压力系统。这种类型的压力系统在实践中已不再使用，有部分原因是水银成本高，但更主要的原因是水银处理过程中存在的健康和安全隐患。

图8.10　电力驱动油-水恒压系统，压力可达1700kPa

4. 电动油-水恒压系统

油-水恒压系统最初由A. D. M. Penman博士在建筑研究所（英国）开发。当所需的压力源不多于两个时，油-水压力系统可以替代空气压力系统。该系统由电力驱动泵来输出压力，压力值在0～1700kPa的范围之间持续变化（部分仪器能达到3500kPa以满足高压测试的需求）。图8.10展示了一个尚未连接到脱气水供应端的油-水恒压系统。

该设备通过一种由前手轮控制并配有两个取水阀的特殊恒压调节阀来调节供入油-水交换容器中的油压。电动泵受到热过载保护装置的保护。在测试结束后需要将设备重新充满脱气水。在适当的使用周期之后，应排干系统内的水，并对交换容器进行清洗，然后将设备重新充满干净的油和脱气水，需要注意的是只有推荐种类的油才应使用。仪器相关的检查和维护操作应按照制造商的使用说明进行。

一个油-水恒压系统只能提供一种选定好的压力值，因此这类系统在供压管线中并不存在压力波动，因此通过减压阀来降低压力供应线中的压力是不可能的。因此，如果一次试验中需要多个压力值，那么就需要使用多个油-水压力系统。

5. 压缩气瓶系统

在某些条件不允许或无法安装空气压缩器的情况下，充满压缩空气的气瓶可以作为空气-水压力系统（类型 2）的压力来源。由于压缩气瓶寿命的限制，有时可能需要配备大量的气瓶，并确保对其定期更换。由于使用氧气瓶存在极大的爆炸风险，因此绝不能用氧气瓶取代空气瓶使用（详见第 8.5.3 节）。

### 8.2.5　其他设备

1. 通用工具

很多在第 1 卷（第三版）中介绍过的工具在实验测试中都是必须的，此处就不再次介绍了，主要包含以下通用工具：

天平

烘箱和含水率测定设备

筛子

制备扰动样的设备

真空泵及真空管线系统

蒸馏水或去离子水管线系统

压实夯锤和模具

振动锤

橡胶和塑料管、橡胶和塑料夹具等

2. 特殊工具

大多数特殊工具仅用在特定的试验场合。那些未被提及的，用在土工实验室的特殊用具，会在相应章节中具体说明。

3. 小型工具

除了本书第 1 卷第 1.2.9 节所列的工具，下文所列的小型工具也是必需的：

不同尺寸的开口扳手，既有通用用途，也用于压力供应管线和压力计的螺母接口（每个尺寸配备两个）

可调节扳手（不同开口尺寸范围配备两个）

可调节管子钳（两个）

不同尺寸的一字槽头螺钉旋具

不同尺寸的十字槽头螺钉旋具

内六角扳手（一整套）

钳子和电动钳子

圆头锤

铜制或黄铜制锤

和压力计同时使用的针尖升降式冲孔工具（见第 8.3.4 节的图 8.26）

理想情况下，只需要两个合适尺寸的扳手就可以满足任意螺母和螺栓的松紧需要。但由于螺纹有各种标准，除非现在从头建造一个全新实验室并只使用同一制造商按照同一标准生产的螺栓螺母，否则这个理想情况很难实现。最好的办法是在实验室内配备不同尺寸的可调节扳手，并且每个尺寸均配备两把。

在开始旋转螺母或者螺栓头之前，可调节扳手的开口处必须坚固地咬合在螺母或者螺栓头的平面上。如果不能适配到正确尺寸的开口扳手，使用合适尺寸的可调节扳手比使用稍大尺寸的开口扳手更加合适。因为稍大尺寸的开口扳手会快速磨掉螺母或螺栓的六个角，使得连接的两个组件无法有效分开。

图 8.11 展示的是常见的各类扳手和螺钉旋具。

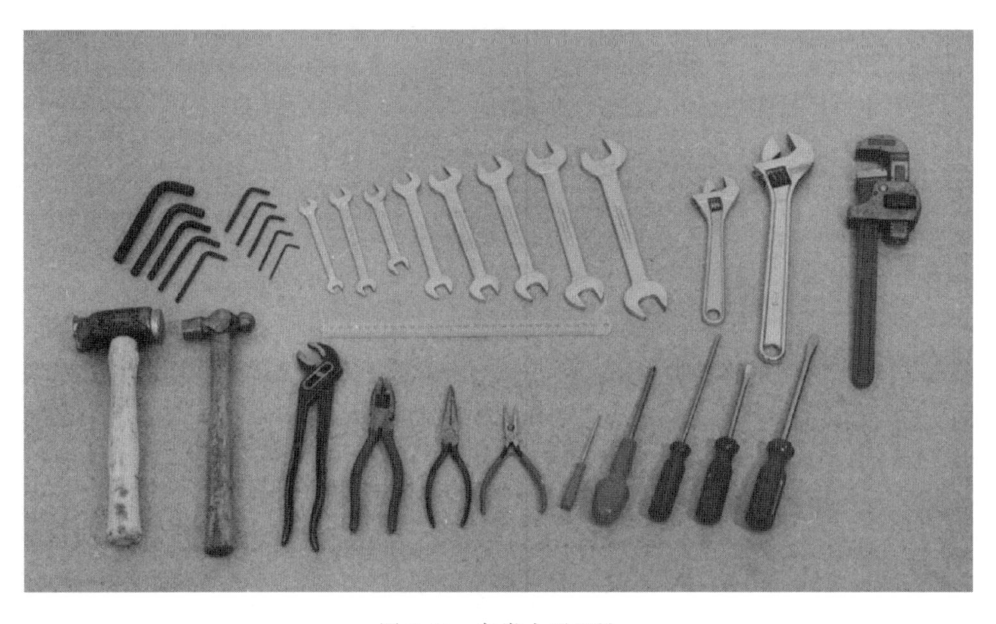

图 8.11　各类小型工具

上排：全套内六角扳手，呆扳手，可调节式扳手，管子钳

下排：软锤，圆头锤，钳子，螺钉旋具

4. 材料

以下耗材经常用于本册所述的试验中，具体包括（也可见第 1 卷（第三版），附录 5，A5.5-5.6）：

用于螺纹接口处的聚四氟乙烯密封带硅脂

凡士林

滑石粉

粘胶

海绵擦拭布

工业擦拭纸巾

### 8.2.6　电子测量和监控系统

1. 范围

在过去的 30 年中，伴随着电子技术的快速应用，岩土测试中测量土体位移、荷载和压力的各类电子传感器应运而生。电子信号调节设备可自动处理传感器的输出电压，并以工程单位（例如，mm，N，kPa）的形式显示读数，从而大大简化了读数的难度，并减少了出错的可能性。此类测试系统可进一步扩展兼容的数据记录系统，将数据以数学统计或图像的形式输出。数据也可输入计算机中进行编程分析，并将所需结果以表格和图形的方式打印出来。

2. 位移传感器

图 8.12 是一个名为线性可变差动传感器（LVDT）的典型位移传感器。一根金属棒（电枢）可以在电线圈的轴线上滑动，从而测量电感的变化并将其转换为以位移单位（mm 或 μm）显示的数字。

除了 LVDT，也有许多其他类型的线性位移传感器，如电位传感器、线性转换应变传感器和带有内部应变片的传感器等，这些传感器也同样可靠，并且在较大的测试量程中依然表现出较好的线性特性。目前，这类传感器的使用越来越普遍，本书将在第 3 卷中对其进行详细介绍。

这些传感器可用于压缩试验中测量位移（轴向应变），也可用在固结试验中测量竖向位移。

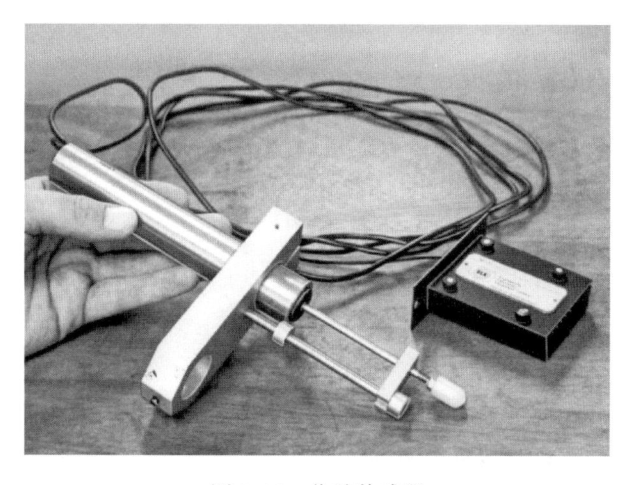

图 8.12　位移传感器

3. 荷载测量

图 8.13 是装有位移传感器而非千分表的测力环。该设备已将测试单位标准化，以便直接以力的单位（例如，N）输出测试读数。

应变式力传感器和测力环有相似作用（图 8.14），其基本原理是通过电阻应变片测量一定荷载作用下所产生的相应变形。

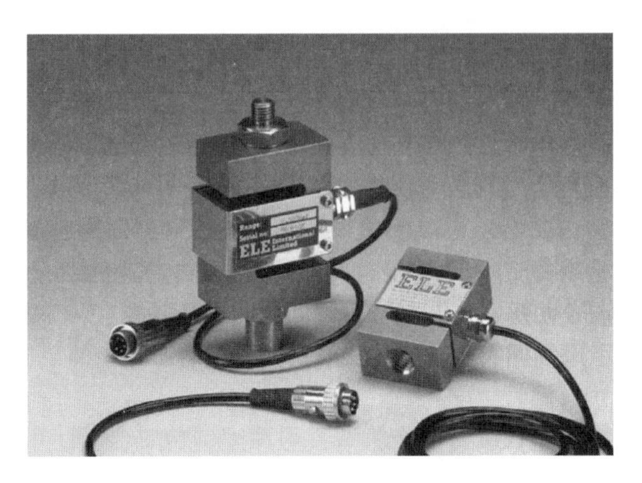


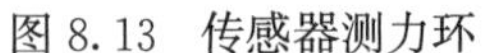

图 8.13　传感器测力环

图 8.14　应变式测力传感器

浸水测力传感器是帝国理工学院开发的另一种荷载测量装置（图 8.15）。该传感器置于三轴压力室内部，并且读数不受围压变化影响。若在荷载活塞上安装适当的配件，正负荷载都可以被测量。其优点在于测量力的过程在压力室内进行，从而消除了活塞摩擦效应对读数的影响。该设备的读数也可被校准以满足输出工程单位读数（常用 N）的需要。

4. 压力传感器

典型的压力传感器如图 8.16 所示。连接或蚀刻有应变片电路的薄膜片被安装在刚性圆柱形外壳中，并由多孔过滤器保护。压力变化会导致非常小的偏转，从而引起不平衡电压，该电压差会被放大并转换为压力单位（常为 kPa）显示。大多数测试仪器所需的测试压力范围是 0～1000kPa，当然能测量更大压力范围的传感器也有。但除非是专用测试传感器，否则普通压力传感器不得用于测量低于大气压的压力。

图 8.15　浸水测力传感器（安装在三轴压力室内）

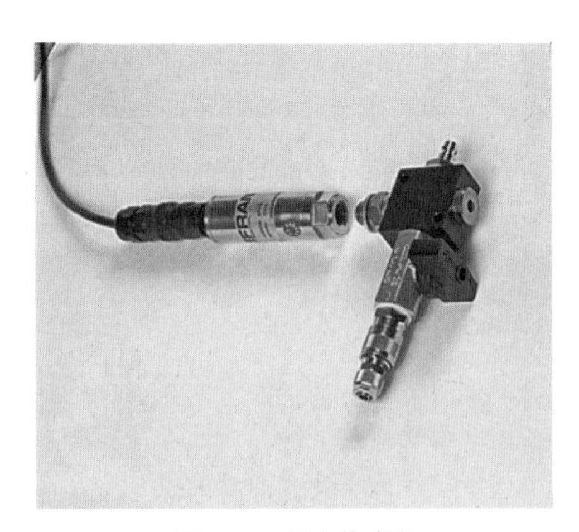

图 8.16　压力传感器

5. 数据处理系统

对上述仪器再进行扩展开发，形成自动数据采集和监视系统，通过计算机控制数据采集，进而实现数据分析，并以表格和图形的形式生成最终测试结果。这种系统如图 8.17 所示，可以对计算机进行编程以启动一系列测试，并同时监视和处理众多测试程序。需要注意的是，必须在程序中设置一条每当遇到重要实验选项需要决定时操作员必须亲自干预的条款。数据处理系统可以应用于大多数土力学室内试验，包括非标准变式以及许多其他类型的试验。

图 8.17　与三轴压缩试验相关的自动图形显示的数据采集系统

6. 电子系统的基本要求

使用电子设备需要注意某些容易被忽视的细节，否则获得的数据会是不稳定且不可靠的。下面列出了一些基本控制因素：

（1）稳定的电源电压和传感器通电电流；

（2）可在电源故障时提供不间断供电的备用自启电机；

（3）屏蔽所有电场中的信号线，尤其是建筑内外的交流电路和供应线路；

（4）充分的通风条件和合适的温度控制以及防止过度潮湿的环境；

（5）适用于计算机的软硬件接口及操作界面；

（6）仪器、电路和程序的适当校准设施；

（7）数据存储保险箱。

电子数据记录和处理系统的设计和组装应委托给岩土测试方面经验丰富的电子专家。

## 8.3　仪器使用与保养

本节将进一步介绍本书中提到的测量仪器的正确使用和保养方法，它们的校准程序见第 8.4 节。测量装置是精密仪器，应妥善保养，并防止损坏、污垢、灰尘和潮湿，应严格按照制造商的说明进行安装和使用。对于非标准场景的应用，应征求制造商的建议。大多数制造商愿意免费提供建议，并提供额外参考资料，包括技术指南和可用附件的详细信息。一般情况下，可以通过使用适当的组件和配件来简化较困难或异常的安装问题。

### 8.3.1　总评

本节将进一步介绍本书中提到的测量仪器的正确使用和保养，校准程序见第 8.4 节。

测量装置是精密仪器，应妥善保养，防止损坏、污垢、灰尘和潮湿。应严格按照制造商的说明进行安装和使用。

对于非标准应用，应征求制造商的建议。大多数制造商愿意免费提供建议，并提供附加文献，包括技术指南和可用附件的详细信息。一般情况下，可以通过使用适当的组件和配件来简化较困难或异常的安装问题。

### 8.3.2　千分表

1. 仪表类型

表8.2中列出的千分表均为连续读数型，即主指针指示阀杆全行程内的多次转数，副指针指示转数。标准千分表在阀杆受压时指针顺时针转动，但（e）类“向后读数”千分表具有逆时针刻度，以便于记录固结仪进行固结试验时的沉降读数。

典型千分表的主要特点如图8.18（a）所示。其可以安装各种类型的背板，最有用的是具有能从中心偏移的一体式固定耳的背板，其有四种可能的固定位置［图8.18（b）］。安装在测力环上的千分表有时会被固定在一个固定装置上，该装置用衬套夹紧阀杆，但这种固定方式仅在高精度加工制造时才使用，否则夹住阀杆壳体可能会干扰阀杆的运动。

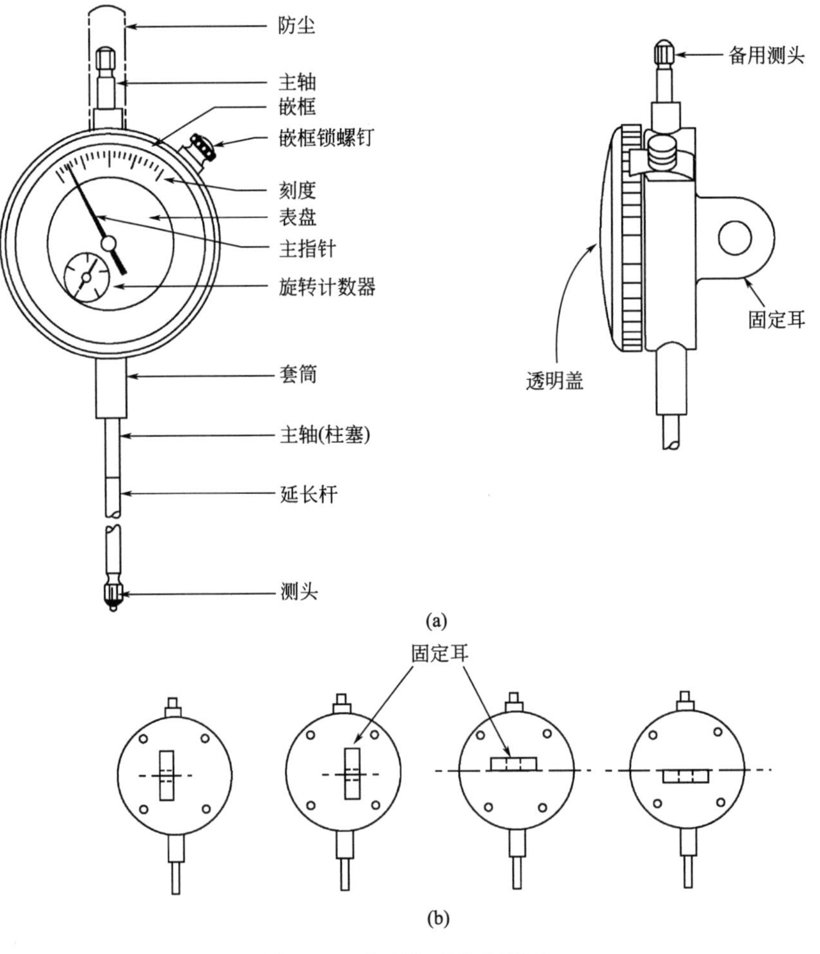


图8.18　典型的千分表详图

（a）主要特征；（b）偏置固定耳在背板的四种固定位置

千分表的机械装置可能会导致较大的周期性误差。因此，有必要对千分表进行系统校准（第8.4.5节）。千分表的机械构造可能会导致较大的周期性误差。因此，有必要对其进行系统性校准（第8.4.5节）。

2. 千分表的使用

千分表的量程应足以测量所需测试的总位移，其灵敏度应满足特定的测试需要。测试前，应通过固定耳牢固地将其夹紧，并尽可能地靠近位移轴线，而不应该安装在细长支架的末端或薄弱支撑上。设置仪器时应使其轴线平行于要测量的运动方向。

设置千分表用于连续读数时，应尽量将其初始位置读数调整为零，或读取精确的毫米数或100μm的倍数。拧紧固定螺钉后，如有必要可通过旋转嵌框［图8.18（a）］进行微调，然后将其位置锁定。建议将此调整限制在正常零位两侧约十分之一转（100刻度盘上10刻度）内，否则旋转计数器将与主指针不同步，这可能导致后续读数出现错误。

3. 配件

可将不同长度的延长杆安装到柱塞上。

有几种不同类型的测头可安装在延长杆的末端，应选择正确的类型。最常用于土工试验的类型如图8.19所示，其主要应用如下：

（a）标准测头，钢球：一般用于加工过的平面上。

（b）圆测头或钮测头：用途与（a）类似；也用于未加工或精度要求不高的表面上。

（c）平测头：用于曲（凸）面，以及在使用台式支架直接对土样进行测量时。

（d）凿子（偏置）测头：用于放置在狭窄的壁架上，如加州承载比（CBR）模具的末端（见第11章，图11.27）。

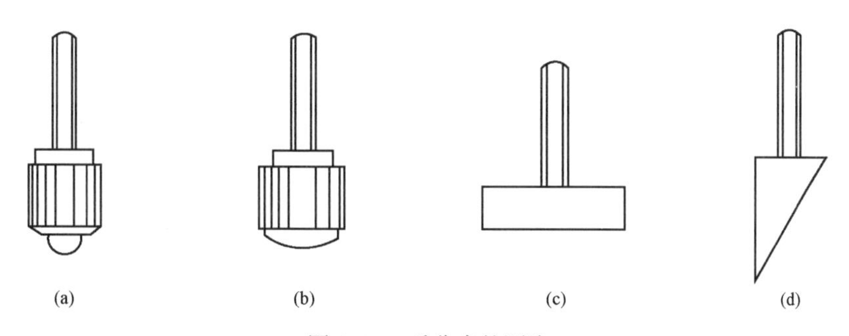


图8.19　千分表的测头

（a）标准型，钢球；（b）圆形（按钮型）；（c）平板形；（d）凿子形（偏置型）

应使用拇指和手指将延长杆或砧座牢固地拧紧，但不要拧得过紧，同时用另一只手的拇指和手指夹住柱塞。

4. 表盘和读数

本卷所述千分表上使用的表盘面类型如图8.20所示，基本细节如表8.2所示。在开始观察千分表的测试之前，必须清楚地了解如何读取主指针和转数计数器，并且应始终记录两者的读数。刻度盘上通常印着每个刻度线之间的间隔。

图 8.20 中类型（a）仪表的读数并不难，因为主指针表示百分之一毫米，转数计数器（副指针）则表示整毫米。因此，仪表（a）的读数为 7.38mm。在扩展行程型仪表（b）上，转数计数器最大为 25，表示在整个行程范围（50mm）中转动两圈，但通常可以明显看出读数是大于还是小于 25mm。仪表（b）可以表示 13.82mm 或 38.82mm。

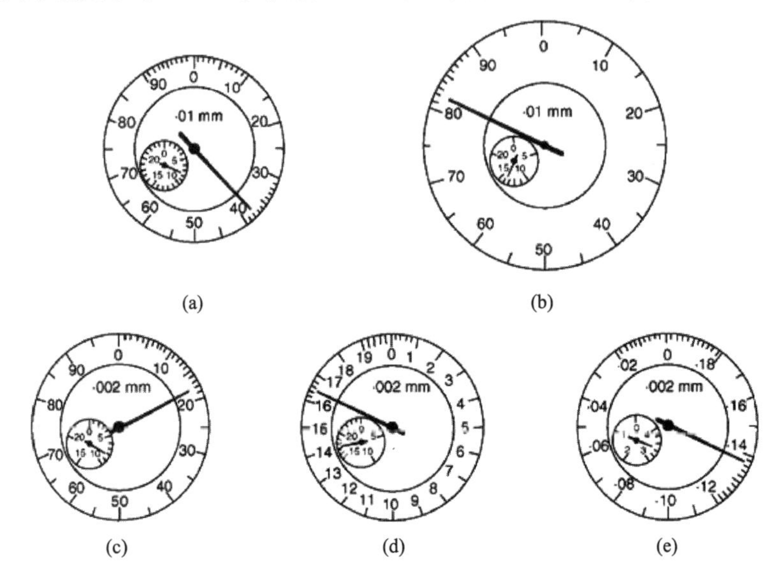


图 8.20　千分表盘（详情见表 8.2）

所示读数：（a）7.38mm；（b）13.82mm 或 38.82mm；（c）1636μm（1.636mm）；（d）3565μm（3.565mm）；（e）3.537mm

刻度为 0.002mm 的仪表面通常比上述类型的仪表面更不容易读取。刻度的编号既可以表示这种间隔的数量［图 8.20（c）］，也可表示 0.01mm（d）或 1mm（e）的倍数。在任何情况下，每一刻度线表示 0.002mm（2μm）。

在图 8.20（c）中，每个编号的间隔间有 10 个刻度就会被编号，因此：

10 代表 0.02mm

20 代表 0.04mm

50 代表 0.10mm

100 代表 0.2mm（1 圈）

旋转计数器的一个刻度表示表盘的一圈，其中旋转计数器的 5 个刻度表示 1mm。示例仪表（c）的读数如下：

| | |
|---|---|
| 主指针： | 18×0.002＝0.036mm |
| 转数计数器： | 8×0.2＝1.6mm |
| 读作 | 1.636mm |
| 或者 | 1636μm |

一定要读取转数计数器指针旁边的小数部分。

在图 8.20（d）中，每个编号的间隔之间有 5 个刻度，所以编号也表示为 0.01mm 的倍数，因此：

1 代表 0.01mm

2代表0.02mm

5代表0.05mm

10代表0.1mm

20代表0.2mm（1圈）

对于图8.20（c）所示的千分计，每一转由转数计数器的一格指示，读数应精确到刻度的一半，如图8.20（d）所示的仪表盘读数如下所示：

| | |
|---|---|
| 主指针： | 16.5×0.01=0.165mm |
| 转数计数器： | 17×0.2=3.4mm |
| 读作 | 3.565mm |

若此仪表的总行程超过计数器的一圈（5mm），则在第二圈时读数将为8.565mm。这种类型的逆时针读数仪表通常用于固结仪的固结测量。

图8.20（e）中所示的仪表面与仪表（d）类似，不同之处在于它直接以毫米为单位编号，因此更容易读数。图示中（逆时针旋转）给出读数为（0.137+3.4）=3.537mm或在第二圈时读数为8.537mm。

千分表的读数应直接从表盘正面与表盘平面垂直的视线上读取，以避免视差。

当千分表的杆伸出时，确保砧座与它所承载的表面接触，并且千分表不粘住。有些情况下可能需要在读取读数前用铅笔轻敲表盘表面，以克服局部粘连，但应避免敲击过重。

5. 数显千分表

如图8.21所示，带数字显示器的电子千分表可代替机械千分表，并逐渐取代指针式千分表，因为它们可由数据记录系统直接读取。由锂电池提供电源，其工作原理与线性传感器相同，使用集成的模数转换器和0.001mm刻度的数字显示器。

图8.21　数显千分表示意图

6. 常规养护

千分表配备有类似于手表的精密机械装置，应相应地进行细致保养。如果千分表掉落或受到剧烈敲击或振动，则枢轴可能受损或轴承对准变形。损坏的仪表只能由合格的仪表制造商进行检查和修理，或返还给制造商。

切勿快速地将阀杆推入和推出，也不要在受压时突然释放阀杆，这会使其猛地拉伸。

主轴应在干燥状态下工作，其机械构造都不应该上油或润滑。即使是稀油，也能因沾上污垢而导致黏滞。应使用干净的布或纸巾仔细擦拭主轴上的任何油、油脂或水分。

如果主轴已较黏，从阀杆未端移除测头，滑下套筒（图8.18），并用软干布擦拭主轴和套筒的内侧。重新盖上套筒，并在使用前检查主轴能否自由移动。

不使用的仪表应放还入原仪器箱内。长年固定在测试机或其他设备上的仪表上应覆盖一个小塑胶袋，以保护工作部件免受灰尘的影响。

不要将千分表背面放在工作台上，使其部分靠在主轴上。这可能会导致主轴弯曲和卡滞。最安全的方法是将其仪面朝下放置于一块布或一张干净的纸上，以防刮擦，同时使主轴远离工作台和任何可能撞击工作台的物体。

### 8.3.3　测力装置

1. 原理

钢制测力环是一种传统的实验室测力装置。它们坚固耐用，易于校准，具有良好的稳定性和可重复性，而且有足够的精度。每个环通常都配有制造商的校准证书，该证书将千分表读数与施加的力相联系。

测力环的原理与校准弹簧的原理相同。通过如图8.22所示的方式安装在环上的百分表（千分表）测量在力的作用下测力环的挠曲。千分表是测力仪的组成部分。在其工作范围内，所观察到的挠曲变形量能将力确定在一个已知的精度范围内。

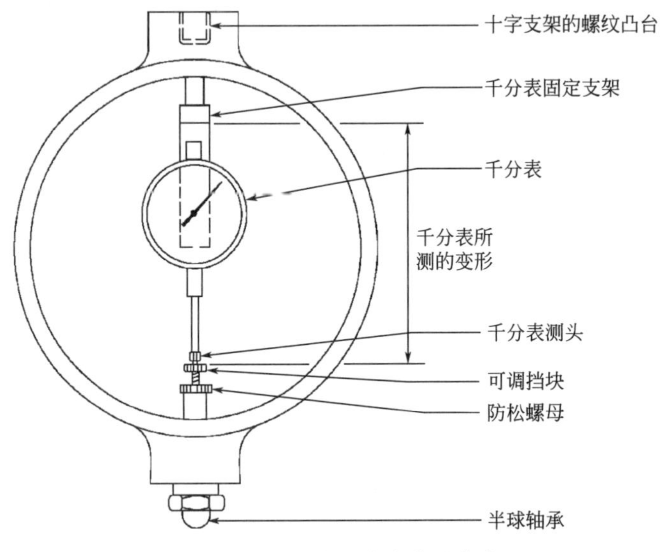


图8.22　在测力环中安装千分表

这种类型的测力环本质上是非线性的，且千分表复杂的机理构造也可能造成误差。因此，根据已知的力进行校准是十分必要的，并进行二阶分析来确定所使用的已知力的误差和可重复性（第8.4.4节）。如果与试验要求的精度阶次相比，线性度的偏差不显著，则可通过假设施加的力与测量的挠曲变形量成正比来使用平均线性校准。BS 1377第一部分1：1990的第4.4.4.6条允许线性偏差最大为±2%，因为在该范围内是可接受的中档校准系数。为了评估此假设的有效性，必须进行适当的校准。

如第8.2.6节所述，该方法的进一步发展是用可连接至信号调节模块的位移传感器替代千分表，以提供数字显示。

2. 环的类型

测力环可以是如图8.2左所示的夹紧凸台类型，也可以是如图8.2右所示的整体式凸台类型。整体式凸台环生产成本更高，但消除了凸台移动的可能性，提供了更好的机械稳定性。夹紧凸台环更容易在一段时间内改变校准特性，但如果定期校准并小心处理，则仍可使用。对于这两种类型的测力环来说，相比使用低碳钢，使用高强度钢可以在尺寸固定的情况下使测力环具有更大的承载力。

测力环的挠曲特性在拉伸和压缩时不同，因此两种使用模式需要单独校准。在需要同时使用压缩和拉伸两种工况时，整体式凸台环可以校准，但夹紧凸台环则必须特别设计。对于大多数土工试验的应用场景，测力环只需测量压缩变形中的力。

土工实验室应配备一系列不同量程和灵敏度的测力环，以便在实验时可以根据土体强度特性和实验条件来选择合适的测力环。试验确定土体强度参数过程中施加的力的读数均应在标定范围内。表 8.3 总结了本卷中提到的测力环范围。如表 8.3 所示的灵敏度（N/div）为典型标称值；实际工作值是从每个环附带的校准数据中获得的。

3. 养护和使用

如果没有特别需求，不要拆除安装在测力环上的千分表或传感器。如果安装了替换仪表，则必须重新校准测力环，因为商用千分表中允许存在非线性公差。测力环加载不应超过其最大量程。不使用测力环时，应将其放回原处。另外，应保护仍安装在试验机上测力环中的千分表免受灰尘的影响。

安装在压缩试验加载框架中的测力环应紧紧固定在十字头上。如果有任何松弛现象，则试样除了承受指定的荷载外，还将承受测力环的重量。

在即将进行试验前安装测力环时，请确保千分表的测头与环的可调挡块相接触。如有必要，调整挡块，使仪表读数与零荷载时的校准读数相对应。对于受压测力环，该读数通常为零。对于受拉测力环，该值将允许测力环延伸至其工作极限，且挡块不与测头分离。调整后将挡块拧紧到位。

检查千分表的主轴能否自由移动，松开时是否能平稳地回到零位而不黏滞。如果已较黏，请先将可调挡块拧到最低位置后，按照千分表的一般保养说明清洁主轴及套筒。切勿给千分表主轴上油。

### 8.3.4　压力表

1. 仪表类型

本卷中提到的商业和标准测试压力表的范围汇总在表 8.4 中。

高质量的商业压力表应在最大刻度读数的 10%～90%范围内保证误差小于 1%。读数超出这个范围，特别靠近最小量程位置的读数可能是不可靠的。使用灵敏的压力传感器可以精确地测量从 0～100kPa 的压力（第 8.2.6 节）。

“测试”级的压力表是作为二级压力标准提供的，这些二级压力标准是在主压力标准（如自重测试器）上进一步校准得到的。每一个此类级别的压力表均有校准证书，保证其在量程范围内的任何读数上的误差都小于 0.25%。

当测量低于大气压力的压力，如在真空管路上，需要一种特殊的真空计。在这类实验中通常所需要的只是测量真空度，而不是精确的压力测量，因此如图 8.3 中的直径 80～150mm 的压力表就完全可以胜任。真空计可以用负压单位（kPa，bar，水头高度 m）校准，也可以用绝对压力单位（torr）校准。

2. 刻度标记

在英国，土工测试设备中随附的压力表通常采用国际单位制（即 kPa）。有些压力表具有 kPa 和 lb/in² 的双重刻度。而仪表制造商通常提供的单独的压力表的刻度一般为 bar (1bar=100kPa)。用 bar 作为刻度的压力表可以通过在刻度上的每个刻度读数上加 2 个 0 来换算成 kPa，并将“bar”改为“kPa”或“kN/m²”。

3. 原理

大多数压力表所依据的波登管原理如图 8.23 所示，椭圆截面磷青铜管（波登管），在它的末端闭合并弯曲成圆弧，以此作为一个压力弹簧，在压力下稍微展开。其自由端提升的位移值与所施加的压力成正比，并通过连杆和扇形齿轮将运动传递给指针以发生旋转。游丝在齿轮和枢轴上占据少量的间隙。

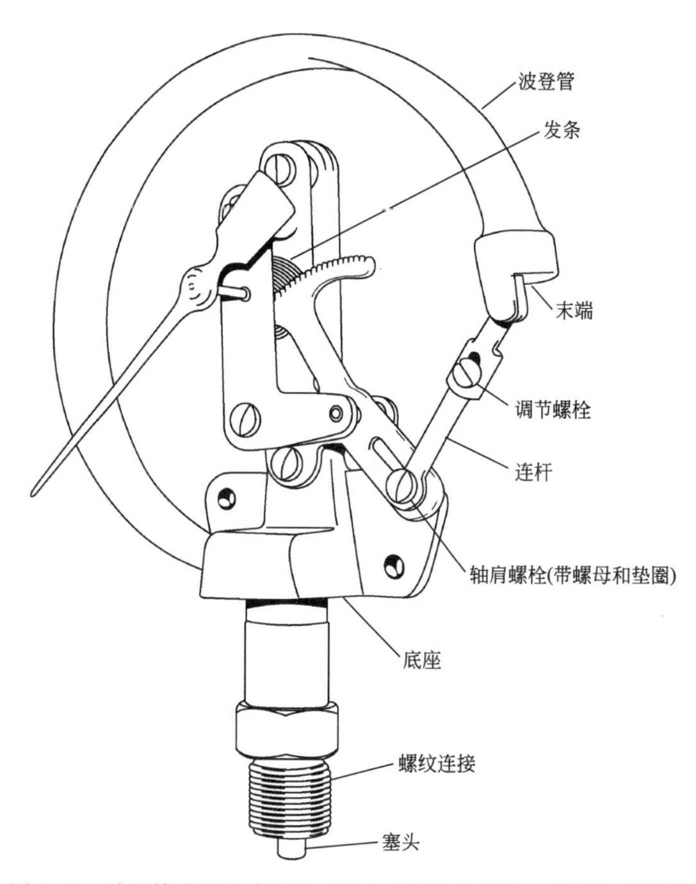


图 8.23　波登管式压力计原理（图由布登伯格压力表有限公司提供）

以下三种规格套管可供选择，有三种固定方式：

(1) 直接安装：仅通过与管道的连接来支持；

(2) 嵌入式安装：带有前法兰和夹具；

(3) 表面安装：带有固定到面板上的后法兰。

图 8.24 展示了在土工实验室中使用最为方便的表面安装型波登管式压力计的组成部分。

4. 数字压力表

如图 8.25 所示的电子压力表可以用来代替机械压力表。它们安装在压力传感器上，并使用模拟数字转换器以 kPa 显示所测压力。压力表通常由锂电池供电，制造商通常提供一年的质保。

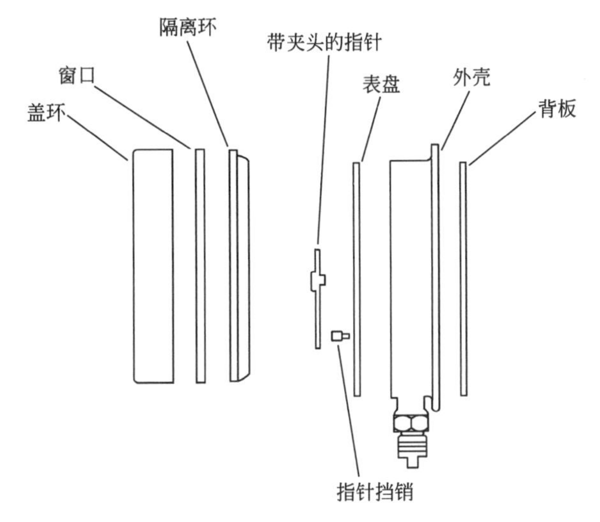


图 8.24　压力表壳体零件图（由布登伯格压力表有限公司提供）

图 8.25　数字压力表

5. 仪表的使用和保养

压力表通常应安装在刻度盘的垂直方向上，与要测量压力的点在同一水平面上。

当用于测量水压时，连接油管应完全注满水。在压力表旁边安装放气阀，便于空气的排出。仪表与连接管之间的接头应紧固，以免泄漏。

波登管内的空气一般不需要全部换成液体，因为它的体积相对较小。但是，如果测试时需要及时读取压力迅速变化的读数时，则可以请制造商对压力表进行改造使之成为可填充式压力表。不要在波登管上使用真空器试图使其排气。

为了避免视差，应在垂直于表盘表面的位置观察仪表。在读数前可能需要轻轻敲击，以克服局部卡滞，但过度敲击可能会破坏其精细的结构。

压力表不应在振动、压力脉动或压力突然大幅度变化的工况中使用。所测压力的工况应是逐渐增大或减小的。

不要给压力表施加超过刻度的压力。制造商建议仪表不应承受超过最大读数的 75％的稳定连续压力。

切勿将负压（吸入）应用于不符设计目的的仪表。

压力表不得与氧气一起使用，除非是符合 BSEN 837-1：1998（第 8.5.3 节）标准的安全型压力表。

测量表在一段时间不使用的情况下，应置于小的压力下（如最大读数的 5％）以防止温度或大气压力引起内部吸力的变化。或者，也可以让压力表与大气联通。

如果压力表的轴承和枢轴需要润滑，只需使用一两滴稀油，并非常小心地清除多余的油。扇形齿轮的齿不应上油。

如果仪表出现故障或测试不再准确，且无法通过下文介绍的校准步骤纠正，则应将其返回给制造商或供应商进行大修。

6. 调整

压力表的调整应由合格的仪表技工来完成。

如果仪表的校准显示在整个刻度范围内存在恒定误差，则可以通过调整其主轴上的指针来进行修正。首先拆下嵌框环和视窗口。使用指针拆卸器［图 8.26（a)］提起指针，注意不要弯曲锥形主轴。施加与刻度盘上第一个主刻度所示压力完全相等的压力，并用手指将指针推回到主轴上，尽可能接近该读数。检查压力表在其他刻度处的读数，并确保机械装置能自由运动。然后用指针冲头［图 8.26（b)］和轻锤将指针敲打到锥形主轴上，将其固定。重新装配后，再次校准仪表。

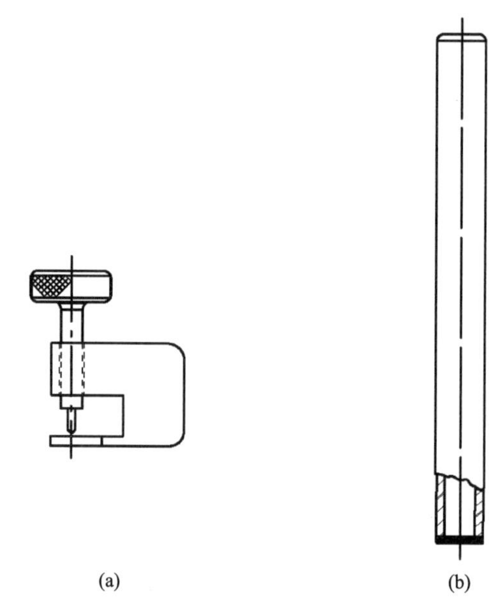


图 8.26　压力表调整工具（图由布登伯格压力表有限公司提供）

(a) 指针拆卸器；(b) 指针冲头

如果误差随着压力的增加而发生线性的增大或减小，则需要调整放大率。必须先拆下仪表背面或刻度盘。松开带肩螺钉（图 8.23），随着压力的增加如果读数逐渐降低，连杆端部则需要略微向中心调整；如果读数逐渐升高，连杆端部则向远离中心调整，调整完成后重新拧紧螺钉，重新检查校准，必要时进行进一步调整。

如果存在非线性误差，则应将仪表退回供应商进行调整或更换。

### 8.3.5　水压记

如需测较小的水压力，比如渗透试验中的水压力，可通过测量压力计竖管中的水头实现。其典型的实验布置如第 10 章中的图 10.24 所示。如果水头用 $h$（mm）表示，则压力可通过下式计算得到：

$$\frac{h}{1000}\times 9.81\text{kPa}$$

在观察时应观察水压计管内水的弯月面底部［图 8.27（a)］，并应保持水平观察［图 8.27（b)］。

在过去，小压差是用水银压力计测量的。但由于水银的处理会对健康和安全造成一定危害，现在这种做法已经不再延续。低压和小压差通常使用灵敏的压力传感器测量。

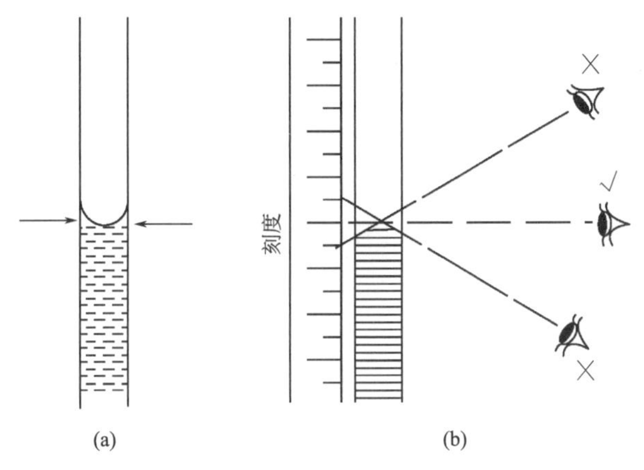


图 8.27　水压计读数

（a）立管或水压计中的水，观察弯液面底部；（b）水平方向观察，获得刻度上的真实读数

### 8.3.6　吊架砝码

吊架砝码不是严格的测量仪器，其常被用于施加在一段时间内保持恒定的已知力，并在试验过程和校准步骤中都应用广泛。因此，它们可被视为测量系统的组成部分，并应按相应的标准进行维护和校准。

砝码通常由铸铁圆盘或方盘（图 8.28）组成，开槽后可按照第 14 章中图 14.23 所示的方式悬挂在吊架上。它们配有凹进式铅塞，以便于将其质量微调至标称值，并保持在合理的精度范围内。砝码的差用配重有 1kg、2kg、5kg、10kg。如有必要，可通过普通配重进行补充，以获得任意大小的精确载荷。

图 8.28　开槽砝码

在铸件中，肤码通常标有质量，但在验证之前不应直接使用所标示的质量。每件的称重精度应在 0.1%以内，并填涂上真实质量（kg）。对于某些应用场景，如能在砝码上直接填涂上其重量（即重度，单位为 kN 或 N）就会十分方便，最好给不同重量的砝码涂上不一样的颜色，并标注上所用单位，比如 kg、kN 或 N。悬挂重物的吊架和装载梁也应称重并标记。

从质量单位到力单位的换算如下：

力（N）＝千克（kg）×9.807＝磅（lb）×4.448

不使用时，开槽砝码应存放在架子上，或小心的堆放在一起，将重量小的堆放在上部，重量大的堆放在底部。在保存时应避免它们遭受碰撞撞倒、液体飞溅、污垢和灰尘。用于天平上的砝码则应存放在对应的盒子中。

## 8.4　校准

### 8.4.1　总则

本节涵盖了执行本卷测试所需的测最仪器的校准［第 1 卷（第三版）中提及的仪器除外］。还提供了测试设备其他项目的例行检查和校准（第 8.4.7 节）。

用于测试的测量仪器（“工作仪器”）的校准可由外部机构或实验室内部使用自身的参考标准进行。对于小型实验室来说，可能很难证明获取和维护其自身参考标准的费用是合理的，在这种情况下，所有校准都将在外部进行。在中型或大型实验室中，通常自身持有某些参考标准，其中一些或大部分的测量仪器可以在内部进行校准。

委托提供校准的外部机构应持有执行相关测最的适当资格（如英国认证服务（UKAS，校准）认证），并必须证明其校准可追溯至国家测量标准。如果实验室拥有自己的参考标准，这些标准必须由类似认可的组织定期校准。这些标准必须定期由类似的认证机构进行校准，参考标准的使用和校准建议见第 8.4.8 节。

一般要求和意见应参考第 1 卷（第三版）第 1.7 节。

### 8.4.2　原则

第 1 卷（第三版）第 1.7.1 节概述了测量仪器校准的原则以及可追溯至国家测量标准的校准需求。定期校准计划以及妥善保存记录是 UKAS 认证测试实验室的基本要求。

作为测试程序的一部分，用于测量的仪器（“工作仪器”）必须根据可追溯至国家标准的有效校准证书所适用的参考标准进行校准。参考标准的精度一般应比被校准仪器的精度高一个数量级。这意味着参考标准的测量不确定度范围应为工作仪器的 1/10 或至多 1/5。在某些情况下，可以接受一半的比例。

制造商通常会签发带有测量装置（如测力环和压力计）的校准证书。如果证书中确认校准可追溯到国家标准，并标识了可追溯路径，则校准数据可作为初始校准，并可作为编制校准图表依据。如果没有此类确认，则需要受认可机构根据认证参考标准进行初始校准。

大多数仪器的性能在一段时间内会发生变化，特别是在密集使用的情况下，而且也会随着环境条件（如温度）的变化而变化。因此，必须定期重新校准仪器，并确保在进行试验和分析结果时，随时可获得最新的校准数据以供参考。校准应在适当的环境中进行，并始终记录校准温度。表8.6总结了本章所指仪器类型的最大校准间隔，在BS13771-1：1990中有详细说明。

在可行的情况下，应在测量仪器上或其附近显示以下信息，并将其记录在校准记录中：

仪表识别号

校准日期

校准人员

校准有效期

**实验室工作仪器的校准和校验　　表8.6**

| 项目 | 最大校准间隔 | 常规检查 | 参考章节 |
|---|---|---|---|
| 位移千分表 | 1年 | 检查阀杆在全量程范围内的自由运动。铁砧安全紧固 | 8.3.2,8.4.4 |
| 位移传感器 | 1年(使用工作读码装置) | 同上 | 8.2.6 |
| 测力环 | 1年 | 如上所述的百分表或传感器。在零负荷下,在砧座上接触停止。安装牢固。铁砧停止拧紧 | 8.3.3,8.4.3 |
| 压力计 | 6个月 | 大气压读数为零。不使用时,置于小压力区 | 8.3.4,8.4.4 |
| 压力传感器 | 6个月(使用工作读码装置) | | 8.2.6 |
| 线性和扭转弹簧 | 1年 | 固定在设备内 | 8.4.4 |

相关工作数据（如：平均校准系数、表格校正、图形关系，视情况而定）也应清楚显示，以便于参考。

### 8.4.3　测量不确定度

根据BS EN ISO 17025：2005的要求，实验室应制定程序，以估算所有校准和试验的不确定度。英国皇家认可委员会（CUKAS）在其指导文件M3003中规定了测量不确定度的测定程序，这在第3卷中有更详细的说明。

### 8.4.4　测力装置的校准

1. 一般要求

英国标准（CBS）1377-1：1990第4.4.4.6条概述了测械力用装置的校准。此处使用的术语“测力环”（第8.3.3节）是指配有千分表或位移传感器的传统钢制测力环，用于测量施加力时的挠度。千分表或传感器构成测力环的一个组成部分。同样的校准原理也适用于其他类型的测力装置。

测力环应在首次使用之前进行校准，然后至少每12个月重新校准一次，如果频繁使用或加载接近最大容量，则应更频繁地进行校准。用于测试测量的工作测力环以合适的校准试验装置进行校准，该校准装置可以是试验环或电阻应变计负载传感器或类似仪器。以显示可追溯校准，并应满足BS EN ISO 376：2002（表2）1级的重复性和插值要求。其范围和灵敏度应与被校准的测力环相适应。

或者，安装在反力架中经适当校准的自重压力计测试仪可用作独立的校准装置［第8.4.5节图8.31（b）］。由作用在一个活塞上的校准砝码产生的已知压力作用在第二个活塞上，产生一个已知的力，该力被施加到被校准的测力环上。

在土工实验室中，测力环通常在试验机之间可以互换，因此，将每个测力环分配到特定的荷载框架是不可行的。BS 1377-1：1990第4.4.4.6.1条规定，在这种情况下，应在“专用”荷载框架内校准每个环。仅为校准目的保留一个载荷框架是不可行的，因此，应始终使用一个应明确标识的工作载荷框架进行校准。

测力环本质上是非线性装置，力和挠度之间的平滑关系可能发生显著偏差，有时以“尖峰”的形式出现。这些偏差通常从图8.29（b）中所示的挠度与力的常规一阶图中看不出来，但可以通过下面描述的校准数据的分析方法来识别。

2. 校准限值

BS EN ISO 7500-1：2004第6.4.5条（注1）中规定的验证下限适用于压缩试验机，而不适用于测力环。对于测力环的校准，所施加的力应覆盖最大刻度的10%以上的范围，这为校准过程提供了合理的下限。或者，与测力环表或传感器上的200位数字读数相对应的力可以作为验证的下限。验证的上限应尽可能接近但不大于测力环的工作量程，即其最大刻度读数。

3. 校准步骤

下面介绍的校准程序通常如BS EN ISO 7500-1：2004（第6.4 、第6.5条）所述。

（1）将测力环安装在载荷框架上的试验装置上，以便沿着框架轴线施加力。这种情况下，采用球面阀座布置更有效。

（2）留出足够的时间让两台设备达到稳定温度，并在校准开始和结束时记录该温度，精确到1℃。

（3）将两个设备加载和卸载三次，直至测力环的最大量程和低至零负载，而不记录任何读数。

（4）如有必要，重置仪表和测力环，使其在受外力作用下读数为零。

（5）施加初始力（山试验装置确定），并在条件稳定时记录测力环指示器的读数。初始力应等于测力环标称量程的20%（最大刻度读数），或取上文确定的验证下限，以较大者为准。

（6）以4个大致相等的增量增加力，直到测力环的最大刻度，并记录测力环在每个力下指示器读数（总共施加5次）。

（7）以递减方式减小力，并在加载过程中以相同的力值记录测力环指示器读数。读取初始力的读数后，完全消除力，并记录测力环指示器的读数。

（8）再重复步骤（5）、（6）和（7）两次，得出三个加载和卸载循环。

（9）如果验证的下限小千标尺最大值的20%且合适，则将额外的力应用到验证的下限，步长约为最大刻度读数的5%，否则遵循上述过程。

（10）从每个力的三组读数中，计算出以下数值：

平均测力环读数（$R_a$）

每组读数的范围（$R_s$）（最高和最低之间的差异）
重复性
测力环的校准

| 环编号:987-6-543 | 校准时间:1993-1-4 |
|---|---|
| 表编号:XY 210 | 校准温度:20℃ |

压缩校准
最大量表读数不得超过 1900 个间隔。

| 施加力 (kN) | 千分表读数(间隔) | | | | 因子 (N/div) | 重复性 | |
|---|---|---|---|---|---|---|---|
| | 试验 1 | 试验 2 | 试验 3 | 试验 4 | | 间隔分布 | % |
| 2 | 182.4 | 179.9 | 180.0 | 180.8 | 11.062 | 2.5 | 1.36 |
| 4 | 367.0 | 362.0 | 365.0 | 364.7 | 10.968 | 5.0 | 1.36 |
| 6 | 531.6 | 530.0 | 530.0 | 530.5 | 11.310 | 1.6 | 0.29 |
| 8 | 735.2 | 729.0 | 732.2 | 732.1 | 10.927 | 6.2 | 0.84 |
| 10 | 921.3 | 916.5 | 919.0 | 918.9 | 10.883 | 4.8 | 0.52 |
| 12 | 1109.8 | 1104.0 | 1106.0 | 1106.6 | 10.844 | 5.8 | 0.53 |
| 14 | 1298.0 | 1295.0 | 1290.0 | 1294.3 | 10.817 | 8.0 | 0.62 |
| 16 | 1487.9 | 1485.5 | 1485.0 | 1486.1 | 10.766 | 2.9 | 0.20 |
| 18 | 1680.0 | 1676.4 | 1679.5 | 1678.6 | 10.723 | 3.6 | 0.22 |
| 20 | 1872.0 | 1868.5 | 1870.0 | 187.2 | 10.694 | 3.5 | 0.19 |

平均校准系数（中标度）＝10000/918.9＝10.88N/div

(a)

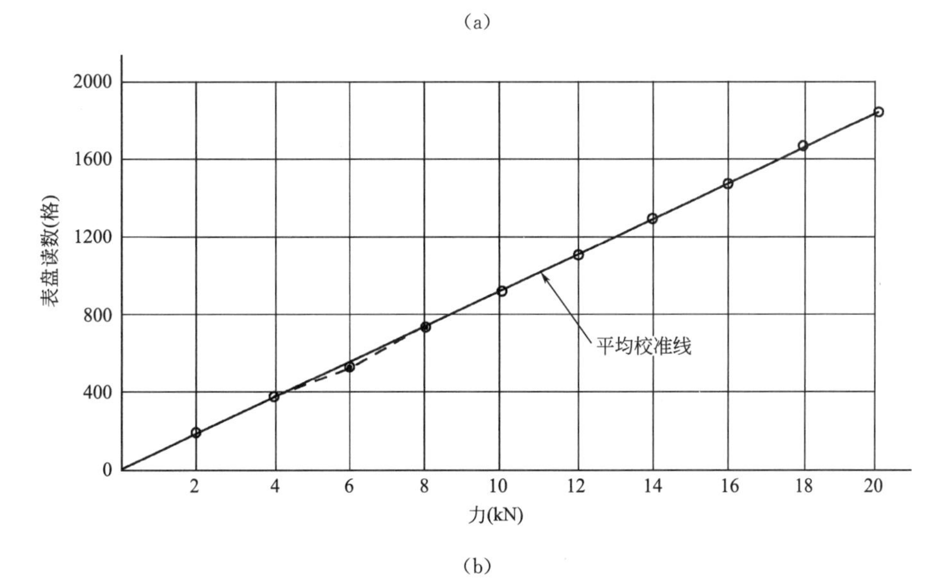


(b)

图 8.29　典型测力环的校准
(a) 校准数据；(b) 常规一阶读数图

4. 分析

在一种公认的分析方法中，$R_a$、$R_s$ 和 $R_r$ 的计算值与力和仪表读数集一起制成表格。然后，使用力与仪表读数集计算线性关系，根据偏离线性的情况计算测力环中的误差。

（1）对于每组读数，将施加的力（N）除以平均测力环读数（$R_a$），得到该力的校准系数 $C_R$（单位：N/div 或 N/digit）（如果环校准是完全线性的，那么这些因素都是相同的）。

（2）根据相应的平均读数凡，以适当放大的比例绘 $C_r$ 的每个值，如图 8.30 所示。这种类观的曲线图（二阶关系）强调了与线性的偏差。示例在大约 500 刻度（6kN）处显示出明显"尖峰"。

（3）绘制对应于中刻度系数的水平线，或最接近中刻度的读数。绘制比中刻度因子高 2%和低 2%对应的水平线。

（4）如果校准系数曲线在±2%的范围内，则可使用中刻度的校准系数计算试验中的力，前提是计算的重复性（$R_r$）不超过 2%。在这些限制之外，应从图表中获得校准系数。

在图 8.30 所示的示例中，中刻度校准系数适用于 180～370 刻度和 730～1870 刻度的读数。"尖峰"区域中的系数不太确定，除了在读取读数的点，可能是也可能不是尖峰的最高点。在低量程测力环的校验下限附近，可利用加载梁悬挂的校验砝码进行校验。

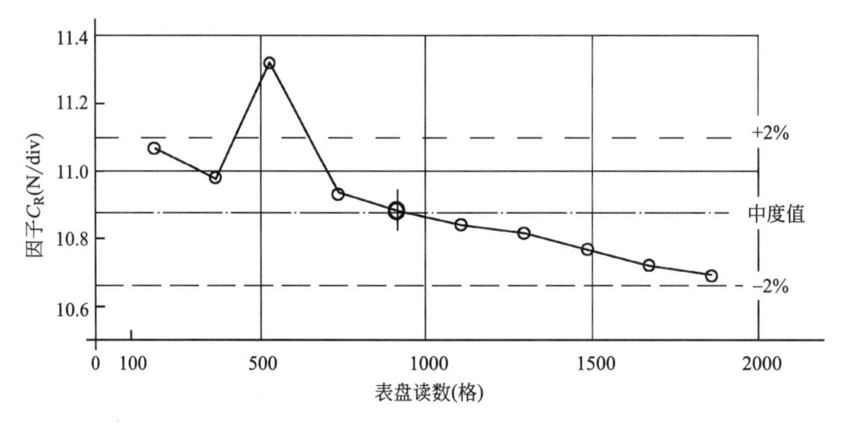


图 8.30　使用校准系数的二阶曲线图［图 8.29（a）中的数据］

5. 温度校正

BS EN ISO 376：2002 附录 B 中给出了温度校正，用于校正在 20℃以外的温度下校准的钢制测力环的挠度。当在 20℃校准的测力环用于明显不同温度下的测试时，同样的校正也适用。

校正公式：$d_{20}=d_t[1-k(t-20)]$

式中，$d_{20}$ 是 20℃时测力环的读数；$d_t$ 是 $t$℃时的观测读数；$t$ 是工作温度；$K$ 是温度系数，对于钢环，温度系数取 0.00027/℃。通过图解，在 30℃（高于校准温度 10℃）的工作温度下，观察到的读数将减少 0.27%，这在上述 2%的范围内。

对于由其他材料制成的测力环和应变式测力传感器，温度系数 $K$ 的值应从制造商处获得。电子应变计装置可能比测力环对温度变化更敏感。

### 8.4.5　其他仪器的校准

1. 压力表

压力表应至少每 6 个月重新校准一次，最好在夏初和冬初。使用频繁的仪表也应每隔一段时间进行检查和重新校准。

图 8.31（a）所示经校准的自重测试仪为土工实验室提供了合适的参考标准。将标准砝码放在精密活塞（关键部件）上，与之配套的立式气缸中的油会在系统中产生高精度压力。在校准水压力表时，应安装油水交换装置（压力表制造商提供），以避免油污染。

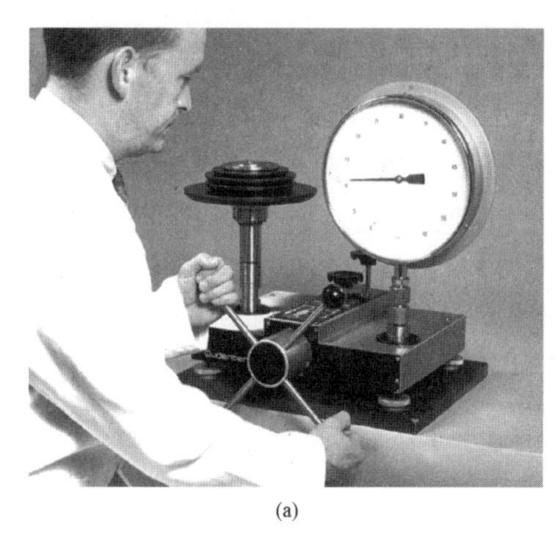
(a)

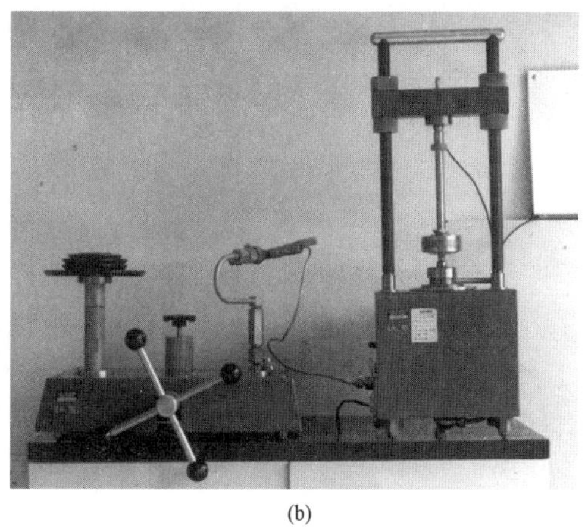
(b)

图 8.31　压力表

（a）自重压力计测试仪；（b）带反力架的自重测试仪，用于校准测力环和传感器

图 8.31（a）所示类型的压力表一般测量范围可达 1500kPa，可通过外加砝码来增大量程。仪器必须放置在无尘的水平面上。不使用时应盖好，防止入灰和受潮。

此外，“实验”级校准压力表也可用作实验室参考标准，但仅限用于校准。这使得工作压力表可以就地校准，但校准期间工作压力表和基准压力表必须处于同一水平。基准表首先应在自重测试仪上或由认可的外部机构进行校准，然后按规定的时间间隔重新校准。

根据 BS 1377-1：1990 第 4.4.4.7 条，校准压力表的程序如下（注：第 4.4.4.7 条参考了 BS 1780：1985 中的第 1 条，虽然该条已被 BSEN837-1：1998 取代，但正如 BS1377-1：1990 中所规定的那样，此处所述的程序仍然有效）：

（1）将压力表垂直安装在自重测试仪中，与基准压力表并联连接至压力源。

（2）预留足够的时间以达到稳定的温度并做好记录，温度范围应为 20℃±3℃。

（3）将仪表加压到最大刻度值，并在不作任何调整的情况下缓慢释放压力。

（4）由自重测试仪上的砝码或由基准压力表的测量值，以适当的增量（如 100kPa）提高压力，直至最大刻度，并记录压力表读数和实际压力。

（5）在与步骤（4）相同的压力水平下，逐级降低压力并记录压力表读数。

（6）重复步骤（4）和（5），得到两次循环的读数。

（7）计算每个压力等级下对应的平均压力表读数。

（8）计算每个压力下的误差，计算公式为实际压力（$P$）和仪表读数（$G$）之间的差值；即：

$$误差=P-G$$

将误差（正数或负数）与平均读数统一制成表格，如图8.32所示。

（9）将误差（向上为正，向下为负）标绘到合适放大比例的刻度上，与被校准仪表的相应读数匹配（见图8.32），并将这些点连接起来，形成校正图。

（10）在相关仪表旁展示图形或表格（或两者都展示）。然后将压力表读数调高（如果修正值为正）或调低（如果修正值为负），以显示正确的压力值。

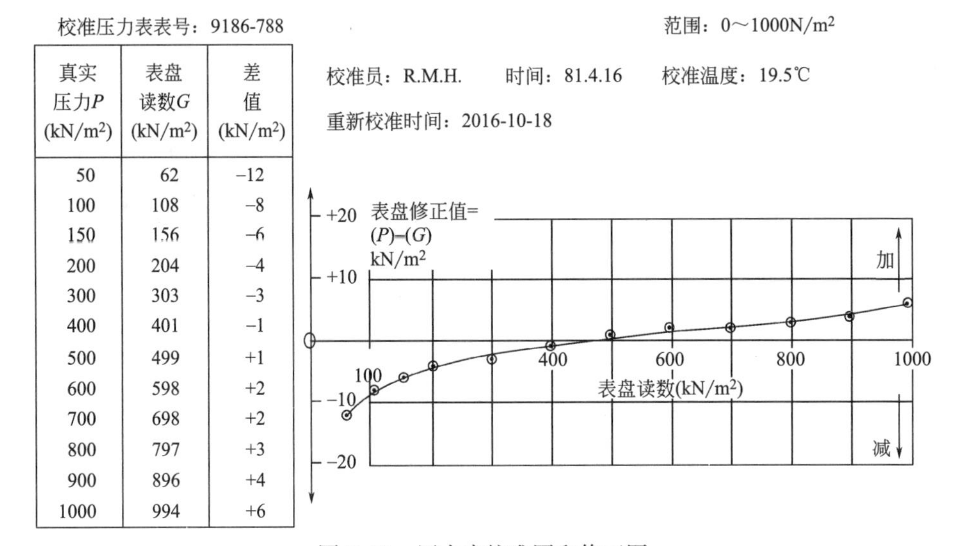

校准压力表表号：9186-788

| 真实压力$P$ (kN/m²) | 表盘读数$G$ (kN/m²) | 差值 (kN/m²) |
|---|---|---|
| 50 | 62 | −12 |
| 100 | 108 | −8 |
| 150 | 156 | −6 |
| 200 | 204 | −4 |
| 300 | 303 | −3 |
| 400 | 401 | −1 |
| 500 | 499 | +1 |
| 600 | 598 | +2 |
| 700 | 698 | +2 |
| 800 | 797 | +3 |
| 900 | 896 | +4 |
| 1000 | 994 | +6 |



图8.32　压力表校准图和修正图

2. 位移计

用于测量位移的千分表和电子传感器应至少每年校准一次。电子传感器必须与用于测试的相同读数装置或数据记录仪一起校准。

通过定期观察位移读数，可根据已校准的千分表装置再次校准千分表和位移传感器。另外，还可以将仪表安装在比较仪机架中，以便观察到与校准量块或长度棒的厚度相对应的读数。

表8.7总结了BS 907：2008中规定的商用仪表的非线性公差。

**取自BS 907：2008的百分表非线性公差表（刻度为0.01mm）　　表8.7**

| 读取间隔 | 超过规定间隔的读数误差限值(mm) | 读数重复性 | 识别度 |
|---|---|---|---|
| 任意0.1mm | 0.005 | 0.002mm内 | 在0.003mm范围内，逐渐变化约为0.025mm |
| 任意半转 | 0.0075 | | |
| 任意一转 | 0.01 | | |
| 任意两转 | 0.015 | | |
| 更大间隔 | 0.02 | | |

3. 弹簧

实验室叶片装置的扭力弹簧应至少每年重新校准一次，每次校准的精度应在其工作范围内指示扭矩的2%以内。一般情况下，弹簧会返回制造商进行此项服务。另外，美国材料与试验协会（ASTM）D4648中概述了内部校准方法。直径约115mm（精确测量）的滑轮连接到叶片剪切装置的杆上，代替叶片，用作杠杆臂。该装置的轴线水平固定，从悬挂在轮辋上的砝码知晓力矩。通过使用已知砝码从弹簧挠度的相应读数中可以得到校准图。

用于自动记录非压缩试验装置的拉伸弹簧应每年重新校准一次。可以在实验室内安装一个带有合适装置的加载轭用以测量弹簧的拉伸率，不过将弹簧返厂校准会更为方便。对于90%以上的工作范围，每个弹簧的校准精度应不超过量程上限90%标示力的5%。

### 8.4.6　电子仪器的校准

传感器等电气测量仪器应至少每年校准一次，方法原则上与上述常规仪器类似。电气设备应始终与正常的测试过程一样，使用相同的读数单位进行校准。

校准期间的环境温度应保持恒定并记录在案。电子仪器比传统仪器对温度变化更敏感，因此应在校准前几个小时通电预热，以便读数稳定。

更多有关电子仪器校准的详情参阅第3卷。

### 8.4.7　测试仪器的检查与校准

除测量仪器外，许多其他测试仪器在使用前和使用后都需要定期检查或校准。表8.8列出了本卷所述试验所需的项目［除第1卷（第三版）表1.14中提及的项目外］，以及所需的相关检查摘要。更多详情见表8.8中提及的章节。

**测试仪器的检查和校准**　　**表8.8**

| 条目 | 测量或检查程序 | 复核之间的最大间隔 | 对应章节 |
| --- | --- | --- | --- |
| 渗透仪单元 | 平均内径、总内径、压力计压盖之间的距离、压力计管直径 | 1年<br>（初步检查已足够） | 10.6.3<br>10.7.2 |
| CBR模具 | 内径和高度，质量 | 1年 | 11.6.3 |
| 取样管 | 内径和长度<br>切削刃状况 | 1年<br>在每次使用之前 | 9.1.3 |
| 分体式成型器 | 组装时的内径和长度 | 1年 | 9.1.3 |
| 剪切盒 | 内部尺寸，质量 | 1年 | 12.5.3 |
| 切割环 | 内径、质量、内部高度、切削刃状况 | 1年<br>在每次使用之前 | 14.5.5(2) |
| 吊杆重量 | 质量（至0.1%），清洁，无腐蚀或损坏，质量或重量（力）清楚标记 | 2年<br>在每次使用之前 | 8.3.6 |
| 固结仪荷载框架 | 荷载作用下的变形特性<br>波束比 | 2年或安装新的多孔盘时<br>（初步检查已足够） | 14.8.1 |

在首次投入使用前，应对仪器的每一项都进行初步的检查与校准。额定尺寸或厂商数据（除经认证的可追溯校准外）未经验证不得使用。需要定期进行后续复检，以免因使用而磨损。根据BS1377-1：1990第4.1.3条的规定，若关键尺寸与规定尺寸相差超过制造公差的2倍，该产品便不符合标准，不得继续使用。表8.8中提供了建议的复检时间间隔，但对于需要频繁使用的产品，应进行额外的不定期检查。

特别重要的是，每次使用前都要检查剪切盒和压力表试样的切环高度。因为环刀容易磨损，当试样高度的差异超过误差允许的范围时，会导致计算空隙率出现显著误差。

应按照计划的日程表进行初步检查和复查，所有观察结果应妥善记录并保留。

### 8.4.8　参照标准

实验室中用于校准工作仪器的标准件只能用于校准，不得作为其他用途［第1卷（第三版）第1.7.2节］。仅限于通过校准程序培训的合格授权人员使用。

表8.9列出了适用于校准本卷所述试验中使用的测量仪器的参考标准［第1卷（第三版）第1.7.2节中提及的参考标准除外］。这些仪器应由具有UKAS（校准）认证资格的机构进行初始校准，并在规定时间内进行重新校准。校准证书必须包含可追溯到公认测量标准的校准证明。基本信息如下：

校准机构名称

进行校准的机构名称和地点

被校准项目的说明和识别号

校准方法和使用的设备

用于校准的标准件的校准证书编号，如果未经UKAS机构校准，则需要提供溯源信息

包括校准温度在内的校准数据和结果

校准日期

校准负责人签名

**实验室参考标准的校准间隔［另见第1卷（第三版）表1.14］　　表8.9**

| 参考标准 | 校准之间的最大间隔 |
|---|---|
| 验证装置(1.0级) | 5年 |
| 压力表测试仪 | 5年 |
| 参考压力表 | 1年 |

## 8.5　安全

以下安全须知是对第1卷（第三版）第1.6节中关于实验室一般规定的补充说明。

### 8.5.1　机器装置

机器的运动部件在运行时应始终有保护罩或保护壳，尤其是齿轮、皮带传动装置和链条传动装置。

在更换机器齿轮或传动装置时，首先要确保电机关闭并与电源断开。

在装有手轮的机床上使用电机时，应在开机前将手轮手柄脱开。如果不能脱开，应将衣服和其他物品放置在安全的地方。

在进行压缩试验时，尤其是高载荷运行时，必须保持试样在载荷框架内垂直对准。若偏离正确的对齐范围，则表示其不稳定，这存在很大的安全隐患。

如果试样已安装在机器上，请确保其不妨碍超限切断开关。

### 8.5.2　安全准则

在对硬脆试样进行无侧限抗压强度试验时，应采用防护笼保护，以防碎块飞散。

第 14 章第 14.5.3 节第 10 项论述了压力机台架支撑的稳定性和强度的重要性，这些同样适用于采用自重加载的任何仪器。

开槽砝码在不使用时应整齐存放，不要堆放过高，以免不稳。当堆放在吊架上时，砝码槽不应全部对齐，而应当以 90°或 180°交错排列。

### 8.5.3　压缩空气

压缩空气和电一样，必须受到重视。所有管道、接头和配件都应是专门设计的，用于输送超过最大工作压力 50％的的压缩空气。在液压系统中使用的油管和配件用于相同压力下的压缩空气未必安全。

除非专门设计并经认证可用于气动用途，否则三轴电池只能在以水或油为加压介质的情况下使用，压缩空气作为介质时绝不能使用。电池在液压下破坏仅仅会造成设备不灵；但在气压下破坏就会导致很危险的爆炸，即使这不致命。

切勿将身体的任何部位暴露在压缩空气的射流中，也切勿将空气射流对准他人。

在所有压缩空气管道和容器中都应设置排出冷凝水的装置。管道应沿水流方向略微下倾，并在低处设置排水阀。积水应定期从管道和储气器中排出。支管应向上离开主管（图 8.33）。

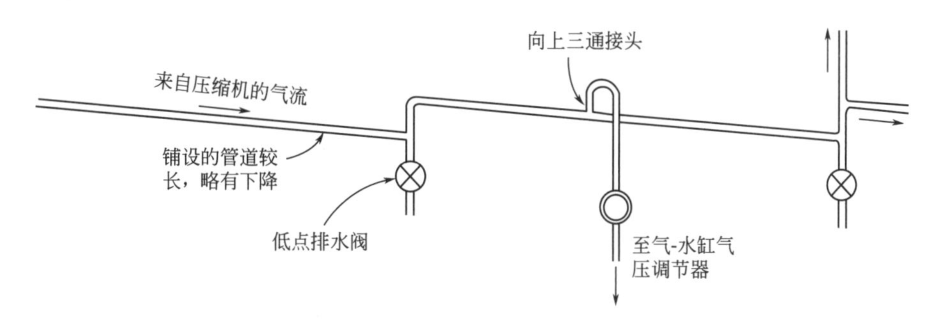


图 8.33　压缩空气管道：提供冷凝水的收集和去除

应定期检查气水交换筒中使用的垫片及其固定夹，一旦出现老化迹象，应及时更换。

如果使用瓶装压缩空气，绝不能用氧气瓶替代。氧气在压力下与油或油脂接触会形成爆炸混合物，可能导致严重爆炸。除非对管道和连接处进行严格清理，否则不可避免地会有薄膜油脂和微量油沉积，这些东西极易被点燃。压力表最容易被油污染，必须配合氧气使用特殊的安全压力表以及必要的预防措施。更多详情见 BSEN 837-1：1998 第 9.8 条。

### 8.5.4 水银

根据欧盟第552/2009号条例，含水银的压力计、气压计或温度计不得再用于商业用途。此类仪器将由使用酒精的仪器取代，或者被现代土工实验室中广泛使用的数字仪器所取代。

持有水银许可并继续使用水银的实验室应该意识到，水银属于《有害健康物质控制（COSHH）条例》的管辖范围。处理水银的工作人员必须通过安全数据表、标准的风险评估和培训了解水银的危害和风险。第1卷（第三版）第1.6.7节概述了标准的操作规范，包括溢出水银的处理等。还应参考健康与安全执行管理局的指导说明MS 12（修订版）（健康与安全执行管理局，1996年）。

切勿吸入水银蒸汽，并避免其与皮肤直接接触，始终注意系统中有无泄漏。压力作用下，水银很容易从微小的裂缝或针孔中蒸发泄露。未积累到一定量，很难观察到泄漏。应在管道接头和连接管下放置装有少量水的深盘，以防止任何泄漏。水银的自由表面应覆盖一层水膜，以防止水银蒸汽逸出。

## 参考文献

Annual Book of ASTM Standards（2010）Section 4 Construction：Volume 04.08 Soil and Rock. American Society for Testing and Materials，Philadelphia，PA，USA.

BS 907：2008 *Specification for dial gauges for linear measurement*. British Standards Institution，London.

BS 1377：1990 *Methods of test for soils for civil engineering purposes*. British Standards Institution，London.

BS EN ISO 7500-1：1998 *Metallic materials verification of static uniaxial testing machines. Tension/compression testing machines. Verification of the force measuring system*. British Standards Institution，London.

BS EN 837-1：1998 *Pressure gauges：Bourdon tube pressure gauges. Dimensions，metrology，requirements and testing*. British Standards Institution，London.

Bishop，A. W. and Henkel，D. J.（1964）*The Measurement of Soil Properties in the Triaxial Test*. Edward Arnold，London.

Health and Safety Executive（1996）. Guidance Note MS 12（rev）. Mercury-Medical Surveillance. Health and Safety Executive，London.

两本推荐教材

Lambe，T. W. and Whitman，R. V.（1979）*Soil Mechanics，SI version*. Wiley，New York.

Scott，C. R.（1974）*An Introduction to Soil Mechanics and Foundations*. Applied Science Publishers，Barking，UK.

# 第 9 章
# 试样制备

本章主译：李振亚（河海大学）

## 9.1 引言

### 9.1.1 范围

受扰动样品的制备已经在本书第 1 卷（第三版）第 1.5 节中介绍过，本章重点介绍未受扰动样品（原状）的制备过程，其主要内容参考英国土木工程标准中第 8 部分（BS 1377-1：1990 第 8 章）编制。

下面介绍具有一定黏聚力的土体试样的手工制备方法，主要涉及以下四种类型的试样：

（1）用于压缩试验的圆柱形试样；

（2）用于标准剪切盒试验的方形试样；

（3）用于固结试验的圆盘形试样；

（4）用于变水头渗透试验的，诸存于样品管中的原状试样。

第 2 类和第 3 类试样的制备步骤基本相同，因此将一起介绍。本章总结了包括电动切土器在内的切土器的使用方法及其试样制备过程中可能出现的不当操作。

“样品”和“试样”这两个概念在本书中广泛使用，其定义已经在本书第 1 卷（第三版）第 1.1.7 节中给出。“试样”是为了某种试验测试而从比较大的土体“样品”中切削加工出来的相对较小的一部分土体。对于一个大型土工试验，例如大直径三轴试验，如果使用了全部或大部分原始土样，这种情况下被使用的土样也可被称为“样品”。土样在模具中进行重塑，并能够从其中切削出较小试样，则该重塑性试样仍看作一个样品。

对于手工修整制备的试验试样，无论样品土体属于未扰动状态，还是属于压实或重塑状态，均可称为原状样。本章给出了再压实样品的制备步骤。

本章没有涉及某些样品的制备方法，如需要静置的粒状土（无黏性土）或为了某项特殊试验而需要进行特别制备的样品，这些样品对应的制备方法将在本书以下章节进行详细介绍。

第 10 章：利用常水头渗透仪配置不同孔隙率的砂性土试样（第 10.6.3 节，步骤 4）

第 11 章：CBR 试验（第 11.6 节）样品的几种制备方法

第 12 章：标准剪切盒试验中不同孔隙率无黏性土试样制备方法（第 12.5.4 节和第 12.6.3 节）

第 13 章：在某种特殊模具中制作用于三轴压缩试验的无黏性土圆柱形试样的方法（第 13.6.9 节）

加工和分割扰动样品（无黏性土）的方法已经在本书第1卷第1.5.5节中介绍。

### 9.1.2　仪器设备

本节列出了本章涉及的试样制备仪器，其具体操作方法会在后续第9.1.3节中进行详细说明。对于需要特殊仪器制备的试样将在本书相应章节进行介绍。

1. 推土器

推土器用于从各种类型采样管中取出原状样，可分为手动型和自动型，比较常用的推土器是如图9.1所示的手动液压立式推土器，该推土器有一个整体双程泵，适用于标准U-100型土样管，增加适配器后可应用于直径在38～150mm之间的各种类型的样品管或模具。图9.2为自动液压立式推土器，该推土器有一个液压油泵，可以提供加压快速回程运动。

图9.1　手动液压立式推土器

图9.2　自动液压立式推土器

图9.3为卧式手动螺旋推土器，适用于从U-100土样管中取样。卧式推土器更适用于软土或易碎土，以及在试验试样准备前需要仔细检查的样品。当样品从土样管中挤出时，需要有一个与样品等长的半圆形槽进行支撑。

图9.4展示了一种特殊设计的卧式液压推土器，其活塞取样长度可达到1m。这种长土样的取样需要水平挤压的协助。该装置带有的电动泵机组可以将一个稳定、可控的力施加在样品上，从而尽可能减少样品在被挤出过程中受到的扰动。

小型手动推土器适用于直径小于38mm的样品管，可分为立式液压型（图9.5）和齿轮齿条型（图9.3）。图9.6（a）、图9.6（b）所展示的分别是用于从击实筒和CBR试验试样筒中取出击实样的推土器，两者采用的均是与汽车千斤顶原理类似的手动液压千斤顶。

2. 样品管和成型器

用原状样或扰动材料制备试验试样的模具包含以下几种类型的管、环和成型器，例如：

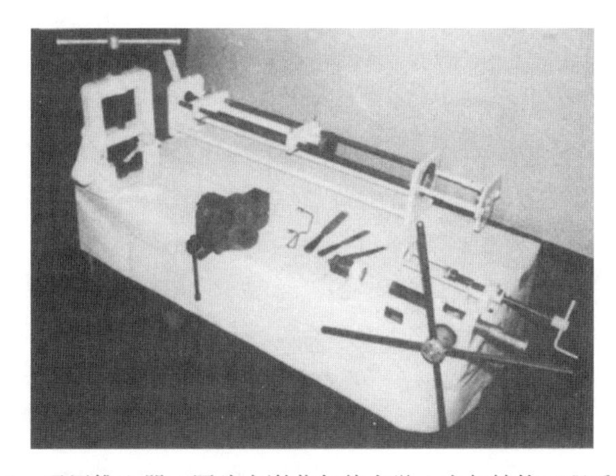

图 9.3　通用推土器（图片由谢菲尔德大学土木与结构工程系提供）

图 9.4　用于长度达到 1m 的活塞式取土器卧式电动液压推土器

（1）带切削刃的样品管。英国标准型号为内径 38mm、长 230mm。其他型号内径分别为 35mm、50mm、70mm 和 2.8in，相应的使用方法会在第 9.1.3 节中进行详细说明。

（2）用于制作固结试验试样的环刀，英国通用的型号为直径 75mm、高度 200mm，但也存在几种其他型号的环刀（第 14.5.3 节）。

（3）用于剪切盒试样的“环”刀，常用的边长为 60mm 或 100mm，高度为 100mm（第 12.7.3 节）。

（4）分体式成型器，由 2～3 个部件拼接而成，与圆柱形试样尺寸完全对应。图 9.5 中推土器上安装了一个直径为 38mm 的分体式成型器。该成型器由两部分组成，两部分间通过翼形螺帽夹连接。分体式成型器的使用将在第 9.1.3 节给出。

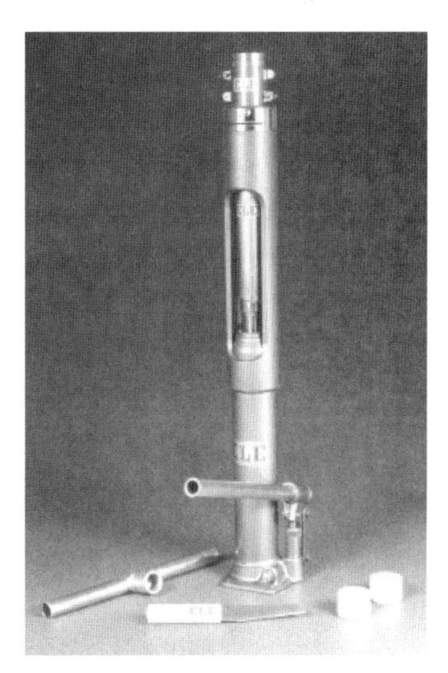

图 9.5　用于 38mm 直径样品管的立式液压推土器

（5）安装在三轴试验仪底座的分体式成型器，由 2～3 部分拼装而成，用于加工三轴试验试样。该成型

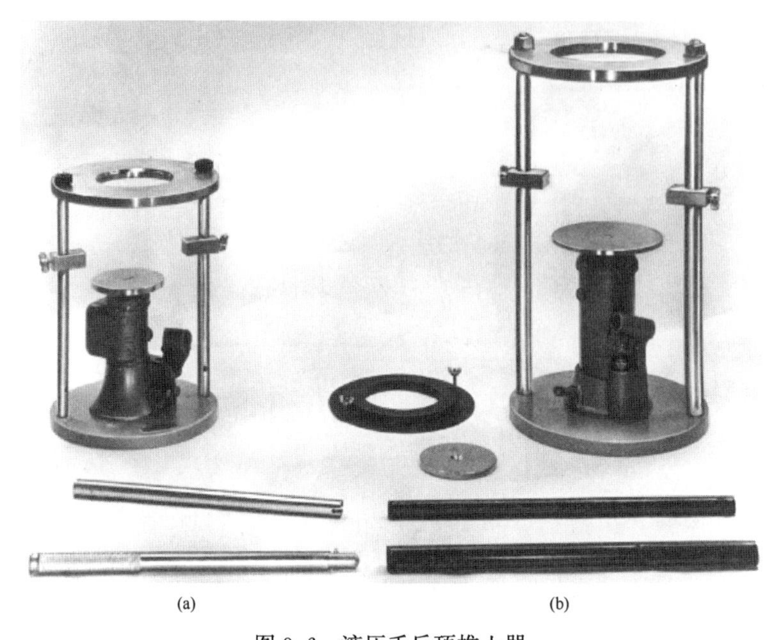

(a) (b)

图 9.6 液压千斤顶推土器

(a) 用于从 BS 击实筒中取出击实样；(b) 用于从 CBR 试验试样筒中取出击实样

器由一个嵌入式的拓展部件来安装 O 形密封圈，两者之间一般采用吸力连接，详细的描述请参考第 13.6.9 节。图 9.7 展示了几种型号的分体式成型器。

图 9.7 直径为 38mm、70mm、100mm 和 150mm 的适用于三轴试验试样的分体式成型器（两段式）

3. 推土器配件

下面列举了常用的固定样品管的配件以及切割试样的成型器：

(1) 适配器，用于制备和推出单个 38mm 直径试样［图 9.8 (a)］；

(2) 三管固定器［图 9.8 (b)］，用于从同一水平位置同时切割三个直径为 38mm 的试样，如图 9.8 (c) 所示；

（3）适配器，用于将直径为100mm的样品整体从样品管或薄壁活塞式取样管中推出；

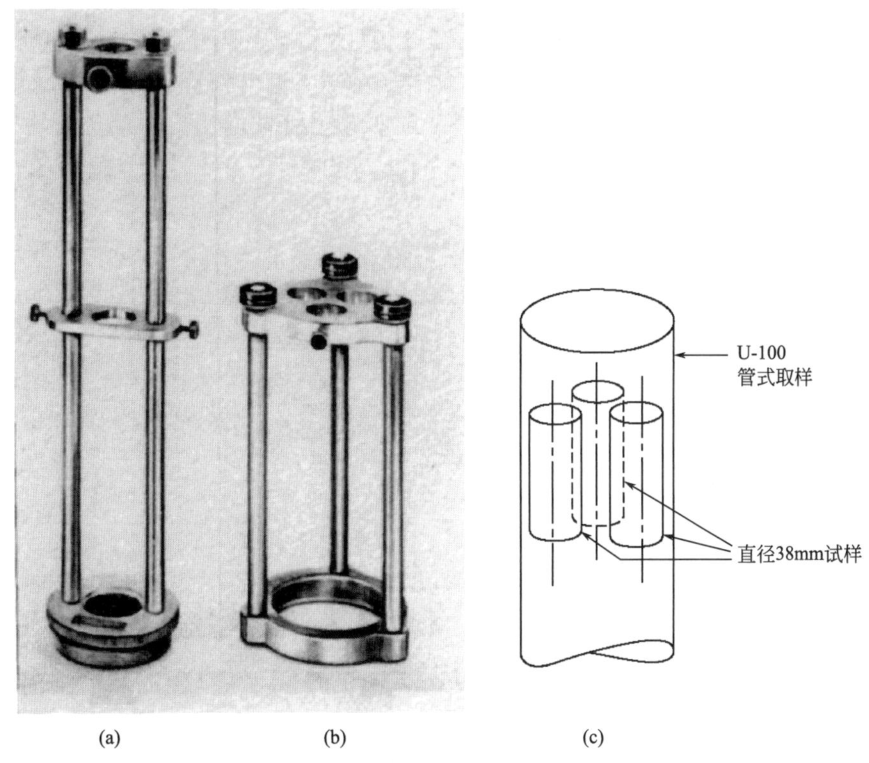


图9.8　（a）适用于直径38mm试样的单管适配器；（b）适用于直径38mm试样的三管适配器；（c）U-100管中同一水平线三个直径为38mm的试样

（4）适配器，用于从击实筒［图9.9（a）］或CBR试样筒［图9.9（b）］中推出样品；

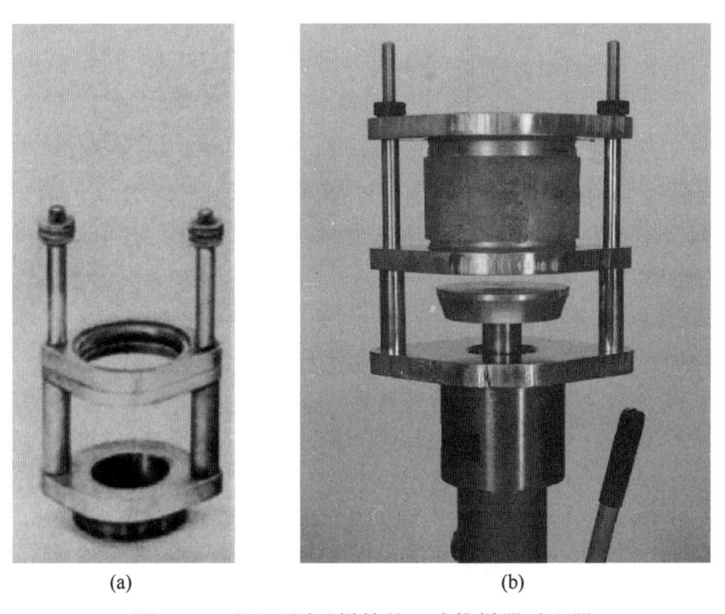


图9.9　适用不同试样筒的立式推样器适配器

（a）BS击实筒；（b）CBR试样筒

（5）夹具，配合可互换定位板使用，用于固定加工剪切盒试样的方形削土刀和加工固结试样的环刀（第 9.1.3 节中图 9.16）。

可以采用简单的金属或木制“推杆”将试样从切削管或环刀中移出。圆柱形推杆的长度与样品管长度相同，推杆上标有毫米刻度用来显示样品管内剩余样品的准确长度，其原理如图 9.10（a）所示。方形推杆［图 9.10（b）］用于将试样从方形削土刀中转移至剪切盒。

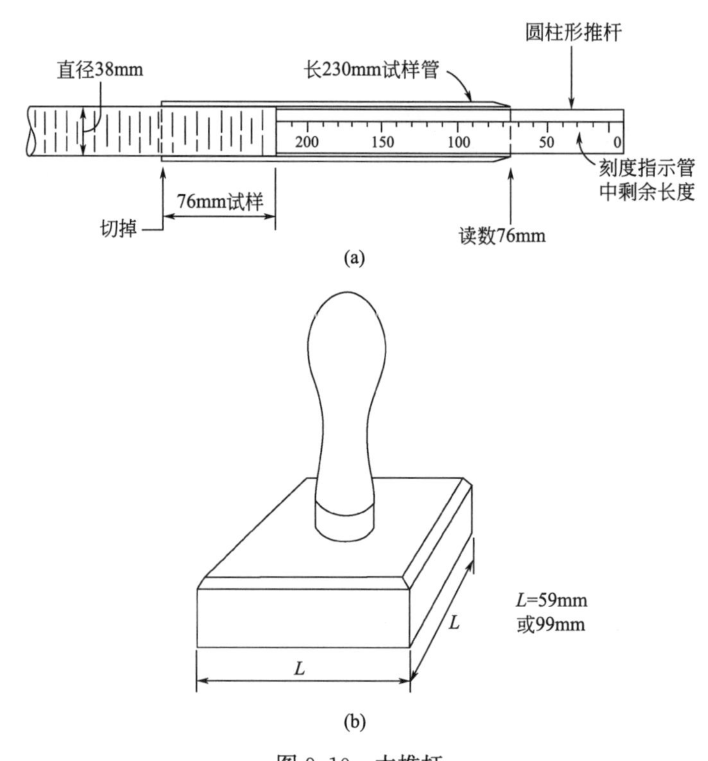


图 9.10　木推杆

（a）直径 38mm 试样管的带刻度圆柱形推杆；（b）剪切盒试样的方形推杆

4. 小工具

制备试样所需要的工具如图 9.11 所示包括：

削土刀（鞋匠刀）

手术刀（可以更换多种形状的刀片）

钢丝锯（直径约为 0.4mm 的钢琴丝、螺旋钢丝）

奶酪丝

锯齿锯

半圆锉刀

磨刀器

钢直尺削土刀

抹刀（小型和大型）

钢角尺

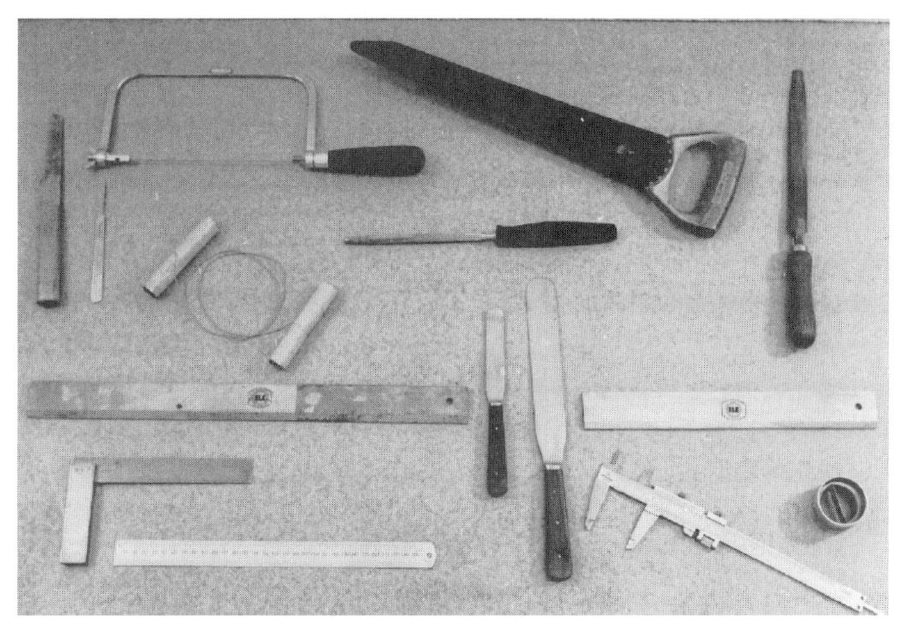

图 9.11 制备试样用到的手持工具

钢曲尺
最小刻度为 0.5mm 的直尺
精度分辨率为 0.1mm 的游标卡尺
圆管试样端部切削器
测斜仪（图 13.40）
金工机钳（图 9.3）
150mm 管夹（图 9.3）
链条扳手（图 9.12）
上述最后三项是将端部密封帽从样品管中移出时的必备工具。

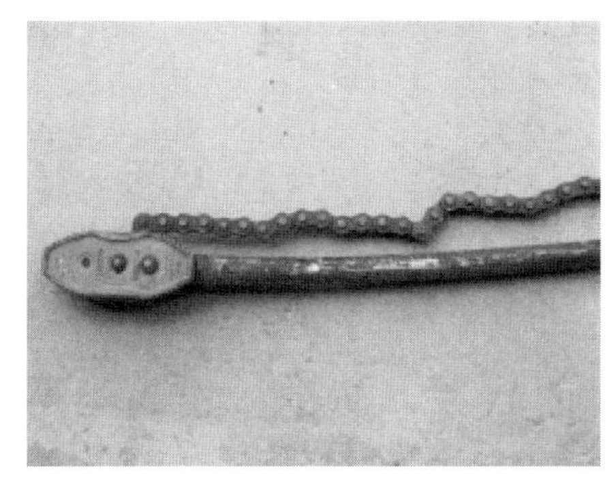

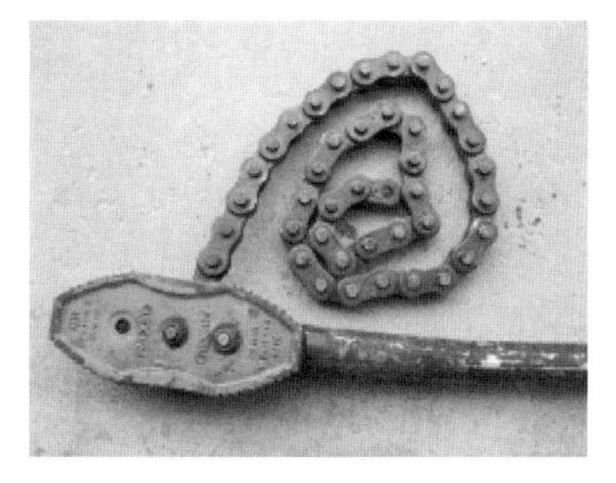

图 9.12 链条扳手（适用于夹持 U-100 样品管和端帽）

5. 其他工具

在试样制备过程中还经常用到如下工具（其中某些工具已在第 1 卷中介绍）：

平玻璃板
金属托盘
表面皿
漏斗
勺子
捣杆
半圆形塑料槽
含水率测量盒（Moisture content tins）
滴定管架
聚乙烯薄膜和袋子
布料
蜡和蜡锅
标签和标记
PTFE喷雾器
稀润滑油
渗透油（例如WD40）

6. 切土器

图9.30展示了一台手动切土器，图9.13展示了一台自动切土器（目前已停产）。切土器的使用方法详见第9.4节。

图9.13　最大试样直径为100mm的切土器

7. 小型振动器

为了制备密实状态下的砂土试样，可以将雕刻工具改造为一个小型振动器（图9.14）。当换上具有方形或圆形底板的推杆时，该振动器可以制备剪切盒试验或三轴试验试样；当装上一个扩展底板时，可以制备渗透试验试样。

### 9.1.3　基本原则

从土样中制备试验试样需要一定的操作技巧和足够的耐心。原状土样的采集成本很高，如果在加工过程中过于匆忙或者不小心，很容易破坏原状土样的结构。修整和测量土样的一些基本技巧请参考第1卷（第三版）中的第1.5节和第3.5.2节，详细的说明和第9.1.2节中列出的仪器的使用方法将在后续展开介绍。

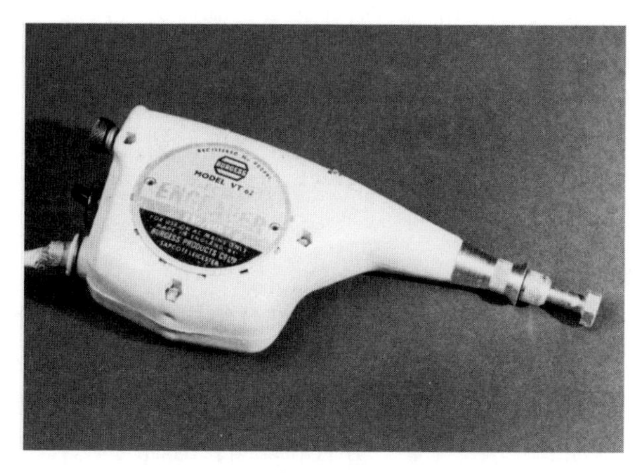


图9.14　手持式振动冲击器（照片由西英格兰大学提供）

1. 工具

手持工具应保持良好的状态，每次使用后应进行清洁和干燥。削土刀在使用前应将刀刃磨锋利，最好经常对切削刃进行复磨以使其保持锋利的状态。磨损的刀片不能继续使用后应包裹后丢弃。用于检查平整度的钢角尺和直尺不能当作抹刀使用，否则其边缘将会磨损并迅速失去平直度。抹刀成本较低，应在这类加工步骤中广泛使用。

2. 样品管和环刀

制备压缩试验试样的样品管大致可以分为普通孔［图9.15（a）］和卸压孔两种类型，卸压孔的样品管内径比其切削口稍微大一点［图9.15（a）］。相比于普通孔样品管，土样进入和移出卸压孔样品管的过程中所受阻力更小，不易对土样造成扰动。将试样从卸压孔样品管中推出来的时候，试样需沿着其进入样品管的方向推出，即从没有切削刃的一侧移出［如图9.15（c）和第9.2.2节所示］。两种类型的样品管都配有塑料端帽。

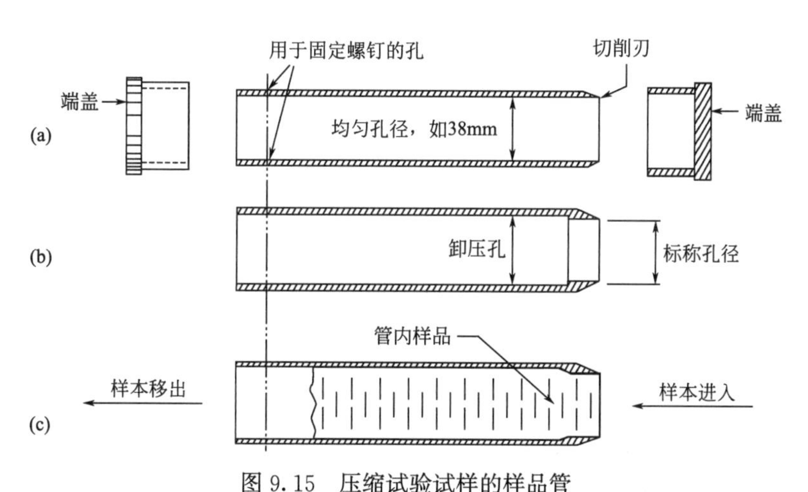


图9.15　压缩试验试样的样品管

（a）均匀孔管；（b）宽松孔管；（c）从宽松孔管中移出试样的路径示意图

样品管的切削刃和环刀在使用前应该仔细检查，确保刀口锋利、状态良好、圆环未发生变形。切削刃内侧的毛刺和凸起应使用半圆形锉刀小心移除。切削刃内表面应保持光滑，可以考虑在其表面涂一层薄润滑油或喷一些 PTFE 喷雾。样品管应定期检查，以确保其外形保持正常的状态，样品管和切削刃在使用后应及时清洗和干燥，并将切削端口拆卸下来进行保护。

3. 分体式成型器

分体式成型器一般由 2～3 部分组成。由 3 部分组成的分体式成型器的接触面上通常由数字或者字母进行标记，以确定各部分可以按照正确的顺序进行组装。

第 9.1.2 节中的第四类分体式成型器用于固定从样品管中推出的试样，从而将其修剪至所需长度。这样能确保试样端部平整，并且和样品管的轴线垂直。第五种类型的分体式成型器用于将土体击实或重塑，以制备重新击实试样或重塑试样。各部分组件间必须用夹具牢固地固定在一起，如果分体式成型器中没有提供夹具，可以采用 2～3 个合适尺寸的连接螺旋夹代替。有些分体式成型器包含一个可以安装空心管的连接部件，用于在上样塑型过程中使样品管内壁与附着的橡胶薄膜紧密贴合在一起。如果使用这种方法，分体式成型器各部分之间的接触面上应该用硅脂涂层来密封。

4. 推土器及配件

连接样品管的推土器及其组件应保持良好状态，使用后应进行清洗，尤其要清除螺纹和轴承表面的污垢，以防损坏。尤其要在螺纹上涂上一层薄油，可以防止它们粘在一起，但要防止粘上灰尘。每次使用后都要检查所有的紧固螺钉和螺母，并建议多准备一些备用。

在组装样品管和切削工具以及用于挤压的各种配件时，必须将所有部件对齐并牢固固定，以确保在挤压过程中，各部件承受较大荷载时仍可以保持对齐。在将 U-100 样品管连接到推土器上时，将样品管端部和推土器恰当配合，避免出现螺纹错位，并旋转几圈将螺纹拧紧。

如图 9.16 所示，某些推土器顶板可能没有螺纹，但加工有斜角以允许容纳不同类型的样品管或衬管。以这种方式改装的装置应该配备适当的保护装置，以防止在两个接触的顶板和样品管之间意外夹住手指。

5. 样品

在制备原状样时，要避免对用于制样部分的土体的扰动，并保护样品免于干燥。避免太大的切口，否则可能会对样品管或环刀内的土体产生扰动。用刀切割会在表面产生“涂抹”效应，在某些试验中可能会阻碍排水。应避免用任何类型的刀片过度“擦拭”表面。涂抹效应可以通过用细铜丝刷轻微划破裸露的表面来消除。

土体中存在的小石子或硬结节是造成样品修整困难的常见原因之一。可将样品表面突出的石子小心移出，并在移出后产生的空腔内适当地填充样品“基质”材料。

石子是导致切削刃和样品管破坏的最常见因素，因此，在挤压样品的过程中，应仔细观察可能含有石子的土体，以便在样品产生凹槽或刻痕之前，及时将卡在切削刃上的石子移除。

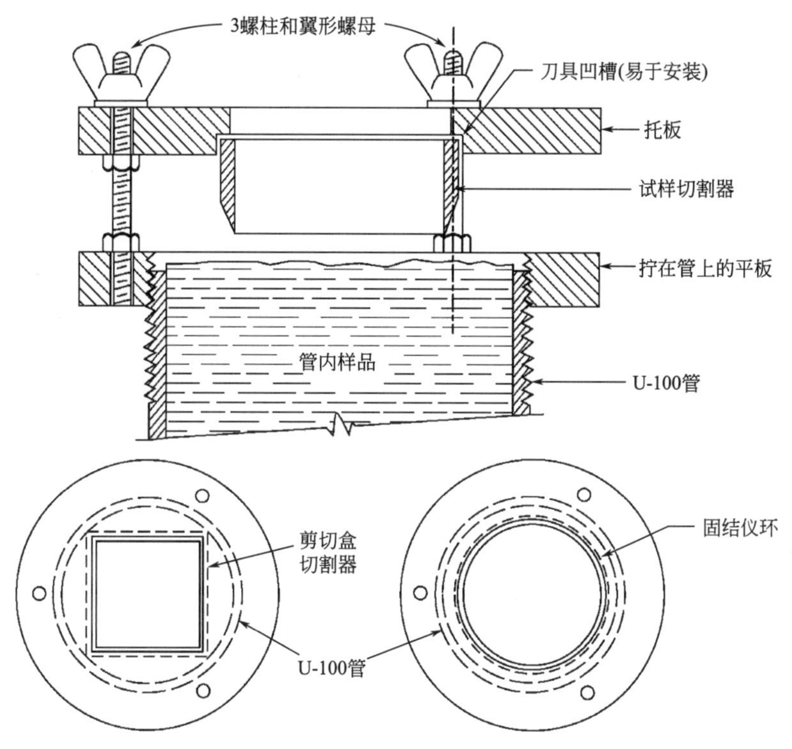


图9.16 立式推土器上固定剪切盒刀具或固结仪环的夹具

在从取样管中挤出样品之前，应详细记录样品特征。然后，小心地卸下端盖、所有包装材料和蜡封材料。紧邻推土器推杆一侧的土样表面应修剪平整。

样品在制备过程中处于裸露状态时，须加以保护，以防干燥。为此，样品制备室的相对湿度应保持在95%左右。在没有条件保持制备室相对湿度的情况下，可以通过在工作台上搭建一个小的“帐篷”，用滴定管支架支撑一块小小的湿布来提供局部湿度。

任何一个样品或试样都不能不做保护地裸露在空气中，即使是几分钟也不行，正确的做法是用一片聚乙烯或类似的不透水材料将土体包裹。该方法同样适用于样品管中土样裸露端部的处理。在放回储存箱之前，应按照第1卷（第三版）第1.4.4节中的介绍，用蜡保护样品。

## 9.2 从样品管中制作未扰动试样

### 9.2.1 敞口打入式取土器

BS EN ISO 1997-2：2007规定用于强度和压缩性测试的样品质量等级应为Ⅰ级标准。BS EN ISO 22475-1认为利用诸如U-100之类的敞口打入式厚壁取土器获得的样品，虽然在英国被广泛应用于抗剪强度和压缩性测试，但是实际上样品质量最高等级为Ⅱ级。只有钻芯样或压入式薄壁取土器取得的土样才可以被OS-TW BS EN ISO 22475-1认定为符合Ⅰ级标准。

近年来开发出一种敞口打入式薄壁取土器（Gosling和Baldwin，2010），达到了相关标准对取土器的结构要求（壁厚3.0mm，截面积占比低于15%，内间隙比<0.5%，端部锥角<5°）。该仪器的可靠性已通过现试验的检测。在硬黏土的抗剪强度试验中，使用该薄壁取土器制备的试样其不排水黏聚力明显高于使用传统取土器制备的试样。因此，尽管这种由Gosling和Baldwin设计的UT-100新型取土器无法制备符合Ⅰ级标准的样品，但相对于传统的U-100取土器已经有了明显提升。

压入式及打入式薄壁取土器可能会得到越发广泛的应用。传统的推土器也要进行适当改进，这是由于UT-100薄壁取土器的壁厚减小了，无法适配英国标准的4in管螺纹，因此采用了方形螺纹。

### 9.2.2　原状样品的制备方法

下面介绍利用U-100样品管从钻孔现场取样的方法，该方法也适用于其他型号样品管的现场取样。

在样品管被安装在推土器上之前，必须明确管子的顶部和底部位置。建议采用贴标签的方法标明哪一端是顶部，尽量避免根据端帽进行判断，因为端帽有可能在无意中被互换。

当样品从样品管的底部推出时（样品管以底朝上的方式安装在立式推土器中），采用样品管最下部受扰动程度最小的土体进行试验。为了尽可能减少诱发复杂应力的情况或应力释放的可能性，通常的做法是将土体沿着其进入样品管的方向推出。然而，在样品管打入的初始阶段，由于钻探的扰动，有可能在样品管顶部产生一段未知长度的扰动土样。因此，如果一定要采用样品管顶部附近的土体进行试验，应首先切除可能已受扰动的土体。

如果蜡封盘的表面比较平整，可以将其留在原处。这样有助于将推土器活塞推杆（直径略小于样品管内径）的力均匀地传递至样品截面上。

在随后的试样制备介绍中，“顶部”和“上部”并不代表现场采样时样品的顶部（安装时样品管顺序可能颠倒），而是单纯表示样品在推土器中的几何相对位置。

### 9.2.3　从U-100样品管中制备剪切盒和固结试验试样（BS 1377-1：1990：8.6）

将原状样品从U-100管中推出至试样环刀时（例如边长60mm的剪切盒试样，或直径75mm的固结试样），最好利用特殊设计的夹具将环刀固定在样品管上。环刀夹具与立式推土器的连接方式如图9.16所示，确保土样以最小的扰动垂直地推入环刀。每个形状和大小不同的环刀都需要一个特制的支架，可以将其通过螺栓或夹固的方式固定在夹具上。

试样制备方法如下，一个20mm厚的试样中土体粒径不应超过4mm（参考第12.5.4节和第14.5.1节）。

（1）通常将样品管底部朝上安装到推土器上，通常将样品管的底端朝上。取下保护层，推出并移除松散或受扰动的土体，然后挤出一小段（20～30mm）样品进行质量检查或测定含水率。

（2）用钢丝锯或削土刀将推出部分的土样切断，将剩余样品的端部修剪平整，使之与样品管端部齐平。

（3）将夹具安装在样品管的端部，将试样环刀固定在适当的位置，使环刀与样品管内土体表面之间有一个约5mm的空隙。如果环刀无法固定在支架托盘上，则将环刀放置在样品表面，在样品向上挤压的过程中固定在合适的位置。

(4) 平稳地将样品推出，对于溢出环刀范围的土体，将其切削至比环刀表面高约几毫米的高度 [图 9.17 (a)]。

(5) 利用钢丝锯将样品靠近样品管的一侧切断 [图 9.17 (a)]，沿环向由外侧逐步向中心方向切割。

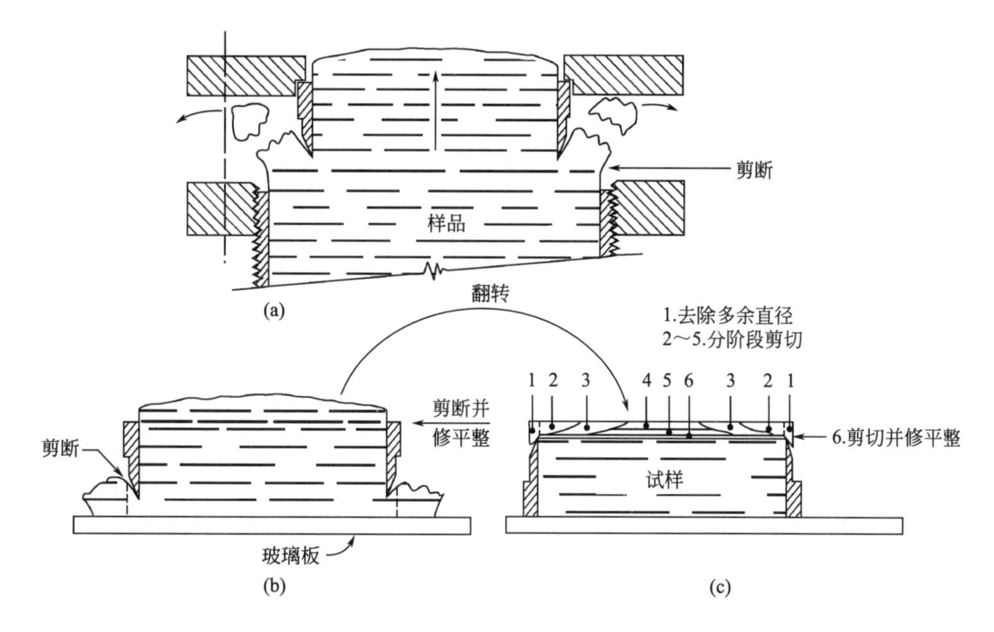


图 9.17　利用环刀从 U-100 样品管中制备试样

(a) 从样品管推入环刀；(b) 修正底部端面；(c) 修正顶部端面

(6) 从样品管中移出夹具，从夹具中取出环刀，注意防止试样从环刀内脱落。

(7) 将样品和环刀放置在平板玻璃上，切除环刀上方的多余土体 [图 9.17 (b)]，将切削面修剪平整，使之与环刀端部齐平。

(8) 如图 9.17 (c) 所示，把环刀翻转过来，利用锋利的刀片将超出环刀内径的环形部分土体切除，然后逐步把多余土体沿水平方向切至离环刀表面约 1mm 的地方。

(9) 小心地将试样端面修剪平整，使之与环刀切削刃齐平，避免损伤切削刃 (图 9.18)。

在修剪操作过程中，应尽量避免试样过度重塑或表面涂抹。用角尺检查表面平整度，具体操作请参考第 9.1.3 节。

如果没有合适的夹具，则在上述第 2 阶段后推出长约 50mm 的样品，将环刀定位在合适的位置 (图 9.19)，在将环刀压入土样的过程中，利用削土刀不断地将环刀外侧的多余土体切除 (图 9.20)。利用钢丝锯将试样从样品管端部切断 (图 9.21)，然后重复步骤 (7) 之后的程序。

### 9.2.4　从 U-38 管中制备压缩试样的方法 (BS 1377-1：1990：8.3)

接下来介绍利用直径为 38mm 的样品管取样，制备直径 38mm、长度 80mm 试样的步骤。样品管中的土样可以直接从现场切取，也可以从实验室中较大的管状样品或块状样品中切取。

图 9.18 在固结仪环内修剪试样表面

图 9.19 从 U-100 样品管中推出部分土体至环刀进行手工修整

图 9.20 在环刀压入样品过程中切除环刀外侧土体

图 9.21 用钢丝锯切断环刀内试样

类似的步骤也可应用于其他型号样品管中的试样（最大直径不超过 70mm）。适用于更大直径试样的方法在第 9.2.5 节中给出。

通常需要将试样修剪成长径比为 2∶1 的圆柱体，长径比也可以稍微扩大。对于直径为 38mm 的试样，最大土体粒径不应超过 6.3mm；对于较大的试样，最大粒径不应超过试样直径的五分之一（表 13.3，第 13.6.1 节）。

（1）移除保护层，修剪掉多余的土样，使试样端部与样品管端部齐平。

（2）将样品管和组合模连接到推土器上，其中，组合模具用来接收从样品管中推出的土体。样品管有切削刃的一端远离组合模具，以便试样离开样品管的方向与其进入时保持一致（图 9.22）。仔细检查，确保样品管和组合模具之间保持对齐。然后插入夹具，使组合模具固定在正确的位置（图 9.22）。在样品和推杆压头之间放一张油纸，或在压头表面涂上少许油，以防止土体附着在上面。

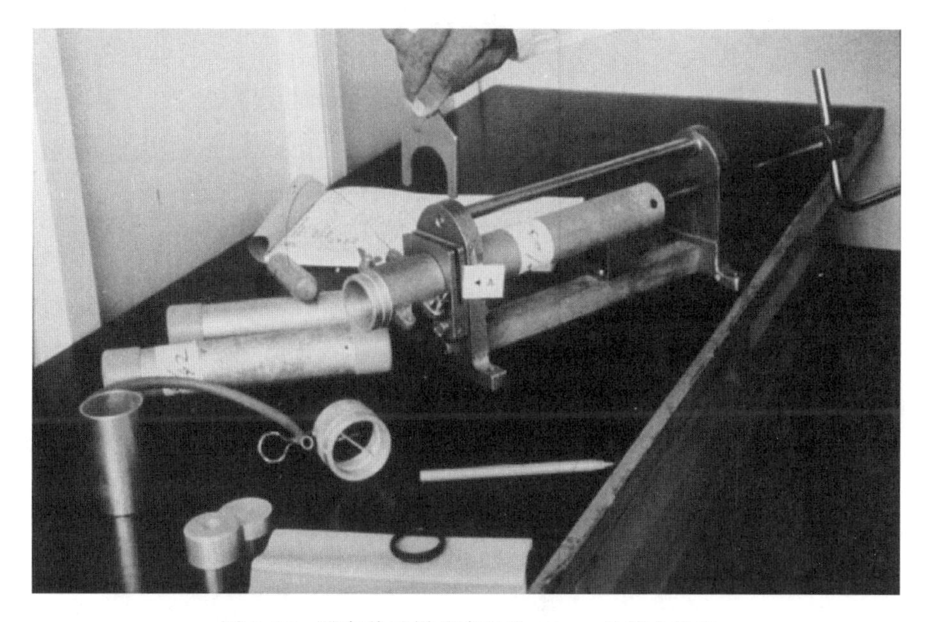

图 9.22　准备将试样从直径为 38mm 的管中推出

（3）平稳地转动推土器手柄，将样品推出至组合模具内部，然后收回推土器推头。将样品管顶部附近扰动土体推至组合模具的端部以外，以便将其切除（图 9.23）。

（4）用钢丝锯切除多余土体，利用修边器（图 9.24）或削土刀将样品端部修剪平整，使之与模具端部齐平。

（5）为防止样品末端水分流失，采用聚乙烯薄膜将样品管端部密封，同时将剩余土体打包密封，在试样和剩余土体上贴上清晰的标签。

（6）当准备测试时，将试样直立在平整的表面，然后小心地拆下组合模具，修补试样表面的缺陷。

如果没有螺杆式推土器和组合模具，也可以使用带刻度的推杆代替。利用样品管的切削刃将试样切削平整。将样品管中推杆推至规定的长度（通常为 76mm），推杆上的刻度表示长度为 230mm 的标准取样管中剩余样品的长度［图 9.10（a）］。如果使用了不同长度的管，则必须计算出等效刻度读数。剪除挤出的土体，将试样端部与样品管顶端修剪齐平。准备测试时，从相同方向利用推杆将试样推出样品管。

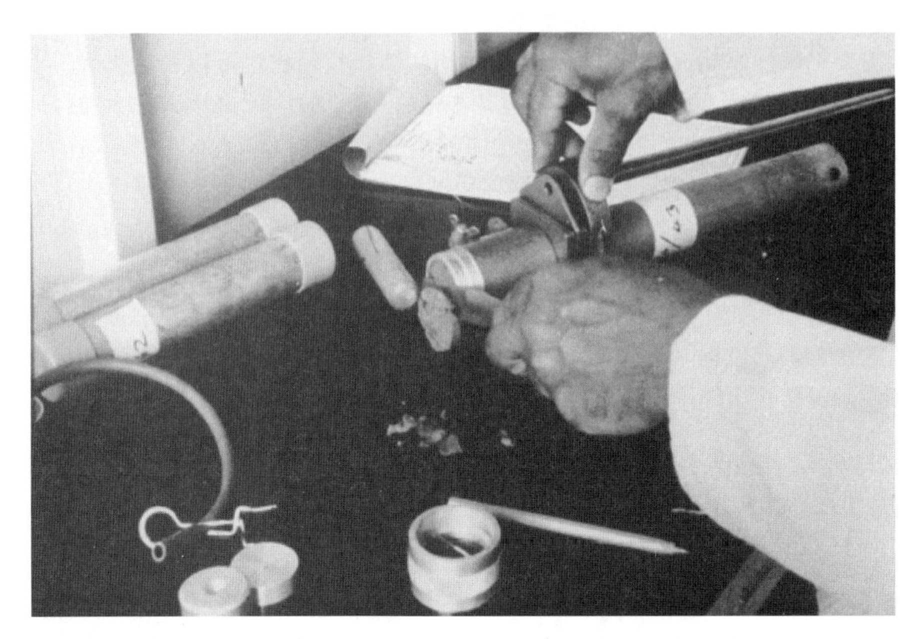

图 9.23　切除组合模具中直径为 38mm 试样的多余土体

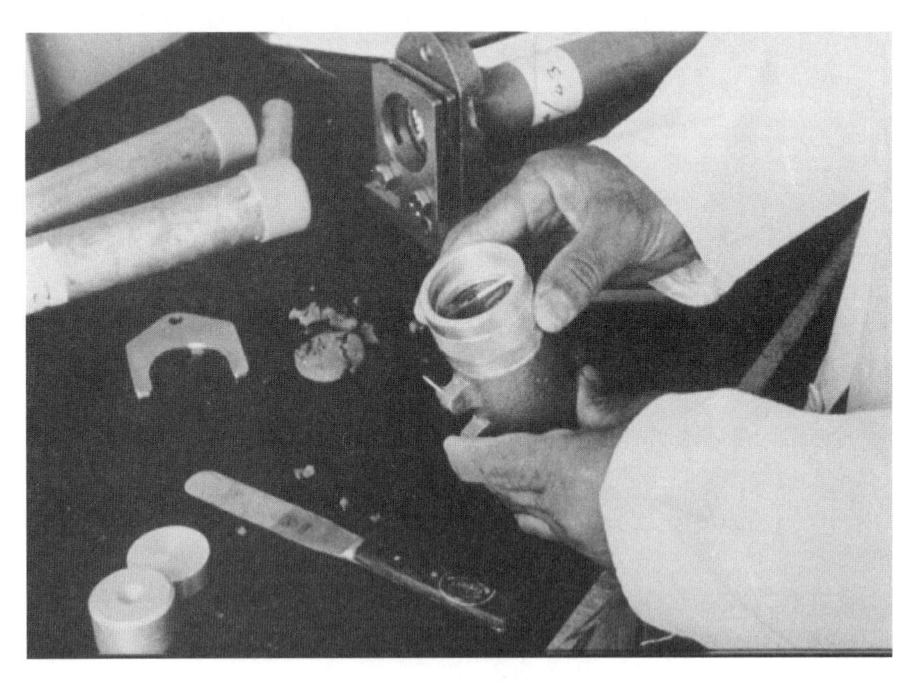

图 9.24　使用修边工具

## 9.2.5　利用 U-100 样品管制备一组压缩试样（BS 1377-1：1990：8.4）

本节介绍利用 U-100 样品管制备一组三个的 38mm 直径试样的方法，该组试样均取自样品的同一水平位置，是英国三轴试验中常用的方法。采用类似的方法还可以制备试样直径小于样品管直径的单个试样。

(1) 选择三个直径为38mm的相同类型的切削管，在其表面涂上少量的润滑油(第9.1.3节)。将三个切削管安装到如图9.8(b)所示的三管适配器上，利用螺钉和切削管顶部螺纹孔的配合，将圆管固定在相应位置上。

(2) 将样品管固定在推土器上。

(3) 取下保护层，推出所有松散或受扰动的土体。

(4) 每次推出一小部分样品，直到待测层的上表面显露出来，然后把多余的土体切除，并利用切削管的端部将样品截面修剪平整。

(5) 将三管适配器牢固地连接到样品管的末端，使切削管的切削刃距离样品管末端上方约10mm，保证将切削管与样品管对齐。

(6) 缓慢地推出样品，直到样品边缘接触到切削管的切削刃，然后再次检查样品管和切削管是否保持竖直和相互平行的状态。

(7) 继续以稳定的速度推出土样，保证切削管在该过程中不发生开裂，移除切削管外侧可能造成阻塞的多余土体(图9.25)。当土样占据切削管的1/2或2/3时，停止推土工作。

(8) 剪除切削管周围和切削管之间的土体，这些剩余土体可以用来进行天然含水率测试和液限测试等常规土工试验，但应该保留部分土样以备后续检查。应该详细地记录推出长度内土体类型的变化。

(9) 利用钢丝锯切断靠近土样管顶部的土体。

(10) 拧下螺钉，拆卸三管适配器。用蜡重新密封土样并更换盖帽，以保护留在样管内的土样。

(11) 将切削管端部土体剪掉并修剪齐平。

(12) 从适配器上取下切削管，清除附着在切削管外部的土体。安装端盖，防止水分流失。

(13) 清洗适配器，并重点清洗螺纹内的土体。

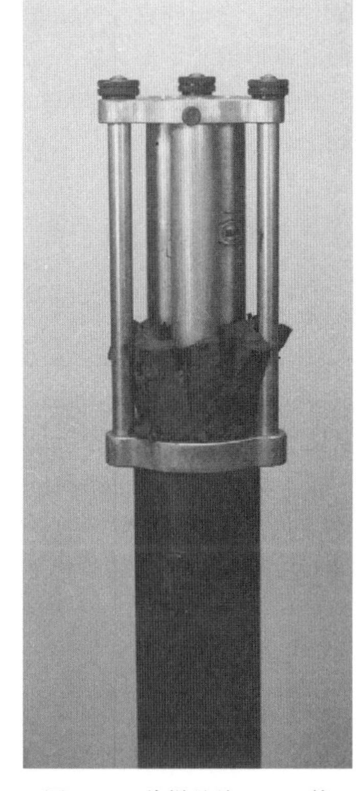

图9.25　将样品从U-100管推入三个直径为38mm的管

切削管中试样的推出和切削制备过程参考第9.2.3节。

### 9.2.6　从U-100样品管中制备单个100mm试样的方法(BS 1377-1：1990：8.4)

下面介绍在英国使用的利用标准U-100或U-4采样管制备“全芯”试样的方法。该方法同样适用于制备其他直径超过70mm的试样。制备这样大尺寸的试样需要格外注意，推出、运移和安装过程中可能需要两个人共同操作。

将全部样品从推土器中推出，平摊在特制的槽中或长450mm、直径100mm的塑料槽上。如果样品被水平推出，样品可以直接放在检查槽中；如果样品被垂直推出，在运移和放置到检查平台的过程中，应在塑料槽的中间设置支撑。

应轻轻刮去样品中靠近管壁的表层土体或受扰动土体，使未扰动土体显露出来。通过仔细检查和观察，可以选取测试所需要的试样长度。

在通常情况下，样品管中的土体只能够制备一个试样，但有时也可以从几乎全部充满土样的样品管中制备出两个长度约 200mm 的试样。

在标准 U-100 管的铝合金衬管中取出直径约为 100mm 的样品，可封闭在分体式成型器中，然后切削修剪至规定长度。在钢制 U-100 管中取的样品本身的直径约为 106mm，直径必需修剪至 100mm 才能放入分体式模具。一般来说，最好是在不修剪试样的情况下进行测试，尤其是对于易碎土样或含有碎石的土样。试样可以放置在由两片长为 200mm 的圆槽组成的管道内，以便修剪端部，还可以用来检查试样的平整度和垂直度，必要时可重新修剪。当试样直径略微超标时，试样仍可以放入直径为 100mm 的标准橡胶膜，不需要进一步修剪。

如果样品长度小于 200mm，可先在分体式成型器圆槽中修剪其中一端，然后将试样推出，露出另外一端进行修剪。

## 9.3　未扰动的块状试样

### 9.3.1　剪切盒和固结试样（BS 1377-1：1990：8.7）

下列介绍如何为剪切盒试验准备边长 100mm 的方形试样，以及为固结试验准备圆盘形试样，其中，试样可由黏性土原状块体样品或从样品管推出的样品手动切割整理成型。

（1）切除块状样品外部的大部分多余材料，在样品内部保留一个比测试试样稍大的大致呈方形或圆盘形的块体［图 9.26（a）］。如试样无其他特殊切割角度要求，切削下来的圆盘试样平面应该与其放置平面平行。

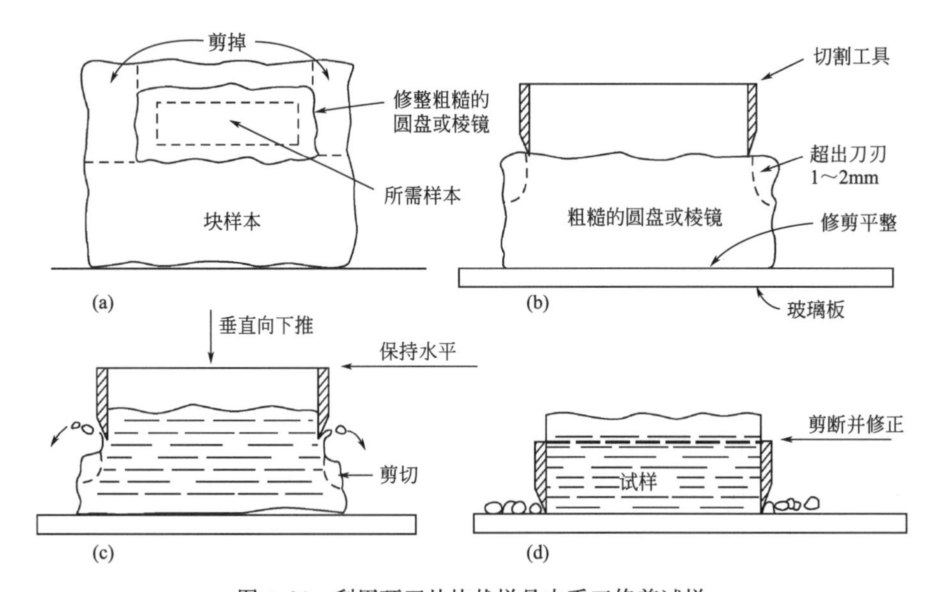


图 9.26　利用环刀从块状样品中手工修剪试样

（2）利用削土刀将样品的一个面修平，并用钢角尺检查其平整度。首先，将修剪好的样品平面朝下，放置在一个平整的平面上，如玻璃板。然后，将样品的上表面大致修剪平整，使其与玻璃板平行。

(3) 以环刀作为基准，将样品切削至超出环刀刀刃 1～2mm [图 9.26 (b)]。

(4) 保持环刀轴线垂直，缓慢平稳地向下按压环刀，利用切削刃将多余的土体切掉并避免引起黏土扰动 [图 9.26 (c)]。确保试样与环刀紧密接触，试样与环刀内壁之间没有空隙，对于方形环刀，一定要注意环刀拐角处的切削质量。缓慢地向下切割，直到环刀接触到玻璃板为止 [图 9.26 (d)]。为了方便切削，可以在环刀的顶部放置一个环刀作为"驱动环刀"，并将"驱动环刀"与切削环刀内壁对齐，在"驱动环刀"顶部放置一个平木板作为平稳的着力点。

(5) 以环刀端部作为支撑，切削掉试样端部的多余土体，并将端面修剪平整，如图 9.17 (c) 所示。

另一种方法是使用如图 9.27 所示的仪器，该仪器可在利用环刀切削样品时，引导固定环刀，使其轴向保持垂直。

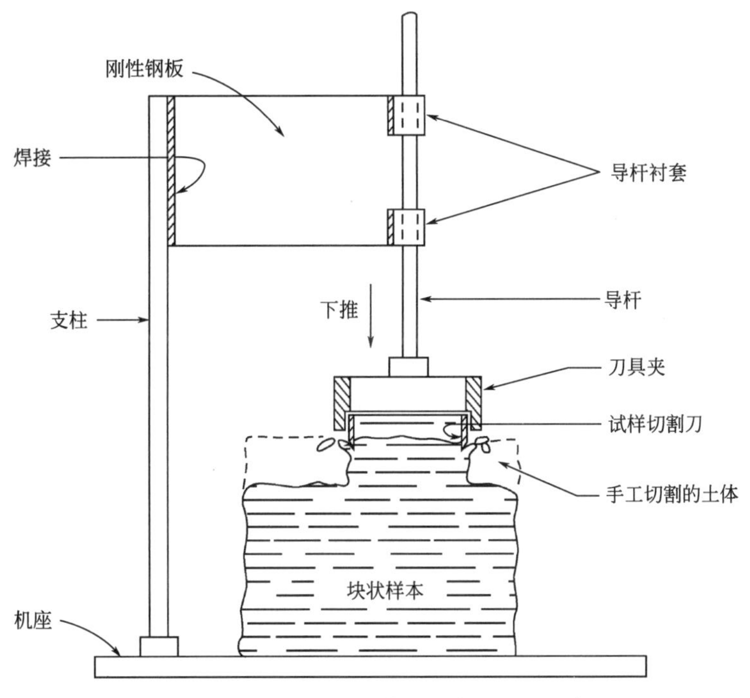


图 9.27　块状试样中修剪制备试样的设备

### 9.3.2　压缩试验试样 (BS 1377-1：1990：8.5.3)

用于压缩试验的直径为 38mm 的圆柱形试样，可以利用一个带有切削刃的内径为 38mm 的薄壁样品管直接从软土或坚硬土块状样品中制备。块状样品的底面应平稳地放置在平面上，样品的侧面水平位移不予限制。在稳定的压力下，将样品管向下压入约 90mm。在图 9.27 所示的仪器上安装合适的管接头，确保样品管的轴线保持垂直状态。抽出样品管之前，应将其旋转一整圈，以剪掉端部的土体。

对于坚硬的黏土，使用切土器可以很容易地制备出满足条件的圆柱形试样（第 9.4

节），在没有切土器的情况下，可以使用类似于第9.3.1节中所介绍的方法：

（1）粗略地切割出一个稍大于所需试样的圆柱体。

（2）将试样一端修剪平整，使其能够直立在玻璃板上，然后再将另一端修剪平整并使两端面保持平行。

（3）使用样品管作为模具，将试样修剪成直径略大于最终尺寸的形态。

（4）随着样品管逐渐前进，允许切削刃切除最后1mm厚度左右的土体，切削过程中样品管轴线应保持垂直状态，如图9.27所示的设备可以实现此过程。

（5）当样品管中的试样长度比要求值略长时，从样品管端部切除所有多余的土体。

（6）余下的制备过程可参考第9.2.3节。

### 9.3.3 大直径试样

直径100mm以上的圆柱形压缩试样比上述常规试样更难制备，在处理时需要额外注意。如果切土器的内部容量足够大，则第9.4节所述的方法可能是制备硬或坚硬黏土试样最简单的方法。

从块状样品中手动切割出圆柱形试样所采用的主要方法与第9.3.2节类似，为减小操作难度，应避免直接使用全尺寸的样品管进行切削，在制备的最后阶段采用U-100环刀将试样切削至目标直径（图9.28）。该步骤也可用于从变水头渗透试验的样品管中制备原状样（第10.7.2节）。如果有合适的环刀，无论是块状样还是原位样，都可以采用类似的方法从CBR试验试样筒中制备出原状试样（第11.6.8节）。

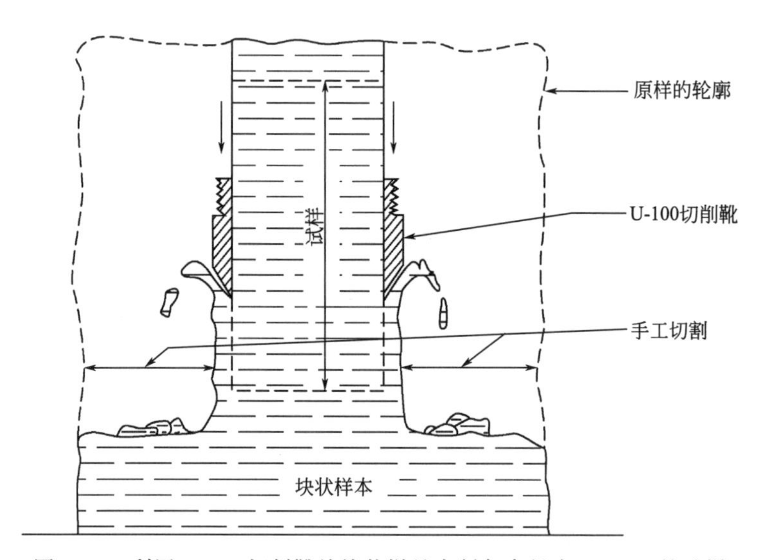


图9.28　利用U-100切削靴从块状样品中制备直径为100mm的试样

### 9.3.4 大型剪切盒的块状样品

对于某些块状样品，当无法从其中制备出合适的小型试验试样，或小型试样无法准确反映其性质时，有时需要进行大型的剪切盒试验。

对硬质裂隙黏土和软岩之类的块状土样处理和准备时，需要非常谨慎。对于有些材料，尤其是高度裂隙化的材料，只有通过在现场利用剪切盒直接取样的方法，才能得到满足条件的样品。因此，有必要多增加一盒样品作为备份。卵砾土、煤矿渣土和其他工业废渣黏性土等材料也可以采用块状样品制备，在相对未扰动的情况下进行测试。

进行大型剪切盒试验而制备块状样品的步骤如下：

(1) 修剪块状样品的下表面，以使其可以平稳地放置在平坦的台面上。

(2) 将样品上表面修剪平整。

(3) 将剪切盒的一半放在样品上部，并用刀片标记出剪切盒内表面的轮廓。

(4) 将剪切盒的上半部分从样品中取下，沿着轮廓线的形状，在其外侧约 5mm 处修剪出一个比轮廓线略大的方形块体，块体的高度为剪切盒高度的一半［图 9.29 (a)］。

(5) 切除样品上部 20mm 厚度的土层，使样品上剪切盒留下的轮廓准确地显露出来。

(6) 重新换上半个剪切盒，将其放置在将要被修剪的样品上［图 9.29 (b)］。

(7) 保持该半个剪切盒水平，轻轻地向下按压剪切盒，切削掉多余的土体，使样品和剪切盒紧密地贴合在一起；当样品全部充满剪切盒时，停止按压［图 9.29 (c)］。

(8) 将剪切盒的另一半叠放在正确位置，确保上下两部分完全对齐，并用螺栓或夹具牢牢固定在一起。

(9) 将土体切割至略超过所需试样厚度的深度，使其轮廓在盒子尺寸外约 5mm［图 9.29 (d)］。

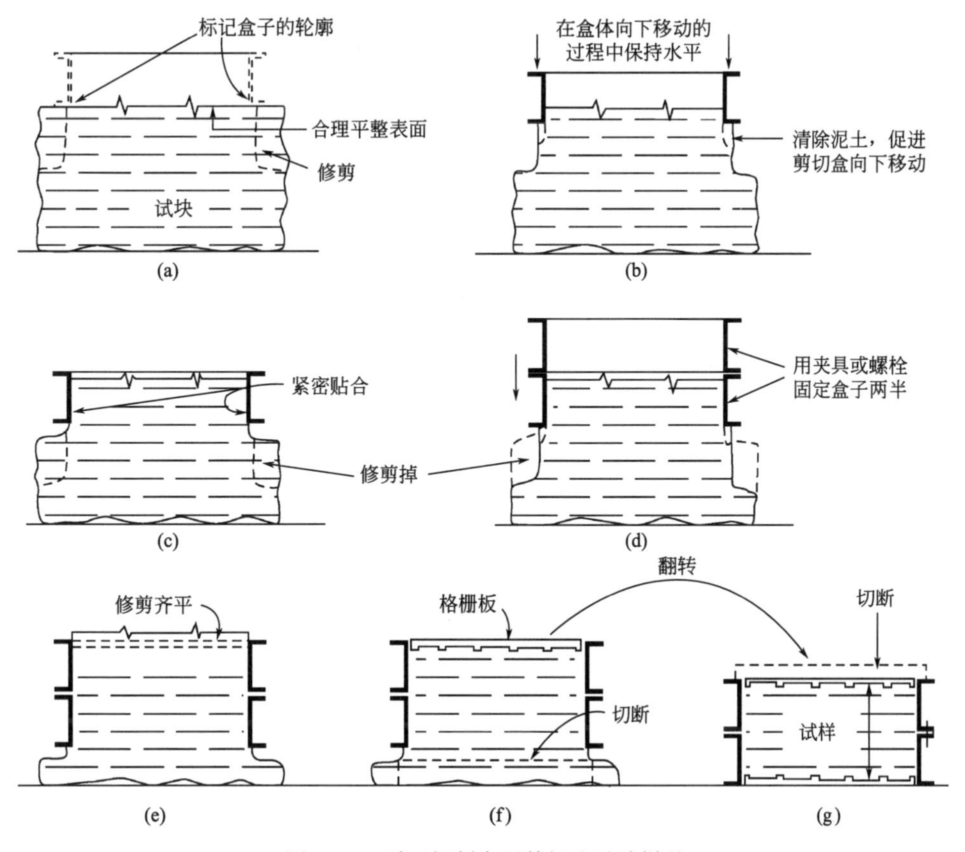


图 9.29　手工切削大型剪切盒试验样品

（10）重复步骤（7）中的动作，边向下按压剪切盒，边修剪土体，直到土体刚好超过剪切盒顶部的法兰盘［图9.29（e）］。

（11）切除多余的土体，修剪平整试块的上表面，使之与剪切盒端部齐平。

（12）继续修剪试块的端部土体，使端部平面整体向下移动约一个底部格栅板的厚度，使剪切盒底部的格栅板可以很好地和土体表面贴合在一起［图9.29（f）］。

（13）将试块翻转过来，重复步骤（12），以保证在试块上部也能够安装格栅板［图9.29（f）］。如果有可能，在该步骤开始前，从剪切盒下部约20mm处将试样和加工样品提前分离。

上述步骤完成后，试样就可以转移至剪切盒试验台。

在修剪过程中，如有较大的颗粒从制备好的试样截面上掉落，应该用细的离散性材料填充其空隙。在试样制备过程中，一定要保证试样和剪切盒紧密地贴合在一起，如果有必要，可以额外添加一些粉细土体，并用长刀片将其压实。

### 9.3.5　封装（BS 1377-1：1990：8.5.4）

第9.3.1节和第9.3.2节中描述的方法不适合制备易碎土的试样，本节将介绍易碎土试样的制备方法，该方法可用于从不规则土体、圆柱形或矩形样品中制备试样。

（1）利用保鲜膜或石蜡，在土样表面形成防水涂层。

（2）将样品放在可以安装在推土器上的容器中，如1L规格的击实筒。

（3）用糊状石膏将样品包裹，确保样品被完全封装。也可在样品周围填充一些湿砂。

（4）等待石膏凝固，但不要完全硬化，通常情况下凝固一个晚上足以满足要求。

（5）将装有封装土样的容器安装在液压推土器的支架上，如图9.30（a）所示，在推杆上安装合适的剪切环和驱动环，以持续平稳的速度将剪切环压入土样。

（6）如图9.30（b）所示，另一种方法与步骤（5）中的切割方式相反，即将剪切环

(a)

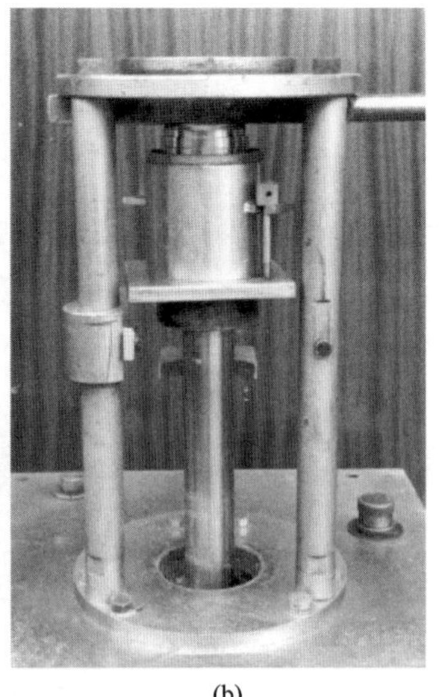

(b)

图9.30　从封装样品中制作测试试样

（a）将环刀压入样品；（b）将样品顶入环刀

和驱动环固定在支架上，用液压推杆推动样品进行切割。当土样存储在样品管中时，该方法显得尤为重要，因为它可以在切割过程中通过滑动导板给样品管施加水平限制，防止样品管发生倾斜。

(7) 试样具体的修剪和准备工作见第 9.2.3 节。

## 9.4　切土器的使用方法

### 9.4.1　手动切土器 (BS 1377-1：1990：8.5.2)

如图 9.31 所示，小型手动切土器主要用于切割直径为 38mm 或 50mm 的较硬或者坚硬黏土试样。当采用切土器制备软黏土试样时，土样可能受到过度的扰动，对这一类型的土可以利用样品管制备符合条件的试样。

土样安装在切土器上之前，应该先用切刀或钢丝锯将样品粗略地修剪成形［图 9.31 (a)］。修整后的样品长度应比要求的标准试样稍长一些，样品两端面要修剪平整并且互相平行。样品两端面安装在切土器的两切盘之间，样品顶面与上切盘紧密固定在一起，可以使土样得到稳定的支撑。通过一系列精细的垂直切割，将多余的材料逐步从样品中切除，在切割过程中需要不断地缓慢转动样品［图 9.31 (b)］。对于硬黏土，使用钢丝锯切割比较合适，但对于更坚硬的黏土，用锋利的刀片切割可能效果更好。要避免因拖动土体而导致的畸变变形。样品中存在的石块或硬结块应小心清除，并利用切削下来的细粒土填充由此产生的空隙。

(a)

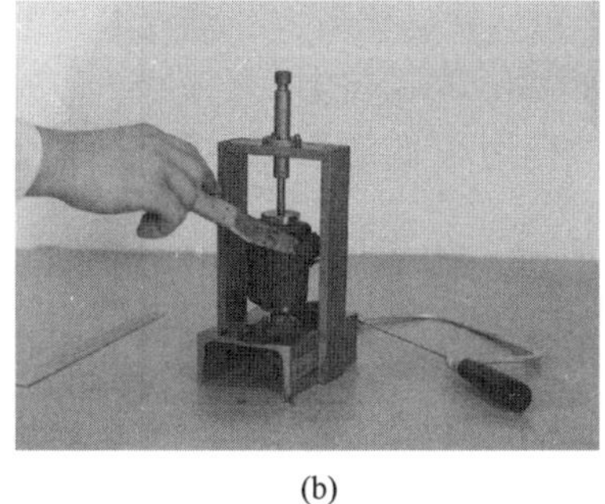
(b)

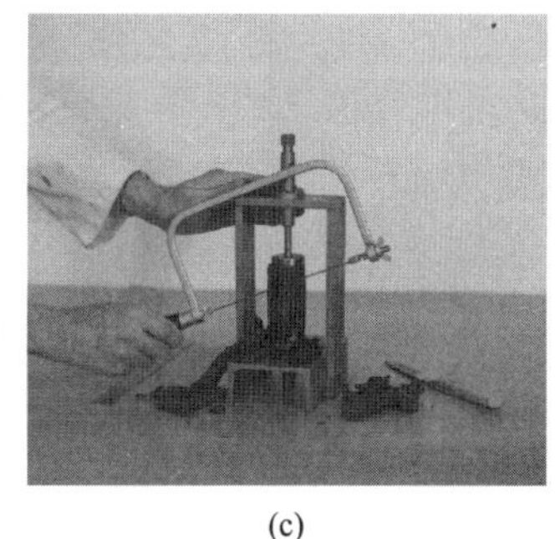
(c)

图 9.31　切土器的使用方法

(a) 粗略修剪样品并安装在切土器上；(b) 逐步垂直切割除去多余土体；
(c) 利用钢丝锯和垂直导板将样品修剪至最终直径

如图 9.31 (c) 所示，当进行最后几道切割时，利用切土器的机架作为钢丝锯导面，将样品精确修剪至最终直径。如图 9.32 所示，有一种类型的切土器安装有一个可旋转的偏心圆盘，因此，可以精确地制备直径为 38mm 或 50mm 的试样。首先，对试样进行轻微的旋转切割，直到加工得到光滑的圆柱形表面为止。然后，将试样转移至分体式成型器中，利用钢丝锯或切刀将样品修剪至规定长度。

### 9.4.2　自动切土器

自动切土器的使用方法与上述手动切土器类似。图 9.13 中切土器的主要优点是可用

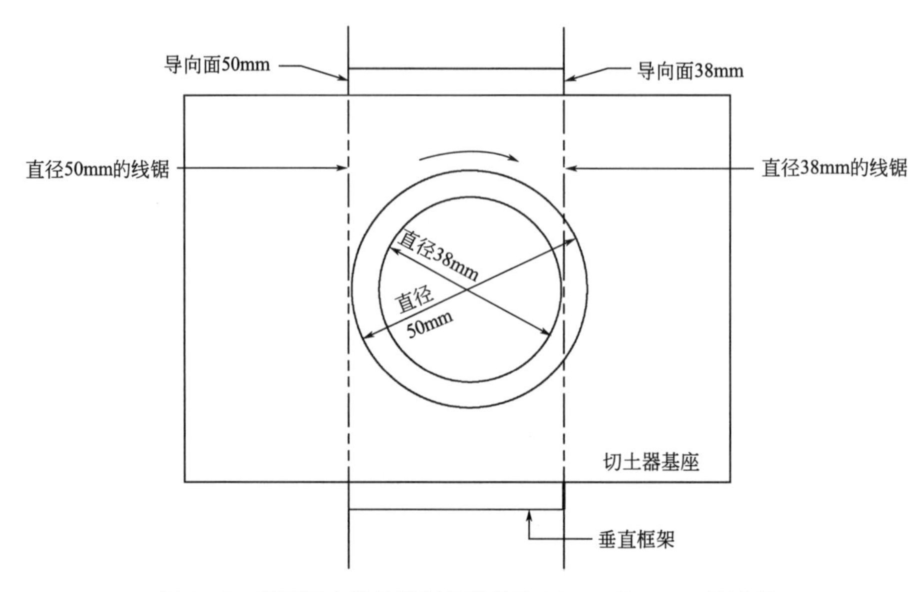


图 9.32　利用切土器导板制备直径为 38mm 或 50mm 的试样

来制备直径达 100mm、长度 350mm 的圆柱形试样。修剪试样使用钢丝锯或切刀，而不是安装在机器上的刀具。每次的切割量要小，因为太深的切口可能会使样品变形或断裂。如图 9.33（a）所示，样品在每次切割前进行几度的旋转，试样在进行竖向切割时，利用切土器上下圆盘的固定作用而保持静止不动。传统的“车削”过程如图 9.33（b）所示，其切削原理与在车间车床上车削金属棒过程类似，会在土体中产生扭转应力，这可能会导致试样的过度扰动，在制备试样时应避免使用该方法。一个可行的方案是在试样剪修的最后阶段，将自动切土器的转速调整至很低的水平，利用钢丝锯或削土刀轻微地切割至标准尺寸。

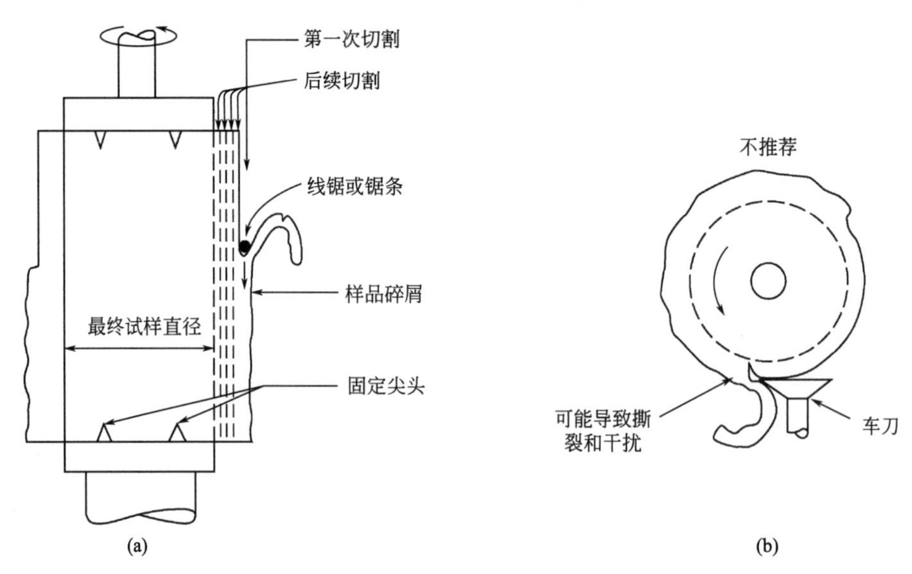


图 9.33　切土器的使用方法

（a）建议在静止试样上进行精细竖向切割；（b）不建议旋转切割（“车削”）

## 9.5　重新击实试样（BS 1377-1：1990：7.7）

### 9.5.1　击实标准

土体的标准击实方法已在第1卷（第三版）的第6章中介绍。有时需要按照特定步骤对重新击实的试样进行抗剪强度、压缩性或渗透性试验。下面介绍击实方法（CBR测试的重新击实方法将在第11章第11.6节中单独介绍）。

在制备击实样品之前，必须确定击实的标准。击实是为了达到以下两个目的之一：

（1）使土体达到一个指定的干密度或孔隙比；

（2）对土体施加一个已知的击实功。

第一个目的在任何尺寸的试样模具中都不难实现，因为填充已知体积所需的土体质量是可以计算出来的。然而，使样品密度在整体体积内均匀分布是很重要的，可能需要做一些初步试验。

通过使用公认的标准击实步骤，例如第1卷（第三版）第6.3.3节中表6.3概述的步骤，第二个目的可以很容易在标准击实筒中实现。在较大的击实筒中，击实度的增加与土体体积正相关，从表9.1可见一斑。当击实筒相比于标准击实设备太小而需要利用手动小型夯锤进行击实时，应对击实度进行试验标定。诸如哈佛击实机之类的小型击实设备［第1卷（第三版）第6.5.10节］为手动击实提供了一些控制措施，也提供了与标准击实步骤相比较的方法。

**大型土样的击实**　　**表9.1**

| 试样尺寸（mm） | 体积（$cm^3$） | BS“轻”击实（2.5kg冲击锤） | | BS“重”击实（4.5kg冲击锤） | | 颗粒最大尺寸（mm） |
|---|---|---|---|---|---|---|
| | | 层 | 击/层 | 层 | 击/层 | |
| 100×200 | 1571 | 5 | 25 | 8 | 27 | 20 |
| 105×210 | 1818 | 5 | 29 | 8 | 31 | 20 |
| 150×300 | 5301 | 8 | 54 | 13 | 54 | 28 |

如果有足够多的材料，相比于将黏性土直接在小型样品管或环（第9.5.3节和第9.5.4节）中击实，将样品在标准击实筒（第9.5.6节）中击实是一个更好的选择。击实样品可以采用与原状样相同的推出和修剪方法。对于较大的样品，如直径100mm、高200mm的圆柱形试样，可以直接在样品成型器中击实。

### 9.5.2　土体制备

用于制备试样的土体应按第1卷（第三版）第6.5.2节的介绍进行制备，初始阶段不应该干燥土体。

使用适当的筛子除去尺寸过大的颗粒，颗粒最大尺寸取决于测试的类型和试样尺寸，即高度（$H$）和直径（$D$），总结如下。

| 测试类型 | 颗粒的最大尺寸 |
| --- | --- |
| 剪切盒试验 | $H/10$ |
| 固结试验 | $H/5$ |
| 抗压强度试验（$H \approx 2D$） | $D/5$ |
| 渗透性试验 | $D/12$ |

通过细分土体来提供具有代表性的土颗粒尺寸。通过加水并充分拌合或在严格控制下使部分空气干燥（防止出现局部过度干燥，第1卷第6.5.2节第5条），可以将含水率调至所需值。测定土体含水率时需选用具有代表性样品。将准备好的土体放入密封的容器中，在击实前至少保存24h。击实后，将土体密封在击实筒中，静置至少24h后再修剪试样。

### 9.5.3　剪切盒和固结仪试样

如果可用土量不足以填满压实模具（第9.5.5节），可以直接将土体在环刀中压实或重塑来制备小型剪切盒试验和固结试验试样。首先，使土体达到所需的含水率；然后，将环刀放置在玻璃板上，将土体分成两层或三层填入环刀中并夯实，在此过程中，保持环刀与玻璃板紧密接触。夯实可以采用以金属平板作为击实端的推杆，也可采用能控制夯实量的哈佛压实设备［第1卷（第三版）第6.5.10节］。所需夯实程度应提前通过试验确定。在进行试验之前，要将试样端面修剪平整、密封并静置至少24h。

### 9.5.4　压实38mm直径试样

如果可用土量不足以填满击实筒（第9.5.5节），可以将土体直接在38mm直径的样品管或可分离模具中进行击实。类似的制备流程也适用于直径不超过70mm的其他尺寸的试样。如需使土样达到一定密度，可以采用金属棒手动击实，或通过压力机施加静态压力进行压实。称出适量的土体，在已知体积的样品管或模具中压实。

手工夯实难以保证始终能达到指定的击实效果，因此需借助哈佛击实设备［第1卷（第三版）第6.5.10节］来实现。但是，该装置应首先使用类似材料按照标准步骤进行校准。试样击实后应密封并保存至少24h，然后才能取出测试。

### 9.5.5　击实筒的使用方法

在有充足材料的情况下，制备击实试样最理想的方式是将土体在击实筒中击实。如果对试样含水率和压实度有特殊要求，则需要在土体达到规定含水率后，按照第1卷（第三版）中第6.5.3节、第6.5.4节或第6.5.5节给出的步骤进一步加工。如果要将某给定含水率下的土体压实至某一干密度，采用类似于第11.6.3节中介绍的静压方法最为合适。另外，在进行初步试验后，也可采用第11.6.5节中的方法进行击实。击实后试样的密度误差控应制在2%以内。

击实后的土体应在击实筒中密封并静置至少24h，使产生的超孔隙压力充分消散。然后，可将土样用作U-100管中的样品，通过特殊的适配器将击实筒连接到推土器上。

为了制备一组3个直径为38mm的击实试样，利用特殊的适配器将三重管支架连接到击实筒上，然后按照第 9.2.4 节中的介绍进行挤压和制备试样。如第 9.2.2 节所述，可以将剪切盒试验和固结试验的试样推至合适的环刀中，试样应利用压实层中间高度附近的土体加工完成［图 9.34（a)］。

除上述方法之外，还可以将击实样品从击实筒中推出，然后分别利用手工方法修剪制作试样。为了制备一组 3 个击实试样，将样品沿轴向切成三个相等的部分［图 9.34（b)］，然后将各个试样利用手工修剪方法或切土器成型方法加工为圆柱体［图 9.34（c)］。为了制备剪切盒试验和固结试验试样，将击实土体在每个相邻压实层之间的边界处水平划分，每个圆盘都可以用来加工成一个试样，如图 9.34（a）所示。

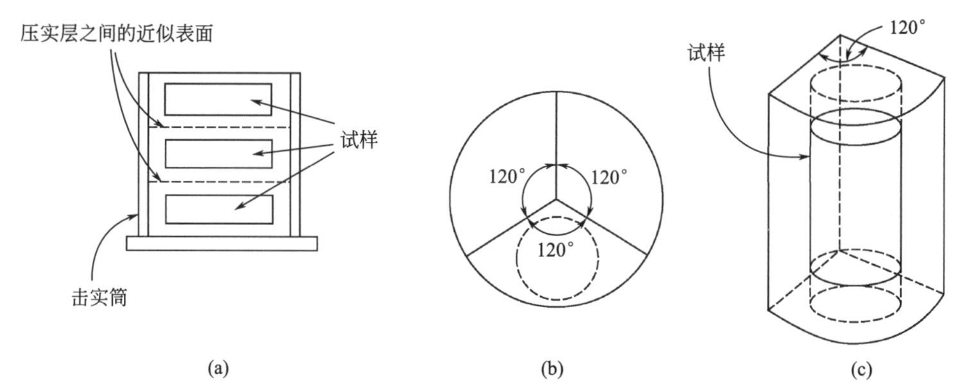


图 9.34　从击实筒中制备试样

（a）3 个固结试验或剪切盒试验试样；（b）沿竖向划分为三个部分；

（c）其中一个部分中的圆柱形试样

### 9.5.6　大尺寸重击实试样的制作方法

本节介绍用于压缩试验的直径达到 100mm 以上的重新击实圆柱形试样的制作方法。

试样在具有适当直径的分体式成型器（图 9.7）中制备，其下端盖充当成型器的底部，成型器各部分之间必须牢固地夹合在一起。对于无黏性或松散的土体，在放置土体之前，应在成型器内部安装一层橡胶膜，通过持续抽真空使其紧贴在成型器内壁上。当成型器移除时，橡胶膜的存在将降低试样坍塌的风险。黏性土可以直接在原有的橡胶膜中压实，而不需要再重新调整橡胶膜。如果成型器上次使用过程中存放的是碎石材料，再次进行试样加工时，应在成型器内壁铺设第二层橡胶膜，以防内层橡胶膜被锋利的碎片刺穿。

为了将土样加工至指定密度，首先根据模具体积称出所需质量的土体，然后将土体逐层铺设在模具内，最后采用上文介绍的静压或动力方法将土样击实（第 11.6.4 节或第 11.6.5 节)。如果有明确的压实度要求，英国标准（BS）中压实度“轻”或“重”所对应的锤击数，及击实直径为 100mm、105mm 和 150mm 时所用的手锤已在表 9.1 中列出（第 9.5.1 节)。因为英国标准规定击实试验中单位体积对应的击实能应该相同，因此，针对不同直径的试样应选择不同的手锤。

在测试前，试样应密封并静置至少 24h。然后，小心地拆下分体式成型器。试样上的空隙可以用切割剩余的土体进行修补，试样端面应修剪平整并与试样轴线垂直。当试样转移至试验仪器时，应该小心保护试样，避免发生破坏，尤其是对于无黏性土或松散材料。

## 参考文献

BS EN ISO 1997-2：2007. *Eurocode 7—Geotechnical design—Part 2：Ground investigation and testing*. British Standards Institution，London.

BS EN ISO 22475-1：2006. *Geotechnical investigation and testing—sampling methods and groundwater measurements—Part 1：Technical principles for execution*. British Standards Institution，London.

Gosling，R. and Baldwin，M.（2010）Development of a thin wall open drive tube sampler（UT-100）. *Ground Engineering*，March 2010，pp. 37-39.

Norbury，D. R.（2010）*Soil and Rock Description in Engineering Practice*. Whittles Publishing，Caithness，Scotland.

US Department of the Interior，Bureau of Reclamation（1990）*Earth Manual*（third edition）. US Government Printing Office，Washington，D. C.

# 第10章 渗透及侵蚀试验

本章主译：张超（湖南大学）

## 10.1 前言

### 10.1.1 本章范围

土体的渗透性是衡量其允许流体通过的能力。这种流体可以是液体，也可以是气体，但岩土工程师们只关心液体的渗透性，且通常认为土中的液体是水。

本章介绍了两种室内测量土体渗透性的直接试验方法与一些根据土体性质来计算渗透性的间接测量方法。此外，概述了室内试验方法在渗水问题、侵蚀问题以及过滤器设计上的应用。

本章仅考虑无机土。泥炭有机土含有大量有机物，其渗透性特征更为复杂，需要进行现场试验才能获得真实的渗透性。

渗透性的现场试验可以考虑土的原位特性，如土体的结构特征等，因此，相比室内试验，现场试验获得的数据更加让工程人员满意。在实际的渗透性测试中，可能更频繁地采用现场试验测试天然未扰动土的渗透性，但现场检验和试验不在本书的介绍范围内。

### 10.1.2 原理

土体由固体颗粒和粒间孔隙组成。一般来说，这些孔隙是相互连通的，故水能够通过孔隙穿过土体：换言之，土体对水来说是“可被渗透的”。渗透率是通过在完全饱和的土样上施加水压差并测量水压差导致的水流流速来确定的（第10.3.1节与第10.3.2节）。渗透系数的量纲与速度相同。

从“自由排水”的砾石、砂土到“不透水”的黏土，各种土中水的流动都遵循相同的物理定律。即使黏土的渗透性可能比砂土低上千万倍，它们之间的渗透性差异仅仅体现在渗透性的量级上。黏土、混凝土等材料似乎是不透水的，实际上，仅当水流经黏土、混凝土等材料的流速不大于蒸发速率时，它们才呈现不透水的特性。因此，应依据被测材料的特性选择测试渗透性的方法。

### 10.1.3 试验类型

测量土渗透性的室内试验方法有以下两种：

（1）常水头试验：适用于高渗透性土，如砂土；

（2）变水头试验：用于中等和低渗透性土，如淤泥和黏土。

适用于砂土的常水头渗透仪将在第10.6.3节中进行介绍。试验步骤参见BS 1377：1900的第5部分第5条中的规定，另外，ASTM D 2434中也介绍了一个原理相似的试验方法。针对砾石的试验与砂土相似，但应使用更大的渗透仪（第10.6.5节）。

通过设计特定的试验，常水头渗透仪不仅可以用于测试无黏性土中侵蚀、管涌和潜蚀的影响，还可以评估反滤层材料的稳定性（第10.6.6节）。

变水头渗透仪适用于黏土，其原理与常水头渗透仪不同（第10.7.2节）。如果配备了必要的配件，黏土的渗透性也可以在固结仪中测定（第10.7.4节）。此外，黏土的渗透性还可以在三轴压缩仪和大直径的Rowe固结仪中测量，这些内容将在第3卷中介绍。

采用间接方法测量渗透性时需保证土样具有代表性，并进行适当的粒度分析。这些间接方法（第10.5.1节～第10.5.3节）既适用于无法直接测量渗透性的情况，也可以用于检查直接测量的结果。此外，可以根据固结试验的数据计算得到土样的渗透性（第10.5.4节）。

黏土的可蚀性（第10.3.11节）从20世纪70年代开始在美国受到关注。在第10.8.2节～第10.8.4节介绍了三种简单试验方法，这些方法已被证明能够有效地测试黏土是否具有“分散性”，即是否易受侵蚀。这三种方法分别是针孔冲刷试验、碎块试验和分散度试验。这三种试验方法分别参见BS 1377：1900的第5部分第6条、ASTMD 4221及ASTMD 4647中的相关内容。此外，本文介绍了最新的修正碎块试验（第10.8.6节）及一些化学试验，这些化学试验可用于识别导致黏土具有分散性的矿物种类（第10.8.5节）。

### 10.1.4　历史起源

在法国第戎，达西首先研究了水穿过砂土的流动特性（Darcy，1856）。他指出，在稳流情况下，水流穿过砂土层的速率总是与水力梯度成正比，与水压本身的大小和砂土的厚度无关，即渗透速率与单位厚度砂土内的水头损失成正比（第10.3.2节）。这一原理被称为达西定律，除渗流速率过大导致出现湍流的情况外，该定律普遍适用于土中水的渗流。

达西定律是土力学最基本的原理之一，在实际工程问题中有着广泛的应用。

### 10.1.5　渗透性的影响因素

渗透性并不是土自身的基本特性，而是受以下若干因素影响：

（1）粒径分布；

（2）颗粒形状与表面纹理；

（3）矿物成分；

（4）孔隙比；

（5）饱和度；

（6）土的结构；

（7）流体性质；

（8）渗流类型；

（9）温度。

对于给定的土，第1～3项是保持不变的。第4、5项取决于土的放置和处理方式，第7～9项只与土中的渗流相关。第6项与天然土的原位状态相关，该项对渗透性的影响至关重要。下面将简要讨论这些影响因素。

1. 粒径分布

粒径分布，特别是较细颗粒的含量，会影响无黏性土的渗透性。土颗粒越小，颗粒间的孔隙就越小，导致土体对渗流的阻力增大（即渗透性减小）。颗粒的有效粒径 $D_{10}$ ［第1卷（第三版）第4.2节］对渗透性有显著影响，该指标是 Hazen 公式的基础（第10.5.2节）。此外，达西定律可能不适用于比中砾石粗的材料，即粒径大于 20mm 的材料（参见下方第8项）。

2. 颗粒形状与表面纹理

颗粒的形状与表面纹理同样会影响土体渗透性。一方面，相较于球形颗粒，细长或形状不规则的颗粒将形成更加曲折的渗流路径；另一方面，相较于表面光滑的颗粒，表面粗糙的颗粒会给土中水带来更大的流动摩阻力。这两种效应都会降低水穿过土的速度，即降低土的渗透性。

3. 矿物成分

对细粒土而言，矿物学成分是影响其渗透性的另一个因素，因为不同类型矿物表面的结合水膜厚度不同［第1卷（第三版）第2.3.1节］从而影响土体的有效孔隙。因此，矿物类型对黏土渗透性的影响大于粒径分布的影响，但对于砂土和砾石，矿物类型的影响不大。

4. 孔隙比

土的放置和压实方式对颗粒间孔隙的大小和分布有较大影响，进而影响土体的渗透性。孔隙体积可用孔隙比 $e$ 或孔隙率 $n$ 来表征［第1卷（第三版）第3.3.2节］。

依据 Kozeny 公式，孔隙比可用于计算砂土的渗透性（第10.3.7节）。

5. 饱和度

土体的饱和度对其渗透性的测量至关重要。土体中的气泡会堵塞颗粒之间的渗流通道，使其渗透性显著降低。如果饱和度小于85%，土体中的空气很可能是连通的，而非以孤立气泡的形式存在，这将导致达西定律不再适用。

所以，在渗透试验中应尽量排出土体内部的空气，使土体尽可能完全饱和。这对于非饱和细粒土可能难以实现。

6. 土的结构

许多土在其自然状态下不是均质的，而是各向异性的，这是因为在一般情况下，土体由不同类型的土层组成。平行于分层方向（通常接近水平方向）上的渗透系数（$k_H$）通常比垂直于分层方向（通常接近竖直方向）的渗透系数（$k_v$）高出几倍。在土层较多的土体中（如纹泥），渗透率比值（$k_H/k_v$）可大于100。

土体各向异性的另一种来源是不连续性，如裂缝、粉土和砂土形成的透镜体、局部土体中的有机物等。土体不连续性对黏性土的天然渗透系数有很大的影响，现场的渗透系数可能比室内试验所测得的渗透系数大几个数量级。细粒土的渗透性还受其微观结构的影响，包括颗粒所处的状态（絮凝或分散）、颗粒的排列方向以及颗粒的堆积方式。

7. 流体性质

对于给定的土体，若其状态不发生变化，则其“绝对”或“特定”渗透率 $K$（第10.3.3节）是一个常数。而渗透系数 $k$ 还取决于流体的性质，土中的流体通常是水。不同的流体对应不同的渗透系数 $k$。

具体而言，流体的密度和动力黏度与渗透性最为相关。水的密度 $\rho_w$ 在常温范围内（0～40℃）变化不大，但其黏度 $\eta_w$ 在该范围内降低了约3倍。因此，试验温度对渗透性的影响十分显著，如下文第9项所述。

因此，试验用水的来源及处理方式十分重要，这些因素将在第10.6.2节中详细讨论。

8. 渗流类型

达西定律基于（第10.3.2节）的假设之一是水的流动是“层流”或流线，适用于流速比较低的情况。当流速大于某个临界速度时，其流动状态将变成湍流，此时达西定律不再适用于计算渗透性。达西定律适用于砂土，尤其是中砾石和少有细颗粒存在的粗砾石。在更大的孔隙中，流速可能很高，导致出现湍流。

“临界”流速对渗透性测量的影响将在第10.3.8节中讨论。

9. 温度

升高温度将降低水的黏度，即水变得更“容易流动”，从而影响渗透系数的测量值。室内试验的标准温度通常为20℃；而在英国，现场渗透试验常见的温度可能在10℃左右。非标准温度下的测量值可修正为标准温度下的渗透系数（第10.3.4节）。

## 10.2　定义

渗透性：多孔介质允许流体通过的能力。

压力水头（$h_p$）：水中某点对应的测压管水柱液面与该点的高度差，用于表示该点处的水压。

位置水头（$h_e$）：某点高于某固定基准面的高度，称为该点的位置水头。

总水头（$h$）：水中某点对应的测压管水柱液面与选定基准面的高度差，用于表示该点处的水压，即：

$$h = h_p + h_e$$

水力梯度（$i$）：土层两侧总水头差值与沿渗流方向的土层厚度之比，该参数无量纲。

达西定律：通过土的渗流速度与水力梯度成正比，即 $v = ki$，其中 $k$ 是渗透系数。

渗透系数（$k$）：在单位水力梯度作用下，土中水流的平均渗流速度。其量纲为m/s。

绝对渗透性（$K$）：土体自身固有的渗透特性，与流体的性质无关。其量纲为$mm^2$。

$$K = \frac{k\eta_w}{\rho_w g}$$

层流：流体稳定且连续地流动，流体质点的流动轨迹通常是平行的。

流线：假定水流的质点沿某一光滑路径通过土体，该人为假设的光滑路径称为流线。

排水速度（$v$）：水沿流线通过土体截面（截面面积为 $A$）的平均流速。

$$v = q/A$$

其中，$q$ 是单位时间内流经该截面的流量。

渗透仪：用于测量土体渗透性的仪器，包含两种类型：常水头渗透仪和变水头渗透仪。

测压管：顶端连通大气的管子，管内的液面高度可表示其另一端连接处的压力大小。

常水头试验：在恒定的水头差或水力梯度下，水流通过土样的渗透试验。

变水头试验：一种水力梯度不为常数的渗透性试验。渗透仪中的测压管在测量水头的同时，也提供渗流所需的水，故在试验过程中，土样中的水力梯度会降低。

管涌：水渗流过程中带走部分细小的土颗粒，逐渐侵蚀土体内部的渗流通道，导致土体突然坍塌，造成工程中的巨大损失。管涌带来的影响可以在常水头渗透仪中模拟。

比表面积（$S$）：所有固体颗粒的总表面积与其总体积之比，其量纲为 $mm^2/mm^3$，即 $mm^{-1}$。

动力黏度（$\eta$）：阻碍流体流动的阻力。水的动力黏度 $\eta_w$ 随温度而变化。20℃时，水的动力黏度 $\eta_w$ 约为 1mPa·s。

渗透性比值：土体原位试验测得的水平和垂直方向平均渗透系数之比。

$$渗透性比值 = k_H/k_v$$

侵蚀：水流运动带走土颗粒的过程。

潜蚀：较粗颗粒孔隙间填充的细颗粒与水流一起运动，导致细颗粒与粗颗粒分离。细颗粒可能被带离土体，也可能被带入另一土层。

可蚀性（分散性）：土体内的黏土颗粒在静水中分散形成悬浮液，导致土体被侵蚀的性质。

分散性土：在静水中可被侵蚀的土，这些土的孔隙水中通常存在大量的钠离子。

反滤层：粒径分布符合一定要求的材料组成的垫层，可设置在存在渗流土体附近，以防止发生潜蚀。

## 10.3　理论

### 10.3.1　土中水的流动

1. 流线

水流经土柱的过程如图10.1所示。水通过土颗粒间孔隙从位置A到位置B，其渗流路径十分曲折，如图10.1（a）中粗线标注所示。显然，水的速度在运动过程中时刻都在变化，其速度大小取决于当前所穿过孔隙的大小和形状。然而，在实际分析中，我们将土体作为一个整体进行考虑，假设水可以沿着假定平滑的路径（即流线）运动，如图10.1（b）所示。

流线可以是直线，也可以是平滑的曲线。流线代表水以某一恒定的平均速度流动的轨迹，该速度即为排水速度（见下文）。

2. 测压管水头

如图10.2所示，由于入口处（P点附近）的水位高于出口处（Q点附近），水穿过管中的土样产生水平方向渗流。

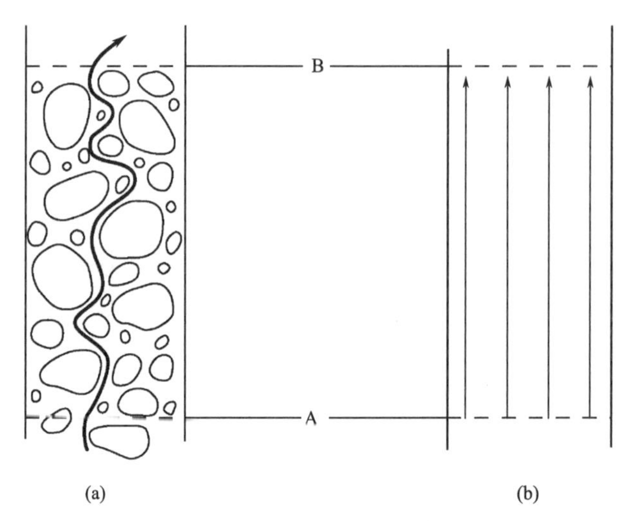


图10.1　土中水的流动

（a）水颗粒的实际路径；（b）理想化的流线

如果在土体中任意一点X处插入测压管，由于X处存在水压，管中的水位将上升到一定高度。该水位被称为测压管水位。测压管中在X点以上的水柱高度$h$可表示该处水压大小，即该处的压力水头，其单位通常为mm或m。另外，压力水头也可表示为压力的形式：

$$p = h\rho_w g \tag{10.1}$$

式中，$p$是压力，其单位为kPa（$kN/m^2$）；$\rho_w$是水的密度，常取$\rho_w = 1.00 Mg/m^3$；$g$是重力加速度，常取$g = 9.81 m/s^2$。如水柱高度$h$用单位mm表示，则等式（10.1）可表示为：

$$p = \frac{9.81}{1000} h \text{ kPa}$$

因此，1m或者1000mm高的水柱对应的水压为9.81kPa，而1kPa水压对应的水柱高度为101.9mm。

在大多渗透试验中，水压是通过测量基准面以上的总水头高度（室内试验中，单位常取为mm）来确定的。该基准面可任意选取，但选取后基准面应固定。

如图10.2所示，为使水流从P点运动到Q点，P点和Q点之间必须存在压力差，即P点处的测压管水头必须大于Q点。这与导线中的电流相似，只有在电位差存在时，电子才能克服电阻的作用发生运动进而产生电流。

3. 水力梯度

P和Q之间的测压管水位之差即为这两点之间的水头差。

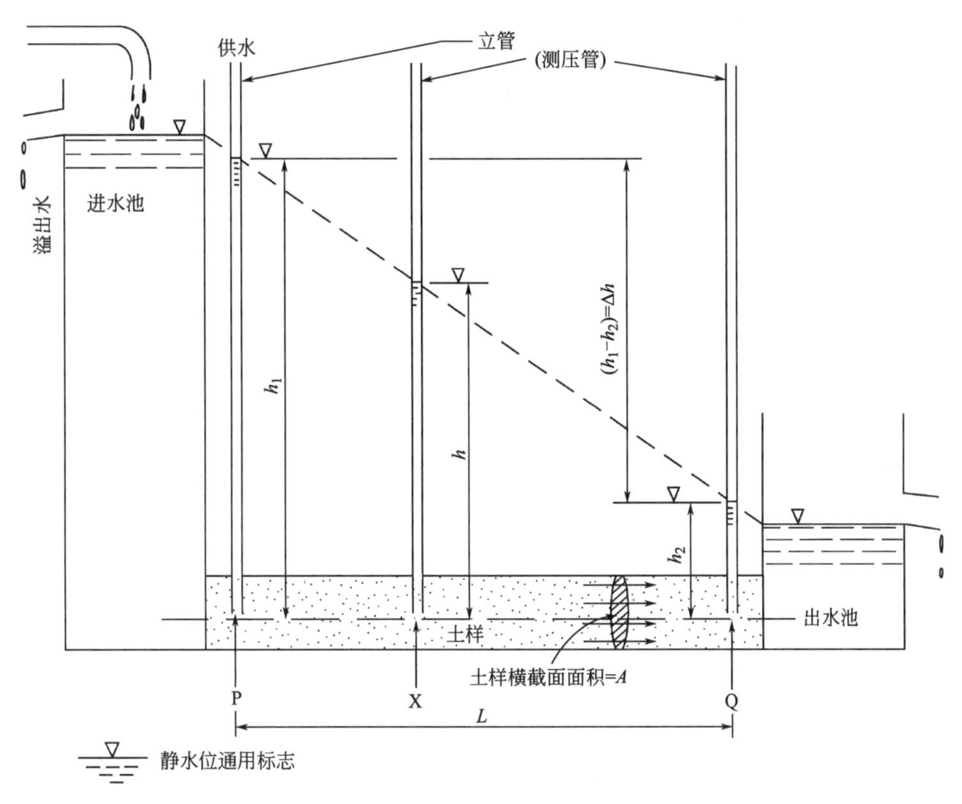


图 10.2 水通过土体的水平流动示意图

记P和Q上方的测压管水位高度分别用$h_1$（mm）和$h_2$（mm），则两点间的水头差（$\Delta h$）等于（$h_1-h_2$）mm。水头差与P、Q两点间的水平距离$L$（mm）之比即为水力梯度，记为$i$：

$$i=\frac{h_1-h_2}{L}=\frac{\Delta h}{L} \tag{10.2}$$

应注意测压管水位高度和水平距离的单位必须相同。水力梯度是一个无量纲的物理量。

如果水流不是沿水平方向流动的，而是如图10.3所示，流动方向与水平面成一定倾角，则需要考虑S、T两点之间的高度差异，即“位置水头”的差异。通过测量S、T两点测压管水位与基准面的差值$h_3$和$h_4$可以得到各点的“总水头”，总水头中即包含了两点之间位置水头的差异。沿着流线方向，即土柱的轴线方向测量得到S、T两点间的距离$L$。水力梯度的计算与上式相似，即：

$$i=\frac{h_3-h_4}{L}=\frac{\Delta h}{L}$$

4. 排水速度

一般情况下，提及土中水的流动速度基本都是“排水速度”，而不是流经颗粒间孔隙的真实速度。如果在$t$秒内流经土体的总水量为$Q$（$m^3$），土体横截面面积为$A$（$m^2$），则单位时间内流经土体的渗流量$q$（$m^3/s$）等于$Q/t$，排水速度$v$（m/s）可表示为：

$$v=\frac{Q}{At}=\frac{q}{A}\text{m/s} \tag{10.3}$$

即排水速度等于土体单位截面面积的渗流量。

流经孔隙的真实流速被称为“渗流速度”。渗流速度通常大于排水速度 $v$，渗流速度的大小与土体孔隙率成反比。目前，室内试验尚不能对渗透速度进行分析。

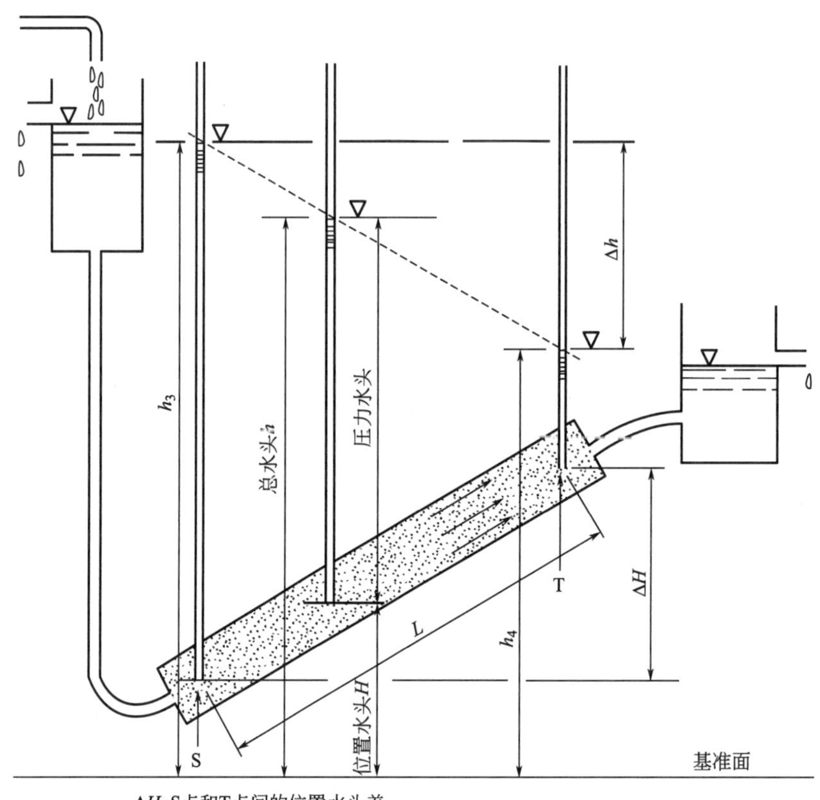


图 10.3　水沿一定倾角通过土样示意图

## 10.3.2　达西定律

1856 年，达西在研究砂土中的水流特性时发现，渗流量与水力梯度成正比。使用第 10.3.1 节中给出的符号，可将该关系表示为：

$$\frac{Q}{t} \propto i$$

或

$$Q = Akit \tag{10.4}$$

其中，$A$ 是土样截面的面积；$k$ 是土体的“渗透系数”，量纲与速度相同，常取为 m/s。

式（10.4）是计算渗透性的基本公式，该公式的基本假设是水流为层流，而非湍流。黏土到粗砂范围内的土体一般满足这一假设，粒径更大的材料则可能不再满足该假设。

室内试验中常用单位如下：

| | | |
|---|---|---|
| 总水量 | $Q$ | mL |
| 面积 | $A$ | $mm^2$ |
| 时间 | $t$ | min |
| 渗流量 | $q$ | mL/min |
| 水力梯度 | $i$ | 无量纲量 |
| 渗透系数 | $k$ | m/s |
| 温度 | $T$ | ℃ |

式（10.4）可以用上述单位写为：

$$k=\frac{Q}{60Ait}\text{m/s}$$

或

$$k=\frac{q}{60Ai}\text{m/s} \tag{10.5}$$

### 10.3.3　渗透系数

广义达西定律认为：在稳定条件下，流体通过多孔介质的排水速度与引起流动的超静孔隙水压力成正比，与流体的黏度成反比。该定律可表示为：

$$v\propto\frac{i_\mathrm{p}}{\eta} \tag{10.6}$$

式中，$v$ 是排水速度；$\eta$ 是液体的动力黏度；$i_\mathrm{p}$ 是压力梯度，其值等于 $\Delta p/L$，即沿流线方向单位长度的压力差。上述关系可用下式表示：

$$v=\frac{K\rho_\mathrm{w}gi}{\eta} \tag{10.7}$$

因为 $i_\mathrm{p}=\frac{\Delta P}{L}=\frac{(\Delta h\rho_\mathrm{w}g)}{L}=i\rho_\mathrm{w}g$［代入式（10.1）］。

其中，$K$ 是一个经验系数，称为“绝对”或“特定”渗透率，其量纲与面积相同。

对于给定的土体，孔隙率一定时，“绝对”渗透率是一个常数，与流体性质无关。在大多数工程中，我们关注的是水的流动，因此进行如下替换：

$$k=\frac{K\rho_\mathrm{w}g}{\eta_\mathrm{w}} \tag{10.8}$$

式中，$k$ 是第10.3.2节中提到的渗透系数，$\eta_\mathrm{w}$ 是水的动力黏度。因此式（10.7）可以写成：

$$v=ki$$

“绝对渗透率”$K$ 并不常见，通常使用的术语“渗透性”是指“渗透系数”$k$。采用国际单位制，$k$ 和 $K$ 之间的关系换算如下，其中 $k$ 的单位取 m/s，$K$ 的单位取 $mm^2$。取水的密度 $\rho_\mathrm{w}=1.00\text{Mg/m}^3$。

$$\eta_\mathrm{w}\approx1.0\text{mPa}\cdot\text{s}(20℃)=10^{-3}\text{Pa}\cdot\text{s}$$

$$g=9.81\text{m/s}^2$$

$$\therefore k=\frac{K}{(1000)^{2}}\times\frac{1000\times 9.81}{10^{3}}=9.81K$$

$$或\ k(\mathrm{m/s})\approx 10K(\mathrm{mm}^{2})$$

在本书中提到的“渗透性”均指渗透系数 $k$，单位取为 m/s。

### 10.3.4　温度的影响

从式（10.8）可以看出，渗透系数 $k$ 对于给定的土体并不是常数，其取值与流体（水）的动力黏度 $\eta_w$ 相关。动力黏度随温度变化，温度从 20℃降至 10℃会使水的动力黏度增加约 30%［0～40℃范围内水的动力黏度与温度的关系见第1卷（第三版）表 4.13］。因此，无论进行室内渗透试验或现场渗透试验，都应考虑水温的影响。

将渗透系数的实测数据换算为标准温度 20℃下的渗透系数并不困难。在某一温度 $T$℃（$\eta_T$）下，水的动力黏度与 20℃（$\eta_{20}$）的动力黏度比值如图 10.4 所示。如果在温度 $T$℃进行的渗透试验测得渗透系数 $k_T$，则可根据下式计算出 20℃下 $k_{20}$ 的值。

$$k_{20}-k_T\left(\frac{\eta_T}{\eta_{20}}\right)\tag{10.9}$$

式中，$\eta_T/\eta_{20}$ 的值可根据图 10.4 中 $T$℃对应值读取。

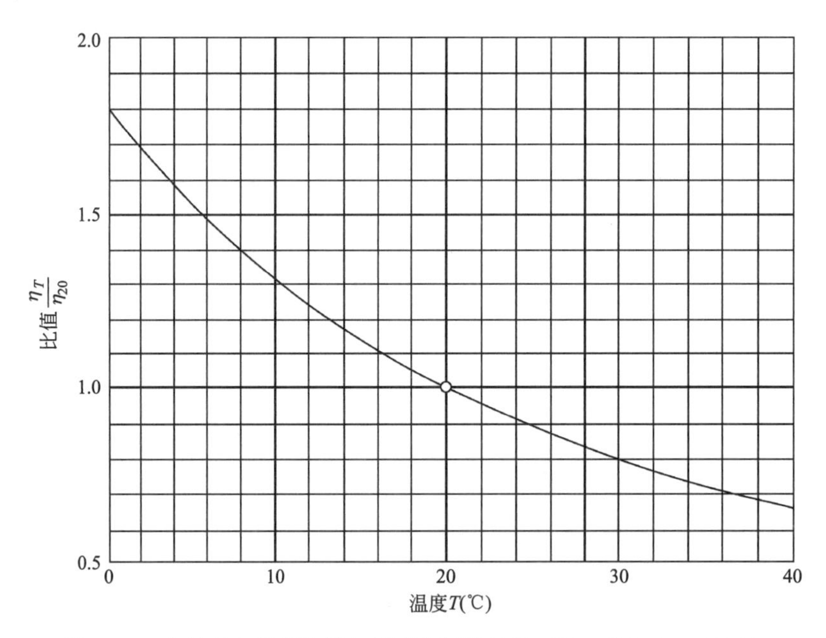


图 10.4　水的动力黏度比值与温度之间的关系（Kay 和 Laby，1973）

根据在 20℃下室内试验测得的渗透系数，可换算为 $T$℃对应的原位渗透系数 $k_T$：

$$k_T=\frac{k_{20}}{\left(\frac{\eta_T}{\eta_{20}}\right)}\tag{10.10}$$

式中，$\eta_T/\eta_{20}$ 的值可根据图 10.4 中 $T$℃对应值读取。

在英国，地面以下约 2m 处水的平均温度恒定在 10℃左右，其动力黏度比值约为 1.3。因此，英国地下水的黏度比常规室内试验中测得的黏度大 30%左右。

### 10.3.5　常水头渗透仪中的渗流

对纯砂土进行向下渗流的常水头渗透试验布置如图10.5所示，向上渗流的试验布置如图10.6所示，这两种试验的原理是相同的，具体试验内容见第10.6.3节。

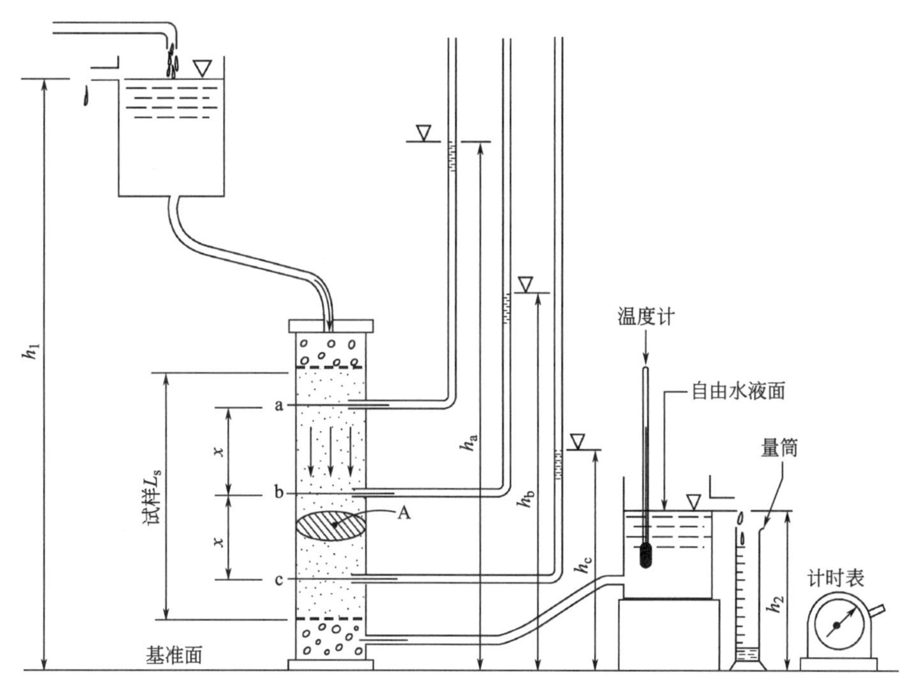


图10.5　常水头渗透试验原理：向下渗流

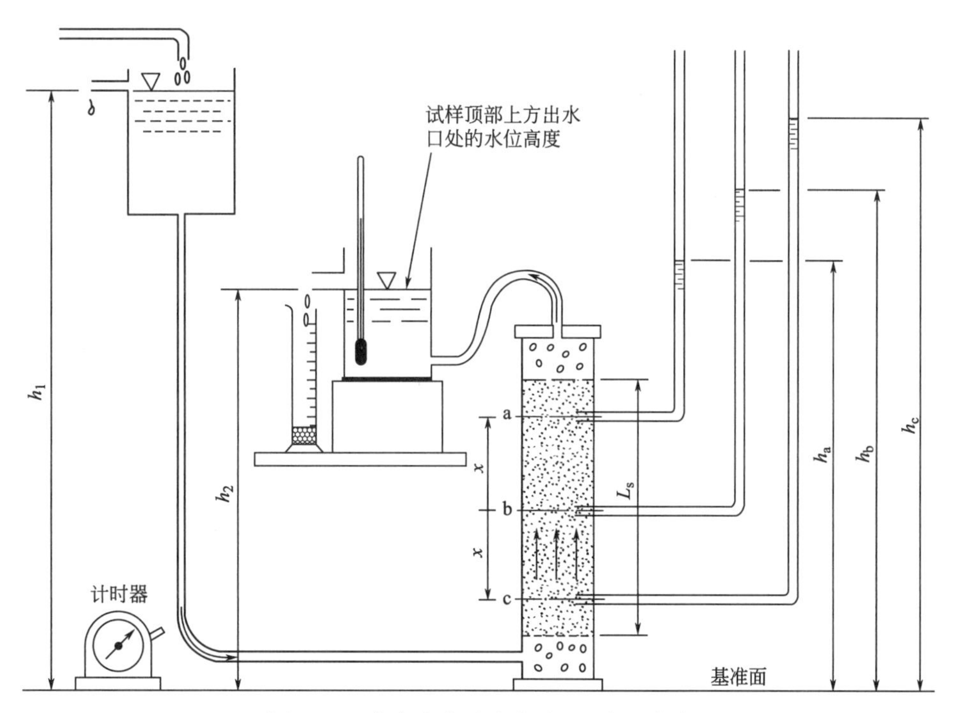


图10.6　常水头渗透试验原理：向上渗流

在三个不同高度的水平面处（三个水平面分别记为 a、b、c）插入测压管以便确定土样内的水力梯度。以试验台为基准面，这些测压管内的水位高度分别记为 $h_a$、$h_b$ 和 $h_c$。仅考虑 a、b 两处的测压管，对应测点之间的距离记为 $x$，则水力梯度 $i$ 等于 $(h_a-h_b)/x$。设土样的截面面积为 $A\text{mm}^2$。

如果在 $T$℃下，$Q$mL 的水在时间 $t$min 内通过试样，则根据公式（10.5）可计算得到试样的渗透系数：

$$
\begin{aligned}
k_T &= \frac{Q}{60Ait}\text{m/s} \\
&= \frac{Qx}{60A(h_a-h_b)t}\text{m/s}
\end{aligned}
\tag{10.11}
$$

式（10.11）用于计算常水头试验的渗透系数（试验内容详见第 10.6.3 节）。

为了得到土样内部的静水压差，水力梯度应通过测压管的水位计算获得，而不是根据渗透仪进水口和出水口之间的水头差（$h_1-h_2$）来确定。进水口和出水口间的水头差包括了在反滤层和管道连接处的压力损失，这些压力损失如图 10.7 所示。测压管 a 和 c 的水头差记为 $\Delta h$，a 和 c 之间的水平距离记为 $2x$。过滤层中的水头损失记为 $f_1$ 和 $f_2$，管道连接处的水头损失记为 $p_1$ 和 $p_2$。假设 Q、R 两点间的水力梯度与测压管 a 与 c 间的水力梯度相同，那么在样品长度 $L_s$ 和过滤器上的水头损失可用 PQRS 线表示。如果假设水头沿土样长度 $L_s$ 的损失等于进水口和出水口间水头差（$h_1-h_2$），则水头损失可用线段 XY 表示，显然，线段 XY 比线段 QR 更陡，因此线 XY 所表示的水力梯度更大。

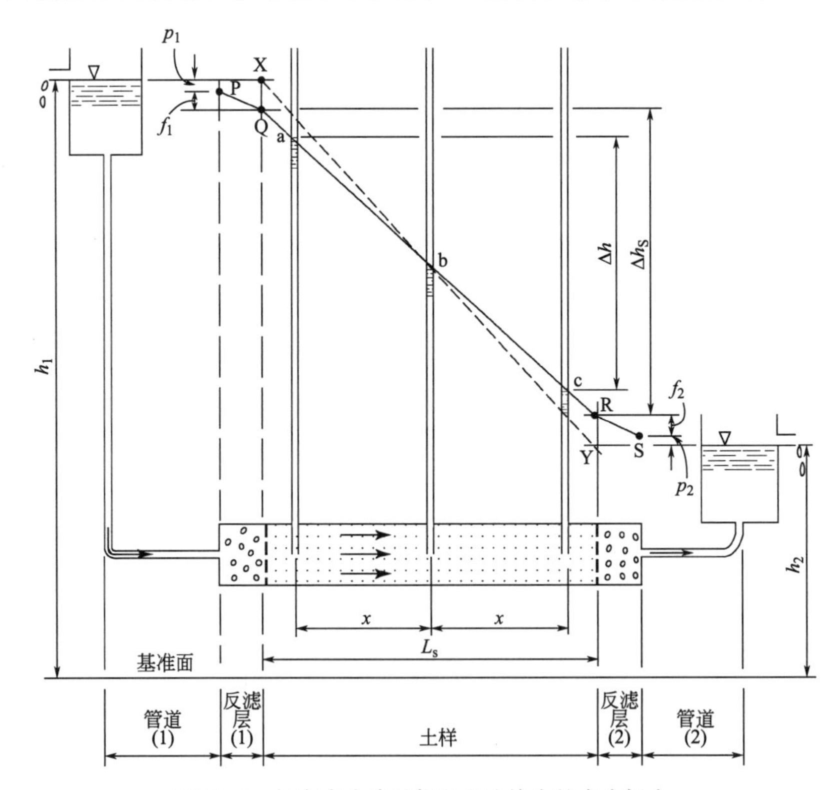


图 10.7　恒定水头渗透仪室和连接中的水头损失

如果水流速度很小，与土样中的水头损失相比，管道连接和反滤层带来的水头损失将非常小，使用 XY 线表示水头损失的误差并不大。而对于较高的水流速度，其误差将会很大。

### 10.3.6　变水头渗透仪中的渗流

针对低渗透样品（如黏土）的变水头渗透试验原理如图 10.8 所示。具体试验内容见第 10.7.2 节。

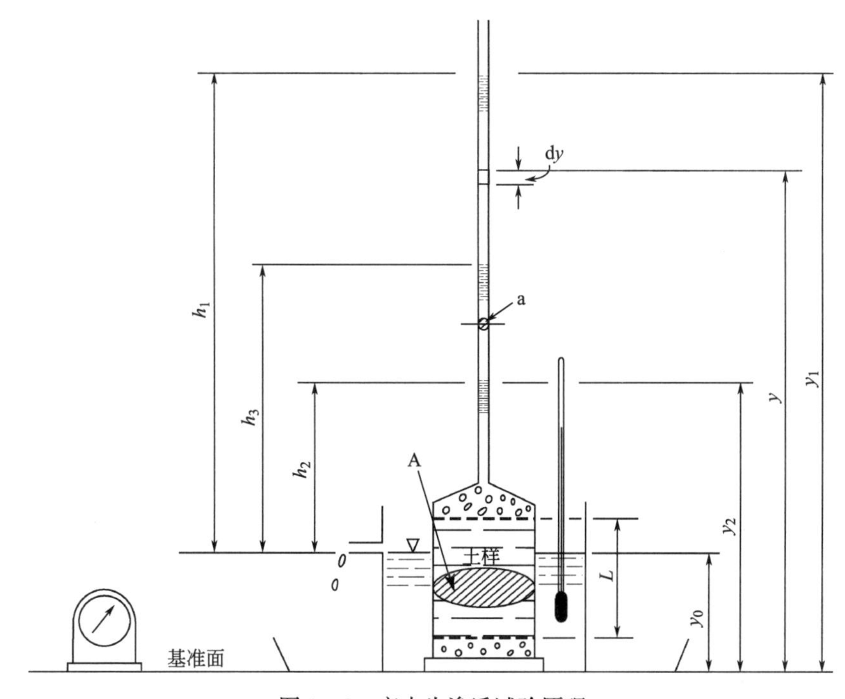


图 10.8　变水头渗透试验原理

分析中使用的符号如下所示：

| | |
|---|---|
| 土样长度 | $L$ |
| 土样横截面面积 | $A$ |
| 立管横截面面积 | $a$ |
| 立管中基准面以上的水位高度： | |
| 时刻 $t_1$ | $y_1$ |
| 时刻 $t_2$ | $y_2$ |
| 任意时刻 $t$ | $y$ |
| 在微小时间增量 $\mathrm{d}t$ 内下降量 | $\mathrm{d}y$ |
| 在微小时间增量 $\mathrm{d}t$ 内通过样品的水量 | $\mathrm{d}Q$ |
| 出水口处高于基准面的水位高度 | $y_0$ |

在任意时刻 $t$，进水口与出水口间的水头差为（$y-y_0$）。此时，水力梯度 $i$ 等于 $(y-y_0)/L$。

在时间 $\mathrm{d}t$ 内流经样品的水量等于立管的面积乘以水位下降的高度，即：

$$dQ = -a\,dy$$

（因为 $y$ 在减小，故等式右侧存在负号）

根据达西定律，式（10.4）有：

$$dQ = Aki\,dt = \frac{Ak(y-y_0)}{L}dt$$

$$\therefore -a\,dy = \frac{Ak(y-y_0)}{L}dt$$

$$\text{或} -\frac{1}{(y-y_0)}dy = \frac{kA}{aL}dt \tag{10.12}$$

将式（10.12）分别对 $y$，$t$ 在区间 $[y_1, y_2]$ 与 $[t_1, t_2]$ 内进行积分，可得：

$$-\int_{y_1}^{y_2}\frac{dy}{y-y_0} = \int_{t_1}^{t_2}\frac{kA}{aL}dt$$

$$\text{即} -\Big[\log_e(y-y_0)\Big]_{y_1}^{y_2} = \left[\frac{kAt}{aL}\right]_{t_1}^{t_2}$$

$$\therefore \log_e\frac{y_1-y_2}{y_2-y_0} = \frac{kA}{aL}(t_2-t_1) \tag{10.13}$$

令 $y_1-y_0=h_1$ 和 $y_2-y_0=h_2$，则式（10.13）可改写为：

$$k = \frac{aL}{A(t_2-t_1)}\log_e\left(\frac{h_1}{h_2}\right) \tag{10.14}$$

将（$t_2-t_1$）记为经过的时间 $t$（min）。高度 $h_1$ 和 $h_2$ 以及长度 $L$ 采用 mm 为单位，面积 $A$ 和 $a$ 采用 $m^2$ 为单位，则式（10.14）可表示为：

$$k(\text{mm/s}) = \frac{aL}{A\times 60t}\log_e\left(\frac{h_1}{h_2}\right)$$

要将自然对数转换为以 10 为底的对数，需乘以 2.303。如果 $k$ 采用 m/s 为单位，则上式可写为：

$$k(\text{m/s}) = \frac{2.303aL}{1000\times A\times 60t}\log_{10}\left(\frac{h_1}{h_2}\right)$$

或

$$k = 3.84\frac{aL}{At}\log_{10}\left(\frac{h_1}{h_2}\right)\times 10^{-5}\text{m/s} \tag{10.15}$$

式（10.15）用于变水头试验的渗透系数计算，试验内容将在第 10.7.2 节中介绍。

在进行试验时，立管水位从 $h_1$ 下降至 $h_2$，可用两者的中间水位高度 $h_3$ 将水位下降分为两部分。这样对于给定的土样，水位从 $h_1$ 下降到 $h_3$ 的时间（$t_{1-3}$）理论上等于从 $h_3$ 下降到 $h_2$ 的时间（$t_{3-2}$）。根据式（10.15）可得 $h_1$、$h_2$ 与时间的关系，即：

$$t = 3.84\frac{aL}{Ak}\log\left(\frac{h_1}{h_2}\right)\times 10^{-5}$$

对于给定土样

$$t = \text{constant}\times\log\left(\frac{h_1}{h_2}\right)$$

因此 $t_{1-3} = \text{constant}\times\log\left(\frac{h_1}{h_2}\right)$，$t_{3-2} = \text{constant}\times\log\left(\frac{h_3}{h_2}\right)$

如果这两段时间相等：

$$\log\left(\frac{h_1}{h_3}\right)=\log\left(\frac{h_3}{h_2}\right)$$

$$\therefore \frac{h_1}{h_2}=\frac{h_3}{h_2}$$

$$\text{或}\ h_3=\sqrt{(h_1h_2)} \tag{10.16}$$

该关系式可用于在试验的立管上标记恰当的水位记号 $h_3$。

需要注意的是，所有用 $y$ 表示的高度都是基于基准面的，用 $h$ 表示的高度都是基于基准平面以上出水口处水位的，该处水位高度记作 $y_0$。

### 10.3.7　经验关系

1. 概述

现有研究成果中已有不少可将土体渗透性与其粒径特性等土体分类参数联系起来的公式，尤其是砂土。其中，有两个已被广泛认可的经验公式：第一个公式是 Hazen（1982）提出的，该公式简单明了，不过该公式仅考虑了土体粒径的影响，只能给出渗透系数的量级；第二个是 Kozeny 公式（1927）及其修正公式（Carman，1939）。该公式可以考虑颗粒形状、孔隙率以及土体粒径分布的影响，且相较于其他公式，该公式的计算结果与实测的渗透系数更吻合（Loudon，1952）。

这两个公式只适用于纯砂土，但有时也被用于估算细粒土的渗透系数。

2. Hazen 公式

该公式基于均匀细砂的试验结果提出，该公式尝试将渗透性与颗粒的有效粒径 $D_{10}$ 联系起来［第1卷（第三版），第4.2节和图4.1］。1948年，由 Terzaghi 和 Peck 给出的公式如下（详见 Terzaghi 和 Peck（1967）及 Terzaghi（1996））：

$$k(\text{cm/s})=C_1(D_{10})^2$$

其中，$D_{10}$ 为有效粒径（cm），$C_1$ 为经验系数（量纲为 $\text{cm}^{-1}\cdot\text{s}^{-1}$），Hazen 认为该系数的大小在100左右，该取值仅限于粒径非常均匀的砂。根据 Taylor（1948）的研究，$C_1$ 的取值范围在40～150之间。此外，Lambe 和 Whitman（1979）引用 Lane 和 Washburn（1946）中多种土（从粗砂砾到粉砂）的试验结果，计算得出 $C_1$ 的平均值约为16。

将 Hazen 公式转换成常规的国际单位制：

$$k(\text{m/s})=C_1(D_{10})^2\times10^{-4}$$

其中，$D_{10}$ 单位为mm。若取 $C_1$ 的值为100，则上式可表示为：

$$k=0.01(D_{10})^2\text{m/s} \tag{10.17a}$$

如果 $C_1=16$（Lambe 和 Whitman，1979），则：

$$k=0.0016(D_{10})^2\text{m/s} \tag{10.17b}$$

这两个公式所给出的计算结果相差约6倍。该方法并没有考虑孔隙比对渗透系数的显著影响。此外，这些公式并不适用于黏土。

3. Kozeny 公式

Kozeny（1927）提出的公式可将渗透系数与粒径大小、孔隙率（$n$）、颗粒棱角度、比表面积（$S$）、水的黏度（$\eta_w$）联系在一起，该公式的一般形式为：

$$k=\frac{\rho_w g n^3}{C\eta_w S^2(1-n)^2} \tag{10.18}$$

Carman（1939）采用孔隙比代替孔隙率对上式进行了修正，将 $n=e/(1+e)$ 代入等式。该修正方程也被称为 Kozeny-Carman 方程：

$$k=\frac{\rho_w g}{C\eta_w S^2}\cdot\frac{e^3}{1+e} \tag{10.19}$$

对于粒径均匀分布在 $d_1$ 和 $d_2$ 之间的球形颗粒，其比表面积 $S$（即每单位体积颗粒的表面积）可由方程得到：

$$S=\frac{6}{\sqrt{(d_1 d_2)}} \tag{10.20}$$

若 $d_1$ 和 $d_2$ 的单位为 mm，则 $S$ 的单位为 $mm^2/mm^3$ 或 $mm^{-1}$。颗粒平均粒径可表示为$\sqrt{(d_1 d_2)}$。比表面积与颗粒平均粒径之间的关系如图 10.9 所示。

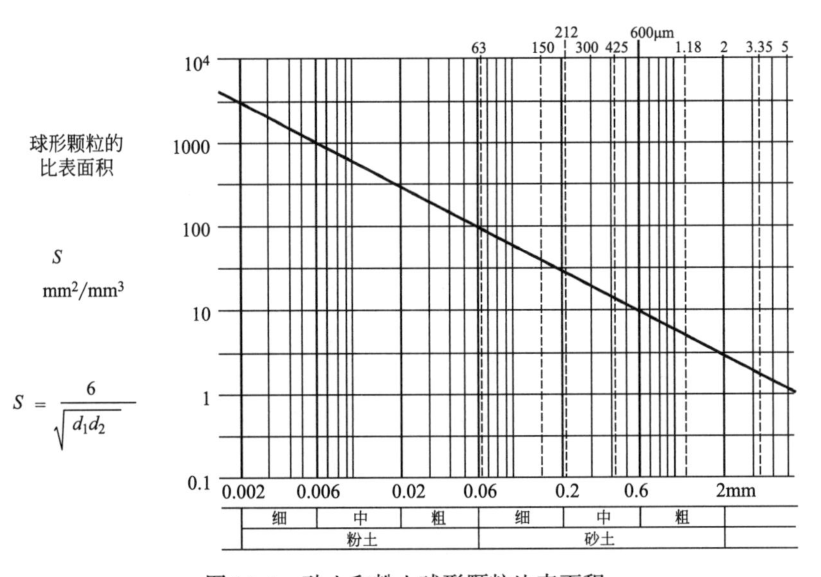


图 10.9　砂土和粉土球形颗粒比表面积

在式（10.18）和式（10.19）中，常数 $C$ 是一个形状因子。对于球形颗粒，有 $C=5$。然而，现实中几乎不存在球形的砂粒，因此，为考虑砂粒不规则形状带来的影响，引入了角度因子 $f$，并将其与 $C$ 相乘。将其代入式（10.19），有：

$$k=\frac{\rho_w g}{5f\eta_w S^2}\left(\frac{e^3}{1+e}\right) \tag{10.21}$$

Loudon（1952 年）建议 $f$ 取值如下：

球形颗粒　　$f=1.1$

次球形颗粒　　$f=1.25$

尖角颗粒　　　　　　　　　　$f=1.4$

根据第 1 卷（第三版）的图 7.3，可以将土颗粒按上述形状类别进行分类。对于包含多种粒径的砂，首先通过筛分进行粒径分组，再通过观察每个粒组的颗粒形状确定每个粒组的角度因子。然后将这些单独的因子依据每个粒组的质量分数进行加权，得到一个整体的角度因子，详见第 10.5.3 节给出的实例。

式（10.21）可以用下面给出的国际单位制表示：

渗透系数　　$k$(m/s)

重力加速度　　$g=9.81\text{m/s}^2$

水的密度　　$\rho_w=1.00\text{Mg/m}^2$

水的动力黏度　　$\eta_w=1\text{mPa}\cdot\text{s}$

土的孔隙比　　$e$

颗粒的比表面积　　$S(\text{mm}^{-1})$

将以上参数代入式（10.19），并乘以对应的系数，可得 20℃下的渗透系数：

$$k_{20}=\frac{(1\times1000)\times9.81}{5f\times\frac{1}{1000}\times(S\times1000)^2}\left(\frac{e^3}{1+e}\right)\text{m/s}$$

为了便于使用，上式可整理为：

$$k_{20}=\frac{2}{fS^2}\left(\frac{e^3}{1+e}\right)\text{m/s} \tag{10.22}$$

### 10.3.8　临界水力梯度

达西定律只适用于“层流”的情况（第 10.1.5 节第 8 项）。当渗流速度大于一定的临界值时，会发生紊流，则达西定律不再适用。如果渗流方向是向下的，水与土颗粒表面的摩擦力会减小颗粒之间的距离，从而增加颗粒之间的接触压力。如果向上渗流，摩擦力倾向于抬高颗粒，使颗粒分开。恰好使颗粒间脱离接触的水力梯度被称为“临界水力梯度”，记作 $i_c$，$i_c$ 等于土的浮密度 $\rho'$［第 1 卷（第三版）第 3.3.2 节］和水密度 $\rho_w$ 的比值，即：

$$i_c=\frac{\rho'}{\rho_w} \tag{10.23}$$

多数土的浮密度与水的密度大致相同，因此临界水力梯度通常约等于 1。

土颗粒间脱离接触意味着土颗粒间有效应力的丧失，从而使土体失去抗剪强度。这种现象称为“流砂”，在这种情况下，土会表现出液体的特性，其密度大约是水的两倍。只要向上的水力梯度大于等于临界水力梯度，任何无黏性土都可能出现流砂现象。基坑底部的“砂沸”现象和地下的“管涌”现象也都归因于水力梯度大于临界水力梯度。

临界水力梯度对渗流的影响可以在常水头渗透试验中得到验证（第 10.6.3 节），其原理如图 10.10 所示。图 10.10 是由图 10.6 简化而来。

水可以穿过容器中的砂土试样向上流动，使土样完全浸入水中。进水口水位高度 $h_1$ 和出水口水位高度 $h_2$ 之间的高差，记为 $\Delta h$。$\Delta h$ 初始值应远小于土样的厚度 $L$，根据下式可知，初始水力梯度 $i$ 远小于 1：

$$i=\frac{h_1-h_2}{L}=\frac{\Delta h}{L}$$

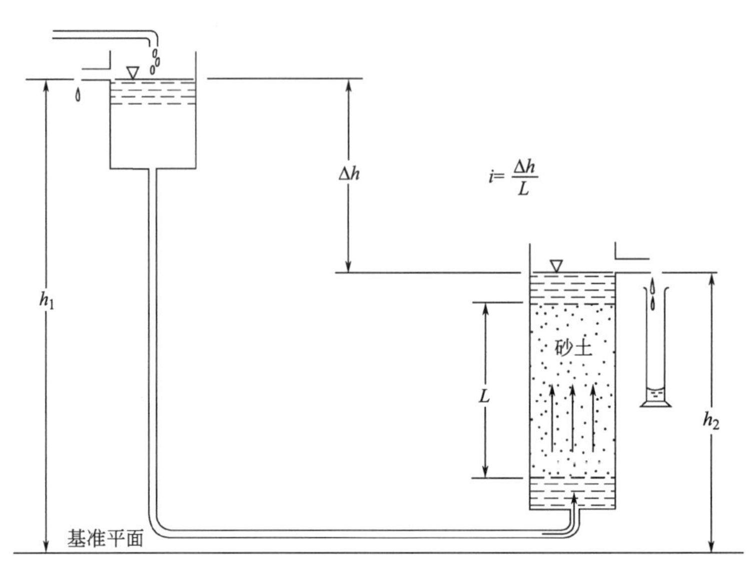


图 10.10　临界水力坡度的图示

当流经样品的渗流量 $q$（$=Q/t$）达到稳定时，测量该渗流量的大小。随后通过增大 $h_1$ 的值以逐渐增大水力梯度，从而测量其他水力梯度下稳定的 $q$ 值。以水力梯度 $i$ 作为横坐标、渗流量 $q$ 作为纵坐标，将测量的数据绘制成图，如图 10.11 所示。从原点到 C 点为直线，此时渗流量与水力梯度成正比，即符合达西定律［式（10.4）］，此时渗透系数为常数，记作 $k_1$。

在 C 点处砂土进入临界状态，渗流量随水力梯度的增加陡增至 B 点。即水力梯度达到临界值 $i_c$ 时，出现“流砂”现象。

砂土液化时，砂土和水共同表现出稠密液体的特性。在砂土表面放置的物体会在砂土液化后突然沉入其中。

B 点之后，渗流量与水力梯度仍然成比例地增加，但渗流量的增加速度比之前更大（图 10.11 的 BD 段），表明渗透性比之前更高。

如果逐渐减小水力梯度，则渗流量的变化可用 DBEO 曲线表示。经过 BE 段后，渗流量再次与水力梯度成正比，该斜率记作 $k_2$，显然 $k_2$ 大于 $k_1$。这说明在临界状态时，砂粒的堆积状态发生了不可逆的变化，导致砂土的密度有所下降。

在砂土相对密度较高的情况下，对其施加纵向压应力可以增大其临界水力梯度。然而，对于相对密度较低的饱和砂土，即使施加有效应力且水力梯度为零，在受到冲击荷载的作用下，土体也可能发生液化。这会导致颗粒间的结构瞬间崩塌，随后，即使没有向下的水力梯度，砂土也会发生沉降，其相对密实度将会变大。

### 10.3.9　无黏性土中的侵蚀作用

水在无黏性土中的流动会引起土颗粒的运动，该效应对土体的侵蚀程度可大致划分为

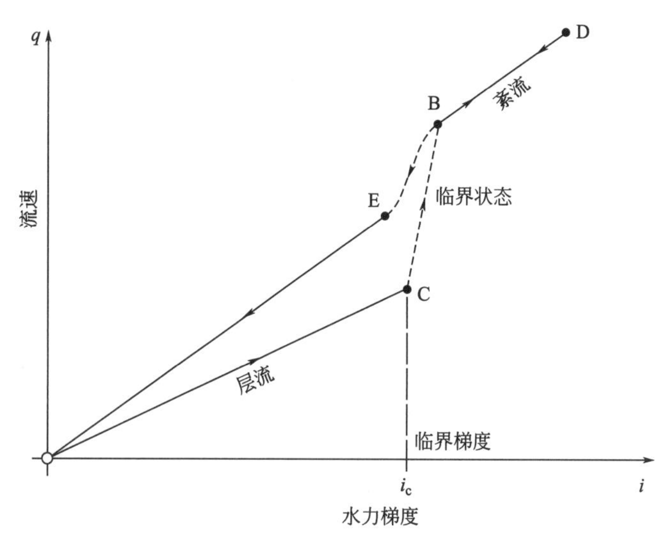


图 10.11 流速与水力梯度的关系（Terzaghi 和 Peck，1967）

三类：

（1）少数细颗粒的局部运动，可能是要发生更剧烈的运动第一迹象。

（2）细颗粒在较大颗粒之间孔隙发生迁移，可能被水流带出土体，也有可能渗入相邻土体的孔隙中。该过程被称为“潜蚀”。

（3）在水力梯度超过其临界值时发生的内部侵蚀和颗粒迁移。该过程称为“管涌”。

管涌产生的机制在上一节中已经进行了介绍：在水力梯度超过临界水力梯度时会产生管涌。防止管涌的一些实用方法将在第10.4.1节中进行介绍。

图10.12中说明了潜蚀的两种机制（Clough 和 Davidson，1977）。如图10.12（a）所示，细粒土A覆盖在粗粒土B上，向下渗流的水很可能将细颗粒从土体A带入土体B中相对较大的孔隙中。如图10.12（b）所示，粗颗粒之间的空隙中填充了大量细颗粒，如果渗流速度足够大，水可能会带走土体孔隙中的细颗粒。

人工填土与天然土层都可能发生潜蚀。对于天然土层而言，如果人为带来的水力梯度大于其历史最大水力梯度，则会发生潜蚀。

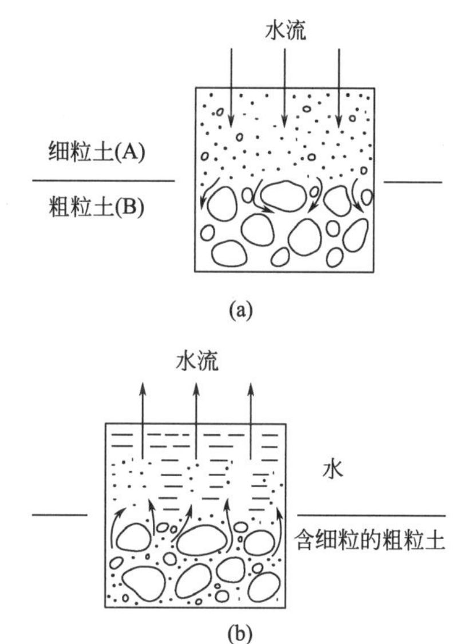


图 10.12 潜蚀机制

（a）细粒土进入粗粒土的运动；（b）从粗粒结构中输送细粒的管涌（Wittman，1976）

### 10.3.10 反滤层设计

反滤层是用于防止固体颗粒因潜蚀而流失或迁移的夹层材料，一般设置在两层土之间或土体有水流出的一侧。Bertram（1940）对反滤层的材料进行了研究，Terzaghi 和 Peck 在1948年提出设计反滤层的经验方法（Terzhagi 和 Peck，1967）。后人根据材料的级配曲线对这些方法进行了修改，具体关于粒径试验的应用参见第 1 卷（第三版）第 4.4.4 节。下面仅介绍说明了一些基于试验数据的结论，而不是针对反滤层的设计建议。

下面使用的符号与第 1 卷（第三版）图 4.1 中使用的符号相同。被包围的土被称为“主体”材料，并用下标 B 表示；反滤层由下标 F 表示。Terzaghi 和 Peck（1967）给出的建议为，反滤层的级配曲线中 15％对应的粒径大小（$D_{15.F}$）应至少大于最大“主体”材料 $D_{15.B}$ 的 4 倍，且不大于最小“基础”材料 $D_{85.B}$ 的 4 倍（图 10.13）。此外，反滤层和基材的级配曲线应形状相似且近似平行。

其粒径要求可用下式表示：

$$D_{15.F} > 4(D_{15.B}) \tag{10.24}$$

$$D_{15.F} \leqslant 4(D_{85.B}) \tag{10.25}$$

这些建议也以级配曲线的形式表示在图 10.13 中，主体材料的级配可在指定的范围内变化。虚线为推荐的反滤层材料的平均级配曲线。

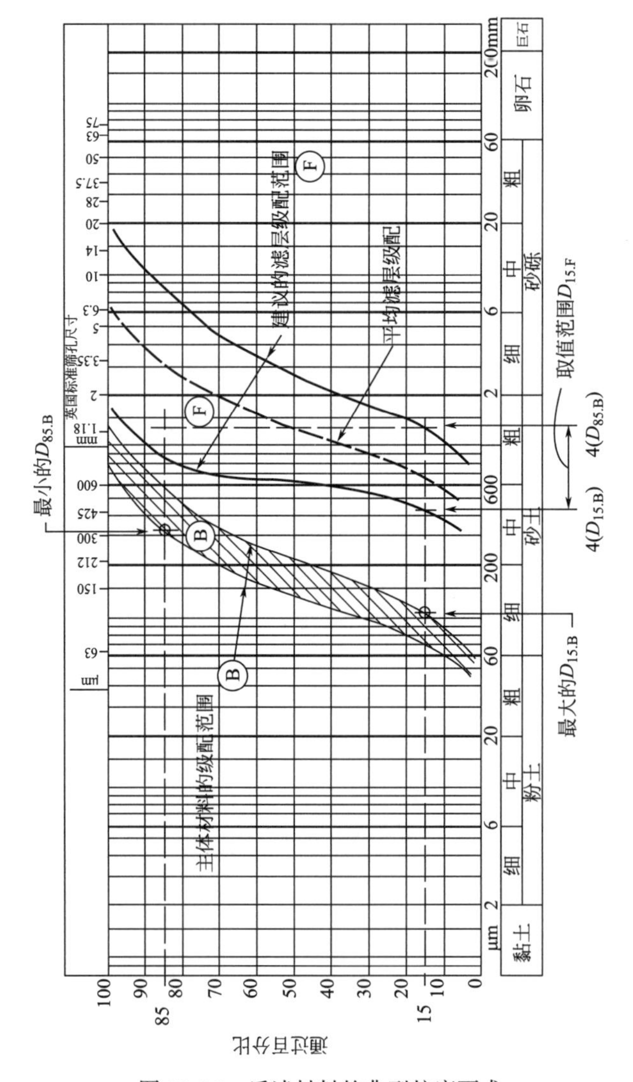


图 10.13　反滤材料的典型粒度要求

Lambe 和 Whitman（1979）根据美国陆军工程师兵团 Vicksburg 的建议，扩展了上述建议，可简述如下：

$$4 < \frac{D_{15.F}}{D_{15.B}} < 20 \tag{10.26}$$

$$D_{15.F} < 5(D_{85.B}) \tag{10.27}$$

$$\frac{D_{50.F}}{D_{50.B}} < 25 \tag{10.28}$$

$$k_F \gg k_B \tag{10.29}$$

对于厚度较大的反滤层，可能有必要使用多层反滤材料，每一层材料之间均应满足上述关系。这种类型的复合反滤层被称为级配反滤层。

Terzaghi 建议，“临界比” $D_{15.F}/D_{85.B}$ 不应该超过 4。第 10.6.6 节介绍的室内试验表明，对于级配良好的材料，大约从临界比等于 8 时开始失稳，随着反滤层不均匀系数 $D_{60}/D_{10}$ 的增加，开始失稳的临界比降低。在实际工程中，临界比取 4 可满足安全要求。

### 10.3.11　黏性土的可蚀性

部分钠含量高的黏土在水流的作用下极易被侵蚀，这类黏土被称为“分散性”土，这类土中的单个黏土颗粒能够悬浮在几乎静止的水中。而对于普通黏土，需要相当大的渗流速度才会发生侵蚀。Sherard 等（1976a）介绍了这些土的性质。传统的土分类试验并不能判别分散性土，第 10.8 节中介绍了一种相对简单的用以判别分散性土的方法。

## 10.4　应用

### 10.4.1　渗透性与土方工程

排水是许多建筑工程需要考虑的重要因素，因此有必要对土体的渗透性进行研究。在众多应用中，使用流网分析方法（例如，Lambe 和 Whitman（1979，第 18 章）中所描述）并结合渗透性数据，可以估算通过结构或结构下方的渗流速率及其渗透压力。下面列举了渗透性的一些重要应用。

1. 含水地层中的基坑开挖

土的渗透性会影响以下基坑开挖所涉及的问题，进而影响开挖工程的难度及其处理成本：

（1）估计开挖过程中可能流入的水量，进而估算现场设备应具备的泵送能力；

（2）降低地下水水位是否可行；

（3）板桩墙的设计及其延伸深度；

（4）当基坑底部低于地下水位时，计算并判断基坑底部的砂土（或任何无黏性土）是否会发生“砂沸”或隆起。

2. 土坝

为了估算可能通过土坝的渗流量，为反滤层提供足够的排水能力以防止出现过大的渗流压力，需了解包括土坝过滤区在内的各种类型土的渗透性。

在设计土坝防渗墙时，需知地基在水平及垂直方向的渗透性，以最大程度地减少地基带来的渗漏损失。Kenney（1963）讨论了渗透性比值的重要性，渗透性比值的变化范围较大，其最小值不到2，最大值可以达到几百。Thorne（1975）讨论了裂缝等其他不连续性的影响。

3. 渗透压力

水渗入任何多孔材料都会产生压力，即所谓的渗透压力。即使渗流速率非常小，渗透压力也可能很高。渗透压力可以通过流网分析来估算，而流网分析必须知道材料的渗透性。

混凝土、岩石和土中均能产生渗透压力。因此，渗透压力会影响路堤、路堑、土坝、混凝土坝和挡土墙等土工结构及地下室、泵站和干船坞底板等地下结构。

4. 管涌和侵蚀

地下过大的水力梯度（如土坝的下游坡脚附近）可能导致大坝局部不稳定，从而使其被逐渐侵蚀，最终在结构下方形成轮廓分明的通道或“管道”，这种现象被称为“管涌”。这种地下土体的逐步侵蚀可能迅速引发灾难性的结构破坏。采取恰当措施将水力梯度保持在临界值之内，可避免管涌的发生。比如在危险区域中设置级配合适的反滤层，或者加长水坝底部的宽度。

另外，分散性黏土也可能引发管涌，进而导致大坝的破坏。Sherard（1972）等列举了一些工程案例。因此，工程中须限制或禁止分散性黏土的使用。采用针孔冲刷试验（第10.8.2节）等简单的经验试验，可以判别分散性黏土。

5. 其他应用

（1）公路和机场的地基排水。

（2）估算含水层的产水量和采水速率（即从多孔层中采水以用于日常供水）。

（3）设计级配良好的反滤层。基于渗透仪的试验数据，可根据经验设计方法对反滤层进行设计。

### 10.4.2　局限性

1. 砂土

无黏性土（如砂土）几乎无法获得未扰动的试样，其室内渗透性试验结果对于确定其自然状态下的真实渗透性帮助有限，主要有以下两个主要原因：

（1）如没有专用设备，很难对无黏性土的密度和孔隙比进行原位测量，尤其是地下水位以下的土体，因此室内制备试样时，只能依据经验推测试样的孔隙比。

（2）即使预估的试样孔隙比与原状土相接近，在实验室中压实试样时，也无法还原土的结构特征（第10.1.5节第6项）。

因此，室内渗透试验只能得到原状土渗透性的取值范围。如需完全考虑上述因素影响，则只能进行原位渗透性试验。

2. 软土

对于部分软黏性土（如淤泥），可获得高质量的大直径未扰动土样，并可用大直径固结仪进行室内渗透试验（将在第 3 卷（第三版）中进行介绍）。

3. 成层土

低渗透性沉积土中可能存在高渗透性的含水土层（例如黏土中的砂或砾石层），这种成层土会给工程施工带来难以预料的难题，特别是隧道施工（May 和 Thomson，1978）。在这种情况下，现场观测和现场试验是必不可少的，而室内试验的结果可能有极高的误差。

### 10.4.3　渗透性与黏土固结

在外部荷载的作用下，黏土的固结速率由其渗透性控制，黏土的渗透性极低是造成其自身固结沉降时间较长的原因。这些内容将在第 14 章中进一步讨论，第 14.3.11 节中的式（14.28）给出了固结系数（可用于计算沉降速率）与土体渗透系数之间的关系，在某些情况下，土体的渗透系数需要由现场试验确定。

### 10.4.4　试验方法的适用性

常水头渗透仪适用于测量纯砂土的渗透性，大尺寸常水头渗透仪适用于砾石或含有砾石的砂。常水头试验仪仅适用于渗透性不小于 $10^{-4}$ m/s 的土，该设备还可用于观察无黏性土中的潜蚀、侵蚀和管涌现象。需要注意的是，少量淤泥的存在可能会极大降低土体的渗透性。

如果在常水头渗透仪中测量淤泥和黏土的渗透性，即使给土样施加该仪器所允许的最大水力梯度，其渗透速率也将非常小且难以测量。变水头渗透仪则可用于淤泥和黏土的渗透性测量，特别是用于渗透性极低（小于 $10^{-6}$ m/s）的黏性土。如第 10.7.2 节所述，大直径立管也适用于中等渗透性范围（$10^{-6}$～$10^{-4}$m/s）的淤泥。如有长度合适的土样，则有另一种适用于淤泥的试验方法：利用变水头原理测量取样管中土样的渗透性（第 10.7.3 节）。此外，还有另外一种更好的试验方法：利用可以控制土样应力状态的三轴仪进行渗透性试验，通过三轴仪所记录的有效应力和孔隙水压的数据可以计算得到土样的渗透系数。该试验将在第 3 卷中进行介绍。

无论是在标准渗透仪中还是在取样管内，都可对原状土或重塑土进行变水头试验。常水头渗透仪只能对重新压实的砂土进行试验，如有必要，可在试验过程中对样品施加已知大小的恒定轴向应力。

对于将被压实用作填料的土，如以适当的方式制备样品，室内渗透试验可提供有价值的数据。例如，试样渗透性取决于土样的压实程度、土样的压实含水率等参数，所以室内试验应尽可能地还原现场的条件。

### 10.4.5　常见渗透性值

表 10.1 是 Terzaghi 和 Peck（1967）给出的基于渗透性的土体分类。

按渗透性分类的土体　　表10.1

| 渗透大小 | 渗透率渗透系数范围 $k$(m/s) |
|---|---|
| 高 | 大于 $10^{-3}$ |
| 中 | $10^{-5}$～$10^{-3}$ |
| 低 | $10^{-7}$～$10^{-5}$ |
| 很低 | $10^{-9}$～$10^{-7}$ |
| 几乎不透水 | 小于 $10^{-9}$ |

常见土体类型的渗透性和排水特性如图10.14所示，其中包括了每种土类最合适的渗透性试验方法。图10.15给出了与有效粒径相关的土体渗透性分级方式。

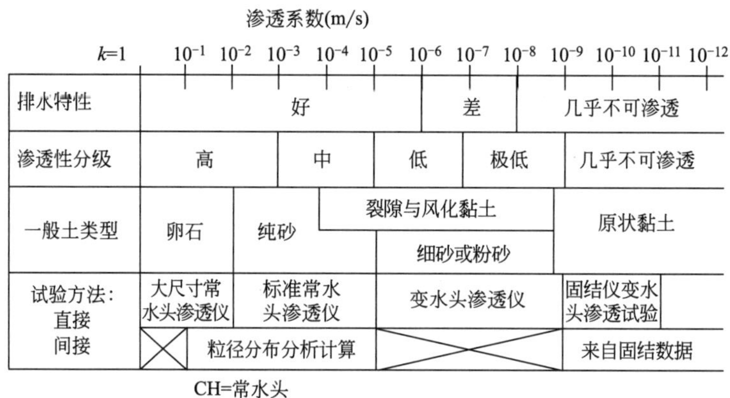


图10.14　主要土体类型的渗透性和排水特性

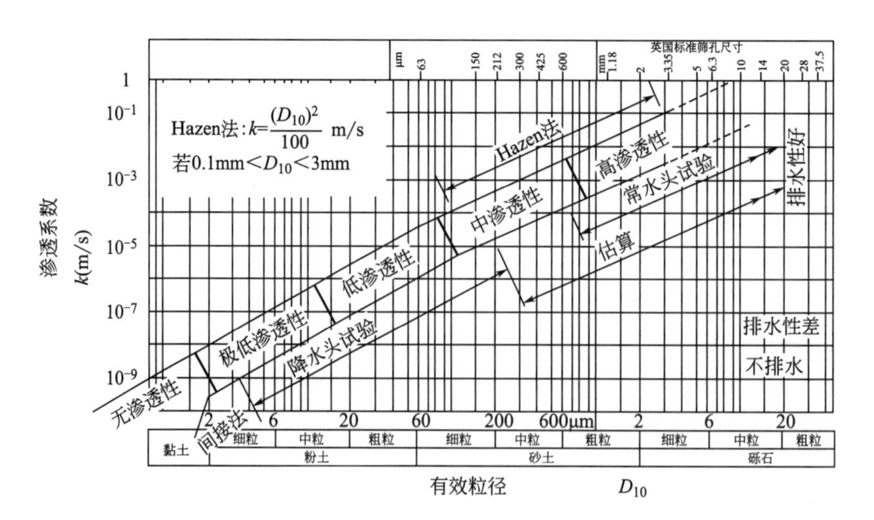


图10.15　根据有效粒径划分的渗透性分类

# 10.5　间接法测渗透性

## 10.5.1　基本要求

基于颗粒大小和形状特征，有两种渗透系数的间接测量方法（第 10.3.7 节），下面分别给出了这两种方法计算渗透系数的步骤和算例。在使用这两种方法时，有两个基本要求：第一，必须使用具有代表性的土样；第二，使用湿筛法［第 1 卷（第三版）第 4.6.4 节］对其进行级配分析，得到能精确反映最细颗粒比例的级配分布曲线。

根据固结试验数据计算渗透系数的公式将在第 14 章（第 14.3.11 节）中进行推导，并在该节中给出算例。

## 10.5.2　Hazen 法

本算例中，通过湿筛法分析获得土样的级配曲线如图 10.16 所示。此方法适用于细小且均匀的砂土，两种方法的结果都可能存在 2 倍误差。

$D_{10}$ 表示对应 10％土样通过率对应的有效尺寸，该尺寸可从图 10.16 所示的级配曲线上读取：$D_{10}$＝0.12mm。

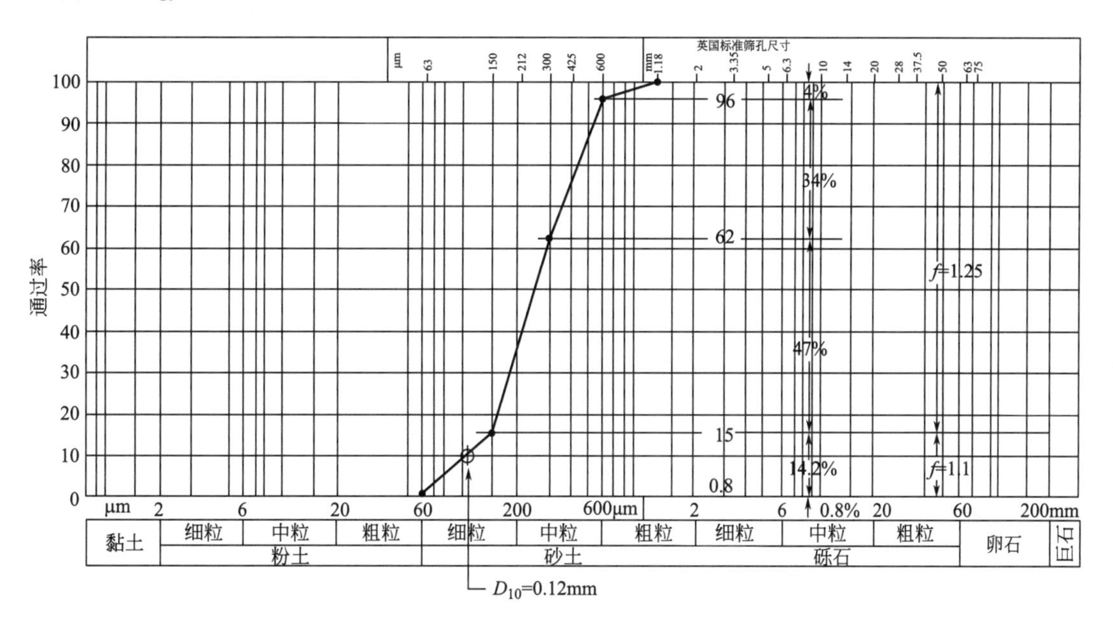


图 10.16　间接法测定渗透率算例的级配曲线

渗透系数 $k$ 可由第 10.3.7 节中的式（10.17a）计算得到：

$$k = 0.01 \times (0.12)^2 = 1.44 \times 10^{-4}\,\text{m/s}$$

上述结果仅有一位有效数字，即 $k = 1\times10^{-4}$ m/s。分析报告中需说明该结果由 Hazen 公式计算得出，且报告中应包含土样的级配曲线。

## 10.5.3　Kozeny-Carman 法

完成湿筛法分析之后，各个筛网将土样分成具有相近粒径的颗粒组分。进一步细分每个粒组［第1卷（第三版），第1.5.5节］，直到每个粒组包含的颗粒数量足够少，以至于单个颗粒的大小可以代表整个粒组。使用手持放大镜或低倍显微镜，根据图7.3［第1卷（第三版）］对颗粒的棱角度进行检查和分类，每个粒组中的颗粒可以被划分为“球形颗粒”“次球形颗粒”或“尖角颗粒”三种中的一种。

平均颗粒密度$\rho_s$的确定方法如第1卷（第三版）第3.6.2节所述。如果已知土体的干密度$\rho_D$，则可以通过第1卷（第三版）第3.3.2节中的式（3.4）计算得到孔隙比$e$：

$$e=\frac{\rho_s}{\rho_D}-1$$

以图10.16中的级配曲线为例，颗粒表面积和棱角的影响计算如下。每个粒组的范围和百分比汇总在图10.17中，这些数据被用于下面的计算中。

在本例中，代表棱角度特征的角度因子$f$取值如下：

大于0.150mm的颗粒：“次球形颗粒”，$f=1.25$；

小于0.150mm的颗粒：“球形颗粒”，$f=1.1$。

整体土样的$fS^2$的计算值为$1279\text{mm}^{-2}$。

如果砂土的干密度为$1.85\text{Mg/m}^3$，平均颗粒密度为$2.65\text{Mg/mm}^3$，则孔隙比为：

$$e=\frac{2.65}{1.85}-1=0.432$$

20℃的渗透系数（$k_{20}$）可按式（10.22）进行计算：

$$k_{20}=\frac{2}{1279}\times\frac{(0.432)^3}{1.432}=8.80\times10^{-5}\text{m/s}$$

也可表示为$k_{20}=0.88\times10^{-4}\text{m/s}$。

如果存在比粗粉砂更细的颗粒，则图10.17中最后一行对应粒组的计算结果可能与其他粒组的计算结果不成比例，以致上述公式不再适用。

| $d_1$～$d_2$的粒径范围 (mm) | 总质量比重 $P$(%) | 比表面积 $S=\frac{6}{\sqrt{d_1d_2}}$ ($\text{mm}^{-1}$) | 角因数 $f$ | $\frac{p}{100}\times S^2\times f$ ($\text{mm}^{-2}$) |
|---|---|---|---|---|
| 0.60～1.18 | 4 | 7.1 | 1.25 | 2.5 |
| 0.30～0.60 | 34 | 14.1 | 1.25 | 84.5 |
| 0.15～0.30 | 47 | 28.3 | 1.25 | 470.5 |
| 0.063～0.15 | 14.2 | 61.7 | 1.1 | 594.6 |
| 0.04～0.063 | 0.8 | 120 | 1.1 | 139.4 |
| 总计 | 100.0 |  | 总计 | 1291.5 |

样本的$fS^2$值=$1292\text{mm}^{-2}$

图10.17　使用Kozeny-Carman方法计算比表面积（数据基于图10.16中的级配曲线）

上述结果有两位有效数字，报告中应表明该结果是由Kozeny-Carman方法计算得到。此外，报告中还应给出颗粒的级配曲线、孔隙比和相对密度，以及干密度的测定方法。

### 10.5.4　根据固结试验计算渗透系数

黏土的渗透系数可以根据固结系数 $m_v$ 和 $c_v$ 计算得到，固结参数可从标准固结试验中测得，具体试验方法将在第 14 章中介绍。根据第 14.3.11 节的式（14.29）可计算渗透系数：

$$k_T = 0.31 \times 10^{-9} c_v m_v \text{m/s}$$

其中，$c_v$ 为固结系数（$m^2/a$）；$m_v$ 为体积压缩系数（$m^2/MN$）；$k_T$ 为渗透系数（m/s）；在试验加载过程中，温度为 $T$℃。上述结果保留两位有效数字，报告中应包括固结试验加载阶段的详细数据。

## 10.6　常水头渗透试验

### 10.6.1　概述

常水头渗透试验通常用于测量含少量或不含黏土的砂土和砾石的渗透性。在英国，最常见的渗透仪直径 75mm（第 10.6.3 节），适用于最大粒径约 5mm 的砂土。直径为 114mm 的渗透仪可用于测量最大粒径 10mm（即中等砾石尺寸）的砂土。在 ASTM 标准中，还介绍了直径为 152mm 和 229mm 的渗透仪。第 10.6.5 节介绍了一种更大的，专门为最大粒径 75mm 的砾石样品设计和搭建的渗透仪。一般来说，渗透仪直径与土体颗粒的最大粒径之比不应小于 12。

常水头试验用于扰动的粒状土，这些土样在渗透仪的土样室中以一定的击实功或达到目标干密度（即孔隙比）进行压实。

在常水头试验中，通过施加恒定的压力差，即常水头，使得水流以层流的方式流过土柱。可以测量得到给定时间内流经土柱的水量，然后利用第 10.3.5 节的式（10.11）计算试样的渗透系数。

如果试验装置设置为向上排水，在测得稳态渗透系数后即可确定临界水力梯度（第 10.3.8 节），进而可以观测不稳定现象（砂涌和管涌）的影响。使用除气水的重要性，以及防止溶解在水中的空气形成气泡的措施，将在第 10.6.2 节中介绍。

### 10.6.2　试验用水

理想状况下，试验中用于测定渗透系数的水应该是来自现场的地下水。但这种方法一般不具有可行性，所以通常需要对试验用水进行一些处理。试验不应采用未经处理的自来水，因为其含有溶解的气体、固体颗粒以及可能存在的细菌。

当溶解在水里的空气流经较窄的孔隙时，易形成封闭的气泡。孔隙中的气泡会阻塞水的流动，使得试验测得的渗透系数低于其实际值。如果预先除去水中溶解的空气，则可以消除这一影响。出于同样的原因，样品在试验前必须去除空气并充分饱和。在第 10.6.3 节第 8 段，描述了一种通过抽真空达到上述效果的方法。而天然地下水通常也只含有较少的溶解空气，经上述过程处理后的试验用水和试样与实际情况吻合。

溶解于水中的盐类和有机物对细粒土特性会造成影响，特别是对那些含有某些黏土矿物的细粒土，会改变其渗透性（第 10.1.5 节）。所以渗透试验中最好使用蒸馏水或去离子水，尤其是对于含有细粉土和黏土的土样。而对于不含细粒土成分的砂土而言，预先除气的自来水一般也能满足要求。

脱气水可以来源于自来水、蒸馏水、去离子水或现场所取的水，一般有 3 种方法脱气：

（1）施加真空；

（2）使用脱气器；

（3）煮沸。

对于中等至粗粒砂，有另外 3 种可部分脱气的简单方法：

（4）使用砂滤器；

（5）加热；

（6）静置。

详细介绍如下。

1. 使用真空装置

图 10.18 为通过真空管道对水进行脱气处理的装置布置图。该真空脱气装置必须能够

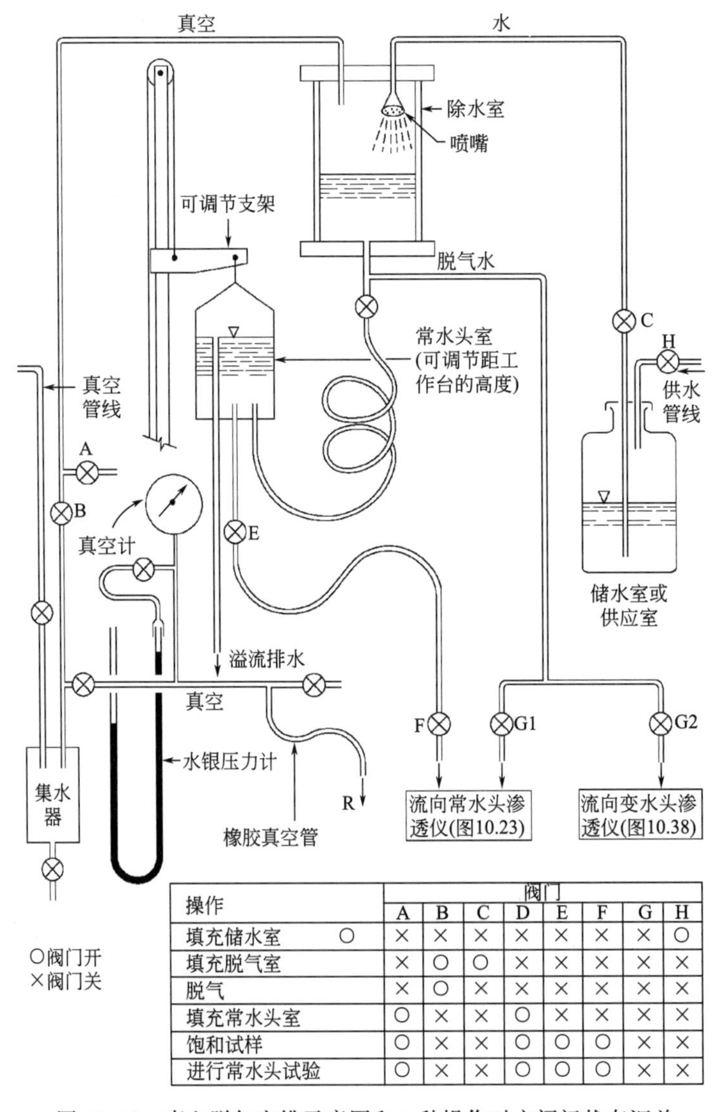


| 操作 | 阀门 | | | | | | | |
|---|---|---|---|---|---|---|---|---|
| | A | B | C | D | E | F | G | H |
| 填充储水室　○ | × | × | × | × | × | × | × | ○ |
| 填充脱气室 | × | ○ | ○ | × | × | × | × | × |
| 脱气 | × | ○ | × | × | × | × | × | × |
| 填充常水头室 | ○ | × | × | ○ | × | × | × | × |
| 饱和试样 | ○ | × | × | ○ | ○ | ○ | × | × |
| 进行常水头试验 | ○ | × | × | ○ | ○ | ○ | × | × |

图 10.18　真空脱气安排示意图和 6 种操作对应阀门状态汇总

承受外部大气压力（第1卷（第三版）第1.2.5节第3项）。

将水注入与大气连通的供水室。如果使用的是自来水，那么供水室可以连接到自来水管道上，并使用一个标准浮球阀以维持恒定水头。通过对储水室施加真空（一定的负压），水就会从供水室流入储水室。储水室的进水管上装有喷嘴和挡板，所以水会以小水滴的形式进入储水室，在该过程中大部分溶解在水中的空气被除去。真空管端水平位置高于供水管口，且远离供水管，以最大限度地减小水被吸入真空管的可能性。真空管靠近排气容器处应安装疏水阀以避免倒吸。

当从储水室抽水时，应保证水面上的空气与外界大气相连通。由于水面与空气直接接触，在正常的实验室温度条件下，刚开始几个小时会有少量空气溶入水中，所以在这之后应重新打开真空装置进行脱气处理。水应从储水室底部抽出，因为底部的水溶解空气的浓度最低。

图10.18给出了适用于操控真空装置的阀门布置，图底部的表格显示了6种不同操作对应的阀门状态：供水室注水、储水室注水、脱气处理、恒压室注水、饱和试样、常水头试验。

2. 脱气机

脱气机可快速除去溶解在水中的空气，例如由马萨诸塞州纳蒂克的Walter Nold公司于1971年开产的Nold脱气机［图10.19（a）］。它的主体部分是一个装有电磁叶轮的真空室。叶轮高速旋转会引起真空化并迅速释放气泡，气体则从真空管中排出。该容器大约能装6L水，据称该仪器能在5min内将这些水制成几乎不含溶解空气的脱气水。制得的脱气水将流入供水室，并且直至需要使用之前都会与大气隔绝。

图10.19（b）为一种新的可以装14L水的新型设备，该设备是通过在真空室里连续喷射，从而除去水中的空气。配备的水泵可直接抽取储水室中的脱气水而无需释放真空压力。通过内部阀门和液面控制装置，可以使水自动重新装满，从而实现了脱气水的连续供给。

(a)

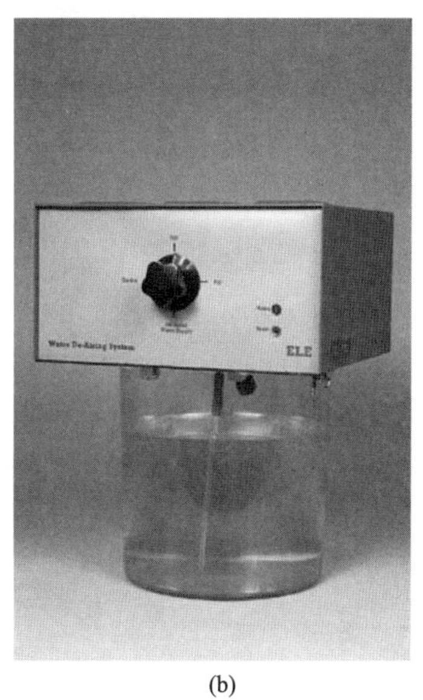


(b)

图10.19　（a）Nold脱气机（照片由Geotest Instrument Corp提供）；（b）一种连续供水的自动脱气机

3. 煮沸

溶解于水中的空气可以通过煮沸除去。煮沸的水应置于一个可承受大气压且与外界空气隔绝的密闭容器中冷却。该容器应尽量注满水，尽可能排除内部的空气。

煮沸可以将溶解在水中的空气浓度降到很低的水平，且能满足大部分试验需求。但冷却过程中的水如果与外界空气接触，就会再次溶解空气，这是因为空气在水中的溶解度随温度的降低会明显增大。

4. 砂滤器

在渗透试验过程中，如果溶解于水中的少量空气不从水中脱离出来并在试样、过滤层或连接管中产生气泡，那它的存在不会对试验结果产生影响。砂土颗粒，尤其是细颗粒，能够捕获气泡，可以利用这一特性，使水在进入渗透仪之前先通过一层砂土，即砂滤器从而除去其中影响渗透试验的气泡。砂滤器的粒径应和试验土样的粒径接近或更小。

一段时间后，砂滤器中的气泡会降低水的流速，且此时的砂滤器也无法继续吸附水中的气泡。所以渗透试验中可以使用两个并联的砂滤器，这样能够保证在更换其中一个时另一个继续工作，从而保证了水的流速，推荐的一种布置方式如图 10.20 所示。

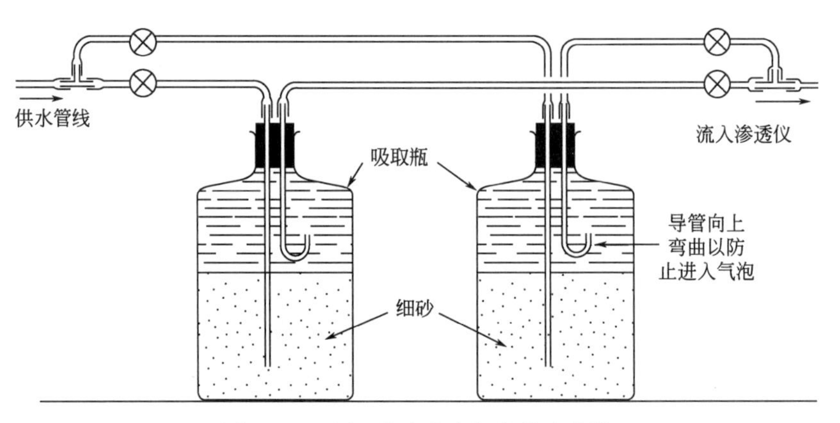


图 10.20　用于除去水中气泡的砂滤器

5. 加热

通过维持供水室里的水温略高于试样温度，可以在不使用真空装置的情况下尽量减少试样中气泡的形成。在供水室周围提供热空气流就能满足要求。因为冷水的空气溶解度大于温水的溶解度，在加热初期部分溶解于水中的气体将会逸出，并在热水进入试样是一个冷却的过程，这确保了不再有空气以气泡形式逸出。然而，当试验时间延长时，试样自身温度将会升高从而抵消预热的效果，因此在分析结果时应考虑温度变化。

1978 年，Klementev 和 Novák 提出了一种用电子控制的电加热器以连续提供除气水的装置，但是由于流出量（最大为 0.5L/h）太小而无法满足实际土样渗透试验。

6. 静置

如果将试验用水置于集水箱中，在室温条件下静置1h或者更长时间，也可以除去水中溶解的一部分空气。当需要大量水时，如对于较高水力梯度下测量高渗透性土样的试验，该方法可满足用水需求。

### 10.6.3　渗透仪内的常水头试验（BS 1377-5：1990：5，ASTM D 2434）

该方法适用于无黏性土，尤其是砂土，常水头渗透仪中的水流状态需保证是层流。

1. 装置

（1）图10.21详细展示了一个典型的渗透仪渗透容器包括以下组件：配有活塞及锁环的渗透仪渗水筒，开孔的顶板和底板，导管接头，压力计及其接头，放气阀，控制阀以及密封圈。控制阀（位于Y）能够很好地控制水流速率变化，而普通的开关阀门无法满足这种需求。

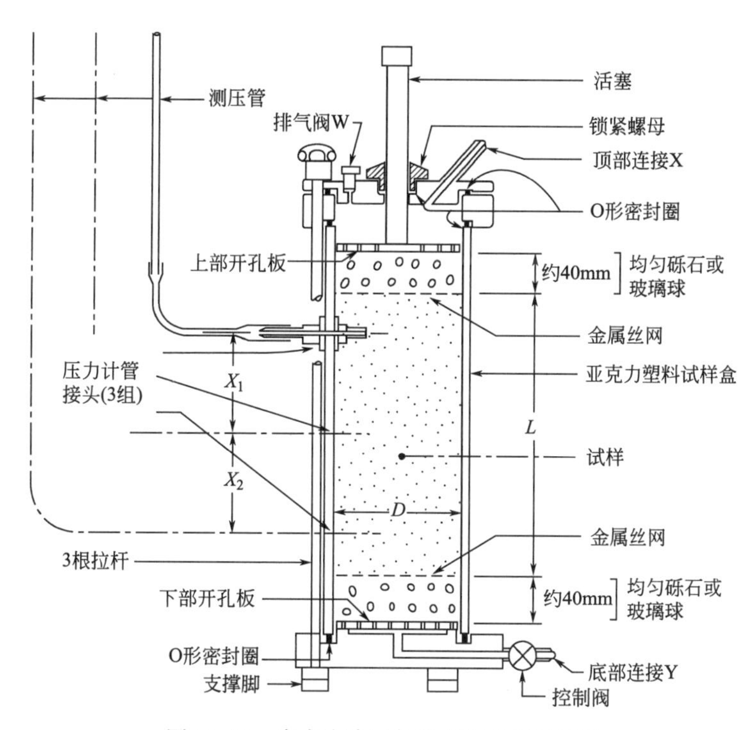


图10.21　常水头渗透仪渗水筒的详细情况

常见的渗透仪渗水筒直径为75mm，两个开孔板之间的距离为260mm。较大的渗水筒直径为114mm，开孔板间距为460mm（图10.22为较小尺寸的渗透仪渗水筒）。

（2）安装在支架上的玻璃测压管（每个测压点一个），带有以毫米和厘米为单位的刻度。在一条竖直线上至少需要三个测压点，以检查水力梯度的均匀性。

（3）用于渗水筒与其他部件的橡胶管（包括真空管），并装有夹子或阀门。

（4）用作端部反滤层的均匀细砾石或玻璃球。可以穿过直径为$D$的均匀球体垫层的

图 10.22　用于常水头试验的 75mm 渗透仪

最大颗粒尺寸为 $D/6.47$（Lund，1949），而含有低至 $D/8$ 的颗粒的天然砂通常是稳定的。因此，可以将粒径为 3.5mm 的玻璃球与最小粒径为 0.4mm 的砂土直接接触，但通常使用隔离网将两者隔开。

（5）两片与渗水筒内径相同的钢丝网，钢丝网的孔径不应大于砂土试样的 $D_{85}$，即如果土层厚度在 50mm 以上，则试样中最多有 85%的颗粒直径小于金属丝网孔径。因此，对于细砂至中砂含量不少于 15%的砂土或粉土而言，设置一个 63μm 的钢丝网就足够了。

（6）两个直径相同的透水石或金属烧结网（仅当金属丝网孔径大于 $D_{85}$ 时才需要）。

（7）量筒：量程分别为 100mL，500mL 和 1000mL。

（8）装有供水阀门的恒压室，可将工作台以上水位高度在 0.3～3m 的范围内调节（视可用净空高度而定）。

（9）通过溢水以保持恒定水位的排水槽。

（10）用于供给待测土样纯净除气水的供水系统（第 10.6.2 节），图 10.18 为一套合适的除气水供给系统。

（11）小型工具：漏斗、振捣棒、小勺等。

（12）精确至 0.5℃的温度计。

（13）停表（分钟计时器）。

（14）精确至 0.5mm 的钢尺。

（15）游标卡尺。

（16）量程和精度合适的天平

图 10.23 为试验系统的总体布置图，实际的试验装置如图 10.24 所示。控制阀设置在排水管上（在出水管的底部，如图 10.23 中 Y 阀门所示），而不是在进水管处。这样就能保证把由于限流装置的降压而释放的气泡排放到外部大气中，而不是被带入样品中。排水槽的水面应略高于样品底部，以使样品中的水总是处于一个较小的水压下。

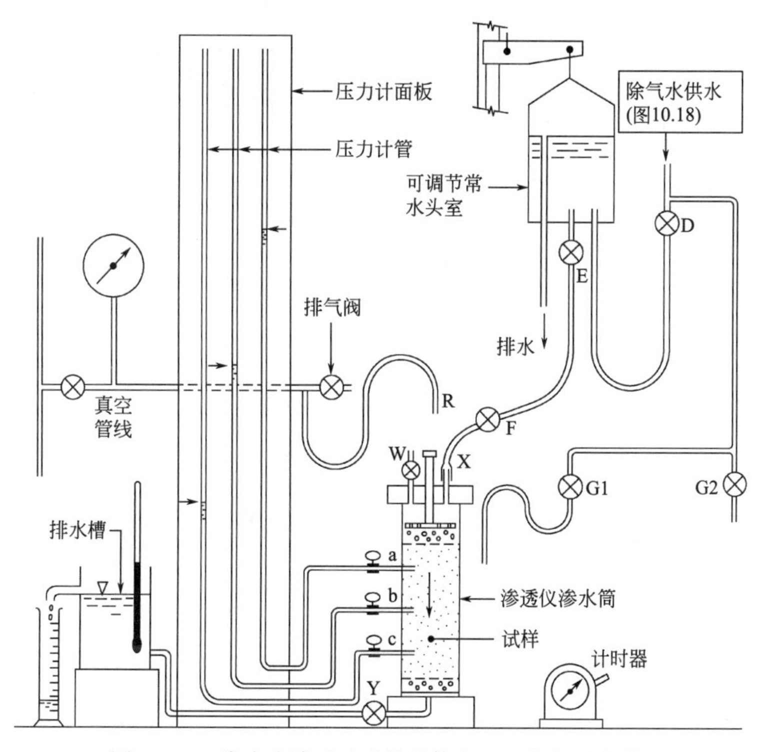


图 10.23　常水头渗透试验的总体布置（水向下流动）

2. 试验流程

（1）准备辅助装置

（2）准备渗透仪渗水筒

（3）选样

（4）制样

（5）渗水筒装样，通过以下几种方法：（a）压实；（b）干燥砂雨法；（c）水中砂雨法

（6）组装渗透仪渗水筒

（7）连通渗透仪渗水筒

（8）对试样进行饱和及除气处理

（9）连接试验装置

（10）开始试验

（11）重复试验

（12）拆除试验装置

（13）计算试验结果

（14）整理试验报告

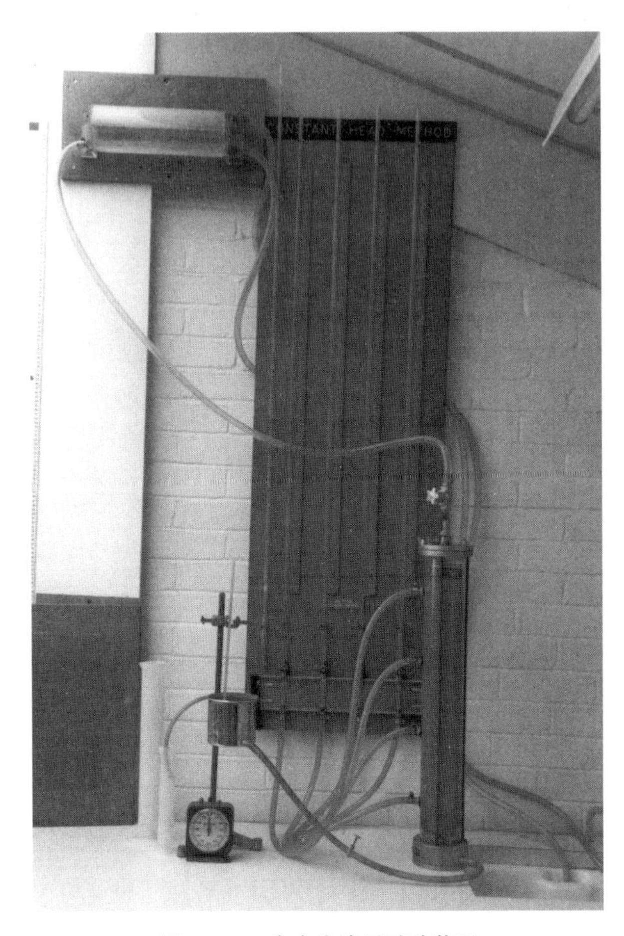

图10.24　常水头渗透试验装置

3. 试验步骤

（1）准备辅助设备

按图10.23所示将常水头装置连接到渗透仪。与真空装置相连接的导管R应该具有足够的刚度，使之可以承担外界的大气压而不发生塌陷变形，且必须保证所有接头具有良好的密封性。因为在系统注满脱气水后需要抽真空，密封性不足将会造成气泡的形成。

在试验开始时，应保持常水头室内液面处于一个较低的位置，即与排水槽液面高度差不超过试样高度的一半，以保证试样的水力梯度不超过0.5。如果在试验一开始直接施加一个较大的水力梯度，将导致试样的扰动或不稳定。或者，如果试样的渗透性较大，也可以通过位于排水管处的控制阀（图10.23中的Y阀门）严格控制水的流速，从而在一定程度上控制水力梯度。

（2）准备渗透仪渗水筒

标准渗透仪渗水筒的主要特征如图10.21所示。以下尺寸数据若未知，则需将渗水筒的顶板取下并进行测量：

① 平均内径 $D$（mm）（用游标卡尺在不同位置进行测量）；

② 每组压力计连接点的中心沿单元轴线的距离 $L$（mm）；

③ 渗水筒的内部高度 $H_1$（mm）。

以下参数可通过计算获得：

① 试样横截面积，$A=\pi D^2/4(mm^2)$；

② 渗透仪渗水筒体积，$V=AH_1/1000(cm^3)$；

③ 如果试样达到所需密度 $\rho$（$Mg/m^3$），则土体质量为 $\rho AH_1/1000(g)$。

检查压力计接头是否密封，以及伸入渗水筒的压力计尖端是否被破坏或堵塞。

将玻璃球或者级配良好的砾石过滤材料铺设在渗水筒底部，铺设高度约 40mm，整平表面并在其上铺设钢丝网。若试样中 80%以上颗粒的粒径小于钢丝网孔径，则应在钢丝网上铺设透水石或金属烧结网。

（3）选样

试验所用土样不应经干燥处理，任何粒径大于渗水筒内径 1/12 的颗粒应通过筛分去除。用于筛去粗颗粒的网筛型号如下：

| 渗水筒内径(mm) | 75 | 114 |
|---|---|---|
| 筛分器尺寸(mm) | 6.3 | 10 |

ASTM 允许最大粒径达到渗水筒内径的 1/12～1/8，这取决于留在 2mm 和 9.5mm 孔径网筛上土颗粒的百分比。

然后，根据第 2 步计算每个试样的质量，将土样分成若干份，每份土样的质量约为填满渗水筒所需的质量。至少需准备两组试样，用于重复试验。为了涵盖不同的试样密度，有必要进行多组试验。每组试样充分混合均匀后，取小部分用来测定含水率 $w_a$（%），然后将剩余部分称重精确到克。每组试验样品应用密封袋密封保存，当装样时再取出。

（4）试样制备

用于试验的样品高度不应小于其 2 倍直径。可通过以下三种方法将试样装入渗透仪渗水筒内：

（a）振捣棒压实

（b）干燥砂雨法

（c）水中砂雨法

方法（a）用在中、高相对密实度范围内进行试验［第 1 卷（第三版），第 3.4.4 节］，该范围包括对应于 BS“轻度”压实的最大干密度。对于低的相对密实度，则可以用方法(b)、(c)。对于细砂和粉质砂土，只有（c）方法可以避免在制样过程中混入气泡。方法(a)、（c）详见 BS 1377：1990 第 5 部分的第 5.4.2 条。方法（b）施加真空的原理和 ASTM D 2434 中所描述的类似。选择方法（a）或者（b）时可能有必要施加局部真空，以除去试样中的气体，但操作过程中需要小心谨慎。

在渗水筒内，干密度很难到达相对密实度为 1 所对应的值（即最大干密度）。第 9.1.2 节所介绍的装有延伸脚的小型振动器（图 9.14），有助于在制样过程中增大试样密实度。

无论采用哪种方法，都可能需要经过一系列试错过程才能获得接近所需密度值的结果，这也是需要进行一系列不同密度范围试验的原因。

上述每种方法的土样制备过程如下所述：

(a) 振捣棒压实：用振捣棒压实试样的含水率通常等于或者接近最佳含水率（第 1 卷（第三版）第 6.5.3 节）。通过向试样中加水可获得所需的含水率，需要添加的水量按如下方法进行计算：

$$所需加水量=\left(\frac{w_p-w_a}{100+w_a}\right)m_a g(或\ mL)$$

式中，$m_a$ 为土样质量（g）；$w_a$ 为初始含水率（%）；$w_p$ 为压实所需含水率（%）。

水应该和土样充分拌和均匀，考虑到拌和过程中水蒸发的损失，每千克土应额外多添加 5～10mL 的水。取拌合均匀的土样测其含水率。

称量以上制备的每组土样的重量 $m_1$，精确至 1g，并使用密封袋密封，当装样时再取出。需单独准备一组不用于渗透试验的土样，用于压实试验，以确定获得试验所需密度对应的压实度。

(b) 干燥砂雨法制样：如有必要，将土体风干至缓慢倒入渗水筒时颗粒不粘连的状态，试样的干燥过程应避免烘干，因为这会使得后续试验过程更难除去土样中的气泡。确定试样最终的含水率 $w$（%），称量每组试样质量 $m_1$（g），并使用密封袋密封，当装样时再取出。

(c) 水中砂雨法制样：按方法（a）准备试样并称重 $m_1$（g），测定试样含水率 $w$（%）。在一个大的容器（例如水桶）内，将试样淹没在足够多的脱气水中并进行充分的饱和。

(5) 渗水筒装样

(a) 振捣棒压实：试样在渗水筒内至少分四层进行压实。铺设第一层时，将试样从密封袋中取出并小心铺设在渗水筒底部的透水石板上。理想情况下，每次应将少量试样放入用金属丝或细绳固定的小容器中，通过倾倒放入渗水筒中。对于“潮湿”的土样，如果将其小心倒入渗水筒，则可避免发生颗粒偏析。

用振捣棒或手动压实机通过适当次数的击实将试样压实，并使其均匀分布，同时应避免损坏伸入渗水筒的压力计尖端。压实厚度约为试样在渗水筒内最终高度的 1/4（如果试样超过四层，则为对应的分数）。

对其余各层重复上述过程，且在铺设下一层前，先轻轻地翻松当前压实层的顶部。修整最后一层的顶部，其上应留有可铺设 50mm 厚的玻璃球或者砾石过滤层的空间。

把剩下的土样和溢出的土样一起称重记作 $m_2$，最终试样的质量为（$m_1-m_2$）g。

(b) 干燥砂雨法：在带有一段柔性导管的漏斗中倒入试样，导管长度应该足够长，保证能伸到渗水筒底部（图 10.25）。保持土样以恒定速率倒入，以螺旋运动的方式将导管末端从四周向中心移动，并保持

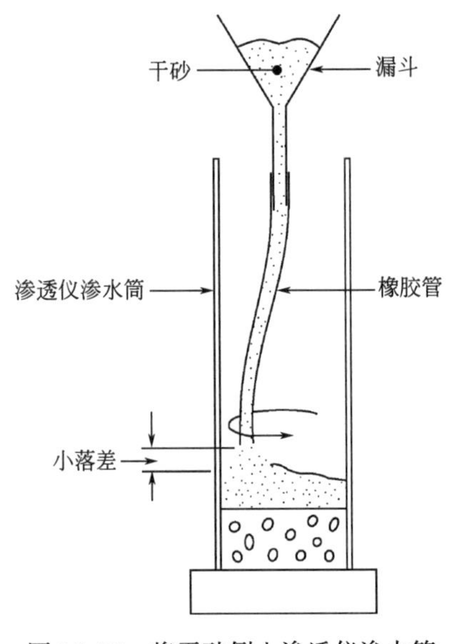


图 10.25　将干砂倒入渗透仪渗水筒

导管底端位于已铺设试样上方约15mm的位置。始终保持漏斗为填满状态，能最大限度避免试样分层的倾向。

继续倒入土样，直至试样顶部达到目标高度，并留有铺设约50mm的过滤材料的空间。小心地将表面平整，以减少扰动，如果制备的是低密度试样，则应避免摇动渗水筒或以任何方式搅动试样。

一般来说，对于均匀的砂土，用低落差和快速倾倒的方式会产生低密度的试样，而用高落差和慢速倾倒的方式会产生密度更大的试样（Kolbuszewski，1948）。

把剩下的土样和溢出的土样一起称重记作 $m_2$，最终试样的质量为（$m_1-m_2$）g。

(c) 水中砂雨法：将渗水筒底座上的阀门与除气水供给装置连接，并打开阀门，让除气水进入渗水筒，直到水位达到钢丝网或透水石上方约15mm处，该过程应避免引入气泡。

在渗水筒顶部支撑一个大漏斗，该漏斗上配有一个与绳子或金属丝相连的塞子，以及一段柔性导管，导管末端应能够到达渗水筒内的水面（图10.26）。将大容器中制备的土水混合物倒入漏斗中。

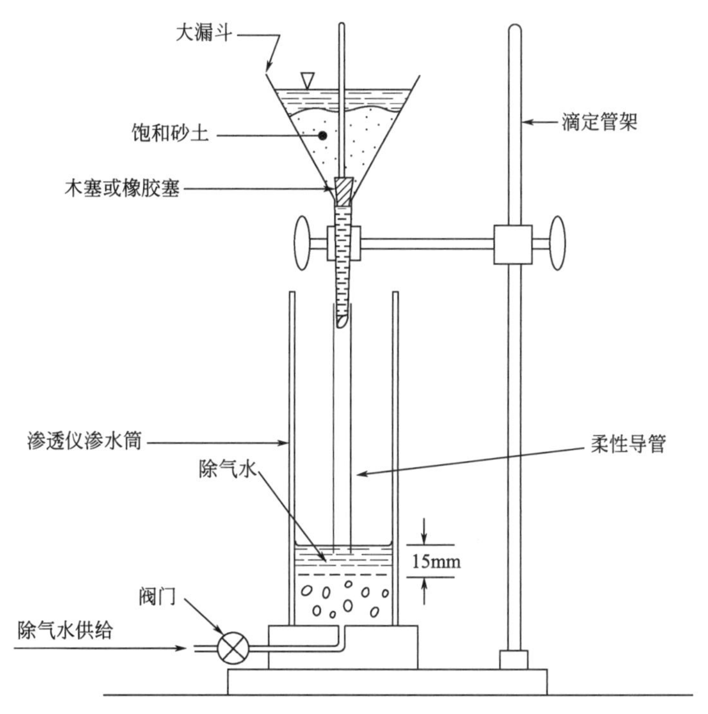


图10.26　采用水下装样将砂土倒入渗透仪渗水筒

小心地去除塞子，使土水混合物流入渗水筒中。同时，提升漏斗，使导管末端刚好在水面上。通过底部阀门放入更多的水，将水面保持在已铺设土层表面上方约15mm处。继续上述操作，直至渗水筒中沉积的土样达到试验所需的量。

保留所有未使用的土样，烘干并称重记作 $m_3$，试样的干重 $m_D$ 可以通过以下公式计算：

$$m_D = m_1 \times \left(\frac{100}{100+w}\right) - m_3$$

式中，$w$ 是试样的实测含水率。渗水筒中的饱和样品在松散条件下将具有均匀的密度。如果要保持低密度试样，则不应摇动渗水筒或扰动试样。

在（b）或（c）过程中，通过在倒入试样时搅动或振动试样，或者每次倒入一层并在倒入后搅动，可得到更密实的试样。

（6）组装渗透仪渗水筒

将第二个透水石（如有必要）和第二个钢丝网放置在试样顶部，然后铺设约 40mm 厚的玻璃球或砾石过滤材料（图 10.21）。过滤器顶面的高度应在安装顶板所需的限度内。该过程要避免扰动试样。

松开渗水筒顶部的活塞锁环，向上拉动活塞至最大距离，再重新紧固锁环。安装渗水筒顶板，通过逐步拧紧固定螺丝将其向下固定到位。松开活塞锁环并推动活塞向下，直到开孔板与过滤材料接触。当锁环重新拧紧时，需将其牢牢按住。

将渗水筒底部的阀门 Y（图 10.27）连接到除气水的供给系统上（对应于方法（a）和（b）），并将阀门 Y 关闭。使用柔性管将每个压力计压盖连接到测压管，并用紧挨渗水筒的旋塞（图 10.27 中 a，b 和 c）将压力计压盖关闭。

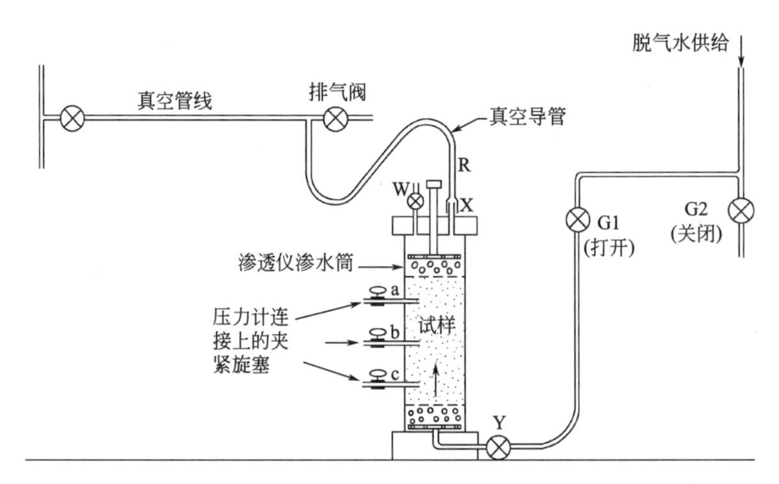


图 10.27　适用真空饱和样品的渗透仪渗水筒连接方式示意图

（7）测量

沿圆周选至少 3 个不同位置，用钢尺测量上下钢丝网或透水石之间的距离，精确至 1mm。测量结果的平均值即为试样的平均初始高度 $L_1$(mm)。

用下面的公式可以计算试样的密度 $\rho$：

$$\rho = \frac{m}{AL_1} \times 1000 \mathrm{Mg/m^3}$$

式中，$m$ 为试样的质量（g）；$A$ 为渗水筒的横截面积（$\mathrm{mm^2}$）。

其干密度可以用下式计算：

$$\rho_D = \frac{100\rho}{100 + w} \mathrm{Mg/m^3}$$

式中，$w$ 为试样的实测含水率。如果采用的是干砂［方法（b)］，那么 $m = m_d$，$w = 0$，$\rho = \rho_D$。

通过测量和计算可检查试样是否达到了所需干密度。

(8) 饱和试样

对于振捣棒击实法［步骤5（a）］：打开顶部排水口X和排气阀W（图10.27），使得试样与大气连通。

通过微调阀门Y，使得除气水慢慢地通过试样从下往上渗透，直到水从排气阀W流出，接着关闭W，然后水就会从顶部连接X处流出。应保证水位上升足够缓慢，使试样不被扰动或形成管涌。

最后关闭阀门Y。

对于干燥砂雨法［步骤5（b）］：用硬塑料管或厚壁橡胶管将顶部排水口X连接到装有疏水阀的真空管上（图10.27）。关闭渗水筒顶部的排气阀W，通过调节真空管和其上的放气阀，逐渐在渗水筒顶部施加较小的负压。当以上步骤完成后，打开渗水筒底部阀门Y，使水逐渐从下往上流入试样。应避免水的剧烈流动，否则可能会扰动土样。当进水高度为渗水筒高度的1/3时，关闭进水阀门，并在局部真空状态下保持至少10min，倘若仍有气泡溢出，则需延长时间。当进水高度达到渗水筒高度的2/3、试样顶部刚好被水浸没以及过滤层最终被完全浸没时，重复上述操作。再逐渐施加真空度至其最大值，并保持该真空度，直到观察不到气泡为止。上述过程中要检查是否有空气从连接部位（包括压力计连接处）进入试样。

轻轻打开阀门Y，直至顶部过滤层被水完全淹没后，关闭阀门Y。关闭真空系统并断开渗水筒出口X处的真空管线R。再打开阀门Y和渗水筒顶部排气阀W，直至除气水完全将渗水筒顶部气体排出。当水从放气阀W溢出时将其关闭。继续往渗水筒加水直至X出口处有水溢出，关闭阀门Y。

最后试样和渗水筒应进行彻底的除气处理。

对于水中砂雨法［步骤5（c）］：该步骤后得到的是饱和土样。继续向渗水筒里小心地从下往上注入脱气水，与干燥砂雨法［步骤5（b）］的处理方式类似。

(9) 连接试验装置

① 试样饱和处理后立即松开活塞锁环，向下推动活塞，以保证开孔板与过滤材料紧密接触，如步骤6所述相同。之后重新紧固锁环。

② 类似于步骤7，重新测量试样的高度，并记录新的平均值$L$（mm），作为试验土样的高度。

③ 将除气水供给系统连接到渗水筒顶部X处，并将阀门Y连接到储水室底部。应确保在连接过程中没有气泡进入。放置排水槽，以便于溢流流入玻璃量筒。

④ 设置常水头供水室，使水位略高于渗水筒顶部，并打开E和F供给阀门（图10.23）。通常情况下，初始水力梯度约为0.2就足够了，但是对于细粒或密实土样，可能需要更高的水力梯度。

⑤ 依次打开压力计管接头上的管夹，让水流入压力计管。确保没有空气滞留在软管中。重新关闭管夹后应挤压管子确保将气体都排出到大气中。所有压力计管中的水位应保持在供水室水面的高度。

上述装置的布置如图10.23所示，图中阀门的名称与图10.27和图10.18相同。装置装配好后的照片如图10.24所示。

图10.23所示的布置用于水流从上往下流经试样的渗透试验。对于从下往上流经试样的试验，顶部和底部连接反向即可，即将脱气水供给系统与底部入口和调节阀Y相连，而排水槽则与顶部出口相连。

（10）进行试验

打开控制阀Y（图10.23）并调节通过试样的水流，使水力梯度小于1。使水流过试样，直到情况稳定即压力计管中的水位保持稳定。调节与常水头装置相连的供水管上的D阀门，以确保连续不断的少量溢流；如果溢流过量，则会浪费除气水。

在开始试验前，需清空量筒。在量筒放置于出口溢流处时就开始计时。记录首次试验开始的时间。

读取压力计管中的水位（$h_1$，$h_2$ 等）并测量排水槽中水温 $T$（℃）。当量筒内的水位达到预定标记（例如50mL或200mL）时就停止计时，记录用时，精确到秒，然后清空量筒，进行4～6次重复操作，每次间隔5min左右。如果溢流速度非常快，以致在30s或更短的时间内收集到所测量的体积，则应使用秒表并观察经过的时间，精确到0.2s。如果溢流速度相当小，另一个方法是在固定时间（最好是精确的分钟数）后取下量筒，并读取该时间段内量筒收集的水的体积，或者通过称重确定其体积。应按上述方法进行4～6次这样的测量，同时观察压力计水位和水温。

计算每次读数所对应的渗流量 $q$（mL/min），并以第一次试验的开始时间为起点绘制 $q$-$t$ 图。渗流量最初可能是变化的，但通常会略微降低并稳定到一个恒定值，该值可以从图中得出。图10.28（a）中给出了一个示例。

通过绘制任意时刻的渗流量 $q$ 与 $1/\sqrt{t}$（min）的关系，可以获得一个更确定的稳定渗流量（Al-Dhahir和Tan，1968）。上述示例以这种方式重新绘制于在图10.28（b）中。在该图中，最早的观察数据距 $q$ 轴最远，并且当 $t$ 非常大即 $1/\sqrt{t}$ 接近零时就趋于稳定流了。曲线外推到与 $q$ 轴相交，该交点定义为长期稳定渗流量。

如果观察到有任何固体颗粒伴随水流从试样中流出，则在试验报告中清楚记录。

试验完成后再次测量土样的高度。如果试样高度因土骨架塌陷而减小，其对应的孔隙比应用该高度进行计算。

难点：假设压力计测点间隔相等，则可以通过相邻压力计之间的水位高度差反映试样内水力梯度的均匀性。

有时压力计不会显示出均匀的梯度，甚至相邻的两个压力计可能显示出相同的或几乎相同的读数。这是由于土的不均匀压实导致在局部区域土壤为水提供了相对自由的通道，或该区域的土体结构中形成“管道”。当水向上流动时后者更有可能出现。靠近渗水筒壁的“管道”是容易观察到的，但在试样内部形成的“管道”则不易察觉。渗透系数只能基于压力计之间明显均匀的水力梯度来计算。处理该缺陷的唯一令人满意的方法则是取出试样并重新压实进行试验。

有时压力计也会给出与实际不符的很低的读数，这可能是因为伸入土样的尖端被土颗粒堵塞了。通过从压力计管向试样施加压力（如向管内吹气）使得水倒回试样中从而清空堵塞物。

在某些土中，例如含少量粉土的级配均匀砂土，即使在较小的水力梯度（小于临界值）下，也可能出现细颗粒在大颗粒之间的空隙中移动的现象。这种现象可以透过渗水筒

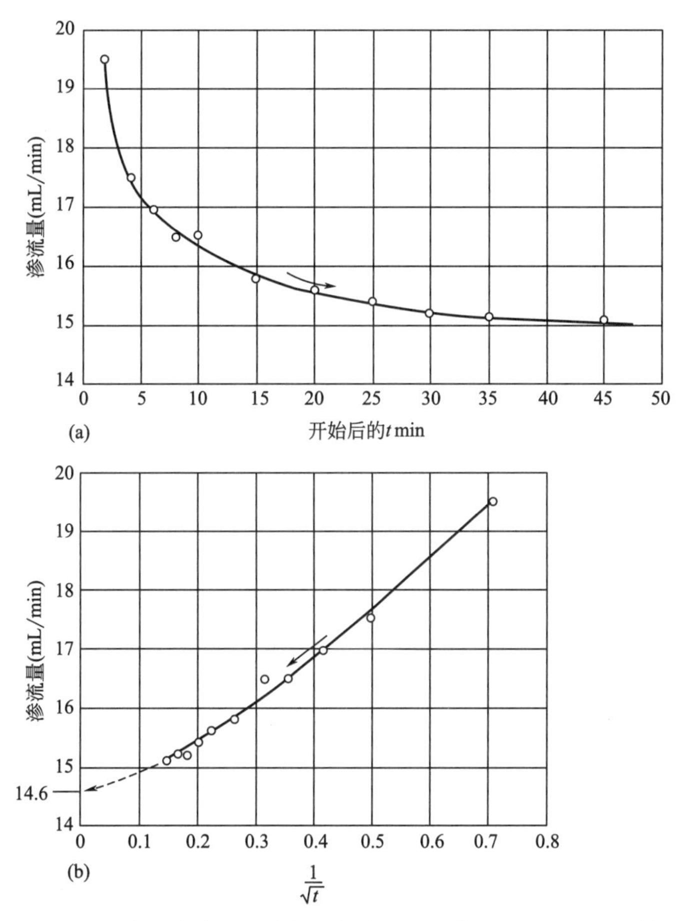


图 10.28　从常水头渗透试验得到的流速图（使用图 10.29 中的数量）

(a) $q$-$t$ 图；(b) $q$-$1/\sqrt{t}$ 图

的有机玻璃壁观察到，并通过排出水的浑浊程度确认。这种情况下测到的仅是剩下的粗颗粒土的渗透系数。

可以通过在试样和玻璃球或砾石的过滤层之间设置适当级配的反滤层来防止细颗粒的流失。但是一段时间后，在交界面处可能会被一层细颗粒堵塞，从而限制水的流动。不过，压力计管仍能显示与观察到的流速对应的试样中的实际水力梯度。

（11）重复试验

为了在更大的水力梯度下进行试验，可以通过进一步打开控制阀门 Y 或者升高常水头供水室的水位。当情况稳定后，按步骤（10）重复试验。

在所需水力梯度范围内，应适当地进行重复试验。流速应随整个水力梯度大致均匀地增加。

如果水流从上往下流经试样，则可以将试验扩展到相当高的水力梯度而不破坏试样的稳定性。如果水流向上，当水力梯度达到临界值（即 $i=i_c$）时，则可能会观察到试样的不稳定状态。在试样中可能会有“管涌”形成或出现隆起现象，此时达西定律不再适用（第 10.3.8 节）。如果要研究这种影响，可先在小于临界水力梯度 $i_c$ 的条件下进行几次试验，以在达西定律的适用条件下得到渗透系数，然后再允许土样受到扰动。

如果需要获得孔隙比与渗透系数的关系，则需要测量一系列孔隙比所对应的渗透系数。应从步骤（5）开始，采用不同密实度的试样重复整个过程。

如果试样处于较低或中等的相对密度，则通过木槌敲击渗水筒也可获得更高的密度，而不需移除试样。上顶板放回后应与试样顶部紧密接触，然后重新测量试样高度，从而可计算出新的密度和孔隙比。之后即可在新的孔隙比下重复试验。

（12）拆除试验装置

当获得了几组一致的读数后，关闭渗水筒顶部的进水口阀门F（图10.23），然后将常水头供水室的水头降到较低的位置。断开进水管，并打开底座上的阀门Y和排气阀W，允许水从渗水筒的底部排出（图10.27）。

移除渗水筒的顶盖，取出过滤层，并冲洗掉所有粘附其上的细颗粒。再将试样从渗水筒中移除，取出并清洗底层的反滤层。最后清洗渗水筒，并确认没有细颗粒残留在压力计压盖和连接导管中。

（13）计算

如果在$t$ min的时间内流经试样的水量为$Q$（mL），则渗流量$q$等于$Q/t$（mL/min）或$Q/60t$（mL/ s）。

如果沿试样竖轴方向的三个或更多压盖处的压力计读数表明水力梯度较为均匀，可按下方公式计算最外侧两个压盖处之间的水力梯度：

$$i=\frac{h}{y}$$

式中，$h$是两个最外侧的压力计之间的水位高度差（mm）（$h=h_a-h_c$，如图10.5所示），$y$是对应的压盖点之间的距离（mm）（在图10.21中，$y=x_1+x_2$，$x_1$和$x_2$通常相等）。

如果试样的横截面积等于$A\text{mm}^2$，则$T$℃下试样的渗透系数$k_T$可根据式（10.5）计算得到：

$$k_T=\frac{Q}{60Ait}$$

如果试验不是在20℃下进行，则在20℃下的渗透系数可用式（10.9）和图10.4中的曲线图换算得到。

使用步骤（7）中的方程，但用长度$L$代替$L_1$来计算试样的密度$\rho$和干密度$\rho_D$（$\text{Mg/m}^3$）。

用下面公式计算土样的孔隙比$e$：

$$e=\frac{\rho_s}{\rho_D}-1$$

式中，$\rho_s$为土颗粒密度（$\text{Mg/m}^3$）。

如果是在几种不同的密度下确定了渗透系数，则在对数坐标下绘制$k$值，在线性坐标下绘制对应的干密度或孔隙比$e$。

（14）试验结果

试验报告中试样的平均渗透系数保留两位有效数字，如$k_T=2.3\times10^{-4}\text{m/s}$。试验报告还应包含试验温度$T$℃，以及施加的水力梯度范围。

试样的情况应作为试验结果的一部分，其中应包括：级配曲线；试验前从原始样品中去除的超大颗粒的比例；土样制备方法；干密度；孔隙比（并说明土颗粒的密度是测得的还是假定的）；有关颗粒迁移或任何形式的不稳定性的说明。

另外，还应包括以下内容：渗透仪的尺寸；试样制备，压实和脱气处理的方法；是否使用除气水。

在适当情况下，应说明试验是根据 BS 1377-5：1990 第 5.4.2 条进行

如果采用了多种孔隙比的试样进行试验，则对应于每个孔隙比的渗透系数都应制成表格。图 10.29 给出了一组典型试验所得数据和试验结果。

常水头渗透试验

地址 *Bromsbury*　　试验编号 *P2-8*

试验员 *G.G.B.*　　日期 *27.11.2009*

试样详情　细至中浅棕色砂土

准备方法　按3层干燥装样，轻轻捣实

试样直径 *75* mm　　面积A *4418* $mm^2$　　干质量 *1471* g

长度 *164* mm　　体积 *724.6* $cm^3$　　干密度 *2.03* $Mg/m^3$

颗粒密度(假设/测量) 2.65　　孔隙率 = $\frac{\rho_S}{\rho_D}-1=$ *0.305*

距基准面的高度：入口 *535* mm　　压力计 a *493* mm

出口 *360* mm　　b *452* mm

温度 *19.5* ℃　　c *406* mm

a至c的水头差 *87* mm

a至c的距离 *100* mm

向下渗流　　水力梯度$i=\frac{87}{100}=0.87$

读数

| 试验开始后的时间(min) | 时间间隔$t$(min) | 实测流量$Q$(mL) | 渗流量$q$(mL/min) | $\frac{1}{\sqrt{t}}$ | 备注 |
|---|---|---|---|---|---|
| 2 | 2 | 39 | 19.5 | 0.707 | |
| 4 | 2 | 35 | 17.5 | 0.5 | |
| 6 | 2 | 34 | 17 | 0.408 | |
| 8 | 2 | 33 | 16.5 | 0.354 | |
| 10 | 2 | 33 | 16.5 | 0.316 | |
| 15 | 5 | 79 | 15.8 | 0.258 | |
| 20 | 5 | 78 | 15.6 | 0.224 | |
| 25 | 5 | 77 | 15.4 | 0.2 | |
| 30 | 5 | 76 | 15.2 | 0.183 | |
| 35 | 5 | 76 | 15.2 | 0.169 | 稳态流速 |
| 45 | 10 | 151 | 15.1 | 0.149 | (图10.28所得) $q$=14.6mL/min |
| | | | | | |
| | | | | | |

渗透系数$k=\frac{q}{Ai\times60}=\frac{14.6}{4418\times0.87\times60}=6.33\times10^{-5}$m/s

温度修正可忽略　　干密度 2.03 $Mg/m^3$

孔隙率 0.305

渗透系数(20℃) $6.3\times10^{-5}$ m/s

图 10.29　常水头典型试验得到的数据

### 10.6.4　恒定轴向应力下的渗透试验

在测试期间，安装在渗透仪单元顶部的活塞可被用于对样品施加一个恒定的轴向应力。在活塞的上端悬挂一个安装砝码吊架的承载支架，并在吊架上增加砝码以获得所需的轴向应力，布置如图 10.30 所示。ASTM D 2434 介绍的装置可使用弹簧提供 22～45N 的轴向力。

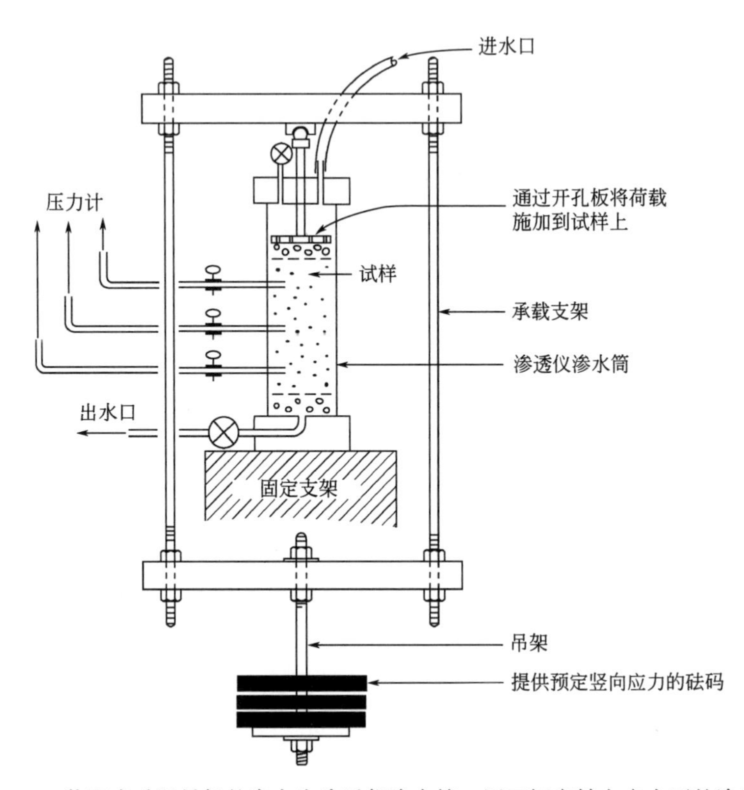


图 10.30　装配有砝码吊架的常水头渗透仪渗水筒，用于恒定轴向应力下的渗透试验

如果吊架和砝码的总质量为 $m$（kg），试样的横截面积为 $A$（$mm^2$），则有：

$$\text{轴向应力} = \frac{mg}{A} \times 1000 = 9807 \times \frac{m}{A} \mathrm{kN/m^2}$$

活塞最初应位于其运动范围的上端附近，以便当因颗粒结构发生坍塌而引起试样体积减小时，活塞可以自由地向下移动。

### 10.6.5　适用于砾石的渗透仪

为了在实验室中测量砾石土的渗透性，需要一个比第 10.6.1 节中提到的 114mm 直径的渗透仪更大尺寸的渗透仪。图 10.31 为一种适用于大型水坝建设项目的试验装置，该装置适用于各种类型的砾石填料和过滤材料的渗透试验。该渗透仪渗水筒的直径为 16in（406mm），可以容纳长达 34in（964mm）长的试样，试样可包含最大粒径 75mm 的砾石。试样可以通过压实或振动方式在渗水筒中制备，渗水筒可在支撑架上绕位于其高度一半的轴旋转，以方便清空土样与清洁渗水筒。

图 10.31　用于砾石试验的直径为 16in 的渗透仪渗水筒

该渗透仪还专门配备了约 900L 的供水室为渗透仪供水，以及一个常水头装置，该装置由一个有多个溢流口、直径 200mm 的管道组成，因此可以改变流入水头。水可通过直径为 75mm 的柔性无扭结橡胶管流入和流出渗透仪。

压力计由安装在面板上的 27 根普通玻璃管组成，并通过 2mm 口径的尼龙管连接到渗透仪。每个测压管穿过渗水筒壁上的一个密封压盖并延伸到渗水筒的中心线，并以 20mm 的细砂包围。将尼龙管的 50mm 末端沿中心线切成两半，并用 63μm 的金属丝网包裹，如图 10.32 所示。

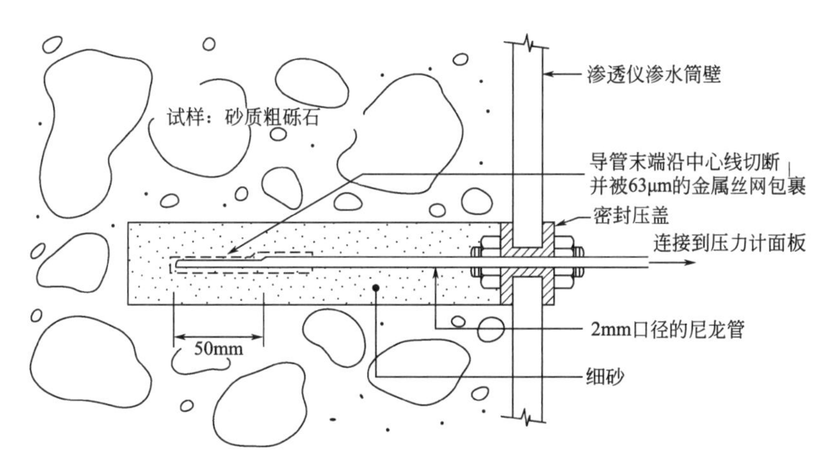


图 10.32　大型渗水筒中压力计的详细示意图

砾石的渗透试验原理与砂土的标准渗透试验相同。除测量渗透系数外，该渗透仪的主要应用是检查某些砾石填充材料的稳定性，以评估由于水流（即渗水）作用可能导致的细颗粒流失，即潜蚀，并通过目测评估颗粒在两种材料（例如砾石填充物和过滤层）之间界面处的行为，如第 10.6.6 节所述。这种大尺度的装置能反映原位砾石材料可能的行为。

### 10.6.6　反滤材料试验

常水头渗透率仪可用于直接观察反滤材料与土样接触面附近颗粒行为。其中土样是被防止侵蚀的部分，故被称为“主体材料”。该方法同样适用于多层过滤系统中两层反滤层之间的表面。通过这些试验，可以对土样和反滤层两种材料之间的界面稳定性进行评估。试验得到的评估结果可以与基于材料粒径分布的理论评估进行比较（第 10.3.10 节）。

下文中介绍的试验过程基于 Lund（1949）所精心设计的试验。本文介绍该试验过程的目的并不是提出一套标准的室内试验步骤，而是给室内试验研究提供一种方法。

常水头装置的布置如图 10.33 所示。将这两种材料放入渗透仪中制备复合样品，其中约三分之二由反滤材料组成。两种材料的分界面应位于上、中测压管之间的中间位置，最上方测压管的高度应位于主体材料的中心点附近。每种材料都使用合适的方法［第 10.6.3 节，步骤（5）］压实至适当的干密度。按照第 10.6.3 节的步骤（6）、步骤（7），渗透仪按水流向下流动的情况进行组装，如图 10.33 所示。

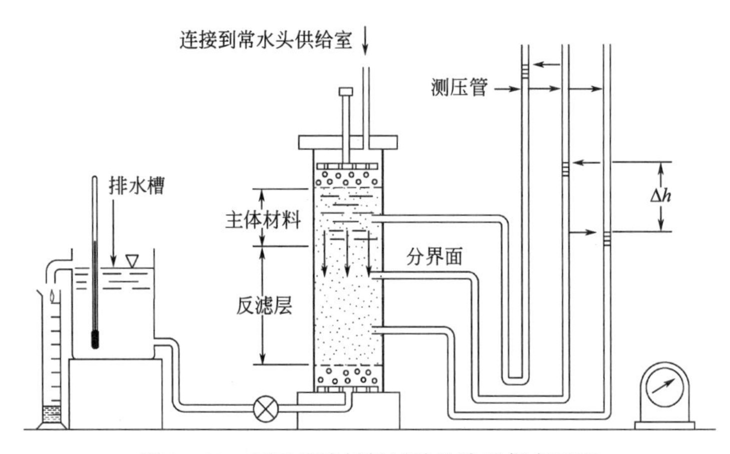


图 10.33　用于反滤材料试验的渗透仪布置图

首先通过让水向上渗透［步骤（8）］，使复合样品处于饱和状态，在此过程中（以及整个试验过程中），需观察界面表面并记录界面处颗粒的所有迁移行为。样品饱和后，轻轻敲击分界面处的渗透仪的外壁，并观察颗粒是否出现进一步的运动。渗透仪应按步骤（9）进行连接。

随后，按第 10.6.3 节步骤（1）、步骤（11）所述，进行向下渗流的渗透性试验。试验开始时，施加较小的水力梯度，随后的每个阶段都增加一定增量，直到水力梯度至试验所需值，该值可能是室外最大值的好几倍。在每个阶段中，应记录下观察到的任何颗粒迁移行为。每次达到稳定状态，都需记录测压管的读数，这样就可以计算出反滤层的渗透性［第 10.6.3 节的步骤（13）］。在每个阶段完成后，再次敲击渗透仪的外壁，观察并记录颗粒的任何进一步移动。如果有任何肉眼可见的颗粒移动，需重新测量该阶段的渗透性。

在这种类型的试验中，每个阶段中对颗粒运动的观察描述与测量的渗透性大小同等重要，两者都应如实记录在报告中。反滤材料对主体材料的适用程度可以采用以下术语概括：

（1）稳定：在施加的水力梯度范围内，渗透性没有明显变化。敲击后，没有明显观察到主体材料向反滤层迁移的现象。当渗透性不变时，主体材料流入反滤层材料的渗透深度不超过5mm或10mm。

（2）不稳定：敲击渗透室壁或者水力梯度增加后，渗透性减小。可明显观察到主体材料流入反滤层。

（3）完全不稳定：大部分或全部主体材料都被水流带入反滤层中。

### 10.6.7　水平渗透仪

英国交通部（Jones和Jones，1989）发明了一种可测定道路底基层渗透性的水平渗透仪，被测底基层可包含最大粒径为30mm的颗粒。该设备及其使用方法在英国交通部建议说明（Department of Transport Advice Note HA 41/90（1990））中有详细介绍。

本质上，该渗透仪由一个矩形镀锌钢盒组成，两端配有连接件以控制水头大小，水在该水头作用下产生水平渗流，土样按所需密度和含水率分4～5层进行压密。土样的长度为1m，横截面为300mm×300mm（图10.34）。试样上覆盖有不透水的氯丁橡胶泡沫板，盖子上的横条可防止水通过土样与盖子之间的空隙渗流。连接真空装置排除土体中的空气后，通入无气水使土样饱和。该设备的示意图如图10.35所示。

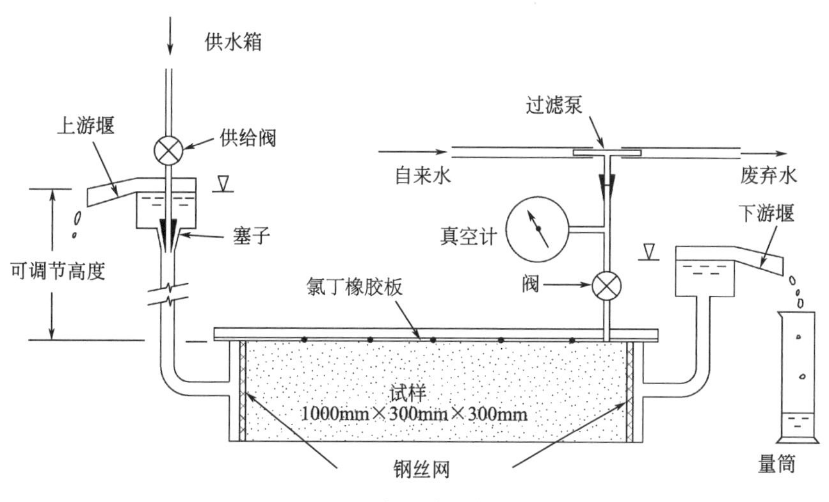


图10.34　水平渗透仪示意图

土样中的水力梯度可以通过改变进口和出口处的堰板高度来调节，若只需微调水力梯度，可将渗透仪的一端稍微抬高。需注意，水流的方向始终与试样的轴线平行。

渗透系数计算原理与图10.2所示的原理相同。

图 10.35　水平渗透仪

## 10.7　变水头渗透试验

### 10.7.1　概述

变水头法适用于中、低渗透性（小于 $10^{-4}$m/s）土的渗透性测定，如粉土和黏土。在变水头渗透试验中，将一个相对较短的土样连接到立管上，该立管提供了为渗透试验所需水头，且提供了流经样品的水。通常有几种不同直径的立管可供选择，可依据被测材料类型从中选择最适合的立管。变水头渗透试验的内容将在第 10.7.2 节再进行介绍，其计算比常水头试验要复杂一些，其对应公式推导过程见第 10.3.6 节。

在黏土的渗透性试验中，需采用比砂土试验中更高的水力梯度以确保产生可测量的渗流。即使在相当低的围压或附加压力下，黏土的黏聚力也能抵抗水力梯度高达数百的管涌破坏（Zaslavsky 和 Kassiff，1965）。然而，分散性黏土即使在较低的水力梯度下也易受到侵蚀（第 10.3.11 节）。

取样管中原状土（第 10.7.3 节）以及固结仪中的土样（第 10.7.4 节）的渗透试验同样基于变水头渗透试验的原理。

### 10.7.2　变水头渗透试验

BS 1377：1990 和 ASTM 标准均未对该试验进行介绍。以下试验步骤遵循常用的经验方法。

1. 仪器

(1) 渗透仪包括：

带环刀的渗水筒，直径 100mm，高 130mm

带拉杆和翼形螺母的穿孔底板

顶部夹板

连接管及配件

渗透仪渗水筒各部件详细信息如图 10.36 所示，渗透仪渗水筒及其他组件如图 10.37 所示。渗透仪如果使用了更长的拉杆，则对应的渗水筒也应更长，同样也可以使用直径相对较小的取样管。

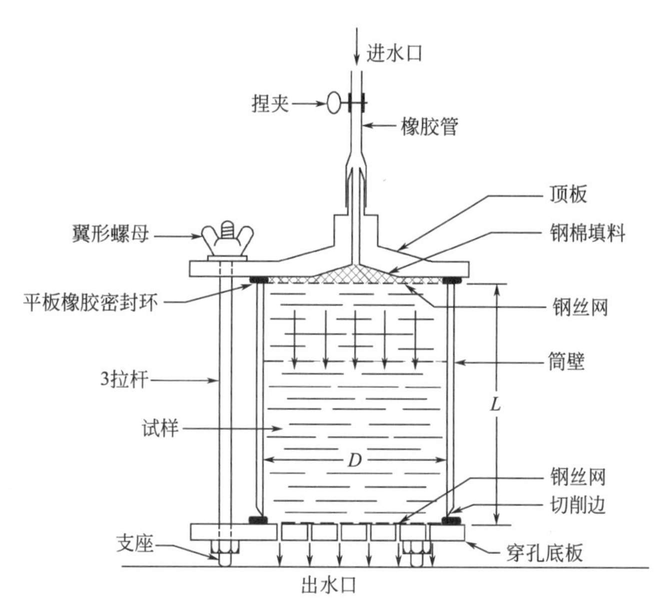


图 10.36　变水头渗透仪渗水筒详图

图 10.37　直径 100mm 的渗透仪渗水筒和用于变水头试验的组件

（2）立管面板上装有不同直径的玻璃立管，每个立管的底部都有一个阀门和连接管。常见的立管直径包括 1.5mm、3mm 和 4.5mm，适用于低渗透性土体，如粉质黏土。直径更大的立管（如 10mm、15mm、20mm）更适合于中渗透性土，如粉土。对于细粉砂，立管直径应与样品直径相等。

对于黏土，立管的直径应不小于 1.5mm，否则毛细作用可能有显著影响。

立管的直径决定了试验的持续时间，该时间不宜太短，否则计时会有较大误差，但也不应过长。应选择合适直径的立管，在几分钟到一个工作日的时间内用上述方法测量渗透

系数在 $10^{-10}$～$10^{-4}$m/s 范围内土体的渗透性。

(3) 除气蒸馏水或去离子水（第10.6.2节）。

(4) 真空管路，压力表或水银压力计以及疏水阀。

(5) 钢棉。

(6) 小型工具：漏斗，修边刀，抹刀等。

(7) 温度计。

(8) 停表（分钟计时器）或秒表。

(9) 带溢水口的水槽。

整个试验组件的布置如图10.38所示，试验原理如图10.8所示。

2. 试验流程

(1) 组装设备

(2) 校准测压管

(3) 准备渗水筒

(4) 准备试样

(5) 组装渗透仪

(6) 连接渗透仪

(7) 饱和试样

(8) 压力计系统注水

(9) 进行渗透试验

(10) 渗透性计算

(11) 整理结果报告

3. 试验步骤

(1) 组装设备

设备如图10.38所示，渗水筒组装过程后续将进行详细介绍。对于低渗透性的土样，试验过程通过试样的水量较小，不需要持续地补充脱气蒸馏水或去离子水，但供水的水箱应注满脱气蒸馏水或去离子水。否则，应采用图10.18所示装置。图10.38中连接到玻璃三通管的J、K、M处的柔性真空管必须具有足够的刚度，以避免其在真空状态下破坏。

(2) 校准测压管

如果三根测压管的截面面积未知，则每根测管的截面面积可按以下方法确定：

向测压管加水至刻度顶部，并测量测压管水面高于基准面的高度 $l_1$，精确至mm。

将管中水倒入已知重量的烧杯中，直到测压管中的水位下降500mm以上。

测量基准面以上新水位的高度 $l_2$，精确至mm。

称量盛有水的烧杯的重量（应精确至0.01g）。

若 $m_w$＝水的质量（g）；$l_1$＝测压管初始水位（mm）；$l_2$＝测压管最终水位（mm）；$a$＝测压管截面面积（$mm^2$），则有：

$$倒出水的体积 = m_w \text{cm}^3$$

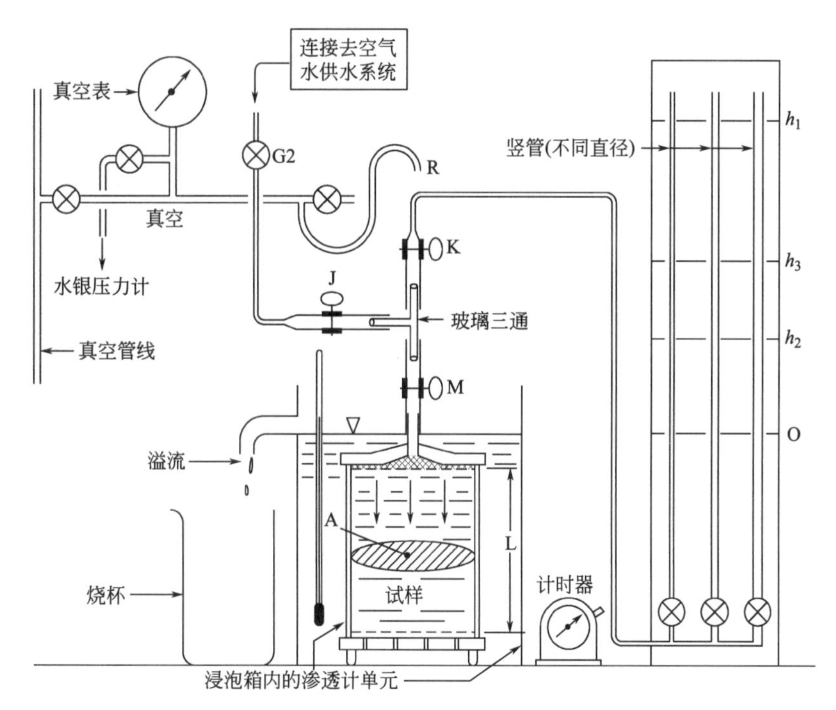


图10.38　变水头渗透试验总布置图

$$测得体积=(l_1-l_2)a\,mm^3$$

$$=\frac{(l_1-l_2)}{1000}a\,cm^3$$

$$a=\frac{1000m_w}{l_1-l_2}mm^2$$

每根试管重复测量2～3次，然后取平均值。

为了方便试验，需在压力计刻度上做参考标记，具体操作如下。

选用工作台工作面作为基准面，测量基准面以上水槽溢流水位高度 $y_0$（mm）。在刻度盘上的测管顶部以下约50mm处做一个标记，测量其在基准面以上的高度 $y_1$（mm）。在高于浸泡槽溢流水位200mm以上的测压管底部再做一个标记，该标记高于基准面水位的高度为 $y_2$（mm）。计算如下：

$$h_1=y_1-y_0$$

$$h_2=y_2-y_0$$

$$h_3=\sqrt{(h_1\cdot h_2)}$$

第10.3.6节所述的中间标记位于基准面以上 $y_3=(h_3+y_0)$ mm的高度处（图10.8，第10.3.6节）。这些标记在图10.38中用 $h_1$、$h_3$ 和 $h_2$ 表示。

（3）准备渗水筒

拆卸渗水筒，检查密封环是否完好，并在其上轻轻涂抹硅脂。需确保渗水筒端部摆放正确、无变形且无损坏，以保证当密封环和端板夹紧时，能形成密封接头（图10.36）。

确保渗水筒干净且干燥，称其重量记作 $m_1$，精确到 0.1g。测量平均内径 $D$ 和长度 $L$，精确到 0.5mm。

(4) 准备试样

带环刀的渗水筒是为现场采集原状黏土而设计的，它也可以用作从块状样品或原状土取土装置中取样。在试验过程中，必须确保试样与渗水筒内壁紧密贴合，即土样周边没有任何可以让水通过的缝隙。空隙或孔洞应用土体的细粒部分或橡皮泥填满。

按照第 9.3.3 节所述方法制备样品，并将端部修整成与管的端部齐平。通常沿竖直方向制备土样，用于土样的竖向渗透性试验；或沿水平方向（或平行于层理）制样以用于测量水平渗透性（或平行于层理的渗透性）。

将容器内的样品称重 $m$，精确至 0.1g，并利用土体制样后的剩余部分测定样品的含水率。

(5) 组装渗透仪

在试样的两端各放一个金属网盘。将土样容器刃脚向下放置于底板上，并安装密封圈。用钢棉填充渗透仪渗水筒顶部的空间，这样当顶部被拧紧时，可保证土样被压紧。确保密封圈安装位置正确，以保证接头的密封性。随后逐步均匀地拧紧拉杆上的翼型螺母。

将组装好的渗透仪渗水筒放入水槽中，并注入除气蒸馏水或去离子水，直至溢出。倾斜渗透仪使渗透仪顶部以下的空气排除。如果渗透仪有冲洗底座且没有突出脚，应将其立在平的垫片上，让水自由进入。

(6) 连接渗透仪

用一截厚橡胶或刚性塑料管连接渗透仪的顶部进水口与玻璃三通管，并用螺栓夹 M 固定（图 10.38）。在三通管的另外两个接头上安装类似短管，每根短管上都有一个螺栓夹（J 和 K）。在接头处涂抹润滑油，并在必要时使用连接夹，以确保接头的气密性。

(7) 饱和试样

打开螺栓夹 M 和 K（图 10.38），让水槽中的水在较小水力梯度以及毛细作用下，向上流过样品。如果水箱内的水位下降的幅度大于蒸发损失的幅度，则说明样品正在吸水。对于低渗透的土，该过程可能需要持续一夜、24h 甚至更长时间。

将真空管 R 连接到玻璃三通管分支 K 上，并拧紧螺栓夹 J。随后通过调节真空管和排气阀，对样品顶部施加低吸力（约 50mm 汞柱）使样品饱和。维持顶部吸力并在必要时稍微加大，直到水被吸入 M 上方的玻璃三通管中，此时说明样品已经饱和。如果有气泡存在，则持续施加吸力直到系统内没有气泡为止。

(8) 填充压力计系统

在阀门 A（图 10.18）打开、阀门 G2（图 10.38）部分打开的情况下，将除气蒸馏水连接到三通管的分支 J 上，确保此过程没有空气进入。小心地打开螺栓夹 J，以便在吸力作用下，供水管中的水充满玻璃三通管和 K 处导管。关闭螺栓夹 K，关闭真空阀并断开真空管 R。部分打开螺栓夹 K 以连接到测压管面板，该过程要确保连接处软管充满水，避免引入空气。

选择用于试验的测压管并打开其底部的阀门。打开阀门 G2、J 和 K，让水充满管道，使其达到 $h_1$ 标记上方几厘米处。如果在测压管或连接管中观察到气泡，可通过在立管的顶端施加低吸力将其除去。

关闭阀门G2和螺栓夹J，并完全打开螺栓夹K。向浸水槽中加水，使其与溢流口齐平。

(9) 进行渗透试验

打开螺栓夹M，使水向下流过样品，并观察立管中的水位。当立管内水位达到$h_1$时开始计时。观察并记录水位到达$h_3$和$h_2$的时间，在水位降到$h_2$后停止计时，并关闭螺栓夹M。

可通过打开阀门G2和J重新填充竖管，以进行重复试验。建议连续进行3～4次试验。

此外，还应记录浸水槽中的水温$T$（℃）。

(10) 渗透性计算

在每次试验期间，竖管水位从$h_1$下降到$h_3$。所需的时间应与从$h_3$下降到$h_2$的时间相同（第10.3.6节），差别应在10%以内。如果误差过大，应重新进行试验，并计算每组试验运行的平均时间$t$（min）。

试样的渗透系数$k_T$可根据第10.3.6节中的公式（10.15）计算得到：

$$k_T = 3.84\frac{aL}{At}\log_{10}\left(\frac{h_1}{h_2}\right)\times 10^{-5}\text{m/s}$$

式中，$a$，$L$和$A$在第2阶段和第3阶段确定，而（$h_1/h_2$）将依次用（$h_1/h_3$）和（$h_3/h_2$）表示。

(11) 整理结果报告

根据试验结果可计算得到试验温度下试样的渗透系数，计算结果保留两位有效数字：

$$k_T = 2.3\times 10^{-6}\text{m/s}$$

如果试验水温不是20℃，可参照第10.3.4节将结果乘以图10.4中的系数换算为20℃时试样的渗透系数。

试验报告还应给出试样的密度和含水率，如果已知颗粒相对密度还应求得试样的孔隙比。同时，为说明可能存在如纹理和裂隙等结构特征，还应给出试样的完整描述。此外，报告内容还应包含试样的类型，制备方式及其来源。

常见的室内试验数据和试验结果记录表如图10.39所示。

### 10.7.3 取样管中进行渗透试验

如果有合适的端盖，可以直接在取样管（如U-100管）中对原状试样进行变水头渗透试验。试验所用端盖按标准端盖制成，其中上方端盖应配有密封垫和进水管，该进水管可通过橡胶或硬塑料管连接，并通过图10.38所示的方式连接到玻璃三通管上。另一端为有孔端盖，置于水槽中的三或四个薄密封垫片（如硬币）上。布置如图10.40所示。

与渗透仪试验相同，样品修整端设置钢丝网，并用钢棉填充取样管的端部以固定土样。试样的长度$L$可通过测量取样管两端到样品的端面的距离确定。

试验装置的其余部分以及试验相关步骤，参见第10.7.2节。

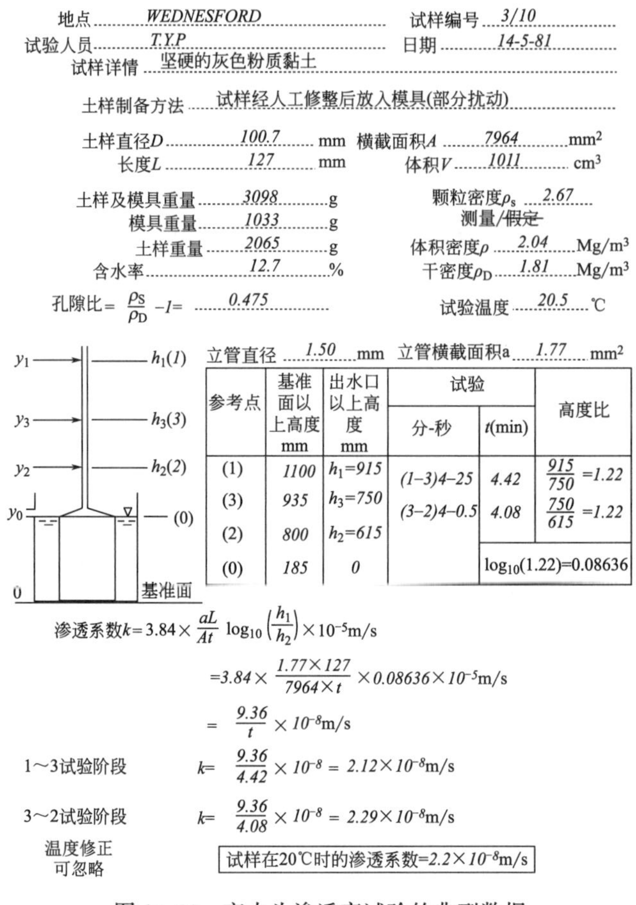

地点 WEDNESFORD　　试样编号 3/10

试验人员 T.Y.P　　日期 14-5-81

试样详情 坚硬的灰色粉质黏土

土样制备方法 试样经人工修整后放入模具(部分扰动)

土样直径$D$ 100.7 mm　横截面积$A$ 7964 $mm^2$

长度$L$ 127 mm　体积$V$ 1011 $cm^3$

土样及模具重量 3098 g　颗粒密度$\rho_s$ 2.67

模具重量 1033 g　测量/~~假定~~

土样重量 2065 g　体积密度$\rho$ 2.04 $Mg/m^3$

含水率 12.7 %　干密度$\rho_D$ 1.81 $Mg/m^3$

孔隙比 $= \frac{\rho_S}{\rho_D} - 1 =$ 0.475　试验温度 20.5 ℃



立管直径 1.50 mm　立管横截面积a 1.77 $mm^2$

| 参考点 | 基准面以上高度 mm | 出水口以上高度 mm | 试验 | | 高度比 |
|---|---|---|---|---|---|
| | | | 分-秒 | $t$(min) | |
| (1) | 1100 | $h_1$=915 | (1−3)4−25 | 4.42 | $\frac{915}{750}=1.22$ |
| (3) | 935 | $h_3$=750 | (3−2)4−0.5 | 4.08 | $\frac{750}{615}=1.22$ |
| (2) | 800 | $h_2$=615 | | | |
| (0) | 185 | 0 | | | $\log_{10}(1.22)=0.08636$ |

$$渗透系数k = 3.84\times\frac{aL}{At}\log_{10}\left(\frac{h_1}{h_2}\right)\times10^{-5}\text{m/s}$$

$$=3.84\times\frac{1.77\times127}{7964\times t}\times0.08636\times10^{-5}\text{m/s}$$

$$=\frac{9.36}{t}\times10^{-8}\text{m/s}$$

1～3试验阶段　$k=\frac{9.36}{4.42}\times10^{-8}=2.12\times10^{-8}\text{m/s}$

3～2试验阶段　$k=\frac{9.36}{4.08}\times10^{-8}=2.29\times10^{-8}\text{m/s}$

温度修正可忽略　试样在20℃时的渗透系数$=2.2\times10^{-8}$m/s

图 10.39　变水头渗透率试验的典型数据

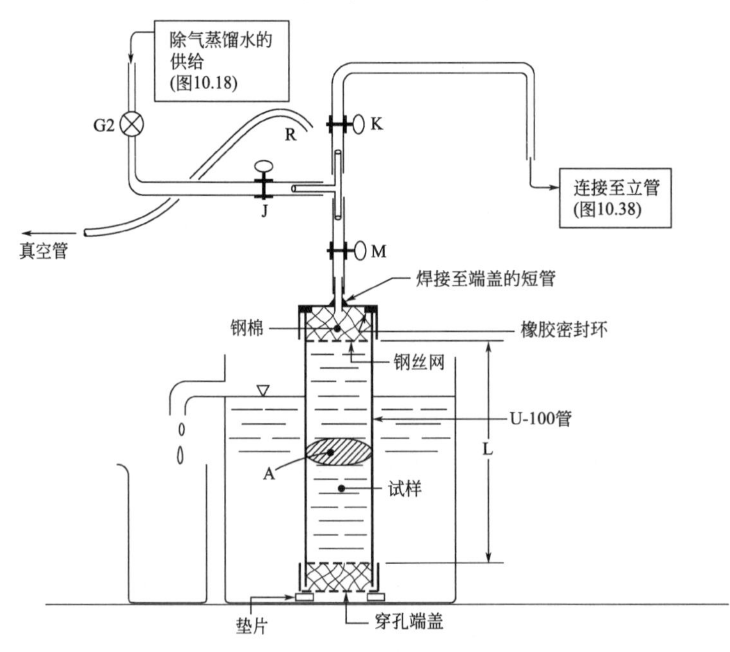


图 10.40　取样管中的变水头渗透率试验

### 10.7.4　固结仪中的试验

固结仪中进行变水头渗透试验的布置图（第 14.6.6 节）如图 10.41 所示，其中 O 形密封圈必须完全防水。

固结室的底部出口通过一段装有螺栓夹 P 的柔性管道连接到玻璃立管或滴定管（图 10.41）。管内充满脱气水，注水过程应避免引入气泡，并且由滴定管支架支撑在固结仪旁。柔性管的孔径应与被测样品渗流的流速相适应。向固结室注水至溢出，如果没有溢流管，则注水至固结室顶部。

在固结试验的任一阶段，当试样主固结完成后，可打开阀门 P 来测量土样的渗透性。参照变水头渗透试验（第 10.7.2 节），使用 $h_1$、$h_2$ 及 $h_3$ 三个水位标记来观察并记录立管中的水位变化和时间节点。

试验期间的试样高度是该级荷载下试样固结完成时的高度，即 $H_0$-$\Delta H$。否则，结果的计算和表示应如第 10.7.2 节所述。试验报告还应说明该试验是在固结仪中进行的，并说明试样所受的竖向应力。

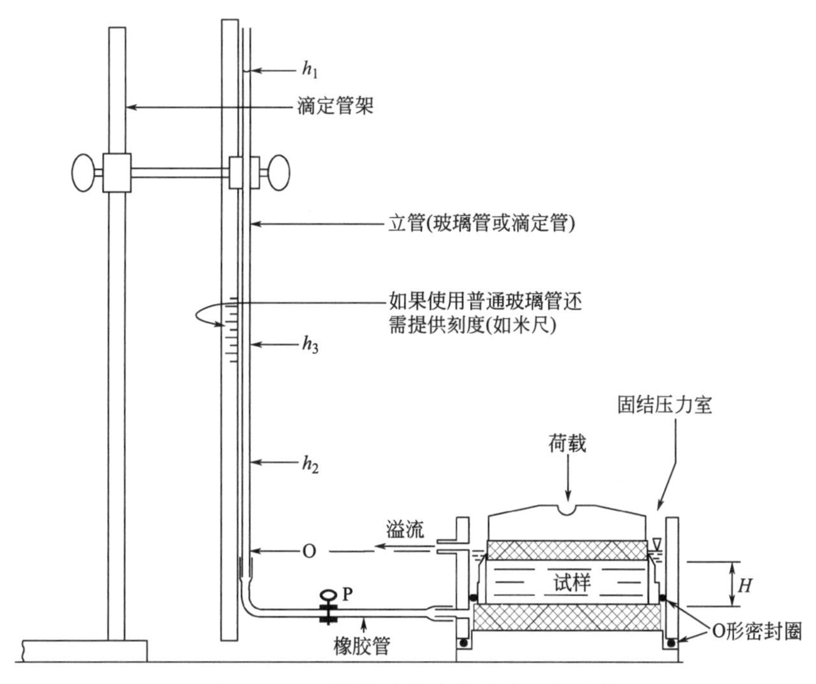


图 10.41　固结仪中的变水头渗透率试验

### 10.7.5　重塑土试样的试验

可在 BS 压实模具上安装类似于变水头试验装置的端部配件，以进行重塑土的变水头渗透试验。端部配件包括一个带孔的底座和一个带进水管的顶盖，它们通过合适长度的拉杆和翼形螺钉固定在 BS 压实模具和扩展环上。该装置实物图如图 10.42 所示，一般的布置示意图如图 10.43 所示。

图 10.42　BS 压模中变水头渗透试验装置

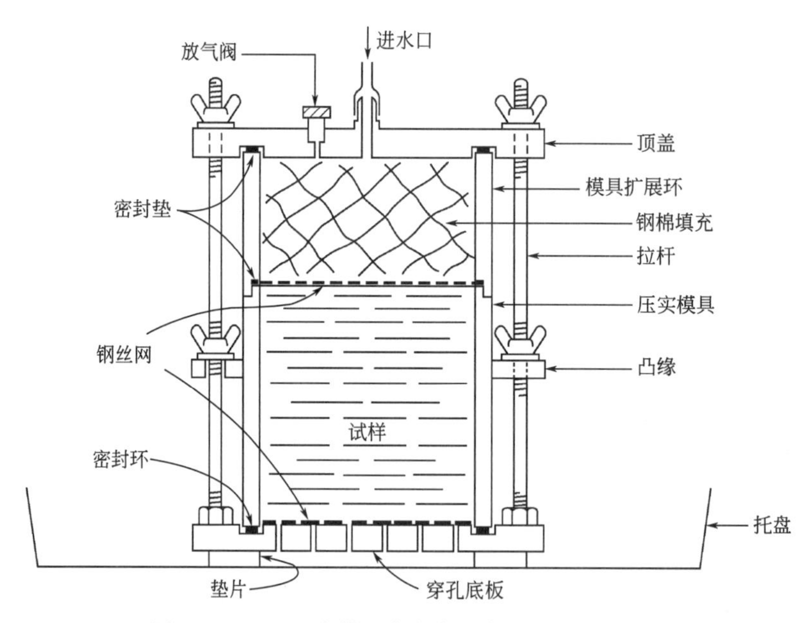


图 10.43　BS 压实模具中变水头渗透性试验的布置

首先配置目标含水率的土样，再将土样放入模具中，压至所需的密度或压实度。对样品进行修整，并带模具称重［第 1 卷（第三版）第 6 章］。安装扩展环。

将一个钢丝网插入样品下端和穿孔底座间，用另一个钢丝网将样品与钢棉分开。试验步骤参见第 10.7.2 节。需要注意，样品通常是非饱和的，需先排出样品中的空气。

通常要进行一系列的渗透试验，以涵盖不同密度的试样，并且应确定土粒相对密度，以便建立渗透系数与孔隙比或孔隙率之间的关系。

## 10.8　侵蚀性（分散性）试验

### 10.8.1　试验范畴

本节将在第 10.8.2 节～第 10.8.4 节 3 个小节中分别介绍 3 个由 Sherard 等（1976a）提出的用于辨别分散性黏土（即易被侵蚀的黏土）的试验，这些试验在第 10.3.11 节中也有提及。试验在土工实验室很容易进行，只有第一个试验所需仪器比较特别，而这个仪器的制作也很简单。这些试验在 BS 1377-5：1990 第 6 条中有介绍。第 10.8.6 节中还概述了其他与分散性黏土相关的试验。

第 10.8.5 介绍了用于测量黏土孔隙水中钠离子有效含量的化学试验。钠元素的存在与否以及钠离子与其他金属阳离子浓度之间的关系，是黏土分散性的主要影响因素。该小节简要介绍了从黏土中提取孔隙水的方法，但测量孔隙水中钠离子含量的试验需要专业的化学实验室条件。

### 10.8.2　针孔试验（BS 1377-5：1990：6.2 和 ASTM D 4647）

1. 原理

基于大量试验与观察所得现象，Sherard 等（1976b）提出该试验的基本测试流程。具体操作为：让蒸馏水从压实黏土中人为制造的直径为 1mm 的孔洞中流出。若为分散性黏土（即易被侵蚀的黏土），从中流出的水会携带有悬浮的胶体颗粒；若为抗侵蚀黏土，从中流出的水则不带有这种胶体颗粒，是透明的。根据流出水的混浊度以及对应流速，可判别土体的分散性。

试验通常使用蒸馏水作为基准，不过，使用天然地下水或河水也不会对试验造成严重的影响。

2. 仪器

（1）针孔试验装置，如图 10.44（a）所示，其中包括：

（a）内径约 33mm，长 100mm 的圆柱形塑料箱体；

（b）带有 O 形密封圈的底板，使其与箱体连接处密封，底板还需配有进水口和出水口以及竖管接口；

（c）孔径为 1.18mm，直径为 33mm 的钢丝网（需要三个）；

（d）塑料或金属管接头，长 13mm，带 1.5mm 孔，截头呈圆锥形［图 10.44（b）］。

针孔装置的组成部分如图 10.45 所示，组装好的试验装置如图 10.46 所示。

（2）注射器针头，外径 1.00mm，长约 100mm。

（3）小砾石，直径约 5mm 大小。

（4）能提供常水头的蒸馏水供水室。水头范围为 50mm～1.02m。

（5）BS 筛，孔径 2mm。

（6）含水率测定仪。

（7）秒表计时器或停表。

（8）量筒：10mL，25mL，50mL 每种规格至少两个。

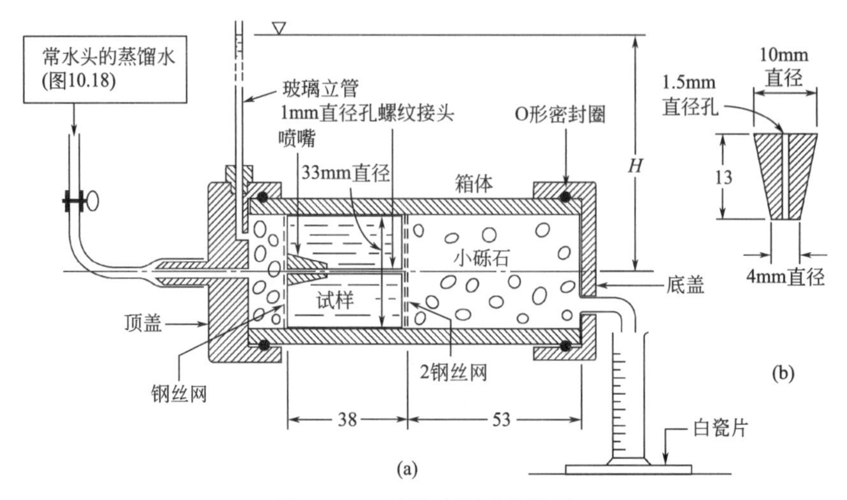


图 10.44　针孔冲刷试验装置

（a）总体布置；（b）螺纹接头细节（单位：mm）（根据 Sherard 等，1976b）

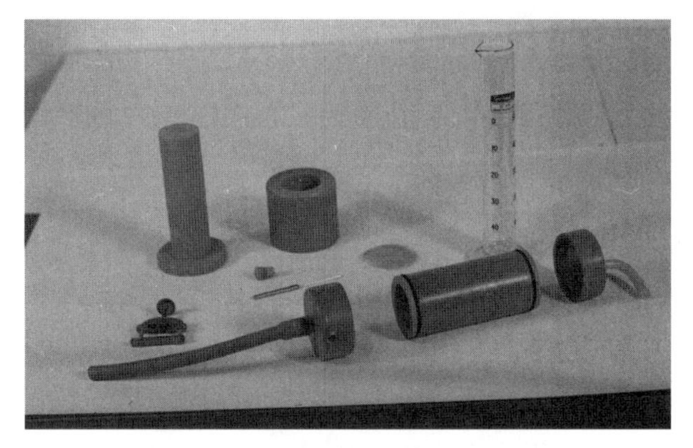

图 10.45　针孔冲刷试验装置的组成部分

图 10.46　正在进行的针孔冲刷试验

（9）白瓷砖。

（10）与针孔装置连接的玻璃立管和橡胶管，长约 1200mm，最小刻度为 mm。

（11）用于支撑针孔试验设备、竖管和刻度尺的滴定管支架。

（12）（可选用）哈佛小型夯实机［第 1 卷（第三版）的第 6.5.10 节和图 6.24］，并配有规格为 15lb（6.8kg）的弹簧（不包括在 BS 1377 中）。

3. 试验步骤

试验需要的试样应在天然含水率下储存且不允许经干燥处理。试验大约需要 150g 的试样。

（1）测定待测试样的天然含水率和界限含水率。

（2）清除 2mm 筛网上的所有残留颗粒。

（3）通过加蒸馏水或逐步干燥，并通过搓条法测定待测其塑限含水率。

（4）将底盖安装到针孔装置的箱体上，确保密封圈的清洁和正确安装，以形成防水接头。

（5）将针孔装置的箱体竖向放置并固定，然后铺设 53mm 厚的小砾石至箱体内，将其表面整平，并在顶部放置两个钢丝网。

（6）将试样分 5 层放入箱体内并压实，每层厚度为 38mm，使其干密度达到 BS“轻”压实法最大干密度的 95%左右［第 1 卷（第三版）第 6.5.3 节］；如果使用哈佛小型夯实机，每层应击打约 16 次。最后把试样顶部的表面整平。

（7）通过手指按压将塑料或金属螺纹接头压入压实土的顶部中心，直到接头的上表面与试样表面齐平。

（8）通过螺纹接头的小孔将注射器针头插入试样中，从而在试样中形成一个直径为 1mm 的孔洞［图 10.44（b）］。

（9）将一个钢丝网放在试样上，然后将小砾石铺在箱体的顶部。

（10）安装顶盖，确保密封圈的清洁和正确安装，以形成防水接头。将针孔装置的箱体横向放置并固定。

（11）设置能提供常水头的蒸馏水供应系统，其中常水头应从仪器中心线处测量且大小应为 50mm。将针孔装置上的进水口连接到供水系统，并将竖管接口与由滴定管支架支撑的玻璃立管连接。将玻璃量筒放在白瓷砖或白纸片上，并置于出水管下方。

（12）打开进水阀，让水充满设备，持续通水数分钟，以获得稳定的流量。观察并记录量筒内收集的水的颜色。如果没有水流出，则应断开蒸馏水的供应，取出顶盖、底盖和钢丝网，重新制作直径 1mm 的孔洞，然后从步骤（9）重新开始。

（13）在 5～10min 内，多次测量灌满 10mL 量筒所需的时间，以计算流速。在量筒的一侧放置一张白纸，分别从水平向和竖向观察并记录水的透明度和颜色。如果能在水中观察到单独的颗粒，应将该现象和其程度记录下来。如果水不够清澈，且流速增加到 1mL/s 以上，则停止试验，并转到步骤 15。图 10.47 给出了用以记录数据的表头。

（14）将进水口水头依次提升至 180mm、380mm 和 1020mm。在每个水头下重复步骤 13，随着流速的增加应更换为 25mL 或 50mL 的量筒。参考图 10.48 中的流程图可判断完成每个步骤时是否继续试验。该装置在每个进水口水头下能施加的极限流速约为：

| 进口水头(mm) | 极限流速(mL/s) |
|---|---|
| 50 | 1.2～1.3 |
| 180 | 约2.7 |
| 380 | 约3.7 |
| 1020 | 5及以上 |

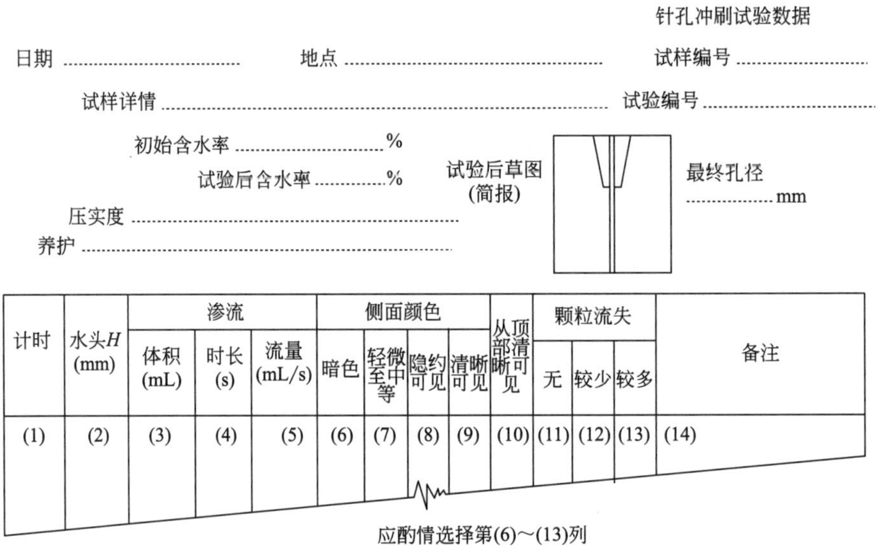

针孔冲刷试验数据

日期 ………… 地点 ………… 试样编号 …………

试样详情 ………… 试验编号 …………

初始含水率 …………%

试验后含水率 …………%

试验后草图（简报）

最终孔径 …………mm

压实度 …………

养护 …………

| 计时 | 水头$H$ (mm) | 渗流 | | | 侧面颜色 | | | | 从顶部清晰可见 | 颗粒流失 | | | 备注 |
|---|---|---|---|---|---|---|---|---|---|---|---|---|---|
| | | 体积(mL) | 时长(s) | 流量(mL/s) | 暗色 | 轻微至中等 | 隐约可见 | 清晰可见 | | 无 | 较少 | 较多 | |
| (1) | (2) | (3) | (4) | (5) | (6) | (7) | (8) | (9) | (10) | (11) | (12) | (13) | (14) |

应酌情选择第(6)～(13)列

图10.47　针孔试验中记录观察结果的表头（根据Sherard等，1976b）

（15）试验完成后，断开蒸馏水供应并拆卸设备。

（16）从模具中取出完整的样品，必要时可使用挤出机。将试样打碎或切开并检查孔洞。通过与注射器针头比较，或者使用测量精度为0.5mm的钢尺，来测量孔洞的大约直径。如果孔洞沿长度方向的直径不一致，则应画出其形状。

4. 数据分析

试验结果应根据以下标准进行评估：

（1）收集水的外观

（2）水的流速

（3）试样中孔洞的最终直径

根据试验结果将试样分为“分散性土”（D1和D2类）和“非分散性土”（ND1-ND4类），如表10.2所示。分散性土和非分散性土的主要区别可从50mm水头下的试验结果中得到。结果评估的详细标准见表10.2，该表是试验报告中结果评估的依据。

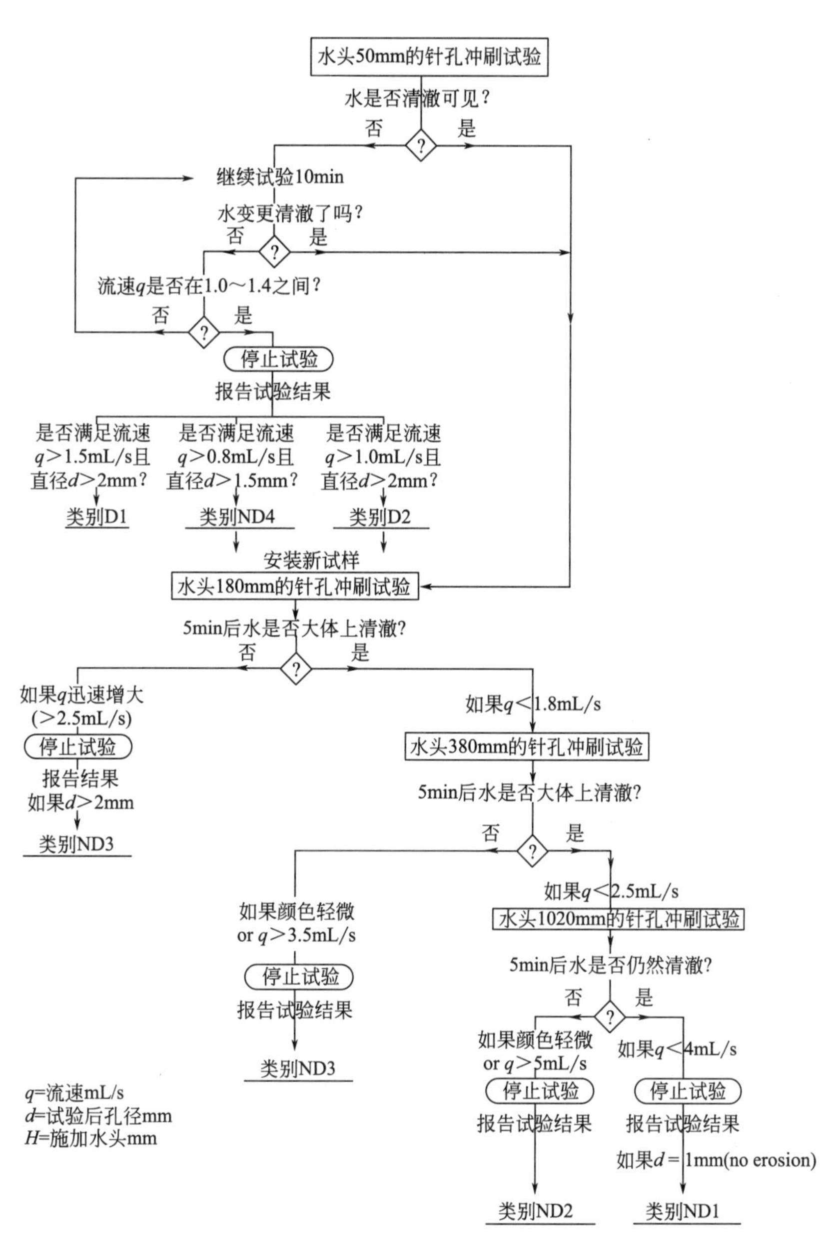


图 10.48　针孔试验流程图（由英国标准协会提供）

**根据针孔冲刷试验数据的土样分类（摘自 BS 1377-5：1990，表 2）　　表 10.2**

| 分散性黏土分类 | 水头(mm) | 对给定水头的试验时间(min) | 通过试样的最终流速(mL/s) | 试验结束时渗流的浑浊度 | | 试验后孔尺寸(mm) |
|---|---|---|---|---|---|---|
| | | | | 侧面观察 | 顶部观察 | |
| D1 | 50 | 5 | 1.0～1.4 | 浑浊 | 重度浑浊 | ⩾2.0 |
| D2 | 50 | 10 | 1.0～1.4 | 中度浑浊 | 轻度浑浊 | >1.5 |
| ND4 | 50 | 10 | 0.8～1.0 | 轻度浑浊 | 中度浑浊 | ⩽1.5 |

续表

| 分散性黏土分类 | 水头(mm) | 对给定水头的试验时间(min) | 通过试样的最终流速(mL/s) | 试验结束时渗流的浑浊度 | | 试验后孔尺寸(mm) |
|---|---|---|---|---|---|---|
| | | | | 侧面观察 | 顶部观察 | |
| ND3 | 180 | 5 | 1.4～2.7 | 接近透明 | 轻度浑浊 | ≥1.5 |
| | 380 | 5 | 1.8～3.2 | | | |
| ND2 | 1020 | 5 | >3.0 | 透明 | 接近透明 | <1.5 |
| ND1 | 1020 | 5 | ≤3.0 | 完全透明 | 完全透明 | 1.0 |

5. 试验报告

试验报告应包括以下内容：

（1）采用的方法，参照BS 1377-5：1990中第6.2节（或参照ASTM S 4647）；

（2）鉴别和描述土样，以及是否有粗颗粒在进行试验时流失；

（3）土样性质：液限、塑限、含水率、压实干密度；

（4）试验过程中的流速，以及在每个静水头下收集的水的外观；

（5）试验后孔洞的直径和形状；

（6）根据上述分类方法的分类结果。

### 10.8.3　碎块试验（BS 1377-5：1990：6.3）

1. 试验目的

该试验最初由Rallings（1966）提出，并由Sherard等（1976a）进行了改进。该试验为鉴别分散黏土提供了一种非常简单的方法，且不需要特殊的装置。Emerson（1967）也提出了一个类似的试验。

2. 设备和材料

100mL的玻璃烧杯；

氢氧化钠溶液（将0.04g无水氢氧化钠溶于蒸馏水中，制成1Lc（NaOH）＝0.001mol/L溶液）。

3. 试验步骤

取少量天然含水率下的土样“碎屑”，碎屑直径6～10mm。将“碎屑”倒入装有氢氧化钠溶液的烧杯中。静置5～10min后观察土体的分散情况。

对于一般土样，蒸馏水和氢氧化钠溶液都能作为较好的指示剂，因为只要试验结果表现出分散性，则土样很可能是分散性土。然而，许多分散性黏土在蒸馏水中没有反应，但在溶液中却有反应。

4. 试验结果

根据以下解释指南报告观察结果：

（1）一级：无反应。碎屑可能在烧杯中散落并在烧杯底部形成浅堆，但没有出现胶体悬浮造成浑浊的迹象；

（2）二级：轻微反应。碎屑表面的水中几乎没有浑浊迹象（如果浑浊显而易见，则为三级）；

（3）三级：中度反应。有易于识别的悬浮胶体云，通常在烧杯底部呈细条状散开；

（4）四级：强烈反应。胶体云几乎覆盖整个烧杯底部，通常呈薄层状。在极端情况下，烧杯里的水会变得混浊。

一级和二级称为“非分散”反应，三级和四级称为“分散”反应。非分散性土的碎屑如图 10.49（a）所示，分散性土的碎块如图 10.49（b）所示。

对于某些土样，局部干燥可能会影响所得结果。

(a)　　(b)

图 10.49　鉴别分散性土的碎块试验

（a）非分散性试样；（b）分散性试样

### 10.8.4　分散试验（BS 1377-5：1990 中：6.4 和 ASTM D 4221）

1. 原理

该试验也被 Sherard 等称为 SCS 分散试验，最初是由 Volk（1937）发明，并被美国土壤保护局广泛使用。该试验有时也被称为双比重计试验，因为比重计沉降试验中预处理阶段即可得到黏土颗粒的分散程度。

2. 仪器

与比重计沉降试验相同［第 1 卷（第三版）第 4.8.1 节和第 4.8.3 节］，且每个待测试样都需要两个沉淀缸。

3. 步骤

取两份待测样品，分别标记为试样 A 和试样 B。对于试样 B，进行标准比重计沉降试验，如第 1 卷（第三版）中第 4.8.1 节和第 4.8.3 节所述，并在标准图表上绘制级配曲线（图 10.50 的曲线 B）。

对样品 A 进行类似的试验，省略机械搅拌环节（第 4.8.1 节的步骤 6），并使用蒸馏水代替分散剂溶液。在恒温水槽中额外放置一个 1000 mL 盛有蒸馏水的渗水筒［第 1 卷（第三版），第 4.8.3 节，第 1 阶段］。

在之前相同的图表上绘制最终的级配曲线（图 10.50 的曲线 A）。读取每个曲线上黏土颗粒的百分比，即小于 0.002mm 的百分比。然后将上述两个百分比的比值乘以 100，并定义为“分散百分比”。从图 10.50 中可以看出，分散百分比＝（$A/B$）×100%。

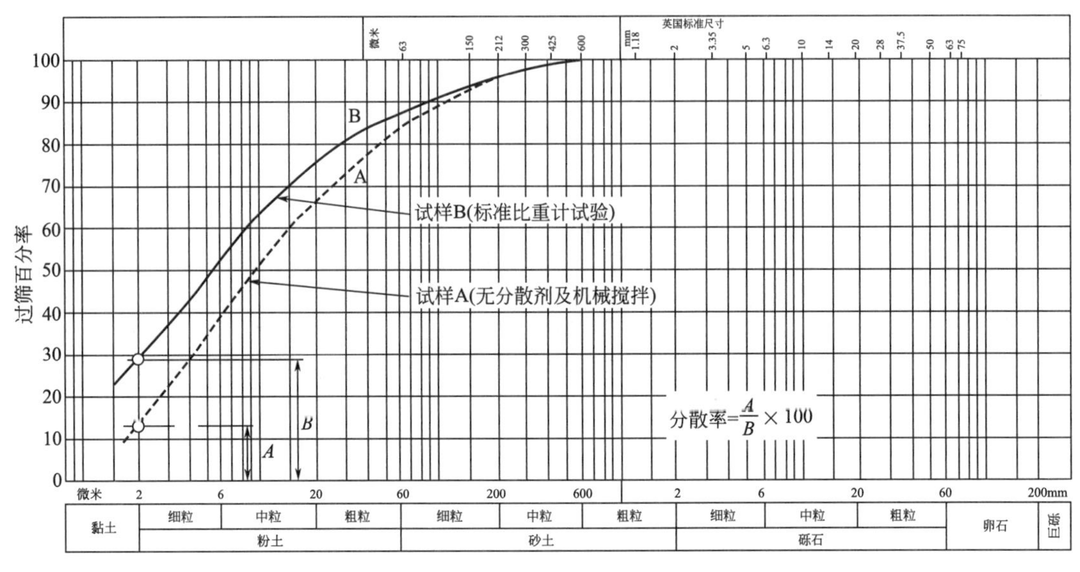


图 10.50　SCS 分散试验（双比重计试验）的典型粒度曲线

## 10.8.5　化学试验

1. 范围

Sherard 等（1972）介绍了两种类型的用于测定黏土中钠离子相对含量的化学试验，一种是对孔隙水的试验，另一种是对黏土本身的试验。他们的结论是，出于实用目的，仅需要分析孔隙水的钠离子含量。孔隙水可以按以下方法在土工实验室中提取，再送到专业的化学检测实验室进行分析。本节不包含对黏土本身的试验。

2. 制备浸出液

将在天然含水率下的土样与足够的蒸馏水混合，使其达到液限。液限可以通过圆锥贯入仪进行验证［第 1 卷（第三版）第 2.6.4 节］。

静置数小时或一夜，使得土-水系统达到平衡，并使用布氏漏斗进行真空过滤，从饱和的泥浆中提取约 10～25mL 的孔隙水。这种水被称为“饱和浸出液”。

3. 分析浸出液

在化学实验室中分析饱和浸出液，以确定溶液中四种主要金属阳离子（即钙（Ca），镁（Mg），钠（Na）和钾（K））的含量，以每升的毫克当量（mg/L）为单位。总溶解盐（TDS）等于这 4 个阳离子的含量之和，并定义“钠百分比”是钠含量与 TDS 的比值。上述关系可以用以下等式表示：

$$\mathrm{TDS}=\mathrm{Ca}+\mathrm{Mg}+\mathrm{Na}+\mathrm{K}$$

$$钠百分比=\frac{\mathrm{Na}}{\mathrm{TDS}}\times 100\%$$

钠吸收率（SAR）由以下公式计算：

$$\mathrm{SAR}=\frac{\mathrm{Na}}{\sqrt{\left(\frac{\mathrm{Ca}+\mathrm{Mg}}{2}\right)}}$$

4. 试验结果

SAR 是衡量孔隙水中的钠离子相对于其他阳离子的数量的物理量，是确定黏土是否具有分散性的主要因素。一般来说，如果 SAR 超过 1，黏土则会分散，但是 SAR 的评判标准会随着 TDS 的增加而增加。Sherard 等（1972）给出了详细的结果分析。

### 10.8.6　土柱分散试验

1. 目的

此试验是伦敦城市大学提出的，是对第 10.8.3 节中描述的碎块试验的扩展。旨在测试土样处于“完全软化”状态下（土样浸没在水中，即在有效应力为零的情况下）的行为（Atkinson 等，1990）。该试验是在由泥浆固结而成的重塑圆柱形试样上进行的。

2. 试样制备

在 Atkinson 等（1990）描述的方法中，首先将试样干燥，研磨成粉末，再与脱气水混合形成含水率约为两倍液限的泥浆。该过程中应使用蒸馏水或含有适当化学成分的水。因为干燥处理会导致试样的某些特性发生变化，因此并不建议进行干燥处理［第 1 卷（第三版）第 2.6.3 节］。

将泥浆倒入直径合适的有机玻璃筒中（例如，直径为 38mm），并注意防止气泡混入。在玻璃筒的两端各安装一个紧密贴合且可自由旋转的活塞，且活塞上有透水石过滤器和排水孔。整个装置放置在水槽中，由挂在支架上砝码施加轴向载荷（原理与图 14.49 相似）。试样是分阶段进行固结的，开始阶段仅加载顶部活塞的自重，这样试样的末端就会变得足够坚硬，以防止在材料下一阶段的加载过程中被挤出。试样应经过充分的固结以便于进一步处理，且加载的时间要足够长，以确保固结基本完成。试样的最终高度应为其直径的 1～2 倍。最后取下活塞，小心地从玻璃筒中将试样挤压出来。

3. 试验步骤

将准备好的试样放入装有适量水的烧杯中，或将其放入空烧杯中再缓缓加水。两种方法都应避免过度颠簸。

观察试样，直到孔隙压力平衡。达到平衡的时间取决于固结系数（第 14 章，第 14.3.5 节）和试样的尺寸；对于直径为 38mm 的试样，通常一周就能达到平衡。

4. 试验结果

通常能观察到三种特性，如图 10.51 所示，分别为 N、C、D 类型。N 类型是非分散无黏性土（真实黏聚力为零）。试样最终塌落的锥角接近“完全软化”的摩擦角。C类型是非分散黏性土（真实黏聚力为正），在底部附近有膨胀性的变形。N和C两种类型的水都能保持清澈。D类型行为中水会变得混浊和不透明，表明是分散性土（真实黏聚力为负），土中颗粒间排斥力超过了孔隙水的吸力。某些土体可能表现出两种类型的特征，特别是对于同时含有分散性黏土和非黏性颗粒的土体，可能表现出N和D两种行为类型。试验结果应用某一特性类型的字母表示（或某些类型，如N/D）。试验报告中还应包含试样的尺寸以及泥浆和烧杯中水的化学成分。试验报告还应提供描述该过程的参考资料。

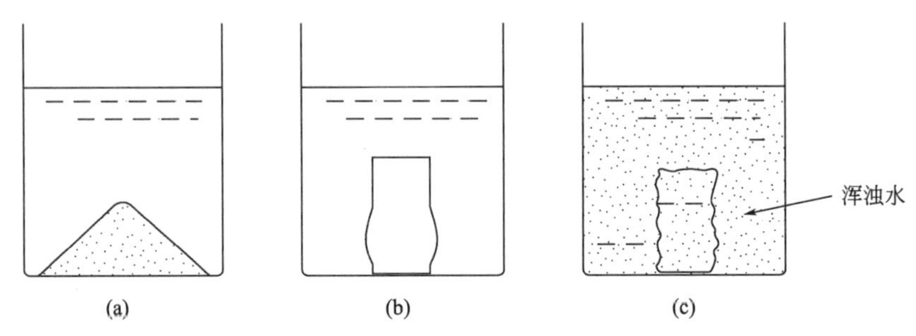


图10.51 圆柱体分散试验中试样的典型特性

(a) 非分散无粘结（N型）；(b) 非分散粘结（C型）；(c) 分散（D型）

## 参考文献

Al-Dhahir, Z. A. and Tan, S. B. (1968) A note on one-dimensional constant-head permeability tests. *Géotechnique*, Vol. 18, No. 4.

ASTM D 2434-68 R06, Standard test method for permeability of granular soils (constant head).

ASTM D 4221-99 R05, Dispersion characteristics of clay soil by double hydrometer. American Society for Testing and Materials, Philadelphia, PA, USA.

ASTM D 4647-06 E01, Identification and classification of dispersive clay soils by the pinhole test. American Society for Testing and Materials, Philadelphia, PA, USA.

Atkinson, J. H., Charles, J. A. and Mhach, H. K. (1990) Examination of erosion resistance of clays in embankment dams. *Q. J. Eng. Geol.*, Vol. 23, No. 2, pp. 103-108.

Bertram, G. E. (1940) An experimental investigation of protective filters. Harvard University, Graduate School of Engineering, Soil Mechanics Series 7.

Carman, P. S. (1939) Permeability of saturated sands, soils and clays. *J. Agric. Sci.*, Vol. XXIX, No. 11.

Clough, G. W. and Davidson, R. R. (1977) The effects of construction on geotechnical performance. Speciality Session Ⅲ. *Proc. 9th Int. Conf. on Soil Mech. and Found. Eng.*, Tokyo, July 1977.

Darcy, H. (1856). *Les fontaines publique de la ville de Dijon*. Dalmont, Paris.

Department of Transport (1990) A permeameter for road drainage layers, Departmental

Advice Note HA 41/90. Department of Transport, London.

Emerson, W. W. (1967) A classification of soil aggregates based on their coherence in water. *Aust. J. Sci.*, Vol. 5.

Hazen, A. (1982) Some physical properties of sands and gravels with special reference to their use in filtration. 24th Annual Report, Massachusetts State Board of Health, Boston, MA, USA.

Jones, H. A. and Jones, R. H. (1989) Horizontal permeability of compacted aggregates. Chapter 11 of *Unbound Aggregates in Roads* (eds. R. H. Jones and A. R. Dawson). Butterworths, London.

Kaye, G. W. C. and Laby, T. H. (1973) *Tables of Physical and Chemical Constants* (14th edition). Longman, London.

Kenney, T. C. (1963) Permeability ratio of repeatedly layered soils. *Géotechnique*, Vol. 13, No. 4.

Klementev, I. and Novák, J. (1978) Continuously water de-airing device. *Géotechnique*, Vol. 28, No. 3.

Kolbuszewski, J. (1948) An experimental study of the maximum and minimum porosities of sands. *Proc. 2nd Int. Conf. on Soil Mech. and Found. Eng.*, Vol. 1, p. 158.

Kozeny, J. (1927) Über kapillare Leitung des Wassers in *Boden. Ber. Wien Akad.*, 136a-271 Lambe, T. W. and Whitman, R. V. (1979) *Soil Mechanics, S. I. Version.* Wiley, New York.

Lane, K. S. and Washburn, D. E. (1946) Capillarity tests by capillarimeter and soil filled tubes. *Proc. Highw. Res. Board*, Vol. 26, pp. 460-473.

Loudon, A. G. (1952) The computation of permeability from simple soil tests. *Géotechnique*, Vol. 3, No. 4.

Lund, Agnete (1949) An experimental study of graded filters. MSc. thesis, Imperial College, London.

May, R. W. and Thomson, S. (1978) The geology and geotechnical properties of till and related deposits in the Edmonton, Alberta, area. *Can. Geotechl J.*, Vol. 15, No. 3.

Rallings, R. A. (1966) An investigation into the causes of failure of farm dams in the Brigalow belt of Central Queensland. Water Research Foundation of Australia, Bulletin No. 10, Appendix 4, October 1966.

Sherard, J. L., Dunnigan, L. P. Decker, R. S. (1976a) Identification and nature of dispersive soils. *J. Geol. Eng. Div.*, *ASCE*, Paper 12052, April 1976.

Sherard, J. L., Dunnigan, L. P., Decker, R. S. and Steele, E. F. (1976b) Pinhole test for identifying dispersive soils. *J. Geol. Eng. Div.*, *ASCE*, Paper 11846, January 1976.

Sherard, J. L., Ryker, N. L. and Decker, R. S. (1972) Piping in earth dams of dispersive clay. *Proc. ASCE Speciality Conf.: The performance of earth and earth-supported structures*, Vol. 1, pp. 602-611.

Taylor, D. W. (1948) *Fundamentals of Soil Mechanics*. Chapman & Hall, London.

Terzaghi，K. and Peck，R. B.（1967）*Soil Mechanics in Engineering Practice*. Wiley，New York.

Terzaghi，K.，Peck，R. B. and Mesri，G.（1996）*Soil Mechanics in Engineering Practice*（third edition）. Wiley，New York.

Thorne，C. P.（1975）In-situ properties of fissured clays. *Symposium on in-situ testing for design parameters*，Melbourne，Australia，November 1975.

Volk，G. M.（1937）Method of determination of the degree of dispersion of the clay fraction of soils. *Proc. Soil Sci. Soc. Am.*，Vol. 2，pp. 561-567.

Wittman，L.（1976）Stabilität Hydrodynamisch Beanspruchter Böden. Institut für Bodenmechanik und Felsmechanik，Abteilung Erddammbau und Grundbau，Universität Karlsruhe，Germany.

Zaslavsky，D. and Kassif，G.（1965）Theoretical formulation of piping mechanism in cohesive soils. *Géotechnique*，Vol. 15，No. 3.

# 第 11 章
# 加州承载比

本章主译：周海祚（天津大学）

## 11.1 引言

### 11.1.1 目的与范围

加州承载比试验（California Bearing Ratio test），简称 CBR 试验，是一种用于评估公路路基及底基层承载力的经验性试验，因在美国加利福尼亚州首次提出而得名。CBR 试验应遵循标准化步骤，本章将对此进行描述。在测试标准上，英、美两国差别不大，但是在准备测试土样方面两国有所差异，本章对常用的方式进行了描述。

### 11.1.2 准则

CBR 试验是将标准贯入杆以一固定的贯入速度贯入土中，并测量保持该速度所需的力，然后利用产生的荷载-贯入关系，可以推导出在测试条件下土的 CBR 值。

同时，也需要认识到，作为经验试验，其仅适用于公路基层厚度的设计。图 11.1 举例说明了一些常用术语，其定义见第 11.2 节（也可以参见规范 BS 6100-4：2008 第 3.2 节）。

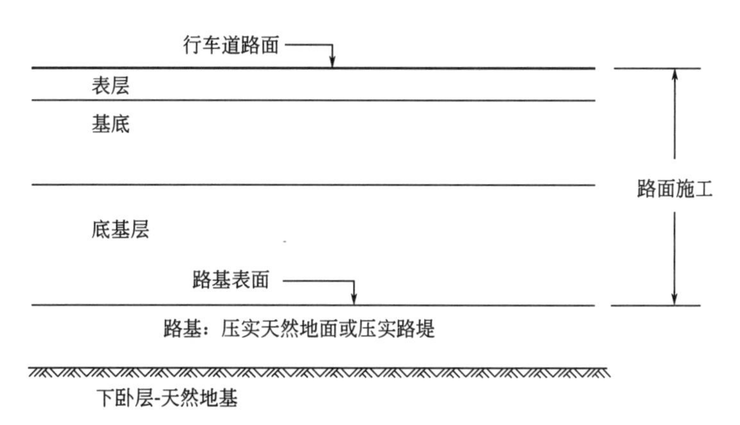


图 11.1 路面施工中使用的一些术语

### 11.1.3 发展历程

20 世纪 30 年代，CBR 试验在美国加利福尼亚州高速公路部门材料研究部的实验室中发展起来，并由 Porter 在 1938 年的报告中提出。在此之前，对公路基层和底基层材料质量的评估依赖于间接的方法，如土体鉴定和仅对土体的细粒组分进行分析。20世纪30年代早期，随着交通量和车辆重量的增加，这些方法显然已不再适用。但是Porter的试验能够很好地反映试验数据与交通荷载作用下道路性能之间的关系，因此，该方法的价值是被认可的。

1944年，CBR试验作为一个标准试验由Stanton推荐给美国测试与材料协会，现在被指定在ASTM D（1883）中。1949年，Porter将CBR试验步骤进一步发展，用于机场建设。同年，Davis表明CBR试验适用于英国的道路和飞机跑道设计。1952年，为了便于国内使用，英国交通研究实验室给出了标准试验步骤。1953年，CBR试验第一次出现在英国规范中，并被命名为"圆筒贯入试验"，用于加固土体的测试分析（BS 1924：1953），它在BS 1377：1967的试验15中被称为"加州承重比试验"，现被列入BS 1337-4：1990第7条中。如今，CBR试验仍在世界大部分地区得到认可，并且作为路面设计的一个重要准则被广泛使用。

### 11.1.4　试验的土样种类

本章所介绍的试验指的是标准实验室试验，试验所需的土样放入特殊的容器即CBR试筒中。试验土样可以是原状土或重塑土，可以通过各种方式制备。可利用静力或动力方法将规定含水率的重塑土试样压入试筒中，也可采用标准压实将试样压实至规定的密度。原状土可在原位，使用CBR试筒从天然地面或者路堤和路面底基层下的再压缩土处取样。准备好的或者采集到的土样可以在试筒中进行试验，也可以在水中浸泡几天后再进行测试。

类似的试验可以使用安装在车辆或拖车上的试验台在原位场地直接进行。试验的原理和实验室试验一致，由于其中细节超出本书的范围，故不作叙述。现场试验的结果与实验室试验结果不可以直接比较。一般，将在CBR试筒中进行的实验室试验认为是标准试验。图11.2对CBR试验各种类型的土样进行了概述。

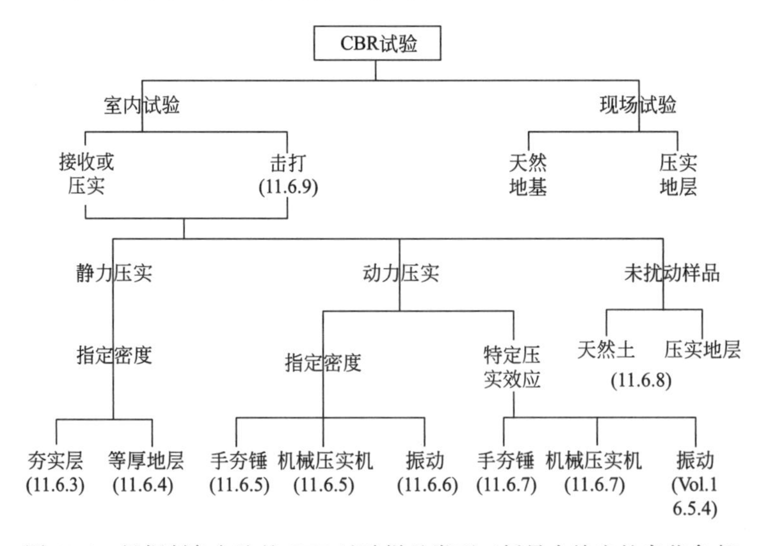


图11.2　根据制备方法的CBR试验样品类型（括号中给出的章节参考）

英国BS和美国ASTM试验要求不同类型的土样试筒，且这两种类型不能够混淆。两个试验中，试筒尺寸、夯锤尺寸和夯锤质量各不相同，且垫块的使用目的也不同（第11.6.3节第1项）。

## 11.2　定义

加州承载比（CBR）或承载比：指试料被一端部面积为 1935mm$^2$（3in$^2$）* 的圆形贯入杆以 1mm/min（0.04in/min）速度贯入的单位压力与标准碎石贯入相同贯入量时压力的比值。取贯入量为 2.5mm（0.1in）和 5mm（0.2in）对应比值的较大值作为承载比。

$$\mathrm{CBR}\,\frac{\text{测试压力}}{\text{标准压力}}\times 100\%$$

贯入阻力：保持探头（如 CBR 贯入杆）以一恒定速度贯入土中的所需的力或压力。

路基：道路中支撑上部路面且经过压实的天然土体或路堤（图 11.1）。

路基表面：道路中支撑上部路面的天然土体或路堤的表面。

下卧土：路基或填方下面的土体。

底基层：路面结构中路基与基层之间或路基与路面结构之间具有规定厚度的材料层。

基层：在路基或底基层上铺设的具有指定厚度的优质材料层，可以分散来自路面的荷载并提供排水。

路面：按规定厚度铺设的耐久材料层，通常为混凝土、沥青或含沥青材料，用于承载轮式车辆，包括道路、机场跑道和滑行道。

刚性路面：使用混凝土铺筑的路面，不论是否加筋。

柔性路面：以沥青或含沥青的材料作为胶粘剂，与碎石或散粒材料所构成的路面。

面层：路面结构的最上层，有着一定的耐久度并保证车辆的平稳行驶。

等 CBR 值线：绘制各级击实试验的干密度-含水率关系图，得到等 CBR 值轮廓线（第 11.3.4 节图 11.7）。

## 11.3　原则和理论

### 11.3.1　试验基础

CBR 试验是一种恒速贯入剪切试验，试验中，将标准贯入杆以恒定速度贯入土中，并在适当的时间间隔测量维持该速率所需的力。然后将得到的荷载-贯入深度关系绘制成图，从图中读出与标准贯入深度相对应的荷载，再与标准荷载相比得到的比值就是测试土体的 CBR 值。CBR 值可以看作是土体抗剪强度的间接度量，与抗剪强度参数没有直接联系。图 11.3 展示了贯入杆下方土体的假定破坏机理（Black，1961）。

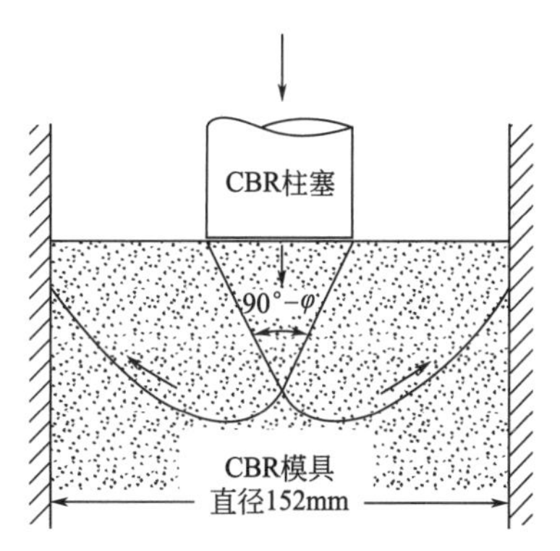


图 11.3　CBR 柱塞下方土体的假定破坏机制（Black，1961 年）

CBR 源于临时的测试，而不是基于理论概念。试验中唯一需要计算的是某一贯入深度下的测试压力与同一

* 以英寸为单位给出的值是最初得到普遍认可的标准英制值。以毫米为单位的值，虽然不是精确的换算，但仍在目前的英国标准中使用。

贯入深度标准压力的比值。

$$CBR = \frac{测试压力}{标准压力} \times 100\% \tag{11.1}$$

如BS规范所示，表11.1给出了2～12mm范围内的标准贯入力。表中加粗的荷载值分别对应贯入深度2.5mm和5mm，是CBR计算中的标准值。这相当于标准中贯入杆横截面积为3 $in^2$ 时的压力。当贯入深度为0.1in时，压力为1000 $lb/in^2$；当贯入深度为0.2in时，压力为1500 $lb/in^2$。这些标准力是对压实碎石土样测试得到，按定义其CBR值为100%。相应的荷载-贯入深度关系，如图11.4和图11.5加深曲线所示。图11.5给出了其他几个CBR值对应的曲线（范围在20%～200%），CBR中间值的曲线可以通过插值得到。CBR值超过100%是有可能的，例如碎渣、粗砂或稳定土。

CBR值本质上是一种将荷载-贯入深度曲线数据表示为单一数值的方式。

**CBR试验的标准力-贯入关系**　　**表11.1**

| 贯入量 | | 荷载 | | 压力 |
|---|---|---|---|---|
| (in) | (mm) | (kN) | (lb) | ($lb/in^2$) |
| | 2 | 11.5 | | |
| (0.1) | **2.5** | **13.2** | (3000) | (1000) |
| | 4 | 17.6 | | |
| (0.2) | **5** | **20.0** | (4500) | (1500) |
| | 6 | 22.2 | | |
| | 8 | 26.3 | | |

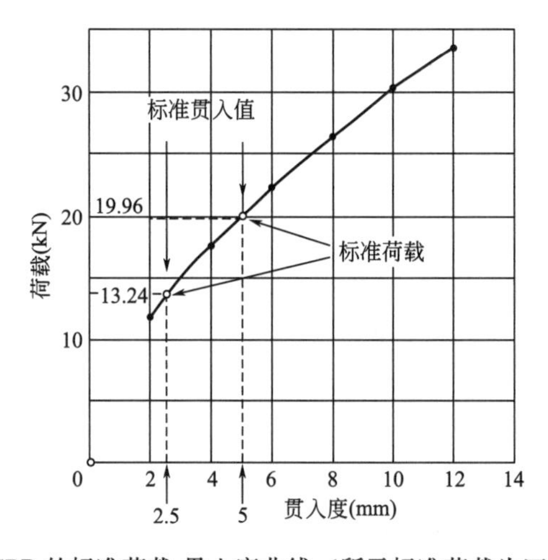


图11.4　100%CBR的标准荷载-贯入度曲线（所示标准荷载为四舍五入前的荷载）

### 11.3.2　压实标准

CBR试验通常针对试样开展，试样应尽可能地反映场地的真实情况。如果原位土体的密度和含水率已知，则可以制备出满足这些条件的试样。

然而，公路路堤和底基层的规范中击实标准通常以允许的含水率范围和最大孔隙率来

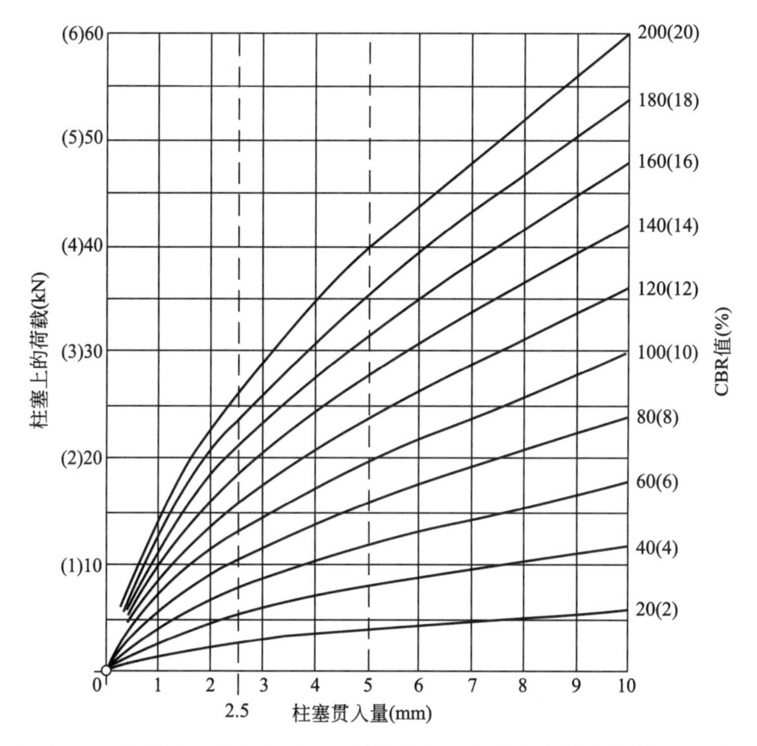


图 11.5　恒定 CBR 值曲线。中间值可通过插值获得（括号中的数字指低于 20%的 CBR 值）

表述。含水率范围通常与实验室标准击实方法的最佳含水率有关。最大允许的孔隙率通常为总容积的 5%。

含水率为 $w$%以及孔隙率为 $V_a$ %的土体对应的干密度 $\rho_D$ 如下：

$$\rho_D = \frac{1-\dfrac{V_a}{100}}{\dfrac{1}{\rho_s}+\dfrac{w}{100}} \tag{11.2}$$

该式的推导见第 1 卷（第三版）第 6.3.2 节式（6.6）。

相应的湿密度 $\rho$ 可由下式得到：

$$\rho = \frac{100+w}{100}\rho_D \tag{11.3}$$

该式可由第 1 卷（第三版）第 3.3.2 节式（3.12）变换得到。

结合式（11.2）和式（11.3），可计算得到击实或压缩后填充 CBR 试筒所需土体的湿密度如下：

$$\rho = \frac{\left(1-\dfrac{V_a}{100}\right)\left(1+\dfrac{w}{100}\right)}{\dfrac{1}{\rho_s}+\dfrac{w}{100}} \tag{11.4}$$

## 11.3.3　土的密度与含水率的关系

制备土样的 CBR 值依赖于干密度和含水率。实际过程中，可以很方便地将再压实土体的CBR值与标准实验室击实试验［第1卷（第三版）第6.5节］中得到的含水率-密度曲线关联起来。

对于给定的压实度，CBR值随含水率的增加而减小，并且减小程度在压实度大于最佳压实度时更为显著。颗粒土中减小程度尤为明显（Davis，1949）。

图11.6表明了CBR值和含水率之间的一般关系，其中CBR值绘制在对数坐标上，并与BS规程中按通常方式绘制的“轻型”击实曲线上的点相对应。曲线c上的两个峰值通常出现在黏土被压实至最佳干燥状态，特别是在压实度较低的情况下。类似的关系也可以从其他击实曲线中得到。

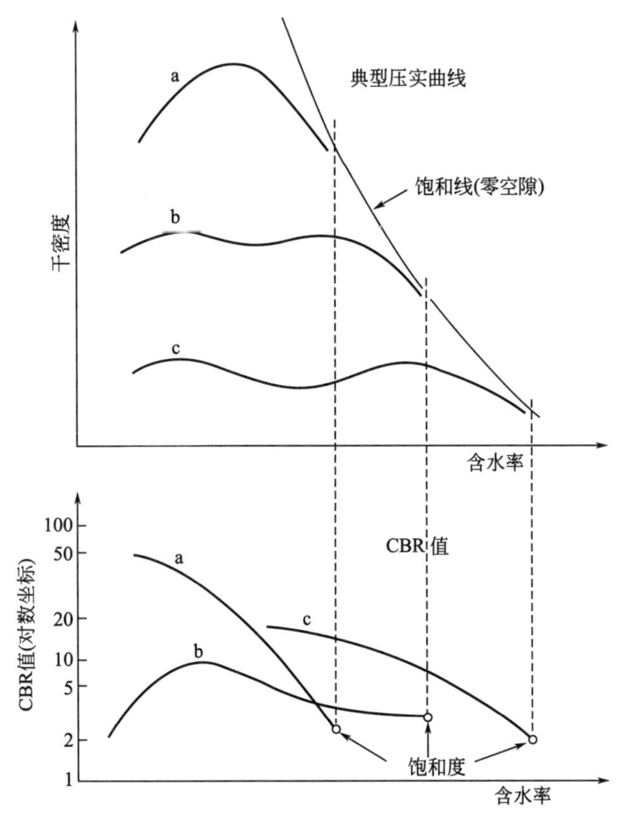


图11.6　典型土体含水率和压实曲线相关的CBR值

（a）级配良好的含黏土粉砂；（b）均匀细砂；（c）重黏土

当一定密度和含水率土体的CBR值确定时，可以很方便地得到一定范围场地的CBR值，并通过插值得到现场场地条件的CBR值，下一节将对此进行详细的叙述。

### 11.3.4　等CBR值线的由来

交通研究实验室（TRL）推荐的将CBR值与特定土体不同密度和含水率联系起来的步骤概括如下（1977，TRL，道路注释31）。

击实试验在直径为152mm的CBR试筒中的土体上进行，通常有三个不同的击实等级，分别对应于BS规范中的“轻型”击实（使用2.5kg夯锤）、“重型”击实（使用4.5kg夯锤）和中间程度的击实。土样击实中使用“轻型”和“重型”压实分别与第1卷

（第三版）中第 6.5.3 节和第 6.5.4 节中描述的击实试验相类似，不同的是，对于 CBR 试筒中尺寸更大的土样，每一层的夯击次数需要从 27 次增加到 62 次。BS1377-4：1990 第 7.2.4.4.1 条注释中推荐的一种合适的“中间”击实方法是使用 4.5kg 的夯锤每层夯击 30 次。表 11.2 总结了这三种击实情况的细节。

**相当于 BS 压实模具的 CBR 模具中的压实度**　　　　**表 11.2**

| 压实类型(BS 1377 第 4 部分:1990 中的条款) | 夯锤 | | 层号 | 每层锤击数 |
|---|---|---|---|---|
| | 质量(kg) | 落距(mm) | | |
| BS“轻型”(3.4) | 2.5 | 300 | 3 | 62 |
| BS“重型”(3.6) | 4.5 | 450 | 5 | 62 |
| “中间型”(见 7.2.4.4.1) | 4.5 | 450 | 5 | 30 |
| 振动锤(3.7) | 30～40* | (振动) | 3 | (60s) |
| ASTM“标准” | 5.5lb | 12in | 3 | 56 |
| “改良 AASHO” | 10.0lb | 18in | 5 | 56 |

* 施加的向下力（kgf）。

对于每一级击实，至少需要 5 个土样，以覆盖绘制湿度-密度曲线需要的含水率范围。击实后，对每个试样进行试验，获得其 CBR 值，如第 11.7.2 节所述。对于含水率达到或超过最佳含水率的压实粉土或黏土，应防止水分流失，并在测试前至少保存 24 小时，以使多余的孔隙压力消散。

每个 CBR 值都记录在相应击实曲线的对应点上，得到 CBR 值的分布。通过插值，可以在轮廓线中勾画出相等的 CBR 值，如 10%、20%等。这些轮廓线被称为“CBR 等值线”，典型的等值线如图 11.7 所示。

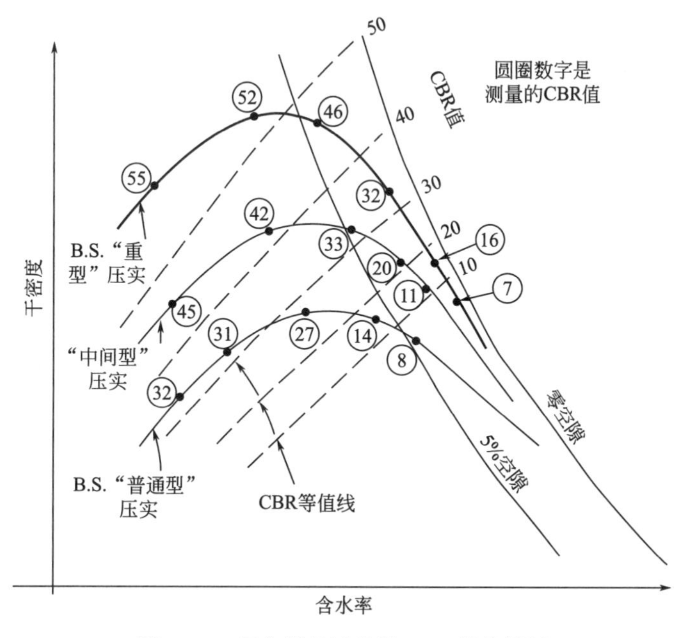


图 11.7　压实样品试验的 CBR 等值线图

## 11.4　应用

### 11.4.1　CBR试验的目的

CBR试验是众多经验性贯入试验中应用最广泛的一种，也可能是适应性最强的一种，应用范围可以覆盖从黏土到中等大小的砾石材料的大多数土体类型。

CBR试验最初是为柔性路面（如碎石路面或沥青路面）提供的一种合理的设计方法，但它也可以应用于刚性（混凝土）路面和粒料基层的设计。试验数据适用于机场跑道、滑行道及公路的设计。根据CBR值，可以确定合适的路面底基层厚度，以承受路面设计使用寿命期内的由轴载和交通频率计算得到的预期交通状况（车辆或飞机）。《暂行意见通知》IAN 73/06（英国高速公路管理局，2009）设计中的相关原则和方法取代了TRL的规程。

一般，设计图表和交通强度预测较CBR试验本身而言更有可能是设计误差的来源。

### 11.4.2　CBR试验的优点

如前所述，CBR试验可应用于各种土体类型和路面结构的设计。它可以用在路基上，也可以用在路面底基层和基层材料上，试验结果可用于指导设计缺乏更高质量材料时低成本材料的最大化利用。

CBR试验相对快速，操作简单，结果直观。它可以在未扰动或再压实的材料上进行，也可以在现场、小型工地实验室或主实验室中进行。

### 11.4.3　CBR等值线

从图11.7所示的等CBR值线中，可以估算出各种密度和含水率土体的CBR值。场地测量或预测的土体密度与实验室的击实曲线有关，对相同土体路基强度的后续预测只需进行若干检验测试。

等CBR值线可用于预测发生洪水带来的材料强度的损失。从零孔隙比线中我们也可以读出任何给定密度所对应的最大可能含水率。事实上，人们发现大多数密实土体的饱和度不会超过5%的孔隙率。

为了全面研究击实对CBR值的影响，特别是对于不熟悉的土体，需要将实验室击实试验的结果与现场原状土击实试验的结果进行比较。

### 11.4.4　局限性

CBR试验是为上述特定目的而设计的。为使标准试验有效，必须严格遵守试验步骤，否则其结果将无法与其他地方得到的结果进行比较。CBR试验的结果也仅适用于路面的设计。

CBR值是一个无量纲量，与基本的土体性质（抗剪强度或压缩性）无关。这也是该试验被归在BS 1377的第4部分，而不是在强度测试部分中的原因。已经有人尝试（有些相当成功，例如Black（1962））将CBR值与特定土体的其他参数联系起来，但尚未获得令人满意的普遍适用的关系。例如，CBR试验不应用来估计地基承载力。其试验结果应作为一项特性指标，仅应用于路面施工。

### 11.4.5　典型 CBR 值

在达到湿度平衡条件时，英国击实土体中的一些典型 CBR 值如表 11.3 所示。当施工条件较好，且地下水位较低（即低于地层水平面 300mm 以上）时，可获得较高且均衡的 CBR 值。如第 11.3.3 节所述，击实土的 CBR 值对含水率和干密度的变化非常敏感。这和其他一些影响因素在 TRL 的报告 1132（Powell 等，1984）中进行了讨论。

**压实英国土体的 CBR 值的典型范围（基于公路局临时意见书 73/06 表 5.1（英国高速公路管理局，2009））　　表 11.3**

| 土的类型 | 塑性指数 | CBR 值范围 |
|---|---|---|
| 黏土 | CH | 1.5～2.5 |
| | Cl | 1.5～3.5 |
| 粉质黏土 | CL | 2.5～6 |
| 砂质黏土 | PI=20 | 2.5～8 |
| | PI=10 | 2.5～8 或者更多 |
| 粉土 | | 1～2 |
| 级配不良砂土 | | 20 |
| 级配良好砂土 | | 40 |
| 级配良好砂砾石 | | 60 |

## 11.5　试验中的实际问题

下面讨论影响 CBR 试验结果的主要特征，这些主要与实验室测试有关。

### 11.5.1　制备方法的影响

在实验室中制备的试样，无论是静力压实还是动力击实，其 CBR 值不一定与场地或现场原状试样压实后的 CBR 值相同，主要原因如下：

（1）现场土层的密度分布与实验室击实的土样不同。

（2）在现场暴露的地层中，湿度变化非常快。

（3）试筒的边缘约束施加了实际场地中不存在的边界条件，这种影响与土体类型有关。在不饱和黏土中，试筒的影响通常很小。在接近饱和的黏性土中，室内试验值通常比现场试验值要低。在粗粒土中，因试筒的约束作用而产生的额外摩擦力，会导致在实验室中测量的值要比现场测量的值高得多（Croney，1977）。

（4）在实验室试样的制备过程中，静力、动力和振动作用带来的效果也有所不同。对两种制备方法得到的 CBR 值进行比较的实际意义有限。

（5）实验室里的击实破坏了天然土体的结构。

（6）重塑黏性土的强度往往小于原状土，但由于触变效应，重塑土的强度会随着时间的增加而恢复（Skempton 和 Northey，1952）。

在实验室进行的CBR测试是用于设计目的的标准程序，但如果要使试验结果有价值，则必须遵循标准化的样品制备程序，并参照原位试验的样品放置方法（运输研究实验室，1977）。原位测试通常不用于设计，但可以在不考虑地层材料种类的情况下快速评估地层的均匀性。

### 11.5.2　载重

在试验前，通常将附载以环形钢片的形式置于准备好的试样表面。附载模拟了试验层上覆道路厚度的影响，每个2kg的钢片相当于约70mm的叠加结构厚度（或每个5lb的钢片相当于约3mm的厚度）。附载的准确值并不重要，也不会对结果有太大影响。粗粒土的附加效应要比黏性土大，但粗粒土通常能作为令人满意的路基和路面基础，所以这种差异不是关键。

如果在测试前将试样浸泡（第11.6.9节），则应在浸泡前立即在试样上放置钢片，以便控制试样的膨胀量。

### 11.5.3　试样浸泡的影响

美国的做法是将试样浸泡作为一种预防措施，以考虑由于洪水或水位升高而导致土体含水率的增加。然而，试样浸泡已被证明在许多情况下会产生过于严重的情况，导致不必要的路面厚度的保守设计。在英国，浸泡试样通常不用于CBR试验，但在干旱或半干旱气候条件下可以考虑，浸泡会破坏土体的结构且使其膨胀。CBR试验浸泡处理常用于石灰/水泥稳定的土体。

浸泡会使试样内部的水分分布不均匀。与试筒侧面的摩擦会导致不均匀的膨胀，顶部10mm左右的土体会比原位土体软化得更厉害。增加荷载板的重量可以在一定程度上限制膨胀，但对于膨胀力大的黏土，附加钢片必须相当重，才能起到明显的限制作用。

在道路两旁布置足够的排水设施，有助于防止路面施工时发生土体被淹。土体基层保持在临界含水率状态附近（Croney，1977，第6.97节～第6.100节）。这一临界含水率值参考相关含水率范围的规范。

### 11.5.4　贯入极限

CBR试验贯入深度不能超过7.5mm（0.3in）。若对初始凹曲线进行修正［第11.7.3节，10（b）段］，需要大于7.5mm（0.3in）的贯入深度才能获得修正值5mm（0.2in）贯入深度的荷载，则应使用7.5mm（0.3in）贯入深度的荷载代替。在整个试验过程中，若曲线不断上凹，即在测试过程中变陡，则必须谨慎处理，并进行合理的解释［第11.7.3节，10（c）段］。

当一个土样的两端都要进行测试时，施加在一端的贯入深度不应大于另一端，以保证试验结果的准确性。在这种情况下，试验过程中利用图11.5所示的标准曲线来辅助绘制荷载-贯入深度曲线。当能很明显看出CBR值已经超过其最大值时，可以终止试验。例如，若在贯入深度为2.5mm（0.1in）时CBR值为6%，且贯入深度为3.5mm（0.14in）时的CBR值要明显小时，可以终止试验，并将结果记录为：

贯入度为2.5mm（0.1in）时的CBR值：6%；

贯入度为 5mm（0.2in）时的 CBR 值：小于 6%。

## 11.6　试样制备

### 11.6.1　制备方法

用于 CBR 试验的重塑试样可以采用静压、强夯或振动方法进行制备。CBR 试验也可以直接在原状土样（天然土体或现场压实的材料）上进行。

第 11.6.2 节描述了制备各种重塑土样所需材料的准备过程。对于一定干密度或最大孔隙率的土样，可以准确计算出所需的土体质量。试样制备方法，见第 11.6.3 节～第 11.6.8 节（图 11.2）。

静力压实：

（1）先放一层，用手捣实，然后进行静力加载以获得所需的干密度（第 11.6.3 节）。

（2）依次放置三层，并进行静力压实，以获得给定的干密度（第 11.6.4 节）。

动力击实：

（3）用手夯锤把土击实到一定的干密度（第 11.6.5 节）。

（4）按照规定的压实力用手夯锤击实（第 11.6.7 节）。

振动压实：

（5）用振动锤压实，以达到给定的干密度（第 11.6.6 节）。

（6）按规定的压实力用振动锤进行压实（第 11.6.7 节）。

原状土样：

（7）如第 11.6.8 节所述，从现场取原状土样进行试验。对于步骤（1）～步骤（3）和步骤（5），必须知道试验土体的干密度。试验中以干密度（$\rho_D$）而不是湿（体积）密度（$\rho$）作为标准，因为土的干密度直接影响土的强度，然后可以将土体条件同压实曲线联系起来。

CBR 试样的浸泡方法见第 11.6.9 节。与其他国家相比，英国很少对试样进行浸泡处理。

### 11.6.2　材料的准备

制备 CBR 重塑试样必须正确准备各种材料，以满足试验的标准条件（第 11.4.4 节）。

试验应在土颗粒不大于 20mm 的土样中进行，且实验室试样的含水率必须是已知的，并且应代表现场材料的典型参数。另一种选择是，在给定的含水率范围内进行一系列试验，在这种情况下，需要几批土样。

以下详细的准备步骤一般按 BS 1377-4：1990 第 7.2 条的规定进行，也应按照第 1 卷（第三版）第 1.5 节中规定的步骤进行测试样品的初始准备。

1. 试验仪器

（1）分样器，要求足够大以便可以细分原始样品［第 1 卷（第三版）第 1.2.5 节第 8 项］

（2）重型天平，量程 30kg，分度值为 1g 或 5g［第 1 卷（第三版）第 1.2.3 节］

（3）BS 滤网，直径 300mm，孔径 20mm 和 5mm，以及收集器

（4）大型金属托盘（例如760mm×760mm，63mm深）

（5）橡胶杵和研钵

（6）烘箱，105～110℃，含水率测定设备（在第1卷（第三版）第2.5.2节中对此有所描述）

（7）250mL、500mL量筒

（8）小工具，例如勺、泥铲、抹刀

2. 试验阶段

（1）去掉过大颗粒

（2）调整含水率

（3）获得所需的土体质量（仅适用于以下条件）：

按干密度确定，或者按最大孔隙率确定，或者按压实力确定。

3. 试验步骤

（1）颗粒粒径限制

用于试验的大部分样品接近5g。如果材料中含有大于20mm的颗粒，那么首先用20mm的筛子将其滤除。如果颗粒黏性太大，难以处理，可以先在空气中干燥然后再进行过滤。

必要的话，将存留在20mm筛上的材料清洗和干燥，并称重。如果其质量不超过原始土样质量的25%，则无需对结果进行校正。如果大于25%，则BS 1377中规定的试验将不再适用。然而，在某些情况下，可以将试验土样中超过25%的部分用具有相似质量但粒径范围在5～20mm的土代替（这些土取自另一批类似的土体）。

（2）调整含水率

首先，按照标准的烘箱干燥步骤［第1卷（第三版）第2.5.2节］，取出部分代表试样，检查土样的含水率。如果含水率大于试验要求，则应通过控制局部风干，使其降低到所需的含水率。此外，样品需经常搅拌以防止局部过度干燥，也不要使土体过干。土样不应先干燥，再润湿。以下是对湿土需要干燥程度的粗略评估：

设湿土质量$W$（g），实测含水率$w_0$（%），所需含水率$w_1$（%）（小于$w_0$）。对土样进行风干，并每隔一段时间称重一次。当湿土质量减少到$W_1$（g）时，含水率为$w_1$（%），则：

$$w_1 = w\frac{(100+w_1)}{100+w_0}\text{g} \tag{11.5}$$

如果土过于干燥，应将其碾碎，使其颗粒聚集不超过5mm，然后加入蒸馏水。所加水量按如下方法估算：

土体质量和含水率分别用$W$（g）和$w_0$（%）表示；

所需达到的含水率（$>w_0$）$=w_2$（%）。

为了将土的含水率由$w_0$（%）提高到$w_2$（%），则需要加入的水量（$m_w$）可通过下式计算得到：

$$m_w = w\frac{(w_2-w_0)}{(100+w_0)}\text{g(或 mL)} \tag{11.6}$$

考虑到水分的蒸发损失，可以加入一点额外的水（比如土体质量的 0.5%～1%）。必须将水与土体充分混合，然后密封并储存 24h 后再压实。

在减少或增加土体含水率后，应通过测量来确定实际含水率，并在必要时作进一步调整。

当需要几个单独的批次时，可以在原始样品基础上运用第 1 卷（第三版）第 1.5.5 节中描述的除砂法或四分法得到。制备每个试样所需的土体总量取决于是否达到所需的密度或是否施加已知压实力。

（3）所需土样的制备

可以使用以下任意方法：

① 按规定的干密度制备（第 11.6.3 节～第 11.6.6 节）

用于填充 BS 试验的 CBR 试模（标称体积为 $2305cm^3$）的干密度为 $\rho_D(Mg/m^3)$，含水率为 $w$（%）的湿土质量记为 $m_1$（g），并通过下式进行计算：

$$m_1 = 23.05(100 + w)\rho_D g \tag{11.7}$$

应尽量使初次从原始土样取出的质量接近 $m_1$，并确保各种材料的比例与原始土样相同。

如果试筒的测量体积与标称体积不同，用 $V_m(cm^3)$ 表示，则用下面公式代替公式（11.7）进行计算

$$m_1 = \frac{V_m}{100}(100 + w)\rho_D \tag{11.8}$$

加入垫块的 ASTM 试筒（第 11.6.3 节）的标称体积为 2124 $cm^3$（0.075 $ft^3$）。

② 按规定的孔隙率制备

含水率 $w$（%）所允许的最大孔隙率用 $V_a$（%）表示，土颗粒密度用 $\rho_s$ 表示。相应的体积密度 $\rho$ $(Mg/m^3)$ 用第 11.3.2 节式（11.4）计算。

用于填充 CBR 模具标称体积的湿土质量为 $2305\rho$（g），相应的干密度由第 11.3.2 节式（11.2）给出。

③ 按规定的压实制备（第 11.6.7 节）

填充试筒所需土体的确切质量还未知。因此，如上所述，大约需要 6kg 的土用于制备每个土样。待测土样的数量取决于所需覆盖的含水率范围。

### 11.6.3　用捣棒静力压实（BS 1377-4：1990：7.2.3.2）

1. 试验仪器

（1）圆柱形金属试筒（英国 BS 的 CBR 试筒），内部直径 152mm，高度 127mm，可拆卸底板、顶板和深度 50mm 的套环。第 1 卷（第三版）图 6.20 和图 6.21 给出了两类试筒的详细信息。第一类具有螺纹连接件，如图 11.8 所示；第二种类型具有两侧用于螺母固定的凸耳。

美国的 CBR 试筒（ASTM D 1883）直径为 6in（152mm），高为 7in（177.8mm），带有一个单独的套环（图 11.9）。将土在该试筒中压实之前，应在底部放置一个直径为 5.94in（150.8mm）高度为 2.416in（61.4mm）的垫块，以便在抹平后获得 4.584in（116.4mm）高的土样。ASTM（“Proctor”）压实试筒也采用相同的高度。

图 11.8　BS试验用CBR模具、配件和工具

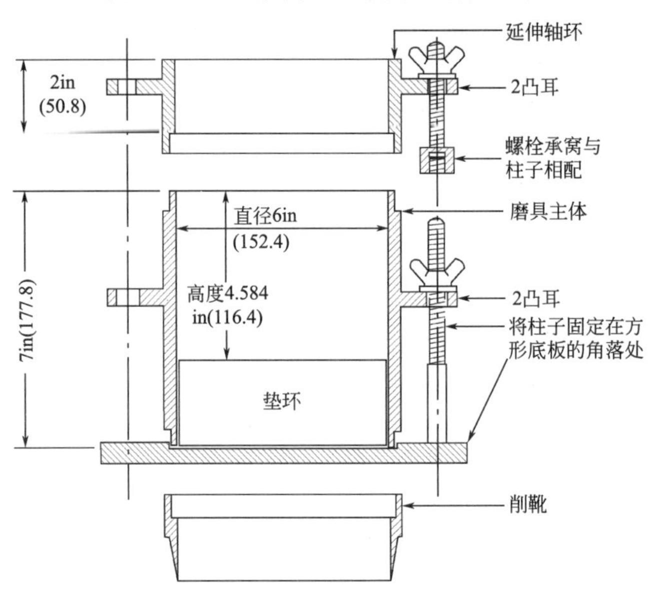


图 11.9　CBR模具和配件的布置（ASTM型）（括号中的尺寸为mm）

（2）钢垫块，直径为150mm，厚度为50mm，如图11.10（a）所示其上有一个可移动的提升把手。

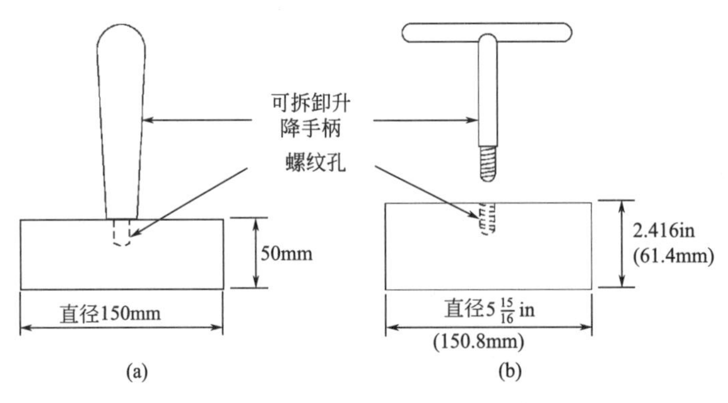


图 11.10　CBR模具的隔片和升降器

（a）BS型；（b）ASTM类型

（3）钢捣棒，直径大约为 20mm，长度大约为 400mm。

（4）滤纸（如 Whatman 1 号），直径 150mm。

（5）压实机：施加静荷载将土压入试筒中，所需的最大压力为 300kN。机器平台应有一个直径不小于 150mm 的盖片，并能与平台分离至少 300mm。

（6）钢直尺，长度 300mm。

（7）天平，水平底盘，量程为 30kg，精度为 5g。

（8）两个扳手（用于螺纹型试筒的主体与套环的连接）以及底板固定工具（图 11.8）。

（9）如果 CBR 试验经常在螺纹型试筒内进行，可将带有突出栓的圆形金属板盖固定于工作台上，从而更容易、更安全地拧紧和松开试筒、盖子和底座。TRL 设计和使用的附录细节，如图 11.11 所示。

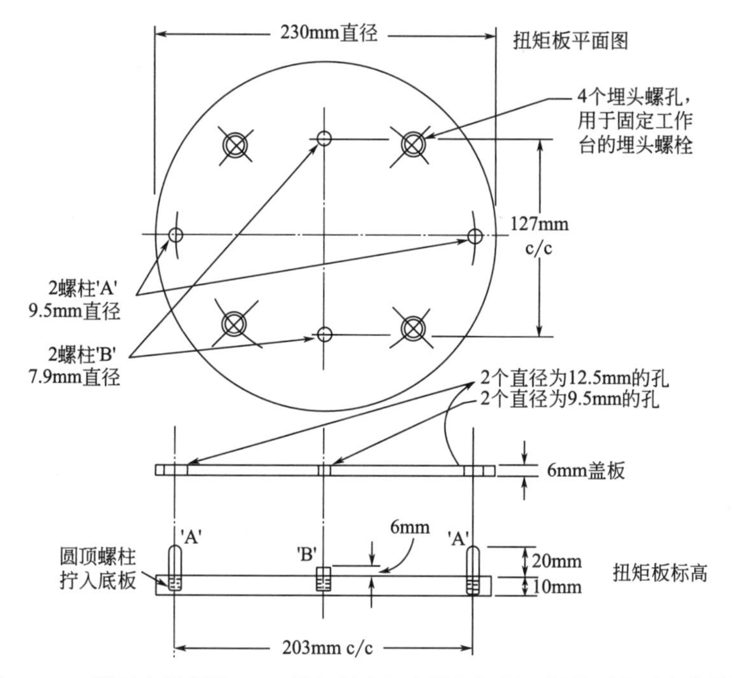


图 11.11　用于夹紧螺纹 CBR 模架的台架安装扭矩板，握住顶盖时安装盖板（图由英国克罗索恩交通研究实验室提供）

2. 试验阶段

（1）准备试验仪器

（2）装筒

（3）压实试样

（4）保存土样

3. 试验步骤

（1）准备试验仪器

试筒的各个部件应清洁干燥。螺纹表面应保持干净且无损伤，并涂上少量油。

将试筒和底座组装牢固（图11.12），并在底面放置一张滤纸，称重（$m_2$），精确至1g，并测量内部体积$V_m$。第11.6.3节第1项“试验仪器”的尺寸可能因磨损而略有变化。

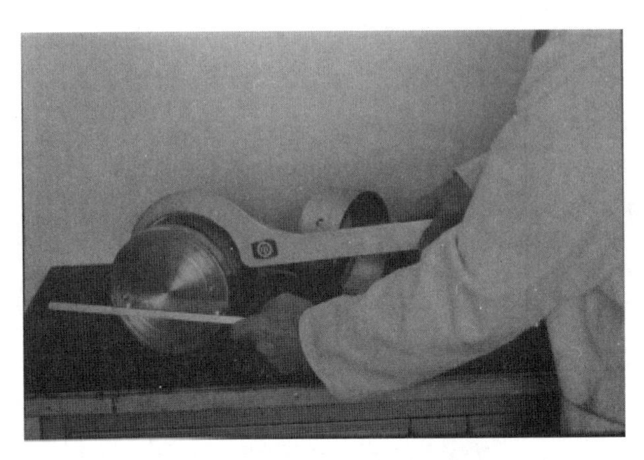

图11.12　组装CBR模具和底板

测量套环的深度和垫块的厚度，精确至0.1mm。将套环在试筒顶部安装牢固。

当组装螺纹型试筒时，避免交叉螺纹，手动紧固时不要露出任何螺纹，也不要过度拧紧。

（2）装筒

将准备好并称重的土体慢慢倒入试筒中，同时用钢捣棒夯实［图11.13（a）］。避免土粒分离。确保最大的颗粒均匀分布在试筒中。添加完所有土体后，整平表面，应高出试筒顶部5～10mm［图11.13（b）］。如果高度和规定明显不同，则倒出土体，将其弄散，并适当修改夯实步骤，重复该过程。

将滤纸放在土体顶部，然后放上50mm厚的垫块。放好后，取下提手。

（3）压实试样

将试筒放在压实机上，施加载荷压实土体，直到压头顶部与套环顶部齐平［图11.13（c）］。保持载荷不变至少30s后释放。如果出现反弹，再次长时间施加载荷。如图11.14所示为一个正在等待施加荷载的样品。

（4）保存土样

当土样被完全压实后，从压实机中取出试筒，再取下垫块、套环和顶部滤纸。称量土样、试筒与底板总重（$m_3$），精确至5g。若土样不立即用于试验，可以在试筒上安装板盖，并储存在阴凉环境中，以防止水分流失。如果没有加湿储物柜或空间，则用凡士林、蜡或胶带密封。

对于黏土或接近完全饱和（孔隙率小于5%）的其他土体，应将土样在试验前静置至少24h，以平衡和消散压缩过程中产生的超孔隙压力。

### 11.6.4　分层静压（BS 1377-4：1990：7.2.3.3）

1. 试验仪器

如第11.6.3节所列，再加上两个垫块（项目2），共三个垫块。

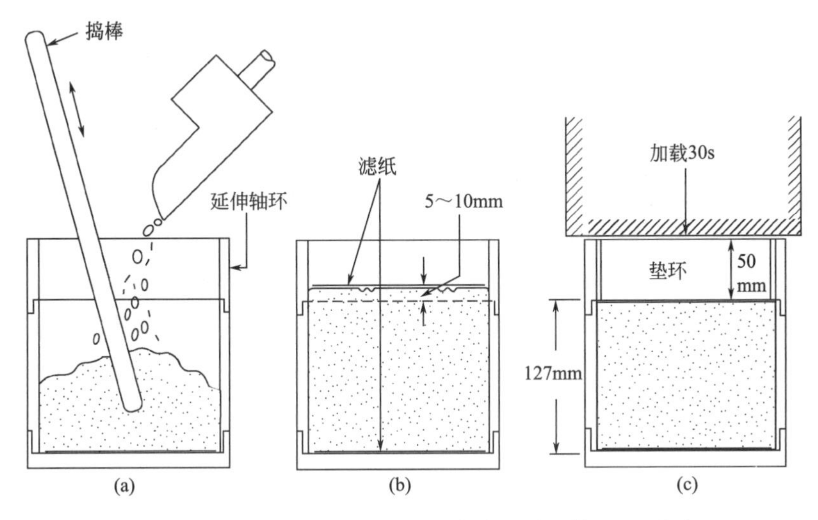


图 11.13　在 CBR 模型中放置和静力压缩土体（BS 试验）
（a）将土体放置在模型中并用棒夯实；（b）土体水平面，高于模体 5～10mm；（c）放置隔离盘并施加荷载至少 30s

图 11.14　准备施加荷载时压缩机中的 CBR 土样

2. 试验阶段

（1）准备试验仪器

（2）划分土样

（3）装筒

（4）保存土样

3. 试验步骤

（1）准备试验仪器

如第 11.6.3 节试验步骤（1）所述。

（2）划分土样

将准备好的土样分成3份，每份重量不超过50g。放入密封的袋子或容器中，直到需要时才取出，以防止水分流失。

（3）装筒

将其中一份放入CBR试筒中，平整表面并将所有的三个垫块置于顶部。用压实机将土的厚度压实至约为模具深度的1/3（42mm），顶部垫块的表面高于套环上部约15mm［图11.15（a）］。取下垫块，加入另一份土体，形成第二层。使用两个垫块，重复上述过程，压实至土的厚度约为85mm，上垫块表面高出套环上部约8mm［图11.15（b）］。

重复上述步骤，进行第三层。只使用一个垫块，向下压实，至垫块上表面与套环顶部持平，如第11.6.3节步骤3所示［图11.15（c）］。

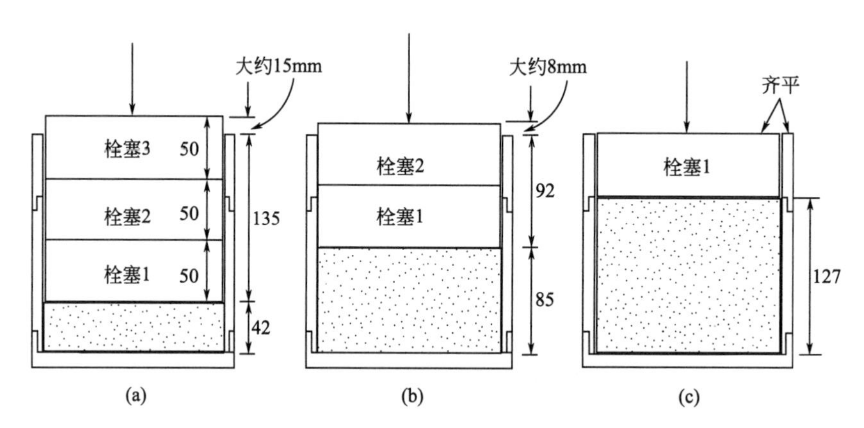


图11.15　BS CBR磨具中三层土体的静力压缩

（a）第一层压缩后；（b）第二层压缩后；（c）最终压缩之后

（4）保存土样

如第11.6.3节试验步骤（4）所示。

### 11.6.5　使用夯锤击实至规定密度（BS 1377-4：1990：7.2.4.2）

当没有压实机时，可使用手动夯实机或机械夯实机代替静力压实，击实到所需的密度。英国的标准方法如下所述，美国ASTM的方法略有不同，对此分别进行概述。

1. 试验仪器

第11.6.3节中的试验仪器（1）、（4）、（6）～（8）和以下的试验仪器：

（10）击实夯锤，重2.5kg，落锤高度300mm，用于BS“轻型”击实试验［第1卷（第三版），图6.9］。

（11）击实夯锤，重4.5kg，落锤高度450mm，用于BS“重型”击实试验［第1卷（第三版），图6.17］。

（12）或者，可以使用第1卷（第三版）第6.5.8节中提到的、如图6.19所示的自动击实机。

2. 试验阶段

（1）准备试验仪器

（2）划分样品

（3）初步试验

（4）装筒

（5）修整样品

（6）保存样品

3. 试验步骤

（1）准备试验仪器

如第11.6.3节试验步骤（1）所述。

（2）划分样品

将准备好的土体分成5份，每份重量不超过50g。使用前放入密封的袋子或容器中，以防止水分流失。

（3）初步试验

刚好填充试筒所需土体的压实度（步骤4），需要通过试验来确定。这取决于夯锤的类型，以及每一层的夯击次数。

每项试验均按下列步骤4进行，并记录夯锤的类型、层数、每层夯击次数和击实后土体的厚度。然后通过插值来评估所需的压实度。

（4）装筒

将第一份土体放入试筒中，用合适的手夯锤将其击实，直到该层厚度约为试筒深度的1/5（约25mm）。再将其他四份土体重复这一过程，使第5层土体夯实后的顶面与试筒顶部齐平或略微高于试筒顶部。在放置下一份土体之前，对每个击实层的表面进行“拉毛”处理。

（5）修整土样

小心地拆下套环。使用抹刀，修整土样，使其与模具的顶部边缘齐平（图11.16），并用直尺检查。称量土样、试筒和底座总重（$m_3$），精确至5g。

（6）保存土样

如第11.6.3节试验步骤（4）所示。

4. 美国的ASTM试筒试验

在ASTM的CBR模具（图11.17）中击实土体之前，必须先将2.416in（61.4mm）厚的垫块［图11.10（b）］放在试筒内。在击实和整平顶面后，再将底板和垫块移除。试筒是倒置的，这样土样的整平面就可以放置在带孔的底板上，底板与土样之间用一张滤纸隔开。最后将试筒固定在底板上。该过程如图11.18所示。

按照ASTM步骤要求，试样需要浸泡，按照第11.6.9节的描述进行浸泡，贯入测试与第11.7节的测试类似。

图 11.16 在 CBR 模具中修整土体表面

图 11.17 CBR 模具、配件和附件（ASTM 型）

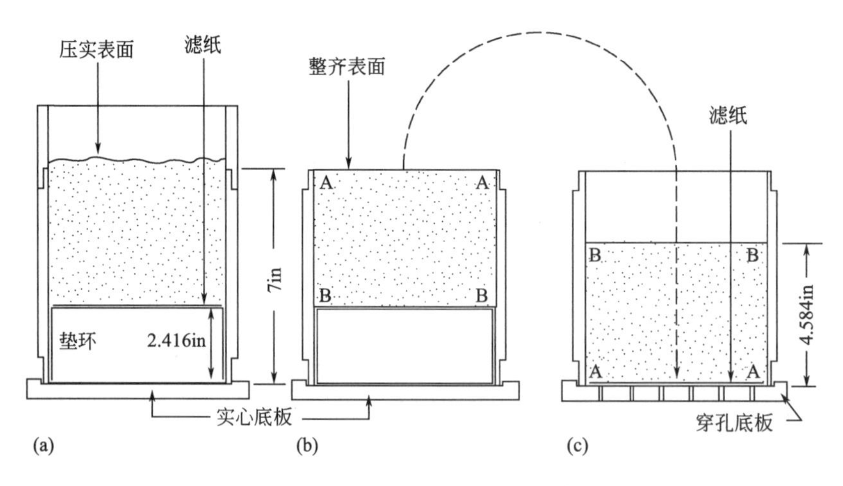


图 11.18 压实到 ASTM 的 CBR 模具中

（a）将土体压实到垫环上的模具中；（b）拆下延伸轴环，

调整水平，断开底板；（c）将模具倒置到穿孔底板上并夹紧在一起

### 11.6.6　振动压实

利用振动达到所需密度的压实方法适用于砂土，是无法使用压实机进行静力压实的另一种选择。

1. 试验仪器

第 11.6.3 节中的试验仪器（1）、（4）、（6）～（8）和以下的试验仪器：

（13）电动振动锤，用于 BS 振动压实试验 13［第 1 卷（第三版），第 6.5.9 节，图 6.22］。

（14）钢制夯实机，直径 145mm［第 1 卷（第三版），图 6.23］。

（15）振锤支撑架［第 1 卷（第三版），图 6.22］。该试验仪器不是必需的，但它可以使施加在土样上的压力更均匀。对操作人员来说，这比用手支撑振动锤相对轻松一些。

2. 试验阶段

（1）准备试验仪器

（2）划分土样

（3）装筒

（4）修整土样

（5）保存土样

3. 试验步骤

（1）准备试验仪器

如第 11.6.3 节试验步骤（1）所示。

应确保振动锤处于良好工作状态，并按照产品说明书进行设置。振动锤也应通过接地漏电断路器，由完好的电缆连接到主电源。如果使用支撑架，滑动部分应自由移动，不得出现颠簸或卡死。

振动锤必须安装在振锤适配器中，支座也应安装在 CBR 试筒内，周围留有 3.5mm 间隙。

（2）划分土样

将准备好的土体分成 3 份，每份重量不超过 50g。在使用之前，放入袋子或容器中密封。

（3）装筒

将第一份土体放入试筒中，用振动锤压实，直到土体厚度占据试筒深度的 1/3，保持振动锤垂直。土体表面距套环顶部约 135mm［图 11.19（a）］。

将第二份土体放入试筒中，按同样步骤压实，使其表面距套环顶部约 92mm［图 11.19（b）］。将第 3 三份土体放入并压实，使压实后的表面与试筒顶部齐平，即距套环顶部约 45mm［图 11.19（c）］。

（4）修整土样

拆下套环，修整土样使其与试筒顶部齐平。整体称重 $m_3$，精确至 5g。

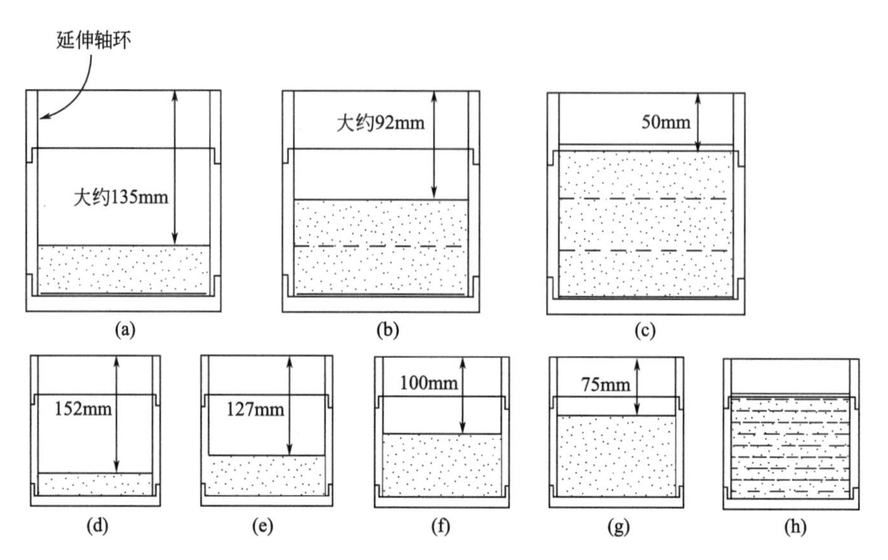


图 11.19 使用手摇夯或振动将其压实到 BS 的 CBR 模具中

(a)～(c) 等厚度的3层；(d)～(h) 等厚度的5层

(5) 保存土样

如第 11.6.3 节试验步骤（4）所示。

### 11.6.7 按照规定的压实力进行压实（BS 1377-4：1990：7.2.4.4 和 7.2.4.5）

当在土样上施加的压实力等于在标准压实试验中使用的压实力时，可以使用这个方法。一般为得到干密度与 CBR 值之间的关系，或研究给定压实力下含水率对 CBR 值的影响时，通常也采用这种方法。

所使用的压实度通常等于 BS 的“轻型”击实（使用 2.5kg 夯锤），或 BS 的“重型”击实（使用 4.5kg 夯锤）[第1卷（第三版），分别为第 6.5.3 节和第 6.5.4 节]。也可以按第 11.3.4 节中建议的方式（表 11.2），采用中等压实度。

也可用振动锤来压实粗粒土，“标准”步骤见第1卷（第三版）第 6.5.9 节（表 11.2）。另外两种振动强度可供使用：三层压实，每层 30s；5层压实，每层 2min。动力击实和振动压实不应混在一个试验系列中（第 11.5.1 节，第4项）。

1. 试验仪器

第 11.6.5 节或第 11.6.6 节所述的试验设备。使用自动机械夯实机比手动夯实更为可取。

2. 试验阶段

(1) 准备试验仪器

(2) 装筒（“轻型”击实法）

(3) 装筒（“重型”击实法）

(4) 装筒（振动压实法）

（5）修整土样
（6）保存土样

3. 试验步骤
（1）准备试验仪器
如第 11.6.3 节试验步骤（1）或第 11.6.6 节试验步骤（1）所示。
（2）装筒（“轻型”击实）
在试筒中放入一定量的土体，使用 2.5kg 夯锤夯击 62 次后，使表面距试筒顶部约 1/3［即距套环顶部 130～135mm，如图 11.19（a）所示］。夯击应均匀施加，前几次施加方式按第 1 卷（第三版）图 6.18 所示进行。对已击实土体表面应进行“拉毛”处理。加入与第一层等量的土体，并按相同的方式击实第二层，使土体表面距套环顶部约 92mm［图 11.19（b）］。对第三层重复上述过程。土样表面的最终高度应高于试筒顶部 6mm 以内［图 11.19（c）］。为了估计每一层需要的土体量，需要先在单独的土样上进行击实试验。
在 ASTM 试筒中，每层夯击次数为 56 次。
（3）装筒（“重型”击实）
步骤与上面相似，不同之处在于土体层数是 5 层，并且使用 4.5kg 的夯锤，每层夯击 62 次［图 11.19（d）～图 11.19（h）］（ASTM 试筒中每层夯击 56 次）。
若采用中等压实度，BS 规程中建议使用 4.5kg 的夯锤，每层夯击 30 次。
（4）装筒（振动压实法）
该过程除了使用振动锤外，若将土体分为 3 层压实，则与步骤 2 类似，若将土体分 5 层压实，则与步骤 3 类似。第 1 卷（第三版）第 6.5.9 节（步骤 4）所述的“标准”步骤中，振动锤在每一层振击 60s。
（5）修整土样
拆下套环，修整土样使其与模具顶部齐平，并用直尺检查。表面空腔可以使用抹刀填充细料。整体称重（$m_3$）精确至 5g。
（6）保存土样
如第 11.6.3 节试验步骤（4）所示。

### 11.6.8　原状土样

在 CBR 试筒一端安装一个钢制切割片，并将其缓缓压入地下，可以在不含石头的黏性土中获得原状土样。一般不用锤击的方式将试筒压入土中，除非土体较为坚硬。这种情况下，应在试筒上放置一块木片防止试筒损坏。如果需要对原位土样进行粗糙修整，在试模向下压的过程中，将最后的 2mm 或 3mm 用切割片削掉。取下土样后，拆除切割片，并修整土样两端，用直尺进行校核。土样与试筒之间的空隙应在试验前用压实好的细土或熔化的石蜡填充，使土样四周与试筒贴合。

在安装底板前，对试筒进行称重，再取适量土样于试筒中称重，精确至 5g，末端多余土体可以使用抹刀去除。如果试样在运输过程中没有水分流失，可以用来确定现场土体的含水率。

如果土样不立即用于试验，应在试筒上安装顶盖或用聚乙烯板密封顶面，以防止水分流失。

### 11.6.9　浸泡（BS 1377-4：1990：7.3）

浸泡CBR测试样品通常在英国的实践中不使用，但它可能适用于一些别的国家。BS规程中规定的浸泡步骤与ASTM规程（Desination D 1883）中规定的步骤类似，如下所述。

1. 试验仪器

除了CBR试筒的配件（第11.6.3条第1项）外，还需要以下仪器：

（16）用于CBR试筒的多孔底板

（17）带调节杆的多孔膨胀板（图11.20）

（18）用于安装表盘的三脚支架（图11.20）

（19）千分表，量程25mm、精度0.01mm（图11.20）

（20）浸泡水箱，足以容纳带底板的CBR试筒。尺寸约为610mm×610mm×380mm，宜使用开口网状底板（图11.21）

（21）环形垫圈，外径145～150mm，内径52～54mm，质量2kg。最多可能需要3个。也可以使用分割（半圆形）垫块（有关垫块的使用数量，请参阅第11.5.2节）。

（22）凡士林

（23）停表或计时器

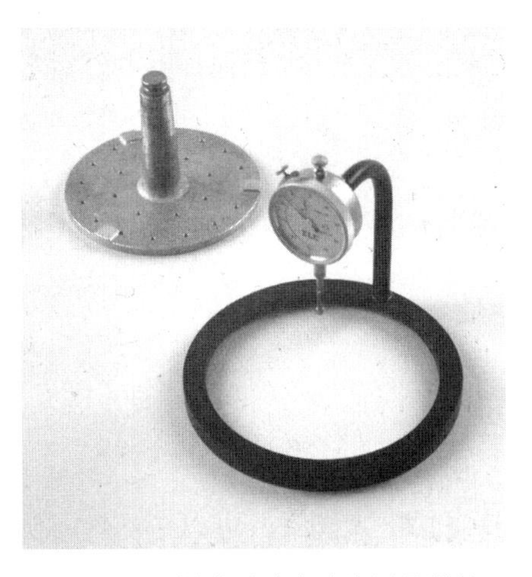

图11.20　浸泡试验中溶胀测量附件

图11.21　浸泡槽

2. 试验阶段

（1）组装仪器

（2）浸泡土样

（3）记录读数

（4）绘制读数

（5）从水箱中取出

（6）用于试验

3. 试验步骤

（1）组装仪器

土样在静压或动力击实后称重，取下底板，用带孔底板代替。将套环安装到另一端，在接头表面等处抹上凡士林并拧紧螺栓以达到水密状态，然后轻轻地将试筒放入空水箱中。

将滤纸置于试样上方，然后盖上带调节杆的多孔膨胀板。将所需的附加垫块放置在膨胀板的顶部（第 11.5.2 节）。

对于 ASTM 试验，要求附加垫块不小于 4.54kg，若没有特殊规定，应使用此重量。

将千分表支架安装在套环顶部，安装千分表并调整多孔膨胀板上阀杆至水平，使千分表读数为零或某个易于读取的值。组件如图 11.22 所示，典型布置如图 11.23 所示。

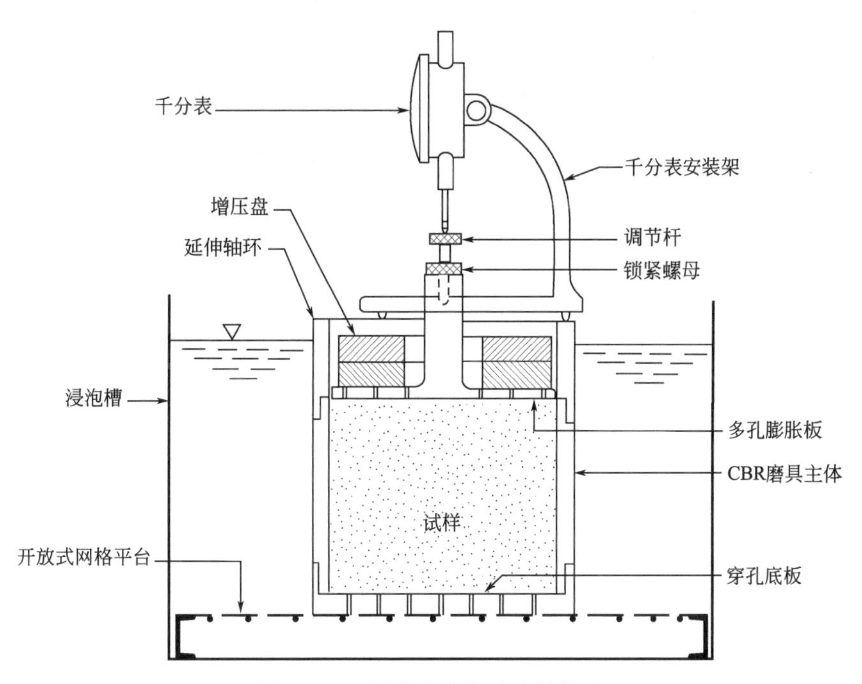


图 11.22　浸泡和膨胀试验的布置

（2）浸泡土样

向水箱中加水，使水平面刚好低于试筒套环的顶部，水不应溅到土样顶面。当水刚刚覆盖底板时，立即启动计时器。

在 ASTM 的步骤中，试筒完全浸没，这样水可以自由地接触土样的顶面和底面，省去用凡士林密封接头。TRL（Daniel，1961）也使用了这个方法。BS 规程中的方法使土样中的空气被上升的水所替代，可让土样饱和得更均匀。

（3）记录读数

根据水的上升速度，在浸泡后适当的时间间隔记录千分表的读数，还要记录水到达土样表面的时间，但这并不意味着膨胀阶段的结束。

图 11.23　膨胀试验装置

如果浸泡 3d 后顶面没有出现水，则在顶面倒部分水，使其保持被水覆盖，并让其浸泡。正常的浸泡时间为 4d，但可能需要更长的时间才能完成膨胀。

（4）绘制读数

根据浸泡时间或时间的平方根绘制土样膨胀（千分表移动）曲线图。当曲线变平时，膨胀基本完成，如图 11.24 中的典型膨胀曲线所示。

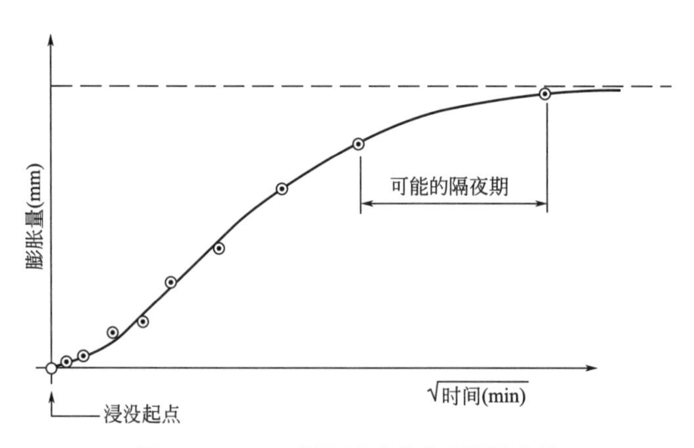


图 11.24　CBR 浸泡试验的典型膨胀曲线

（5）从水箱中取出

浸泡完成后，取下表盘支架，将试筒和土样从水箱中取出。并将试筒放置在允许排水的表面上约 15min。另外，如果水箱中有开放式网格平台（图 11.21），则可以在排水或虹吸后将试筒留在水箱内排水。

（6）用于试验

多余的水排出后，拆除附加垫块、多孔板和套环。取下多孔底板，重新安装实心底板。将土样与试筒和底板一起称重 $m_4$，精确至 5g。

美国 ASTM 表明，有必要倾斜土样去除表面水，但最好用虹吸管吸走多余的水，以免影响土样的顶部。

## 11.7　贯入测试

### 11.7.1　总则

以下步骤基于 BS 1377-4：1990 第 7.4 条，作为实验室压实土的承载比测试，包含在 ASTM 试验 D 1883 中。

### 11.7.2　CBR 试验步骤（BS 1377-4：1990：7.4，和 ASTM D 1883）

无论用什么方法制备土样，无论土样是否浸泡过，CBR 试验都是一样的。试验通常在土样的两端进行，但是 BS 认为在底部重复测试也是可行的。有时可采用一种方便的方法，即测试未浸泡的顶端，而后将样品翻转，测试浸泡后的另一端。

1. 试验仪器

（1）承重架（压实试验机），以 1mm/min 的公称贯入率施加测试力。卸载时速度应在 1.2mm/min± 0.2mm/min。机器在该贯入速率下应能够施加至少 45kN 的力。可以手工进行操作，但缺乏便利性。

（2）荷载测量装置，如校准过的荷载环或测压元件（见第 8.2.1 节“传统测量仪器和电子测量仪器”）。需要三种量程的荷载环来覆盖常见范围，如表 11.4 所示。

**CBR 试验的测力环**　　**表 11.4**

| 预期 CBR 值 | 测力环范围(kN) | 可辨性(N) |
|---|---|---|
| 小于 8% | 0～2 | 2 |
| 8%～40% | 0～10 | 10 |
| 大于 40% | 0～50 | 50 |

（3）圆柱形金属贯入杆，长约 250mm，下端为淬火钢，横截面积为 1935mm$^2$（3in$^2$）。相当于直径为 49.64mm，在 BS 规程中为 49.65mm±0.10mm。

（4）千分表或位移传感器（第 8.2.1 节“传统测量仪器和电子测量仪器”部分）量程为 25mm，分度值为 0.01mm，用于测量贯入杆的贯入值。表上装有一个加长阀杆和铁砧。

（5）支架，用于将千分表固定到贯入杆上。

（6）附加钢片［第 11.6.9 节（21）］。

设备的总体组装如图 11.25 所示，整机如图 11.26 所示。

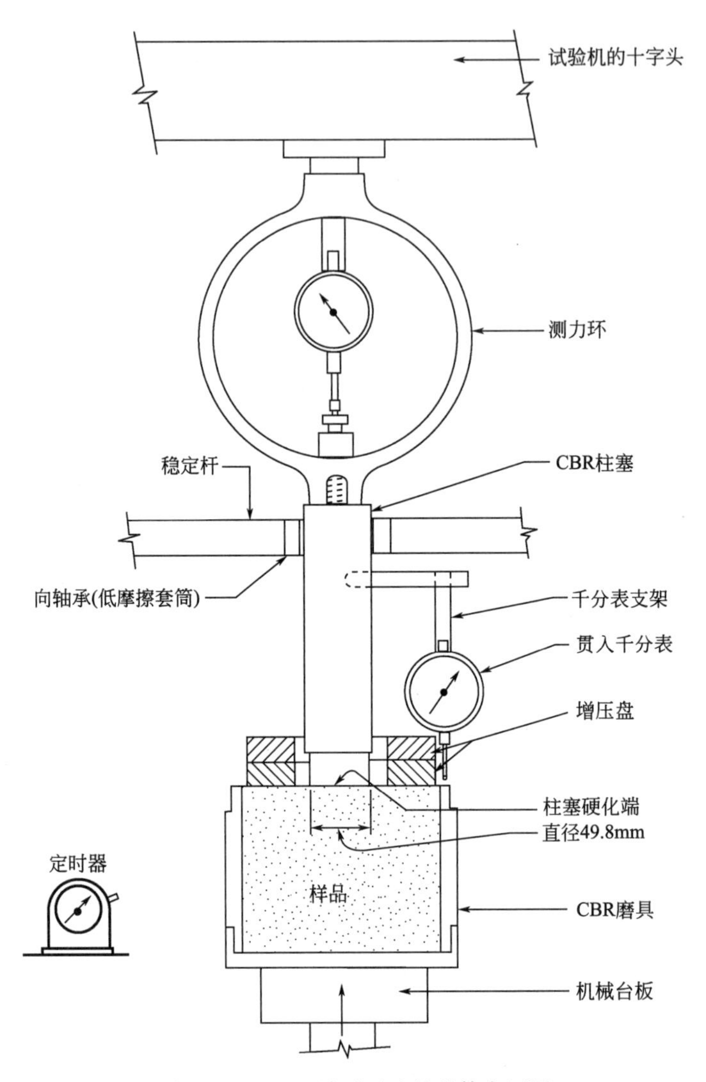


图 11.25　CBR 渗透试验的总体布置图

2. 试验阶段

（1）安装到承重架上

（2）装上贯入杆

（3）设置机器

（4）进行测试

（5）从机器上取下

（6）二次测试

（7）取出土样

（8）测定含水率

（9）整理数据并绘图

（10）检查曲线（如果需要的话）

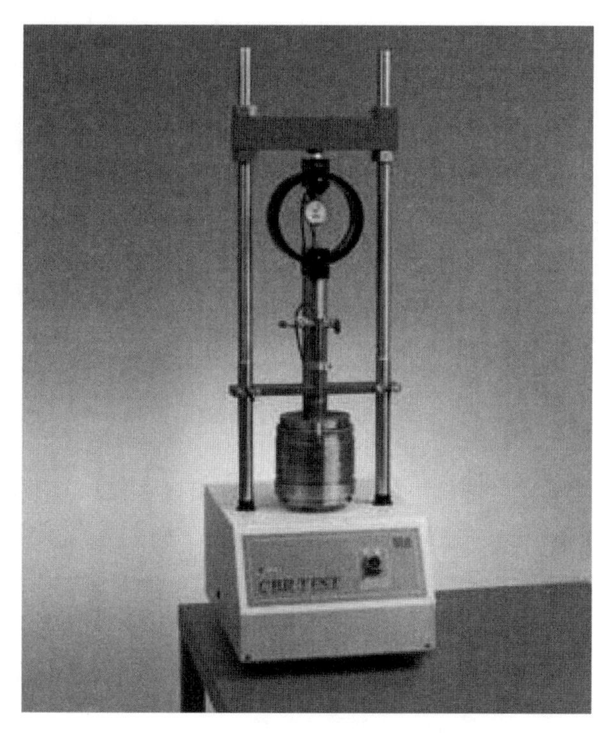


图 11.26　为 CBR 试验设置的加载框架

（11）计算 CBR 值

（12）计算密度

（13）报告结果

（9）～（13）详见第 11.7.3 节。

3. 试验步骤

（1）安装到承重架上

如下所述为如图 11.26 所示类型称重架的使用方法。实际步骤细节可能与其他类型的承重架不同，但原理是相同的。

将装有土样和底板的试筒放置在测试机的平台中心，平板向下至其最低位置。如果使用环形附加钢片，在安装贯入杆之前，必须将其放置在土样表面，之后可以添加半圆形钢片。如果土样已浸泡，负载应等于浸泡期间使用的负载。美国 ASTM 表明，如果没有为试验指定负载，则应采用 4.54kg 的质量。

将荷载环安装在承重架的十字头上，然后将贯入杆安装在测力环上。如图 11.25 和图 11.26 所示，为了固定贯入杆的位置，应将其安装在机器拉杆上的稳定梁导向轴承中。

拧紧机器的顶板，使贯入杆的末端几乎与土样的顶面接触。如果必须提高机器的十字头以插入附加盘，则应再次降低，否则可能没有足够的压板行程来进行测试。确保贯入杆垂直对齐，并且在贯入杆和附加钢片之间有均匀的间隙。检查贯入杆、测力环和十字头之间的连接是否紧固。

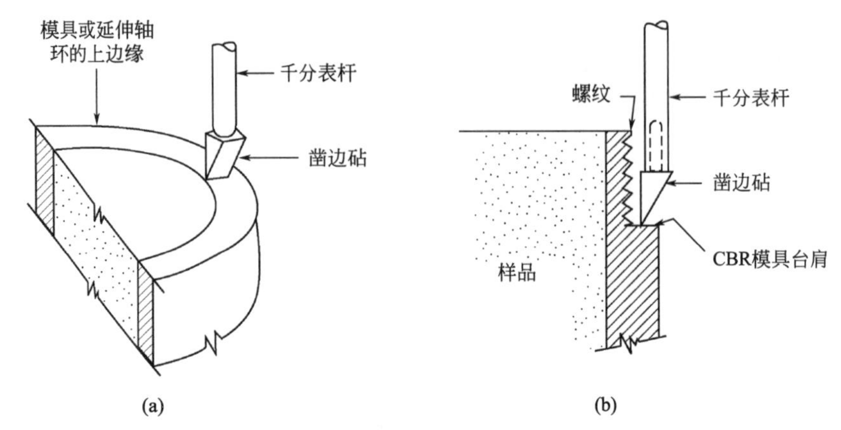


图 11.27　在贯入千分表上使用凿边（偏置）砧

（a）模具或轴环上边缘的轴承；（b）模具台肩轴承

将千分表顶端安装在贯入杆的支架上，千分表的测杆通过尖砧块接触套环或试筒的上边缘［图 11.27（a）］，或者尖砧块抵在试筒的肩部［图 11.27（b）］。确保连接紧密，千分表至少还有 10mm 的自由量程。

（2）装上贯入杆

贯入杆必须在“阀座力”的作用下置于试样的顶部，阀座力取决于预期的 CBR 值，如下所示：

CBR 值达到 5％：施加 10N；

CBR 值由 5％到 30％：施加 50N；

CBR 值高于 30％：施加 250N。

用手慢慢地将机器压平，直到测力环指示此读数。然后重新设置千分表为零，因为在测试中不考虑阀座负载。

（3）机器设置

设置机器，使压板速度为 1mm/min，或为最接近的可用速度。从手动驱动改为电机驱动。调整千分表，使其回到零点或基准读数。如图 11.26 所示，为准备进行测试的整套仪器。

（4）进行测试

打开仪器，在贯入过程中，每隔 0.25mm 记录一次测力环读数，如果贯入位移表每公转一圈贯入 1mm，那么每 1/4 公转（25 分）记录一次读数。如果荷载是手动施加，那么使用这种类型的仪表是十分方便的，因为只要贯入指针与时钟的秒针同步，就可以保证正确的贯入率。当贯入读数达到 7.5mm 时，关闭机器（第 11.5.4 节）。

在美国（ASTM）规程的操作步骤中，在贯入 0.025in（0.64mm）、0.2in、0.3in、0.4in、0.5in 时进行读数。图 11.28 给出了一组 CBR 试验的部分读数。

（5）从机器上取下

用手或将机器倒挡，收起机器压板，如有必要，将十字头抬起，以移去附加钢片，取下试筒。

若不需要在土样上进行二次测试，则进行步骤（7）；若需要，则进行步骤（6）。

（6）二次测试

用类似的土填充贯入杆留下的凹陷处，整平表面，并用直尺检查。

CBR Test data

| BS 1377：1975试验16 | 位置 海布里 | 样品编号 3/24 |
|---|---|---|
| | 操作者 *R.B.S* | 日期 30.4.81 |
| 土体描述 | *深灰色粉质黏土* | |
| 试样制备 | 重新压缩 | 动力的 |
| 再压缩 BS重型 | 容器编号 B-3 | |
| 层号 5　夯锤 4.5 kg | 直径 152.6 mm | 体积 |
| 每层锤击数 62　落距 450 mm | 高度 127 mm | 2323 $cm^3$ |
| 在顶部/表面测试 | 压实后 | 超载环 2 No |
| | | 加载 4 kg |

贯入试验　　测力环 *R512*　承载能力 10 kN

| 贯入量 (mm) | 加载千分表读数 | 测力环因子 (N/div) | 荷载 (kN) |
|---|---|---|---|
| 0 | 6 | 8.56 | 0.05 |
| 0.25 | 30 | | 0.26 |
| 0.5 | 66 | | 0.56 |
| 0.75 | 115 | | 0.98 |
| 1.0 | 181 | | 1.55 |
| 1.25 | 219 | | 1.87 |
| 1.5 | 259 | 8.50 | 2.20 |
| 1.75 | 292 | | 2.48 |
| 2.0 | 324 | | 2.75 |
| 2.25 | 354 | | 3.01 |
| 2.5 | 380 | | 3.23 |
| 6.25 | 634 | 8.43 | 5.34 |
| 6.5 | 646 | | 5.45 |
| 6.75 | 655 | | 5.52 |
| 7.0 | 663 | | 5.59 |
| 7.25 | 670 | | 5.65 |
| 7.5 | 676 | | 5.70 |

密度

| 项目 | 数值 | 单位 |
|---|---|---|
| 湿土和模具总重量 | 10.075 | kg |
| 模具 | 5.307 | kg |
| 湿土 | 4.718 | kg |
| 重度 | 2.05 | $Mg/m^3$ |
| 含水率 | 21.4 | % |
| 干密度 | 1.69 | $Mg/m^3$ |

图 11.28　CBR 试验的典型数据

从试筒的下端取下底板，并将其牢固地安装到模具上部。倒置试筒，修整外表面。

若土样在二次测试前需要浸泡，则按照第 11.6.9 节中的步骤（1）～（5）进行，否则，从上面的步骤 1 开始。

（7）取出土样

从试筒中取出测试土样最简单方法是使用第 9 章图 9.6（b）所示的专用取样机。取出样品后，清洁试筒并做好再次使用的准备。

（8）测量含水率

对于不含砾石颗粒的黏性土体，在从试筒中取出土样之前，从贯入表面下直接取 350g

土体土样，测定其含水率。如果测试需在两端进行，则第一次测试后在端部取的土样不应包括用于填充凹陷的材料。

对于无黏性土体，或含有砾石颗粒的黏性土体，应先将整个土样取出，对称分成两半称重，干燥后再分别称取上、下两半的重量，计算含水率。如果土样在第一次和第二次测试之间进行了浸泡处理，此方法测得的含水率将与第一次测试的未浸泡试样的 CBR 值无关。在这种情况下，应将土样置于试筒中测量，测得的含水率会更为准确。如果测量了浸泡引起的质量变化，便可为测得的初始含水率提供交叉检验。

### 11.7.3 绘图、计算、报告

（9）荷载-贯入曲线

通过乘以测力环系数，将测力环表盘的读数转换为力。

若 $R$ 为测力环表盘读数（div），$F$ 为测力环系数（N/div），$P$ 为施加在土样上的力（kN），则

$$P=\frac{FR}{1000}\text{kN} \tag{11.9}$$

在图上标记出力 $P$（kN）与相应贯入杆贯入深度（mm）的点，再连接这些点绘制一条平滑曲线。曲线 A、B、C 如图 11.29 所示，曲线 A 来源于图 11.28 中的数据。

没有必要计算每次读数所对应的力。绘制测力环表盘读数与贯入度的关系图，只需计算贯入深度为 2.5mm 和 5mm 对应的力（如有必要，可按以下描述进行校正）。

（10）曲线校正

（a）对类似于图 11.29 中的荷载--贯入曲线 A，即向上凸起，不需要校正，可以用于步骤 11 的计算。

（b）对类似于图 11.29 中的曲线 B，在该曲线中，开始段是凹曲线，随后向上凸起，这表明表层可能受到扰动，或者比底层材料的压实性差。这种类型的曲线应该做如下修正：

在曲线斜率最大处画一条切线（拐点 S）。延长切线与横坐标轴交于 Q 点。将 Q 点作为校正曲线的起点，则新的曲线为 QST。

（c）对类似于图 11.29 中的曲线 C，其趋势持续向上，此时应考虑贯入杆下的土体性状，并将其交给工程师。这种类型的曲线有时会在粗粒土压实到低密度或中等密度时得到，这表明当贯入杆贯入土体时，发生了进一步的压实，随之而来会使强度增加。若工程师认为曲线变陡是持续压实的结果，那么在 2.5mm 和 5mm 处的 CBR 值应该不经校正直接读出（Daniel，1980），否则，上述（b）中提到的修正可能会导致 CBR 值被严重夸大。

（11）CBR 值的计算

CBR 值是根据贯入杆贯入 2.5mm 和 5mm 时的荷载计算得到的，如下例所示。对于曲线 A（图 11.29），与贯入深度 2.5mm、5mm 对应的纵坐标值来自初始曲线，用粗实线表示。通过它们与曲线的交点可以读出相应的荷载（本例中分别为 3.35kN 和 4.9kN）。由表 11.1（第 11.3.1 节）可知，贯入度 2.5mm 和 5mm 对应的标准荷载为 13.2kN 和 20.0kN，计算对应的 CBR 值如下：

贯入度为 2.5mm 时：

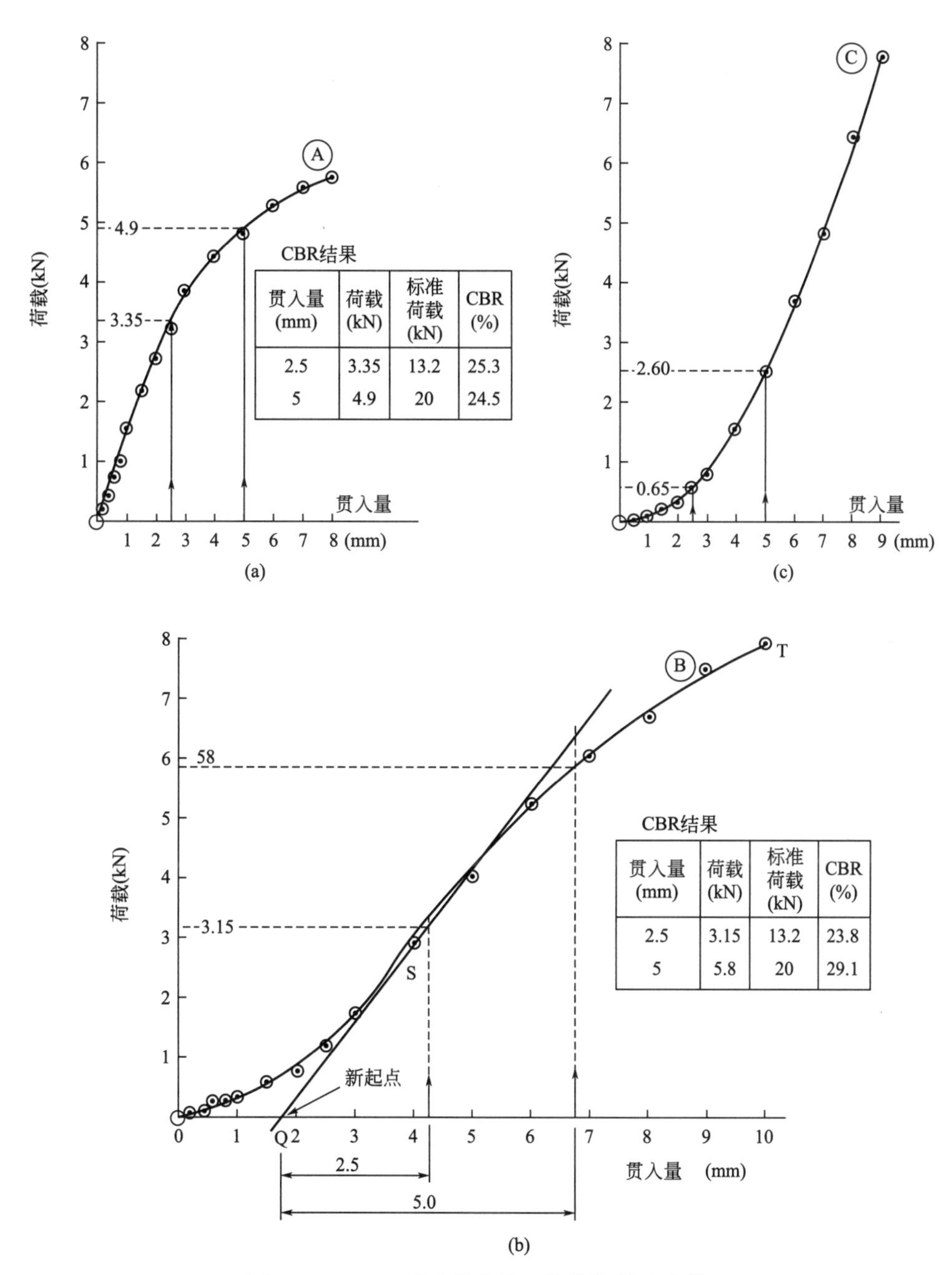


| 贯入量 (mm) | 荷载 (kN) | 标准荷载 (kN) | CBR (%) |
|---|---|---|---|
| 2.5 | 3.35 | 13.2 | 25.3 |
| 5 | 4.9 | 20 | 24.5 |

| 贯入量 (mm) | 荷载 (kN) | 标准荷载 (kN) | CBR (%) |
|---|---|---|---|
| 2.5 | 3.15 | 13.2 | 23.8 |
| 5 | 5.8 | 20 | 29.1 |

图 11.29　CBR 试验得出的三种荷载-贯入曲线：
(a) 无需修正；(b) 按相关知识修正；(c) 参考 (b) 的修正为无效修正

$$CBR=\frac{3.35}{13.2}\times 100\%=25.4\%$$

贯入度为 5mm 时：

$$CBR=\frac{4.9}{20.0}\times 100\%=24.5\%$$

取两个值中较大的作为最终结果，四舍五入后为 25%。

对于曲线B，贯入度为2.5mm和5mm处的纵坐标值来自于修正曲线，起点为Q，以粗虚线表示。交点荷载分别为3.15kN和5.8kN，其CBR值计算如下：

贯入度为2.5mm时：

$$CBR=\frac{3.15}{13.2}\times 100\%=23.9\%$$

贯入度为5mm时：

$$CBR=\frac{5.8}{20.0}\times 100\%=29.0\%$$

则CBR值应为29%。

如果荷载-贯入度曲线绘制在类似于图11.5所示的图表上时，则可以在测试过程中估算CBR值，而不需要进行额外计算。标记为CBR=100%的曲线是从BS规程中给出的标准曲线数据中得到，如表11.1和图11.4所示。

其他CBR值曲线可以通过标准荷载乘以CBR值（20%，40%等）得到。测试曲线的CBR值可以通过标准曲线插值得到。CBR的较低值很难直接评估，除非将类似的曲线绘制到更大的范围来覆盖低范围。

如果需要对测试曲线进行校正（参见图11.30曲线B），则可以按照图11.29（b）所示的步骤获得CBR插值。

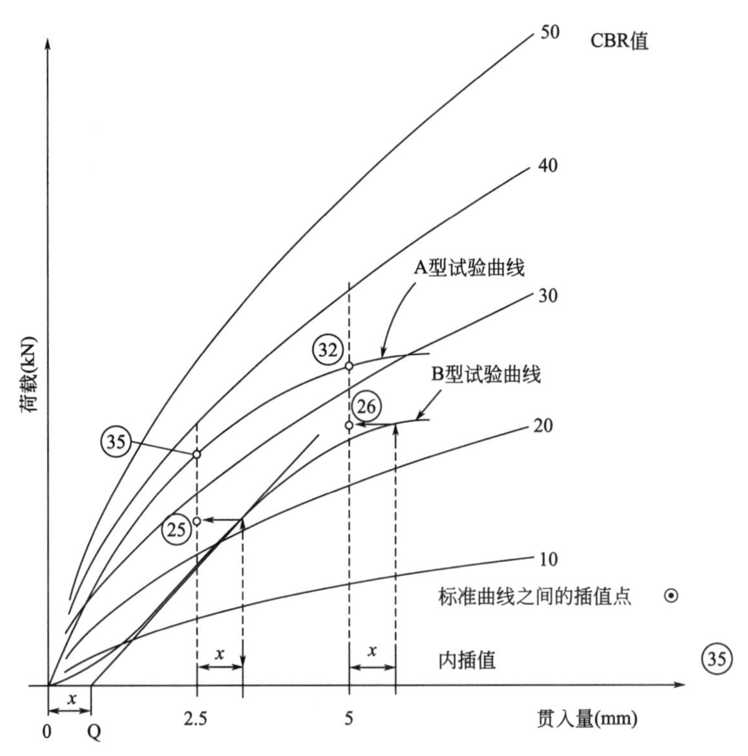


图11.30　通过在带有打印标准曲线的图表上绘制来估计CBR值。A型试验曲线：在对应于2.5mm和5mm贯入度的CBR值之间插值。B型试验曲线：如图11.29（B）所示获得Q。偏移$x$=OQ，并从测试曲线中获得插值点，如此图所示

（12）计算密度

根据 CBR 模具的尺寸和称重质量计算出试样的体积密度 $\rho$。BS 规程中给出的试筒体积为 $2305cm^3$，ASTM 规程为 $2214cm^3$，若测量尺寸与标称体积不同，则需要计算实际体积。下文所使用的符号及其单位与先前所提及的符号及单位相同，概述如下：

$\rho$ 为试样的体积密度（$Mg/m^3$）

$\rho_D$ 为试样的干密度（$Mg/m^3$）

$w$ 为试样的含水率（%）

$m_1$ 为土样质量（g）

$m_2$ 为试筒与底板质量（g）

$m_3$ 为压实后土样、试筒和底板的总质量（g）

$m_4$ 为浸泡后土样、试筒和底板的总质量（g）

对于已知质量为 $m_1$（g）的土样：

$$\rho=\frac{m_1}{2305}Mg/m^3 \text{ 或} \frac{m_1}{2214}Mg/m^3$$

对于压实土样：

$$\rho=\frac{m_3-m_2}{2305}Mg/m^3 \text{ 或} \frac{m_3-m_2}{2214}Mg/m^3$$

对于浸泡土样：

$$\rho=\frac{m_4-m_2}{2305}Mg/m^3 \text{ 或} \frac{m_4-m_2}{2214}Mg/m^3$$

干密度计算：

$$\rho_D=\frac{100}{100+w}\rho$$

（13）报告结果

土样两端的测试结果应分别报告，但如果平均值在 10%以内，则可以报告平均结果。应提供荷载-贯入度曲线应作为试验结果的组成部分，如条件允许，也应显示校正曲线。土样两端的测试曲线可以在同一图表上显示，若一项试验因第 11.5.4 节所述原因而停止，则应做出解释。检测报告还应包括以下内容：

试验方法，参照 BS 1377-4 1990 第 7 条（或 ASTM D 1883）

试样的初始密度、含水率和干密度

土样制备方法

去除过大颗粒质量比例

试样是否浸泡，若浸泡，浸泡时间、膨胀量及膨胀时间曲线

用于浸泡和试验的负载

含水率测试，取贯入杆以下或两半处取土样

报告结果的适当形式应如图 11.31 所示。

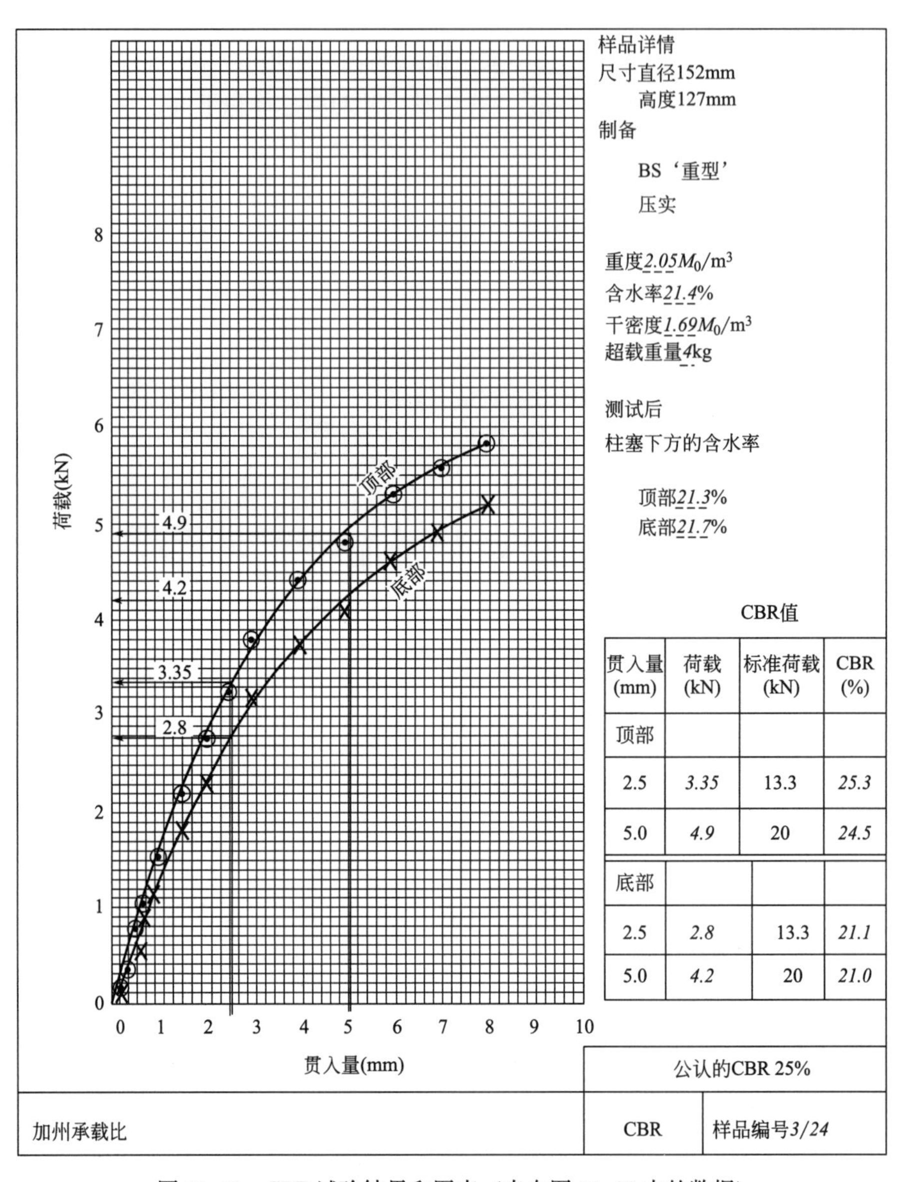


| 贯入量(mm) | 荷载(kN) | 标准荷载(kN) | CBR(%) |
|---|---|---|---|
| 顶部 | | | |
| 2.5 | 3.35 | 13.3 | 25.3 |
| 5.0 | 4.9 | 20 | 24.5 |
| 底部 | | | |
| 2.5 | 2.8 | 13.3 | 21.1 |
| 5.0 | 4.2 | 20 | 21.0 |

图 11.31　CBR 试验结果和图表（来自图 11.28 中的数据）

## 参考文献

ASTM D 1883-07 E02，Standard test method for CBR（California Bearing Ratio）of laboratory-compacted soils. American Society for Testing and Materials，Philadelphia，PA，USA.

BS 6100-4：2008 Building and civil engineering vocabulary：Part 4：Transport. British Standards Institution，London.

Black，W. P. M.（1961）. Calculation of laboratory and in-situ values of California bearing ratio from bearing capacity date. *Géotechnique*，Vol. 11，No. 1，pp. 14-21.

Black，W. P. M. (1962). A method of estimating the California bearing ratio of cohesive soils from plasticity data. *Géotechnique*，Vol. 12，No. 4.

Croney，D. (1977). *The Design and Performance of Road Pavements*. HMSO，London.

Daniel，M. N. (1961). An investigation of the effects of soaking and compacting procedure on the results of California bearing ratio tests on two tropical soils and stabilised soils. Research Note No. RN/4088/MND，November 1961. Transport Research Laboratory，Crowthorne，UK.

Daniel，M. N. (1980). Private communication.

Davis，E. H. (1949). The California Bearing Ratio method for the design of flexible roads and runways. Géotechnique，Vol. 1，No. 4，pp. 249-263.

Highways Agency (2009). Design Guidance for Road Pavement Foundations (Draft HD25). Interim Advice Note 73/06 Revision 1 (2009). Highways Agency，London.

Porter，O. J. (1938). The preparation of subgrades. *Proc. Highw. Res. Bd.*，Vol. 18，No. 2，pp. 324-331.

Porter，O. J. (1949). Development of CBR flexible pavement design for airfields. Development of the original method for highway design. *Proc. ASCE*，Vol. 75，pp. 11-17.

Powell，W. D.，Potter，J. F.，Mayhew，H. C. and Nunn，M. E. (1984). *The Structural Design of Bituminous Roads*. TRL Report 1132. Transport Research Laboratory，Crowthorne，UK.

Skempton，A W. and Northey，R. D. (1952). Sensitivity of clays. *Geotechnique*，Vol. 3，No. 1，pp. 40-51.

Stanton，T. E. (1944). Suggested method of test for the California bearing ratio procedures for testing soils. ASTM，Philadelphia，PA，USA.

Transport Research Laboratory (1952). *Soil Mechanics for Road Engineers*，Chapters 19 and 20. HMSO，London.

Transport Research Laboratory (1977). Road Note 31，*A Guide to the Structural Design of Bitumen-Surfaced Roads in Tropical and Sub-tropical Countries*. HMSO，London.

# 第 12 章
# 直剪试验

本章主译：滕继东（中南大学）

## 12.1 引言

### 12.1.1 范围

本章介绍了两种在实验室中直接测量土体抗剪强度的方法，这两种方法都是利用一部分土体在另一部分上滑动而测量土体强度。第一种方法是剪切盒试验，该试验中方形土块的两半部分沿水平剪切面发生相对运动。第二种方法是十字板剪切试验，在试验中，圆柱形的土体与周围的材料之间发生相对转动（通过压缩试验测量抗剪强度的方法在第 13 章中进行介绍）。

为了正确理解试验原理，需要一些理论背景知识。首先阐明诸如力、应力、应变之类的基本概念，以及这些术语的正确用法。以剪切盒试验为例，土体抗剪强度理论将引出关联了剪切强度与法向应力的库仑方程。描述了致密和疏松砂土以及饱和黏土的抗剪强度特性。

第 3 卷中引入与排水剪切盒试验有关的有效应力原理，其中包括与超固结黏土有关的残余排水剪切强度的测量。在这些试验中，有效应力等于总应力，因此不需要测量孔隙水压力。

本章结尾部分介绍了一种间接测量土体抗剪强度的方法，即 Hansbo（1957）所描述的落锥试验。

### 12.1.2 目的

在地球上修建的每个建筑物或结构物都会对其基础施加一定的载荷，这些载荷产生的应力会导致土体产生变形，这种变形可能以以下三种方式发生：

（1）使土体颗粒发生弹性变形；

（2）通过排出土颗粒之间的空隙中的流体（水和/或气体）而导致的土体体积变化；

（3）由于土颗粒的相互滑移，可能导致一个土颗粒相对于周围其他颗粒的滑动。

对于大多数土体，在实践中出现的常见应力水平下，第一种变形情况可以忽略不计。第二种变形称为固结，将在第 14 章中介绍。第三种称为剪切破坏，当土体中的剪切应力超过土体可提供的最大抗剪强度时即发生。

为了防止灾难性事故发生，必须防止出现第三种情况。通常的安全措施是进行稳定性分析，为此必须了解相关条件下土体的抗剪强度。分析确保土体中各处的剪应力都比其剪切强度小一个适当的值，这既要足够安全又要在经济上可行。

### 12.1.3　土的抗剪强度

抗剪强度并不是土体的基本属性，就像抗压强度不是混凝土的基本属性一样。相反，抗剪强度反而与原位条件有关，并同样会随着时间发生改变。在实验室中测得的值同样取决于测试期间施加的条件，在某些情况下还取决于测试的持续时间。

本章涉及抗剪强度可分为四类。

（1）自由排水的无黏性土体（即砂土和砾石）的抗剪强度实际上与时间无关；

（2）黏性土的排水抗剪强度，取决于剪切速率是否足够慢，允许在剪切过程中孔隙水能够完全排出；

（3）土体（例如超固结黏土）的长期或残余排水剪切强度，需要缓慢的剪切速率和较大的位移运动；

（4）极软黏性土的抗剪强度，即相当于在不排水条件下施加了较快的剪切速率。

第 12.1 节～第 12.3 节描述了剪切盒试验，第 12.4 节描述了实验室十字剪切板试验。在第 13 章（第 13.6.2 节）中介绍的三轴仪对于其他试验的总应力剪切强度试验，以及大多数类型的有效应力测试。更令人满意后者涉及孔隙水压力的测量，将在第 3 卷中介绍。

落锥试验是在重塑或未扰动的土样上进行的，但是在测试未扰动的土体时，结果可能会受到土体各向异性的影响。因此，鉴于其经验性本质，该试验应被视为指标性测试。

### 12.1.4　剪切盒试验原理

剪切盒试验是最简单、最古老、最直接的方法，可以测量在总应力下的土体的“瞬时”或短期剪切强度。它也是最容易理解的方法，但是它有很多缺点，这些缺点在第 12.4.5 节中讨论。

实际上，剪切盒试验在“摩擦角”试验，其中，通过稳定增加水平剪切力，使土体的一部分沿另一部分滑动，而垂直于相对运动的平面上施加恒定荷载。上述试验可以通过将土体放置在一个包含两部分的方截面金属盒中实现。盒子的下半部分在电动单元的推动（或拉动）下相对于上半部分滑动，而支撑负载吊架的叉架则提供了法向压力。其原理如图 12.1 所示。

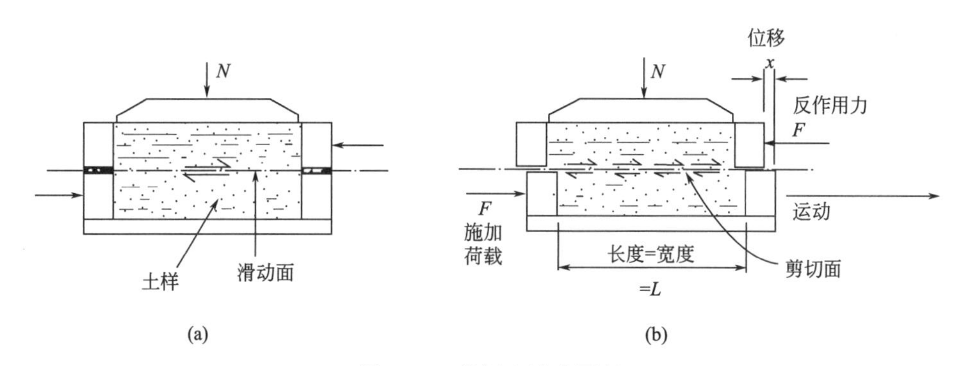


图 12.1　剪切盒试验原理

（a）开始试验；（b）产生一定相对位移

普通的剪切盒设备无法控制排水，也无法测量孔隙水压力。因此，它不适合进行不排水试验，其通常的应用仅限于有效应力等于总应力的排水测试。

在剪切过程中，所施加的剪切力会稳定增加。样品两部分的相对位移以及所施加的力均以适当的间隔进行记录，从而可以绘制出荷载-位移曲线。通过测量可以表示样品体积变化的变量——试样顶部表面的竖向位移，可以评估剪切过程中土体密度和孔隙比的变化。

为了便于说明，剪切盒试验分为两类。第12.5节中给出的第一类是“快速”试验，适用于自由排水的土体（即砂土），无论是干燥的还是完全饱和的。这种试验方法最初应用于美国和英国的60mm² 样品的传统剪切盒设备。本节介绍了该设备的详细信息及其用途。这一方法目前也广泛应用于100mm² 的剪切盒试验。相同的原理适用于约300mm² 或12in² 的大型剪切盒，如第12.6节所述。对于自由排水的颗粒状土体，排水条件适用于“快速”试验。

第二类应用于非自由排水的土体，因此需要更多时间才能进行排水。该过程在第12.7节中介绍。BS 1377-7：1990第4.5条中同时涵盖了这两种测试。

为了进行缓慢的“排水”剪切试验，规定了在剪切之前对试样进行固结，并在剪切过程中以适当的缓慢剪切速率进行进一步排水，以确定固结排水条件下的抗剪强度参数。反向装置可以使试样被多次剪切，以确定排水条件下的残余剪切强度。这些内容在第12.7节中介绍。

BS 1377-7：1990要求进行这些试验的实验室的环境温度应保持恒定在±4℃内，还应保护设备免受阳光直射、热源和通风影响。

### 12.1.5　环剪仪

环剪仪的研发是为了克服常规剪切盒在残余剪切强度测量中的某些缺点。该设备可容纳一个环形土样，如图12.2所示。可以连续在试样上施加一个无限制的旋转剪切位移，而不必停止和反向剪切运动，且剪切过程中剪切面上的接触面积保持不变。

环剪试验的环境要求与第12.1.4节所述相同。

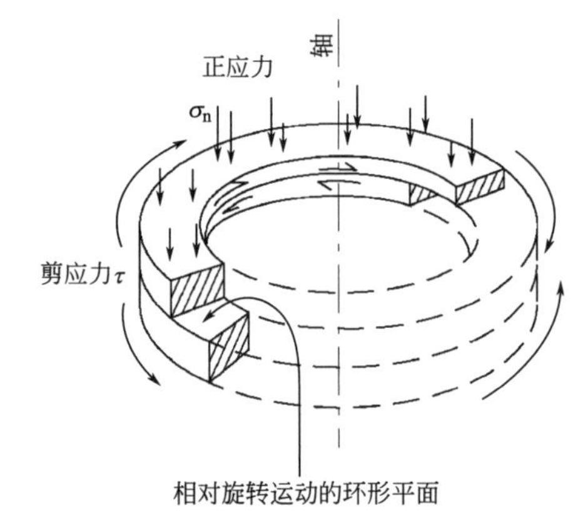


图12.2　环剪试验的原理图（Bishop等，1971）

### 12.1.6　十字板剪切试验原理

在十字板剪切试验中，将四叶片的十字形叶片推入土体，然后旋转。测量使叶片周围的圆柱体土体旋转时所需的扭矩，根据测量的扭矩计算出黏土的不排水剪切强度。其原理如图12.3所示。通过叶片快速旋转将土体重塑后，立即进行一次重复测试，可以测量重塑土体的强度，从而也可以测量灵敏度。详细信息在第12.8节中给出，同样可以参考基于室内实验室装置衍生的BS现场十字板试验。

第12.8.5节简要介绍了小型十字板剪切测试仪的使用。

### 12.1.7　落锥试验原理

对于未扰动的土体或在指定含水率下的重塑土，使用测量液限的设备落锥可确定其抗剪强度［第1卷（第三版）第2.6.4节］，落锥的穿透力与土体剪切强度成反比。锥体的几何形状和质量是根据预期的剪切强度进行选择的，较重的锥体用于具有较高剪切强度的土体。该试验在第12.10节中描述。

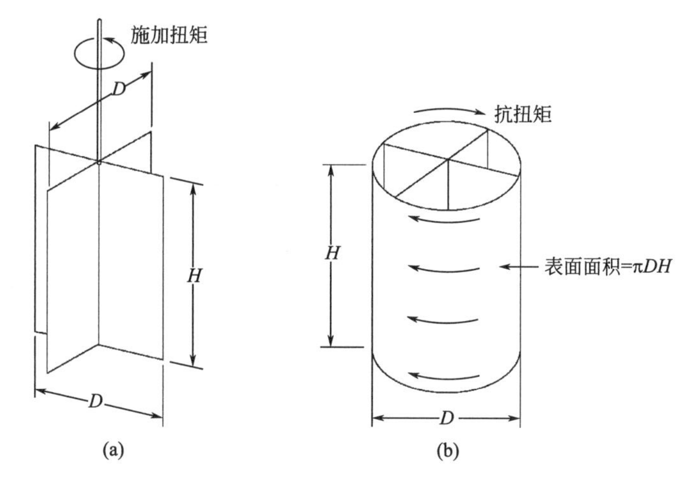


图12.3 十字板剪切原理图：(a) 十字板叶片；(b) 叶片在土体圆筒中转动

## 12.1.8 发展史

1. 剪切盒

法国工程师 Alexandre Collin（1846）最早尝试测量土体的抗剪强度。他使用了一个350mm长的分体盒，在这个剪切盒中，一个40mm×40mm的黏土试样在悬挂重物的作用下承受了双重剪切力（图12.4）。Bell（1915）在英国进行了最早的试验，他制造了一种设备，该设备成为剪切盒后续开发的原型，并在各种类型的土体上进行一系列剪切试验（Skempton，1958）。

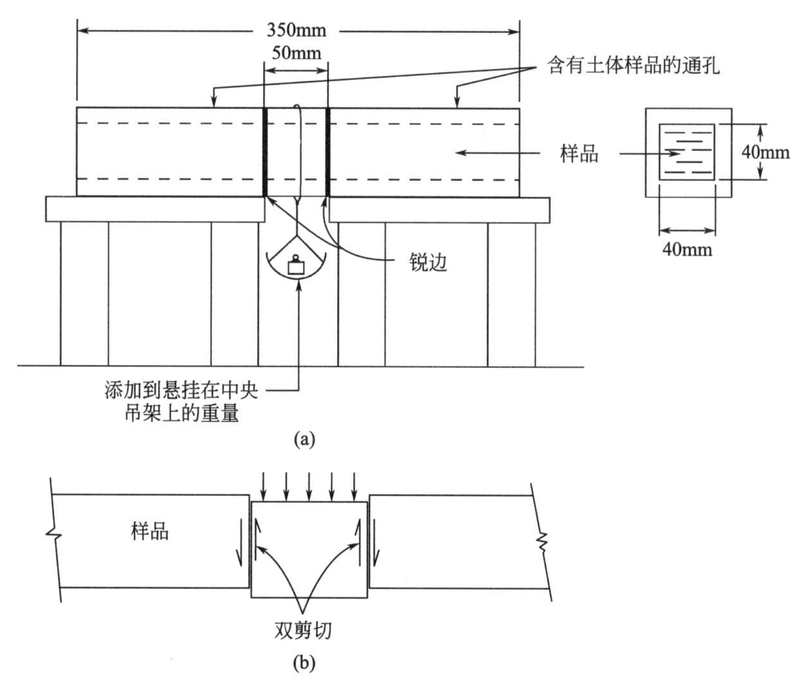


图12.4 Collin（1846）设计的剪切盒装置
(a) 总体布置；(b) 力作用于样品的剪切部分

1934年，英国建筑研究站（BRS）设计了一个具有单一剪切平面的简单剪切盒（Cooling和Smith，1936）。在该设备中，通过逐渐增加秤盘的重量来逐步施加载荷（“压力控制”原理）（图12.5）。为了确定发生破坏时的负载，需要操作人员谨慎分析和判断。

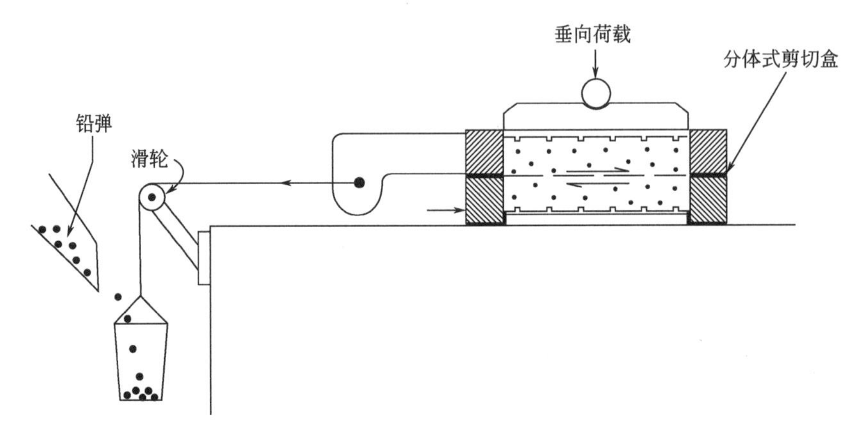


图12.5　早期应力控制式剪切盒的工作原理

现代形式的剪切盒由哈佛大学的Casagrande于1932年设计，但未公开细节。Gilboy于1936年在麻省理工学院研发了一种恒定剪切速率的仪器（“应变控制”原理）。它的驱动装置是一个恒定速度的驱动电机，克服了BRS设计的缺点。Golder（1942）进一步使用并发展了该原理。1946年，伦敦帝国学院的Bishop对设计细节进行了改进。

大多数商用剪切仪器仍基于位移控制原理（图12.6）设计的，如今能提供的剪切速度范围很广，从每分钟几毫米到慢大约10000倍的速率。使用晶闸管的电子控制可在类似范围内提供无级变速控制。

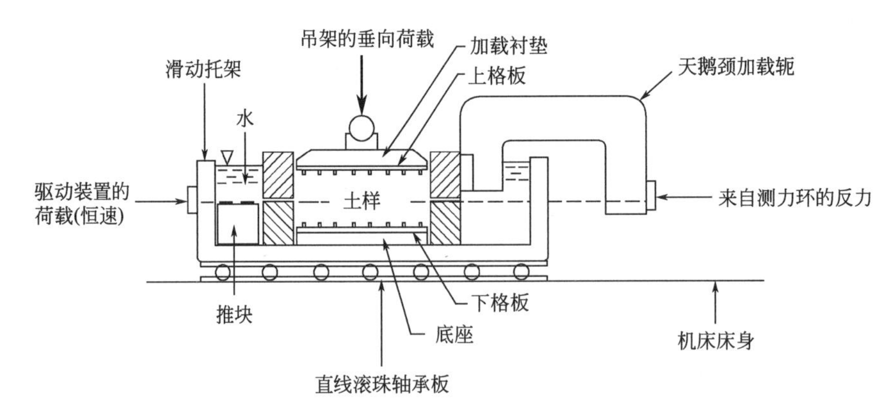


图12.6　传统的60mm位移控制式剪切盒

应力控制法在某些必须长时间缓慢施加应力的试验中以及在研究恒定剪切应力下“蠕变”效应的试验中具有一定的优势，但是在常规测试应用中，位移控制法是目前通常使用的方法。

第一种剪切盒试验大概是1963年在WaltonWool滑坡（Early和Skempton，1972）中根据黏土滑坡的自然滑动表面上的有效应力来测量抗剪强度参数的试验，他们包括最早已知的多次正向反向剪切盒试验，用于测量黏土的残余强度。从1963年到1966年，原作者在巴基斯坦西部的Mangla大坝项目中，对严重超固结的Siwalik黏土中的构造剪切带进行了类似的试验（Binnie等，1967）。

2. 环剪仪

Casagrande设计了一种早期用于土体试验的环剪仪，Hvorslev（1939）对其进行了报道，Bishop等（1971）和Bromhead（1979）描述了其随后的发展，这种简化的设备使用的是高度较小的重塑土，第12.9节概述了后者的使用。

3. 实验室十字板剪切装置

实验室十字板剪切装置最初是1954年由英国道路研究实验室设计的，它基于现有现场叶片的使用，如Skempton（1948）所述。十字板剪切装置的早期用途之一是研究黏土的不排水抗剪强度与含水率之间的关系。

现在十字板剪切装置的主要应用是用于测量黏土和泥炭的不排水剪切强度。该设备既可以手动操作也可以通过电机驱动，BS 1377：1990除了第9部分第4.4条中介绍了现场试验，第7部分第3条中还介绍了十字板剪切试验。

4. 落锥仪

落锥仪于1915年首次引入，用于确定液限以及土体的不排水剪切强度。该测试由瑞典国家铁路的岩土工程委员会开发，并由委员会秘书John Olsson构想。该测试已在斯堪的纳维亚半岛广泛使用，并已作为欧洲标准DD CEN ISO/TS 17892-6：2004发布。由于英国标准中没有对应该项试验的内容，因此被采纳进了英国标准中。

## 12.2 定义

力是改变物体运动状态的因素：

(力)=(质量)×(加速度)

法向力——垂直于截面的力。

剪切力——与截面平面相切的力。

应力——力的强度，即单位面积上的力。

应变（线性）——由于应力而导致的每单位长度上的长度改变值（沿应力方向测量）。

剪应力——单位面积的剪切力。

剪切应变——由于剪切应力的作用导致的角变形，用弧度表示。

位移——直剪试验中，试样沿滑动面的相对水平移动距离。

抗剪力（土体的）——土体抵抗变形自身提供的应力。

抗剪强度（$\tau_f$）——在规定的有效压力和排水条件下，土体可提供的最大抗剪强度（通常与峰值强度同义）。

不排水抗剪强度（$C_u$）——不排水条件下土体的抗剪强度，即在施加压力后和排水之前。

内摩擦角（$\varphi'$）（有效应力）——曲线图的斜率，将破坏面的剪切强度与该表面的法向有效应力相关联。

黏聚力（$c'$）（有效应力）——抗剪强度中与法向有效应力无关的部分，即抗剪强度包络线在有效应力方面的截距。

剪胀——土在剪切应力作用下的膨胀。

自由排水的土体——一种水可以很容易地在孔隙中流动的土体，因此不会因施加压力或变形而产生超孔隙压力或吸力。

临界孔隙率——剪切时粒状土体既不收缩也不膨胀的孔隙率。

峰值强度（请参阅抗剪强度）

残余强度——超过峰值强度后，当土体经受较大的剪切位移时仍具有的抗剪强度。

破坏点——在恒定或不断减小的剪切应力下开始发生连续剪切变形的点。

力偶——两个数值相等但方向相反的平行力的组合，只能由大小相等且方向相反的力偶来平衡。

扭矩——扭转力矩是由于大小相等和且方向相反的力偶作用产生的。

力矩——由力偶产生扭转的力矩，表示为（力）×（两个分量之间的距离）。

十字板剪切强度（$\tau_v$）——在叶片剪切试验中通过施加扭矩而确定的土体剪切强度。

## 12.3　理论

### 12.3.1　力

“力”会改变物体的运动状态，比如产生加速度。1牛顿（N）等于1千克米每平方秒（$kg \cdot m/s^2$），即：

$$1N = 1kg \cdot m/s^2$$

然而在静力学问题中，尤其是土体中，力通常与变形相关。当橡皮筋受拉时，会有很明显的变形；当人坐在椅子上，椅子脚的变形无法检测到，除非用灵敏的仪器。

力是一个矢量，有方向和大小。力通常用一条直线表示，箭头表示力的方向，直线的长度表示力的大小。可通过平行四边形法则，将力分解为两个分量（物理或者力学教材，比如 Abbott（1969，第3章））

一个力可以分解为一定角度的两个分力，如图12.7所示。应力 $F$ 分解成垂直和平行于直线AB的分力 $P$ 和 $S$。分应力的表达式为：

$$P = F\sin\theta \tag{12.1}$$

$$S = F\cos\theta \tag{12.2}$$

分力 $P$ 是力 $F$ 的正力（垂直于受力面），分力 $S$ 是力 $F$ 的剪力。

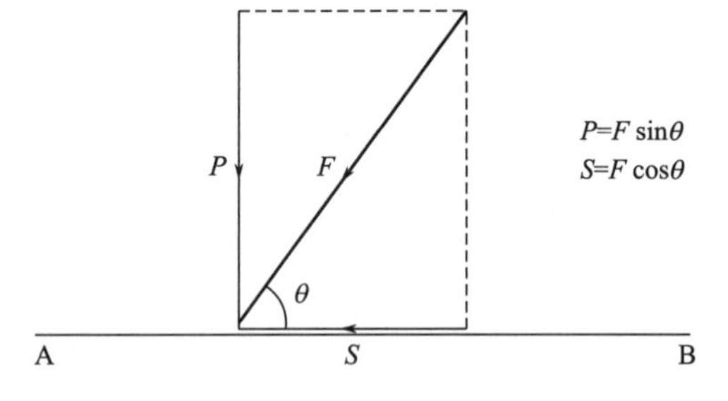


图12.7　把力分解成两个互相垂直的分量

### 12.3.2　应力

对一个物体施加一个外力，物体会产生内力，提供同向和相反的运动趋势。这个力的强度，假设均匀地分布在横截面上，称为“应力”。应力是单位面积的内力，单位与压力相同，而压力通常描述液态流。

土体中的应力单位通常为千帕（kPa），或千牛每平方米（$kN/m^2$），在试验中应力通常测量牛顿（N）和平方毫米（$mm^2$），单位转换如下：

$$1N/mm^2=1MN/m^2=1000kN/m^2=1MPa=1000kPa$$

有两种类型的应力：(1) 正应力或法向应力（压应力和拉应力）；(2) 剪应力。

1. 正应力或法向应力

压应力和拉应力的作用方向与所考虑的截面平面垂直。它们被称为正应力或法向应力，根据不同的符号惯例，可以是正应力也可以是负应力。

当物体受到压缩力并产生抵抗压缩的趋势时，就会产生压应力。例如，图 12.8 (a) 中砖柱的顶部施加了向下的压应力 $P$。

如果截面面积为 $A_1$，在任意水平截面 $XX$ 抵抗压缩的应力（忽略砖的重量）等于 $P/A_1$，用符号 $\sigma$ 表示：

$$\sigma=P/A_1 \tag{12.3}$$

当一个物体受到拉力时，它就会产生拉应力，它会抵抗拉力增长的趋势。例如，图 12.8 (b) 中的绳子受向下的重力 $W$。如果截面面积为 $A_2$，则在水平截面 $YY$ 上，其抗拉或抗拉伸的能力等于 $W/A_2$。

拉应力与图 12.8 (a) 相反，即它是“拉动”而不是“推动”，因此用相反的符号：

$$\sigma=-W/A_2$$

以上的例子，砖柱（如果砖没有粘在一起）不能承受拉力；绳子不能承受压力。但是，以钢筋为例，在一定范围内它可以承受压力或拉力。

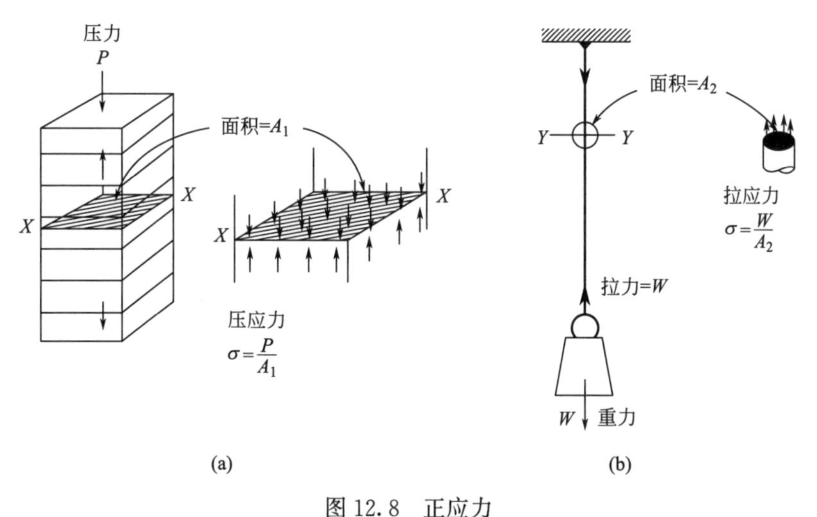


图 12.8　正应力

(a) 柱中的压应力；(b) 金属丝中的拉应力

土体的抗拉性很小或没有，通常只分析其压应力和剪应力。因此，通常认为压应力为正和拉应力为负。这与结构力学的分析相反，但是如果统一约定则没有意义。适用于土体的符号概述于表 12.1。

土体的正负符号约定 表12.1

| 物理量 | 正(+) | 负(−) |
|---|---|---|
| 力 | 压力 | 拉力 |
| 应力 | 压应力 | 拉应力 |
| 位移 | 缩短或缩小 | 伸长或膨胀 |
| 应变 | 压缩应变 | 拉伸应变 |
| 体变 | 减小(固结) | 增大(膨胀) |
| 压强变化 | 增大 | 减小 |
| 孔隙率变化 | 减小 | 增大 |

2. 剪应力

剪应力平行于作用面，当施加的力使连续的层产生相对滑动的趋势，剪应力就产生了。物体的剪应力可以抵抗形状的角度变化，就像正应力可以抵抗压缩或伸长的趋势一样。例如，如果推动一块放在桌子上的橡胶，就可以看到剪切的效果［图12.9（a）］。橡胶的变形能够抵抗进一步的剪切变形。又如一副扑克牌［图12.9（b）］对剪切的阻力很小，说明在厚度上产生了相对滑动。

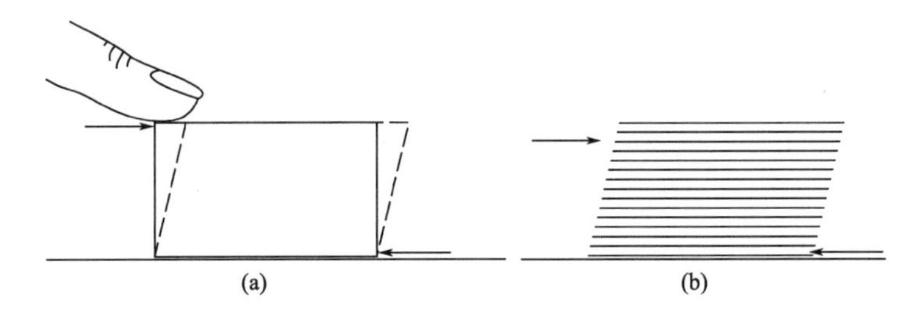


图12.9 剪应力示意图

（a）橡胶变形式的剪应力；（b）扑克牌式的剪应力

如果图12.10（a）中的砌块水平截面为$A_3$，受到水平力$F$的推动，则水平面ZZ上的剪应力为$F/A_3$，用符号$\tau$表示：

$$\tau = F/A_3 \tag{12.4}$$

作用于任意水平截面上的同向和相反的剪应力通常用单倒钩箭头表示，如图12.10（b）所示。

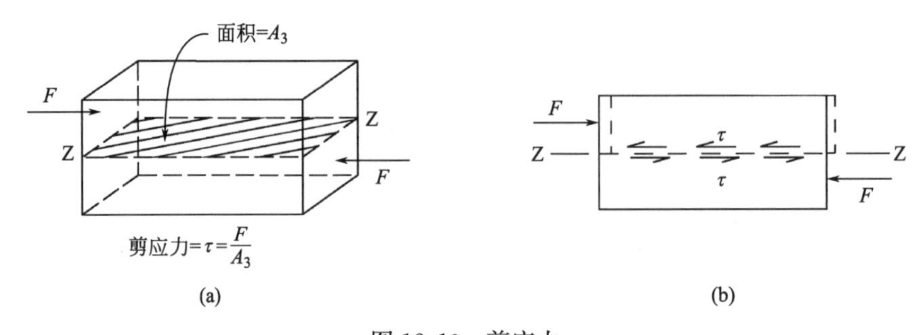


图12.10 剪应力

（a）砌块的剪应力；（b）表面剪应力的表示方法

### 12.3.3　应变

物体由于受力而产生的变形叫做“应变”。应变与应力有关，在完全弹性材料中，应变与应力成正比。法向应力产生线性应变，剪应力产生剪切应变。

一个物体受到纵向力，在纵向方向上产生一个法向应力，在这个方向上的长度会改变。长度变化量与原始长度的比值被定义为应变，通常乘以 100 表示为百分比。

图 12.11（a）的圆柱形土样（初始长度 $L$ 和直径 $D$）受到压应力 $P$，试样的横截面面积等于 $\pi D^2/4$，用 $A$ 表示，压应力为 $P/A$（正）。土样长度减少 $\delta L$，因此应变等于 $\delta L/L$ 为正。线性应变用无量纲符号 $\varepsilon$ 表示：

$$\varepsilon=\frac{\delta L}{L}\text{或}\frac{\delta L}{L}\times 100 \tag{12.5}$$

同样如图 12.11（b）所示绳子的应变为负值，写为：

$$\varepsilon=-\frac{\delta L}{L}\text{或}-\frac{\delta L}{L}\times 100$$

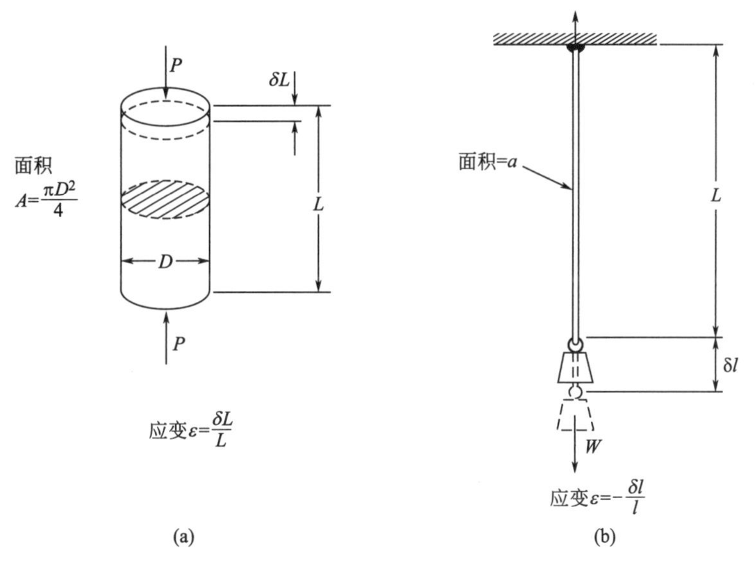


图 12.11　纵向的应变

（a）土柱的压缩；（b）金属丝的拉伸

剪切应变是剪应力作用下的角变形。图 12.12 中矩形橡胶块 ABCD 在剪应力 $F$ 作用下产生扭曲变形成 AB′C′D，AB 面形成一个旋转角 $\delta$。切应变或角应变（通常用 $\gamma$）等于弧度制的角度，一个无量纲数。对于小位移 $\gamma=d/h$，如果整个块体的应变是均匀的，如图 12.13（a）所示初始标记为垂直线，然后如图 12.13（b）所示直线保持平行但变得倾斜。这种变形叫“简单剪切”，然而这种情况很难在试验土样中重现，如剑桥大学（Roscoe，1953）。

剪切盒的标准直剪试验中，一部分土相对另一部分土产生滑动［图 12.10（b）］，得到的应变更类似于图 12.13（c）。受剪的土体在虚线区域内，剪切盒前后边缘附近的土体往往比中部的土体先产生破坏。由于实际的剪切应变模式是很复杂的，所以常规的剪切试验中应变的测量被简化，仅考虑了上下剪切盒的相对线性位移，但把相对位移称为“应变”又是不准确的。

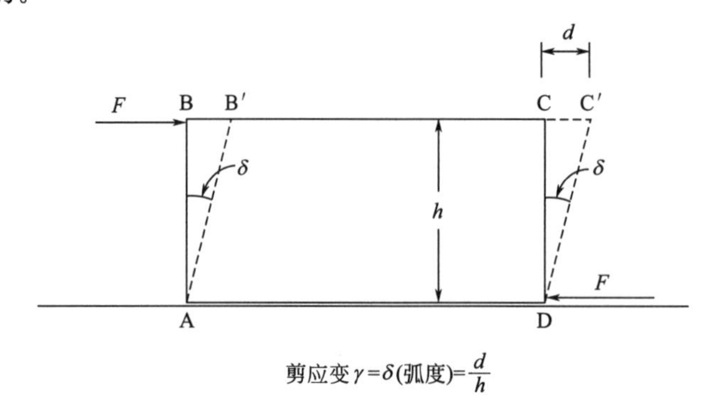


图 12.12 剪应力

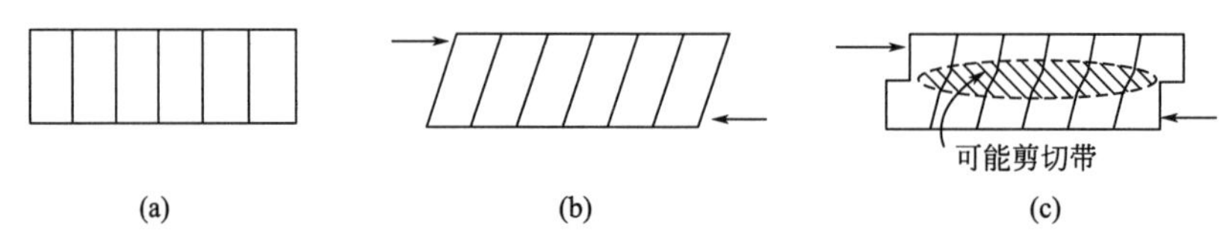


图 12.13 剪切应变

（a）剪切前的试样；（b）单剪试样；（c）剪切盒实验的应变

## 12.3.4 摩擦力

一个重量为$W$的物块放在不完全光滑的水平桌面上［图 12.14（a）］。桌面对物块的支持力$N$垂直向上等于$W$。如果施加一个水平力$P$［图 12.14（b）］不能产生移动，一个大小相等方向相反的力$F$会在接触面形成，抵抗运动的趋势，这个力是由于物块和桌面之间的摩擦产生的。在图 12.14（c）中矢量$N$和$F$合成，可得到合力$R$。合力$R$与接触

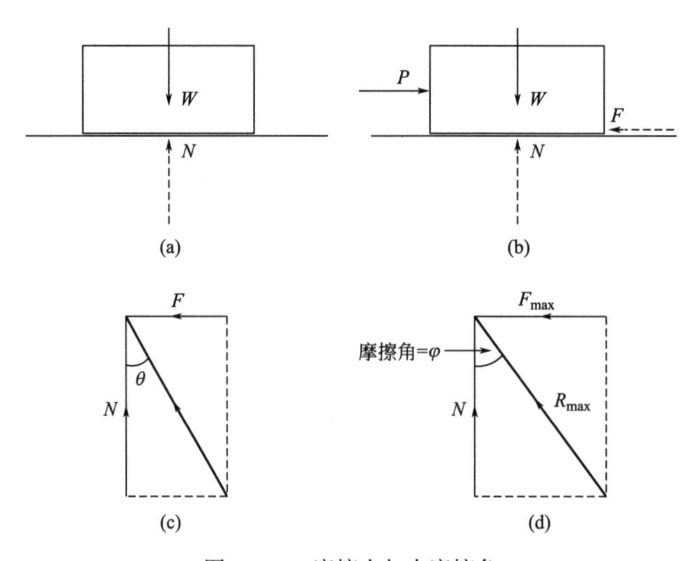


图 12.14 摩擦力与内摩擦角

面法线的夹角为 $\theta$。

随着水平力 $P$ 的逐渐增大摩擦力 $F$ 也逐渐增大，直到达到极限值 $F_{\max}$，物块才开始运动。由于法向力 $N$ 保持不变，随着 $F$ 的增大夹角 $\theta$ 逐渐增大，当摩擦力达到最大值 $F_{\max}$ 时夹角为 $\varphi$。$F_{\max}/N$ 的比值称为物块与水平面的摩擦系数，记作 $\mu$。夹角 $\varphi$ 为合力 $R$ 的最大倾角，即内摩擦角。从图 12.14（d）可知：

$$\tan\varphi=\frac{F_{\max}}{N}=\mu \tag{12.6}$$

最大静摩擦力 $F_{\max}$ 与物块的重量相关（即 $N$ 的不同），可以绘制出 $F_{\max}$ 与 $N$ 的关系图，如图 12.15 所示。得到的点将在通过原点的一条直线上，与水平轴成夹角为 $\varphi$，所以内摩擦角 $\varphi$ 可以通过试验得到。

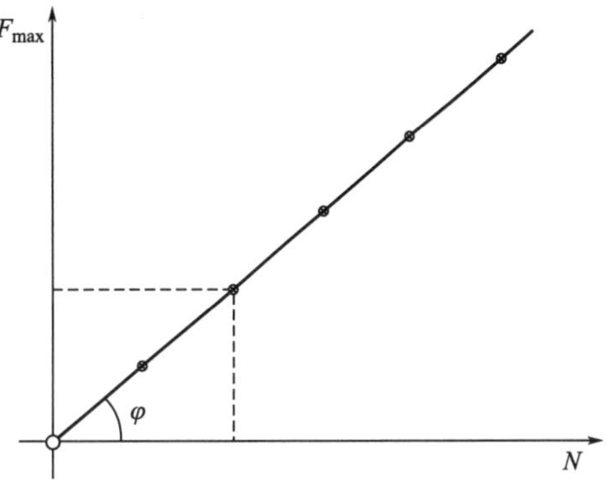


图 12.15　摩擦角的测量

### 12.3.5　土体的剪切

当荷载作用于滑动面上时，一部分土体相对于在另一部分土体产生滑动，可以进行与上述相似的试验确定土体的摩擦系数。剪切盒可以测量土体的内摩擦角又叫“抗剪角”。从某种意义上讲，这项试验只适用于颗粒状土体，即砂土。

剪切盒的工作原理如图 12.1（a）所示。在土体上施加一个法向荷载 $N$，产生一个主应力 $\sigma_n=N/L^2$，其中 $L$ 是正方体的边长。在水平方向上，对土体一部分施加一个匀速增加的位移，另一部分受到试验装置的约束，这将产生一个增加的剪切力 $F$。在预定滑移面上的剪应力为 $F/L^2$。与物块放在桌上不同，随着力 $F$ 的增加，上下两部分土体的水平位移［图 12.1（b）］逐渐发生，如图 12.16 荷载位移曲线中的 OA 段。然后到达 B 点最大

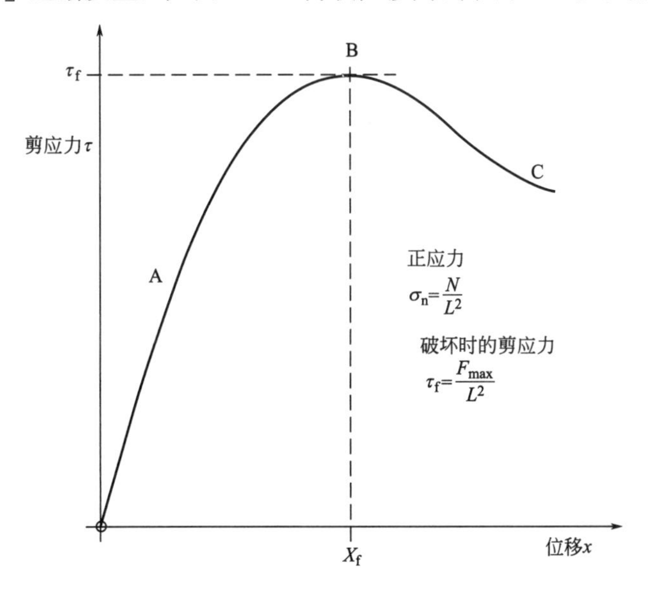


图 12.16　剪切盒的剪应力-位移关系

剪应力（$\tau_f$），该剪应力为特定正应力 $\sigma_n$ 下土体的抗剪强度，点B为剪切应力-位移曲线的“峰值”。峰值过后，土体的抗剪强度往往下降，发生剪切破坏（如BC段）。

通过三组试验，进行不同荷载下（$N_1$、$N_2$、$N_3$）的试验，产生三个不同的法向应力 $\sigma_n$。每个应力-位移曲线（图12.17）的最大剪应力 $\tau_f$ 可以得到，绘制主应力和最大剪应力的曲线，如图12.18所示，近似为一条直线，与水平轴的倾斜角为土体的内摩擦角 $\varphi$，与纵坐标（剪应力）的截距为黏聚力 $c$。

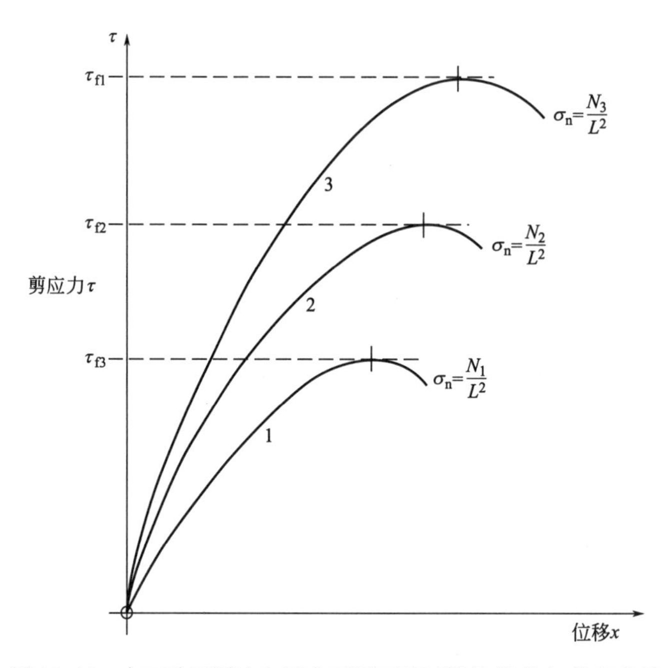


图12.17　在三种不同法向压力下测试的试样的剪应力-位移曲线

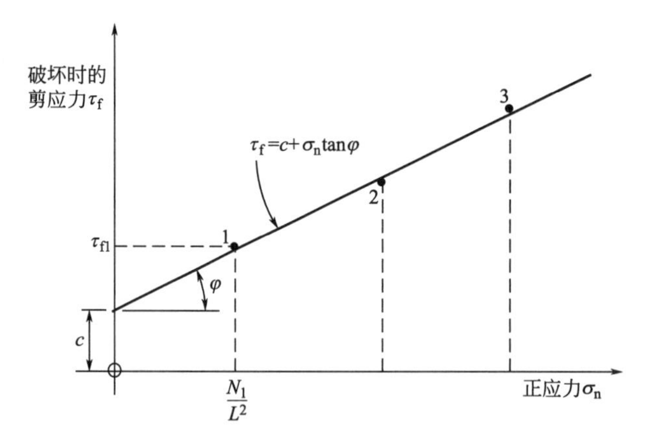


图12.18　剪切试验的最大剪应力-正应力关系（库仑包络线）

## 12.3.6　库仑强度理论

1772年库仑发现了土体中最大剪应力 $\tau_f$ 与主应力 $\sigma_n$ 的关系：

$$\tau_f = c + \sigma_n \tan\varphi \tag{12.7}$$

这个公式所表示的库仑包络线如图 12.18 所示，称为“破坏包络线”（以总应力的形式），但是土体的抗剪强度受破坏面的总正应力控制是不正确的。结果表明，土体的强度受有效应力而非总应力的控制，所以库仑方程需要根据有效应力重新定义。为了确定有效应力，必须知道孔隙水压力（$u$）。有效应力的概念和孔隙水压力的测量将在第 3 卷中介绍。简而言之，对饱和土的有效正应力 $\sigma'$为：

$$\sigma_n' = \sigma_n - u$$

那么库仑强度理论方程修改为：

$$\tau_f = c' + (\sigma_n - u)\tan\varphi' = c' + \sigma_n'\tan\varphi' \tag{12.8}$$

其中 $c'$、$\varphi'$表示有效应力的抗剪强度参数。

这个式子说明土体的抗剪强度分为两部分。摩擦力（$\tan\varphi'$）是由于在法向有效应力作用下，颗粒间的咬合和摩擦引起的。由于内力存在，黏聚力 $c'$使土颗粒聚集成一个团聚体。

摩擦力随着法向有效应力的增大而增大，而黏聚力分量保持不变。这种解释是不完全准确的，因为从物理意义上讲 $\varphi'$不是真正的内摩擦角，但它确实提供了一个关于土体抗剪强度性质的概念。

在不排水的条件下（如饱和黏土），剪切饱和土，库仑强度的总应力方程是适用的。在此条件下 $\varphi=0$，则式（12.7）变为：

$$\tau_f = c_u$$

$c_u$ 为饱和土在不排水条件下的总应力，其值取决于孔隙比（如含水率）。

### 12.3.7　干土和饱和土的剪切强度

干砂的抗剪强度取决于多种因素，如颗粒的矿物组成；形状大小、表面纹理；土体的结构，即颗粒堆积方式；以及含水率。对于特定的干砂，唯一的变量是颗粒的状态，对剪切强度尤为重要。颗粒的状态可以用密度指标（描述的或数值的）、孔隙比、孔隙率或干密度来表示。这些参数在第 1 卷（第三版）第 3.3.2 节和第 3.3.5 节以及表 3.4 中有解释。

经验表明，饱和砂土的抗剪强度与干砂的抗剪强度非常相近，条件是砂土保持饱和状态，且在剪切过程中可以自由排水。以下 1～3 项中的干砂或完全饱和的自由排水砂，有效应力等于总应力。

1. *密砂*

图 12.19（a）给出了土颗粒的致密堆积状态（孔隙比低）。如果沿着 $XX$ 面进行剪切，并且假设不会发生单个颗粒的变形和破碎，那么当发生相对运动时，位于 $XX$ 面以上的颗粒将被迫向上移动。这会造成土体膨胀，可以通过测量表层砂土向上运动量。由此产生的体积增加被称为剪胀，在自由排水的饱和砂土中会使更多的水进入土体结构。

密砂的剪应力-位移曲线见图 12.20（a）中曲线 D，图 12.20（b）为体变-位移的关系曲线。初始的较小体积收缩是由于剪切开始时颗粒的顺层作用。剪应力急剧上升到一个峰值，然后下降到一个稳定值。峰值超过最终值的部分，用 E 表示，由于膨胀而产生垂直运动所需要的额外功。剪切后，剪切面附近颗粒的密度较初始时有所降低。

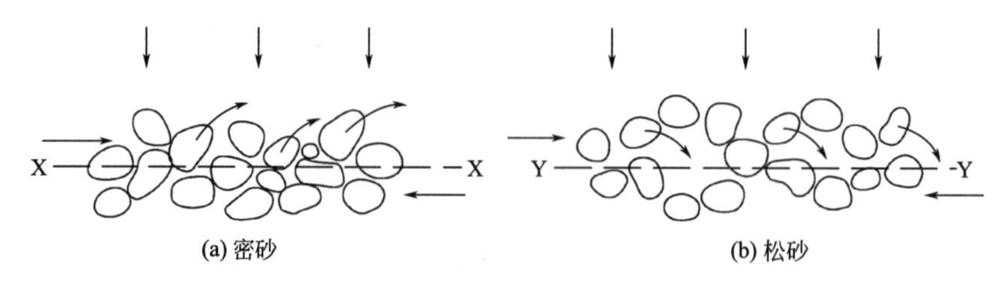


图 12.19　砂土颗粒结构的剪切作用

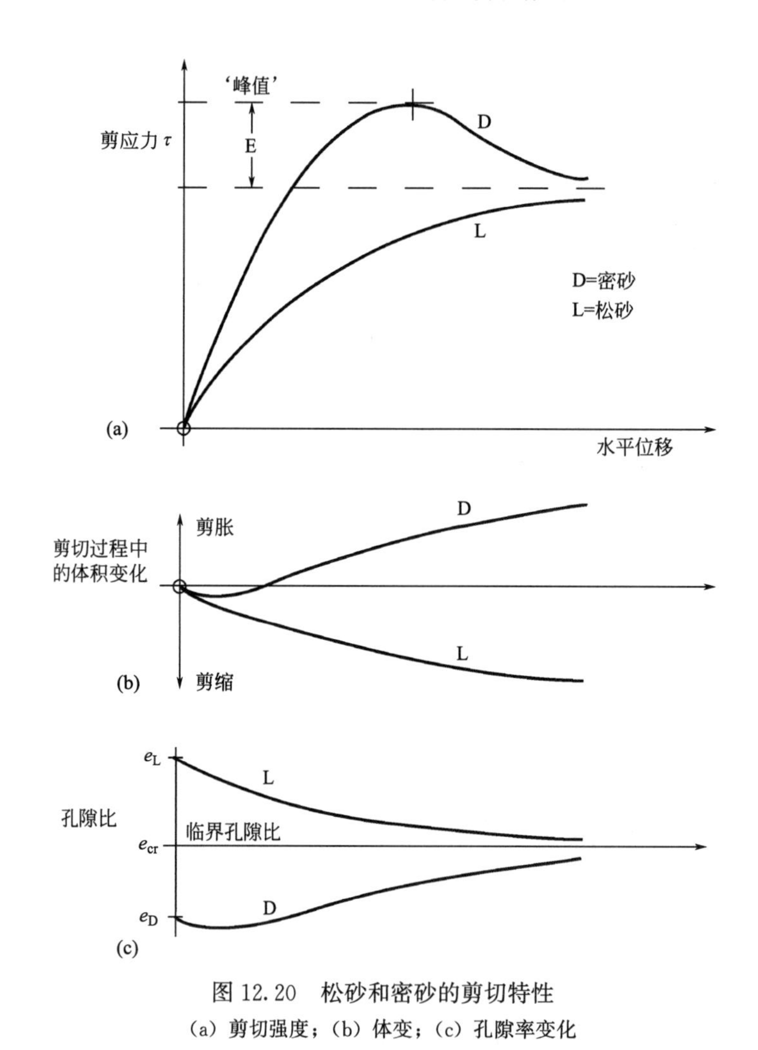


图 12.20　松砂和密砂的剪切特性

（a）剪切强度；（b）体变；（c）孔隙率变化

2. *松砂*

图 12.19（b）显示了土颗粒的松散堆积状态。沿着 $YY$ 面进行剪切会导致相对的结构塌陷，土颗粒向下进入空隙。这导致体积减小（剪缩），这可以通过表层砂土向下运动来测量，在自由排水饱和砂土中，导致水从土体结构中被排出。

松砂的剪应力-位移曲线如图 12.20（a）中的曲线 L 所示，其斜率小于曲线 D，且没有明显的峰值。体变-位移的关系曲线如图 12.20（b）中的曲线 L 所示。剪切后，剪切面附近的土颗粒密度较初始时更加致密。

3. 松砂和密砂的比较

图 12.20（c）以孔隙比表示了两种状态下土体剪切时的体积变化，初始孔隙率用 $e_D$（密）和 $e_L$（松）表示。在剪切位移结束时，孔隙比都接近一个共同的值 $e_{cr}$，称为临界孔隙比。

任何孔隙比 $e$ 都可以用密实度（$I_D$）表示，与最大、最小孔隙比（$e_{max}$ 和 $e_{min}$）有关，密实度方程（$I_D$）为［第 1 卷（第三版）第 3.3.5 节］：

$$I_D = \frac{e_{max} - e}{e_{max} - e_{min}}$$

如果对每一种土样分别在三种不同的正应力下进行试验，则抗剪强度-正应力关系如图 12.21（a）所示。密实状态下的内摩擦角 $\varphi'_D$ 大于疏松状态下的内摩擦角 $\varphi'_L$。通过对孔隙率或密实度进行测试，可以得到 $\varphi'$ 与密实度之间的关系如图 12.21（b）所示。孔隙比在破坏点（如最大剪应力）之前的相应变化也可以用压实度来表示［图 12.21（c）］。这条曲线与横轴的交点为临界孔隙比，这是指剪切过程中孔隙比没有变化的密实度。

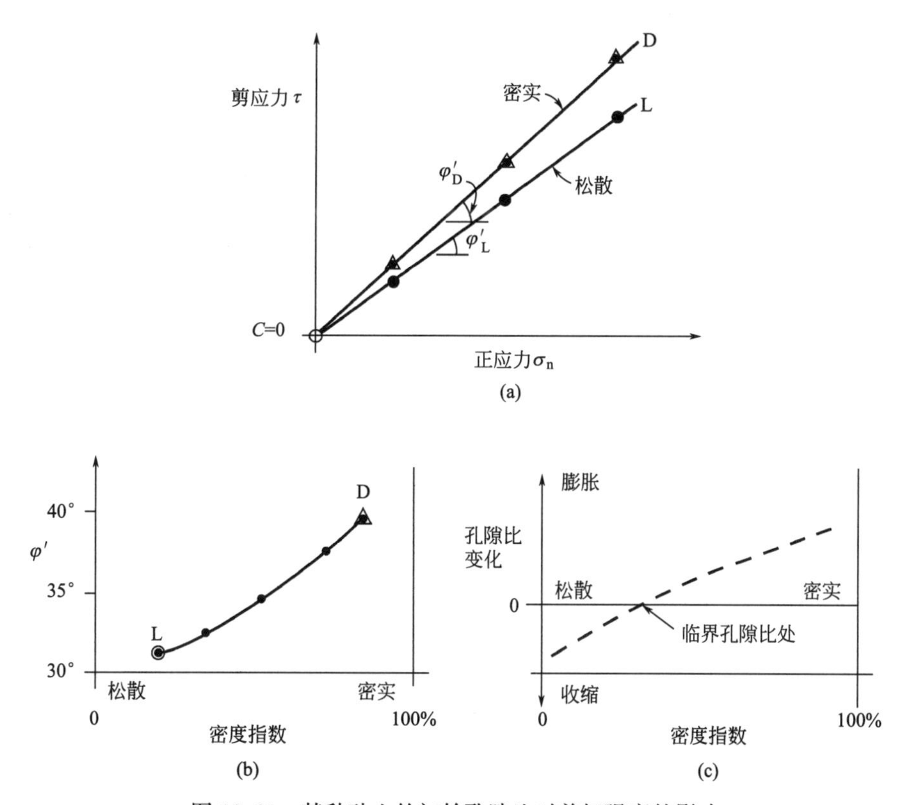


图 12.21　某种砂土的初始孔隙比对剪切强度的影响

（a）松砂和密砂的库仑包络线；（b）内摩擦角与密实度曲线；（c）孔隙比变化与初始密实度曲线

在较大的正应力作用下，密砂的剪胀性受到抑制，并有可能得到一个弯曲的包络线。施加一个线性关系可能会产生一个错误的黏聚力截距，因此限制线性化在现场条件相适应的正应力范围内是很重要的。当有效应力在较大范围内变化时，$\varphi'$的取值取决于有效正应力。

4. 微粘结砂土

干砂或饱和无黏聚力砂土的黏聚力截距为零，但是如果在颗粒之间存在粘结剂，则可能得到类似图 12.22 的破坏包络线。第一部分 AB 表示粘结剂的黏聚作用（黏聚力用 $c_c$ 表示）。B 点以上的应力足以导致粘结剂的破坏，而 BC 部分表现为正常的土颗粒（无黏聚性）材料。重新剪切，这种砂土 $c_c$ 降低到零。

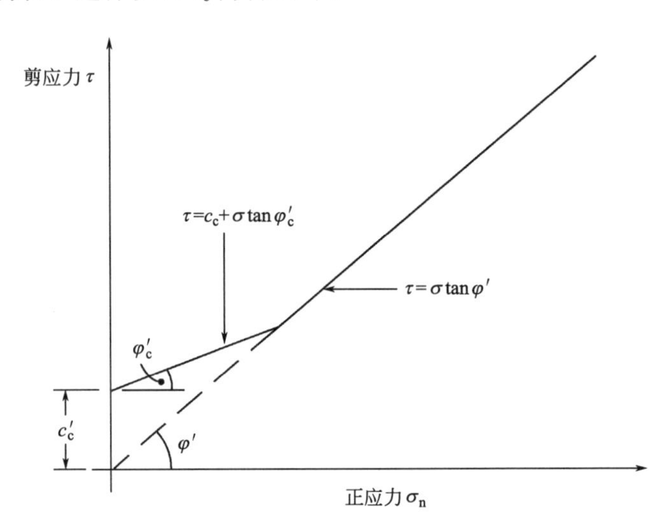


图 12.22　微胶结砂的库仑包络线

在潮湿砂土中有类似的效果，即很小的黏聚力截距，这是因为土颗粒表面水的张力。如果条件不变，重新剪切 $c_c$ 不会降低。

## 12.3.8　黏土的剪切强度

1. 测试条件

黏土的不排水剪切强度不仅取决于土体类型和组成，如第 12.3.7 节所述的砂土，而且还取决于矿物成分、颗粒大小和形状、吸附水和黏土矿物的水化学性质等因素。抗剪强度也在很大程度上与黏土的初始含水率有关，以及在试验过程中排水或吸水的速度。当饱和土受到剪切作用时，会产生超孔隙水压力，而超孔隙水压力的消散速度取决于土体的渗透率。

2. 快速和缓慢剪切试验

对于黏土等低渗透性土体的“快速”测试中，时间不足以让超孔隙水压力消散，因此测试土样处于不排水状态。剪切盒不能完全阻止排水，不适合这种类型的试验。不排水的抗剪强度 $c_u$ 通常是通过圆柱形试样的试验来确定的，如第 13 章所述。对于饱和软黏土，不排水的抗剪强度可以直接用十字板装置测量（第 12.8 节）。然而，不同的测试方法，不同的测试频率，可以得到明显不同的 $c_u$。关于排水的黏土抗剪强度可以采用“慢排水”剪切试验，如下面的第 12.3.9 节所述，可以确定有效应力参数。

### 12.3.9　黏土和粉土的排水试验

1. 原理

黏土和粉土的排水抗剪强度的测量原理与砂土相同，唯一的差别是所需的时间。在低渗透土上进行排水试验要比在砂土上进行排水试验的时间要长，通长要几天时间，这是因为排出超孔隙水需要更长的时间。该试验方法包括测量固结阶段的排水率，基于此采用经验方法得到一个合适的剪切速率。

将一系列试样在不同压力下开展试验。首先让土体在一定的正应力下进行固结，直到固结完成，超孔隙水压力完全消散（第 14 章，第 14.3.2 节）。然后缓慢施加剪切位移，进一步消散孔隙水压力（无论正负），这些压力可能由于剪切而产生，其中剪切速率在固结阶段就确定了。在这些条件下，有效应力等于外加应力。

一系列排水试验可以得到抗剪强度包络线如图 12.23 所示。包络线近似为线性，与水平轴的倾斜角为有效应力 $\varphi'$ 的内摩擦角。剪应力轴的截距则为有效应力的黏聚力 $c'$。

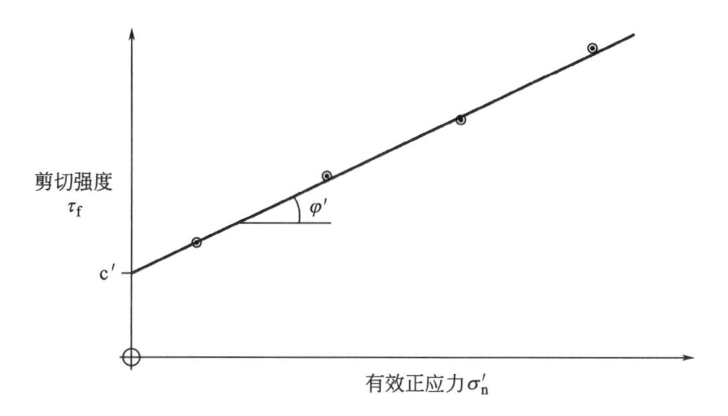


图 12.23　一系列排水剪切试验得到的抗剪强度包络线

2. 剪切速率

排水试验中，试样剪切速率取决于排水特性，即土体的渗透性和土样的高度。由于渗透系数与固结系数有关（第 14 章，第 14.3.11 节），试验的固结阶段可以估计大概的破坏时间。利用经验推导，其原理概述如下（理论背景将在第 3 卷中介绍）。

通过施加正应力对试样进行固结，得到了沉降与时间（min）方根的关系曲线，如图 12.24 所示。以与第 14.3.7 节“方法 2”相同的方式，绘制早期曲线的切线。该切线与 100%固结的水平线相交，交点通常与 24h 对应。交点的值为$\sqrt{t_{100}}$（图 12.24），其值的平方为 Bishop 和 Henkel（1962）的时间截距 $t_{100}$（min）。破坏时间 $t_f$ 与 $t_{100}$ 的经验方程如下（Gibson 和 Henkel，1954）：

$$t_f = 12.7 \times t_{100} \text{min} \tag{12.9}$$

固结系数 $c_v$ 的表达式为：

$$c_v = \frac{0.103H^2}{t_{100}} \text{m}^2/\text{a} \tag{12.10}$$

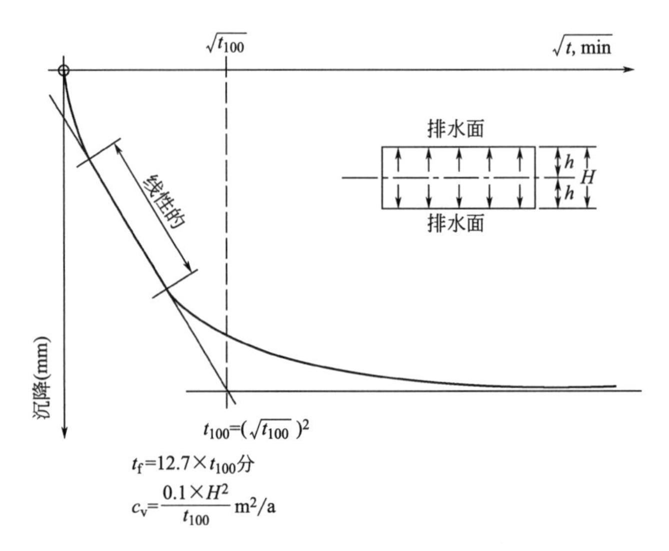


图 12.24　从固结曲线推导破坏时间

计算示例：如果 $\sqrt{t_{100}}$ min=5.8，$t_{100}$=(5.8)2=33.6min；∴$t_f$=12.7×33.6=427min

若 $H$=21mm，$c_v=\frac{0.103\times(21)^2}{33.6}=1.35\text{m}^2/\text{a}$

其中，$H$ 表示试样的高度（mm），$t_{100}$ 的单位是 min。一个标准试样的高度是 20mm，式（12.10）变为：

$$c_v=\frac{41}{t_{100}}\text{m}^2/\text{a} \tag{12.11}$$

如果固结曲线与理论曲线不相似，则使用此方法会出现困难，因为初始部分（最高 50%）的固结不是线性的。这可能是由于格栅板垫层的作用，或由于土体孔隙中存在空气（即部分饱和）。

图 12.25 给出了一个合理的$\sqrt{t_{100}}$估计值，$c_v$ 和破坏时间可以从这个估计值中得到，方法如下（Binnie 和 Partners，1968）。它需要在固结的后期阶段进行一些处理。

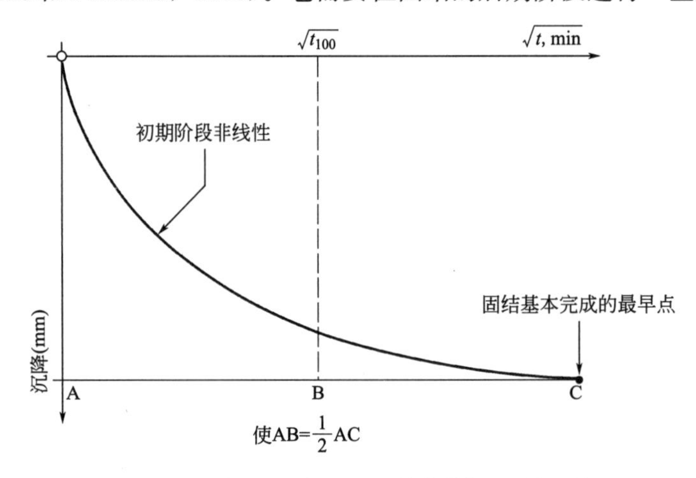


图 12.25　利用“非标准”固结曲线推导破坏时间

C 点是固结基本完成得最早的点，也就是说，超过了这个点曲线几乎变平。取 AB＝0.5C，在点 B 处读出$\sqrt{t_{100}}$的值，然后计算 $t_{100}$、$t_f$ 和 $c_v$ 的值。

自由排水的土体的固结速度非常快，根据时间得到的固结是不适用的。“快速”固结是适用的，破坏大概发生在 5～10min。

### 12.3.10　残余剪切强度

1. 残余强度的意义

密砂的剪切作用如第 12.3.7 节描述，抗剪强度-位移曲线如图 12.20（a）曲线 D。如果达到峰值继续剪切，会得到图 12.26（a）的曲线。抗剪强度从峰值开始迅速下降，但最终达到一个稳态（极限）值，并随着位移的增加而保持不变。

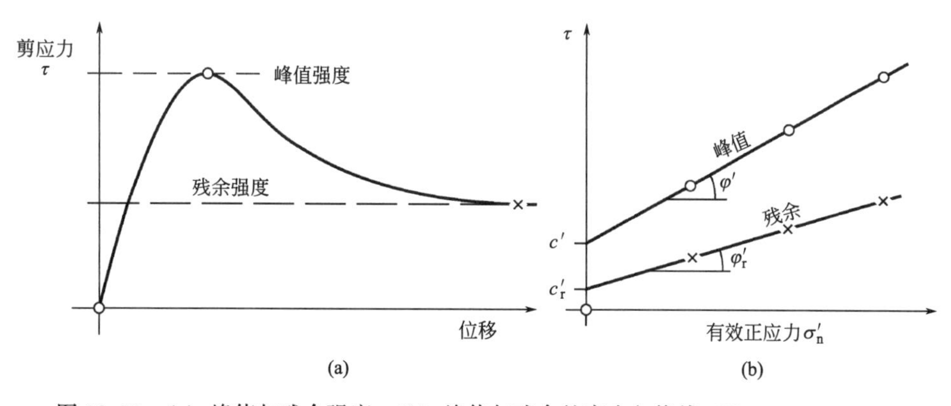


图 12.26　(a) 峰值与残余强度；(b) 峰值与残余的库仑包络线（Skempton，1964）

Skempton（1964）的研究表明，在自由排水的条件下，当受到较大的剪切位移时，超固结黏土的表现与致密砂土相似（第 12.3.9 节）。这里需要用有效应力而不是总应力来测量剪切强度。黏土最终达到的抗剪强度被称为“残余强度”，通常要低于最大强度或“峰值强度”。

2. 峰值和残余包络线

通过对 3 个或 3 个以上相同条件的试样进行自由排水的残余强度试验，可以得到峰值和残余强度条件下的库仑包络线，如图 12.26（b）所示。抗剪的峰值强度表示为：

$$\tau_f = c' + \sigma_n' \tan\varphi' \tag{12.12}$$

抗剪的残余强度表示为：

$$\tau_f = c_r' + \sigma_n' \tan\varphi_r' \tag{12.13}$$

许多试验表明，残余强度包络线在低有效应力下不是线性的，它可能会通过原点，如图 12.27 中的虚线所示（图 12.57）。其中 $c_r'=0$ 和 $\varphi_r'$与有效正应力相关。

峰值包络线也可能为曲线，但一般来说，除了在非常低的应力时，这两个包络线在主要关注的有限应力范围内可以用直线代替。

3. 反复剪切盒试验

在普通剪切盒装置中，剪切完成后将剪切盒恢复到初始位置，再次进行剪切，可获得

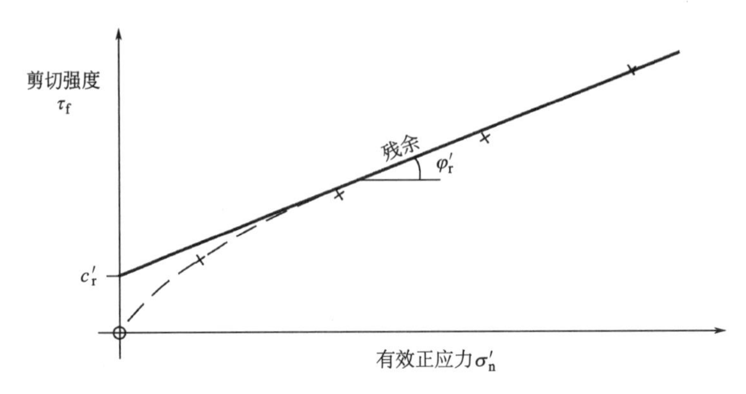


图 12.27　典型残余强度包络线

较大位移的效果。这个过程可以重复若干次，直到观察到一个稳定的（残余）剪切强度值。经过4次剪切后的一组剪应力-位移曲线如图12.28所示。

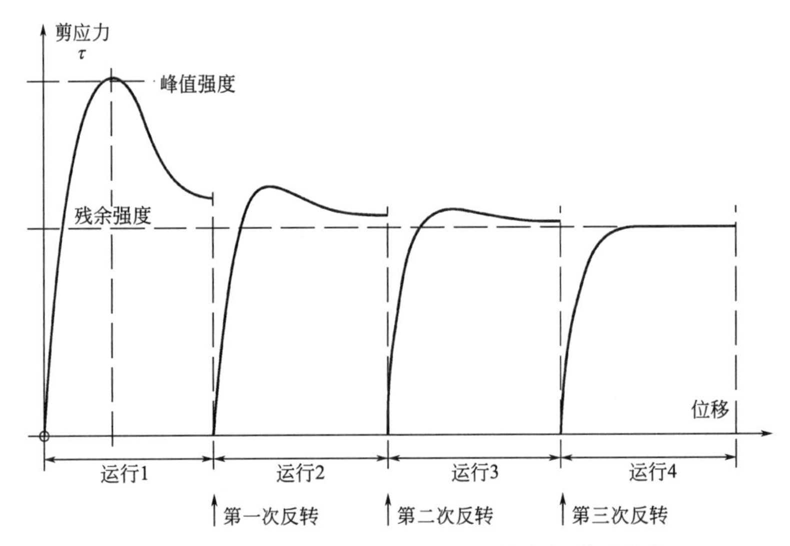


图 12.28　多次反复排水剪切试验的剪应力-位移曲线

多次反复剪切存在一定的缺陷。通常在反转后的重新剪切会有一个较小的“峰值”，特别是第二次剪切。在剪切表面可能发生一些土体的损失，如果试验由于没有进行足够次数的反向而过早终止，残余强度将无法达到。可以通过使用环剪仪（第12.9节）克服这些困难，在环剪切仪中，可以向一个方向连续施加位移。然而，在许多情况下，第12.7.5节所述的反转剪切盒可以用相对简单的仪器获得结果。

4. 应力路径

图12.29（a）说明了超固结对抗剪强度-位移关系的影响，这表示了将直剪试验扩展到大变形，包括正常固结黏土（NC）和超固结的黏土（OC）。OC黏土的预固结有效应力明显大于正应力。

NC黏土的峰值强度与残余强度相差不大，而塑性指数较高的黏土峰值强度与残余强度相差较大。与 NC 黏土相比，OC 黏土具有更高的峰值强度，随后强度显著下降，其残余强度与 OC 黏土相同。

图 12.29（c）和图 12.29（d）显示了剪切过程中体积和孔隙比的变化。图 12.29（b）的实线是 NC 和 OC 峰值强度的库仑包络线，虚线是残余强度包络线。残余强度包络线通常稍微弯曲，因为 $\varphi_r'$ 与应力有关。

控制其他相同条件的重塑黏土进行排水剪切试验，得到如图 12.29（a）中虚线曲线所示的剪应力-位移关系，需要较大的位移才能达到残余强度，而没有峰值强度出现。

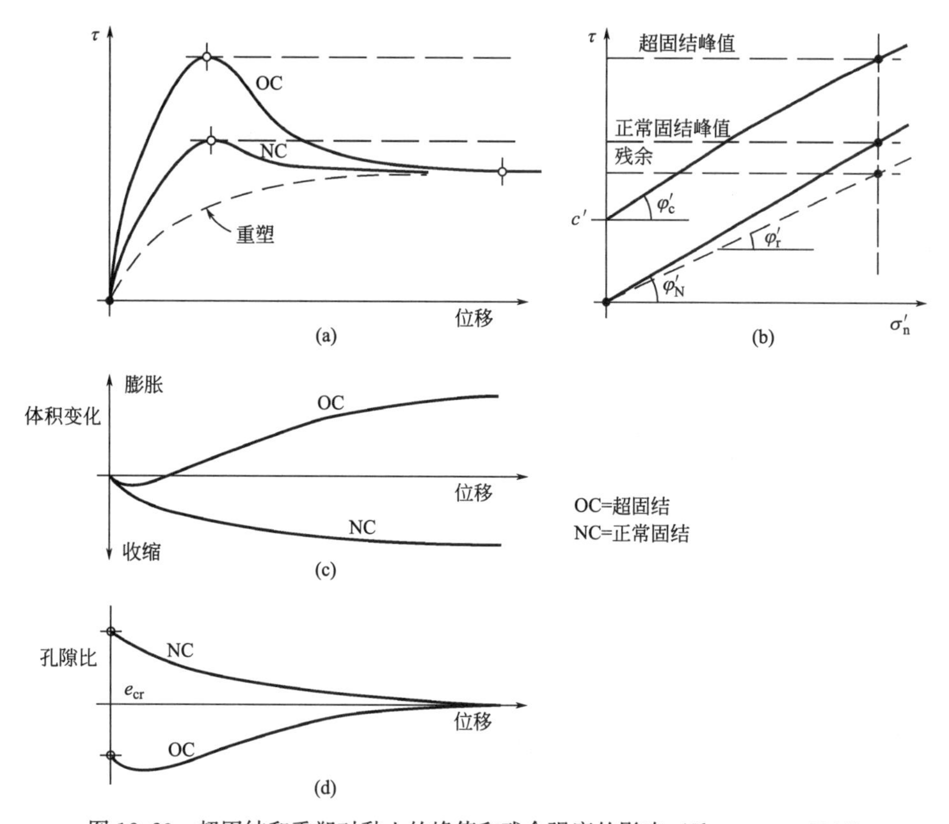


图 12.29　超固结和重塑对黏土的峰值和残余强度的影响（Skempton，1964）

（a）剪应力/位移；（b）库仑包络线；（c）剪切过程中的体积变化；（d）剪切过程中孔隙比的变化

## 12.3.11　转动剪切（十字板剪切试验）

1. *力矩和扭矩*

本节将对第 12.3.1 节的应力继续进行解释。如图 12.30（a）所示，两个大小相等且方向相反的力在同一平面上相互作用，产生“力偶”。力的大小用 $F$ 表示，其作用线的距离为 $d$，力偶的力矩为（$F\times d$）。如果 $F$ 的单位是牛顿（N），$d$ 的单位是毫米（mm），那么力矩的单位是牛顿毫米（缩写 N·mm）。

图 12.30（b）在杆两端施加大小相等、方向相反的力，形成力偶，该力偶的效果类似于打开水龙头。绕杆轴的力的力偶称为力矩 $T$：

$$T=\left(F\times\frac{d}{2}\right)\times 2=F\times d$$

如图 12.30（c）所示，如果杆的另一端受到一个大小相等、方向相反的力偶的抵制，则杆在两个相反的力偶的扭转作用称为“扭矩”。

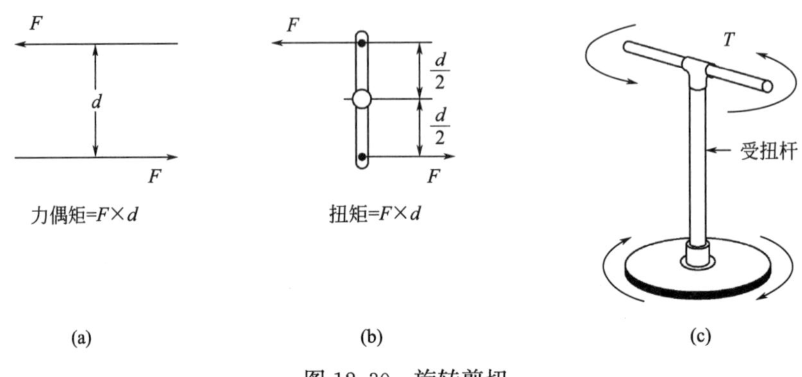


图 12.30　旋转剪切

（a）力偶；（b）扭矩；（c）扭转

如图 12.31 所示，扭矩可由作用在圆柱曲面的单位面积（$N/mm^2$）上均布剪应力 $s$ 来抵抗。曲面的面积为 $\pi dh\,mm^2$。所以总的切向应力等于 $s\times\pi dh$ N，其绕杆轴的力矩为阻力矩 $T_r$ 为：

$$T_r=s\times\pi dh\times\frac{d}{2}=\frac{\pi d^2 hs}{2}\text{N}\cdot\text{mm}\quad(12.14)$$

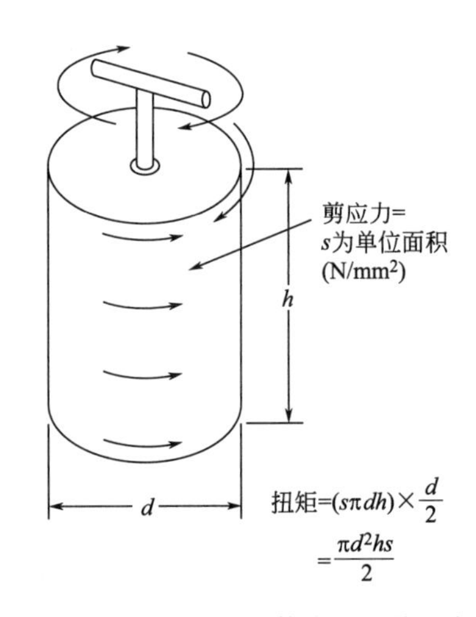


图 12.31　抗旋转圆柱体表面的剪切应力

2. 十字板剪切试验

十字板剪切试验通过测量破坏时的扭矩来确定软黏土的剪切强度。该装置由直径为 $D$（mm）、高度为 $H$（mm）的十字形叶片组成，附在杆的下端，如图 12.58 所示。当扭转作用于杆上时，叶片以图 12.31 所示的方式旋转。通过其上端的校准弹簧装置（扭力头）测量施加的力矩。

只要施加的力矩小于剪切土体所需的力矩，就会受到土体所提供的大小相等、方向相反的力矩的抵抗。当作用在叶片上的扭矩增加到足以使土体旋转的值时，假定在所有滑动面上同时达到最大抗剪强度，即土的抗剪强度。

总阻力的力矩 $T_r$ 由 $T_1$ 和 $T_2$ 两部分组成，其中力矩 $T_1$ 由圆柱面的剪切阻力提供，力矩 $T_2$ 由两个圆形端面的剪切阻力提供。

$$T_r=T_1+2T_2\quad(12.15)$$

将式（12.14）代入图 12.3（a）中，力矩 $T_1$ 的值为：

$$T_1=\frac{\pi D^2 Hs}{2}\text{N}\cdot\text{mm}\quad(12.16)$$

作用在圆柱体各圆端面上的应力如图 12.32（a）所示。假设应力是均匀分布的，因此

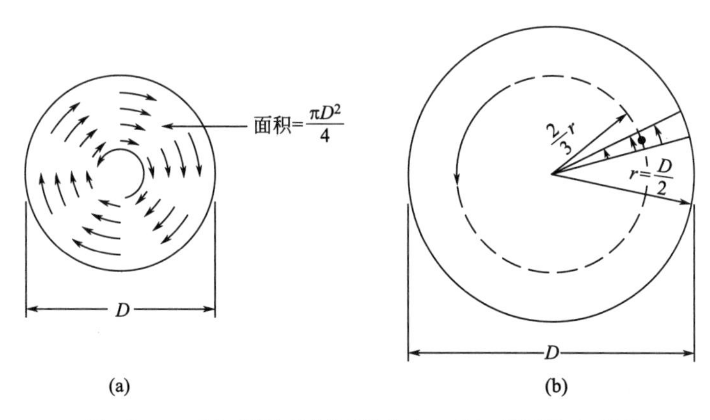


图 12.32　(a) 圆柱体端面的应力；(b) 端面的小扇形

作用在两端的总抗剪力为 $\pi D^2 s/4N$（杆的直径可以忽略不计）。阻力扭矩通常由微积分推导出来，下面的方法比较容易理解。

如图 12.32（b）所示，圆端面可分为很多小扇形，每个扇形近似为等腰三角形，高度为 $r$，其中 $r=D/2$。如果应力作用在扇形上，合力的作用线将穿过三角形的重心，即到顶点的距离为 $2r/3$。把所有的三角形扇形叠加在一起，总的合力作用在距离圆心 $2r/3$（即 $D/3$）处。因此，力矩 $T_2$ 由以下公式给出：

$$T_2=\left(\frac{\pi D^2 s}{4}\right)\times\frac{1}{3}D=\frac{\pi D^3 s}{12} \tag{12.17}$$

结合式（12.15）和式（12.17），总的力矩为：

$$T_r=T_1+2T_2=\frac{\pi D^2 Hs}{2}+2\left(\frac{\pi D^3 s}{12}\right)=\pi D^2\left(\frac{H}{2}+\frac{D}{6}\right)s\,\text{N}\cdot\text{mm}$$

如果黏土的十字板剪切强度 $\tau_v$ 以 kPa 为单位，那么 $s=\tau_v/1000\text{N/mm}$

$$T_r=\frac{\pi D^2}{1000}\left(\frac{H}{2}+\frac{D}{6}\right)\tau_v \tag{12.18}$$

作用在叶片轴上的扭矩 $T$（N·mm）与扭力弹簧的角度旋转 $q$（°）成正比，即：

$$T=C_s\theta$$

其中 $C_s$ 是弹簧的校正参数，由生产商提供。当破坏时 $T=T_r$，$\theta=\theta_f$：

$$T_r=C_s\theta_f=\frac{\pi D^2}{1000}\left(\frac{H}{2}+\frac{D}{6}\right)\tau_v \tag{12.19}$$

所以 $\tau_v$ 可以通过十字板剪切试验得到：

$$\tau_v=\frac{1000C_s\theta_f}{\pi D^2\left(\frac{H}{2}+\frac{D}{6}\right)}\text{kPa}$$

假设

$$\pi D^2\left(\frac{H}{2}+\frac{D}{6}\right)=K \tag{12.20}$$

$$\tau_v=\frac{1000C_s\theta_f}{K}\text{kPa}$$

其中，$K$（$\text{mm}^3$）只与十字板剪切仪的尺寸大小有关。实验室标准的十字板剪切仪尺寸大小为：

$$D=0.5\text{in}=12.7\text{mm}\quad H=0.5\text{in}=12.7\text{mm}$$

$$\therefore \frac{H}{2}+\frac{D}{6}=6.350+2.117=8.467\text{mm}$$

式（12.20）的$K$值为：

$$\pi\times(12.7)^2\times8.467=4290\text{mm}^3$$

$$\tau_v=\frac{1000C_s\theta_f}{4290}=\frac{C_s\theta_f}{4.29}\text{kPa} \tag{12.21}$$

其中，$C_s$单位是mm/°，$\theta_f$单位是°。式（12.21）只适用标准尺寸大小的十字板剪切仪。

只要叶片的旋转速度不是过快或极慢，那么转速就不是试验的关键因素。如果十字板旋转过快，黏滞效应可能导致过高的结果。如果测试时间不必要地延长，在某些土体剪切过程中可能会发生部分排水。BS中规定的实验室十字板试验（第7部分，第3.3.7条）和现场十字板试验（第9部分，第4.4.4.1.4条）的恒定旋转角速度为6～12°/min。发动机驱动的装置，可以适当地减速，比手动操作更方便。

## 12.4 应用

### 12.4.1 抗剪强度参数的应用

土体中的许多稳定性问题都与极限假设条件有关，在这种极限条件下，破坏机理与相对于主体滑动的土的质量有关。假定沿其发生相对运动的滑动面可以是平面或曲面，并且假定整个滑动面上的土体处于破坏状态，即其最大剪切强度已被调动。实际工程中，要确保这种情况永远不会发生，因此，为了将变形限制在容许的范围内，采用了适当的安全系数以确保土体中的剪切应力不大于其最大抗剪强度。

在假设荷载作用下土体的含水率不发生变化的情况下，有时基于不排水条件的剪切强度对总应力进行分析是合适的，下面给出了带有简图及简单术语的示例：

（1）在饱和均质黏土上的基础结构物，如果在施工完成后立即施加外荷载，当加载至基础破坏时，则假定地基下面的土体以图12.33（a）所示的方式发生剪切作用而破裂。

（2）在施工后挡土墙上形成的土压力的常见分布［图12.33（b）］。

（3）临时开挖中支挡结构的土压力［图12.33（c）］。

（4）防止在黏土中临时开挖基坑的底部隆起［图12.33（d）］。

（5）岩屑开挖后边坡的稳定性［图12.33（e）］。

（6）施工期间路堤和土坝的短期稳定性［图12.33（f）］。

在诸如此类的短期稳定性问题中，不排水的剪切强度$c_u$可以在适当的情况下适用，但这必须根据经验进行评估。

为了分析路堤和土坝等挡土墙的长期稳定性，需要知道排水抗剪强度参数$c'$、$\varphi'$。边坡以及在超固结黏土中的岩屑的长期稳定性受残余抗剪强度参数$c_r'$、$\varphi_r'$影响（Skempton，1964；Skempton和La Rochelle，1965；Symons，1968）。

### 12.4.2 标准剪切盒的使用

剪切盒设备最初是为确定重塑砂土的抗剪角$\varphi'$而开发的。它提供了最直接的方法，将

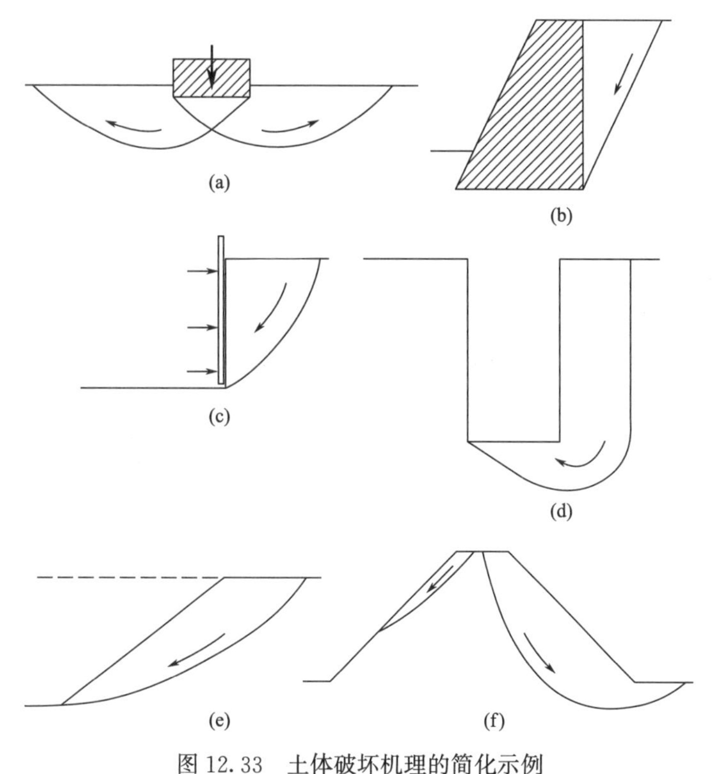


图 12.33　土体破坏机理的简化示例

（a）基础；（b）挡土墙；（c）开挖中的支撑；（d）深挖；（e）滑移；（f）路堤或土坝

$\varphi'$与孔隙比 $e$ 相关联，并确定了所含细料的量不会影响排水特性的干砂或饱和砂的临界孔隙比（或临界密度）。

剪切盒不适用于确定黏性土体的瞬时不排水抗剪强度，对于这些材料，三轴试验更适合。

剪切盒试验的主要应用之一是对峰值排水强度测量过程的完善，用于测量超固结黏土的残余剪切强度。

### 12.4.3　大型剪切盒使用

大型剪切盒的常见规格为 305mm（12in），需要约 150mm 高的试样，适用于含颗粒尺寸达 37.5mm 的土体。除非可以使用非常大的三轴设备，否则无法对这些材料做三轴试验。

砾石土的抗剪强度几乎不会成为影响基础强度的关键因素，但在路堤或土坝的设计中对填充材料掺入砾石具有重要意义。剪切强度还可以作为对筑路材料和粒状基层进行分类的一种方法（Pike，1973；Pike 等，1977）。

除了含 37.5mm 甚至偶尔含有 50mm 颗粒的砾石外，其他无法进行三轴试验的材料也可以在大型剪切盒中进行试验。这些材料包括页岩、工业炉渣、砖瓦砾和矿渣。假设材料是自由排水的，则快速测试过程可用于确定抗剪角的大小；否则，必须进行慢速（排水）试验。

该设备还可以用于对未扰动大土块样品进行试验。原作者已用它来测试超固结黏土大试样中沿不连续面（如裂隙或剪切带）的抗剪强度，以及某些砂岩中黏土层的抗剪强度。

### 12.4.4 应用于混合材料

除适用于土体外，剪切盒设备还可用于测量其他工程材料的摩擦阻力。以下是一些示例：

土石之间的摩擦力；

岩体中节理面的摩擦力；

土体与人造材料的摩擦力，例如混凝土、织物垫层、用于加筋土结构的增强材料、地面组件锚固系统；

胶粘剂的粘结强度；

实验室试验中使用的材料和组件之间的摩擦力，如不锈钢上的乳胶和硅脂；

在上述大多数应用中，测得的特性是摩擦角或者摩擦系数，胶粘剂的强度表现为表观黏聚力。

### 12.4.5 剪切盒试验的局限性和优点

从剪切盒试验获得结果用于解释土体破坏准则存在一些不确定性。在第六届 Géotechnique Symposium in Print（1987）中，几位作者对直剪试验中的土体行为进行了更详细的讨论，本章概述的方法通常用于获得土体破坏准则，对剪切盒试验的主要局限和缺点总结如下。

1. 局限性

（1）土样沿预定的剪切面破坏；

（2）该表面上的应力分布不均匀；

（3）实际应力分布是复杂的，并且主平面的方向应力随着剪切应变的增加而旋转；

（4）除了改变剪切速率外，不能对排水进行控制位移；

（5）孔隙水压力无法测量；

（6）可以施加到土体上的变形因仪器的最大位移而受到限制；

（7）两半剪切盒中土体间的接触面积随着试验的进行而减小。对此，Petley（1966）提出了修正，但是它的影响很小，它以相同的比例对剪切应力和法向应力产生影响，因而对库仑包络线的影响通常可以忽略不计，通常被忽略。

2. 优点

尽管有上述限制，但剪切盒设备在常规剪切强度试验中仍具有某些优点，如下所述：

（1）试验相对简单；

（2）基本原理容易理解；

（3）重塑试样的制备并不困难；

（4）由于试样厚度小，固结相对较快；

（5）该原理可以扩展到砾石土体和其他包含大颗粒的材料，如果通过其他方式进行试验将更加昂贵；

（6）可以测量岩石之间的摩擦力以及土体与其他许多工程材料之间的摩擦角；

（7）除了确定破坏时的峰值强度外，该设备还可用于通过多次往返过程测量残余剪切强度。

### 12.4.6　内摩擦角的典型值

表 12.2 给出了纯石英砂在可能存在的填充状态下的 $\varphi'$ 值（取决于颗粒形状和等级）。干燥的非黏性土体的典型 $\varphi'$ 值的范围如表 12.3 所示。

某些矿物颗粒（例如云母）的存在会降低砂和淤泥的 $\varphi'$ 值。由易碎的较软颗粒组成的碎石的 $\varphi'$ 值比由硬颗粒组成碎石低。

### 12.4.7　十字板剪切试验的应用

十字板剪切试验可以测量非常柔软的土体（即小于 20kPa）的低剪切强度，而这是其他方法很难做到的。

有时，准确地知道较小的剪切强度的值是很重要的。例如，如果要在非常软的土层上建造路堤，则其抗剪强度可以预测其最初可以承受的最大安全承载压力，由此可以确定第一阶段路基的施工厚度。随后的固结会增加抗剪强度，并且根据抗剪强度准则可以分阶段进行施工。

由于附着在桩上的软土随桩进入地面下更坚硬的地层（Lambe 和 Whitman，1979），因此估计“负摩阻力”可能需要软地层表面附近的抗剪强度。在受扰动范围很大的软弱沉积物区域，重塑强度可能很重要，如打桩过程。

十字板剪切试验可用于为含水率大于常规试样的实际含水率的黏土建立剪切强度与含水率之间的关系，它已被用来检测强度与土体吸力的关系（Lewis 和 Ross，1955）。如果需要的话，对实验室叶片进行适当调整后，调整后的叶片也可以测量某些灌浆材料的剪切强度，并对胶凝或凝结所需时间进行控制，以获得所需强度。

**石英颗粒的值 $\varphi'$（取自 Terzaghi 和 Peck，1967）　　表 12.2**

| 粒形状与分级 | 角度(°) | |
|---|---|---|
| | 松散的 | 密集的 |
| 圆形、均匀的 | 28 | 35 |
| 有棱角、级配良好的 | 34 | 46 |

**干燥的非黏性土的典型值 $\varphi'$（取自 Lambe 和 Whitman，1979）　　表 12.3**

| 土的类型和级配 | 角度(°) | | | |
|---|---|---|---|---|
| | 松散的 | | 密实的 | |
| | 圆的 | 有棱角的 | 圆的 | 有棱角的 |
| 良好级配、均匀细—中砂 | 30 | 35 | 37 | 43 |
| | 34 | 39 | 40 | 45 |
| 砂卵石 | 36 | 42 | 40 | 48 |
| 碎石 | 35 | 40 | 45 | 50 |
| 淤泥 | 28～32 | | 30～35 | |

## 12.5 小型剪切盒：快剪试验（参考 BS 1377-7：1990：4 和 ASTM D 3080）

### 12.5.1 概述

本节阐述了一种可用于常规测试且在英国可购买到的试验设备，试验需遵循 BS 规范提供的流程。这种设备一般可容纳一个横截面积 60mm²、高 20 或 25mm 的样品，见后文详述。部分的剪切仪容纳的试样尺寸可达 100mm²。同样的设备也用于慢剪和残余强度试验（第 12.7 节），本试验部分流程与上述两种试验相似。本书第 12.6 节则阐述了一种能容纳 12in（305mm）试样的更大的设备的使用流程。

本节所介绍的方法是测定干燥或自由排水饱和砂土抗剪强度的快剪试验。通常，从同一土样中取出相同干密度的三个相似试样，在三种不同的法向压力下进行试验，从而得到破坏时实测剪应力与所施加法向应力之间的关系。由于这些土体中不存在超孔隙水压力，有效应力与实测总应力相等，抗剪强度可以用内摩擦角 $\varphi'$ 表示。

每组试验中，施加在试样上的法向压力通常应该"包括"地面可能发生的最大应力。法向压力约为该值的 50%、100%和 150%～200%这样取值一般是合适的，但仅建议将此作为一般指导，没有一套"标准"的压力值，实际压力由工程师决定。

第 12.7 节描述了在非自由排水情况下进行土样慢剪试验，包括测量残余强度的剪切盒试验。每组测试之前，需要确定以下测试条件：试样尺寸、重塑试样的干密度（或孔隙率、孔隙比）、原状土样方位、试样数量、施加的法向压力。

### 12.5.2 试验设备

剪切装置包括驱动单元、剪切盒组件、剪切盒架、加载吊架及其他可以支撑在工作台上或安装在钢架支架上的元件，详见下文。图 12.34 所示为一个典型的带有平衡杠杆臂的剪切仪。

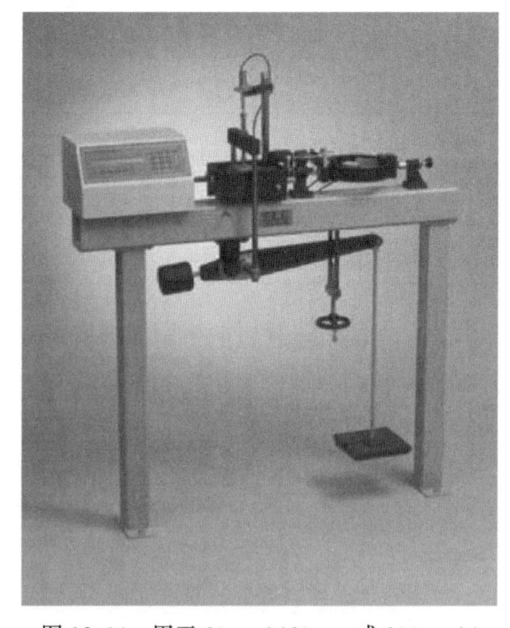

图 12.34 用于 60mm×60mm 或 100mm×100mm 试样的典型剪切仪

当满载吊架重量时，整个设备的重量可达 200kg，因此，必须进行大量地面锚固，用螺栓将机器固定在地面。

测试所需的剪切仪及辅助设备的组成如下所示：

（1）剪切盒架，依靠滚珠或滚动轴承的防水系统。

（2）剪切盒组件包括：

① 剪切盒主体分为上下两半部分（图 12.35）：上半部分用鹅颈架固定，整个剪切盒刚性足以抵抗荷载下的变形。水平剪切力的施加位置必须与剪切盒上下两部分的分界面相一致（图 12.6）。

剪切盒的下半部分有两个螺纹孔 C，用两个螺栓（图 12.35 中 C）可将上下两部分暂时连接固定。两个提升螺钉（L）可以通过对应的螺纹钉（L）将盒子的上半部分轻微提升（第 12.5.6 节，第 8 步）。

② 下压力板（底板），其下部有 4 个凸柄，可与剪切盒下半部分的四个凹槽相合，从而将其固定。

③ 上压力板（荷载板），带球面阀座和滚珠轴承。

④ 上下多孔板。

⑤ 上下格栅板，分为平板或穿孔板。格栅板使剪力沿样品长度均匀地传递，在 BS 规范中，格栅板也被称为垫片，并非必须使用，但是笔者建议将其用于干燥或自由排水的砂样，实心平板只用于干砂。

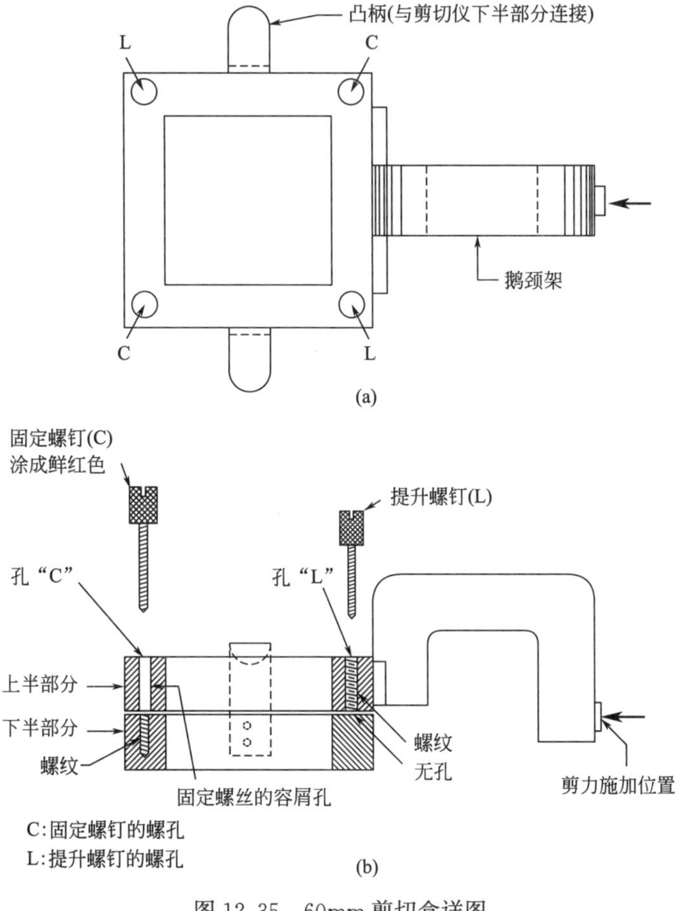


图 12.35　60mm 剪切盒详图

（a）平面图；（b）断面图

上述组件如图 12.36 所示，并在图 12.37 中确定。剪切盒组件的横截面如图 12.6 所示。

（3）向鹅颈架和吊架加载，以向试样提供正常压力。

（4）杠杆臂加载系统，用于放大法向压力，放大率通常为 5∶1 或 10∶1。验证杠杆臂效果的程序在第 12.5.6 节第 7（b）步中有描述。某些剪切仪包括一个平衡杠杆臂和一个吊架支撑千斤顶。

图 12.36　60mm 剪切盒的组成部分，带有木制“推杆”

（5）一套校准开槽砝码，用于杠杆系统，悬于吊架上，通常包括：

9 个 10kg 砝码

1 个 5kg 砝码

2 个 2kg 砝码

1 个 1kg 砝码

总重量 100kg

（6）用于测量水平剪力的外力校准装置（荷载环或荷载传感器（参见第 8.2.1 节，关于传统测量仪器和电子测量仪器）。一个能满足大多数用途的荷载环通常有 2kN 的承载力，但是在抗剪强度非常高的情况下，可能需要承载力为 4.5kN，甚至为 10kN 的荷载环才能满足测量要求。

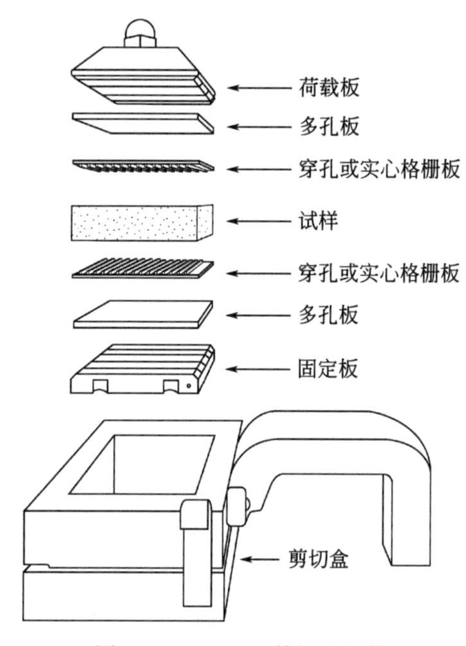


图 12.37　60mm 剪切盒组件

（7）电动机和速度控制装置，可提供从 0.0003～5mm/min 之间的 24 个档位的速度；可无级变速控制。可以在 2 分钟到大约 3 周的时间内获得 10mm 的位移。快剪试验通常在 5～10min 内进行，需要将加载位移速率控制在大约 1mm/min。

每一组齿轮设置的位移速率在速度图中给出，电机可以反向旋转。

（8）千斤顶或涡轮减速器，可将剪切盒向前推进。它可以通过链轮和链条或封闭的齿轮连接到驱动装置上。驱动装置可以拆卸，以便通过手轮对千斤顶进行快速调整。

（9）提供反力的尾架装置，固定于机器的底座上，测力环附在其上，并提供线性调整。荷载环的阀杆支撑在一个滚珠轴承套筒中，整个荷载环支撑在分离盒的支架上。

（10）千分表或线性传感器（第 8.2.1 节），量程 12mm，精度 0.002mm，可以测量土样顶部连同支撑柱和安装支架的竖向位移。仪表最好是逆时针方向读数，也就是说，随着阀杆向下移动，读数也随之增加，即读数随阀杆向下移动而增加。

（11）千分表或线性传感器，量程 12mm，精度 0.001mm，用于测量水平位移。安装时应测量剪切盒上下两半部分的相对运动，例如将剪切盒固定在支架的前端，使阀杆能够支撑起固定在鹅颈架上的支架（见图 12.38，其上安装了一个位移传感器）。

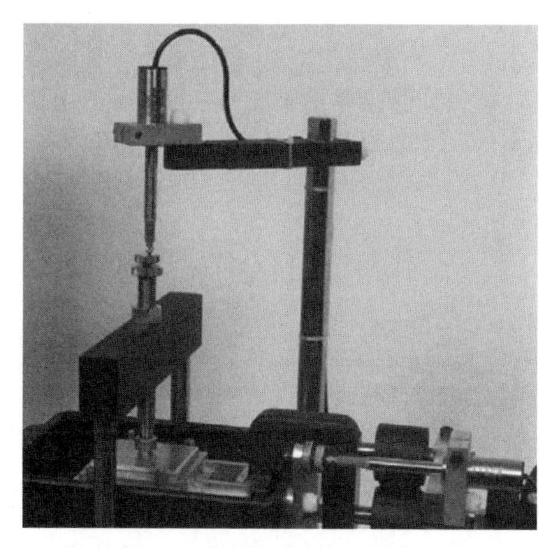

图 12.38　带传感器的可测量垂直位移和相对水平位移的剪切盒

如果测量仪只测量支架的位移，那么必须减去测力环的挠度，以得到上下两部分试样的相对位移。刻度盘读数和线位移计之间的关系应事先确定。

（12）土样切割机，横截面尺寸 $60mm^2$，深 20mm 或 25mm，内表面光滑，外部有锋利的倒角切割刃。

（13）木制推杆，用于从切割机中取出样品（图 12.36）。

（14）夹具，用于将试样从 100mm 直径的试样管中取出并保持试样在适当的位置。

（15）刀具及直尺，用于制样。

（16）平板玻璃，用于液限测试 [第 1 卷（第三版），第 2.6.4 节]

（17）表面皿或金属托盘，其大小足以容纳土样切割机。

（18）捣固杆方端直径约 15mm，用于将土捣固到剪切箱中。另外，在设备方便获取的情况下，也可以使用哈佛压实装置 [第 1 卷（第三版），第 6.5.10 节]。

（19）停表或秒表。

（20）天平和测量仪器（钢尺、游标卡尺、深度计），用于称量、测量和切割试样。

（21）千分表，读数精度为 0.01mm；支架，用于精确测量直接在盒内制得样品的厚度。如图 12.39 所示，帝国理工学院专门为 $60mm^2$ 剪切盒制作了一个小支架，并与 25mm 厚的金属块进行了对比。也可以使用精度为 0.1mm 的游标卡尺代替千分表。

（22）测定含水率的仪器 [第 1 卷（第三版），第 2.5.2 节]。

（23）雕刻工具（第 9 章，图 9.14），配套有捣固脚。该装置作为一种小型振动器，能有效地将剪切盒内的砂土压实到高密度。

（24）硅脂或凡士林。

### 12.5.3　试验设备

下文介绍了试验应遵循的一般原则。实际试验时应遵循设备制造商提供的详细说明。

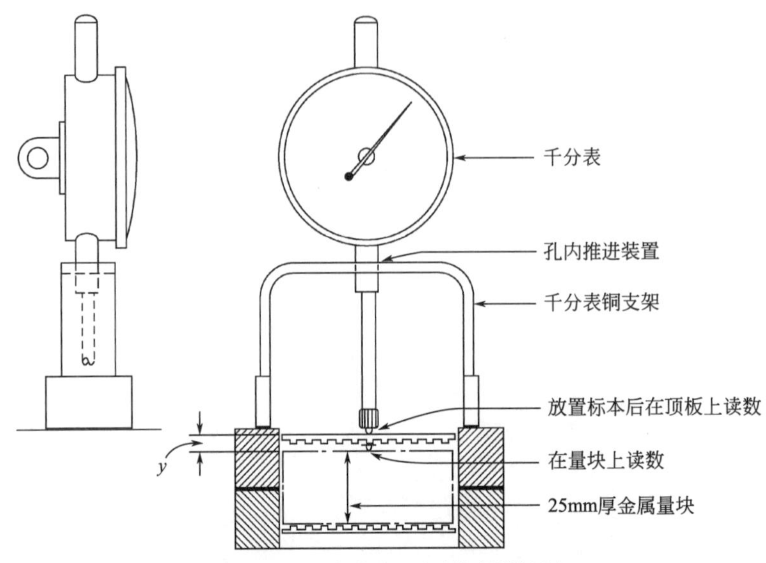


图 12.39　60mm 剪切盒试样厚度比测仪（伦敦帝国理工学院设计）

确保剪切盒清洁干燥，特别是相邻两半部分的表面。在盒子的内表面和交界面上涂上一层薄硅脂，再将两半部分组装好并拧紧夹紧螺丝。用游标卡尺进行剪切盒内部测量，两边的长度用 $L_1$ 和 $L_2$（mm）表示，每一边的测量精度均为 0.1mm。

确定从上半部剪切盒顶面至底板（$h_1$）顶面的平均深度，精确到 0.1mm。用游标卡尺或千分尺测量多孔板的厚度（$t_p$），精确到 0.1mm，并确定从上半部剪切盒顶面到上部多孔板顶面的平均深度（$h_2$）。试样的厚度（$H_0$）为平均深度的差值减去多孔板的厚度，即：

$$H_0=h_1-(h_2+t_p)$$

确定试样厚度所需的基本尺寸如图 12.40 所示，当使用格栅板作为垫片时，还必须确定下层网格板的厚度，并将其包括在 $t_p$ 中。

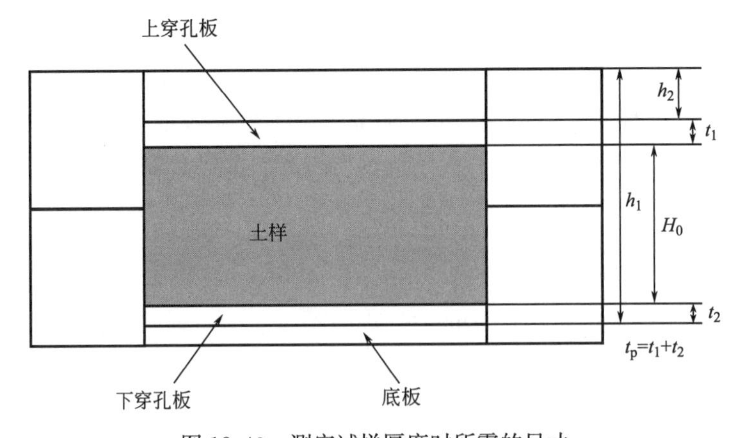


图 12.40　测定试样厚度时所需的尺寸

确保盒内部干净，并且在轴承上可以自由运行，轴承应该位于剪切盒下方的中央位置。

将后备箱上的手轮向后绕回足够多的长度，使测力环能够安装到位，并为剪切盒和鹅颈架提供足够的间隙，确保荷载环牢固地固定在尾座组件上，并且负载杆可以在其套筒中自由移动；检查千分表是否安全地固定在承载环上的支架上，以及阀杆是否与承载端的砧板接触。

将底板（凹槽朝上）放置于剪切盒内。用提供的凸柄（图 12.35）抬起剪切盒，并将其下放至正确位置。剪切盒的下半部分应牢固地贴合在驱动端的垫片上。如果在机器上安装了换向装置，则没有必要将这些装置连接起来而在一个方向上进行快速测试。

使用手轮将尾座和驱动装置调整到正确的起始位置，使机架向前移动至少 10mm。然后，准备给剪切盒装样。如果在工作台上进行此步操作更方便，可以用手将驱动装置稍微向后转动，以便有足够的空间取出剪切盒，放入样品后再将其替换。

检查电机组的齿轮是否被设置为所需的转速，或检查加载速率是否调至所需的档位。对于快剪试验，通常的速率为 1mm/min，试样受剪破坏发生在 5～10min 内。如果机器采用了链传动，则需检查传动链轮在轴上是否紧固、链条是否过松或过紧。如果齿轮变速箱是通过变换开关位置来改变齿轮转动方向，请确保换向开关处于正确的位置。

### 12.5.4　无黏性土试样的制备

此过程取决于土样的类型，以及在什么条件下进行测试。土样中大量存在的颗粒的最大尺寸不应超过标本高度的 1/10。对于 20mm 或 25mm 高的试样，应舍弃留在 2mm 筛上的颗粒。土样中不应含有大量能通过 63mm 筛的细颗粒。这是为了避免细颗粒在干燥环境下发生分离，并确保在饱和的情况下保持自由排水状态。如果细颗粒大到足以阻碍自由排水，则不适用于快剪试验。

*1. 普通干砂*

通常需要在一个指定的孔隙率或孔隙比下对砂进行测试，根据孔隙率或孔隙比可以求得砂的干密度。将砂直接放置或压制到剪切盒中，制备试样。由于剪切盒本身的质量很大，最好是称出压实前砂的已知干质量和压实后剩余干砂质量，通过二者求差计算得所用砂的质量 $m$（g）。

下部（实心）格栅板放置在剪切盒内底板的顶部，格栅板朝上，格栅板上的筋条与剪切方向成直角。由于不存在排水问题，无穿孔格栅板可用于干砂。

对于密砂和松砂，下面分别给出了放置砂的详细程序。放置后，在不扰动整个标本的情况下小心地平整砂的上表面，使其距离盒子顶部约 5mm，可用如图 12.41 所示的调平模板协助此操作。收集所有未使用的砂样，和上文所述步骤一样进行称重。

将顶部的多孔板置于砂土表面，将其均匀压入砂土中，使砂土表面平整。测量从盒子顶部每边的中点或四个角至穿孔板背面的距离。为了获得准确的测量结果，需要图 12.39 所示类型的深度测量仪或百分表比测仪。测量得到的平均距离为 $h_2$。

试件的高度 $H$ 可由下式确定：

$$H_0=h_1-(h_2-t_p)$$

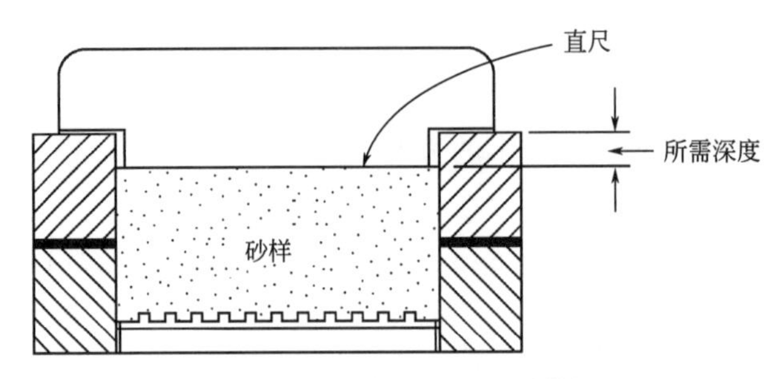


图 12.41　制备砂样的调平模板

如第 12.5.3 节所述。

剪切盒中试样体积为：$V=L^2\times H/1000\text{cm}^3$

密度为：$\frac{m}{V}\text{Mg/m}^3$ 或$\frac{1000m}{L^2\times H}\text{Mg/m}^3$。

2. *密实干砂*

干砂可以从一个相对高的落差（Kolbuszewski，1948），通过高速慢浇的方式，以合适的高度置入剪切盒中。根据实际情况，约 450mm 的落差就足够了。如果砂子能够受到振动，就能够获得更高的密度。可以使用电动雕刻工具（第 12.5.2 节第 23 项）进行振动，用小型手动捣实机捣实干砂效果不好。

浇注时，将剪切盒放在托盘上，以便所有多余的浇注砂能够留下称重。

3. *松砂*

从一个较小的高度以很大的速度将砂倒入剪切盒，可以得到低密度砂样。用托盘盛住倾倒的剩余砂。平整顶面时，应小心铲除多余的砂，尽量避免刮削作用。顶部格栅板应极小心地放置，并以最小的压力铺层。由于松散砂土对突然冲击非常敏感，放入仪器时应避免剪切盒的振动和碰撞。

4. *中等密实砂*

为了达到中等的密度，砂子可以分三层放入剪切盒中，每一层都要经过一定程度的夯实，实际的压实量只能通过试验来确定。中间层中间位置的高度应与剪切面平齐。

5. *饱和砂*

将已知干砂在水中煮 10min 左右，然后冷却，使其饱和。也可将砂和水混合置于真空下去除气泡，使砂样饱和。

将剪切盒归位，在其周围充一部分水。将饱和砂倒入剪切盒，然后捣实或振动使其达到所需密度。这种方法无法获得较低的相对密度，但是可以获得中等到高的密度。

由于细粒土会发生分离，所以上述方法不适用于存在细颗粒（粉砂或黏土）的情况。另一种方法是根据需要将潮湿土样压实，然后再在其周围加水，使其慢慢地自下而上渗透过标本。

干净的砂可以快速排水。为了便于排水，用穿孔格栅板代替实心板，每个格栅板后面都有一个多孔板。在计算试件高度 $H$ 时，必须考虑穿孔格栅板的附加厚度 $t_3$，即：

$$H = h_1 - (h_2 + t_p + t_3)\text{mm}$$

### 12.5.5　试验步骤

1. 准备和检查仪器

2. 准备试样；制样程序取决于土的类型，如第 12.5.4 节所述

普通干砂（1）

密实干砂（2）

松砂（3）

中密干砂（4）

饱和砂（5）

3. 组装设备

4. 安装加载架

5. 安装竖向百分表

6. 加水（适量）

7. 施加竖向压力

8. 提起剪切盒上半部分

9. 最终检查

10. 开始剪切

11. 卸载

12. 剪切盒排水

13. 拆卸剪切盒

14. 取出土样

15. 用至少两个其他土样重复步骤 2～15

16. 计算

17. 分析数据（第 12.5.7 节）

18. 试验报告（第 12.5.7 节）

### 12.5.6　试验流程

1. 仪器准备（第 12.5.3 节）

2. 试样制备（第 12.5.4 节，第 1～5 小节中与土样类型和所需条件有关的部分）

3. 设备组装

剪切盒拆除后，将其在原位放好，如果盒子中含有松砂，注意不要晃动剪切盒。检查顶部栅格板是否处于正确的位置，并检查其边缘周围是否保留有一个小的间隙。如果使用穿孔板，则将上层多孔板放置在格栅板上。将荷载垫放在顶部，再次确保边缘周围有一个小的间隙。

必要时手动调节蜗杆传动装置和尾座，使其处于如图 12.42 所示的 5 个接触点处刚好接触。蜗杆传动装置上的手轮稍微转动，测力环就会产生较小的挠度。确保蜗杆传动定位，使其至少能向前运动 12mm。

将测力环调至零负荷位置，并将百分表调至零刻度或调至方便的零位读数。

将水平位移千分表或传感器安装在其支架上，并将支杆轴承安装在移动支架上，确保

水平位移千分表或传感器在正确的方向上有足够的行程可用。将千分表设置为零或设置为方便读取的初始读数。

4. 负载悬挂器

将球形轴承（如果使用的话）放置在载荷垫上的球形底座上。提起负载悬挂器，轻轻放置，使轭架下的凹槽与滚珠轴承或半球面轴承保持一致。由于吊架的重量，试样中会产生一个小的正应力，但由于垂直移动的千分表通常在吊架就位后才能安装，因此通常无法测量其产生的沉降。增加吊架后的试样高度通常作为基准，用于后续垂直运动的测量。

如果将帝国理工学院设计的如图12.43所示的简单附件安装在荷载垫板上，则可以克服这一限制。然后将千分表安装并调零，再将荷载吊架放置到位，可以测量吊架重量引起的沉降。

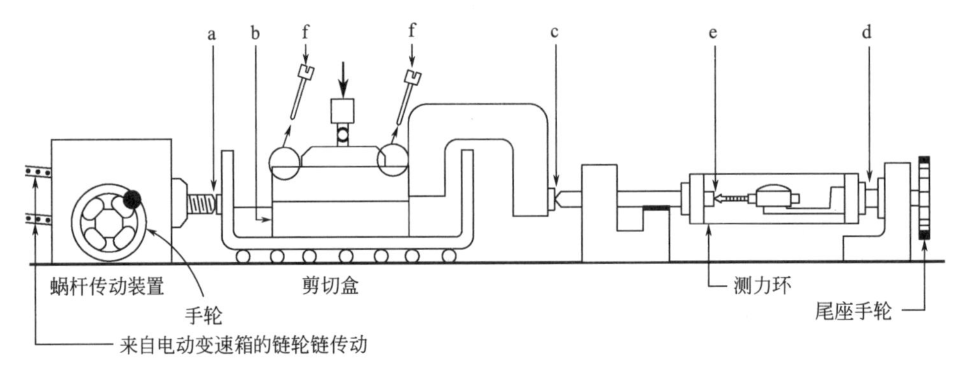


图12.42　开始剪切试验前要检查的接触点

a—蜗杆传动至滑架；b—推块至剪切盒下半部分；c—轭架至测力环阀杆；d—测力环至尾架；e—特别要注意千分表阀杆至测力环部分；f—拆卸夹紧螺钉

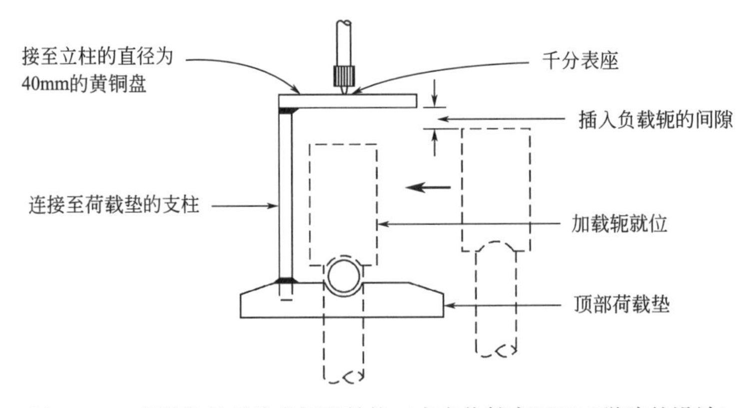


图12.43　荷载垫的千分表阀座结构（来自伦敦帝国理工学院的设计）

5. 设置垂直千分表

将垂直位移千分表或传感器安装在其支架上，并将其旋转到合适的位置，使阀杆安装在挂架中心的螺柱或滚花螺钉上，或安装在负载垫连接件上。调整百分表的高度，使其初始“零值”落在量程的中间范围内（如1000）。千分表读数的变化即反映其是向下（正值）还是向上（负值）的运动。

6. 加水

若要在剪切盒中的土样中加水，则应该将水稳定地注入剪切盒与剪切盒外厢之间的空间，这样水就可以穿过试样向上渗透，从而取代土样孔隙中存在的大部分空气。渗透过程中，要注意记录下由于渗透引起的土样垂直位移。

7. 施加竖向压力

计算吊架所需的重量，以提供试件所需的正应力。

(1) 只用荷载轭架。荷载轭架承载力范围内的正常应力，计算方法如下：

如果带吊架的加载轭架的质量用 $W_h$（kg）表示，其支承的重量用 $W_1$（kg）表示，则试件所支承的总质量为（$W_h+W_1$）kg＝$W$（kg），换算成力则为 9.81$W$（N），因此，对土样的压力或应力等于 $9.81W/L^2$（$N/mm^2$），其中 $L$ 为方形剪切盒边长，单位为 mm。

则：

$$\sigma_n=\frac{9.81W}{L^2}\times 1000\text{kN/m}^2$$

或

$$W=\frac{\sigma_n L^2}{9810}\text{kg}$$

且

$$W_1=\frac{\sigma_n L^2}{9810}-W_h\text{kg} \tag{12.22}$$

对于 $60mm^2$ 的标准剪切盒，式（12.22）为：

$$W_1=(0.367\sigma_n-W_h)\text{kg}$$

对于 $100mm^2$ 的标准剪切盒，式（12.22）为：

$$W_1=(1.02\sigma_n-W_h)\text{kg}$$

把重物轻轻地放在吊架上，最重的放在底部，最轻的放在顶部，砂样的沉降会在很短的时间内完成。

(2) 杠杆臂加载：如果需要的法向应力大于仅使用吊架重量所能产生的应力，则必须使用杠杆臂。

下列为计算重量时用到的符号，所有质量以千克为单位（图 12.44）。

$W_h$＝荷载轭架加上吊架的质量；

$W_1$＝放在轭架上的质量块；

$W_2$＝梁吊架上的质量；

$W_j$＝悬挂在杠杆臂梁上的梁吊架质量；

$W_b$＝杠杆臂梁质量；

$W$＝施加在试件上的总载荷（kg）；

$a$＝从固定支点到梁的支点的距离；

$b$＝从支点到横梁重心的距离；

$c$＝从支点到悬挂在横梁上的吊架的距离。

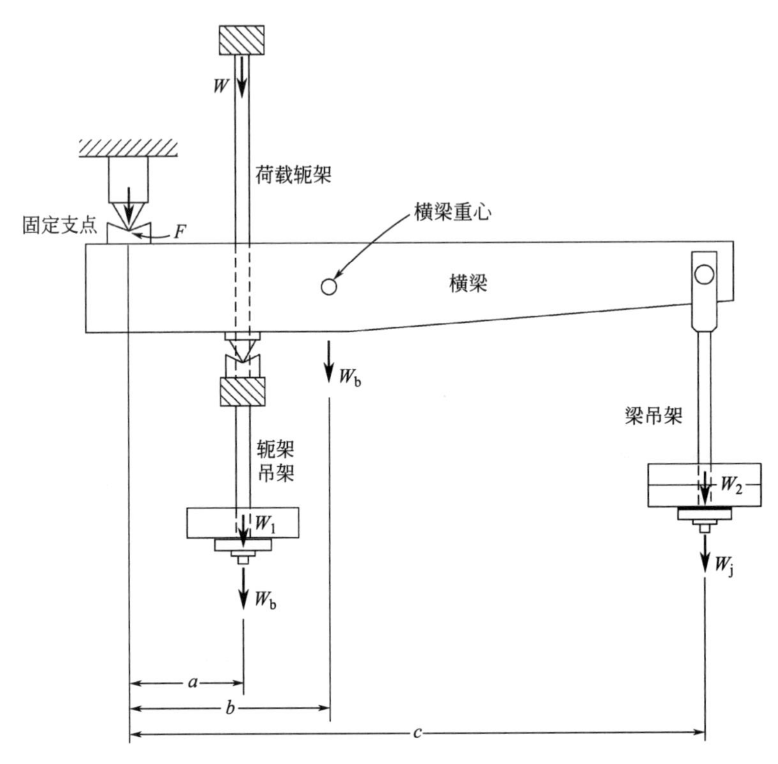


图 12.44　向剪切盒试样施加高法向压力的杠杆臂详图

对支点 F 取矩，总荷载 $W$ 的力矩等于分离部件的力矩之和，即：

$$W_a=(W_h+W_1)a+W_bb+(W_j+W_2)c$$

故

$$W=W_h+W_1+W_b\frac{b}{a}+(W_j+W_2)\frac{c}{a}$$

施加在试样上的力等于 9.81$W$（N）。

先得到重心的位置，从而求得 $b/a$ 的值。梁的重心可以用平衡法精确找到，可以用老虎钳夹住抹刀刀片或者将抹刀固定于工作台上，将梁放在抹刀刀刃边缘，平衡时的接触点即为重心。比值 $c/a$ 为标称射束放大比率（通常为 5 或 10），但应加以验证。应记录好以上两个比值和轭架、梁和梁吊架的恒定质量，以及用轭架吊架和杠杆吊架在规定范围内增加重量而对试样施加的压力。图 12.45 给出了一台测试机器的一组相关数据。如果安装了平衡梁，则只需要考虑重量，简化了法向应力的计算。如果用磅重为单位，那么用磅数乘以 0.4536 就可以得到以千克为单位的数值。

小心将横梁固定到位，调整到水平状态，吊放重物，然后开始计时。小心将重量加到吊架上，要记住，每个重物和任何突然的冲击对试样的影响都会被放大 5～10 倍（取决于杠杆比率）。吊架的向下运动与试件的垂直位移的比例是相同的，因此可能需要进行一些调整，以保持梁接近水平。

如果必要的话，还可以在荷载轭架上增加砝码，以提供比单独使用杠杆臂更好的法向应力调整。

对于四种尺寸的剪切箱，总荷载 $W$（kg）和 $\sigma_n$ 之间的关系总结在表 12.4 中。

**与正应力（$\sigma_n$）相对应的试样荷载（W）**　　**表 12.4**

| 剪切盒尺寸(mm) | 给定 W(kg)的 $\sigma_n$(kPa) | $\sigma_n$=100kPa 对应的 W(kg) |
| --- | --- | --- |
| 60×60 | 2.725W | 36.7 |
| 100×100 | 0.981W | 102 |
| 300×300 | 0.109W | 917 |

4号剪切盒

荷载轭架和吊架的质量$W_h$=4.54kg(图12.45)

梁的质量$W_b$=2.24kg

梁吊架的质量$W_i$=1.02kg

长度：$a$=2in(50.8mm) $b/a$=2.4

$b$=4.8in(122mm)

$c$=10in(254mm) $c/a$–5.0(梁比率)

施加于60mm×60mm土样的法向压力

只用荷载轭架：

$$\sigma_n=\frac{4.54+W_1}{60\times60}\times9.81\times1000\text{kN/m}^2$$

$$\boxed{12.37+2.725W_1}\ \ldots\ldots\ \text{kN/m}^2$$

荷载轭架加吊架：

$$\sigma_n=[(4.54+W_1)+(2.24+2.24)\ (1.02+W_2)\times5]\times\frac{9.81}{3.6}$$

$$=\boxed{40.92+13.62W_2+2.72W_1}\ \text{kN/m}^2$$

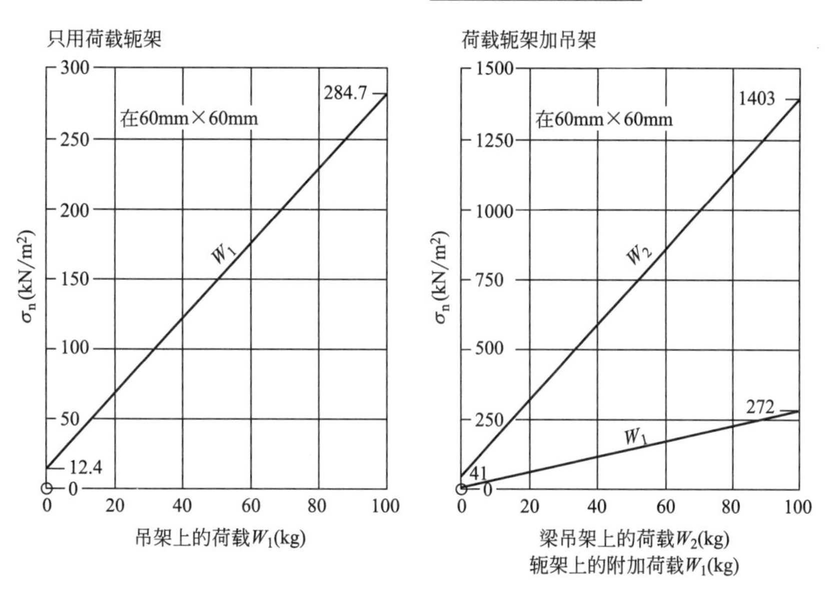


图 12.45　计算 60mm×60mm 剪切盒试件法向压力的典型数据实例

8. 提起剪切盒的上半部分

卸下将剪切盒两部分锁定在一起的夹紧螺钉（图 12.35）。如果忽视了这一点，那么测试将仅能作为对它们进行剪切的尝试（这可能不会成功）。建议将螺钉的顶部漆成鲜红色，作为试验时的视觉提醒。

将这些螺钉或者单独的螺钉插入另外两个孔中（图 12.35 中的 L），然后将它们拧紧，直到能够顶盒子下半部分。将它们一起再旋转半圈，使剪切盒的两半分开大约0.5mm，整个水平剪切力便可以通过试件本身传递。将螺钉往回转并取出。

通过半圈螺钉将盒子的上半部分按标准提升一段距离，但是如果砂正在试验，理想的提起量应该略大于最大颗粒的直径。这是为了防止两半剪切盒之间压碎的颗粒可能会造成额外的摩擦。例如，如果材料中含有600μm的中砂，应当往上提升0.8mm。如果螺纹的螺距是0.8mm，这将需要回旋一整圈。提升量必须保持在合理的限度内，最多1mm。

9. 最后的检查

在进行剪切之前，应检查以下事项：

各接触点是否接触完好［图12.42（a）～图12.42（e）］

拆下夹紧螺钉和升降螺钉［图12.42（f）］

正确设置百分表

荷载垫不能倾斜或卡住

机器速度和换向开关设置正确

所有表盘读数都记录在初始位置或“零”位置

定时器结束后，读数归零

10. 剪切

开启电机，同时启动计时器。每隔一定时间，记录位移刻度盘读数，载荷刻度盘读数、垂直位移刻度盘读数和时间。开始时，取读数的合适间隔是每隔10个位移分段（0.1mm）取一次位移百分表的读数。至少需要20组读数才能达到荷载的最大读数（“峰值”抗剪强度）。对于密砂等脆性试件，由于其荷载迅速增加，应按规定的测力环读数间隔取读数，而不是取位移。如果载荷变化缓慢，记录读数的数量可以减少到每20或50个位移计分段一次。

剪切过程应连续进行，直到能明确界定最大应力或“峰值”点，即直到至少连续四次读数表明剪切力下降。如果没有观察到峰值，剪切应该继续，直到剪切盒不能继续前推。除非安装了行程限制开关，否则测力环读数的稳定快速增加就意味着剪切盒超过了推动限程。

如果可能的话，绘制一个荷载环读数与位移关系粗略图。

11. 卸载

剪切试验结束时，关闭电机，待电机完全停止后，并按下反向开启，直到驱动单元已恢复到其初始位置。除非接合换向耦合器（通常不用于快剪试验），试样将保持在其剪切位置。

12. 剪切盒排水

如果之前将水加入了剪切盒外厢体里，可以用虹吸的方式把水吸到烧杯里或者吸入空塑料洗涤瓶中。静置约半小时，以便排出多孔板。记录垂直百分表变化的读数。

13. 拆除剪切盒

从负载吊架上取下重物，如果使用了杠杆臂吊架，则将吊架和横梁取下。将垂直移动千分表旋转到安全位置。取下吊臂并将其放置在固定位置。如果使用了负载垫和上部多孔板，则将之取下。

用起重耳把剪切盒拿出来，放在工作台上，把厢体清理干净。

14. 取出土样

取下顶部的格栅板，将土样放入一个之前已经称过重量的小金属托盘中。将剪切盒内部和格栅板刷干净，使所有材料没有损失的转移到托盘。如果为干砂，则称一下托盘和土样的质量。

如果砂没有在干燥状态下进行试验，则将土样放入烤箱烘干一夜，然后放入干燥器中冷却并称重。对于颗粒状土来说，含水率通常不重要，但剪切后土壤质量可以检验最初的质量，从而检验密度和孔隙比。

如果需要的话，整个试样可以用于颗粒密度和颗粒大小的测试。

15. 重复测试

为了得到库仑包络线上的三个点，在不同法向压力下，对另外2个相同的试样重复步骤1～14。通常来说，三个试样为一组，但如果有需要的话，可以增加试样。

试验时没有一套“标准”法向压力的规定，法向压力的取值应该与特定试验情况下的应力水平相关，并且其数值应该服从一个合理的分布（第12.5.1节）。

16. 计算

密度和含水率：试样的初始密度 $\rho$ 的计算见第12.5.4节第1项。

当正应力的作用使土样在剪切前产生 $y$（mm）的沉降时，土样的固结密度由公式给出：

$$\rho_c=\frac{H}{H-y}\rho \tag{12.23}$$

若 $y$ 比 $H$ 小，固结密度近似为：

$$\rho_c=\rho\left(1+\frac{y}{H}\right)$$

法向应力：计算在第7阶段给出。

剪应力：如果用 $C_R$ 表示荷载环的刻度，单位为N/div，则对应于荷载刻度盘读数 $R$ 的剪应力为：

$$\tau=\frac{C_R R}{L^2}\times 1000\text{kPa} \tag{12.24}$$

式中 $L$ 为方形剪盒边长（mm）。在计算剪应力或法向应力时，不考虑试样两半之间接触面积的连续变化，因为这些变化几乎相互抵消。

对于60mm×60mm剪切盒，剪应力由下式给出：

$$\tau=\frac{C_R R}{3.6}\text{kPa}$$

对于100mm×100mm剪切盒，剪应力由下式给出：

$$\tau=\frac{C_R R}{10}\text{kPa}$$

如果测力环的校准值是合理的常数，$C_R$ 的平均值可用，则可以先计算出荷载环的

“应力因子”$C_T$（kPa/div）：

$$C_T = \frac{C_R}{L^2} \times 1000 \tag{12.25}$$

对于60mm×60mm剪切盒，$C_T = C_R/3.6$，对100mm×100mm剪切盒，$C_T = C_R/10$。然后只需要将每个荷载环读数（如果有初始读数，则减去初始读数）乘以$C_T$即可得到剪切应力。

图12.46为一个试件的一组典型剪切试验数据，其中计算了剪应力。

剪切盒试验数据

| | | | |
|---|---|---|---|
| 位置 | 莫恩山 | 样品编号 | 30/8　A |
| 操作者 | D.P.R | 日期 | 24.6.80 |
| 试验类型 | 快速 | 标称尺寸 | 60×60 mm |
| 土样描述 | 浅棕色细砂至中砂(干砂) | | |
| 样本类型 | 压实 | | |
| 试样制备 | 通过压杆3层压实 | | |

| 初始测量 | | | | | 相对密度 |
|---|---|---|---|---|---|
| 长度 $L$ | 60.0 mm | 面积 $A$ | 3612 mm² | | 假定 |
| 宽度 $B$ | 60.2 mm | 体积 $V_0$ | 145.6 cm³ | | $G_S$ |
| 高度 $H_0$ | 40.3 mm | 密度 $\rho$ | 1.69 Mg/m³ | | 2.65 |
| 质量 $m$ | 246.2 g | 干密度 $\rho_D$ | 1.69 Mg/m³ | | |
| 含水率 $w$ | 0 % | 孔隙比 $e_0$ | 0.568 | | |

剪切

设备编号 2　测力环编号 R 225

平均校准 $C_R$ 0.936 N/div

应力因子 $C_T$ 0.259 kN/m²每格

位移率 / mm/min

固结后

沉降 0.018 mm　高度 $H_1$ 40.1 mm

干密度 $\rho_{D1}$ 1.70 Mg/m³

孔隙比 $e_1$ 0.559

正应力 $\sigma_n$ 36 kN/m²

| 日期 | 时间 | 水平位移(mm) | 荷载表读数 | 水平荷载(N) | 剪应力 $\tau$ (kN/m²) | 竖向移动 表盘读数(μm) | 竖向移动 膨胀沉降(mm) | 评述 |
|---|---|---|---|---|---|---|---|---|
| 24/6 | 1527 | 0 | 0 | 0 | 0 | 5000 | 0 | |
| | | 0.25 | 31.5 | 29.5 | 8.2 | 5000 | 0 | |
| | | 0.50 | 58.0 | 54.3 | 15.0 | 4996 | +0.004 | |
| | | 0.75 | 68.0 | 63.6 | 17.6 | 4987 | +0.013 | |
| | | 1.00 | 97.5 | 91.3 | 25.3 | 5016 | −0.016 | |
| | | 1.25 | 112 | 105 | 29.0 | 5053 | −0.053 | |
| | | 1.50 | 119 | 111 | 30.8 | 5084 | −0.084 | |
| | | 1.75 | 121 | 113 | 31.4 | 5123 | −0.123 | |
| | | 2.00 | 122 | 114.2 | 31.6 | 5160 | −1.60 | 最大$\tau$ |
| | | 2.50 | 121.5 | 113.7 | 31.5 | 5235 | −0.235 | |
| | | 3.00 | 118 | 110 | 30.6 | 5312 | −0.312 | |
| | | 3.50 | 114 | 107 | 29.5 | 5377 | −0.377 | |
| | | 4.00 | 110 | 103 | 28.5 | 5424 | −0.424 | |
| | | 4.50 | 105 | 98.3 | 27.2 | 5455 | −0.455 | |
| | | 5.00 | 102 | 95.5 | 26.4 | 5470 | −0.470 | |
| | | 5.50 | 98.5 | 92.2 | 25.5 | 5491 | −0.491 | |
| | | 6.00 | 99.0 | 92.7 | 25.7 | 5504 | −0.504 | |
| | | 6.50 | 98.0 | 91.7 | 25.4 | 5518 | −0.518 | |
| | 1538 | 7.00 | 95.0 | 88.9 | 24.6 | 5520 | −0.520 | 测试停止 |

图12.46　一组干砂试样的典型剪切盒试验数据

### 12.5.7 结果分析

17. (a) 剪应力和体积变化

以剪切应力（kPa）的计算值为纵坐标，位移（mm）为横坐标，作图。在同样的水平尺度上，绘制剪切过程中观察到的垂直运动图。来自一组三个测试的所有曲线都可以绘制在同一个轴上，如图 12.47 所示。

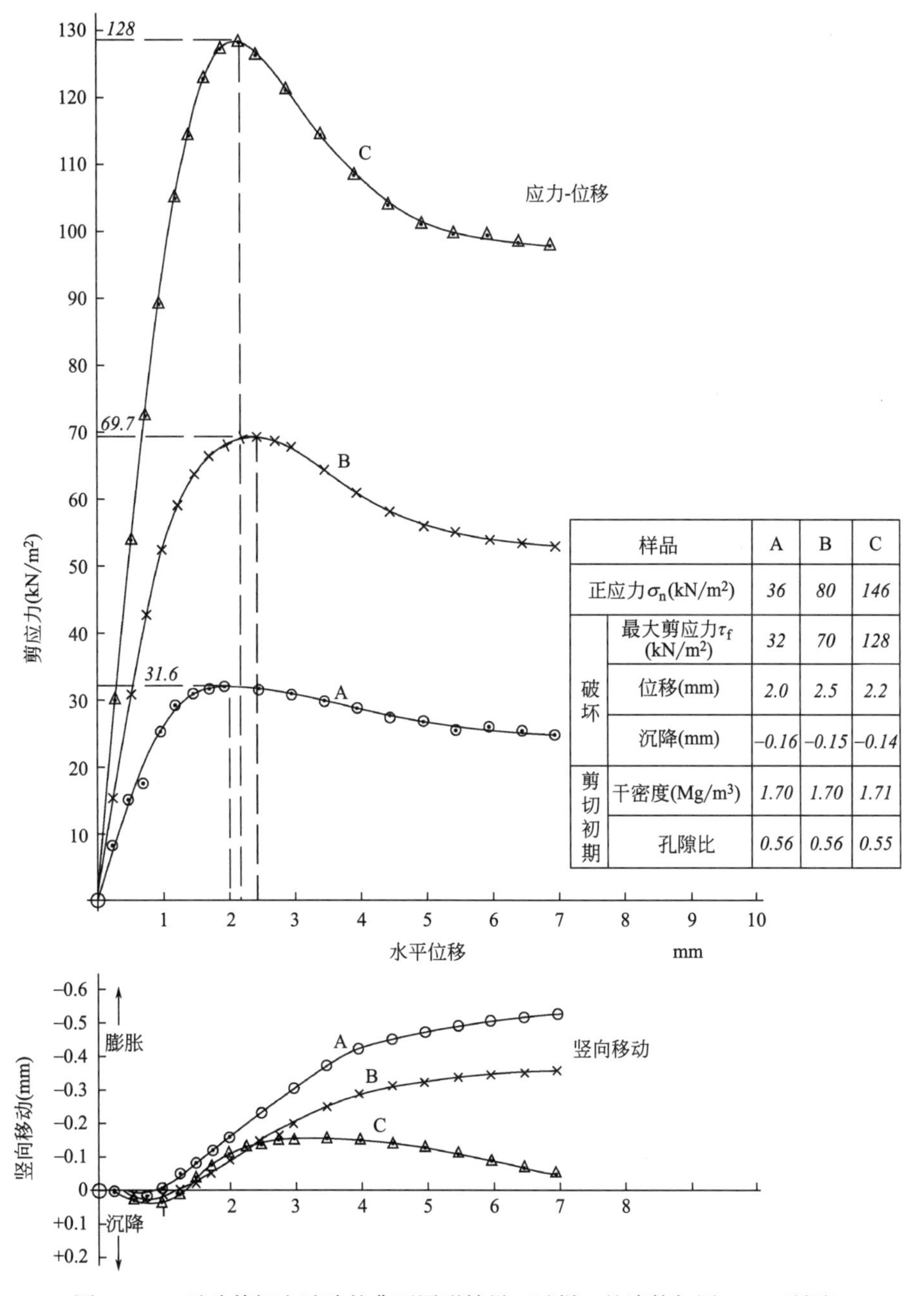


| 样品 | | A | B | C |
|---|---|---|---|---|
| 正应力$\sigma_n$(kN/m²) | | 36 | 80 | 146 |
| 破坏 | 最大剪应力$\tau_f$ (kN/m²) | 32 | 70 | 128 |
| | 位移(mm) | 2.0 | 2.5 | 2.2 |
| | 沉降(mm) | −0.16 | −0.15 | −0.14 |
| 剪切初期 | 干密度(Mg/m³) | 1.70 | 1.70 | 1.71 |
| | 孔隙比 | 0.56 | 0.56 | 0.55 |

图 12.47　干砂剪切盒试验的典型图形结果（试样 a 的读数如图 12.46 所示）

从图12.47中读出了每个试件的最大剪应力（峰值，即破坏时的剪应力）以及相应的位移和垂直位移。将图12.47所示的数据连同施加在每个试件上的正常应力一起列表。

或者，如果可以假设测力环校准的平均值，测力环读数可以直接根据位移绘制得到。确定每个图形的“峰值”对应的读数，由此得到相应的最大剪应力是唯一需要计算的值。

18.（b）库仑包络线

单独在一张图上绘制出破坏时剪切应力 $\tau_f$ 和相应正应力 $\sigma_n$ 的关系，如图12.48所示。图的水平和垂直尺度必须相同。通过三个点作最佳拟合直线。如果为颗粒土且为无黏性土，拟合直线应该通过原点（$c'=0$），这就提供了第四个点。该直线为破坏包络线或者称为库仑包络线。

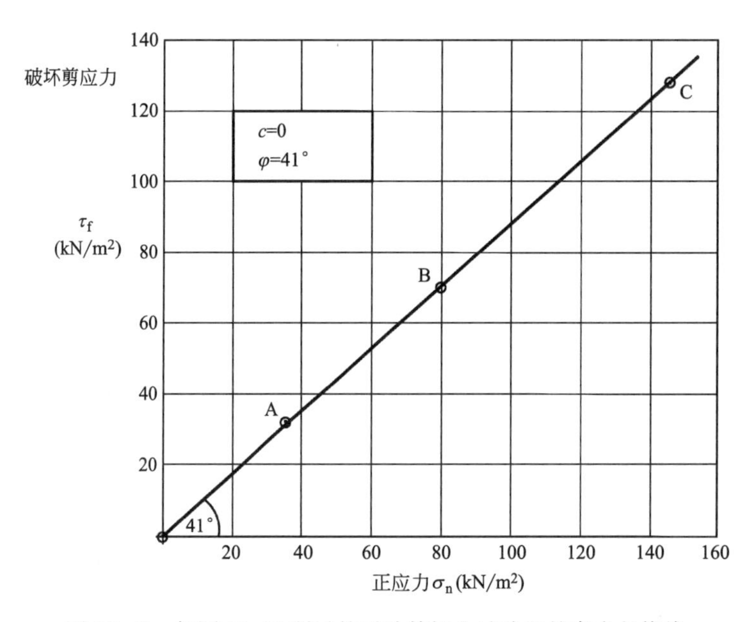


图12.48　如图12.47所示的干砂剪切盒试验组的库仑包络线

测量破坏包络线与水平轴的夹角 $\varphi'$，精确至0.5°。如果相关的话，读出纵轴上的截距黏聚力 $c'$（kPa）。

19. 试验结果

通过对三个或三个以上试件的剪切试验，得到以下数据：

内摩擦角 $\varphi'$，精确到0.5°

黏聚力 $c'$，保留两位有效数字

试样尺寸

样品名称

土样是否未受扰动或重新压实，以及如何制备

初始重度、含水率、干密度

开始剪切时的重度和干密度

孔隙率和相对密度（仅限于砂）

试验时是否加水
位移速率
汇总每个试验的表格数据（图 12.47）
剪应力-位移和垂直位移-水平位移曲线（图 12.47）
破坏包络线（图 12.48）
上述试验为“快剪试验”。

## 12.6　大型剪切盒：快剪试验（BS 1377-7：1990：5）

### 12.6.1　概述

大型剪切盒是一种典型的工业机器，设计用于测试边长 12in（305mm）的立方体土样。该设备最初被设计用于测试含粗砾石（37.5mm）的自由排水材料，这也是其主要应用领域（Bishop，1948）。第 12.7.3 节和第 12.7.4 节描述了未扰动土样（如极硬黏土或软岩）的制备和测试。

早期的大型剪切盒使用杠杆臂和悬挂重物来施加正常压力。一种最新设计包含了一个液压加载系统，如图 12.49 所示。

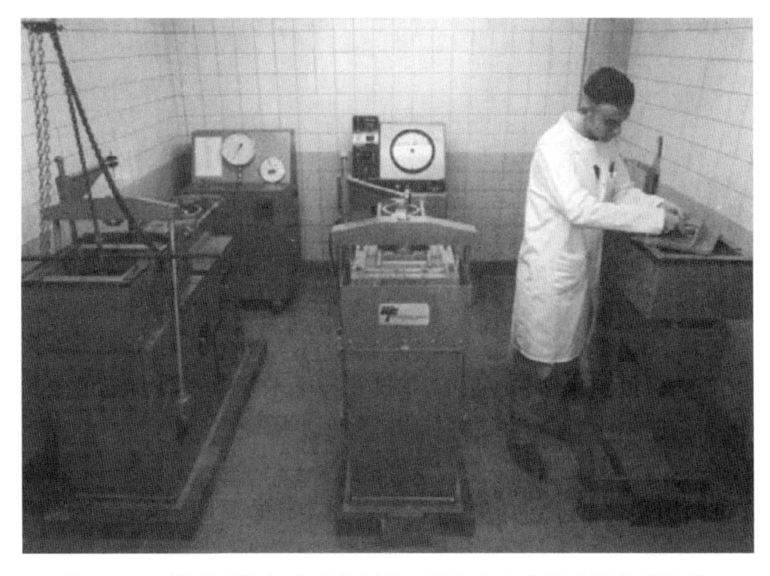

图 12.49　液压系统的大型剪切仪（图片由土力学有限公司提供）

### 12.6.2　仪器

大型剪切盒与标准剪切盒的组成部件相似（第 12.5.2 节），不同的是这些部件的尺寸更大，更难操作。例如，当安装好测试土样时，大型剪切盒重约 60kg，很难手动操作。

与第 12.5.2 节不同的部件有：

测力环（第 8.2.1 节）：通常是 50kN，取决于加载能力和盒子的大小。

千分表（第 8.2.1 节）：水平位移：50mm 的量程，精确到 0.01mm。垂直位移：25mm 的量程，精确到 0.01mm。可以在剪切盒的四个角上安装千分表，可以测量顶部加载板的倾斜度。

加载系统：杠杆加载系统的极限是400kPa，但液压系统可以提供高达$1MN/m^2$。

发动机：需要大功率的发动机，位移限位开关作为防护措施。多速变速箱可以提供大范围的位移速度。

图12.49的大型剪切盒的组成部件如图12.50所示。颗粒状材料试验所需的其他工具如下：

（1）多种工具：铲子，大勺子，直边。

（2）Riffle盒，适用于中粗粒砾石。

（3）电动振动锤，夯实脚。对于需要被压实的试样，振动锤需要至少两倍于BS振动锤击实试验［第1卷（第三版），第6.5.9节］的功率，最好安装在带有液压冲压件的钻机上。Pike（1973）在TRRL使用的单元具有以下特征：

锤头功耗1.5kW

振动频率约14Hz

液压加载的力约为4.5kN

夯实脚，$300mm^2$

对于更小的手持式振动锤，使用更小的夯实脚（例如$100mm^2$）会更合适。

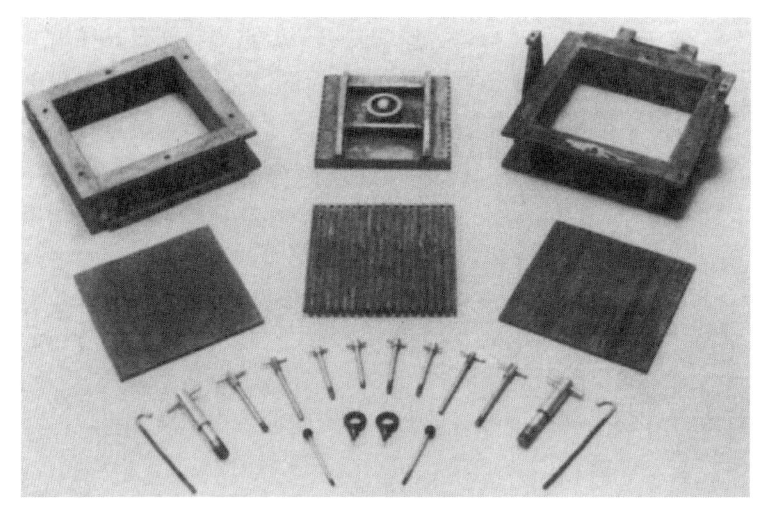

图12.50　大型剪切盒的零部件

### 12.6.3　试样的准备：无黏聚力的粗颗粒土

已知待测土体的质量，然后称量总残渣量，通过差值得到土体质量。BS规定任何大于试样高度1/10的颗粒都应该从原始试样中去除，并通过测定干土质量来确定它们的比例。然而，一些较大颗粒有时是不可避免的，样品中允许有不超过总量15%的超大尺寸材料（允许最大粒径为20mm)。在实践中，对于一个约150mm高的样品，这意味着所有土颗粒都有通过20mm筛，且14mm筛上颗粒干质量不应超过15%。如果最大的颗粒数量很少，应注意确保它们均匀地分布在试样内，必要时可手动放置。

如果可能的话，土体在已经就位的剪切盒中击实，避免后续处理的困难。击实一般分三层进行，剪切面在中间位置附近。通常情况下，达到一个预定的干密度，而不是施加一个指定的压实度。通过以下计算可以说明，即使是手动击实也很难达到 BS 的“轻度”击实效果。

体积 12in 的剪切盒的土样高度为 6in（152.4mm）

$$=\frac{304.8\times304.8\times152.4}{1000}\text{cm}^3=14158\text{cm}^3$$

BS 击实模具的体积 $=1000\text{cm}^3$

体积比（相同密度下的质量比）＝14.16

每层的锤击数（相当于在压试样中的 27 次）＝27×14.16＝382

使用振动锤要比费时费力的手动击实好得多。然而，对于干燥的土体，使用手动夯实棒可能就足够了。

如果使用的是手持式振动器，由于夯实脚比剪板盒的表面积小，则应先将剪板盒中的边缘的土体击实，然后进行剪板盒中部的击实工作。压实过程可能需要多次振动，总时间应根据经验或击实试验。为实现效果与 BS 的“轻度”压实相同，每层压实时间至少为 2min。

如果样品中粗颗粒材料含量较高，甚至没有细颗粒，可以在顶部表面铺一层几毫米厚的中砂，使其更容易击实均匀。

### 12.6.4　试验步骤

进行试验和计算、绘图和报告结果的程序原则上与第 12.5.5 节～第 12.5.7 节所述的程序相似。具体的步骤将取决于所用设备的类型。

此外，还需在试验数据表上注明使用了大型剪切盒，并说明试件的尺寸和制备方法。

## 12.7　排水强度和残余强度剪切盒试验

### 12.7.1　概论

在第 3 卷中将介绍有效应力原理，黏土的排水剪切强度的量测正是基于此。用于试验的剪切盒仪器已经介绍过了，接下来的内容将介绍常规土体试验的仪器使用说明。使用仪器相关的步骤细节与第 12.5.3、第 12.5.6 节中的描述相同。在这种试验中孔隙水压力不需要测量。在常规的剪切盒中测量孔隙水压力也是不现实的。通过允许试样排水，并且施加足够缓慢的位移，可以防止剪切过程中孔隙水压力的急剧变化。具体可以应用第 12.3.9 节中的经验方法来类比操作。第 12.3.9 节中的方法满足了超静孔隙水压应当消散至少 95％的要求。

黏土的残余强度是通过将排水测试延长至超过应力峰值点来测量的。位移持续到剪切盒的行程极限，然后将其调到起始位置，以便可以重新剪切试样。重复该过程多次直到达到恒定的抗剪强度值，也就是残余强度。

如果土样的性质和尺寸有需要，可以使用大剪切盒来用于测试排水强度和残余强度。其原理与标准剪切盒相同，但是其固结和剪切时间可能长得多，因为需要排水的土厚度变大了。

### 12.7.2　仪器

用于测量排水试验峰值剪应力的仪器与第12.5.2节提及的相同。变速箱需要能够提供广泛的位移速度范围。内置的微动开关可以在达到前进和后退行程极限时自动关闭电动机。这为防止超限运行带来的危害提供了理想的保护。为了监测实际的相对位移率，必须安装一个千分表以直接测量盒子的两半的相对位移（图12.38）。

为了测量残余强度，剪切盒必须装有一种可以反转回到起点的装置，使得剪切盒在达到全行程之后，试样上仍保持正常荷载。Marsh（1972）描述了一种弹簧复位装置，但是该装置是使用反向运行的驱动马达来提供复位行程的。这就要求在设备中设置两个用于传递张力的连杆，一个位于外盒和分体盒下半部之间的刚性封隔器以及一个能够承受张力的测力环（图12.51）。尽管某些机器配备了可同时测量压缩和拉力的荷载环，但在反向移动过程中并非必须测量样品的剪切力。

图12.51　用于残余强度测试的剪切盒设备的其他配件

a—传动杆与外盒之间的连接；b—在外盒与剪切盒下半部之间的封隔器；
c—“天鹅颈”和测力环杆之间的连接；d—测力环和锚固点必须承受张力

未配备反转连杆的旧式剪切盒机械可以按图12.52所示的方式配备拉杆、皮带和夹具。分体盒的下半部分前面也需要一个封隔器。

### 12.7.3　准备测试试样

用于剪切盒测试的黏性土试样可以从未扰动的土样上切下，也可以从重塑或压实的扰动土获得。颗粒最大尺寸的要求与第12.5.4节开头的相同。大型剪切盒的原状样通常是从块状样品中手动剪切得到的。

1. 未扰动黏土

可以如第9.2.2节（来自U-100管样品）或第9.3.1节（来自块状样品）中所述，使用方形试样切割器制备黏性土的未扰动样。如图12.53所示，用木推动器或拇指向下按压

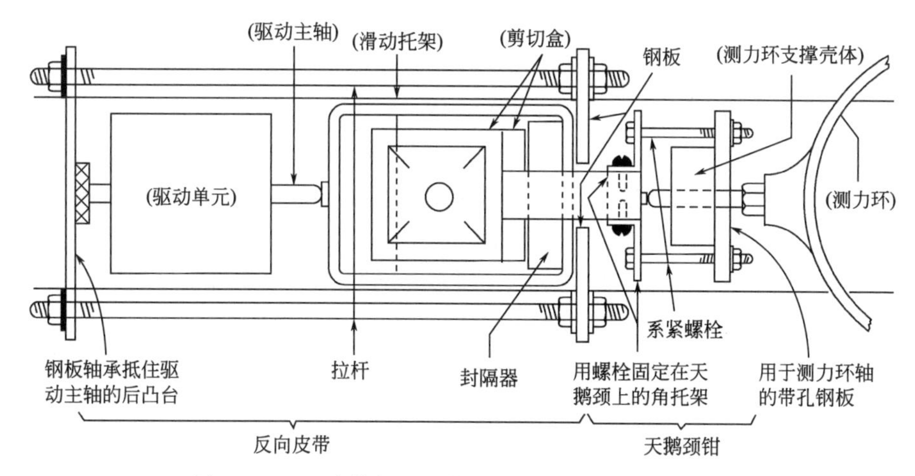


图12.52 旧式剪切盒机械的反转附件（原作者设计）

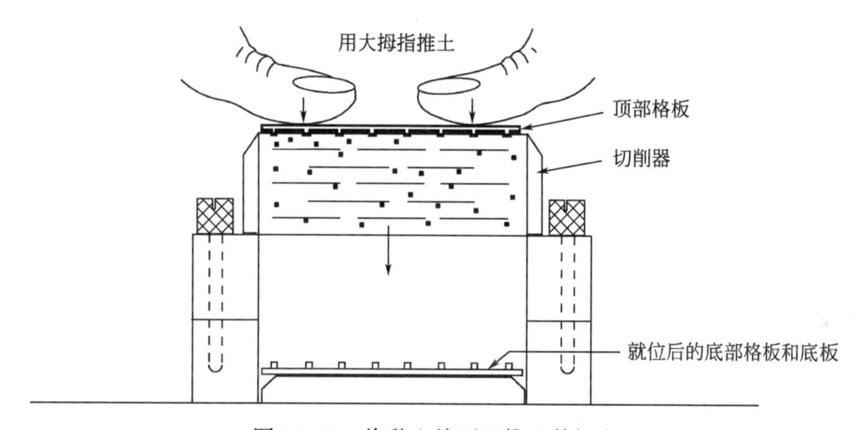


图12.53 将黏土从环刀推入剪切盒

顶部栅格板将样品转移到剪切盒中。

手动剪切硬质黏土时，应使用锋利的刀片，注意不要弄碎土样。如果存在砾石大小的硬碎片，则可能会导致样品剪切困难。尤其是在小土样中，剪切区内存在一个或多个粗颗粒会使结果无效。

泥炭样最初的取样厚度应大于通常使用的厚度，因为在固结时有可能发生非常大的位移。在部分固结后，或有必要在试样顶部补充土样，以确保剪切面保持在固结试样的边界尺寸内。

2. 压实/重塑黏土

如第9.5.3节所述，在适当的含水率下，可以将试样重新压实或直接重塑到剪切盒中。如果有足够的材料，最好先将土压实到模具中（例如压实模具），然后像原状样一样采用方形试样切割器（第9.5.5节）。

3. 大型剪切盒的块状试样

第9.3.4节中描述了大型剪切盒的黏性材料块状试样的制备。小于剪切盒的块状试样可以放置在箱子的中间，周围的空间填充有快速凝固的填充材料，例如硬质腻子。首先，应先用几层石蜡打磨保护涂层，以防止从填料中吸收水分。填料应分两层放置，第一层要精确到剪切平面的水平。应将填料平整光滑，使其凝固，然后覆盖两层尺寸合适的聚乙烯切割薄片。聚乙烯薄片用一层硅脂隔开，以消除由于填充材料的存在而产生的任何剪切阻力。将第二层填料放置在聚乙烯的顶部，注意不要夹杂任何空气，并使其升至试样的修整顶面以下约5mm。这将确保顶部栅格板仅放置在样品上，而不放置在填料上，并且确保整个正常负荷都通过土体传递。如图12.54所示，网格板与土体直接接触，从而沿顶部表面提供水平力。

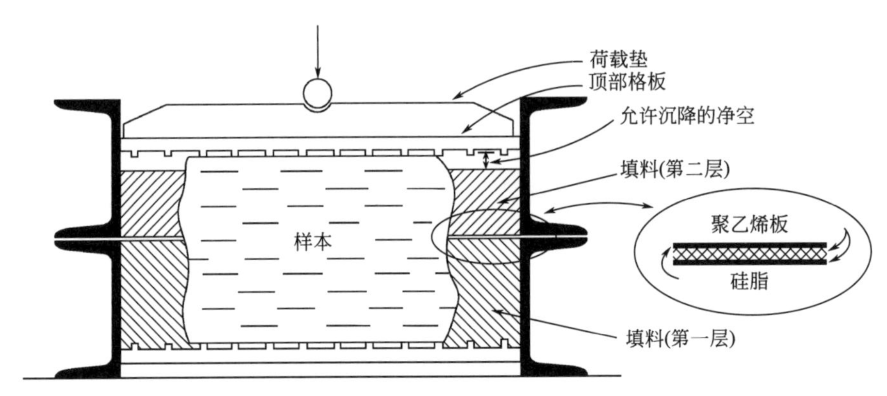


图12.54　在大型剪切盒中放置不规则试样

当土样的两半分开时，可以在试验后确定正应力和剪应力作用的土样面积。土样的轮廓可以标记在被剪切表面上的描图纸上。轮廓的面积（1）可以通过将图形分为矩形和三角形来计算；（2）放在一张方格纸上并计算面积；（3）使用平面仪。

### 12.7.4　排水测试步骤

下述步骤用于测量黏性土的峰值和残余排水强度。在仅要求峰值强度的单级排水试验中，一旦确定了最大的抗剪强度，或者达到了剪切盒的行程极限，就可以终止剪切。

测试的第1部分与第12.5.6节中描述的快速剪切盒测试非常相似，但是从固结阶段获得完整的读数非常重要。

1. 配置

如第12.5.6节的第1～6步中所述，准备好仪器并放置样品。在将重量施加到吊架上之前，立即将水添加到外容器中。

2. 固结

如第12.5.6节第7步所述，对土样施加法向荷载，并同时启动计时器。采用与里程表固结测试相同的方式记录垂直移动百分表的读数（第14.5.5节，第14步）。采集数据时，可以使用便于进行时间平方根绘图的时间间隔（如0.25min、1min、2.25min、4min，参见表14.11）。

根据时间平方根（min）绘制位移读数，并允许固结继续进行，直到位移几乎完成为止。这个过程可能需要 24h。

3. 位移速率的估计

通过第 12.3.9 节中所述的方法确定 $t_{100}$ 的值，如图 12.24 所示。如果位移曲线的线性部分不明显，请使用如图 12.25 所示的替代步骤，该步骤也在第 12.3.9 节中进行了说明。

由 $t_f=12.7t_{100}$，计算破坏的最短时间 $t_f$。

例如，如果从图中可知$\sqrt{t_{100}}$的值是 5.8，那么：

$$t_{100}=5.8^2=3.6\text{min}$$

并且 $t_f=12.7\times 33.6=427\text{min}$，也就是 7h。

$$\text{如果 } H=21\text{mm}$$

$$C_v=\frac{0.103\times 21^2}{33.6}=1.35\text{m}^2/\text{a}$$

峰值强度处的位移可能会变动。这通常是基于经验的，见表 12.5。如果使用一个较低的估值可能会带来安全隐患。比如，假设在 3mm 的位移处将达到峰值强度，则位移速率不应大于 3/427=0.00703mm/min，即图 12.55 中的 OA 线。

**60mm 剪切盒中峰值强度的典型位移**　　**表 12.5**

| 土的类型 | 峰值强度的位移(mm) |
|---|---|
| 松砂 | 5～8 |
| 密砂 | 2～5 |
| 塑性黏土 | 8 |
| 硬黏土 | 2～5 |
| 硬黏土 | 1～2 |

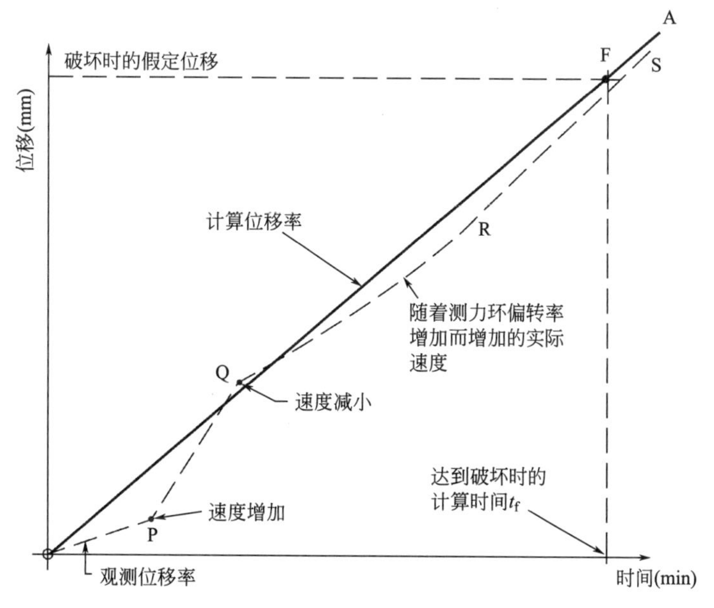


图 12.55　图形监控位移速率

如果下侧最近的机器速度为0.0070mm/min，这是运行测试的合适速度。

4. 剪切：单阶段测试

使用如上获得的位移速率，并以与第12.5.6节中所述相同的方式剪切样品。随着测试的进行，应按图12.28所示的方式将测力环读数（与剪切应力成正比）相对于累积水平位移作图。

此外如图12.55所示，应通过绘制观察到的位移与时间的关系来监控实际位移速率。如果观测点落在直线OA之下，则位移速率小于计算值；如果在直线上方，则位移速率太快，应降低位移速率。

测试开始后不久，当测力环随着剪切力的累积而变形时，实际相对位移速率可能小于机器速度（曲线OP）。如果允许继续监测应变速率，则可以提高机器速度。当观测点的图线到达OA线（Q点）时，应降低速度，以提供诸如QRS的曲线。目的应该是保持平均位移速率不大于OA线表示的计算值。

达到峰值条件后，继续剪切并获取读数，以便清楚地定义“峰值”。如果没有确定的峰值，请继续剪切直到达到设备的最大行程。

5. 完成测试

(1) 清除

当明确定义了最大应力或达到了行程极限时，请停止电动机并使驱动单元返回其初始位置。如第12.5.6节的第11～13步中所述，将盒体中的水排干，卸下吊架载重、吊架和叉架，然后提起剪切盒。

含水率和剪切表面的形状通常很重要。从样品周围向上拉动剪切盒的上半部分，同时用拇指向下按压网格板［图12.56（a）］。将盒子的下半部分倒在一个小托盘上，并通过按压底板将土样从盒子中推出，使其进入托盘［图12.56（b）］。粘附在盒子上的所有土都应清除并添加到样品中。

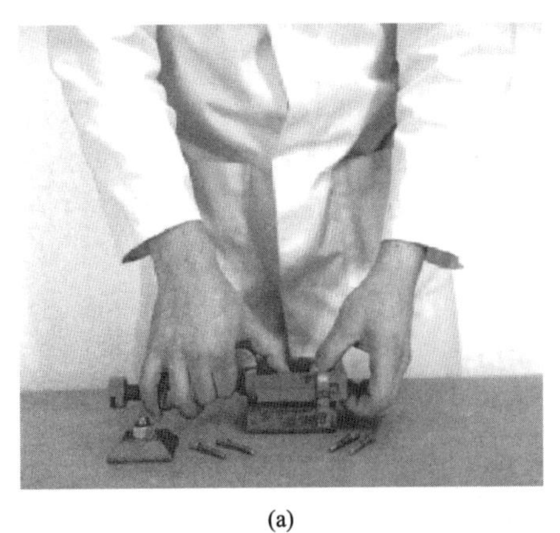

(a)

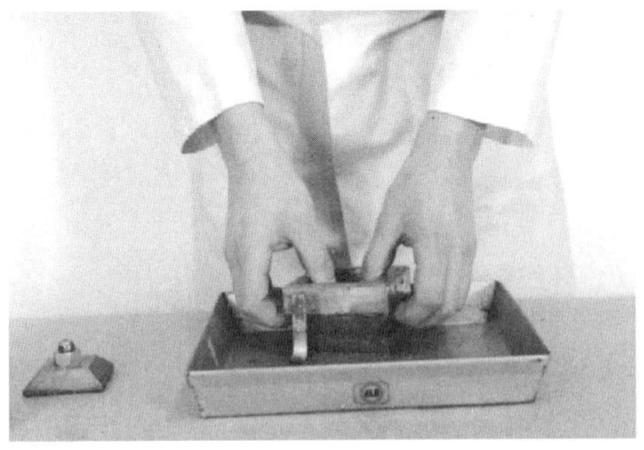

(b)

图12.56　从剪切盒中取出黏土样品

(a) 拉开盒子的上半部分；(b) 从盒子的下半部分推出

对装有试样和两个栅格板的托盘进行称重，或将栅格板滑出，在称量前将附着的土添加至试样中。

为检查剪切的表面，要先将盒子的两半分开，然后再沿与剪切试验相同的相对方向将其水平滑动，以将土样推出。然后可以草绘或拍摄两个剪切面。如果要测量含水率，请勿将这些表面暴露太长时间，尤其是在照相灯泡附近。

（2）含水率的测量

将土样在烤箱中干燥过夜或足够长的时间以达到恒定质量。在干燥器中冷却并在托盘中称重（$m_3$）。最终含水率 $w_2$ 由以下公式给出：

$$w_2=\frac{m_2-m_3}{m_3-m_r}\times 100\%$$

其中 $m_T$ 是托盘的质量，或者托盘的质量加上两个栅格板（如果在湿重和干重时它们仍留在样品中）。

如果从原状土样中取出，则初始含水率可从修整物中获得。如果没有材料损失，可以在测试结束时从干重中验证，这与开始时的干重相同。

$$初始的土样质量=m$$

$$最后干质量=m_s-m_T$$

$$\therefore 初始含水率=\left[\frac{m-(m_3-m_T)}{(m_3-m_T)}\right]\times 100\%$$

如果可接受的初始含水率以 $w_0$（%）表示，则初始干密度 $\rho_D$ 为：

$$\frac{100\rho}{100+w_0}\mathrm{Mg/m^3}$$

（3）计算和绘图

如第12.5.6节的第16步所述，计算土样上的密度，法向应力和剪应力。确定代表破坏的最大剪切应力（峰值）。

如果已经在不同的法向应力下测试了一组相似的土样，则针对法向应力绘制每个最大剪切应力，并绘制库仑包络线，按第12.5.7节所述报告结果确定有效应力参数 $c'$ 和 $\varphi'$。

6. 多阶段测试

对于多阶段试验，直接在单个试样上施加两个或多个不同法向压力并剪切，这似乎很合理快捷，然而，对于每一个附加固结阶段都会将之前形成的剪切面向下位移，并偏离仪器剪切面，因此需要开发新的剪切面。

### 12.7.5　残余强度测试步骤

1. 初始阶段

样品的准备，设置，固结和位移速率的估算如第12.7.4节所述。剪切的第一步也如上所述，不同的操作在于，随后位移继续超过最大剪切阻力点，直到达到仪器的行程极限。

2. 反转

当达到行程极限时，使电动机停止，并确保牢固地连接了用于反向行驶的连杆。通过以下逆向过程之一将剪切盒返回到其初始位置，而无需去除试样上的垂直力。

(a) 反转电动机，以使驱动单元将剪切盒的下半部分恢复为与上半部分的原始对齐状态。该操作的电动机速度应使得反向行进所需的时间与从剪切开始到峰值剪切力的时间大致相同。反向行进期间不需要读取剪切力，也没有意义。

(b) 在几分钟内，通过使用手动上链装置，可以反转行进方向，直到达到初始对齐为止。在开始下一阶段之前，应静置至少12h，以重新建立孔隙压力平衡。

(c) 通过手动转轮，在几分钟内进行5～10次快速的前后移动。这将在样品内建立一个剪切平面。恢复到原来对齐状态，并按照 (b) 的要求静置至少12h。

反转后，记录垂直位移计的读数。检查水平位移计和荷载环的读数是否已恢复到初始值。如果没有，则进行调整或记录新的零读数。

3. 重新剪切

第二次剪切位移与第一次剪切位移相同，不同之处在于位移速率应等于上述步骤 (a) 中提到的反向行进速率。应累计测量位移，使第二次运行从第一次运行结束的点开始，如图12.28所示。

4. 随后的剪切阶段

如上所述，进行进一步的反转和重新剪切，直到达到恒定的剪切阻力残余值为止，如荷载环读数与累计位移的关系图所示（图12.28）。

5. 完成测试

完成最后的剪切运行后，停止电动机。取出土样，检查并描述剪切表面，并确定含水率，所有步骤均在第12.7.4节中进行了描述。

从荷载-位移曲线，得出峰值和残余强度，如图12.28所示。峰值和残余排放条件下的库仑包络线可以从一组三个测试中得出（图12.57）。然后可以得到排水抗剪强度参数 $c'$，$\varphi'$（峰值）和 $c'_r$，$\varphi'_r$（残余）。

### 12.7.6　剪切平面方法

通过沿剪切平面将土样切成两部分，可以减少使黏土达到其残留状态所需的剪切盒移动次数，该过程也被称为“剪切平面方法”。如果在开始安装之前先对样品进行切片，则必须在正常荷载下进行固结。以确保在剪切阶段，切口位于设备剪切平面的水平。如果先将土样固结，然后取出进行切片，并在重新施加正常荷载之前小心更换，则可以克服这一困难。如果要确定完整的峰值强度，可以在剪切盒第一次移动之后将试样取出，然后沿所得剪切面切片。

避免移除样品的另一种方法是在完成第一次运行后最多进行10次剪切盒的快速来回移动（如第12.7.5节中的反向过程 (c) 所示）。缺点是微颗粒材料几乎不可避免地从剪切面流失，并且细颗粒部分对残余强度有重要影响。

在土或岩石中沿着裂缝或其他不连续表面的抗剪强度的测量可以看作是对自然发生的“剪切面”的测试。如果表面在剪切盒中正确对齐，期望峰值强度通常不会明显高于残余

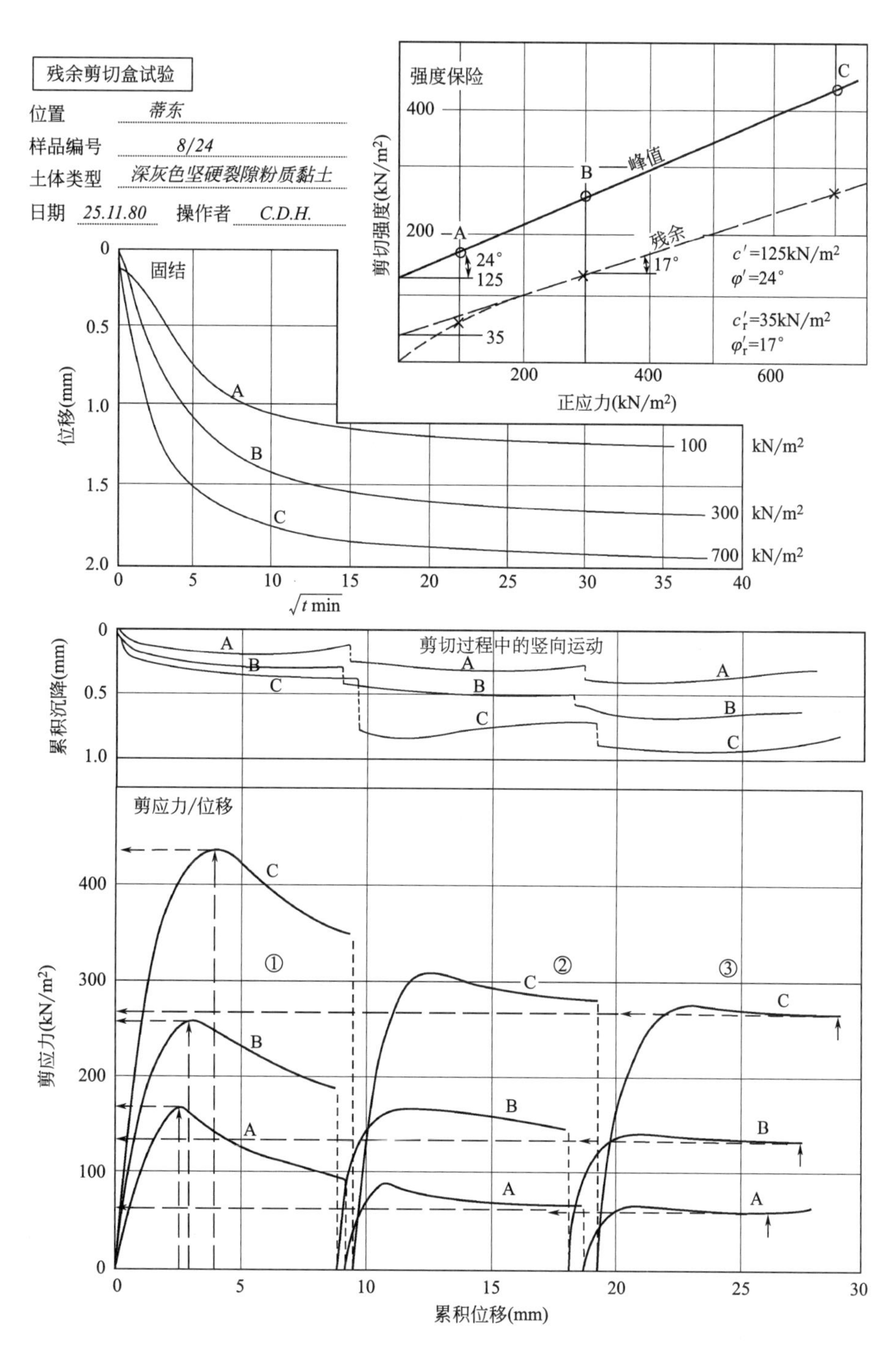


图 12.57　一组典型的残余剪切盒测试的图形结果

值。设置时，由于固结而必须谨慎考虑最初的配置。

原始作者于 1963—1966 年在巴基斯坦西部的 Mangla 的 Siwalik 黏土上进行了剪切面测试和自然不连续性测试。Bishop（1971）以及 Townsend 和 Gilbert（1973）也提到了该程序。

## 12.8　十字板剪切试验（BS 1377-7：1900：3 及 ASTM D 4648）

### 12.8.1　概述

这里所述的实验室十字板试验在原理上类似于现场十字板试验（BS 1377-9 第 4.4 条），但规模较小，目的是直接测量室内土样的抗剪强度。ASTM（美国材料与试验协会）称之为“微型十字板剪切试验”。现场设备的十字板可达 150mm 长和 75mm 宽，通常的实验室设备的十字板为 12.7mm×12.7mm，大一些的十字板（如长 25mm），可用于测量非常低的抗剪强度。

经验表明，饱和黏土的室内十字板试验结果与无侧限压缩试验的结果是一致的。该十字板装置特别适用于剪切强度小于等于 20kPa 的软质、敏感黏土等类土，从这些土中制备原状试样进行其他类型的试验是极其困难的。软质土样可以在干扰最小的采样管中进行测试，这就是本文所描述的应用。然而，该试验也可以在软质重塑土（例如压实模具中）进行。

使用相同原理的另一种类型的装置是微型剪切仪，即在第 12.8.5 节中进行描述。

### 12.8.2　仪器

1. 实验室十字板装置是独立的，主要由下列部件组成（图 12.58）。它可能装有驱动电机，但以下说明用于手动操作：

(a) 框架、支架和底板；

(b) 十字板安装组件；

(c) 手柄，通过用方螺纹丝杠升降十字板组件；

(d) 十字板，有四个刀片，通常为宽 12.7mm、长 12.7mm；

(e) 手柄，用于旋转十字板头部，向十字板轴部施加扭矩；

(f) 刻度尺，以度为单位标记，一个固定在十字板头部，另一个同十字板一起旋转（图 12.59）；

(g) 垂直连接在旋钮上，旋钮在指针托架上配有摩擦套；

(h) 一组不同刚度的校准弹簧（通常为 4 个），以顾及一系列的土体强度；

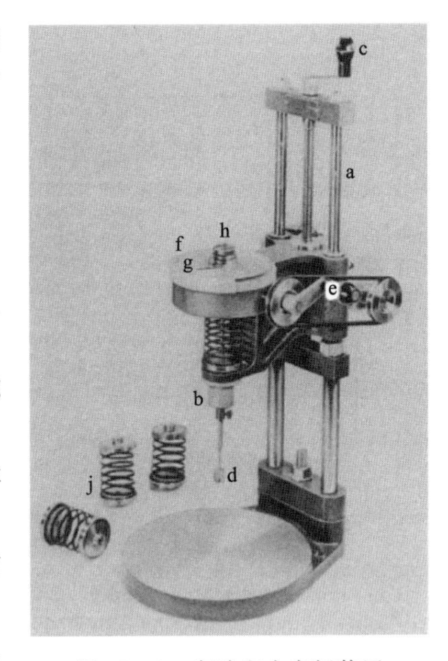


图 12.58　实验室十字板装置

(i) 弹簧校准表。一组弹簧的校准曲线如图 12.60 所示，但每个弹簧在首次使用前必须单独校准。校准这些弹簧的程序见 ASTM D 4648。

框架和底座的尺寸足够大，以容纳标准压实模具或包含试样的 CBR 模具。为在长容器（如 U-100 管或活塞管）中测试样品，框架旋转 180°以便十字板可以悬挂在试验台的边缘上，在该边缘上，采样管可以夹紧在适当的位置（图 12.61）。此外，配重必须加到底板上。

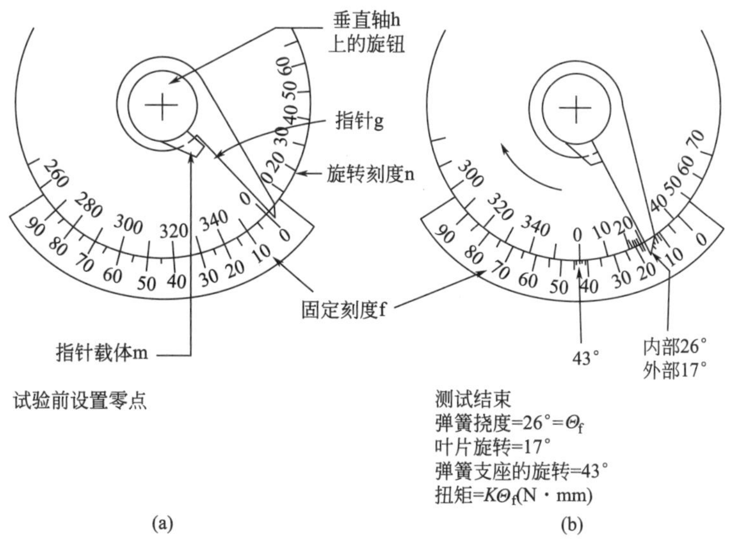


图 12.59　实验室十字板装置的角度盘

（a）详细信息；（b）试验后的读数示例

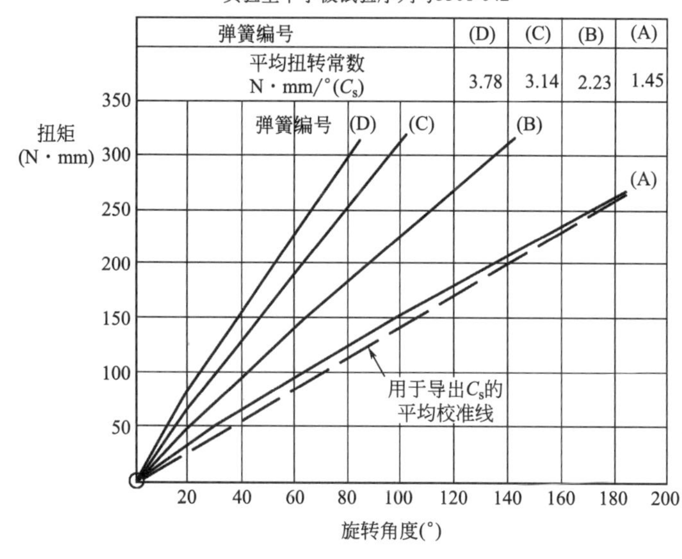


图 12.60　实验室十字板装置扭转弹簧校准曲线的典型示例

图 12.61　在 U-100 样品管中进行实验室十字板试验

2. 一种支撑和夹紧靠近试验台边缘的直径为 100mm 的取样管的工具。

3. 烘箱和其他测试含水率的设备。

4. 小工具，如抹刀、切边刀、钢尺。

5. 停钟或计时器。

该装置的工作原理如下。如果当手柄（e）转动时，十字板不能旋转，则内部刻度尺（n）（图 12.59）以与弹簧上端相同的角度旋转，但竖直轴（h）和指针（h）保持静止。

因此，指针在外部刻度（f）上读数为零，并且通过内部刻度（n）可以计算施加于弹簧的扭矩。当扭矩减小时，指针保持在此位置。如果十字板未被完全约束，则外部刻度（f）上由指针（g）指示的读数给出十字板（d）的旋转角度，而内部刻度（n）上的读数使扭矩能够像以前一样计算。刻度（n）相对于刻度（f）的旋转量等于这些旋转的总和量，并且仅表示驱动单元的总旋转量。因此，在测试结束时：

内刻度指针读数可得到扭矩；

外刻度指针读数可得十字板旋转角度。

### 12.8.3　程序步骤

1. 管内制样
2. 夹管就位
3. 弹簧选择
4. 仪器准备
5. 刻度调整
6. 插入十字板
7. 测量抗剪强度
8. 重塑
9. 测量重塑强度
10. 拆卸十字板
11. 重复步骤5～10（在不同位置重复4次）
12. 测量含水率和密度
13. 计算
14. 报告结果

### 12.8.4　试验过程

1. *样品制备*

以下程序涉及对U-100取样管中原状样品的测试，但同样的原理也适用于其他类型的样品。即使是部分离开试管，也应避免样品被顶出，并且一旦端部密封被移除，样品不可摇晃或倾斜。

垂直地夹住样品管，并将其待测端最上方安全夹紧。拆卸端盖、蜡封和任何包装材料。在管内修剪样品，使其上端扁平并且垂直于管轴。测量从试管的末端到样品的距离。

2. *夹管就位*

仔细调整样品管的位置，保持其轴线垂直，直至到已经为试验准备好的位置。夹住管子的边缘，测试水平面稍高于试验台平面，这样十字板就能到达管子的中心轴线（图12.61）。

如果管子的重量由支撑架支撑，则可以用绳子或电线缠绕管子2～3圈，并将每一端固定于夹在两边工作台边缘的G形夹上，从而将管子固定在弯管上（图12.61）。在工作台和管子之间插入一块泡沫橡胶或塑料材料将有助于保持稳定。或者，该装置可以在基板中为U-100管安装一个夹子。

3. 扭转弹簧选择

在对试件进行检验并评估其可能的抗剪强度范围后，应选择适用的扭转弹簧。表 12.6 给出了基于第 1 卷（第三版）表 7.1 中描述性术语的一套典型弹簧的通用指南。

**实验室十字板的扭转弹簧**　　**表 12.6**

| 强度 | 建议弹性参数 | 最大切应力(kPa) |
|---|---|---|
| 非常柔软 | (A)最软 | 20 |
| 柔软 | (B) | 40 |
| 柔软到坚硬 | (C) | 60 |
| 坚硬 | (D)最硬 | 80 |

记录所用弹簧的编号。

4. 仪器准备

根据制造商的说明组装该装置并安装扭转弹簧。扭转弹簧必须以正确的方式安装。

将十字板轴安装到其套筒中，并拧紧固定螺钉。为检查弹簧和十字板是否正确安装，应将十字板夹在拇指和食指之间以防止旋转，并用另一只手稍微转动扭转驱动手柄。应能感觉到十字板的旋转趋势。

松开支柱单元底部的螺母，通过 180°旋转单元，使底座和扭转头位于支柱的相对两侧，并重新拧紧固定螺母。保持支柱不动，直到平衡重量被加到底板（图 12.61）。

通过旋转手柄（c）（图 12.58）来升起十字板组件，使十字板离开 U-100 管的顶部。将装置移到相应位置，使十字板直接在管子的中心轴线上（位置 1，图 12.62）。

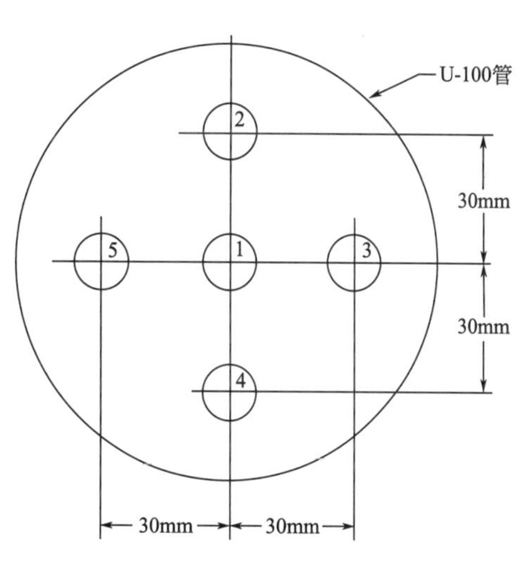

图 12.62　U-100 管中的十字板试验位置

5. 刻度调整

移动刻度盘上的指针（g）（图 12.59），使其与十字板轴顶的托架（m）接触。按住旋钮（h）并旋转托架，直到指针在内部刻度（n）上调到零位。旋转手柄使指针在外部刻度（f）上归零。检查扭矩机构中的齿隙是否已被消除。

6. 插入十字板

检查十字板是否位于样品中心正上方。通过转动手柄（c）将十字板组件向下绞动（图 12.58），直到十字板刚好接触到样品的端面。参考一个固定点（如十字头的底部），测量并记录十字板支座顶部的水平面。然后可以测量十字板的下端穿透样品的精确深度。或者，如果已知螺杆的螺距，则可通过对手柄（c）的转数进行计数来确定十字板贯入度。

将十字板平稳地向下绞动，直到达到所需的贯入度。通常，贯入深度不应小于十字板宽度的4倍，为标准叶片提供约50mm的最小覆盖。记录贯入深度。

7. 测量剪切强度

在两个角度刻度上记录指针的初始读数，精确到半度。

以稳定的速度顺时针旋转手柄（e）（图12.58），向十字板施加扭矩。同时启动时钟。扭力头（弹簧支座）应以6～12°/min的恒定速率旋转，这要求非常缓慢地旋转手柄。优先选择合适的电动驱动器。当土体抵抗施加扭矩时，内刻度上的指针读数稳步增加，直到达到土体的最大抗剪强度时，此时出现破坏，扭矩减小，但指针保持在指示弹簧最大角度偏转的位置，由此可以计算破坏时的十字板扭矩。停止转动手柄，停止时钟，并将角刻度读数精确到0.5°。记录到达破坏所需的时间。

如果弹簧挠度达到100°，或制造商提供的上限，则停止测试，并用一个更硬的弹簧重新试验。

8. 重塑

快速旋转十字板两圈，使剪切区的土体重新成型。

9. 测量重塑强度

重塑后立即记录角刻度读数。不要拖延，像第7步那样旋转十字板，直到再次观察到破坏，并记录“重塑”试验的刻度读数。

10. 拆卸剪切板

转动手柄（c）使十字板平稳上升。当十字板从样品中出来时，轻轻地在其周围按压，以防止因于表面撕裂而造成的过度干扰。小心擦拭刀片以清除粘附的土。为避免可能对十字板和轴造成损坏，将组件向上绞动，直到其完全脱离样品管顶部。

将仪器从试验台边缘移开约30mm，使十字板直接位于图12.62中标记2的位置上。此位置允许位置1和2之间以及位置2和管壁之间有合理的间隙。

11. 重复测试

在位置2重复第5～10步（图12.62），并在第3～5位置再次重复。在每个新位置2、3、4和5之间，样品管可以旋转90°，或可移动十字板装置。每个试验地点的中心之间的距离不应小于十字板宽度的2.3倍。

完成这一组五项测试后，清洁叶片，并将其连同轴一起从支座上拆下。取出弹簧。更换所提供盒子中的所有部件。

12. 测量含水率及密度

取出土样进行检验和指标测试。当样品是从端面被取出时（被测端部最前面），从端部表面测量，以确定进行十字板试验的区域的位置。从该区域取样进行含水率测定，最好从每个十字板试验位置取一个试样。

此外，如果需要密度，最好不要在挤压后进行测量，而是在挤出测量含水率之前进行测量并对试管中的样品称重，如第 1 卷（第三版）第 3.5.3 节所述（样品的测试端已经过修剪和测量；现在应该在另一端完成）。完成这些测量后，可挤出样品进行含水率和指标测试。

13. 计算

在每个剪切试验后，由指针（g）在内部刻度（n）上指示的角偏转读数给出了弹簧在破坏时的相对角偏转 $\theta_f$（°）。所施加的扭矩 $M$（N·mm）等于 $C_s \times \theta_f$，其中 $C_s$ 是从校准数据中获取的弹簧校准因子 $N$（mm/°），从校准数据中获得。绘制与图 12.60 相似的曲线，可以从中读取扭矩 $M$。

如果使用普通的十字板（12.7mm×12.7mm），则根据该式计算土的十字板抗剪强度 $\tau_v$：

$$\tau_v = \frac{M}{4.29} \text{kN/m}^2$$

[见式（12.21）]。

如果使用不同尺寸的十字板，则上述关系变为：

$$\tau_v = \frac{1000M}{K} \text{kN/m}^2$$

其中 $K$（$m^3$）的值定义为：

$$K = \pi D^2 (H/2 + D/6)$$

[见式（12.20）]。

计算所有 5 个无扰动十字板抗剪强度（$\tau_v$）和所有 5 个重塑十字板抗剪强度（$\tau_{vr}$）的平均值。如果一个结果与其他的结果明显不同（如超过 20%）则应将其舍弃。还可计算每种试验破坏时的平均角应变。

计算土的灵敏度 $S_t$，其中 $S_t = \tau_v / \tau_{vr}$。

从测量的几个位置计算平均含水率，并计算总密度（如果测量）。

14. 报告结果

报告未受扰动和重塑土的平均十字板抗剪强度（单位 kPa，保留两位有效数字），包括最高和最低的测量值。

报告破坏时的角应变，以及达到破坏的平均时间。

报告土的灵敏度（保留两个有效数字）以及含水率和体积密度（如测量）。指标测试的结果（如液限和塑限）也应包含在内（如测量）。

报告实验室十字板试验是按照 BS 1377-7：1990 第 3 条规定的十字板尺寸使用的。指明进行测试的取样管内的水平面，以便结果可以与地表以下的深度相关。

### 12.8.5　微型剪切仪

如图 12.63 所示，微型剪切仪或微型十字板的工作原理与实验室的十字板装置相似，但适用于表面并旋转相对较薄的土盘。它可以在现场使用，例如在坑洞、沟槽的两侧，以及在实验室的管样末端或块样表面。该仪器应被视为有助于对被视察区域内的土体进行目视分类，而非代替其他设计用途的抗剪强度测试方法［第1卷（第三版）第7.5.6节］。

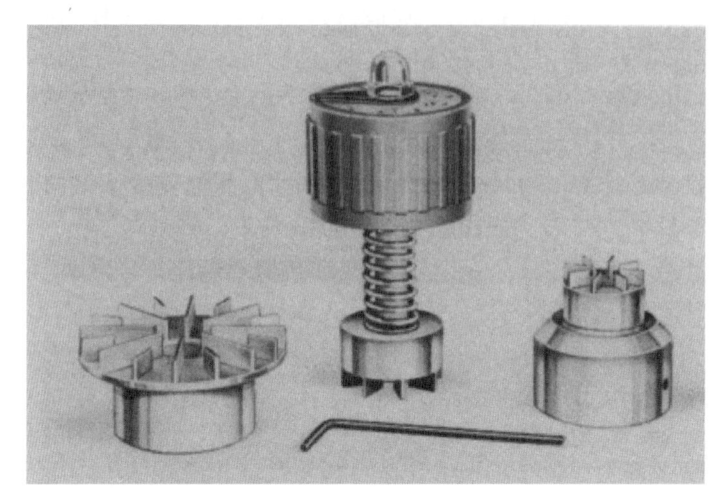

图12.63　微型剪切仪

测试区土的抗剪强度是通过将十字板推进土中并转动旋钮来测量的，直到在表盘上达到最大读数为止。通过校准可以直接得到抗剪强度单位。

标准十字板可用于测量高达100kPa的剪切强度。此外，还可以安装更大的十字板，在测量20kPa以下的抗剪强度时具有更好的灵敏度，并且可以使用较小的十字板将量程扩大到250kPa。

在使用此仪器时，应遵循制造商的详细说明。

## 12.9　环剪试验（BS 1377-7：1990：6）

### 12.9.1　概述

这里所述的环剪试验使用由金斯顿大学（伦敦）的布罗姆黑德教授设计的简单仪器来进行（Bromhead，1979）。试验仪针对黏性土的残余强度的测量而设计，对于该测量，较小的重塑土试样是足够的。

环剪原理允许将几乎无限的变形应用在实验室测试样品上，而没有传统剪切盒中反转过程的缺点。在Bromhead仪器中，可以测试已在塑性极限或潮湿条件下重新成型的样品。剪切是沿着靠近上荷载板的表面进行。由于最终必须达到完全排水的状态，所以对位移速率要求并不严格。

试样是厚度为5mm的环，其外径为100mm，内径为70mm。当达到残余条件时，假定剪切表面的法向应力和剪切应力都均匀分布在相对旋转面上。

在开始测试之前，需要定义以下测试条件：

（1）准备样品时重塑土的含水率；

（2）一组测试的土样数，或适用于单个样品的步骤数和重新加载顺序；

（3）要施加的正常有效压力；

（4）形成剪切平面应遵循的步骤。

### 12.9.2　仪器

1. 环剪仪

该设备中使用的重塑试样径向限制在同心环之间，垂直限制在具有相对粗糙表面的多孔环形圆盘之间。垂直压力可以通过杠杆臂装置（通常是平衡的）吊架重物通过上部多孔环带施加到试样上。包含试样的剪切室是可移动的，在测试过程中可以浸入水浴。剪切室的下部是由电动驱动的旋转单元，而上部则由匹配的一对校准的测力环或负载传感器控制（第8.2.1节），从而可以确定约束扭矩。

角度旋转通过以1°间隔刻度进行测量。安装千分表或位移传感器（第8.2.1节），用于测量垂直变形。

总体布置如图12.64所示，典型的环剪试验装置如图12.65所示。

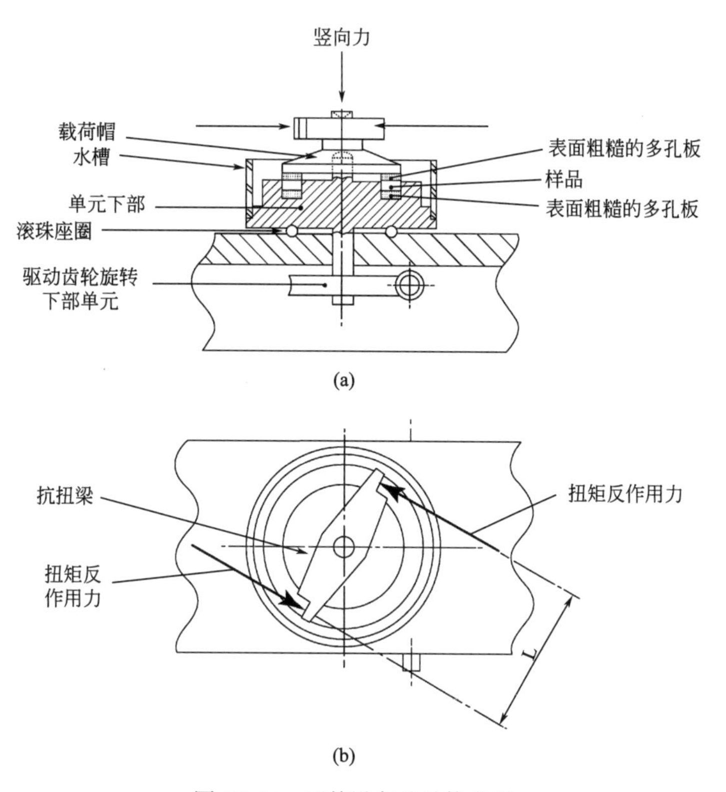


图12.64　环剪设备的总体布置：

（a）横截面；（b）显示抗扭梁上测力环产生的扭矩作用力的平面图（未显示度刻度）

（摘自BS 1377-7：1990的图4）

2. 辅助设备

所需的其他设备项目如下：

确定含水率的设备［第1卷（第三版）第2.5.2节］

天平（可读至0.01g）

图 12.65 典型的环剪仪（照片由土力学有限公司提供）

抹刀
蒸发皿
平板玻璃（用于液限试验）
停表或秒计时器
BS 测试筛（1.18mm 孔径）

3. 测量和检查

在首次使用仪器之前，请使用游标卡尺测量精确到 0.1mm，以验证试样盒的尺寸。

确定每个测力环的位移系数（mm/division 或 mm/digit）值。如果测力环装有刻度盘规，该系数通常为 0.002mm/division，但应对此进行验证，两个值的平均值用 $F$ 表示。

测量抗扭梁上测力环施加点间距 $L$，精确到 mm［图 12.64（b）］。

### 12.9.3 准备和组装

1. 试样

用于试验的材料不应包含残留在 1.18mm 测试筛上的颗粒。如有必要，可以用手或湿筛法除去任何过大的颗粒。测试前土不应干燥。

测试准备和设置如下：

（1）取约 400g 通过粒径小于 1.18mm 的土，并将其彻底重塑至均匀稠度，确定含水率。

（2）如果需要添加水使土达到所需的含水率，在水中充分搅拌，然后将土放置在密封的容器中至少 24h，使水分均匀渗透到样品中。

（3）对空的环剪试样盒称重，精确到 0.1g。

（4）再次将土混合，并用揉捏的方法将经过重塑的土放入环剪试样盒，使用手指抹刀或短木钉确保其不夹带空气。用抹刀的刀片将试样表面与密封环顶部平齐。因为仅需测量残余强度，所以用这种方法对试样表面进行操作是无害的，然后清除所有多余的土。

（5）称量样品和环剪试样盒的重量，精确到 0.1g。

（6）使用具有代表性的多余部分的土来确定试样的初始含水率。

2. 仪器装配

（7）将剪切室放在测试仪器的框架上。

（8）在剪切室对准中轴线，涂抹润滑脂，并将上荷载板放置在试样顶部适当位置。

（9）向水槽中注满水，放置1h以使试样饱和。

（10）将平衡的加载轭放在上荷载板上的适当位置，并施加足够的向下力以确保加载轭正确就位。

（11）安装垂直形变仪或传感器，并将其固定，使阀杆正确地支撑在加载叉架上。

（12）将仪表或传感器设置为初始零读数，并将其记录下来。

### 12.9.4　试验程序

1. 固结

（1）将重物施加到承重吊架上，从而在试样上施加所需的垂直应力 $\sigma_n'$(kPa)。同时启动计时器。在测试软土或施加高垂直应力时，应分阶段对试样进行固结，避免软土被挤出。

（2）记录并绘制垂直变形与时间平方根关系图，并得出 $t_{100}$ 的值，如第12.7.4节中所述剪切盒测试。根据该值，计算出破坏时间 $t_f$ 以及测试的最大位移速率 $\nu$（mm/min），如第12.7.4节所述。

（3）计算相应的最大角位移速率（°/min），等于 $57.3\nu/r$，其中 $r$（mm）是试样的平均半径。对于第12.9.1节所述尺寸的样品。

$$r=\frac{100+70}{2\times2}=42.5\text{mm}$$

（4）上述程序的替代方法是假定适用角位移速率约为0.048°/min。这对于大范围的土都是适用的，并且可以验证剪切期间该假设的有效性（下面的步骤11）。样品厚度小，意味着固结读数可能不足以确定 $t_{100}$ 的可靠值，因此合理地假定位移速率是唯一可行的方法。由于固结与测力环所施加的力是同时进行的，Bromhead（1992）忽略了固结测量，在施加垂直应力后可以直接开始剪切。

2. 最终检查和调整

（5）将测力环仔细对齐并固定，以使它们正确支撑抗扭梁并与之成直角。通过调节手轮来驱动单元消除任何反弹。

（6）在大约2min的时间内，通过旋转下环（通过手动驱动或使用电动机）旋转1～5圈，形成剪切面。然而，如果这种相对较快的剪切速度导致土体挤出，那么Bromhead（1992）建议缓慢施加初始剪切力，因为不需要读数，测试一晚上比较合适。

（7）通过调节手轮，消除测力环指示的任何扭矩。让样品静置不少于 $t_{100}$（在固结阶段确定），或者如果不算出 $t_{100}$，则至少静置1h，以消散多余的孔隙压力。

（8）设置机器的驱动单元，使其角位移率不大于上述步骤（3）中计算出的角位移率。

3. 剪切

（9）记录测力环的初始读数，垂直变形量和旋转角度（°）。

（10）启动机器，并同时启动计时器。以规则的角度旋转间隔记录以下读数：

两个测力环

垂直变形（mm）

经过的时间（min）

旋转角度（°）

每隔一段时间读数，确保在测试过程中至少获得20组读数。

（11）为了立即评估土的应变率敏感性，可以关闭驱动马达。如果样品随后保持施加的扭矩，即在大约1h的时间内测力环读数未降低，则认为位移速率符合标准。扭矩的显著损失，即测力环读数的降低，表明角位移速率太快，应使用新的试样重新测试。

（12）继续进行剪切，直到从测力环读数或图形图表（请参见第12.9.5节第8项）中可以看到已经达到残余状态，然后停止仪器。

（13）在增加下一个固结阶段的垂直应力之前，将施加到试样的扭矩减小到零。

（14）在施加了新的垂直应力后，重复固结、初始剪切和剪切试验的程序［步骤（2）～（4）和（6）～（13）］步骤，以在垂直有效应力下至少覆盖三个阶段，并覆盖所需的应力范围。或者，可以测试三个单独的试验，每个试样在不同的垂直应力下进行。

4. 拆样

（15）完成最后的剪切步骤［步骤（12）］后，将施加的扭矩降为零，并将水虹吸出水槽。静置约10min。

（16）消除垂直应力，取下上荷载板并检查剪切表面。通过草图或照片记录重要特征。

（17）取试样的代表性部分以确定最终含水率。

图12.66在工作表上显示了一些测试数据，类似于BS 1377：1990建议的格式。

### 12.9.5　计算和绘图

1. 一般情况

（1）根据第12.9.3节第（3）步和第（5）步确定的质量差，计算试样的质量$m$（g）。

（2）根据公式计算试样的体积。

$$V=\frac{\pi(r_2^2-r_1^2)h}{1000}\text{cm}^3$$

其中，$r_1$，$r_2$（mm）分别为外径和内部半径（半直径）；$h$为试样的高度（mm）。

对于外径为100mm，内径为70mm（半径为50mm和35mm），高度为5mm的样品，体积$V$为20.03$\text{cm}^3$。因此，计算样品密度，然后使用初始含水率计算干密度。

（3）如下计算施加到样品的垂直应力。按照剪切箱设备第12.5.6节（项目7）中的说明，确定施加到试样上的等效载荷$W$（kgf，1kgf=9.8N）。如果梁和吊架平衡，则仅将所施加重量的质量乘以梁系数。根据公式计算样品的平面面积（$A$）：

$$A=\pi(r_2^2-r_1^2)\text{mm}^2$$

根据公式计算垂直应力$\sigma_n'$(kPa)：

$$\sigma_n'=\frac{9810W}{A}\text{kPa}$$

| 合同： | 样品结果 | | | 日期： | 10/11/09 |
|---|---|---|---|---|---|
| 样品描述 | | 坚硬的灰色杂色浅棕色黏土 | | | |
| 样品制备程序： | | 通过捏合重塑<1.18mm的材料 | | | |
| 机器编号： | | 1 | | | |
| 施力点之间的距离$L$(mm) | | | 154.11 | | |
| 初始条件： | | | 试样尺寸(mm)： | | |
| 湿土和元件的总质量 | g | 1848.83 | 内直径 | 69.56 | 内半径$r_1$ | 34.78 |
| 元件质量 | g | 1807.64 | 外直径 | 99.56 | 外半径$r_1$ | 50.00 |
| 湿土质量 | g | 41.19 | 平均半径 | $r$　mm | | 42.38 |
| 配料含水量 | % | 31 | 高度 | $H$　mm | | 5.25 |
| 密度 | Mg/m³ | 1.94 | 体积　cm³ | $\frac{2\pi r(r_2-r_1)H}{1000}$ | | 21.28 |
| 干密度 | Mg/m³ | 1.48 | 颗粒密度 | Mg/m³ | | 2.7 |
| 饱和度 | % | | | | | |
| 剪切试验 | | | | | | 阶段一 |
| 多阶段★ | | 运行号 | 1 | 正应力 | kPa | 50 |
| 作用力装置 | | A | B | 平均值 | | |
| 平均校准 | N/每格 | 0.0923 | 0.0924 | 0.09235 | | |
| 位移力$F$ | mm/每格 | 0.002 | 0.002 | 0.002 | | |

| 时间 | 持续时间(hh:mm:ss) | 作用力装置读数 A | B | 平均值 | 角位移$\theta$(°) | $D=\frac{\theta_r}{57.3}$ (mm) | $d=\frac{(A+B)Fr}{L}$ (mm) | $D_1=D-d$ (mm) | 剪应力$T$ (kPa) | 竖向变形(mm) |
|---|---|---|---|---|---|---|---|---|---|---|
| 15:00:00 | 00:00:00 | 0 | 0 | 0.0 | 6.43 | 0 | 0 | 0 | 0 | 0 |
| 15:25:00 | 00:25:00 | 139 | 147 | 143.0 | 7.63 | 0.8875 | 0.1573 | 0.7302 | 11.75 | 0 |
| 15:54:47 | 00:54:47 | 130 | 143 | 136.5 | 9.06 | 1.9452 | 0.1501 | 1.7950 | 11.22 | 0 |
| 16:26:53 | 01:26:53 | 128 | 139 | 133.5 | 10.6 | 3.0842 | 0.1468 | 2.9373 | 10.97 | −0.01 |
| 16:55:50 | 01:28:45 | 124 | 135 | 129.5 | 11.99 | 4.1123 | 0.1424 | 3.9698 | 10.64 | −0.01 |
| 17:28:45 | 02:28:45 | 122 | 132 | 127.0 | 13.57 | 5.2809 | 0.1397 | 5.1412 | 10.52 | −0.02 |
| 17:59:35 | 02:59:35 | 122 | 129 | 125.5 | 15.05 | 6.3755 | 0.1380 | 6.2374 | 10.31 | −0.03 |
| 18:28:32 | 03:28:32 | 120 | 127 | 123.5 | 16.44 | 7.4036 | 0.1358 | 7.2677 | 10.23 | −0.03 |
| 18:58:20 | 03:58:20 | 120 | 124 | 122.0 | 17.87 | 8.4612 | 0.1342 | 8.3270 | 10.03 | −0.04 |
| 19:29:23 | 04:29:23 | 118 | 122 | 120.0 | 19.36 | 9.5632 | 0.1320 | 9.4312 | 9.94 | −0.05 |

| 评论：其余读数见下表 | | 操作者 | OP | 合同编号 | GEO/15555 |
|---|---|---|---|---|---|
| | | | | 所在实验室 | S9541 |
| | | 输入者 | AN | BH/TP编号 | BH1 |
| | | | | 样品编号 | 1 |
| | | 日期 | 10/11/2009 | 类型 | D |
| | | | | 深度(m) | 4.00 |
| | 环剪试验<br>BS 1377:Part 7:1990:6 | 检查者 | LM | 日期 | 13/11/2009 |

图 12.66　环剪试验阶段部分的典型工作表

对于上述尺寸的样品，面积 $A$ 等于 4006mm²，然后：

$$\sigma_n'=2.45W\text{kPa}$$

2. 剪切阶段

以下计算适用于在剪切阶段从每组读数中获取的测试数据。

(4) 根据方程式计算平均线性位移 $D$ (mm)：

$$D=\frac{\theta r}{57.3}$$

其中，$q$ 为测得的角位移（°）；$r$ 是平均半径（mm）。

$$\left(r=\frac{r_1+r_2}{2}\right)$$

（5）根据公式计算上压板的平均线性位移 $d$（mm）：

$$d=\frac{(A+B)Fr}{L}$$

其中，$A$ 和 $B$ 为两个测力环（刻度或数字）的读数；$F$ 为测力环的平均位移系数（第12.9.2节）；$L$ 是图12.64（b）中所示的距离（第12.9.2节）。

（6）根据公式计算校正后的平均线性位移 $D_1$（mm）（即单元下部相对于上部的位移）：

$$D_1=D-d$$

（7）根据公式计算剪切面上的平均剪切应力 $\tau$（kPa）：

$$\tau=\frac{0.239(A+B)LR_f}{(r_2^3-r_1^3)}\times 1000\text{kPa}$$

其中，$R_f$ 是平均测力环因子（N/Div）（系数0.239等于3/4π）。

（8）以剪应力的计算值 $\tau$ 为纵坐标，平均相对位移的计算值 $D_1$ 为横坐标作图。这应该在测试过程中完成。

（9）从每次试验运行的图表中确定残余剪应力 $\tau_r$（kPa）。

（10）将每个 $\tau_r$ 值作为纵坐标，对应的垂直有效应力 $\sigma'_n$（kPa）为横坐标绘图，两者都对应于相同的线性比例。通过点和原点绘制最佳拟合线，并确定其斜率角度。这给出了残余强度 $\phi'_r$ 的值，假设黏聚力截距为零，图12.66～图12.68给出了一组典型三阶段环剪试验结果。图12.66显示了试样数据和第一阶段初始部分的试验数据。图12.67给出了三个固结和剪切阶段的图形，包括图12.66中的数据。图12.68总结了试样和试验数据，并包括三个剪切阶段的剪应力与正应力的关系图。

3. 报告结果

通过一组测试，报告了以下数据：

（1）试样尺寸；

（2）初始和最终含水率；

（3）在剪切试验中施加的角位移速率（或平均线位移）；

（4）施加的法向应力、相应的残余剪应力和每个剪切阶段结束时角位移的计算值；

（5）残余剪应力与施加的垂直有效应力关系图，显示了剪切角 $\phi'_r$ 的推导；

（6）残余剪切角，精确到0.5°；

（7）每个剪切阶段平均剪应力和试样厚度变化与平均线性位移（通常是累积值）绘制的图形。如果合适，每个固结阶段的试样厚度相对于时间平方根变化的关系图，显示了 $t_{100}$ 的推导过程。

无论试验是否分阶段进行（如果是的话，注意再加载顺序的细节），还是对每个垂直应力分别进行测试。测试方法，即重塑土的环剪试验，根据BS 1377-7：1990的第6条。

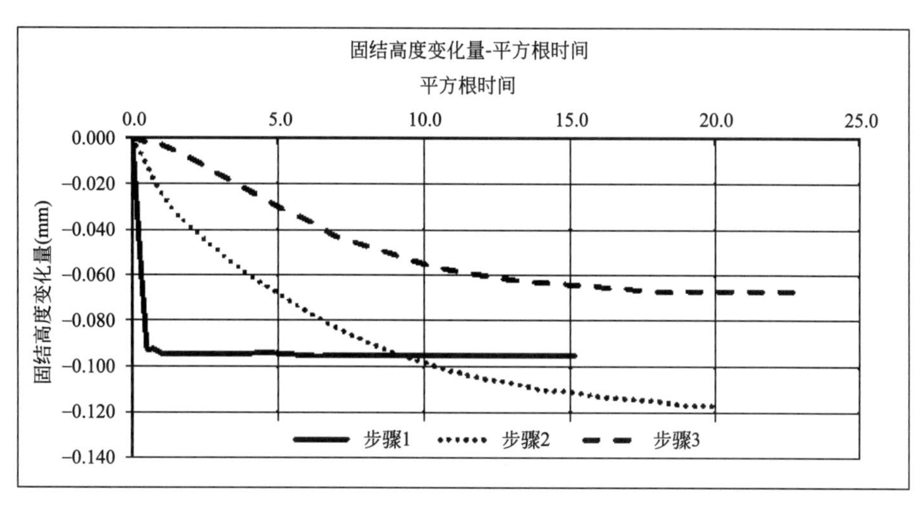


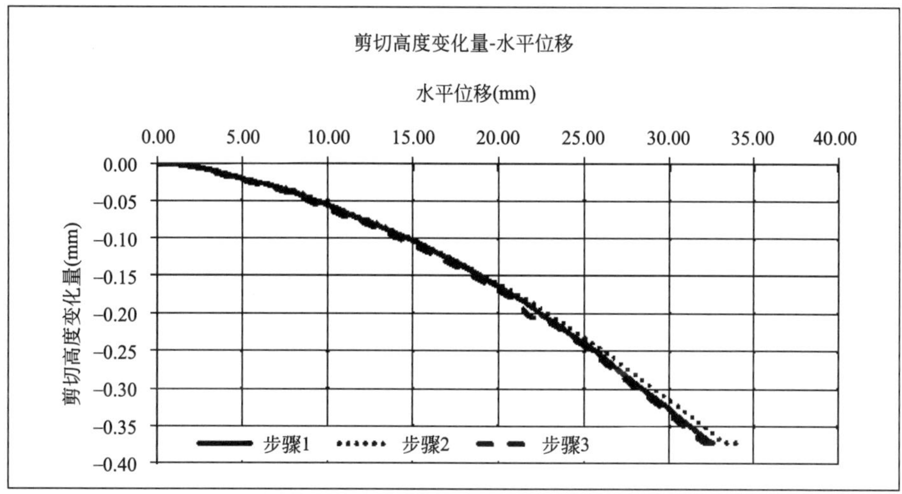


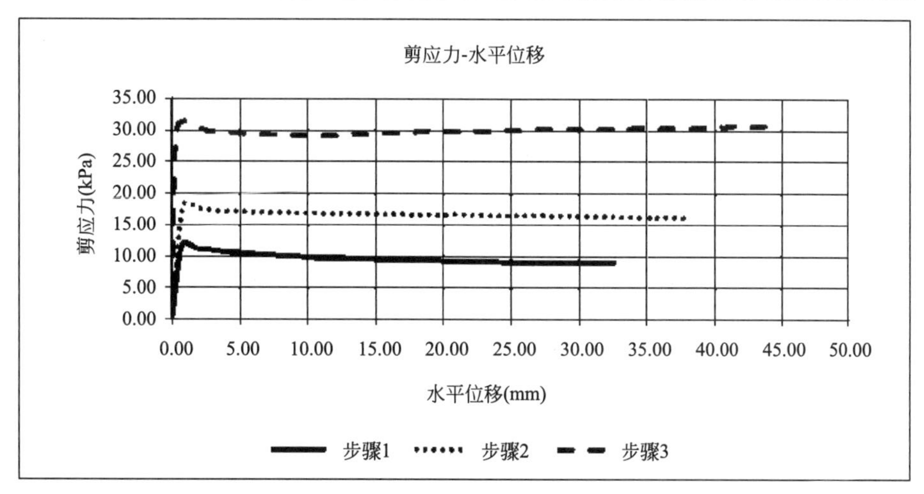


图 12.67　环剪试验输出的图形图（数据由 Geolabs Limited 提供）

| 钻孔编号： | BH1 | 描述： |
|---|---|---|
| 样品编号： | 1 | 坚硬的灰色杂色浅棕色黏土 |
| 深度 | 4.00～5.40m | |

| | | | | |
|---|---|---|---|---|
| **样本详情** | | | | |
| 天然含水率 | % | 31 | | |
| 制备 | | 通过捏合重塑＜1.18mm的材料 | | |
| 土粒密度 | $Mg/m^3$ | 2.70 | (假设) | |
| 内半径 | mm | 34.8 | | |
| 外半径 | mm | 50.0 | | |
| 初始高度 | mm | 5.3 | | |
| 初始含水率 | % | 31 | | |
| 初始湿密度 | $Mg/m^3$ | 1.94 | | |
| 初始干密度 | $Mg/m^3$ | 1.48 | | |
| **固结阶段** | | | | |
| 阶段编号 | | 1 | 2 | 3 |
| 施加的有效正应力 | kPa | 50 | 100 | 200 |
| 持续时间 | day(s) | 1 | 1 | 1 |
| **剪切阶段** | | | | |
| 施加的有效正应力 | kPa | 50 | 100 | 200 |
| 持续时间 | day(s) | 1 | 1 | 1 |
| 残余条件 | | | | |
| 角位移率 | °/min | 0.048 | 0.048 | 0.048 |
| 残余剪应力 | kPa | 9.1 | 16.1 | 30.8 |
| 最终平均线位移 | mm | 32.6 | 38.0 | 44.5 |
| **最终条件** | | | | |
| 最终含水率 | % | 42 | | |
| **剪切强度参数** | | | | |
| 残余剪切角 | ° | 9 | | |

备注：

固结后，通过旋转预剪试样(360°)，然后在每个剪切阶段之前使其均衡。

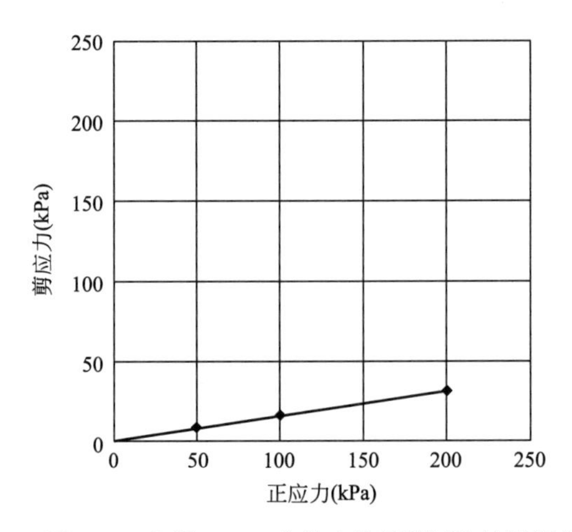


图 12.68　图 12.66 和图 12.67 中给出的环剪试验结果汇总报告

## 12.10　落锥试验

### 12.10.1　概述

落锥试验是指利用圆锥贯入装置测定液限，但所用圆锥的几何形状和质量需根据预期的剪切强度而变化。下面将基于英国标准 DD CEN ISO/TS 17892-6 对此测试进行描述。

### 12.10.2　仪器设备

落锥装置应能够提供一种瞬时释放锥体的装置，使其能够从一个固定点自由地沿垂直方向坠落到土样中。这种装置还需具备一种可调整锥体位置和高度的方法，以便在释放圆锥体之前，锥体的尖端刚好接触到试样的表面。另外，试验装置要配备一种测量仪器，以能够读取 5～20mm 的贯入度，且精度为±0.1mm。

一种典型的落锥试验装置如图 12.69 所示。

1. 落锥法

圆锥的尖端角为 30°或 60°，其质量随表 12.7 列出的剪切强度范围而变化。60°锥的几何形状如图 12.70 所示。这两种圆锥必须满足下列要求：

（1）一条便于人工量测读数的指引线；

（2）圆锥的质量应在标称质量的 1%以内；

（3）顶角应在标称顶角的 0.2°以内；

（4）与几何尖端的偏差不得超过下列容许值：

制造偏差（$a$）：0.1mm

磨损偏差（$b$）：3mm

锥高（$h$）不得小于 20mm

图 12.69　落锥装置（由 Geonor AS 拍照）

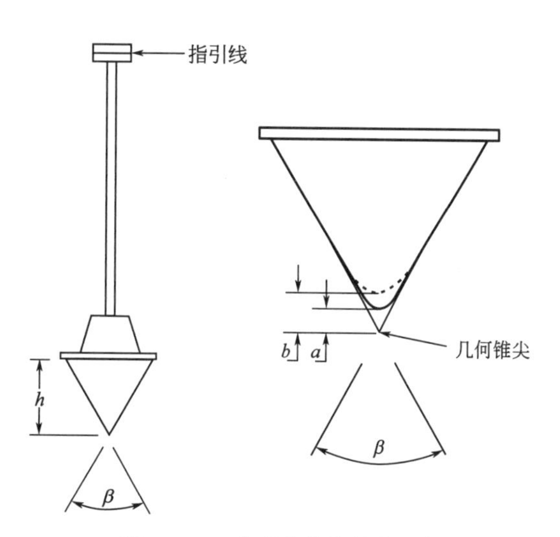


图 12.70　典型落锥的基本要求

锥体试验锥体的尺寸和几何形状　　表12.7

| 贯入度(mm) | 顶角(°) | 质量(g) | 剪切强度参数 $c_f^{**}$ (kPa) | 不排水剪切强度(kPa) |
|---|---|---|---|---|
| 5～20 | 60 | 10 | 26.5 | 0.063～1 |
| 5～15 | 60 | 60 | 159 | 0.67～6 |
| 15～25* | 30 | 80 | 628 | 1～3 |
| 5～15 | 30 | 100 | 785 | 4.5～40 |
| 5～15 | 30 | 400 | 3139 | 18～250 |

* 表中圆锥为用于液限测试的锥组；

** 抗剪强度系数的推导见第12.10.4节计算结果。

有明显磨损或划痕的锥体应予以更换，此外推动端部通过穿孔的测头量规时，手指划过感受不到尖端点的锥体，也应做更换。测头量规由带有孔的金属板组成，孔应符合表12.8中给出的尺寸和公差。

检测锥尖的测头量规的尺寸及公差　　表12.8

| 圆锥角 | 30° | 60° |
|---|---|---|
| 金属板厚度(mm) | 1.75±0.1 | 1.0±0.1 |
| 孔直径(mm) | 1.50±0.2 | 1.50±0.2 |

2. 辅助设备

（1）若非使用原状土试样，需按照第9.2.2节和第9.3.1节所述的方式利用环刀制备试样，试样尺寸应当满足直径≥50mm，厚度≥25mm；

（2）钢丝锯；

（3）直径≥55mm、厚度≥30mm的混合杯具；

（4）抹刀。

### 12.10.3　程序阶段

1. 从试管中制备试样或按要求的含水率制备重塑试样；

2. 准备仪器；

3. 释放锥并测量穿透值，精确至0.1mm；

4. 原状试样按照步骤1～3至少重复测试两次以上，或者直到重塑试样连续两次测试得到相同的值；

5. 计算；

6. 结果整理，书写报告。

### 12.10.4　试验操作步骤

1. 试样准备

在试样管中测试的样品是通过从样品管顶部挤出受扰动的部分，然后用金属丝将这些材料切割下来，以提供一个平整的表面。另一种制备方法是修边挤压制备直径为50mm的试样，以得到平行的平面端。试样的高度应至少比预期的锥体贯入度大 5mm，而 25mm 的高度通常应符合这一要求。

在准备重塑试样时应去除任何粗料（在标准中描述为砾石或贝壳大小，即大于 2mm），并应注意这一点。对剩余的土以此方式进行彻底重塑，以避免气泡混入样品中。混合杯在没有空气的情况下填满土，用抹刀或直尺将土表面与杯沿处理平齐。多余的样品放在一个空杯子里。

2. 仪器准备

将锥体锁定到位，并检查零位或将初始刻度读数（$d_0$）记录下来，精确到 0.1mm。将试件光滑平整的表面放置在锥体下方，将支撑下放，直到圆锥体刚好接触到土体，将圆锥体锁定在凸起的位置。

3. 释放锥体

迅速松开锥体，注意不要在没有自动释放装置的情况下猛击设备。

在 5s 后读取刻度。如果贯入度超过 20mm，应使用更轻或更钝的锥重复测试。根据刻度读数（$d_1$）或刻度读数之间的差值（$d_1-d_0$）确定贯入度（$i$）。记录所使用的贯入度和圆锥类型。

4. 重复测试

重复步骤 1～3 时，测试点的位置不应距边缘少于 7mm，而且两个测试点的外边界距离应超过 14mm。如果需要从未扰动的样品中提取更多的材料，挤出厚度为圆锥贯入度的 1.5 倍的试样，并准备一个新的表面。

每次试验后，将重塑的试样混合并再次整平。

5. 计算结果

计算未扰动土样的平均贯入度 $i$（mm）。对于重塑试样，$i$ 是连续两次试验的共同值。

试样在试验条件下的不排水抗剪强度由下式得到：

$$c_u(c_{ur})=cg\frac{m}{i^2}$$

式中，$c_u$ 为原状土试样在试验状态下的不排水抗剪强度，kPa；$c_{ur}$ 为重塑土不排水抗剪强度，kPa；$c$ 为常数，取决于土体状态和锥角（30°锥角 $c=0.8$，60°锥角 $c=0.27$）；$g$ 为重力加速度（$=9.81\text{m/s}^2$）；$m$ 为圆锥的质量，g；$i$ 为圆锥的贯入度，mm。

这个表达式可以简化为：

$$c_u=\frac{c_f}{i^2}$$

其中，$c_f=c\times g\times m$。

应用经验系数 $\mu$ 修正不排水抗剪强度计算值：

$$c_u\text{（或 }c_{ur}\text{）}=cg\frac{m}{i^2}$$

其中，$\mu=\left(\frac{0.43}{w_L}\right)^{0.45}$，且 $1.2\geqslant\mu\geqslant0.5$，$w_L$ 是以分数表示的土的液限。

6. 试验报告

报告中包括下列数据：

（1）试验样品（原状/重塑）的状态和原状样品的取样方法；

（2）所用锥的质量和锥角；

（3）原状土的圆锥体贯入度和平均贯入度；

（4）计算不排水抗剪强度（以 kPa 计）保留两位有效数字。

## 参考文献


Abbott，A. F. （1969）. Ordinary Level Physics，second edition，Chapter 3. Heinemann，London.

ASTM D 3080-04. Standard test method for direct shear test of soils under consolidated drained conditions. American Society for Testing and Materials，Philadelphia，PA，USA.

ASTM D 4648-05. Standard test method for laboratory miniature vane shear test for saturated fine-grained clayey soil. American Society for Testing and Materials，Philadelphia，PA，USA.

Bell，A. L. （1915）. The lateral pressure and resistance of clay，and the supporting power of clay foundations. *Proc. Inst. Civ. Eng.*，Vol. 199，233-272.

Binnie，G. M.，Gerrard，R. T.，Eldridge，J. G.，Kirmani，S. S.，Davis，C. V.，Dickinson，J. C.，Gwyther，J. R.，Thomas，A. R.，Little，A. L.，Clark，J. F. F. and Seddon，B. T. （1967）. *Proc. Inst. Civ. Eng.*，Vol. 38，Paper No. 7063，Part I，'Engineering of Mangla'.

Binnie & Partners （1968）. Private communication to author.

Bishop，A. W. （1948）. A large shearbox for testing sands and gravels. *Proc. 2nd. Int. Conf. Soil Mech. and Found. Eng.*，Rotterdam，Vol. 1.

Bishop，A. W. and Henkel，D. J. （1962）. *The Measurement of Soil Properties in the Triaxial Test*，2nd edition. Edward Arnold，London.

Bishop，A. W. （1971）. The influence of progressive failure on the choice of the method of stability analysis. *Géeotechnique*，Vol. 21，No. 2 （Technical Note）.

Bishop，A. W.，Green，G. E.，Garga，V. K.，Andresen，A. and Brown，J. D. （1971）. A new ring shear apparatus and its application to the measurement of residual strength. *Géotechnique*，Vol. 21，No. 4.

Bromhead，E. N. （1979）. A simple ring shear apparatus. *Ground Engineering*，Vol. 12，No. 5.

Bromhead，E. N. （1992）. *The Stability of Slopes* （second edition）. Blackie，London and Glasgow.

Collin, A. (1846). (Translated by W. R. Schriever, 1956) *Landslides in Clays*. University of Toronto Press.

Cooling, L. F. and Smith, D. B. (1936). The shearing resistance of soils. *Proc. 1st Int. Conf. Soil Mech. and Found. Eng*. 1936, Vol. 1.

CEN ISO/TS 17892-6. Geotechnical investigation and testing-Laboratory testing of soil-Part 6: Fall Cone Test. European Committeee for Standardisation Brussels.

Early, K. R. and Skempton, A. W. (1972). Investigations of the landslides at Walton's Wood, Staffordshire. *Q. J. of Eng. Geol.*, Vol. 5, No. 1, pp. 19-41.

Gibson, R. E. and Henkel, D. J. (1954). Influence of duration of tests on "drained" strength. *Géotechnique*, Vol. 4, No. 1.

Gilboy, G. (1936). 'Improved soil testing methods'. *Engineering News Record*, 21st May 1936.

Golder, H. Q. (1942). An apparatus for measuring the shear strength of soils. *Engineering*, 26th June 1942.

Hansbo, S. (1957). A new approach to the determination of the shear strength of clays by the fall-cone test'. *Proc. Roy. SGI*, Vol, 14, pp. 7-48.

Hvorslev, M. J. (1939). Torsion shear tests and their place in the determination of the shearing resistance of soils. *Proc. Am. Soc. Testing Mat.*, 99, pp. 999-1022.

Kolbuszewski, J. (1948). An experimental study of the maximum and minimum porosities of sands. *Proc. 2nd Int. Conf. Soil Mech. and Found. Eng.*, Rotterdam, Vol. 1.

Lambe, T. W. and Whitman, R. V. (1979). *Soil Mechanics*, *S. I. Version*, Wiley, New York.

Lewis, W. A. and Ross, N. F. (1955). An investigation of the relationship between the shear strength of remoulded cohesive soil and the soil moisture suction. Unpublished Research Note No. RN/2389/WAL. NFR. Transport and Road Research Laboratory, Crowthorne, UK.

Marsh, A. D. (1972). Determination of residual shear strength of clay by a modified shearbox method. Report LR 515, Transport and Road Research Laboratory, Crowthorne, UK.

Petley, D. J. (1966). The shear strength of soils at large strains. Unpublished PhD thesis, University of London.

Pike, D. C. (1973). Shearbox tests on graded aggregates. Report LR 584, Transport and Road Research Laboratory, Crowthorne, UK.

Pike, D. C., Acott, S. M. and Leech, R. M. (1977). Sub-base stability: A shearbox test compared with other prediction methods. Report No. LR 785. Transport and Road Research Laboratory, Crowthorne, UK.

Roscoe, K. H. (1953). An apparatus for the application of simple shear to soil samples. *Proc. 3rd Int. Conf. Soil Mech.* I: pp. 186-191, held in Zurich, Switzerland.

Sixth Géotechnique Symposium in Print（1987）. The engineering application of direct and simple shear testing. *Géotechnique*，Vol. 37，No. 1.

Skempton，A. W.（1948）. Vane tests in the alluvial plain of the River Forth near Grangemouth. *Géeotechnique*，Vol. 1，No. 2.

Skempton，A. W.（1958）Arthur Langtry Bell（1874-1956）. and his contribution to soil mechanics. *Géotechnique*，Vol. 8，No. 4.

Skempton，A. W.（1964）. Long term stability of clay slopes. Fourth Rankine Lecture，*Géotechnique*，Vol. 14，No. 2.

Skempton，A. W. and La Rochelle，P.（1965）. The Bradwell slip：A short term failure in London Clay. *Géeotechnique*，Vol. 15，No. 3.

Symons，I. F.（1968）. The application of residual shear strength to the design of cuttings in overconsolidated fissured clays. Report No. LR 227，Transport and Road Research Laboratory，Crowthorne，UK.

Terzaghi，K. and Peck，R. B.（1967）. *Soil Mechanics in Engineering Practice*. Wiley，New York.

Townsend，F. C. and Gilbert，P. A.（1973）. Tests to measure residual strengths of some clay shales. *Géotechnique*，Vol. 23，No. 2（Technical Note）.

# 第 13 章
# 不排水压缩试验

本章主译：吴文兵，刘浩（中国地质大学（武汉））

## 13.1 引言

### 13.1.1 范围

本章通过对圆柱形试样进行不排水（在试验过程中含水率不变）的轴向压缩试验来测量土体的不排水抗剪强度。在不排水条件下进行的这些相对简单的“快速”试验，可以确定土体在无侧限条件下或一定围压条件下的不排水抗剪强度。仅测量总应力，这通常不能从一组类似试样的试验中得出抗剪强度参数。抗剪强度参数的推导通常应基于有效应力，而不是总应力。

但有一个重要的特例，在某些情况下抗剪强度与总应力是相关的，那就是饱和土体在不排水条件下的情况。对于这些条件适用的情况，可能只需要测量总应力即可。

理论部分（第 13.3 节）从第 12 章的第 12.3 节开始。该部分解释了主应力和应力摩尔圆的概念，以图形方式表达了承受轴向压缩和围压的试样在任意平面的正应力和剪应力。因此可以采用摩尔-库仑不排水抗剪强度准则对三轴试验数据进行分析以获得试样不排水抗剪强度 $c_u$。

第 8 章介绍了三轴测试所需的一些常规设备，及其使用和校准的有关注意事项。本章将介绍专门用于单轴和三轴压缩测试的内容。

### 13.1.2 试验类型

本节将压缩试验分为两类：（1）无侧限或单轴压缩试验；（2）三轴试验。前者是后者的特例，所需设备简单。二者都包含在 BS 1377-7：1990 及 ASTM 标准中。

1. 无侧限压缩试验

试验过程描述如下：

（1）标准实验室测试，使用手动或机器驱动的，可以容纳各种尺寸试样（第 13.5.1 节）的加载平台。

（2）试验使用传统的便携式自动记录仪进行测试，该设备在实验室或现场均可使用，通常用于 38mm 直径的试样（第 13.5.2 节）。尽管此设备现在在英国很少使用，但始终记录于英国标准中。

（3）测量重塑黏土的强度，以确定其敏感性（第 13.5.3 节）。

2. 三轴压缩试验

第13.6.3节中所述的三轴试验涉及单个试样的测试，试样直径在38～110mm之间（美国1.4～2.8in，欧洲35～79mm）。第13.6.2节中列出的设备以及第13.6.3节中的图片和照片展示了38mm直径试样的试验步骤，上述步骤同样也可以应用于其他尺寸的试样。

对于直接从标准的U-100或UT-100采样管或回转取芯取得的试样，或100mm（4in）直径试样，均给出了相应规程（第13.6.4节）。同时也给出了直径150mm或更大的试样的三轴试验参考。

本章还描述了其他类型的三轴试验，包括：

（1）多级三轴试验（第13.6.5节）；

（2）使用自由端（润滑端）的三轴试验（第13.6.6节）；

（3）高围压下的三轴试验（第13.6.7节）；

（4）特殊定向试样的制备（第13.6.8节）；

（5）三轴试验用再压实试样，包括干试样和饱和试样的制备（第13.6.9节）。

## 13.1.3　试验原理

1. 概述

圆柱形的土样承受的轴向载荷不断增大，直至发生破坏。在无侧限压缩试验中，轴向荷载是施加的唯一力或应力（图13.1），而在三轴试验中，土样首先受到全方位的围压，然后随着轴向载荷的增加，围压保持不变（图13.2），在这两种加载情况下，破裂发生在相对较短的时间内，通常在5～15min之间。

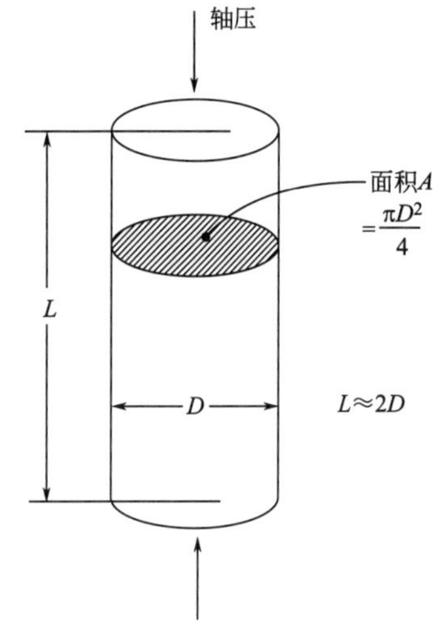


图13.1　单轴（无侧限）压缩试验原理

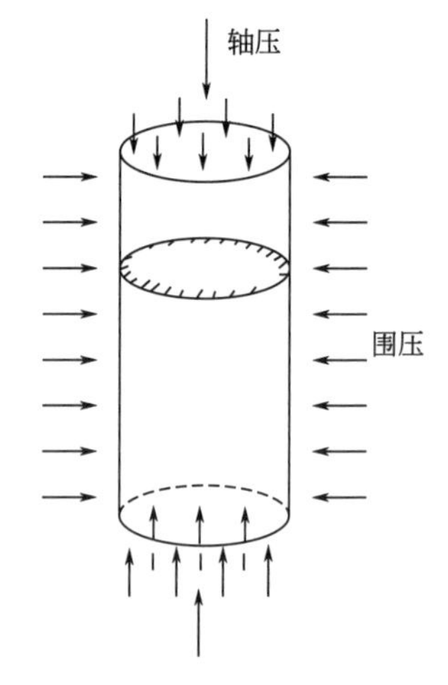


图13.2　三轴压缩试验原理

2. 排水

无论是在施加围压期间还是在轴向加载期间，都不允许试样中的孔隙水排出。因此，这些试验被称为“不排水”试验，试验过程中含水率不发生变化。由于试验持续时间较短，为了与测定孔隙水压力较慢的试验（将在第 3 卷中描述）区分开来，通常将其称为快速不排水（QU）试验。

3. 试样比例

在英国惯例中，试样高度比直径通常为 2∶1，对于 ASTM 标准中 2∶1～2.5∶1 也是允许的。如果比率远小于 2∶1，则除非使用“自由端”（第 13.6.6 节），否则结果可能会受到末端限制的影响。如果该比率大于 2.5∶1，则可能会由于不稳定而导致土样发生屈曲，并且在真正压缩时土样不会发生破坏。

4. 试验速率

施加恒定的压缩速率（应变控制），通常每分钟最大应变为试样高度的 2%，应力控制通常不适用于这些测试。每分钟 0.3%～10%的应变率对结果影响不大。虽然应变速率不起决定性作用，但一般应使试样在 5～15min 内达到破坏。而脆性土比塑性土需要的应变速率要更慢，才能符合此要求。

5. 破坏准则

试样破坏通常意味着试样无法承受进一步的应力增加，即试样在轴向压力作用下为抵抗变形所能提供最大阻力的时刻。此外，试样压缩过程中，必须考虑到试样的鼓胀或“桶状”以及三轴试验中使用的橡胶膜的影响。

对于塑性较强的土体中轴向应力不易达到最大值，则当达到一定的轴向应变（通常为 20%）时，就认为发生了破坏。

6. 破坏类型

主要包括三种破坏类型：

(1) 塑性破坏，在这种情况下，试样横向膨胀成“桶状”而没有裂开，如图 13.3 (a) 所示。

(2) 脆性破坏，试样沿一个或多个轮廓分明的界面剪切，如图 13.3 (b) 所示。

(3) 介于 (1) 和 (2) 之间的破坏形式，如图 13.3 (c) 所示。

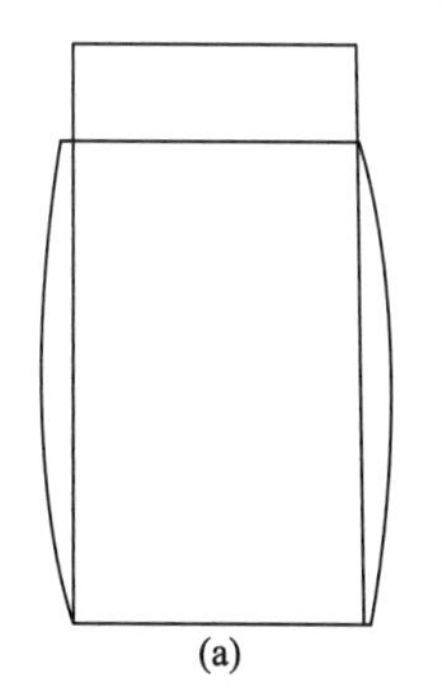

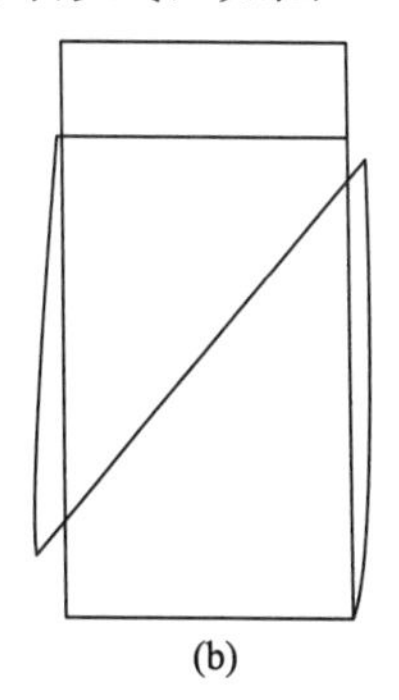

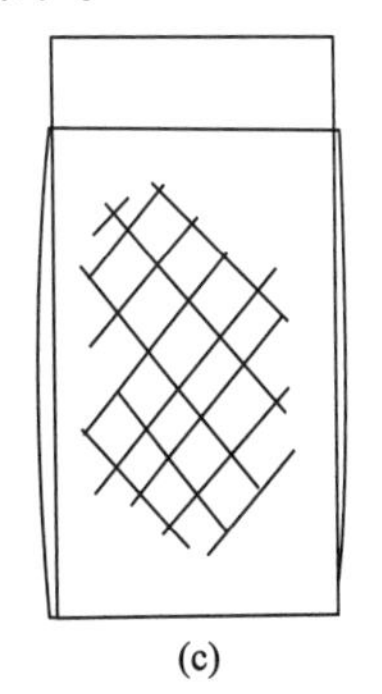


图 13.3　压缩试样的破坏方式

(a) 塑性破坏（桶状）；(b) 脆性破坏（剪切平面）；(c) 中间类型

7. 试验数据的使用

在无限制压缩试验中，通常只记录试样破坏时的轴向荷载和相应的轴向应变，如果在测试过程中得到了相应读数或使用了自动记录设备，则可以获得该试样的应力-应变曲线。

在三轴压缩试验中，通常绘制荷载-应变或应力-应变曲线。施加不同的围压，在相同试样上进行两次或多次压缩试验，以绘制摩尔圆，从而可以得到不同应力水平下的不排水抗剪强度参数 $c_u$。在可能的情况下，通常以这种方式将三个试样作为一组进行试验。

### 13.1.4　试验目的

获取土体不排水抗剪强度参数的一些目的在第 12.1.2 节中有所涉及。压缩试验，尤其是三轴压缩，比直剪试验功能更广泛，在许多方面更为可靠地测量土体抗剪强度参数，并且可用于大多数类型的土体。此外，三轴试验也可以更实际地反映地基中普遍存在的应力条件。

### 13.1.5　发展历史

1. 无侧限压缩试验

英国最早的土体圆柱压缩试验仪可能是 C. J. Jenkin 于 1932 年在建筑研究站（BRS）建造的。它基于美国于尔根森（Jurgensen）的建议及由 Cooling 和 Smith（1936）的描述。试样尺寸为直径 0.75in 和长 1.5in。

1940 年，库林和戈尔德设计了一种便携式设备，该设备可以选择各种强度的弹簧，并结合了自动记录功能，可用于直径为 1.5 英寸的试样（Cooling 和 Golder，1940；英国交通与道路研究所，1952）。尽管该设备现在已很少使用，但依然在第 13.5.2 节中进行了描述，并且在原理上几乎完全相同。它被设计用于几乎饱和土体的快速测试，该情况下 $\varphi=0$ 旨在采样后立即在现场对试样进行测试。该设备也可以在实验室代替加载平台进行测试。该仪器在早期的形式中装有浅锥座，人们认为，锥形末端减少了塑性土在压缩时的膨胀趋势，但也易于导致脆性试样破裂。扁平端压板现已成为标准配置，并且符合三轴测试程序。

在实验室内，可以在无侧向围压力的三轴压力室中进行无侧限的压缩试验，也可以使用更简单的设备，该设备无需压力室即可在几乎任何加载平台上进行，适用的试样尺寸范围较宽。

2. 三轴试验仪

1934 年，詹金 C. J 和史密斯 D. B 在英国设计了三轴压缩仪。通过弹簧施加轴向载荷，并在铜制圆筒中产生侧向压力，适用于直径为 1in 的试样。

1940 年，英国建筑研究站建造了一种用于 1.5in 和 2.8in 直径试样的压缩试验设备，与美国开发的仪器原理类似，利用杠杆桥秤来施加轴向荷载，属于应力控制的仪器，其围压室是一个透明的圆柱体，可以直观地观察到试样的破坏。

1943 年，该设备被具有蜗杆驱动器的手动机器所取代，其基本原理与当今的应变控制机器相同。这些早期的仪器几乎全部用于快速不排水试验，但从 1948 年开始安装多速驱动单元，可以进行更长时间的试验，同时，也开发了更大的仪器和试样室，以容纳更大直径的土样，并且改进了各种尺寸的试样室设计，以使其密封性更好并使其易于操作。

目前可用的典型加载平台的规格为 10kN，50kN，100kN 和 500kN。全部都可以配备多速驱动单元，有些可以无级变速。带有有机玻璃壁的三轴试样室可用于直径 35～150mm 的试样。一些钢制压力室可以提供较高围压，并适用于最大直径 250mm 和高 500mm 的试样。在特别需要的情况下（例如，测试大坝的堆石料），也建造了更大的压力室，用于直径最大为 1m 的试样（Marschi 等，1972）。

## 13.2　定义

无侧限压缩即单轴压缩，即不受侧向或围压的轴向或径向压缩。

无侧限抗压强度（$q_u$）即无侧限（单轴）压缩试样破坏时的抗压强度，对于饱和黏土，则等于不排水抗剪强度的两倍，即 $q_u=2c_u$。

三轴压缩即土样承受恒定的侧向压力的轴向压缩。

快速不排水（QU）三轴压缩即三轴压缩试验中，不允许试样的含水率发生变化。测试通常在 5～15min 内完成。

主平面即土体单元中三个相互垂直且剪应力为零的平面。

主应力即作用在主平面上的正应力。

最大主应力（$\sigma_1$）即三个主要应力中最大的。

最小主应力（$\sigma_3$）即三个主要应力中最小的。

中间主应力（$\sigma_2$）即介于 $\sigma_1$ 和 $\sigma_3$ 之间的主应力。

偏应力（$\sigma_1-\sigma_3$）为最大和最小主应力之间的差值，在三轴压缩试验中，轴向载荷所产生的应力超过总围压。

摩尔圆即以正应力和剪应力表示的任意平面上的应力状态的图形。

摩尔破坏包线即与摩尔圆相切的线或曲线，表示在不同围压下测试的多个土样在破坏时的应力状态。

破坏面即为土样破裂时最大强度的平面。理论上，在典型的三轴试样中该面与水平方向成（$45°+\varphi/2$）角倾斜。

剪切面即试样的一部分相对于另一部分发生滑动的平面或表面，该面可能与破坏面角度相同，也可能不同。

破坏正应力（$\sigma_f$）即作用在破裂面上的正应力。

破坏剪应力（$\tau_f$）即破坏时作用在破裂面上的剪应力。

摩尔-库仑破坏准则即用公式表达的通过三轴压缩试验得到的土体的抗剪强度，当 $\varphi=0$ 时 $\tau_f=c_u$。

不排水抗剪强度（$c_u$）即不排水条件下测得的土体抗剪强度。

灵敏度（$S_t$）即在相同的含水率下，重塑土样与原状土样的不排水剪切强度之比。

## 13.3　理论

### 13.3.1　主应力

关于力，正应力和剪应力的概念已经在第 12.3.1 节和第 12.3.2 节的关于沿预定位置剪切中阐述了。在圆柱试样的压缩试验中，破裂也会由于剪切而发生，但没有限制沿特定表面引起破裂。因此，有必要考虑作用在试样上的任意平面上的剪应力（$\tau$）和正应力（$\sigma$）之间的关系。

在压缩试验中，土样受到的压应力在三个方向上相互垂直，一个在纵向，另外两个在横向（在单轴或无侧限压缩的特殊情况下，侧向应力为零）。这三个应力作用在三个垂直平面上，三个平面称为主平面，而这三个应力称为主应力。主平面上的剪应力等于零。在与主应力不呈90°角的倾斜平面上，剪切应力不为零。正应力与主应力不同，但不超过最大主应力。

主应力按大小降序记为：最大主应力（$\sigma_1$）、中间主应力（$\sigma_2$）和最小主应力（$\sigma_3$）。

作用在典型单元体面上的主应力如图13.4所示，作用的面为主平面。

在多数情况下，最大主应力作用在垂直方向上，而中间主应力和最小主应力作用在相互垂直的水平方向上。许多土体问题被简化成二维进行考虑，仅用到了最大主应力和最小应力（$\sigma_1$和$\sigma_3$），而忽略了$\sigma_2$的影响。在轴向对称的特殊情况下，例如圆柱形试样的压缩试验，$\sigma_2$和$\sigma_3$是相等的。

### 13.3.2　单轴压缩试验

图13.5（a）所示为承受轴向压应力$P$且没有其他应力的圆柱形土样。如果试样的横截面积用$A$表示，则在任意水平面$XX$上［图13.5（b）］正应力均等于$P/A$，且由于没有产生滑动的驱动力，剪应力$\tau$为零。在这种简单情况下，$XX$面上的正应力等于最大主应力，可以用$\sigma_1$表示。在垂直截面$YY$上［图13.5（c）］，由于没有水平力作用，因此该面的正应力（将是最小主应力）为零，剪应力也为零，因为均匀分布的垂直应力$\sigma_1$不会使圆柱体的一部分相对于另一部分发生垂直移动。

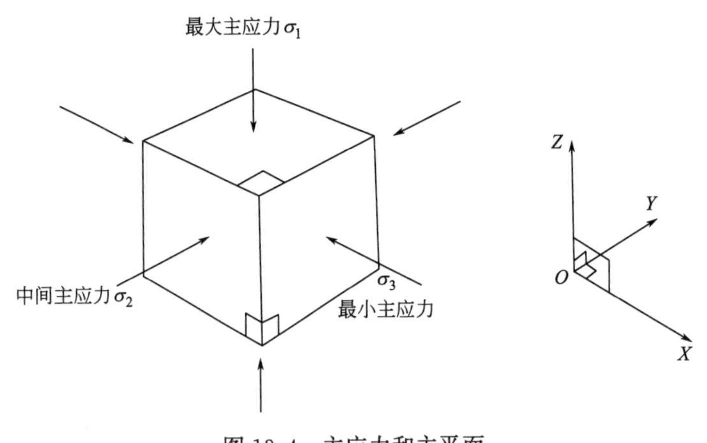


图13.4　主应力和主平面

这些条件将用于研究在诸如$ZZ$平面［图13.5（a）］上普遍存在的应力，该平面相对于水平面成任何角度$\alpha$倾斜。图13.6（a）放大显示了由垂直、水平以及与$ZZ$平行的三个平面界定的小楔形单元体$ABC$。斜面$BC$和楔形单元体在垂直于纸面的平面内的厚度均为单位长度。

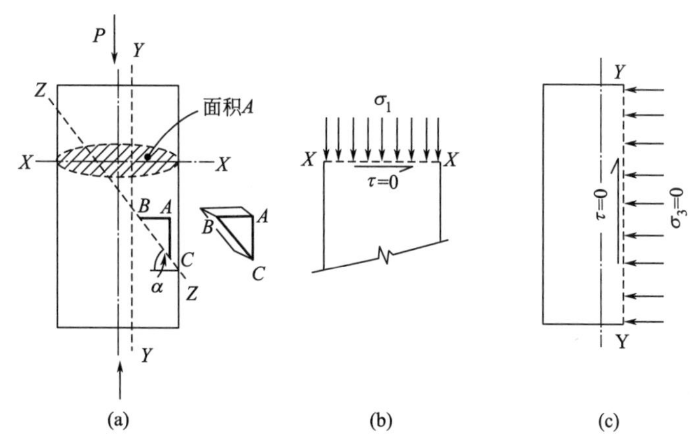


图 13.5　承受单轴压缩的圆柱形试样上的应力

(a) 外力和截面平面；(b) 截面 $XX$ 上的应力：正应力，$\sigma_1=P/A$；剪应力 $\tau=0$；(c) 截面 $YY$ 上的应力为零

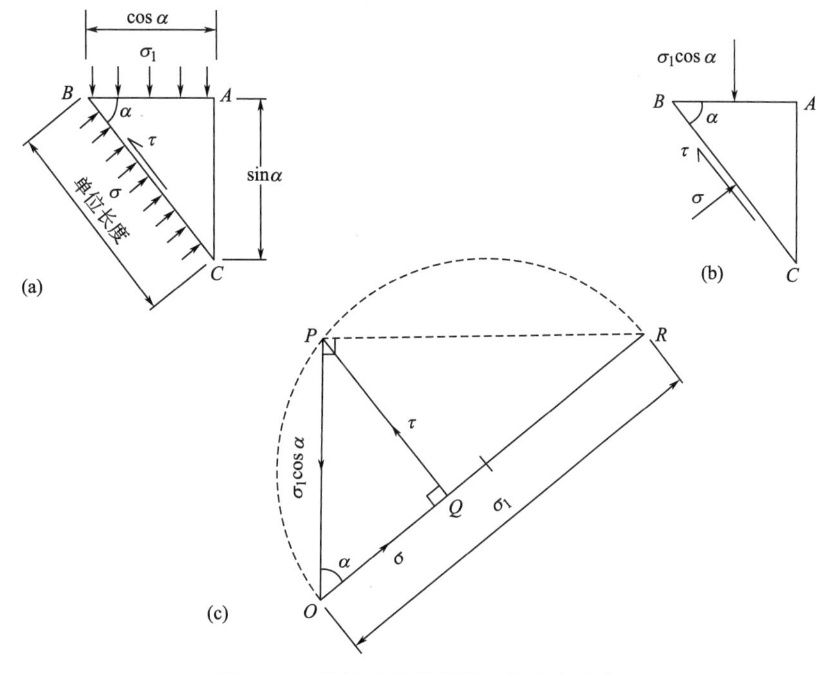


图 13.6　单轴试样单元体上的应力和力

(a) 楔形单元体上的应力；(b) 施加在单元体上的力；(c) 力的三角形

三角形 $ABC$ 表示的三个面上的应力如下：

| | 正应力 | 剪应力 |
|---|---|---|
| $AB$ | $\sigma_1$ | 0 |
| $AC$ | 0 | 0 |
| $BC$(待定) | $S$ | $\tau$ |

在此二维分析中，未考虑垂直于三角形 $ABC$ 平面的应力。通过将应力乘以每个面积可以得到作用在楔形单元体三个面上的力。由于楔形厚度是统一的，所以应力作用的面积

在数值上等于侧面的长度。

$AB$ 面：法向力＝$\sigma_1 \cdot \cos\alpha$；切向力＝$0 \cdot \cos\alpha = 0$

$AC$ 面：法向力＝$0 \cdot \sin\alpha = 0$；切向力＝$0 \cdot \cos\alpha = 0$

$BC$ 面：法向力＝$1 \times \sigma = \sigma$；切向力＝$1 \times \tau = \tau$

这些力如图 13.6（b）所示。

由于楔形单元体 $ABC$ 处于平衡状态，因此，根据矢量关系，作用在楔形 $ABC$ 上的三个力须呈一个三角形，如图 13.6（c）中的力 $OPQ$ 的三角形所示。

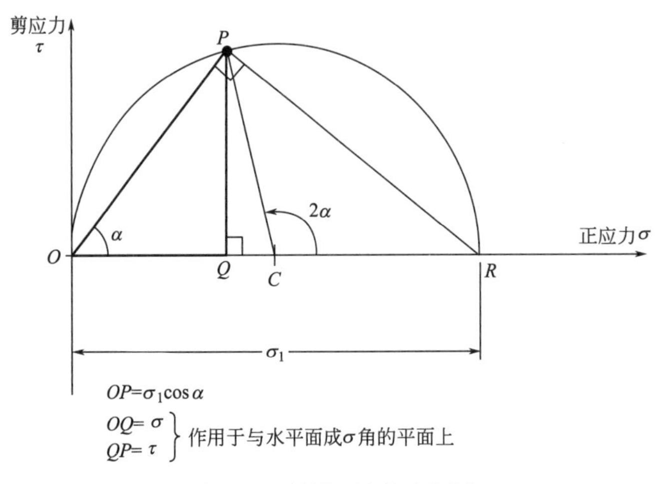


图 13.7　单轴压缩的摩尔图

这提供了 $\sigma$、$\tau$、$\sigma_1$ 和 $\alpha$ 之间相互推导的数学关系，而另一种分析则是基于图 13.6（c）进行，具体如下。

将线 $OQ$ 延长到 $R$，以使长度 $OR$ 等于 $\sigma_1$。在三角形 $OPR$ 中，由于 $OP$ 等于 $\sigma_1\cos\alpha$，因此等于 $OR\cos\alpha$，无论 $\alpha$ 取值如何，$\angle OPR$ 都必须为直角。因为半圆的角度是直角，所以对于任何 $\alpha$ 值，点 $P$ 必须始终位于直径 $OR$ 的半圆上。

半圆 $OPR$ 如图 13.7 所示，其中图 13.6（c）中的受力图经过旋转，使得 $OR$ 处于水平方向。线 $OR$ 形成代表正应力的横坐标轴，而垂直距离则成为代表切应力的纵坐标轴。

因此，与水平面成任意角度 $\alpha$ 的平面上的应力都由点 $P$ 定义，该点是通过与水平轴成角度 $\alpha$ 的线 $OP$ 与半圆相交而得到的。垂直于平面的应力由横坐标 $OQ$ 给出，沿平面的剪切应力由纵坐标 $QP$ 给出，二者均与绘制 $OR$ 表示 $\sigma_1$（施加的正应力）时使用的比例相同。

以摩尔圆来表达各应力的重要意义将在第 13.3.4 节进行讨论。

### 13.3.3　三轴压缩试验

在圆柱形试样上施加轴向最大主应力 $\sigma_1$ 和径向最小主应力 $\sigma_3$，如图 13.8（a）所示。

由水平面和垂直平面以及与水平面成任何角度 $\alpha$ 倾斜的平面所界定的楔形体 $ABC$ 的三个侧面的应力如图 13.8（b）所示，与第 13.3.2 节类似，主要基于二维模型进行分析，总结如下。

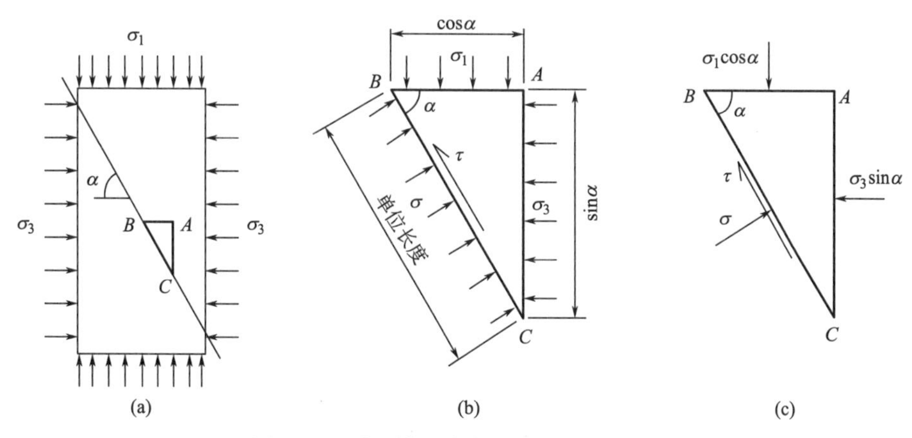


图 13.8　受三轴压缩的圆柱试样上的应力

(a) 外部应力和截面平面；(b) 楔形单元体上的应力；(c) 单元体上的力

| | 正应力 | 剪应力 |
|---|---|---|
| *AB* | $\sigma_1$ | 0 |
| *AC* | $\sigma_3$ | 0 |
| *BC*(待定) | *S* | $\tau$ |

作用在楔形单元体三个面上的力如图 13.8 (c) 所示。

*AB* 面：法向力$=\sigma_1\cdot\cos\alpha$；切向力$=0$。

*AC* 面：法向力$=\sigma_3\cdot\sin\alpha$；切向力$=0$。

*BC* 面：法向力$=\sigma$；切向力$=\tau$。

现在有四个应力，并且由于楔形单元体处于平衡状态，绘制应力矢量图时它们必须形成一个闭合的多边形。如图 13.9 中的 *PVOQP* 所示，可以通过数学方法得出 $\sigma$、$\tau$、$\sigma_1$ 和 $\sigma_3$ 之间的关系，但是通过几何分析可能更容易理解，具体如下。

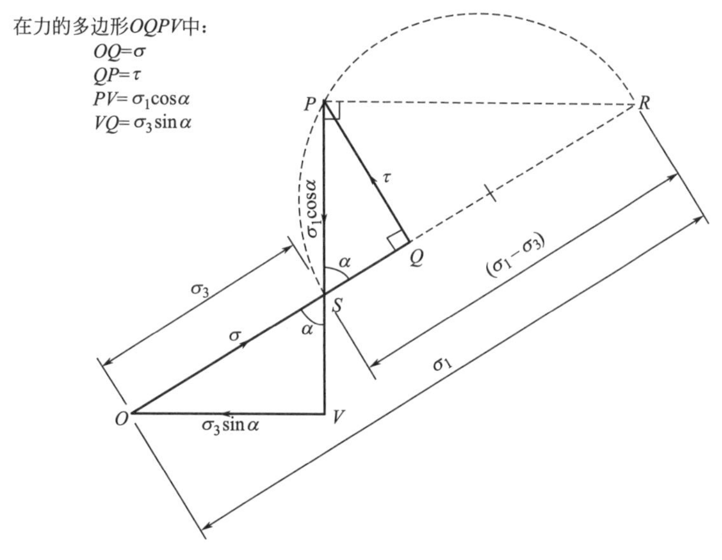


图 13.9　三轴压缩的力的多边形

将线段 $OSQ$ 延长到点 $R$，使 $SR$ 的长度等于 $\sigma_1-\sigma_3$，在三角形 $OVS$ 中，角 $OVS$ 为直角，因此可以得到 $SV$ 等于 $\sigma_3\cdot\cos\alpha$，$OS$ 等于 $\sigma_3$。

此外，

$$\begin{aligned}PS&=PV-SV\\&=\sigma_1\cdot\cos\alpha-\sigma_3\cdot\cos\alpha\\&=(\sigma_1-\sigma_3)\cdot\cos\alpha\\&=SR\cdot\cos\alpha\end{aligned}$$

即

$$\frac{PS}{SR}=SR\cdot\cos\alpha$$

因此，无论角 $\alpha$ 如何取值，角 $RPS$ 必须为直角，且对于任意的 $\alpha$ 值，点 $P$ 必须始终位于直径为 $SR$ 的半圆上。

半圆 $SPR$ 如图 13.10 所示，与图 13.7 相比，图 13.9 已经过旋转，使 $OSR$ 处于水平方向。线段 OR 构成了代表正应力的横坐标，而垂直距离（纵坐标）则代表切应力。但是，该圆不通过原点 $O$，而是在两个点 $\sigma=\sigma_3$ 和 $\sigma=\sigma_1$ 处与水平轴相交。圆心由与 $O$ 的距离为 $(\sigma_1+\sigma_3)/2$ 的点 $C$ 表示。

因此，试样分别承受轴向和水平方向不同的压应力 $\sigma_1$ 和 $\sigma_3$，可以通过简单的几何绘图确定相对于水平面成任意角度 $\alpha$ 倾斜的平面上的应力。沿水平轴标出 $\sigma_1$ 和 $\sigma_3$，并用 $OR$ 和 $OS$ 表示（图 13.10），绘制直径为 $RS$ 的半圆［即（$\sigma_1-\sigma_3$）］，并通过以与水平轴呈 $\alpha$ 角的线 $SP$ 来绘制点 $P$，以使其与半圆相交于 $P$ 点。垂直于平面作用的应力由横坐标 $OQ$ 给出，沿平面作用的剪切应力由纵坐标 $QP$ 给出，二者均与绘制 $OR$ 和 $OS$ 时所使用的比例相同。

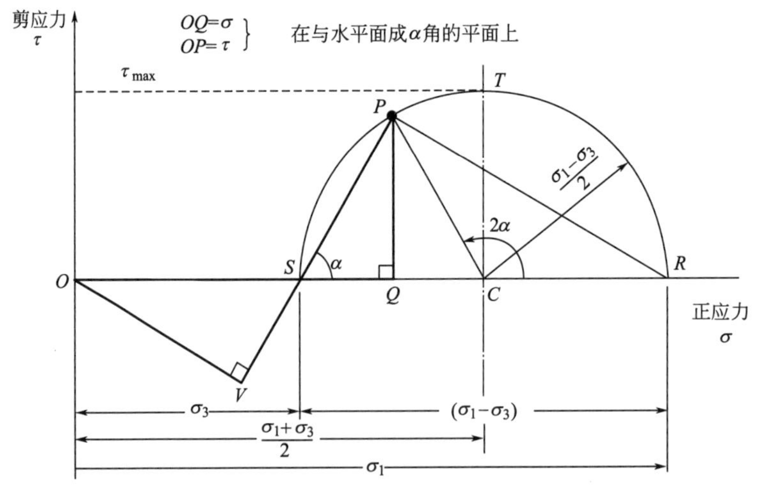


图 13.10　三轴压缩的摩尔应力图

### 13.3.4　摩尔应力圆

通过第 13.3.2 节和第 13.3.3 节（图 13.7 和图 13.10）中提到的参考圆来作图确定点

$P$ 的轨迹的方法在土力学中具有重要意义。这个圆即为摩尔应力圆，这种分析方法由数学家 Otto Mohr（1871）引入。材料力学的教科书中对此进行了更为详细的描述（如 Case 和 Chilver，1971；Whitlow，1973）。由于我们通常只关注正应力，因此只绘制了圆的上半部分。无侧限压缩的摩尔圆是三轴压缩在 $\sigma_3=0$ 的一种特殊情况。

在图 13.10 所示的摩尔圆中，应注意以下几点：

1. 横轴表示总法向（主）应力，纵轴表示剪应力，所有应力均按相同比例进行绘制。

2. 圆直径的两端由 $\sigma_1$ 和 $\sigma_3$ 值定义，均从原点开始计算测量。

3. 点 $P$ 的坐标是通过与水平面成 $\alpha$ 角倾斜的平面上的正应力和剪应力确定的，即通过从与水平面成 $\alpha$ 角度倾斜的 $S$ 绘制的一条线来确定的。或者，也可以通过从中心 $C$ 到水平轴成 $2\alpha$ 角绘制半径来找到 $P$。在与水平面呈 $\alpha$ 角的平面上，正应力等于 $OQ$，剪应力等于 $PQ$。

4. 圆的直径等于（$\sigma_1-\sigma_3$），即主应力差，也称为"偏应力"（第 13.3.5 节）。

5. 最大剪切应力由点 $T$（圆的最高点）表示，并且等于半径，即 $(\sigma_1-\sigma_3)/2$。

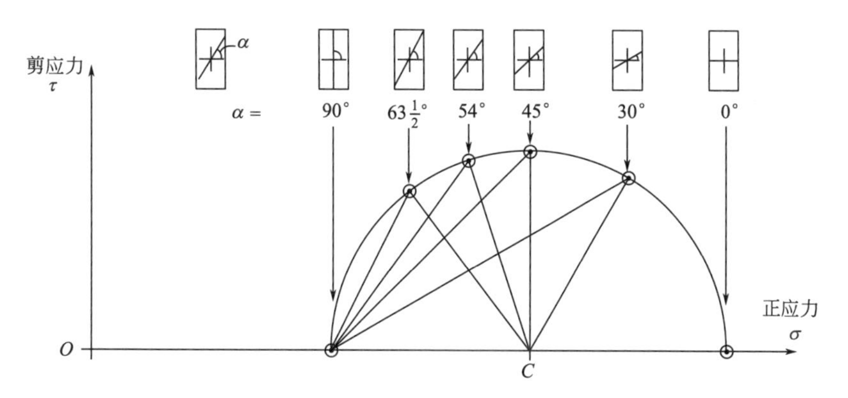


图 13.11　三轴试样中各个平面上的应力表示为应力摩尔圆上的点

6. 最大剪切应力面为相对于水平面倾斜 90°/2 或 45°的面。

7. 圆 $C$ 的中心点距离原点 $OC=(\sigma_1-\sigma_3)/2$。

图 13.11 中展示了代表作用于圆柱试样内的几个倾斜平面上的应力（包括与水平面呈 0°和 90°的应力）$\sigma$ 和 $\tau$ 的点。

### 13.3.5　偏应力

对长度为 $L$，直径为 $D$ 的圆柱形土样［图 13.12（a）］进行三轴压缩试验时，其加载分为如图 13.12（b）所示的两个阶段。

1. 以 $\sigma_3$ 表示的围压（压力室压力）。该压力作用于试样的所有方向上，因此轴向应力和径向应力均等于 $\sigma_3$，且试样中不会产生剪切应力。

2. 从压力室外部施加轴向载荷 $P$，并逐渐增加。由 $P$ 引起的附加应力仅作用在轴向上，大小等于 $P/A$。

3. 用 $\sigma_1$ 表示的总轴向应力，$\sigma_1$ 等于 $\sigma_3+P/A$，即：

$$\sigma_1=\sigma_3+P/A \tag{13.1}$$

该式也可以改写成：

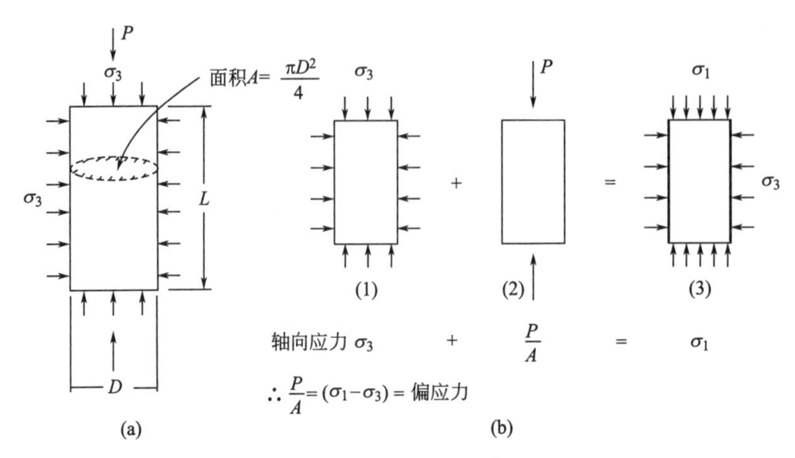


图 13.12　偏应力的说明

（a）受三轴压缩的圆柱试样；（b）施加的载荷分为两个部分

$$\sigma_1 - \sigma_3 = \frac{P}{A} \tag{13.2}$$

主应力差（$\sigma_1 - \sigma_3$），即超过围压 $\sigma_3$ 的轴向应力，被称为“偏应力”，是由压力室外的轴向压力施加到试样上的应力。

在试验中，围压 $\sigma_3$ 保持恒定，而偏应力逐渐增加。不断增加的轴向应力导致试样沿轴向压缩，并根据测得的长度变化计算出相应的应变（第 12.3.3 节）。

如第 13.6.3 节所述，可以在任意阶段根据荷载和应变的测量结果计算偏向应力 $P/A$。以偏应力-应变为参数作图，通常将土的强度视为破坏时的应力，即应力-应变图上的最大或“峰值”偏应力。试样破坏时的主应力是通过公式（13.1）根据最大偏应力计算得到的，从而可以绘制出一定围压 $\sigma_3$ 下的试样破坏应力的摩尔圆。

### 13.3.6　抗剪强度参数

1. 摩尔包络线

对同一试样在不同围压下进行一系列压缩试验，可以绘制出一组土样破坏时（由最大偏应力定义）的应力摩尔圆。与这些圆相切的一条线（可以是直的或弯曲的）称为摩尔包络线，代表了摩尔-库仑破坏概念（图 13.13）。

如果土体中特定应力状态下的摩尔圆完全位于摩尔包络线以下，则土体处于稳定状态。如果摩尔圆触到了包络线，则在土样中的某个平面已经达到了土样的最大强度（即发生了破坏）。

与摩尔包络线相交并处于其上方的摩尔圆没有物理意义，因为一旦到达包络线，土样将会发生破坏从而无法提供进一步的抗剪力。

当考虑有效应力时，摩尔包络线通常用于推导抗剪强度参数 $c'$，$\varphi'$，而这需要了解孔隙水压力的相关理论。绘制一组总应力的摩尔圆并从其线性包络线中推导出总抗剪强度参数 $c$ 和 $\varphi$ 值的方法被广泛应用，但在标准 BS 1377 中从未如此阐述、应用过。但是，在饱和土体不排水条件下（含水率不变的地方），可能不需要测量孔隙压力，并且在某些应用中可以使用总应力。

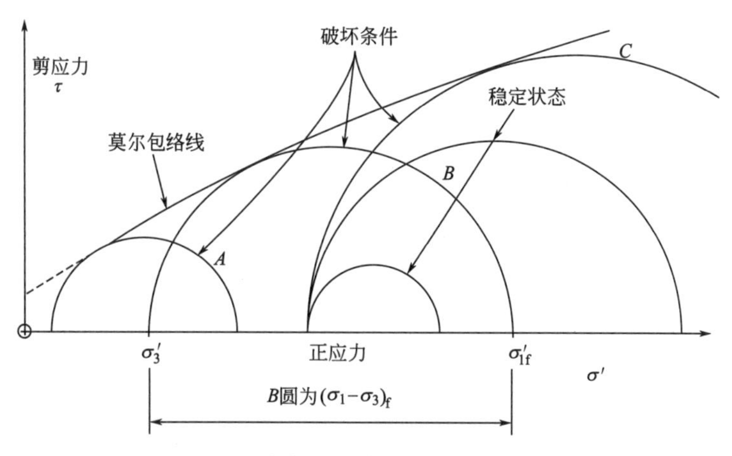


图 13.13　摩尔圆和代表破坏的摩尔包络线

2. 不排水的饱和土（$\varphi=0$ 的概念）

在含水率不变的饱和土样中，平均正应力的增加会导致几乎相等的孔隙压力的增加。因此，平均法向有效应力保持不变，也不会影响土样的抗剪强度。如果从饱和土体中制备出一组相似的试样，并且在不排水的条件下以不同围压对其进行压缩试验，则在每次试验中，试样破坏时测得的偏应力都将是相同的。总应力的摩尔圆都将具有相同的直径，并且摩尔包络线将是一条如图 13.14 所示的水平线。$\varphi$ 值为零（$\varphi=0$ 的条件），并且所有试样的剪切强度 $c_u$ 均相同。因此当 $\varphi=0$ 时，库仑方程将变为：

$$\tau_f=c_u \tag{13.3}$$

其中，$c_u$ 为总应力下的不排水抗剪强度，也可以看出，$c_u$ 的值等于每个圆的半径。

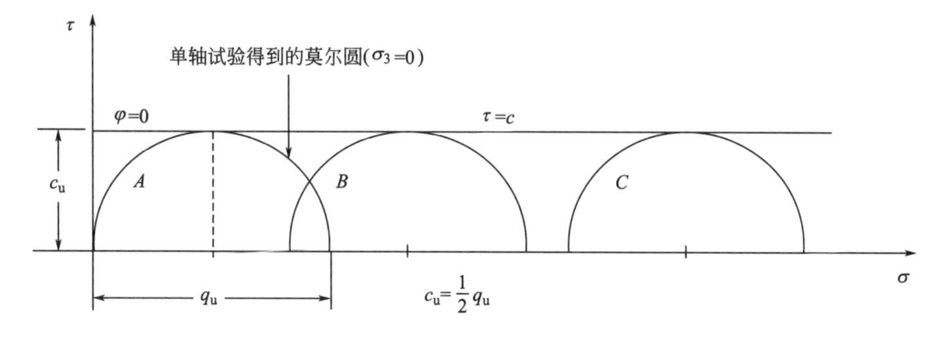


图 13.14　饱和黏土（$\varphi=0$）的摩尔圆

穿过原点的摩尔圆表示无侧限（单轴）压缩试验，其中 $\sigma_3=0$，其直径代表土体的无侧限抗压强度 $q_u$。由于抗剪强度 $c_u$ 的大小由圆的半径表示，且 $\varphi=0$，由此可知，土体的抗剪强度等于无侧限抗压强度的一半，即：

$$c_u=\frac{1}{2}q_u \tag{13.4}$$

需要注意的是不要将抗剪强度 $c_u$ 与抗压强度 $q_u$ 混淆。

3. 非饱和土

在不饱和土体的三轴试验中，即使不允许排水，围压也会导致有效应力的增加，因此，抗剪强度 $c_u$ 也会随着围压的增加而增加。非饱和的土体中，$c_u$ 的大小取决于饱和度和围压。根据非饱和土样压缩试验得到的总应力所推导的“抗剪切角”不是土体本身的固有属性，而是取决于测试条件。抗剪强度 $c_u$ 和围压之间的关系通常不是线性的。

### 13.3.7 面积修正

当圆柱状土样在轴向荷载下进行压缩时，其长度减小，并且任意时段其长度（$x$）的变化量与其初始长度（$L_0$）的比值为应变（第12.3.3节）。在不排水试验中，不允许水从土样排出，如果土样是完全饱和的土体且假设水和土粒都不可压缩，那么土样的体积将保持不变。因此，土样长度的减小必将导致其直径的增大。这就是出现“桶状变形”效应的原因，而所谓“桶状变形”效应是由于土样通常呈现出传统木桶的轮廓形状。

土样直径的增加会使得其横截面积增大，从而导致此时的竖向应力小于使用初始横截面积计算的竖向应力。因此，必须对测量的偏应力进行修正，被称为面积修正，如下文所述。

在压缩外力 $P$ 的作用下，试样从初始横截面（如图13.15中的矩形 $abcd$ 所示）变形为加粗轮廓线所示的形状。分析中，试样轮廓被等效为矩形 $efgh$，等效试样直径均一，但体积与桶状体积相等（等于初始体积）。用 $A$ 表示矩形 $efgh$ 的横截面积，$A_0$ 表示初始横截面积，其中，$A_0=\pi D^2/4$。

由于变形前后两圆柱体的体积相等，即：

$$A_0L_0=AL=A(L_0-x)$$

故，

$$A=\frac{L_0A_0}{L_0-x}=\frac{A_0}{1-\frac{x}{L_0}} \tag{13.5}$$

而 $x/L_0$ 为应变 $\varepsilon$，所以：

$$A=\frac{A_0}{1-\varepsilon} \tag{13.6}$$

试样内由荷载 $P$ 引起的轴向应力等于 $P/A$，即：

$$(\sigma_1-\sigma_3)=\frac{P}{A}=\frac{P(1-\varepsilon)}{A_0}$$

若将应变 $\varepsilon$ 表示为百分数的形式，则：

$$(\sigma_1-\sigma_3)=\frac{P}{A_0}\left(\frac{100-\varepsilon\%}{100}\right) \tag{13.7}$$

因此，为了满足“桶状变形”效应，在任意时刻基于初始横截面积计算所得的偏应力需通过因子 $(100-\varepsilon\%)/100$ 进行修减。此修正方法可应用于试验过程中的每一个读数，但也可以使用修正网格绘制荷载-应变曲线。

一个合适的网格如图13.16（a）所示，其纵轴为荷载表盘读数，横轴为应变百分数。网格法可用于任意的直径和高径比。生成图线的使用方法如第13.5.1节（第13项）和第

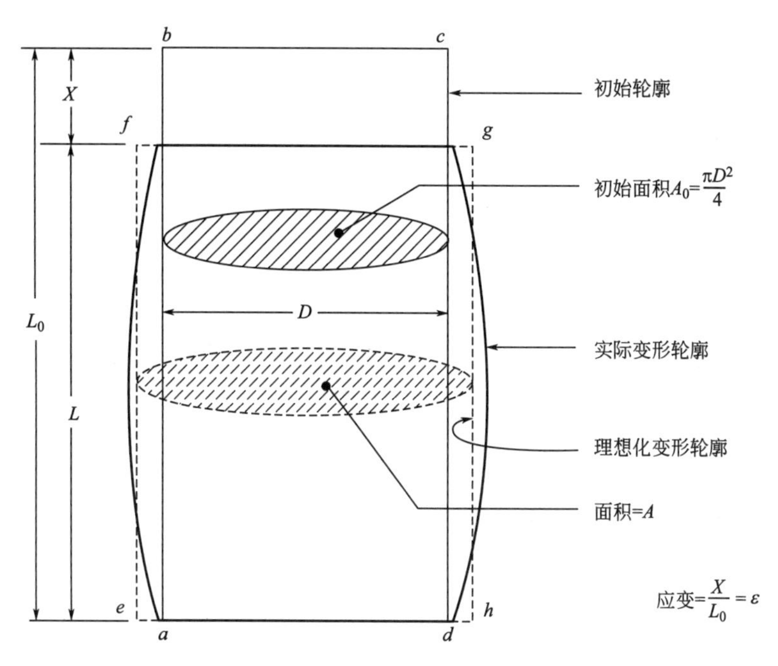


图 13.15　压缩试样的桶状变形

13.6.3 节（第 20 项）所述。如图 13.16（b）所示，通过使横坐标在应变轴上汇于 100%应变点即可建立此网格。

### 13.3.8　膜修正

由包裹三轴试样的橡胶膜产生的限制作用会对压缩提供很小的阻力。为了考虑这种现象，需从测量的破坏应力中扣除一个修正值。该修正值取决于试样在轴向荷载下的变形方式，为了达到修正目的，试样被假定为塑性或者脆性材料。

对于高强度土体，比如硬黏土，这种橡胶膜的限制作用并不显著，通常可以将其忽略。对于大直径试样（直径为 100mm 及以上，除了低强度的土体外），橡胶膜的限制作用同样可以忽略不计。对于软黏土和极软黏土，膜效应会形成较大比例的测量强度，忽略修正值会导致一定误差，并造成不安全事故。

1. 塑性变形

对于发生在塑性土体上的桶状破坏类型，修正值 $c_M$（kPa）取决于试样的轴向应变 ε（%）、膜材料的压缩模量 $M$（$N/mm^2$）以及试样的初始直径 $D$（mm）。Henkel 和 Gilbert（1952）提出此膜修正值等于：

$$\frac{4M\varepsilon(1-\varepsilon)}{D}$$

或者，根据上面定义的单位可得：

$$c_M=\frac{0.4M\varepsilon(100-\varepsilon)}{D}\ \text{kPa} \qquad (13.8)$$

假定膜材料的压缩模量 $M$ 等于其拉伸模量，可由第 13.7.4 节介绍的方法确定。

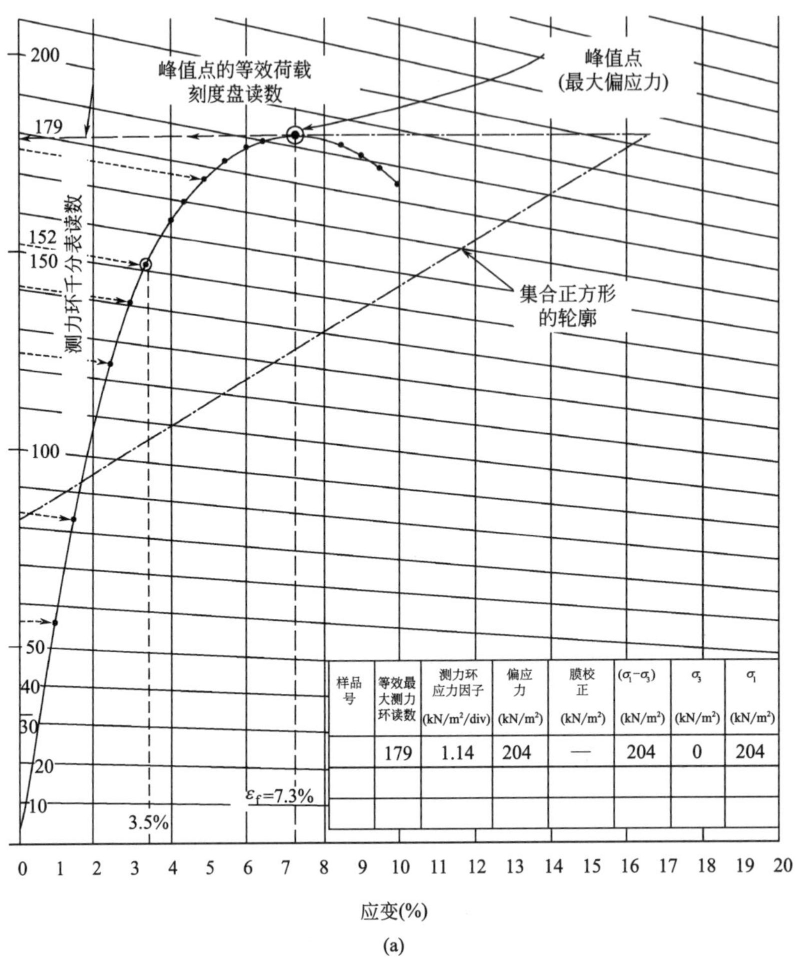


| 样品号 | 等效最大测力环读数 | 测力环应力因子 (kN/m²/div) | 偏应力 (kN/m²) | 膜校正 (kN/m²) | $(\sigma_1-\sigma_3)$ (kN/m²) | $\sigma_3$ (kN/m²) | $\sigma_1$ (kN/m²) |
|---|---|---|---|---|---|---|---|
| | 179 | 1.14 | 204 | — | 204 | 0 | 204 |
| | | | | | | | |
| | | | | | | | |

(a)

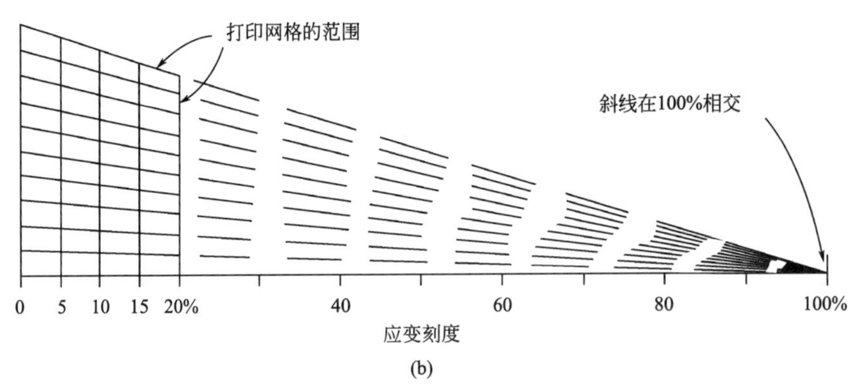


(b)

图 13.16　面积修正图表

(a) 使用方法；(b) 网格建立

关于此膜修正法的应用，标准 BS 1377-7：1990 中通过图 11 进行了专门介绍，该图被复制到图 13.17。图中的曲线适用于直径为 38mm 且橡胶膜厚 0.2mm 的试样。对于其他直径 $D$（mm）和膜厚 $t$（mm）的试样，对应的修正值用图 13.17 中的修正值乘以系数：

$$\frac{38}{D} \times \frac{t}{0.2}$$

如果试验使用的膜不止一层，那么 $t$ 对应总的橡胶膜厚度。

2. 脆性破坏

对于脆性土体，在其达到破坏之前，通常会生成一个滑动面，并且试样的一部分会沿着另一部分产生相对滑动。从而有效横截面积开始减小，而不是如第 13.3.7 节中介绍的那样增大，同时膜的变形方式与上文所述完全不同。考虑此影响，需要对测量的抗压强度进行与上文相反的修正。标准 BS 1377 未考虑到这些影响，并且不排水试验通常不考虑这些影响。由滑动面效应造成的修正值将在第 3 卷进行讨论。

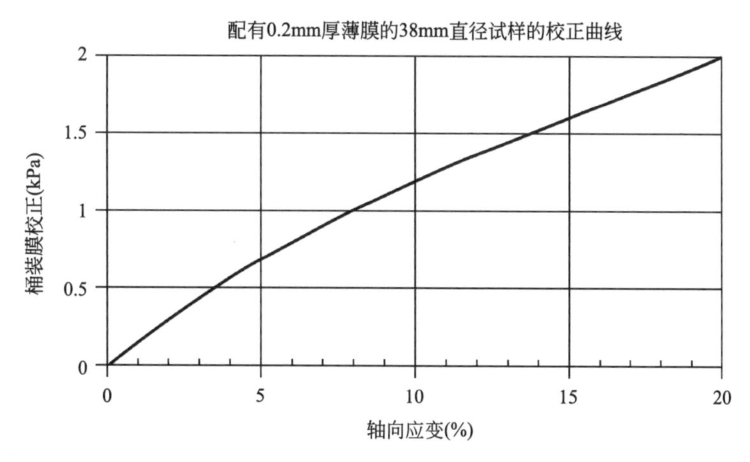


图 13.17　桶状变形对应的膜修正值图线（复制自 BS1377-7：1990 图 11）

### 13.3.9　灵敏度

当黏土在不改变含水率的情况下揉捏加工进行重塑时，由于其结构的破坏，它通常会变得比原状土更柔软。因此，重塑试样的非侧限压缩试验得到的抗压强度 $q_r$ 将低于原状黏土的抗压强度 $q_u$。原状强度与重塑强度之比定义为黏土的灵敏度，表示为 $S_t$（Terzaghi 和 Peck，1967）：

$$S_t = \frac{q_u}{q_r} \tag{13.9}$$

对于某些黏土，该比值可能非常大（第 13.4.3 节）。

## 13.4　应用

### 13.4.1　不排水抗剪强度的一般应用

第 12.4.1 节概述了土体抗剪强度与土工分析的相关性。在一些与饱和土体的不排水抗剪强度或短期抗剪强度相关的应用中，由本章试验得到的不排水抗剪强度 $c_u$ 足以进行稳定性分析，在第 12.4.1 节中列出了一些相关例子。然而，与有效应力剪切强度参数（第 12.3.8 节）相比，$c_u$ 的值更大程度取决于试验的类型和试验的速率。

这些试验结果最常见的应用是地基分析，具体讨论见第13.4.2节。

对于长期稳定性分析，以及大排水量、大孔隙水压力情况下的分析，需要使用有效应力参数，这些参数将在第3卷中进行介绍。

### 13.4.2　地基中的应用

对于黏土地基，刚完成施工的土体条件几乎是最为关键的。这是因为全部的荷载将被施加在土体上，但是土体没有时间通过固结获得额外的强度。不排水抗剪强度适用于低渗透性的饱和土体，可通过不排水条件下的非侧限压缩试验或者三轴压缩试验得到。

对于许多小项目来说，大量的试验开支是不合理的，可通过非侧限压缩试验快速方便地评估近饱和原状黏土的承载能力。然而，只有在对地面条件进行了调查并对其足够的深度内的土体进行分类，以及满足沉降标准的情况下，这样做才可行。在裂隙黏土中，非侧限试验是有误差的，需要取大直径试样进行三轴试验。

### 13.4.3　灵敏性黏土中的应用

重塑灵敏度（第13.3.9节）是软黏土的分类标准之一。这主要应用于冲积软黏土和海相软黏土，可以给出抗剪强度减小量。如果黏土受到扰动，其抗剪强度就会减小，并且减小量有时会很大。比如，将桩或板打穿软黏土至硬土层所造成的扰动效应。

许多黏土，包括大多在英国发现的黏土，对重塑的扰动效应较不敏感，其原状强度与重塑强度之比（即，灵敏度 $S_t$）通常小于4。灵敏度在4～8之间的黏土是灵敏性黏土，灵敏度超过8的黏土是快速黏土或超灵敏性黏土。某些超高灵敏性快速黏土的灵敏度可高达500。通常这些黏土最初是海相沉积物，其孔隙中的盐分被无盐地下水滤除。为了避免扰动，在制样和搬运过程中要极其小心。

许多黏土的重塑抗剪强度与液性指数 $I_L$［第1卷（第三版）第2.3.3节］相关。液性指数即为天然含水率与塑限含水率的差值与塑性指数之比（Skempton 和 Bishop，1954）。对于含水率位于液限的黏土（$I_L=1$），其抗剪强度约为1.7kPa，而对于含水率位于塑限的黏土（$I_L=0$），其抗剪强度增大100～150倍（170～250kPa）（Wood 和 Wroth，1976，1978）。

### 13.4.4　压缩试验的优点及局限

使用剪切盒进行的直剪试验（第12章），为测量不排水抗剪强度提供了一种相对简单的方法，同时也存在许多局限（第12.4.5节）。另一方面，压缩试验适用于大多数可制备原状试样的土体，同样也适用于所有重新压实土体和重塑土体。无黏性土（如砂土）的试样很难制备，这些试样在剪切盒中进行试验更方便。对于含有砾石颗粒土体、具有不连续性或潜在薄弱表面的坚硬裂隙黏土以及不均匀土体，应该被制备成100mm或150mm的大直径试样。

对圆柱试样而言，压缩试验相比于直剪试验具有一定优势，同时也存在一定的局限，被概括如下：

优点：

1. 试样的破坏不被限制于发生在预设破坏面，而是在任何面都可能发生破坏。

2. 压缩试验可以揭示出与某土体结构自然特征相关的薄弱面。

3. 如有必要，对试样进行定向，使其在不施加约束的情况下沿特定特征发生破坏。

4. 对比直剪试验，施加在三轴压缩试验中的应力条件更加接近于土体的原位应力条件。

5. 外加应力是主应力，可对应力和变形速率进行严格控制。

6. 排水条件可控，试验条件多样。在QU试验中，试样被完全包裹且处于密封条件，因此，任何类型的土体在试验过程中的排水都是被有效阻断的。

7. 高质量原状黏土的三轴试验结果与现场实测抗剪强度值十分吻合（对于裂隙黏土却不然，详情见下文）。

局限：

对于高裂隙黏土（比如伦敦黏土），试样尺寸对测量强度有重要影响。测量直径为38mm的小直径试样所得到的强度较高且不切实际，而测量直径为100mm的试样所得到的强度高于钻孔内的原位平板试验结果。为了得到合理的结果，试样的尺寸需要足够大，以充分包含土体内的裂隙和不连续面特征。

### 13.4.5　典型抗剪强度值

表12.3（第12章）根据摩擦角列出了无黏性土体的抗剪强度。

表13.1列出了来自英国的饱和黏土的不排水抗剪强度，该土体 $\varphi=0$，根据稠度将该土体进行分类（表13.1）。在受季节性干湿作用影响的上覆黏土层中，不排水抗剪强度（取无侧限抗压强度的一半）通常随着深度均匀增加。

**黏土的抗剪强度**　　**表13.1**

| 稠度描述 | 不排水剪切强度(kPa) |
|---|---|
| 极软 | ＜20 |
| 软 | 20～40 |
| 一般硬 | 40～75 |
| 较硬 | 75～150 |
| 极硬 | 150～300 |
| 坚硬 | ＞300 |

## 13.5　无侧限压缩试验

### 13.5.1　荷载架法（BS 1377-7：1990：7.2和ASTM D 2166）

此处介绍的试验是英国标准BS 1377中给出的测定圆形土体试样无侧限抗压强度的一种指定方法。轴向压缩以恒定变形速率施加于试样上（应变控制法）。ASTM中的应变控制法步骤与BS 1377标准中相似，并且也包含了应力控制法。在应力控制过程中，轴向力以一定时间间隔递增。

1. 仪器

（1）无论是手动的还是机械驱动的荷载架都需要能够提供0.5～4mm/min的压板速度。加载能力为10kN的加载设备较合适，但如果对加载速率的方向有要求且能容纳试样，那么需要一个具有更大加载能力的设备。

（2）校准过的测力装置［通常为测力环（第8.2.1节，传统的和电子的测量装置中的子部件）］具有适合试样强度的承载能力和灵敏度。2kN的测力环读数精度为1N，适用于直径小于等于100mm的大多数试样。

（3）设计带有应变表盘仪的压板用于无侧限压缩试验。

装配部件（图13.18）包括：

下压板安装在荷载加压板上；

安装表盘仪支柱和支架；

上压板安装在测力环栓上。

压板可容纳直径高达76mm的试样。直径为100mm的试样则需要使用一个更大的上压板，或者合适尺寸的标准三轴压力室（不含流体）。

（4）量程为25mm、精度为0.01mm的百分表或者线性传感器（第8.2.1节中“传统和电子测量设备”小节）用以测量试样的轴向压缩量。

（5）百分表或者线性传感器的支撑柱及其底座。

（6）挤压和修减非扰动土样的仪器（第9.1.2节）。

（7）游标卡尺，读数范围0.1～150mm。

（8）钢尺，直尺。

（9）精度为0.1g的天平。

（10）烘烤箱和其他标准的含水率测定仪。

（11）测斜仪和量角仪。

（12）停表或者秒表。

如图13.18所示，组装设备，其中试样置于10kN的荷载架中。

图13.18　直径为100mm的试样在5t荷重压缩架下的无侧限压缩试验

2. 步骤

（1）准备仪器

（2）制备试样

（3）测量试样

（4）安装试样

（5）记录零点读数

（6）施加压力

（7）读取示数

（8）卸载

（9）绘制破坏模式图

（10）移除试样

（11）重塑土体和重复试验（如果需要的话）
（12）测量含水率
（13）画图
（14）计算
（15）报道结果

3. 试验步骤

1）仪器的准备

确保荷载架牢固安置在坚实水平台面或者支架上。

将测力环连接到荷载架的十字头上，并将需要的拉伸片和上压板牢固地安装到测力环的下端。检查荷载表盘是否安装牢固及其杆端是否与环上的可调制动块接触。

将下压板安装在机器平台的中间位置，并且将表盘柱垂直安置。

调整下压板的高度，确保有足够的空间放入试样。

如果使用电动设备，需选择合适的档位，使得压板速度为每分钟 0.5%～2%的试样长度。破坏的时间不应超过 15min。对于高径比为 2∶1 的试样，合适的压板速度如下表所示。

| 试样直径(mm) | 压板速率(mm/min) |
|---|---|
| 38 | 1.5 |
| 50 | 2 |
| 75 | 3 |
| 100 | 4 |

如果使用的是手动驱动，需要通过试验确定手轮的转动速度，以得到合适的压盘速度。

需要大变形才能破坏的软土需要较大的应变速率。而小变形下就破坏的硬或脆性材料需要较小的应变速率。

2）试样的制备

试样制备方法取决于试样的类型，最常见的如下：

（1）试样装在直径为 38mm 的样管内（或者装在直径等于试样直径的圆管内）。详细过程见第 9.2.4 节。

（2）试样装在 U-100 样管内或装在直径为 100mm 的活塞取样管内（第 9.2.6 节）。

（3）块状试样等（第 9.3.2 节）。

试样的高度应为其直径的 2 倍左右。

3）试样的测量

如果试样是用已知尺寸的组合模具制备的，那么除了称重外，其尺寸无需进一步测量。否则，需要使用游标卡尺测量试样的高度和直径，精确到 0.1mm。如第 1 卷第 3.5.2 节所描述，对每个尺寸进行 2 次或 3 次测量，并且取这些读数的平均值。称取试样的重量，精度为 0.1g，最好放在先前称过重的小托盘或者潮湿的器皿上。

试样搬运应该十分小心，以避免扰动、弯曲变形和水分损失，特别是对于软土。应该佩戴塑料手套以减小搬运造成的水分损失。如果可能的话，在增湿空气中进行制样和测量。

4）安装试样

将试样放在下压板的中间，并确保试样轴心处于垂直。手动抬升压板直到试样刚好与上压板接触，此时荷载表盘仪会发生微小的移动。

调整支柱上的应变千分表使其读数为零或者一个方便的初始值。确保千分表的量程足以记录试样的压缩位移。

如果使用三轴压力室，那就将试样安装在基座上面。如第13.6.3节第7步和第8步所示，组装三轴压力室。因为三轴压力室里不装水，所以此时不需要橡胶膜。

5）记录零点读数

当压力为零时，记录应变表盘和荷载表盘的读数。若读数都为零或者是一个确切的整百数，那就会方便很多。

6）压缩试验

如果使用的是电动设置，则启动发动机并同时打开停表，使用停表是为了确保施加正确的应变速率。

如果使用的是手动装置，则需要助手以正确的速度转动手柄，对照时钟进行检查，同时进行读数。

7）读数

等间隔记录荷载表盘的读数，比如每隔应变表盘的0.2mm（或者对于较大的试样，每隔0.5%的间距）记录一次读数。如果需要核查机械速率，那么也需要记录下从启动开始的时间。当荷载表盘读数增长速率变小时，只需要读取少量的读数。如果在试验开始时荷载表盘的读数增长迅速，则应以一定的荷载表盘读数间隔读取数据，以便在试样破坏前有足够的数据来确定应力-应变曲线。在破坏前至少应得到12组读数。

继续加载并读数直到试样破坏，根据以下准则之一确定试样发生破坏：

3个及3个以上的连续荷载读数出现下降或者为恒定值；

应变达到20%（直径为38mm的试样发生15mm的压缩量）；

若绘制出试验过程中的荷载与变形（或者应变百分数）的图线，就很容易找出破坏点。

8）卸载

当试样破坏时，停止机器，让发动机完全停止并反转，或者手动将荷载从试样卸除。读取荷载表盘的读数用以核对零荷载下的初始读数。降低压板，移除试样或者三轴压力室。

9）绘制破坏模式草图

绘制破坏后的试样草图，以判断其破坏的方式，尤其是判断其破坏形式属于以下主要三种破坏类型的哪一种（图13.3）：

塑性破坏

脆性破坏

半塑性破坏

如果剪切面明显，那测量剪切面相对于水平面的倾斜角，若该角接近1°，则使用测斜仪和量角器测量（图13.40）。应该尽快完成测量以避免水分的损失。

10）移除试样

小心地将试样从底板取下，使其保持成一块。将试样连同粘在上下压板上的土体放在一个小的称重托盘或者潮湿容器内。

11）重塑试验

如果要测量重塑强度用以确定其灵敏度，则在第12步之前需参照第13.5.3节的介绍。

12）测量含水率

如标准含水率试验所示，以0.1g的精度称取试样加容器的重量（$m_2$），将其放入标准烘烤箱内一晚上后，测量其干燥质量（$m_3$）。容器（质量为$m_1$）应足够大，以容纳可能脱落的试样。

对于较大的试样，通常最好选取试样的一部分（比如，接近顶部，中间，以及接近底部）以确定含水率。

13）绘制图线

荷载-应变关系可以使用如图13.16所示的特殊面积校正图纸，从图13.39所示类型的测试图纸上记录的数据（第13.6.3节）绘制，其中百分比应变值是预先打印的（后者仅适用于直径为39mm、长约80mm的试样，其他尺寸的试样需要打印有不同值的表）。这种方法有另一个优点是，在试验进行过程中，可以绘制出等效于应力-应变曲线形式的曲线。

根据在纵轴上的每个表盘读数，将最近的斜线平行投影到相应的应变值。比如，在图13.16（a）中，一个标记点表示在应变为3.5%时荷载表盘读数为152格。按照这种方法绘制所有的点并用光滑的曲线将它们连起来。

为了得到压缩应力的最大修正值，沿着纵轴放一个直尺，然后将三角尺紧靠直尺，这样就可以画出一条通过曲线峰值点的水平线［图13.16（a）］。延长该水平线与纵轴相交，并记录相应的荷载表盘读数（$R_c$）。

从曲线的峰值点绘制一条垂直线到横轴，并记下该点对应的应变值。

如果不使用面积修正图表，那么必须计算出每个读数对应的压缩应力（第14步描述），并且绘制应力-应变图。读取应力最大值并记录其对应的应变值。峰值点不需要与观测点重合，但一定在两读数之间。

14）计算

使用下列符号计算应力和应变值：

试样的初始长度为$L_0$（mm）

试样的直径为$D$（mm）

初始横截面积为$A_0$（$mm^2$），且$A_0=\pi D^2/4$

任意阶段的压缩量为$x$（mm）

应变为$\varepsilon=x/L_0\times100\%$

测力环的平均标定值为$C_R$（N/格）

应变为$\varepsilon$时的测力环读数为$R$（格）

应变为$\varepsilon$时的横截面积为$A$（$mm^2$）

应变为 $\varepsilon$ 时的荷载为 $R \times C_R$（N）

应变为 $\varepsilon$ 时的压缩应力为 $\sigma$

其中，$\sigma = \dfrac{R \times C_R}{A} \times 1000$（kPa）

而，$A = \dfrac{100A_0}{100 - \varepsilon\%}$（第13.3.7节）　　(13.10)

所以，$\sigma = \dfrac{RC_R(100 - \varepsilon\%)}{100A_0} \times 1000\text{kPa}$

如果假定测力环的标定值 $C_R$ 是恒定不变的，$1000C_R/A_0$ 的值只需作为应力常数计算一次，单位为kPa/格。因此，对压应力的计算可简化为：

$$\sigma = \frac{10C_R}{A_0}(100 - \varepsilon\%)R \text{ kPa} \tag{13.11}$$

如第13步所述，绘制 $\sigma$-$\varepsilon\%$ 图线。

如果使用面积修正图线，只需进行峰值点对应的压应力即可，即在破坏时，

$$\sigma = \frac{C_R}{1000} \times R_f \text{kPa} = q_u$$

其中，$R_f$ 为破坏时的测力环读数。

其他计算如下所示：

试样的初始体积为 $V = \dfrac{\pi D^2 L_0}{4000}$ cm$^3$

若试样的初始质量为 $m_0$（g），则其密度为 $\rho = \dfrac{m_0}{V}$ Mg/m$^3$

初始含水率为 $w = \dfrac{m_2 - m_3}{m_2 - m_1} \times 100\%$

干密度为 $\rho_D = \dfrac{100\rho}{100 + w}$ Mg/m$^3$

15）报告结果

报告的数据如下：

试样尺寸（精确到0.1mm）

含水率（精确到0.1%）

密度和干密度（精确到0.01Mg/m$^3$）

破坏模式草图

应力-应变曲线（要么是应力-应变，要么是使用面积修正网格绘制）

破坏时的最大压应力（无侧限抗压强度，$q_u$），精度为1kPa

破坏时的应变（%），精度为0.2%

施加的应变速率

土体试样描述

制备试样的种类

制备方法

此试验方法，即确定无侧限抗压强度的荷载架法与BS 1377-7：1990第7.2条。

### 13.5.2　自动记录式无侧限压缩试验（BS 1377-7：1990：7.3）

1. 仪器

（1）便携自给式手操作自动记录装置如图 13.19 所示，其工作原理与操作方法将在下文介绍。

（2）设备通常随附的配件：

（a）平坦且抛光的标本端板，最大直径为 50mm；

（b）一组不同刚度的校准弹簧（通常 4 个）；

（c）用于记录数据的预印表格（图 13.26）；

（d）用于图表的透明蒙版（图 13.20）。

图 13.19　自动记录式无侧限压缩试验仪器

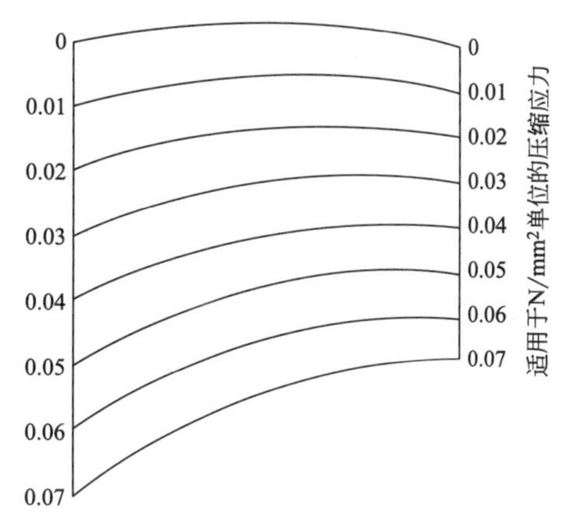


图 13.20　用于自动记录式无侧限压缩试验仪器的透明蒙版

（3）手动挤压机，用于 38mm 直径的试样

（4）分体式成型器，直径 38mm

（5）修边工具

（6）修边刀、钢丝锯

（7）钢直边

（8）钢尺，直角尺

（9）游标卡尺

（10）带刻度的标本挤压机

（11）测角仪或量角器

（12）天平，刻度精确到 0.1g

（13）烘箱及标准水分测定仪等

2. 仪器原理

该设备的主要特点如图 13.21 所示。用于放置图表的绘图板（图 13.21）固定在移动板 C 上。L 形臂 G 上固定铅笔 D 的枢轴 K 安装在下部移动板 J 上。臂 G 的下端带有刀刃 M，该刀刃 M 靠在用于固定水平的支点的可调挡块 L 上。弹簧上端固定于 C，下端固定于中间板 E，中间板 E 通过拉杆 F 与 J 连接。试样夹放置于由 J 支撑的两个压板之间，且上压板固定在固定板 H 的底部。上固定板 B 带有一个带螺纹的衬套 N，通过旋转手柄 A 与导螺杆 P 啮合。导螺杆的下端连在移动板 C 上。

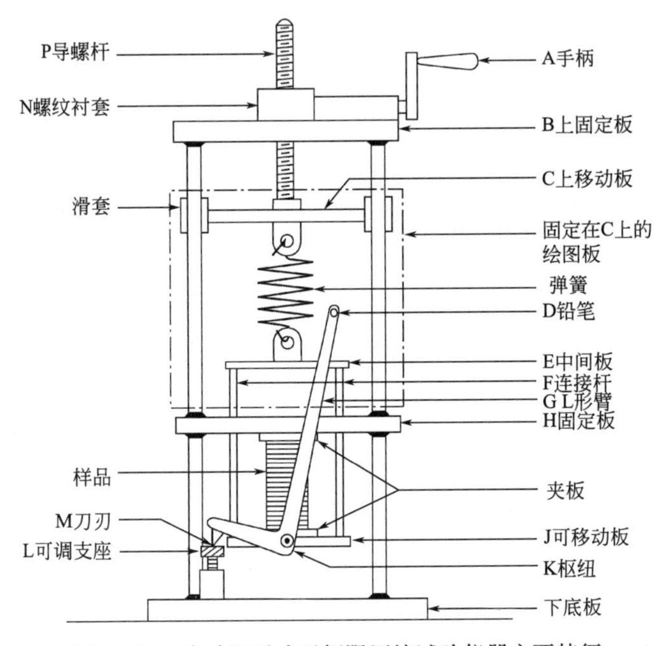


图 13.21　自动记录式无侧限压缩试验仪器主要特征

因为 P 自身不能旋转，所以可顺时针旋转手柄 A 使衬套 N 旋转从而间接升高导螺杆 P。这样可以将板 C 举起一段距离 $x$（图 13.22）。如果弹簧伸展，由于样品提供的阻力，平板 J 将上升一个较小的距离 $y$，该距离等于土样被压缩的量。相对的垂直运动（$x$-$y$）等于弹簧的延伸量，并且等于垂直方向铅笔 D 相对于图表的移动，这段距离可用 $q$ 表示。因此，在弹簧是完全弹性的假设下，铅笔在图表中的纵向运动与所施加的荷载成比例。

如果铅笔臂 G 的两个分支长度可分别用 $a$ 和 $b$ 表示（图 13.23）的话，从其几何形状便可确定铅笔 D 的水平运动量 $p$，且 $p=y\ (a/b)$。也就是说，铅笔的水平运动是直接与土样的压缩量成正比，即与应变成正比。

以下极限情况说明了装置的工作原理：如果样品没有压缩，铅笔将沿着图表上的垂直线移动，且距离等于弹簧的延伸量（产生零应变的负载）；如果弹簧没有伸展，铅笔将沿着以 K 为圆心的圆弧进行移动（常荷载下的压缩应变）。

从上文可以看出，荷载轴是一条垂直直线，并且纵坐标都是平行的直线；而变形（应变）轴是圆弧，横坐标是半径相等的非同心圆弧。绘制在透明蒙版上的曲线（图 13.20）需要留出余量，以方便进行面积校正（第 13.3.7 节），同时最后得出的曲线不一定是圆形或平行的。

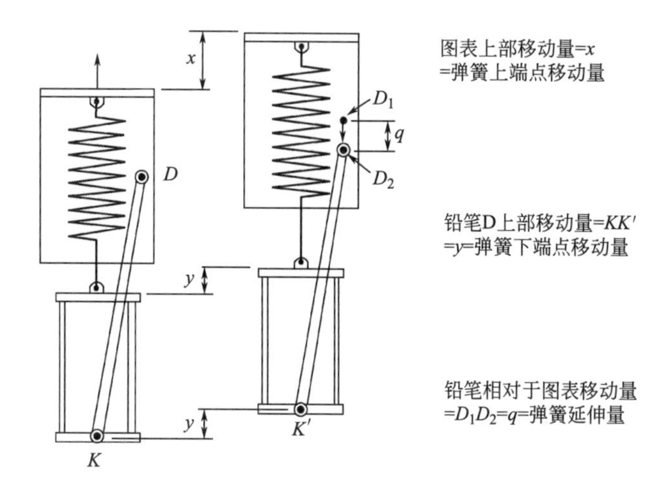


图 13.22　铅笔相对于图表的垂直运动

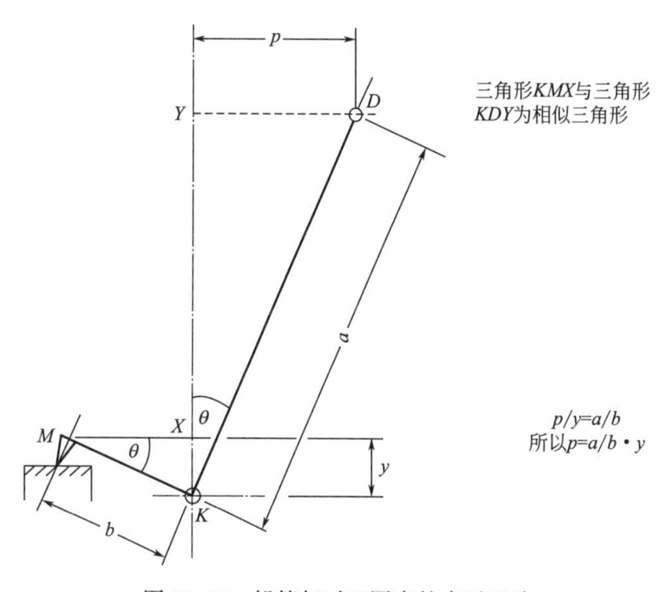


图 13.23　铅笔相对于图表的水平运动

3. 测试阶段

(1) 准备仪器

(2) 准备样品

(3) 测量样品

(4) 放置样品入仪器

(5) 调试仪器

(6) 进行压缩试验

(7) 移除样品和作图

(8) 示意破坏模式

(9) 重塑并重新测试（如果需要）

(10) 测试含水率

(11) 从图表中得出结果

(12) 报告结果

4. 测试步骤

(1) 准备仪器

将压板通过螺纹连接牢固地安装到设备上。选择最适合被测土体抗剪强度的弹簧，其弹性模量可以根据经验进行估算，也可以根据土体的软硬程度表13.2进行选取。所使用的弹簧应具有足够的刚度，以确保试样发生破坏时在仪器允许的变形范围，但不得超过提供合理灵敏度所需的刚度。

**土体软硬程度对应的弹簧模量** **表13.2**

| 测试土体软硬程度 | 建议弹簧模量(N/mm) |
|---|---|
| 非常软 | 2 |
| 软 | 4 |
| 较坚硬 | 8 |
| 非常坚硬 | 16 |

将弹簧安装在上下插槽中，然后通过旋转手柄来移动下压板调节高度以确保有足够的间隙放入样品。

在打印的图表上记录样品详细信息、所选弹簧的编号和弹性模量，并用弹簧将其最上侧连接到绘图板上。图表的边缘与平板的边缘对齐。

将削好的铅笔装入笔夹，然后将其夹紧，使其与图表刚好接触。将组合模连接到样品挤压机上，并在内表面涂些油。

(2) 准备样品

具体步骤与第13.5.1节第2阶段的步骤相同，具体操作方法取决于样品类型。

(3) 测量样品

如果样品在已组合模中修剪过，则只需将其称重（精确至0.1g）。对于难以进行无干扰处理的软土样品，可以进行试管测量。对于一般的土体样品可以用游标卡尺进行测量，并取几次测量的平均值。而后，将样品称重精确至0.1g。从紧邻试样处修整的土体可用于测定样品的含水率。

(4) 放置样品入仪器

将样品放置在下压盘的中央。旋转手柄以升高下压板直到样品刚好与上部（固定）压板接触并对齐。

(5) 调试仪器

首先，转动滚花螺钉L以调节铅笔（图13.21）的水平位置使其位于图表的垂直零线上（图13.24）。垂直移动图表以便铅笔也位于代表零荷载的曲线上方，即在原点处。向前推动铅笔，确保有足够的压力能使其在图表上做出清晰的笔迹。必要时进行最后的调整以便铅笔正好在打印图形轴的原点。

（6）进行压缩试验

用正确的速率稳定地旋转手柄以压缩土样，通常是每 2 秒转动一圈。考虑到需要在约 2min 的测试时间内达到 20％的应变，变形率应约为 8mm/min。

压缩是否完成是按照以下两者谁最先达到进行判断的：样品发生破坏（图 13.25）并且图表上可见一个明确的峰值［图 13.26 曲线（a）］；或当应变达到 20％的最大值［图 13.26 曲线（b）］。

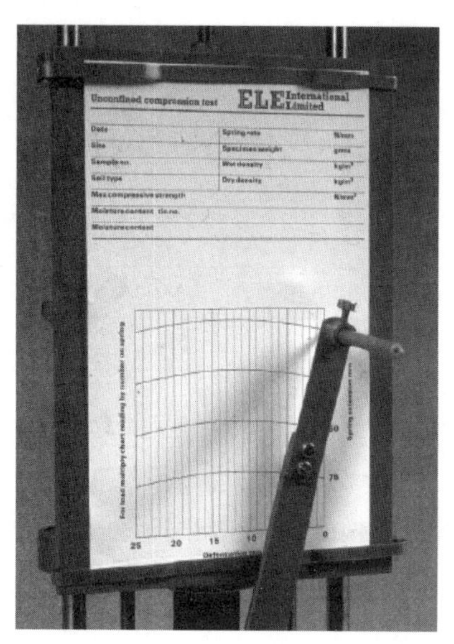


图 13.24　自动记录式无侧限压缩试验仪器的记录设备（可见铅笔位于零点处）

图 13.25　样品破坏示意图

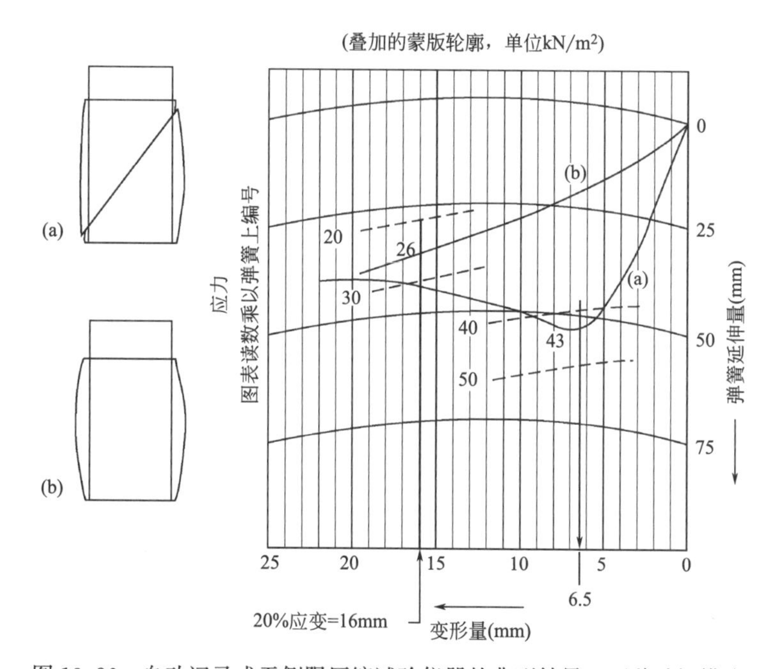


图 13.26　自动记录式无侧限压缩试验仪器的典型结果（两种破坏模式）

（7）移除样品和图表

沿相反方向旋转手柄，以下降下压板直至样品上的荷载被移除，并且留出足够的间隙将样品取出。将样品及压板上附着的所有土颗粒残留放在称重的小托盘或水分仪上。

从绘图板上取下图表。检查曲线是否绘制清晰，以及样品的标识细节、测试日期和所用弹簧的编号和模量是否已写在图表上。

**自动记录式无侧限压缩试验数据记录表**　　**表13.3**

| 土样尺寸 | 直径38mm | 长度80mm | |
|---|---|---|---|
| 测试时间 | 1979-12-3 | 弹簧 | 2N/mm |
| 测试地点 | Halesby | 土样重量 | 168g |
| 土样号 | T-16 | 湿密度 | 1.85Mg/$m^3$ |
| 土样类型 | 棕色盐碱土 | 干密度 | 1.38Mg/$m^3$ |
| 最大压缩应力 | (a)43×2=86kN/$m^2$　(b)26×2=52kN/$m^2$ | | |
| 含水率等级：Tin No. | T.27 | | |
| 含水率 | 34% | | |

（8）示意破坏模式

在图表或其背面绘制草图，以得出样品的破坏模式。如果破坏面可见，就使用斜度计或量角器测量其相对于水平面的倾角，如果可能，将其精度精确至1°。同时，记录其他所有可见的破坏面特征。

如果样品在测试后可能会散落，则应在从仪器压板上取下之前在草图上绘制。

（9）重塑并重新测试

如果需要测量重塑强度以确定灵敏度，则在进行步骤10之前参阅第13.5.3节。

（10）测试含水率

首先称量样品在托盘上的重量。而后，将其放在烘箱中，在样品干燥和冷却后再次称重并计算含水率，正如标准水含水率测试一样。

（11）从图表中得出结果

将透明蒙版放在测试后的图表上，使他们的垂轴重合并使蒙版上的零位置与测试曲线的起点重合（通常是原点）（图13.27）。每种蒙版仅适用于特定的样品直径（在这种情况下为38mm）。

读取蒙版上与最低点相对应的曲线上的数字（测试图上的“峰值”），必要时在曲线之间进行插值，如图13.26曲线（a）所示。记录读数并乘以弹簧模量（N/mm）以获得破坏时试样上的压应力（N/$mm^2$）。无侧限的土样抗压强度 $q_u$（kPa）等于该值乘以1000。

如果未获得峰值，则使用蒙版进行类似的计算，所选取的读数对应于20%的应变［图13.26中的曲线（b）］。

对于某些设备，可以对图表进行校准以直接读取在38mm直径样品上的以N/$mm^2$或kPa为单位的抗压强度。旧机器可能使用的是lb/$ft^2$，在这种情况下，应乘以0.0479，以获得相应的kPa单位结果。如果土样直径 $D$ 不是38mm，结果应乘以 $(38/D)^2$ 以获得校

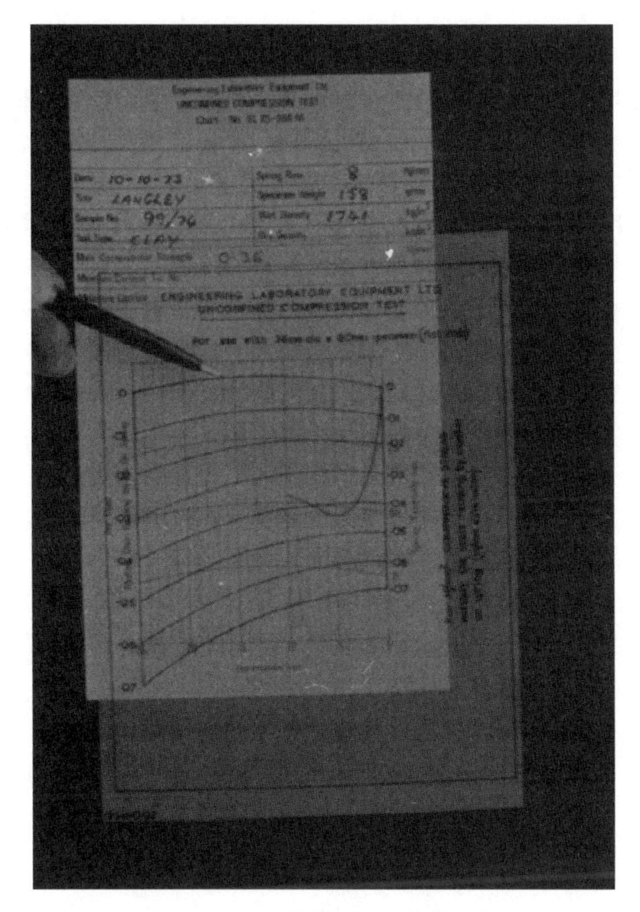


图 13.27　在测试图表上使用蒙版

正后的强度。

从图表中读取对应于峰值应力的挠度（mm），之后除以试样长度（mm）再乘以 100，即得出破坏时的应变（%）。

根据第 13.5.1 节内容，计算样品的堆积密度和干密度。

（12）报告结果

破坏时的压缩应力（峰值应力或 20%应变）将被报告为样品的无侧限抗压强度并精确至两位有效数字。自动绘制的测试曲线图应作为测试报告的一部分。报告中破坏时的应变应精确到 1%。

同时报告的内容有：

破坏模式（塑性，脆性或中间）

任何其他可见的特征

样品识别细节，尺寸和土样类型

含水率

堆积密度，干密度

测试方法，即用于确定无侧限压缩强度的自动记录式试验方法符合 BS 1377-7：1990 第 7.3 条。

### 13.5.3　重塑测试和灵敏度

用来计算灵敏度的饱和黏土的重塑强度最好在测量原位强度后立即确定。以下描述的内容用作第13.5.1节的第11步或第13.5.2节的第9步。这些内容没有包括在标准BS 1377：1990中。

1. 将土样及一些具有相同含水率的土体封装在一个小的聚乙烯袋中，通过用手指彻底地挤压和揉搓几分钟来将土体重塑。

2. 从袋子中取出土体，使用捣固棒尽快将其放入直径38mm的试管或组合模中，不留任何的空隙。

3. 修剪两端平齐。

4. 从试管或组合模中挤出或取出样品。

5. 测量并称重样品。

6. 将其放入测试仪器中，并对未受干扰的样品以相同的方式进行重复压缩测试（第13.5.1节，第4～10步骤；或第13.5.2节，第4～8步骤）。

7. 示意破坏模式后，按照第13.5.1节第12步或第13.5.2节第10步测量含水率。

8. 按照第13.5.1节第13、14步或第13.5.2节第10步所述相同的方式确定重塑土的抗压强度$q_R$以及未扰动土的抗压强度$q_u$。

9. 根据公式$S_t=q_u/q_R$计算黏土的灵敏度$S_t$。

10. 以与报告未扰动土的强度的方式来报告重塑强度，并将灵敏度精确到小数点后第一位。

## 13.6　三轴试验

### 13.6.1　基本原理

1. 范围

第13.1.3节概述了三轴压缩试验的原理。第13.6.3节所述的试验是BS 1377-7：1990给出的“确定”方法。ASTM D 2850中给出了非常相似的试验。

确定性试验适用于第13.6.3节所述的38～110mm范围内的试件直径，有时3个试样在不同的围压下进行试验。大直径（100mm及以上）试件的试验见第13.6.4节。在随后的章节中给出了确定性试验的变化和试验标品的制备方法。

试验流程基于使用需要人工观察和记录的常规测量仪器，尽管在商业工作中越来越多地使用电测记录和数据处理（第8.2.6节）。

2. 试样尺寸

为满足欧洲规范7对三轴试验的要求，应采用旋转芯样或薄壁管样，其直径一般在70～100mm。常用高径比为2：1的样品典型测量值汇总于表13.4。

3. 土样类型

确定性三轴试验（第13.6.3节）主要用于细粒均质黏性土。颗粒最大尺寸不应超过试件直径的 1/5。如果试验后在试件中发现大于此尺寸的颗粒，则应报告其大小和质量。如果存在较大的颗粒，应使用较大直径的试样。表 13.5 列出了最常用试样尺寸建议的最大粒径。

**三轴试样的典型测量值**　　**表 13.4**

| 直径(in) | 样品尺寸，直径×高度(mm) | 面积($mm^2$) | 体积($cm^3$) | 近似质量** |
|---|---|---|---|---|
| | 35×70 | 962.1 | 67.35 | 140g |
| 1.5 | 38×76 | 1134 | 86.19 | 180g |
| | 50×100 | 1963 | 196.3 | 410g |
| | 70×140 | 3848 | 538.8 | 1130g |
| 2.8 | 71.12×142.24* | 3973 | 565.1 | 1190g |
| | 75×150 | 4418 | 662.7 | 1392g |
| | 100×200 | 7854 | 1571 | 3.3kg |
| 4 | 101.6×203.2* | 8107 | 1647 | 3.5kg |
| | 150×300 | 17670 | 5301 | 11.1kg |
| 6 | 152.4×304.8* | 18240 | 5560 | 11.7kg |

*英寸尺寸的精确转换

**体积密度为 2.1Mg/$m^3$

**三轴试样的最大粒径**　　**表 13.5**

| 标称试样尺寸、直径×长度(mm) | 建议的最大颗粒尺寸(mm) |
|---|---|
| 38×76 | 6.3 |
| 50×100 | 10 |
| 70×140 | 14 |
| 100×200 | 20 |
| 150×300 | 28 |

含有裂隙或不连续面的土体，应采用直径尽可能大的试样进行试验；例如，一个 U-100 管样的裂隙黏土应该被挤压为直径 100mm，长 200mm 的样品进行测试。从这种类型的土体中修剪的较小的样品不可能代表完整的材料（图 13.28）。如果一个小的试件包含裂隙，就很可能发生破裂，并被弃用，以制作完整土的“更好”试件。不连续性对原位土体抗剪强度有重要影响，试验试件应足够大以表征这些特征（Skempton 和 Henkel，1957）。

4. 围压

试验所用的压力室围压应与取样点的原位条件有关；没有“标准”围压。以一个试样的 3 个土样为一组，试样的总原位竖向应力为 $\sigma_v$ 时，围压为 $0.5\sigma_v$、$\sigma_v$ 和 $2\sigma_v$ 是合适的。围压范围应涵盖土体原位可能经历的竖向应力范围。对于超固结黏土，其最低压力一般不应小于 $\sigma_v$。

对于压实试样，围压也应与现场可能发生的总应力有关。

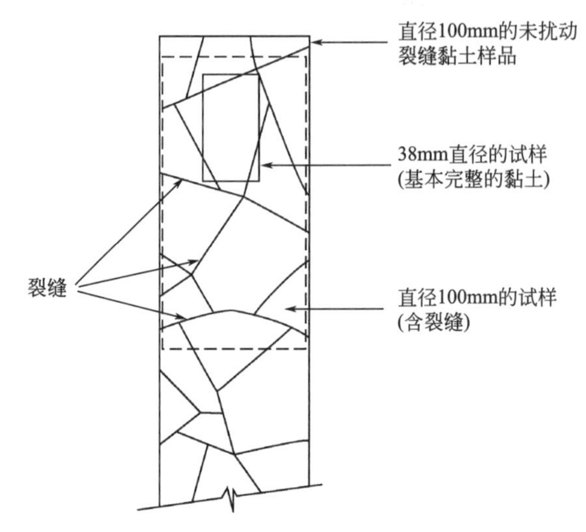


图13.28　裂缝黏土管样的表征

### 13.6.2　确定试验仪器

1. 试样的制备和测量

下列第（1）～（5）步见第9.1.2节，试样的制备见第9.2.3节和第9.24节。

（1）挤出机用于样品管的垂直挤出，手动或电动。

（2）夹持三根38mm直径样品管的接头（必要时）。

（3）样品管内径38mm，长约230mm（大直径样品制备所需），有锐利的切边和端盖，有或无松脱孔（3个要求）。

（4）38mm口径管用挤出机。

（5）制成试验所需直径试样的对开铸模。

（6）修边刀、钢丝锯、抹刀。

（7）直尺。

（8）钢尺，直角尺。

（9）游标卡尺。

（10）精度0.1g的天平。

（11）烘箱和其他标准含水率测量仪器。

2. 安装和测试

下面列出的许多项目都在第8章中有叙述，在所示的章节中。第13.7.2节和第13.7.3节介绍了三轴仪及其附属设备，并说明了它们的正确使用。

（12）加载框架，量程10kN或更大，优选电动（第8.2.3节）。对于38mm直径的试件，压板速度需要在0.05～4mm/min的范围内，以便在BS标准规定的5～15min内发生破坏。对于较大的试件直径，例如100mm，应采用50kN量程的荷载框架，压板速度范围为2～5mm/min。可用行程应能将38mm直径的试样压缩约25mm，100mm直径的试样压缩约65mm。

（13）标定测力装置，一般采用测力环（第 8.2.1 节）。对于大多数黏性土直径较小的试件，宜采用 2kN 承载力、每隔 1～1.5kN 灵敏度的测力环。在高围压下进行试验时，非黏性土可能需要一个较高量程的测力环（如 4.5kN，每隔 3N 读数）。直径 100mm 的试件需要较高的测力环，黏性土高达 5kN，颗粒土高达 20kN，软弱岩石高达 50kN。采用加载环需基于 BS EN ISO 7500-1：1998，详见第 8.4.3 节。在测试期间（即用于确定土体参数的方法）的重要读数必须在校准范围内。

（14）三轴压力室能够维持高达 1000kPa 的内部水压。典型三轴压力室的主要特征如图 13.29 所示，概述如下：

耐腐蚀槽顶设有排气塞、活塞和紧贴套管，柱和支架为轴变形千分表的阀杆。活塞应适当清洗并抹薄油。

圆柱形压力室，由有机玻璃或类似透明材料制成并且顶部和底部密封，可移动、可固定。

耐腐蚀底座，包括连接端口（用于向压力室施加加压水），安装阀门和底座。如果压力室基座安装了其他连接端口，这些端口应该用一个插头或一个保持关闭的阀门来填充。

第 13.7.2 节给出了三轴压力的进一步细节。

（15）上、下固体试件端帽的合适直径与试件、抗蚀的金属或塑料相匹配。上端盖（压力垫）有一个球轴承座，直径为 12mm 左右的球轴承直径为 38mm 的三轴压力室，或安装一个整体半球形圆顶。这将根据使用的压力室（关于 100mm 直径试件的指导意见见第 13.6.4 节）的大小而变化。下盖（基础盖），如果需要，安装在压力室底座上。

（16）千分表或线性传感器（第 8.2.1 节），25～50mm 行程读数至 0.01mm，用于应变测量（第 8.2.1 节和第 8.3.2 节）。

（17）安装支架，用于将应变千分表或线性传感器附着在加载环的下端。

（18）恒压系统用于将压力室压力维持在 1000kPa 以上，变化幅度在 5kPa 以内。高达 700kPa 左右的压力可能足以进行多次试验。第 8.2.4 节描述了 5 种恒压系统，其中第 2 种（机动空气系统）在第 13.6.3 节中提及。

（19）尼龙管和适当的连接器，用于连接压力系统到压力室。

（20）“试验”压力表范围为 0～1000kPa，读数为 10kPa（第 8.2.1 节）。应定期校准仪器（第 8.4.4 节），并用计量器显示校准数据。

（21）橡胶膜，尺寸与试件相匹配（表 13.3），通常厚 0.2mm，呈开口管状；要求 3 个，每个样品 1 个。（BS 1377 规定的详细情况载于第 13.7.4 条。）

（22）O 形橡胶圈密封环紧密地安装在每个端盖上（BS 1377 中规定的细节在第 13.7.4 节中给出）。

（23）吸膜拉伸器，配有一小段橡胶管和夹子。

（24）小金属托盘。

（25）测斜仪或量角器。

（26）抹布、海绵。

### 13.6.3　三轴试验步骤（BS 1377-7：1990：8 和 ASTM D 2850）

BS 1377-7：1990 第 8 条，对单一试样的不排水剪切强度确定方法进行了明确介绍。

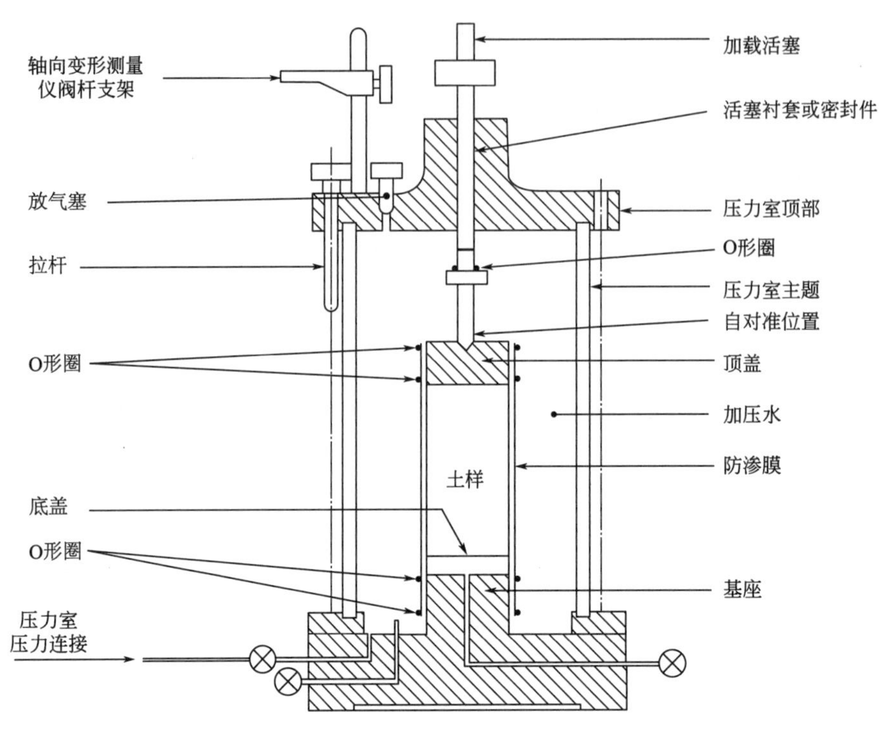


图 13.29　典型三轴压力室的主要特征（摘自 BS 1377-7：1990 图 10）

对三个直径 38mm 的试样，每个试样都可以在下文所述的围压下进行试验。

1. 步骤阶段

（1）准备试验设备

（2）准备切土器

（3）试样切割

（4）准备试样

（5）量测试样

（6）调整橡胶膜和下帽

（7）将试样装入压力室

（8）压力室的组装

（9）加压

（10）选择加载速率

（11）校正量测装置

（12）压缩试验

（13）卸载

（14）拆卸压力室

（15）移除试样

（16）选择破坏模式

（17）测量含水率
（18）清洁设备
（19）对其他试样重复步骤（4）～（18）
（20）画图
（21）计算
（22）绘制摩尔圆
（23）分析结果

2. 试验步骤

（1）准备试验设备

将合适的测力环牢固地安装在加载架的十字头上。检查千分表是否牢固，其底座是否与测力环上铁砧接触。当用手轻微按压测力环，千分表应该有读数。

摇下机械底座或是在必要时抬高十字头，以提供足够的空间安装压力室。确保压力室底部的橡胶密封完整且与底座贴合（第 13.7.2 节）。用干净干布擦拭活塞并确保其能在轴套中自由活动。将带有 38mm 转接头的压力室底部置于机械升降台上，并检查基础是否干净。

若采用囊式气-水压力系统，确保囊在初始时处于未充气状态。检查气压调节阀是否正常工作，并在使用时保持恒压。

（2）准备切土器

参考第 9.2.2 节，第 9.2.4 节和第 9.2.5 节的第（1）步。

（3）试样切割

参考第 9.2.4 节和第 9.2.5 节第（2）～（13）步。

（4）准备试样

将下试样帽从一根 38mm 管（试样 A）移出并置于安装有组合式模具的手动切割装置上（图 9.22）。参考第 9.2.3 节，对试样进行切割并修整。

（5）量测试样

试样的尺寸一般应与组合式模具的内部尺寸相同。将试样在称重容器或托盘上进行称重，精度为 0.1g。

（6）调整下帽和橡胶膜

将试样放置在下试样帽的下部，并将上帽放置在试样上部。将两个 O 形橡胶圈置于薄膜上，并滚动橡胶圈到膜的中间位置。将橡胶膜安置于吸力膜的内部并将其底端翻转到管的外侧（图 13.31），确保膜上未出现褶皱和扭曲［图 13.30（b）］。

通过膜上插管对试样施加吸力，确保膜能与承膜筒的内部紧密接触。保持吸力并仔细地将设备下降到试样上［图 13.30（c）］。当承膜筒放置到试样上并与试样对中，释放吸力，确保薄膜紧贴试样［图 13.30（d）］。

缓慢地翻转膜的下部到下帽上，确保完全接触且没有空气（图 13.32）。用一只手握住承膜筒，使其下部与下帽的中部水平，并滚动一个 O 形垫圈使试样帽上的膜密封（图 13.33）。抬升承膜筒并重复上述操作来密封上帽［图 13.30（e）］，然后移除承膜筒。最后，折叠薄膜的端部使其覆盖两端的密封环。

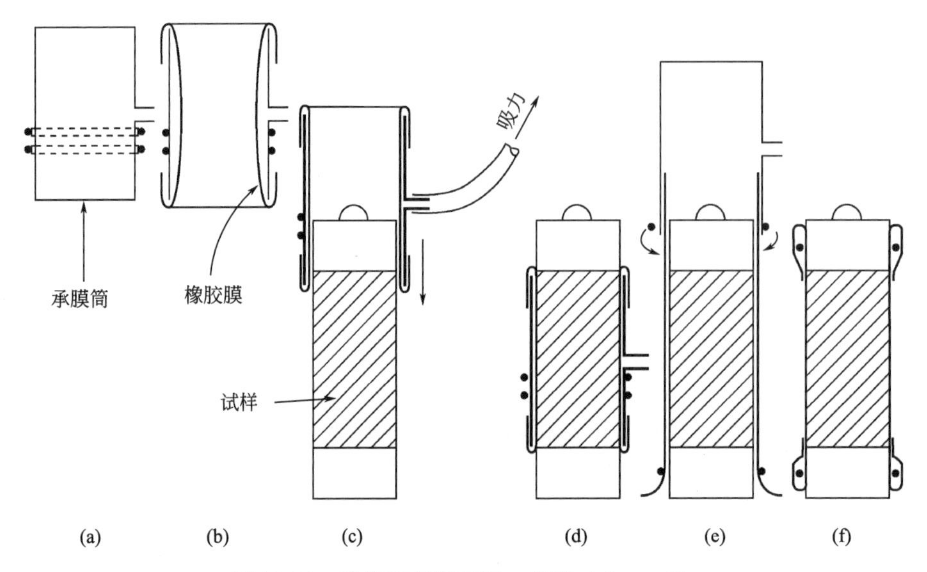


图 13.30　橡胶膜包裹试样，步骤（a）～（f）

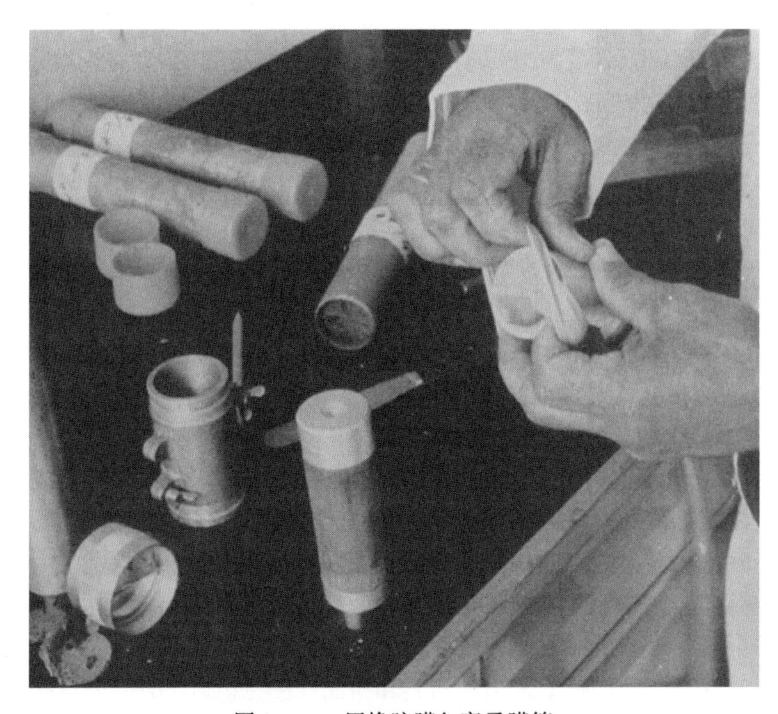

图 13.31　用橡胶膜包裹承膜筒

对软弱或易碎的试样，建议在放置试样前，首先将下帽置于三轴压力室的底座上以减少后续处理的工作量。

（7）将试样安装入压力室

将试样放置在三轴压力室的基座上，确保下帽下部正确地放置或拧到压力室基座上（图 13.34）。检查试样是否竖向对齐。将滚珠轴承（如果必须）放置于顶部加载帽的凹槽处。确保压力室基座和密封环干净。

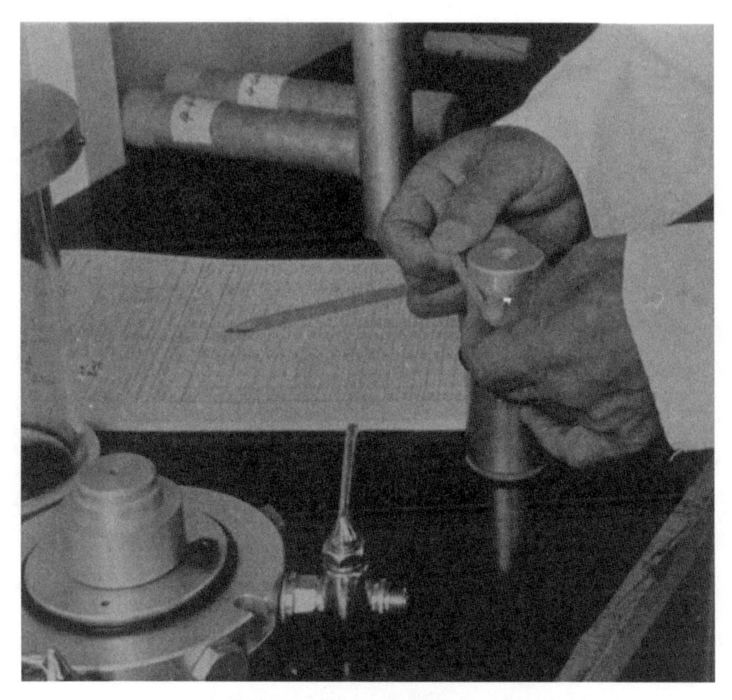

图 13.32　将橡胶膜包裹下试样帽

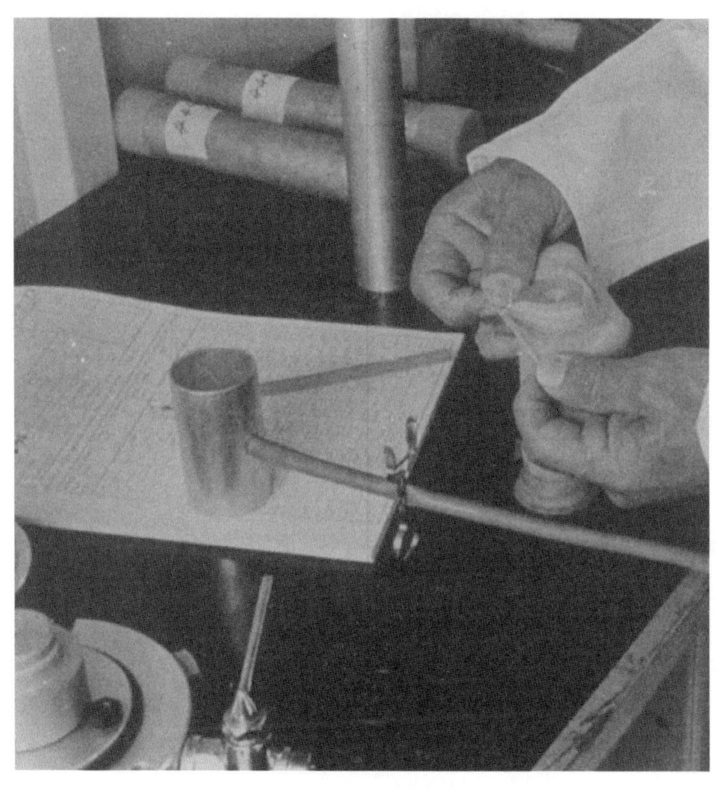

图 13.33　折叠橡胶膜覆盖 O 形垫圈

图 13.34　将试样置于三轴试样装置基座上

(8) 压力室的组装

移动压力室活塞到最大行程。确保压力室密封环在适当的位置。将压力室就位，确保不要使压力室或活塞底部接触到试样。如果压力室和基座上有指示标志，确保其重合。根据压力室设计的不同，将拉杆放入插槽中或基座上对应的线孔中。确保拉杆竖直，且夹持装置在夹持前就位。压力室的紧固需要系统地进行，首先对侧的拉杆稍微固定，接着另一对侧的一对拉杆加固，以此类推，并按相同的顺序进一步加固每一根拉杆。这样操作能确保压力室均匀地固定并与加载框架竖向对齐。没有必要使用专门针对手动加固的翼状螺母或滚花螺母。

允许活塞自由滑动并能与滚珠轴承或半球顶在上帽处接触。若能与活塞底部完全接触，则表明装置安装合适。手动旋转基座底部，使活塞能在被测力环限制前有 2～3cm 的自由行程。

将水管与压力室底座上的连接装置连接，并拧紧接头。

(9) 加压

下述的步骤涉及第 8.2.4 节中描述的电动气压压缩装置的使用。具体的使用安排见图 13.35。具体的操作原理基本相同，但当使用不同的压力系统时，具体的操作方法会出现一些不同。

打开三轴压力室上的排气阀（图 13.35 中的阀 e）。打开压力室基座上的排气阀 d 和排气阀 a，使水通过供给管进入压力室。当水位接近顶部时，降低注水速率，一旦水从阀 e 流出，关闭阀 e 和供水管。

打开恒压管线与压力室（阀 c）的连接，或者关闭供水管线并将恒压管线与压力室连接，如果供水管线和恒压管线与压力室必须分开连接。打开阀 f 和阀 g，通过顺时针逐级

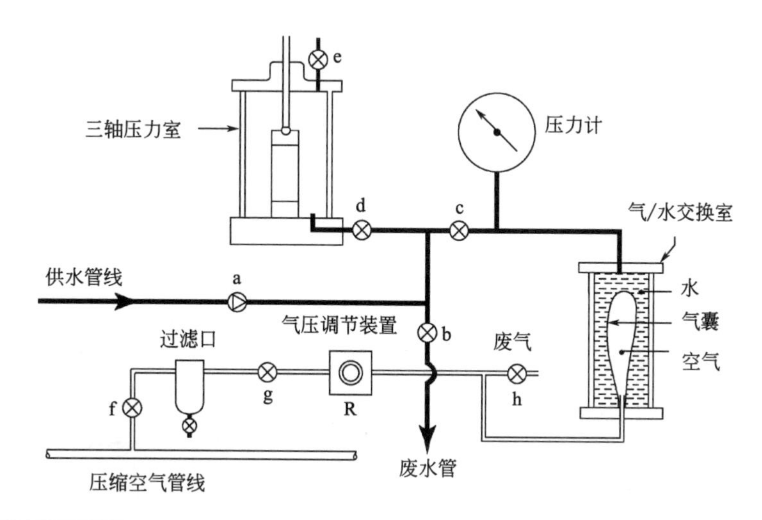


| 步骤 | 试验阶段 | 阀门状态 | | | | | | |
|---|---|---|---|---|---|---|---|---|
| | | a | b | c | d | e | f | R(控制器) |
| 填充压力室 | 9 | ○ | × | × | ○ | ○ | × | |
| 压力室加压 | 9 | × | × | ○ | ○ | × | ○ | 顺时针调节增压 |
| 试验进行 | 12 | × | × | ○ | ○ | × | ○ | 必要时调节 |
| 压力室卸压 | 13 | × | × | ○ | ○ | × | ○ | 逆时针调节减压 |
| 压力室清空 | 13 | × | ○ | × | ○ | ○ | × | |

○ 阀门开　　× 阀门关

图 13.35　三轴压力室与气/水压力系统连接

地调整压力控制阀 R 来增加压力控制室内的压力，直到达到要求的值。活塞会被压力向上推，直到被测力环挡住。稳定 1～2min 后，检查压力是否恒定，如有必要，再次调节压力控制装置。整个试验过程中，保持恒压系统与压力室的连接，并且只有当压力控制仪表示数变化时才能调节压力控制装置。

上述提到的阀门操作总结于图 13.35。

（10）选择加载速率

选择合适的加载速率，使得能在 5～15min 内达到最大偏应力。对塑性土，2%/min 的应变率是合适的（例如，对于 76mm 高的试样，应变率为 1.5mm/min）。在应变为 10%或更小时达到最大应力，加载速率应该相应地降低。

对于旧设备，速度的操作设置都会在机身上标注。对于一些设备，当设备参数从一个位置换到另一个位置时，滚筒转动方向会改变，因此，在进行向上移动时，确保换向开关在正确的位置。应该严格遵循厂家说明进行操作。

（11）校正量测装置

打开马达，提升基座，当活塞挤入压力室并接近试样时，要么记录稳定的读数（初始读数，$R_0$）或者将压力量测装置归零。这样操作能降低压力室压力和活塞摩擦力对荷载读数的影响，并进一步指出试样上施加的轴向力大于施加的围压值。

关闭马达并手动调节基座底直到活塞刚好与上帽接触。此时压力表读数会有很小的变化。

固定应变千分表并使其阀杆保持竖直。调节并固定压力室上的基础，使表盘读数为零或是一个方便记录的初始读数，并使应变测试装置有至少 25mm 的移动。测力环与压力室顶部和活塞的投影线的间距应该允许活塞至少能向下移动 25mm。

图 13.36 展示了一个 10kN 加载架上准备用于三轴试验的试样。

图 13.36 压力室中准备测试的试样
（照片由牛顿岩土力学技术实验室提供）

（12）压缩试验

打开电动机，应变千分表每隔一定时间间隔读数，记录荷载量测装置读数。以一个 80mm 长试样为例（图 13.37），显示了合适的时间间隔选择。图中的参数可适用于长度为 70～85mm 的试样。试样达到破坏前，至少需要记录 15 组数据。

对于刚性较大的土样，数据的记录应该以力传感器的读数为准，而不是变形，这样才能得到要求数量的读数。

压缩试样一直持续到试样破坏，即达到最大压力或者 20%应变（压缩量为 16mm）。经过这一点后，试样已经被严重扰动，此时的读数没有任何意义。

随着试验的进行，能够绘制出荷载-应变曲线。如果采用第 13.5.1 节（图 13.16）中的面积校正网格法，可以准确得出应力-应变曲线并判断试样的破坏情况。试验需要持续到有 3～4 个连续的读数显示应力下降，这样能避免荷载读数出现暂时性降低时（例如含有粗颗粒）过早地认为试样已经达到了极限状态。

（13）卸载

当试样已经破坏，关闭马达，并在转换方向使其达到稳定。对试样进行卸载或手动调节机械滚轴到初始位置。此时，上帽和活塞之间应该有一定空间，且荷载读数为零。

通过调节阀 R（图 13.35），将压力室内的压力降到零。此时，活塞应该能在自重下缓慢下降，直到接触上帽。将阀 b 连接废水管，或者将压力室排出口直接导入废水池，打开排气阀使压力室内的水排干。

（14）拆卸压力室

当压力室清空后，关闭阀 b 和阀 d。缓慢松动压力室的固定螺栓或夹持装置，将压力室从底座移开前，缓慢提升活塞。确保不要让压力室触碰到试样。压力室内残存的水可以用海绵吸干。

（15）移除试样

将试样从底座移开并放置在一个小托盘上。拉伸橡胶膜在顶部的折叠部位并小心地将

O 形垫圈从上帽上移出。此时，薄膜能从下帽下部拉出，上帽可以被移出。

此外，对于某些下试样帽设计，上述操作可以在试样置于基座底的情况下进行。

三轴压缩试验

快速不排水

位置 *Halesby*　　　　　　位置编号 3419

　　　　　　　　　　　　　试样编号 *T-31 A*

日期 13.3.79

不排水

长度 78.2 mm

直径 38.0 mm

面积 1134 $mm^2$

体积 88.7 mL

机械编号 T.2　Cell 3

编号 118-13-54

PR校准 1.71 N/div

| | | 完整试样<br>38mm直径×80mm | 在__号锡盒的<br>部分试样 |
|---|---|---|---|
| 湿重 | g | 185.6 | (+锡盒) |
| 干重 | g | 157.7 | (+锡盒) |
| 锡盒重 | g | 21.5 | (锡盒) |
| 干重 | g | 136.2 | |
| 失水量 | g | 27.9 | |
| 含水率 | % | 20.5 | |
| 堆密度$Mg/m^3$ | | 1.85 | |
| 干密度$Mg/m^3$ | | 1.54 | |

围压 100 $kN/m^2$　　　　应变速率 1 %/min

| 轴向变形读数(mm) | 主应力差 | 应变(%) | 轴向变形读数(mm) | 主应力差 | 应变(%) | 轴向变形读数(mm) | 主应力差 | 应变(%) |
|---|---|---|---|---|---|---|---|---|
| 0 | 0 | 0 | 5.20 | | 6.5 | 11.20 | | 14 |
| 0.20 | 28 | 0.25 | 5.60 | | 7 | 11.60 | | 14.5 |
| 0.40 | 46 | 0.5 | 6.00 | | 7.5 | 12.00 | | 15 |
| 0.60 | 63 | 0.75 | 6.40 | | 8 | 12.40 | | 15.5 |
| 0.80 | 81 | 1.0 | 6.80 | | 8.5 | 12.80 | | 16 |
| 1.20 | 107 | 1.5 | 7.20 | | 9 | 13.20 | | 16.5 |
| 1.60 | 152 | 2 | 7.60 | | 9.5 | 13.60 | | 17 |
| 2.00 | 187 | 2.5 | 8.00 | | 10 | 14.00 | | 17.5 |
| 2.40 | 216 | 3 | 8.40 | | 10.5 | 14.40 | | 18 |
| 2.80 | 245 | 3.5 | 8.80 | | 11 | 14.80 | | 18.5 |
| 3.20 | 272 | 4 | 9.20 | | 11.5 | 15.20 | | 19 |
| 3.60 | 291 | 4.5 | 9.60 | | 12 | 15.60 | | 19.5 |
| 4.00 | 297 | 5 | 10.00 | | 12.5 | 16.00 | | 20 |
| 4.40 | 252 | 5.5 | 10.40 | | 13 | | | |
| 4.80 | | 6 | 10.80 | | 13.5 | | | |

破坏模式

剪切面相对于轴线倾斜角 53°

注释

坚硬的浅棕粉砂质黏土

从U-100管子提取

图 13.37　表格上记录的 38mm 直径试样三轴试验的典型数据

另外，上述操作在试样立于仪器底座上时可以进行，具体操作取决于装置顶盖的设计。

（16）绘制破坏模式

如果试验人员从一个角度无法绘制试样全部破坏细节，可以从两个互成直角的方向（前方和侧边）绘制试样的破坏模式，同时试验人员应记录观察到的其他特点。如果可以观察到明显的破坏面，需要用量角器测量破坏面与水平面的夹角（图13.38）。

图13.38　运用量角器测量破坏面倾角

（17）含水率测量

将试样从下顶盖（或底座）上滑出，并将其与附着在顶盖或膜上的松散破碎土一起放在称量装置上。与标准的含水率测试过程类似，先对试样称重，然后使试样干燥过夜、风干冷却后测量其干重量。湿重量的测量可以对测试之前的初始重量进行校核。

有的时候需要测量试样中特定部分的含水率，例如与破坏滑动面相邻的区域。这部分的土体需要小心切割，并与试样其余部分分开测量，另外此过程需要辅助绘制草图记录。

（18）清洗仪器

从下顶盖取下膜和O形圈，清洗顶盖、O形圈和膜。如果检查后发现膜没有任何缺陷，可以至多再使用2次。新膜比损坏的试样便宜（第13.7.4节）。

清洗装置主体和底座并擦干，确保螺栓和橡胶密封圈干净。活塞应该保持干燥，不要上油。装置存放之前，在装置上方盖一层防尘膜（如聚乙烯袋），用来保护活塞和衬套。

试样管在使用后应清洗干净并擦干，而且要附着一层很薄的清油。如果切削刃不锋利，需要提前用锉刀或磨刀打磨。

（19）其他试样试验

对于另外两组试样（B和C）重复第4～18步，选用不同的围压，围压从小到大依次施加。

（20）绘图

对于每组试样，绘制其应力-应变关系的过程见第13.5.1节第13步，无论是通过载荷刻度读取还是通过第21步计算得到压应力数值，所有三个试样的应力-应变曲线可以画在同一张纸上，区域修正如图13.39所示，曲线A通过图13.37中的数据得到。

修正后的峰值荷载读数以及相应的破坏应变已制成表格，如图13.39右下角所示。

（21）计算

根据每组读数计算根据步骤11得到的初始读数$R_0$和测力环读数之间的差值$R$。（如果仪器设定为0，则$R_0=0$）。根据轴向变形仪的读数计算应变（%），计算测得的偏应力$(\sigma_1-\sigma_3)_m$，如第13.5.1节，第14步所示。

式（13.10）变为：

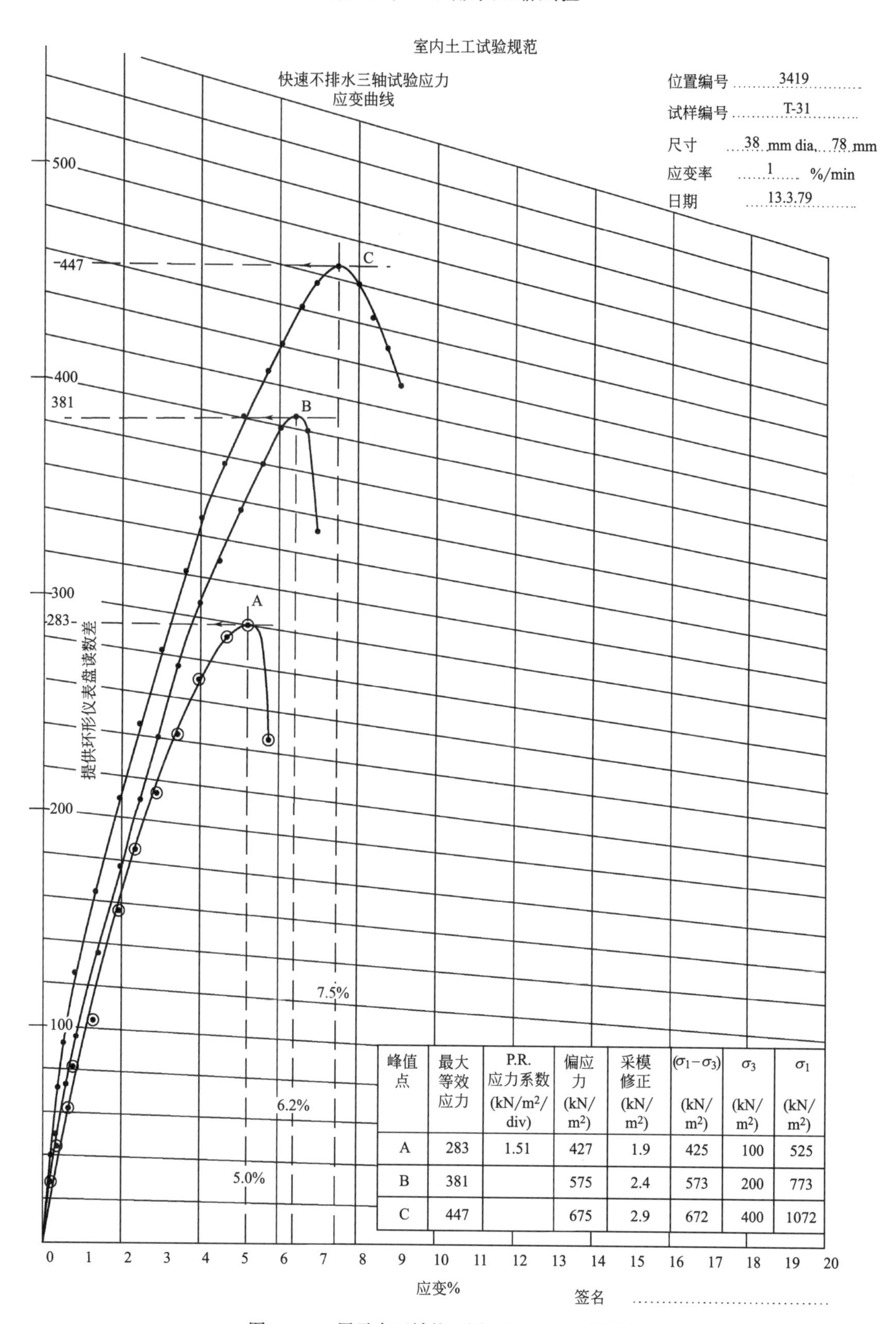


| 峰值点 | 最大等效应力 | P.R.应力系数 (kN/m²/div) | 偏应力 (kN/m²) | 采模修正 (kN/m²) | $(\sigma_1-\sigma_3)$ (kN/m²) | $\sigma_3$ (kN/m²) | $\sigma_1$ (kN/m²) |
|---|---|---|---|---|---|---|---|
| A | 283 | 1.51 | 427 | 1.9 | 425 | 100 | 525 |
| B | 381 | | 575 | 2.4 | 573 | 200 | 773 |
| C | 447 | | 675 | 2.9 | 672 | 400 | 1072 |

图 13.39　展示在区域校正图上的三个三轴测试组

$$(\sigma_1-\sigma_3)_m=\frac{RC_R(100-\varepsilon\%)}{100A_0}\times 1000\text{kPa}$$

由于橡胶膜对偏应力的影响取决于应变，如图13.17所示，必须校正测得的偏应力。根据第13.3.8节的内容，对膜进行修正时，需要调整试样的直径和膜厚度，将原来的偏应力$(\sigma_1-\sigma_3)_m$修正为$(\sigma_1-\sigma_3)$。如上文第20步中所述，将这些值相对于应变量作图。修正后的破坏时的应力为$(\sigma_1-\sigma_3)_f$（通常是最大或者“峰值”偏应力）。

如果将轴向力或者测力环读数绘制在区域校正图上，上述计算仅需对图表13.39中的峰值进行。

试样发生破坏时主应力数值通过下列公式计算得到：

$$\sigma_{ij}=(\sigma_1-\sigma_3)_f+\sigma_3$$

其中$\sigma_3$为试样围压，在试验过程中保持不变。

这些计算结果以表格的形式显示在图13.39中。计算每件试样的含水率、堆积密度和干密度，具体计算内容在第13.4.1节第14步中有说明。

计算每件试样的不排水抗剪强度$c_u$（kPa），通过装置围压可以计算得到$c_u$：

$$c_u=\frac{1}{2}(\sigma_1-\sigma_3)_f$$

（22）绘制摩尔圆

采用图13.39中的$\sigma_3$和$\sigma_{1f}$，可以绘制每件试样破坏时的摩尔圆。注意，绘制摩尔圆时应保证垂直方向上的刻度间隔（剪切应力轴）与水平（主应力）轴上的刻度间隔相同。

（23）记录数据

需要记录如下数据：

（a）试验方法，例如：根据BS 1377-7：1990规定进行三轴不排水抗剪强度的测定

（b）初始样品尺寸（精确到0.1mm）

（c）每件样品和样品切边的含水率（精确到0.1%）

（d）每件样品的堆积密度和干密度（精确到$0.01\text{Mg/m}^3$）

（e）3件试样的应力-应变曲线；或面积修正图上荷载-应变百分表读数值；或计算应力-应变（%）

（f）试样破坏时对应的$\sigma_3$，$\sigma_1$和$(\sigma_1-\sigma_3)$，并进行膜修正

（g）试样破坏时的抗剪强度值$c_u$，等于$0.5(\sigma_1-\sigma_3)_f$（kPa）

（h）每件样品破坏时的应变（精确到0.2%）

（i）应变速率（%/min）

（j）每件样品破坏时的草图

（k）土体的描述

（l）取得的土样类型

（m）每件样品的制备方法

（n）记录数据的格式（图13.40）

### 13.6.4　大直径三轴试验

针对大直径试样（直径大于100mm）的三轴试验从原理上和前文介绍的直径为

不排水三轴压缩试验

| 地点 | *Halesby* | 参考试样 | 3419 |
| --- | --- | --- | --- |
| 土体性质 | 坚硬浅棕色粉砂黏土 | 孔/坑编号 | *T* |
| | | 试样编号 | 31 |
| | | | 4.65 |
| 未扰动试样 | 制备方法(试验标准)通过U100管压制成38mm直径的管状 | 试验试样的位置和摆放方向 | 顶部↑　A B C　65mm |
| 基本尺寸 | 直径 38 mm；高度 76 mm | 日期 | 1979.3.13 |
| 应变速率 | 1.0 mm/min | 隔膜厚度 | 0.2 mm |

| 试样序号 | 堆积密度 (Mg/m³) | 含水率 (%) | 干密度 (Mg/m³) | 围压 (kPa) | 破坏时 | | 隔膜修正 (kPa) | 剪切强度 (kPa) | 破坏模式草图 |
| --- | --- | --- | --- | --- | --- | --- | --- | --- | --- |
| | | | | | 破坏时的压应力 (kPa) | 破坏时的应变率 (%) | | | |
| A | 1.85 | 21 | 1.53 | 100 | 427 | 5.0 | 0.7 | 213 | |
| B | 1.83 | 20 | 1.52 | 200 | 575 | 6.2 | 0.8 | 287 | |
| C | 1.86 | 21 | 1.54 | 400 | 675 | 7.0 | 0.9 | 337 | |

图 13.40　一组三轴压缩试验结果的总结

38mm 试样的类似，但是在细节上有所不同。直径为 100mm 的未扰动试样，可以由英国标准试样尺寸 U-100 试样管获取，其试验特点如下。对于直径介于 100～110mm 之间的，可以按照 BS 1377-7：1900 第 9 节的要求进行。本节末尾给出了有关不常用的 150mm 直径试样的补充信息。

1. 仪器

按照第 13.6.2 节中记述，试验需要的仪器的编号如下：(1)，(6) ～ (9)，(11)，(17) ～ (20)，(25)。如果针对直径 100mm 的试样，以下的这些可以用来替代第 13.6.2 节中记述的部件。

(27) 组合模以适合直径 100mm、长 200mm 的试样。

(28) 称量，量取 7kg，误差不超过 1g。

(29) 加载支架，按 50kg 加载，针对应变速率为 2%/min 的压板速度保持 4mm/min。

(30) 称重测力环或称重传感器（第 8.2.1 节）。表 13.6 给出建议的量程。

(31) 三轴装置，附带配件，用于直径 100mm 的试样。

(32) 千分表或线性传感器（第 8.2.1 节），量程为 50mm，精度为 0.01mm。

(33) 底座适配器和上端盖（压力垫），直径 100mm，实心或已安装堵塞头和密封装置。

(34) 直径为 100mm，长度为 330mm 的橡胶膜，标准厚度 0.5mm。

(35) O 形橡胶圈密封环可紧密安装在直径 100mm 的端盖上；需要 4 个。

(36) 吸膜装置，用于直径 100mm 的试样，带有橡胶管和捏夹。

(37) 金属托盘可容纳 100mm 直径的样品。

(38) 半圆形塑料雨水槽，直径约 100mm；两个长度约 450mm，两个长度 200mm。

**测力环承载能力推荐值** **表 13.6**

| 土类 | 承载能力(kN) | 敏感度(N/每个等级) |
|---|---|---|
| 黏土 | 4.5 | 3 |
| 砂土 | 20 | 18 |
| 软弱岩石和高围压砂土 | 50 | 45 |

2. 步骤

操作步骤和第13.6.3节小结中介绍的类似，但是要进行一定修改。修改的步骤见下文。

如果样品不受扰动，通常直接从采样管中单独对100mm的试样进行试验，尽管可以将来自多个试管的样品分成一组。这种尺寸的样品需要非常小心处理，再取用，运输和设置时都需要两个人协同操作。

3. 样品准备（第4步）

见第9.2.5节。

4. 样品测量（第5步）

用游标卡尺沿长度方向3～4个位置测量试样的直径，取平均值。测量长度至最接近的0.5mm，除非已使用已知长度的分叉前件进行修整。

在称重托盘或其他工具上称量试样，至最接近1g。当将其移入和移出天平时，放入槽管中。

5. 设置安装（第6步和第7步）

如果需要，将直径为100mm的基座适配器安装在基座上。稍微超大的试样（直径106mm）可能需要特殊的底座或附加的板来支撑，但这除了可能容易发生局部塑性变形的软黏土外，并不是必不可少的。如果使用单独的盘，则拐角应充分磨圆，没有裸露的锋利边缘，以免刺破橡胶膜。塑料薄膜片也是可行的（图13.41），同时注意顶盖附近应该做类似的处理。

将膜和O形密封圈两端分别装在样品和端盖上，使用100mm膜拉伸器，方法与38mm样品相同。确保样品垂直对齐。如果需要的话，将滚珠轴承放在顶部加载盖的凹槽中。

6. 组装仪器以及相关调整（第8～11步）

100mm的仪器比38mm的仪器更重且更难操作，在进行操作时需要助手协助工作。组装仪器过程中应特别注意不要敲打样品。

首先拧紧，连接，填充仪器，加压，最后进行最终调整，整个过程具体操作详见第13.6.3节的第8～11步。100mm的仪器相比于38mm的仪器有着更大的体积，因此填充过程需要更长的时间。应变千分表应该设置在适当的位置，以确保50mm的量程。图13.42显示了直径为100mm的样品准备在50kN的载荷框架中进行测试。

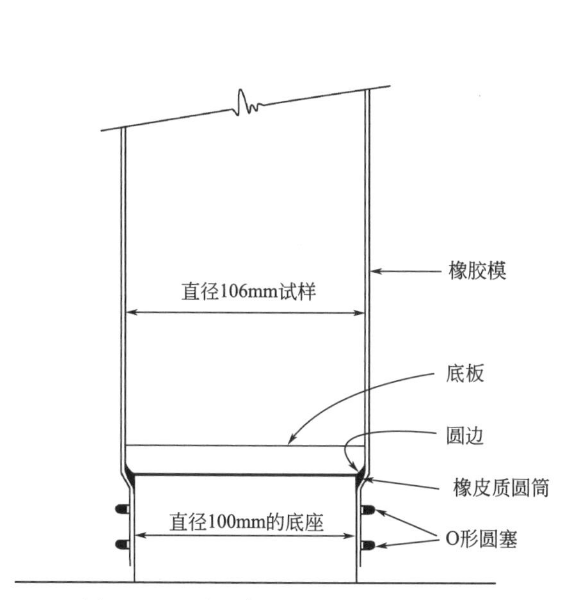


图 13.41　适用直径 106mm 试样的端板

图 13.42　100mm 直径的试样在三轴室安装在 50kN 的负载框架

7. 压缩试验（第 12 步）

100mm 试样与 38mm 试样的压缩试验整体过程相似，但机器压板速度需要保持约为 4mm/min。选取合适的荷载转盘读数间隔，方便绘制应变间隔在图 13.43 上。应变百分比适用于 185～210mm 范围内的样品长度。

试验在试样承受最大压应力时，或者对于 38mm 样品，已达到 20%的应变时中止。相同面积校正图如果水平方向为水平，则可使用图 13.39 所示的图纸来绘制荷载-应变曲线轴代表应变百分比。

8. 试验之后（第 13～18 步）

整体上和直径 38mm 试样试验过程相似，测量含水率时可以从试样中部取下 2～3 个代表性部分，将其结果进行平均。试样的其他部分可以用作指标测试。如果将整个样品称重、烘干以测量其含水率，必须要进行多次校核称重，以确保样品达到恒定质量。

对样品进行详细检查时，需要将样品沿着其轴线 1/3～1/2 处开始切，然后将其断开。这样破损表面的细节会比直接切割得更清晰，尤其是将其放置一整夜并使其部分风干之后，非常适合于拍摄。这样破坏试样也可以检查样品中是否含有一个或者多个大颗粒，大颗粒的存在会使得试验结果失真。

9. 绘图，计算和记录汇报（第 20～23 步）

绘制结果和计算过程与 38mm 直径的试样方法一致。如果两个或者两个以上的土样被

室内土工试验规范

快速不排水三轴
压缩试验　　　　100mm

围压　　　kN/m²　　　　应变率　　　%/min

| 轴向变形读数 | 主应力差 | 应变率(%) | 轴向变形读数 | 主应力差 | 应变率(%) | 轴向变形读数 | 主应力差 | 应变率(%) |
|---|---|---|---|---|---|---|---|---|
| 0 | | 0 | 13.00 | | 6.5 | 28.00 | | 14 |
| 0.50 | | 0.25 | 14.00 | | 7 | 29.00 | | 14.5 |
| 1.00 | | 0.5 | 15.00 | | 7.5 | 30.00 | | 15 |
| 1.50 | | 0.75 | 16.00 | | 8 | 31.00 | | 15.5 |
| 2.00 | | 1.0 | 17.00 | | 8.5 | 32.00 | | 16 |
| 3.00 | | 1.5 | 18.00 | | 9 | 33.00 | | 16.5 |
| 4.00 | | 2 | 19.00 | | 9.5 | 34.00 | | 17 |
| 5.00 | | 2.5 | 20.00 | | 10 | 35.00 | | 17.5 |
| 6.00 | | 3 | 21.00 | | 10.5 | 36.00 | | 18 |
| 7.00 | | 3.5 | 22.00 | | 11 | 37.00 | | 18.5 |
| 8.00 | | 4 | 23.00 | | 11.5 | 38.00 | | 19 |
| 9.00 | | 4.5 | 24.00 | | 12 | 39.00 | | 19.5 |
| 10.00 | | 5 | 25.00 | | 12.5 | 40.00 | | 20 |
| 11.00 | | 5.5 | 26.00 | | 13 | | | |
| 12.00 | | 6 | 27.00 | | 13.5 | | | |

图13.43　100mm直径试样三轴试验表格

分为一组，可以在一张图上绘制其摩尔圆。试验的数据应该被记入表格，同时需要记录的有围压和试样破坏时的剪切强度。值得一提的是，需要在记录时特别注明试验选用的是100mm直径的试样。

图13.44　适用于150mm直径试样的三轴试验仪器

10. 在较大直径的样品上进行试验

在直径150mm及更大的样品上进行三轴试验需要一台大型试验机，可能具有施加100kN荷载的能力，并具有足够的水平和垂直间隙以容纳大尺寸土样。某些土体可能需要最大100kN的测力环。比较典型的设备如图13.44所示。

试样装置及其附件的原理与和100mm样品进行试验时相似，但由于这些试样的尺寸和结构更大，对其处理更加困难。例如试样盒本身的重量约为50kg，约为适用于100mm试样盒重量的3.5倍。一个典型的土样重约12kg。

不受干扰的150mm直径的样品通常不是从钻孔中

获取的，而他们是由提供的特殊构造的挤出装置制取。另外，挤压装置可以被固定在一个大加载支架上，利用驱动单元提供挤压力，而支架提供反力。

这种尺寸的试样由于包含了高达 37.5mm 的颗粒，所以可能需要重新压实土体。因此，试验过程中还要用到组合模和辅助用品（图 9.7），三轴试验压实样品的操作已经在第 13.6.9 节中有所展现，本试验的操作过程和上述类似，但是需要特别关注对样品和设备的处理。

值得一提的是，针对直径 254mm 的三轴压缩试验使用 Rowe（1972）提出的“自由端”装置（第 13.6.6 节小结）。

### 13.6.5　多阶段压缩试验（BS 1377-7：1990：9）

当无法从三个不同围压下的三轴试验的 U-100 样品中获得三个小样品时，将对整个样品进行试验，但这仅给出了一个剪切强度值。“多阶段”三轴试验是一种能够从单个样品中获得三组数据的方法。该程序通常与有效应力试验相关（Kenney 和 Watson，1961），但 Lumb（1964）和 Anderson（1974）已描述了其在 QU 测试中的应用。此处给出的方法不是推荐的操作，而是在必须测试整个岩芯样品时节省土样的权宜之计。对于需要大应变破坏的塑性土，该测试是令人满意的，但不适用于脆性土或对重塑敏感的土。因此，它对于石质黏土特别有用，例如“砾泥”，从中获取小土样可能不切实际。

在本试验中，在第一个围压（阶段 A）下将轴向载荷施加到样品上，直到荷载-应变曲线表明即将发生破坏，即达到最大值。然后将围压升至第二值（阶段 B），并继续压缩样品。重复该过程，并施加第三个围压（阶段 C），在该压力下使样品达到破坏状态。这三个阶段提供了数据，如果需要，可以从中绘制一组三个摩尔圆。围压的选择应与原位条件相关（第 13.6.1 节）。

步骤

多阶段试验通常对直径 100mm，长 200mm 的样品使用第 13.6.4 节中给出的设备和步骤。由于必须在试验进行时绘制荷载-应变曲线，因此以比标准速度慢一些的速度进行试验是很方便的。大约 1%/min 是合适的。

在施加第一个围压后，开始进行压缩试验，并以通常的应变间隔观察应力千分表的读数，并立即将其绘制在面积校正网格板上［图 13.45（a）中的阶段 A］。为了清楚地看到曲线何时弯曲并接近峰值，可能有必要以比平常更近的应变间隔进行读数。当曲线显示即将出现偏斜应力峰值时，则立即通过增加围压来开始下一阶段（BS 1377 方法）。如果在达到 20%应变之前没有明显的峰值偏应力，请停止试验并将其视为单阶段测试。

在不停机的情况下，将围压增加到第二个值，然后继续进行读数。记录围压升高的点。

当指示下一个最大的偏应力时，使用围压的第三个值重复上述过程。继续此阶段，直到明确界定了最大的偏应力并且应力减小为止（如果可能）；否则以 20%的应变终止测试。

多阶段加载完成后，除去样品上的轴向力并降低机器压板，使顶盖脱离活塞。再次以与测试期间相同的速度向上启动机器，并在测力环稳定后记录其读数。将压力室压力降低到用于测试的其他每个压力后，重复此操作。这些读数给出每个阶段的初始荷载读数 $R_0$

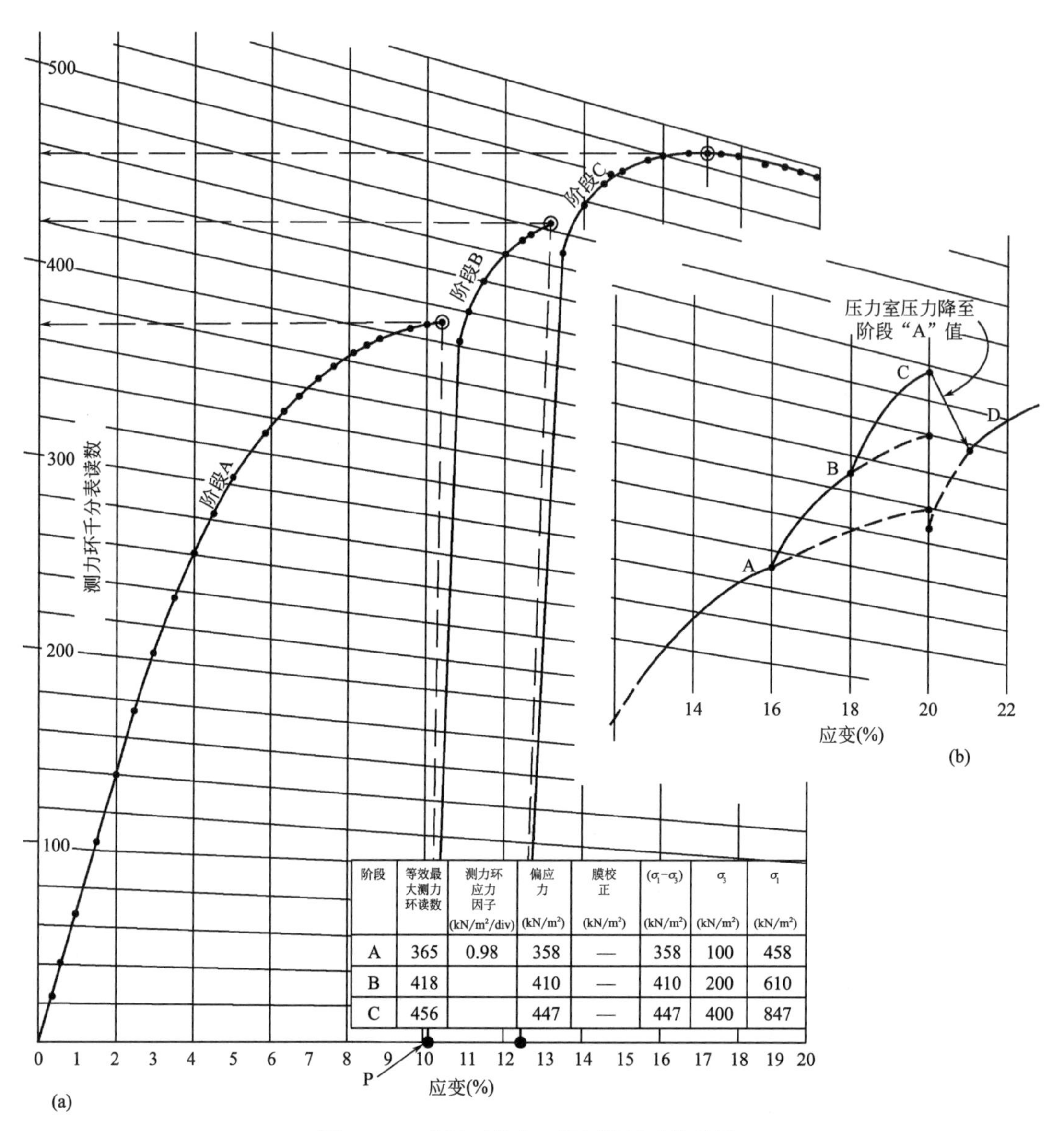


| 阶段 | 等效最大测力环读数 | 测力环应力因子 (kN/m²/div) | 偏应力 (kN/m²) | 膜校正 (kN/m²) | $(\sigma_1-\sigma_3)$ (kN/m²) | $\sigma_3$ (kN/m²) | $\sigma_1$ (kN/m²) |
|---|---|---|---|---|---|---|---|
| A | 365 | 0.98 | 358 | — | 358 | 100 | 458 |
| B | 418 | | 410 | — | 410 | 200 | 610 |
| C | 456 | | 447 | — | 447 | 400 | 847 |

图 13.45　多级不排水三轴压缩试验的结果

（a）面积校正网格上的图形图；（b）将曲线外推至 20%应变以进行塑性变形

（考虑到活塞上的围压和活塞摩擦力）。

如上所述，多阶段试验通常包括三个阶段，但是在某些情况下，只有两个阶段是可行的，而在其他情况下，可以将测试扩展到四个阶段。

如果土体表现为可塑性，并且未指定明确的最大应力，则可以采用任意步骤（BS 1377 中未提供）以下列应变值终止每个阶段：

A 阶段：16%；

B 阶段：18%；

C 阶段：20%。

Anderson（1974）建议将阶段 A 和阶段 B 的偏应力-应变曲线外推至 20%的应变，如

图 13.45（b）所示。通过将压力室压力降低至初始值（A 阶段）后进行第四阶段（D），他发现通过向后产生曲线 D［图 13.45（b）］获得了 20%应变时的偏应力。对于许多“砾泥”样品，都与第一阶段获得的结果一致。

### 13.6.6　使用“自由”端（润滑端）进行测试

在第 13.6.3 节和第 13.6.4 节中描述的常规安装三轴试样的方法中，加载帽和试样之间的摩擦力或黏附力不可避免地限制了试样端部的自由侧向移动（Bishop 和 Green，1965）。这会导致在压盘附近形成“死区”［图 13.46（a）］，并在塑料土中产生常见的滚筒效果［图 13.46（b）］。仅在高度与直径之比为 2∶1 的土样的中间 1/3 内才对土进行约束，这就是为什么通常不使用较小的比率的原因。

通过 Rowe 和 Barden（1964）描述的简单方法，可以大大降低末端的约束效果。使用特殊的端盖，其直径略大于样品直径，并由具有高度抛光表面的不锈钢制成。在每个端盖和样品之间插入两个直径与样品直径相同的橡胶膜材料盘，彼此隔开，并通过硅脂层与端盖分开［图 13.46（c）］。并没有要求这种布置能完全消除摩擦，但是端部摩擦是如此之小，以至于被称为“自由”端或润滑端。

受到压缩时，带有“自由”端的试样保持近似圆柱形状［图 13.46（d）］，而不是桶形，从而导致应力分布更加均匀。这适用于高度与直径之比小于 2∶1 的土样以及常规样品，这使得测试 1∶1 比率的样品是可行的。可以对 100mm 长、100mm 直径的样品进行测试，以便可以从不受干扰的 U-100 试样中获得 3 个单独的样品。Rowe（1972）提到了使用“自由”端对直径 254mm 和高度 254mm 的试样进行三轴测试。无论高度与直径之比是否小于 2，使用“自由”端也有利于多阶段测试（第 13.6.5 节）。面积校正仍然有效。

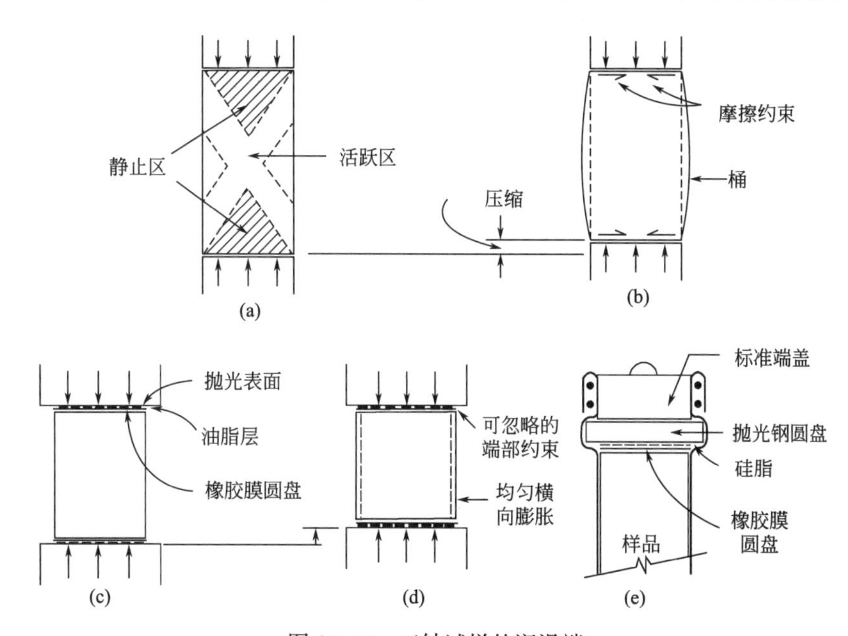


图 13.46　三轴试样的润滑端

（a）常规试验中的“死区”；（b）摩擦约束导致击鼓；（c）提供端盖润滑；
（d）导致试样变形；（e）使用带有标准端盖的抛光盘进行组装

如果使用两个抛光不锈钢盘，则在样品两端各一个，则不必用特殊的端压板，如图 13.46（e）所示。它们约 6mm 厚，对于 100mm 样品，直径约为 108mm，对于 38mm 样品，直径约为 41mm。边缘应充分弄圆，以免割入橡胶膜。

除了节省土样的费用外，使用“自由”端的主要优点是所获得的结果比常规试验所获得的结果更为一致。但是，为了利用更均匀的应力分布并确保试样中的孔隙水压力相等，测试应比平常更慢地进行。对于直径为 100mm 的低渗透性（黏土）土样，每小时 2%的应变速率可能是合适的。

### 13.6.7　高压试验

1. 范围

在可能承受高应力的相对坚固材料的样品上进行三轴试验，其孔隙压力要高于通常用于土的孔隙压力。这类材料中的典型材料是软岩石，例如易碎或弱胶结的砂岩，对于这些材料，围压最高为 3.5MPa 或 7MPa 是合适的。较坚硬的材料将被视为岩石，需要使用高达 70MPa 压力的特殊设备，但此类试验不在本卷范围。

2. 设备

为了在中压范围（即 0.1～7MPa）中获得并保持恒定压力，需要为此目的而设计的手动或电动液压系统。

需要特殊设计的钢制三轴压力室来承受这种大小的压力。有机玻璃的压力室绝对不能超过制造商规定的工作压力（无带压力室通常为 1MPa，尼龙带加强压力室通常为 1.7MPa）。用于高压的大压力室可能包含一个舷窗，用于照亮和观察试样。连接软管和管道必须能够承受施加的压力。

需要大量程的加载支架和荷载测量设备。试样与活塞以及在加载支架轴线上的正确对准至关重要。

3. 试验土样

试样应仔细准备，两端平坦，与轴线成直角。含有粗糙颗粒或表面不规则的样品可能会刺穿普通橡胶膜。可以通过在样品的弯曲表面上涂一层薄的石蜡，然后再铺一层铝箔来避免这种情况，然后放置两个被一层硅脂隔开的橡胶膜。

4. 试验步骤

不排水的相对坚硬材料的测试应比通常用于较软材料的测试速度慢得多，因为破坏通常发生在很小的应变下。代替以规则的应变间隔记录测力环读数，应以测力环读数的适当增量记录应变刻度盘读数，为了提供指定的至少 15 组读数，直至故障点。重要的是，观察并记录测力环达到的最高读数，并在可能的情况下记录相应的应变。之后，负载可能会急剧下降。

### 13.6.8　特殊方向的试样

第 9.2.4 节描述的从 U-100 管试样中获取一组 3 个三轴试样的标准方法，假定 U-100

试样垂直取下，产生轴线垂直的圆柱试样，如图 13.47（a）所示。如果土体包含水平或接近水平的不连续性或岩性特征，则它们不太可能影响测得的强度，因为剪切破坏面将以与水平方向呈 45°或更大的角度横切它们［图 13.47（b）］。为简洁起见，以下将这些不连续性或其他特征称为层状结构。

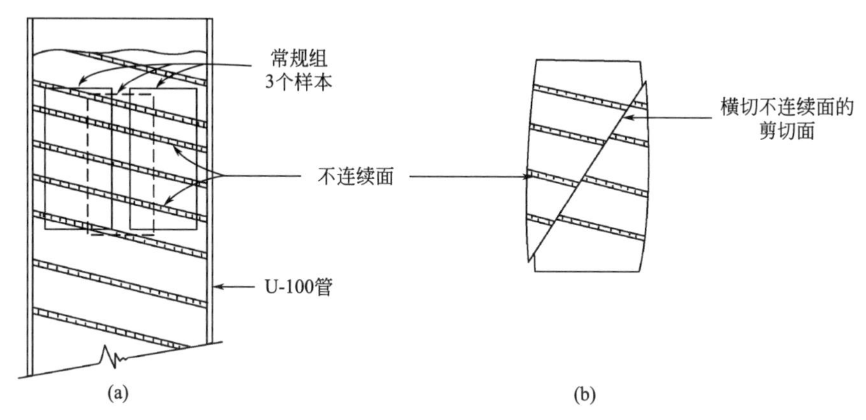


图 13.47　从含有“叠片”的土体中获取的三轴标本

（a）在 U-100 试管中制备常规标本的样品；（b）破坏后的试样

有时可能需要引起沿这些表面之一发生破坏，以确定它们是否代表薄弱平面。为此，需要一组如图 13.48（b）所示形式的土样，并需要按照图 13.48（a）所示的方式在 U-100 土样中对其进行定位。显然，将这些试样直接顶入 38mm 的管子是不可行的。可以用手将整个样品挤出并切割样品，也可以使用测斜仪将其手动推入 38mm 的管子中，以进行定向，但是两种方法的方向精度无法控制。

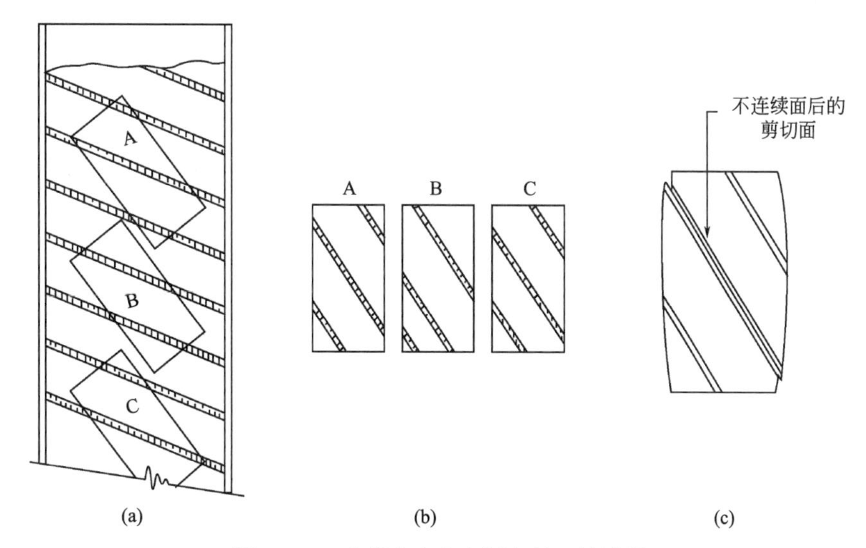


图 13.48　在指定方向上制备的三轴试样

（a）在 U-100 管中的方向；（b）一套三份所需表格的土样；（c）不连续面上的破坏

基本要求是获得一组土样，这些土样的轴线相对于管的轴线以一定角度 $\theta$ 倾斜。$\theta$ 值取决于层片相对于水平面的倾斜度 $\delta$，以及层片相对于样品轴的角度 $\alpha$，如图 13.49 所示。

从布置的几何形状可以看出：

$$\theta+\alpha=(90^{\circ}-\delta)$$

即

$$\theta=90^{\circ}-(\alpha+\delta)$$

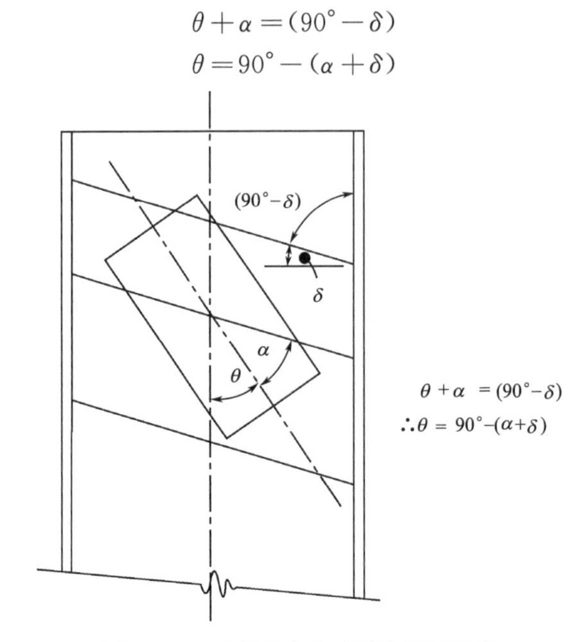


图 13.49 试管中定向试样的几何形状

理论上，角度 $\alpha$ 等于（$45^{\circ}-\varphi/2$），其中 $\varphi$ 是土的内摩擦角。然而，$\alpha$ 的值不是临界的，并且可以假定在 27°～30°。如果它小于（arctan 0.5），约为 26.5°，则剪切面将与一个或两个端盖相交。角度 $\delta$ 可以测量到最接近的 1°，因此土样方向 $\theta$ 至少需要精确到 1°以内。图 13.50 显示了由原始作者设计的用于实现此目的的设备。将样品从 U-100 管中挤出，并在垂直平面中将叠片放置在安装在转盘上的半圆形截面的合金支架中。该安装座可在 V 形槽轴承中水平滑动，并可通过翼形螺钉锁定在适当的位置。转盘上有一带刻度的标尺，可以读取到最接近的 0.5°。转盘安装在刚性底座上，在该底座上还安装了齿条齿轮式试样挤出机。直径 38mm 的薄壁管牢固地固定在挤出机压头的后端。

图 13.50 由原作者设计的用于将标本按要求的方向准备的设备
（照片由 Soil Mechanics Ltd 提供）

载有样品的转盘可以旋转到 0°～90°之间的任何角度，并锁定在与角度 $\theta$ 相对应的位置。然后将试管稳定地推入样品中，并取出。将样品架水平移动所需的距离，以允许插入第二个试管，并取第二个样品，并保持相同的方向。因此，可以获得相对于采样管的轴线以完全相同的角度倾斜的几个样品，精度在 1°以内。Bishop 和 Little（1967）讨论了标品取向的影响。

### 13.6.9　重压实土样

1. 压实

可以通过应用第 1 卷（第三版）第 6 章第 6.5 节中所述的标准压实步骤来准备用于压实试验的再压实土样。

通常，需要以指定的干密度或通过施加指定的压实力来准备样品。对于直径 38mm 的样品，第 9.5.2 节、第 9.5.4 节和第 9.5.5 节给出了样品制备方法，对于较大的样品，在第 9.5.6 节给出。

重新压实样品的试验步骤，包括计算、绘图和结果表示，与对未受干扰样品的类似测试相同。报告的测试数据应包括制备样品所用程序的详细信息，以及其含水率和干密度与相关压实曲线所定义的最佳条件之间的关系。

上述压实步骤主要适用于黏性土和部分饱和的无黏性土（例如“潮湿”砂）。干燥和完全饱和的无黏性土样品的制备需要特殊的步骤，如下所述。为了方便起见，土也被称为砂，尽管它也可能包含淤泥或砾石大小的颗粒。

2. 饱和砂样品

下面的步骤是基于 Bishop 和 Henkel（1962）给出的制备直径 38mm 的饱和砂的三轴试样的程序。

需要一个三轴压力室，其孔隙水压接头安装在基座上。样品基座上的出口通过长度约 1.2m 的柔性管与滴定管连接。滴定管和管道充满去气水，没有夹带任何空气，并且通过提高滴定管的高度，到基座的连接处也充满了去气水，置换了所有空气。基座上的孔被多孔石覆盖，该多孔石在水中煮沸饱和，并且将滴定管调整到平衡位置，如图 13.51 所示。

橡胶膜通过两个 O 形圈密封在压力室底座，并在 O 形圈周围安装一带凹槽的模筒，并在第一次对模筒配对面上施加一薄层油脂后将模筒固定就位。膜的顶端周围安装一个金属环，由两个 O 形圈进行固定，并由滴定管支架固定的夹具支撑。橡胶塞和漏斗安装在环的顶部，如图 13.52 所示。通过漏斗将水缓慢倒入，从而将膜压在漏斗的侧面。必须避免夹带的空气。加水直到漏斗大约填满一半，然后将玻璃棒末端的橡胶塞插入漏斗的口中。如果压力室基座连接装有阀门，则应将其关闭。

称出略多于填满土样所需量的干砂，并在烧杯中与足够的水混合以恰好覆盖砂样，然后将混合物煮沸以除去空气。用勺子将砂子转移到漏斗中。

通过移动塞子使砂样且稳定迅速地流入土样以形成所需试样。稳定的流速应最大程度地减少离析，如果要准备几个相同的样品，则应将流速标准化。此过程将导致样品密度低（孔隙率高），如果样品受到诸如振动或撞击的干扰，将无法保持该密度，因此，在进行后续设置操作时必须格外小心。使用第 9.1.2 节中提到的电动雕刻工具，通过夯实或通过轻

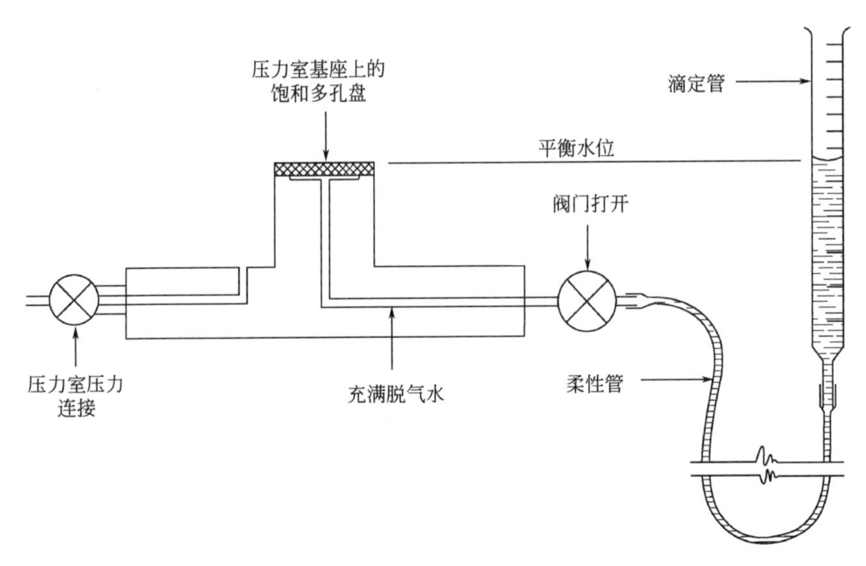


图 13.51　装有滴定管的三轴池底座，用于制备饱和砂样品

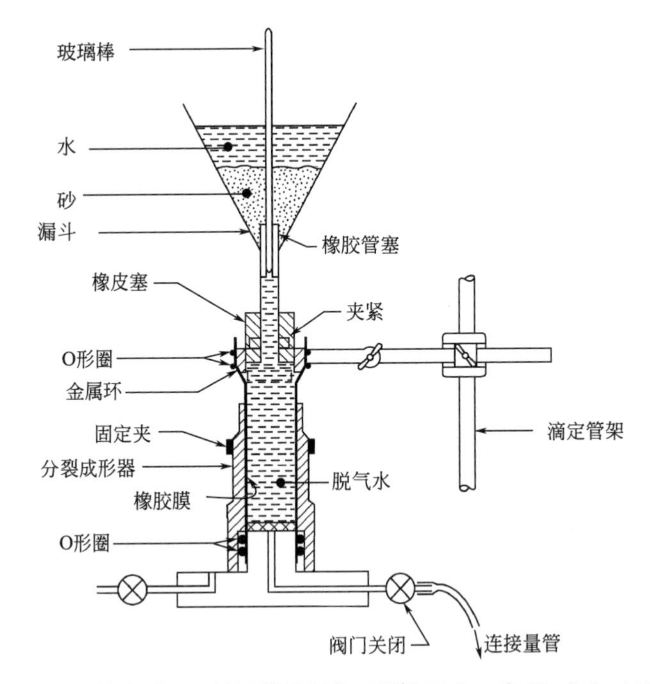


图 13.52　饱和砂土三轴试样的制备（根据 Bishop 和 Henkel，1962）

振动，可以获得更高的密度（更低的孔隙率）（图 9.14）。

从漏斗中抽出多余的水，从而可以卸下漏斗，塞子和上环。将样品中未使用的多余砂样干燥并称重，这样就可以确定样品中的实际砂样质量。小心地将样品顶部调平，将加料盖放置到位，并用两个 O 形圈将橡胶膜密封在其上。如果砂样要固结，盖子的直径应比土样的直径略小，因此使向下移动不受限制。

饱和砂土没有黏聚力，为了使砂样能够自我支撑，必须施加较小的负孔隙压力。这是通过降低滴定管来完成的，使自由水位低于砂样底部（图 13.53），同时打开样品池基座上的阀门。所需的吸力取决于样品的尺寸和密度。对于 38mm 直径的样品，水平差 $d$（图 13.53）可能仅需要约 200mm，而对于直径 100mm 和高 200mm 的样品，水平差 $d$ 则需 500mm 以上。当样品池底座上的阀打开时，样品几乎立即发生固结，并且滴定管中的水位略有上升。

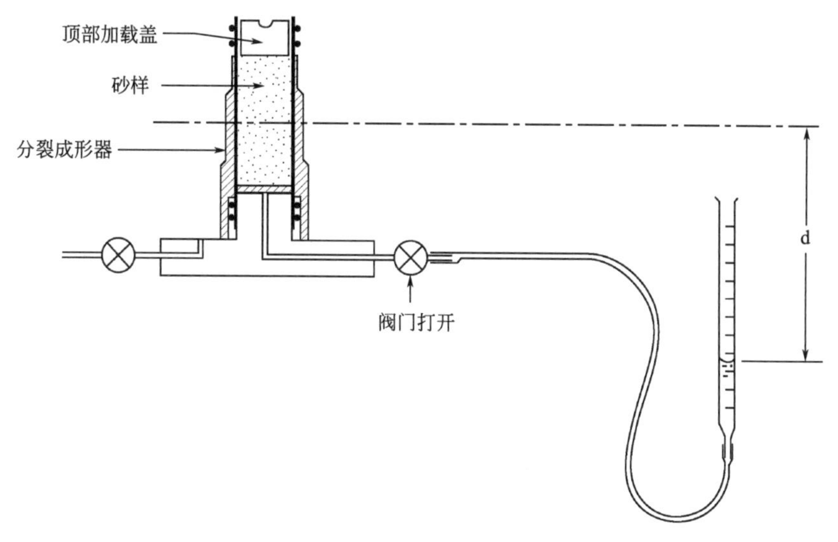


图 13.53　吸取饱和砂样品

拆下组合模，考虑到橡胶膜厚度，采用游标卡尺和钢尺测量试样固结后的高度和直径。如果样品处于松弛状态，则需要格外小心。计算固结密度和孔隙率。如果要以相同的密度准备许多样品，则上述抽吸步骤应标准化。

将压力室小心地安装到位并拧紧，然后压力室中充满水并加压。在密闭压力下由固结引起的任何其他体积变化均可通过滴定管中水位的变化进行测量，然后将滴定管放在样品旁边，水位在样品的中间高度。

对于这种类型的砂样，通常应通过缓慢施加轴向荷载来进行排水试验，以使破坏在大约 1h 后发生。在测试过程中，排水阀保持打开状态，并记录滴定管读数以及荷载和应变读数。如有必要，应调整滴定管，以使水位始终保持在样品的中间高度左右（排水测试将在第 3 卷（第三版）中更详细地介绍）。

通过在施加围压之前关闭排水阀，可以以“快速”应变率进行不排水测试。这可以用来证明在不排水的条件下，在砂土中获得接近零的 $\varphi$ 值是可能的。

### 3. 干砂样品

下文的步骤参考 Bishop 和 Henkel（1962）所述的用于制备干砂和其他干物质（例如谷物和糖）的三轴试样的步骤。

如上所述，将带有真空连接件并围有橡胶膜的分体式成型机夹持到三轴压力室的基座上，此外，基座上放置干燥的透水石。需要两条真空管路，一条用于连接至分离器，以使膜与其内壁保持接触，另一条（能够控制以提供非常低的吸力）连接到三轴压力室上的孔隙压力出口。样品的真空度可以通过滤水泵获得，或者如果使用真空管路通过引入易于调节的排气阀来获得。应该安装真空计、水压计或水银压力计，以便可以精确控制真空度。

通过从装有一定长度的橡胶管的漏斗中倒入一定量的砂土到模具中来形成样品（图13.54），同时对分流成型机施加真空。为了获得低密度（高孔隙率）的“松散”试样，应使用连续不断的小滴快速浇注，应通过稳步升高漏斗使其保持恒定。松散的样品不应受到冲击或振动。较高的密度（较低的孔隙度）可通过较高的液滴以较慢的速率浇注而获得(Kolbuszewski，1948)。或者，可以使用上述工具使样品振动，或分层夯实，注意不要损坏橡胶膜。

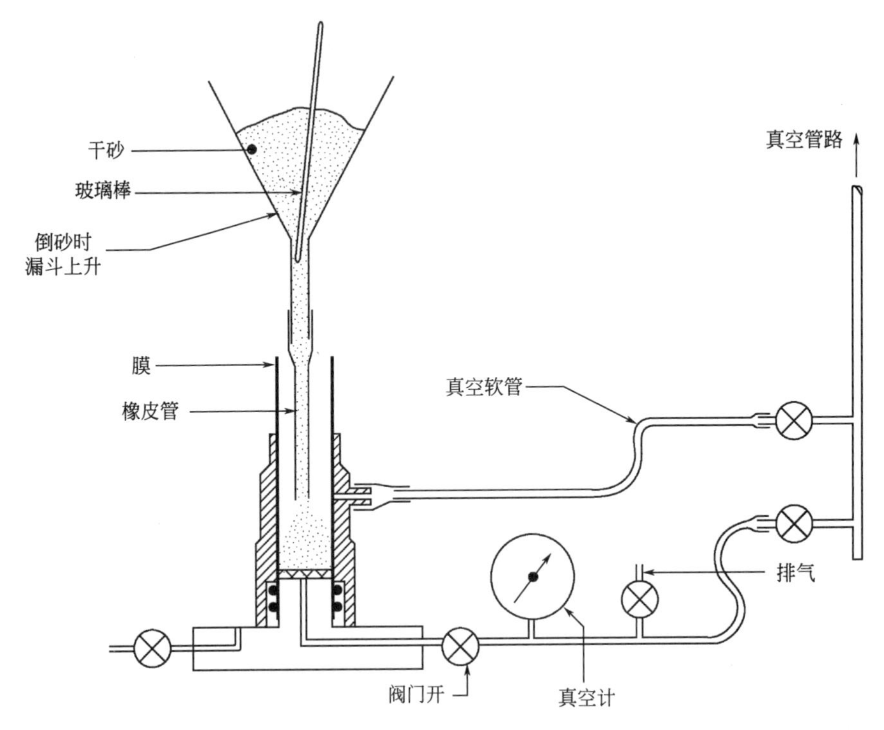


图13.54　干砂三轴试样的制备

小心地将样品的顶部表面整平，将顶部装载帽放置到位，并使用两个O形圈将膜密封在其上。在样品的底部施加少量的吸力（仅比大气压力低约2～5kPa，例如200～500mm的水，或15～40mm的汞），以使其具有足够的强度，在拆下劈裂试样时能够站立。仔细地测量样品，并如上所述将压力室装上水，并对其加压。

在进行快速压缩测试之前，应保持真空阀断开，并移除真空管线，并将样品中的压力恢复至大气压。

## 13.7　三轴试验设备

### 13.7.1　一般项目

三轴试验需要使用大量设备，这些设备也有更广泛的用途，在第8、9章中有介绍：

加载支架（第8.2.3节）

恒压系统（第 8.2.4 节）
测力环（第 8.2.1 节、第 8.3.3 节）
压力表（第 8.2.1 节、第 8.3.4 节）
千分表（第 8.2.1 节、第 8.3.2 节）
试样制备设备（第 9.1.2 节）
以下章节详细介绍了三轴试验所需的设备，包括三轴室的维护和橡胶膜的校准。

### 13.7.2　三轴室

三轴室有几种尺寸可供选择，每种都可以通过互换底盖和顶盖配件来容纳多种不同直径的试样。表 13.7 给出了典型三轴室的尺寸大小，图 13.55 显示了对应压力室的范围，图 13.56 显示了一个可容纳直径为 50mm 试样的压力室。

**典型三轴室的尺寸**　　**表 13.7**

| 压力室类型 | 样品直径 | | 典型最大活塞荷载(kN) |
|---|---|---|---|
| | (mm) | (in) | |
| 小 | 35,38,50 | 1.5,2 | 13.5 |
| 中 | 35,38,50,70 | 2.8 | 29 |
| 100mm | 100 | 4 | 45 |
| 大 | 150 | 6 | 82 |

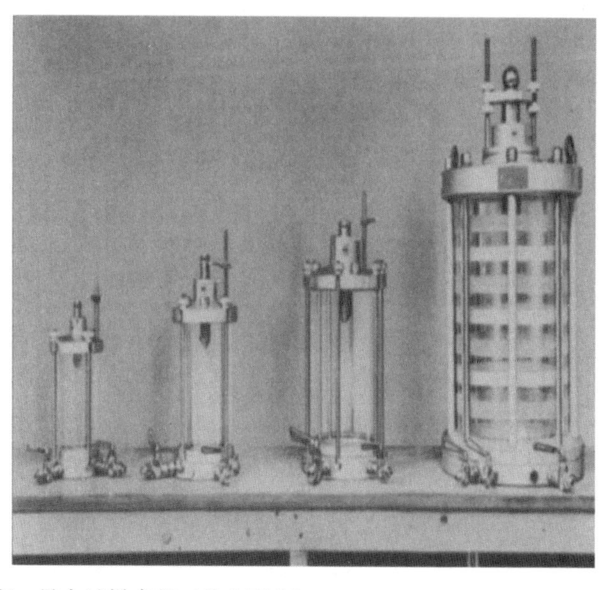

图 13.55　三轴室；最大试样直径（从左至右）：50mm，70mm，100mm，150mm（表 13.5）

压力室是一个由耐腐蚀金属材料制成的丙烯酸塑料透明圆柱体。除了设计压力可达 1000kPa 的标准压力室外，用玻璃纤维粘合或厚壁加固的压力室还可承受高达 1700kPa 的压力。钢制压力室也可用于高压测试（最高可达 $7MN/m^2$）和岩石测试（最高可达 $70MN/m^2$）。绝对不能超过压力室的规定工作压力，且只能用水作为增压液，用空气或其

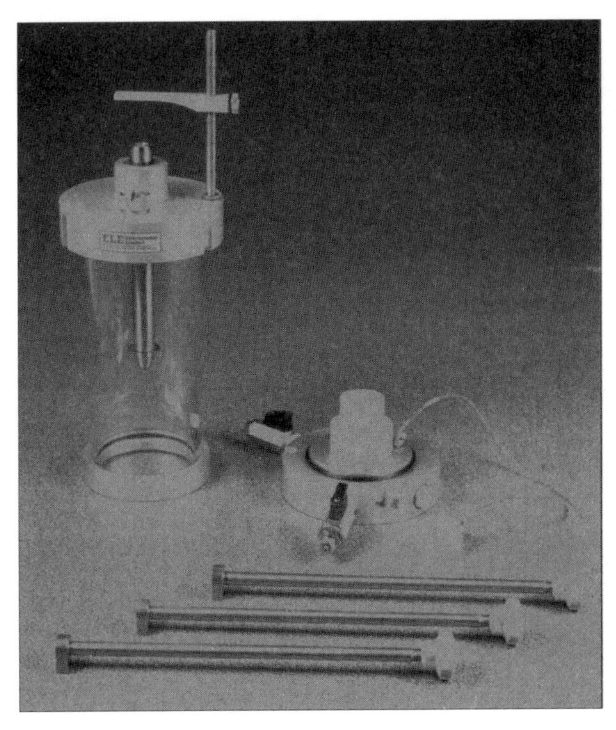

图 13.56　可容纳 50mm 直径试样的三轴室

他气体对三轴室加压很危险。也绝对不能超过制造商规定的最大活塞负载，否则压力室可能会变形，即使在中等负载下，不正确的对准也会导致失真。

压力室应在常温稳定环境条件下使用，过高或过低的工作温度都可能导致通过活塞的泄漏或活塞与其衬套之间摩擦的增加。

活塞和衬套是按相互匹配的方式制成的，并且是研磨、磨光和搭接到非常小的公差（0.002mm 以内），这提供了必要的水密性但几乎没有摩擦的配合。活塞应保持干燥，无油脂和灰尘，但是应偶尔使用注油枪将制造商推荐的硅脂润滑剂少量地涂在压力室衬套的接头处。一个合适的活塞在压力室增压时不会让水逸出，而当压力室为空时应在其自重作用下缓慢下落。不使用时，应用干净的布擦干活塞，并在活塞和衬套上盖一个小塑料袋以防止灰尘，因为灰尘和污垢会迅速造成活塞和衬套的划痕，导致泄漏或粘结或两者兼有。

一些较旧的压力室在衬套周围有一个环形凹槽，用于收集测试期间可能发生的任何轻微泄漏，如果有的话，可以通过在出口安装一段橡皮管将水引到烧杯中。对于长时间的试验，可以在压力室中注入一层浮在水面上的油，这样既减少了泄漏，又可用作活塞润滑剂。

如果活塞卡在衬套中，在保持活塞冷却的同时，向压力室顶部加微热（热水）可以使活塞脱离，切勿用钳子或类似工具夹住卡住的活塞。如果无法移动活塞，则应将整个压力室顶部送至精密车间或返还给制造商处理。

组装前应仔细清洁压力室底座和底座适配器，特别是 O 形密封圈必须没有灰尘和污垢，没有损坏，且安装正确。在安装之前，应及时给它们涂上少量硅脂，不能让它们沾上任何污垢。当将压力室置于其基座上时，请确保任何索引标记正确一致。首先应逐渐轻微地拧紧螺钉或拉杆，然后每次逐渐拧紧处于相对位置的一对。在最后拧紧之前，确保拉杆垂直且螺母安装正确。蝶形螺母或滚花螺母只能用手拧紧，不能使用扳手或其他工具。

### 13.7.3　三轴室的配件及附件

每个尺寸的三轴试样都需要一个合适直径的底座适配器和顶盖，见表 13.2。底座适配器可安装在压力室底座上，通常仅适用于为其设计的压力室类型。适配器要么是实心的（用于快速测试），要么有一个小直径中心孔（用于排水测试或孔隙水测量）。当不需要排水连接时，可以在穿孔适配器上安装一个实心插头。顶盖，也称为负荷帽或压力垫，也可以是实心的，或者有一个可以安装排水连接的偏心小直径孔。用于较小样品直径的顶盖通常由丙烯酸塑料制成，并与安装于压力室加载活塞末端凹槽的半球形不锈钢球相连接。较大直径的阀盖通常是铝合金制成的，可以在阀盖的中心凹槽处安装一个钢球轴承，以便传递来自活塞的荷载。

用于 QU 三轴试验且必须符合试样直径的其他附件为：

组合模（第 9.1.2 节和第 13.6.9 节）

吸膜拉伸器（第 13.6.3 节第 6 条）

橡胶膜（第 13.7.4 节）

O 形圈（第 13.7.4 节）

O 形圈放置工具

图 13.57 显示了用于 4 种不同样品直径的底座适配器，顶盖和其他附件。

图 13.57　直径为 38mm、50mm、100mm 和 150mm 试样（从左至右）的三轴试验附件：吸膜拉伸器、橡胶膜（拉伸器上装有 150mm 的橡胶膜）、O 形圈、底座适配器、顶盖

### 13.7.4　膜和密封圈

1. 膜

表 13.8 提供了用于三轴试验样品的乳胶膜的标准尺寸，未拉伸的内径应不小于试样

直径的 90%且不大于试样直径。膜应足够长以覆盖样品和端盖，其厚度不应超过样品直径的 1%。对于直径为 50mm 的样品，0.2mm 厚的膜是合适的，在含有角粒的样品中可以安装两个或多个用硅脂隔开的膜。

理想情况下，每个试验样品都应该使用新的膜。但是对于快速三轴试验，如果膜在重复使用之前经过仔细检查，则可以使用第二次。如果先将膜纵向拉伸然后再横向拉伸，则薄膜在光线下会出现缺陷或针孔。如果缺陷是可见的，应立即丢弃膜，如果材料可用于其他目的，如“自由端”，则可沿其长度进行切割。

适合重复使用的膜应该在干净的水中仔细清洗，然后挂在垂直木板上伸出的一段木钉制成的架子上晾干，在完全干燥时应在里外轻撒滑石粉并储存于阴凉避光处。

**橡胶膜的尺寸**　　**表 13.8**

| 样品直径 | | 膜长(近似)×厚(mm) |
|---|---|---|
| mm | in | |
| 35 | | |
| 38 | 1.5 | 150×0.3 |
| 50 | 2 | 200×0.4 |
| 70 | 2.8 | 250×0.4 |
| 100 | 4 | 330×0.5 |
| 150 | 6 | 510×0.5 |

2. 膜的校准

橡胶膜材料的拉伸模量是三轴试样抗压强度（第 13.3.8 节）测量中膜校正计算所需要的量（Bishop 和 Henkel，1962）。

从要使用的橡胶膜上剪下 25mm 的长度，在膜内侧和玻璃棒上涂撒滑石粉，按图 13.58 所示组装仪器。原作者所使用的仪器如图 13.59 所示。逐步将重量加到吊盘中，并测量膜的延伸长度，在图 13.58 中用 $x$ 表示。可以使用游标卡尺和钢直尺测量两侧玻璃棒上下边缘的距离，精确到 0.5mm。如图 13.60 所示，可以绘制出盘质量与距离 $x$ 的关系图，从中可以读出 15%应变所施加的载荷。如第 13.3.8 节所述，从图 13.17 所示类型的膜校正曲线中就可以得到橡胶膜的模量 $M$。

3. 密封圈

橡胶膜与顶盖和底座适配器之间需要用 O 形橡胶圈进行防水密封，O 形圈未拉伸时的直径应为试样直径的 80%～90%，且应无缺陷，拉伸时不出现缩颈。试样的每端通常使用一个环，但对于长期试验，最好在每端使用两个环。吊环的尺寸必须正确，且在使用前应进行检查，以确保其无颈部或切口等缺陷。如果先将 O 形圈安装在膜拉伸器周围，然后将其滚到适当位置，则 O 形圈将更容易安装到位。盖和膜之间有一层硅脂薄膜，有助于确保密封不漏水。

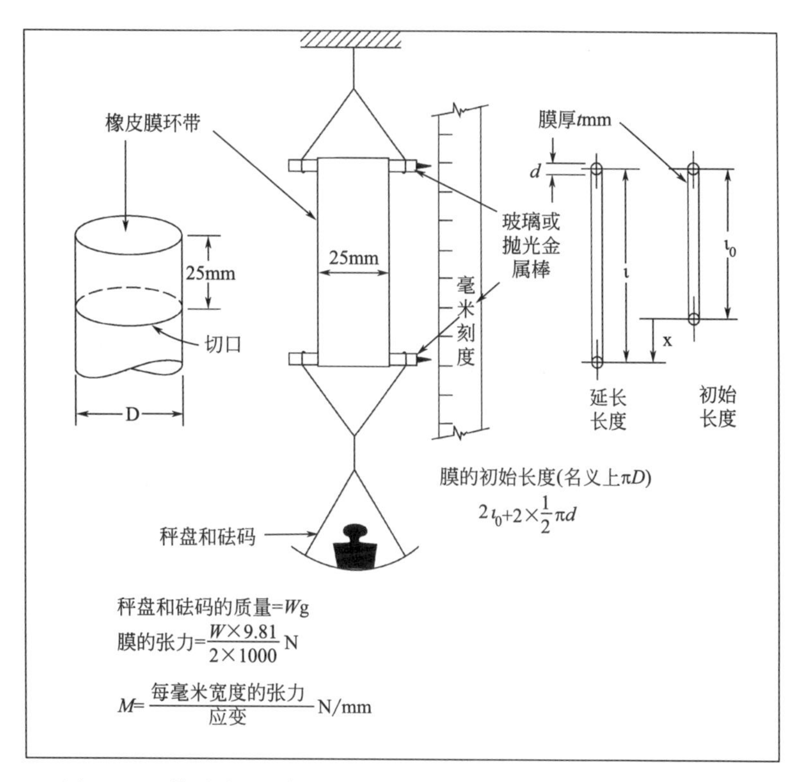


图 13.58　橡胶膜材料拉伸模量试验原理（Bishop 和 Henkel，1962）

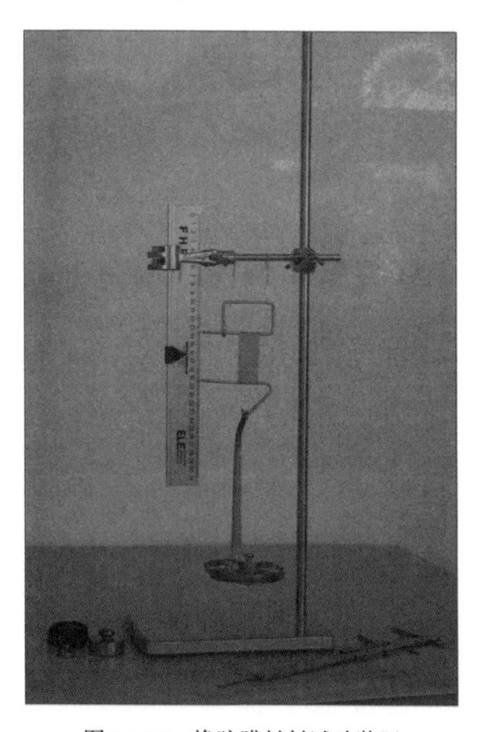

图 13.59　橡胶膜材料试验装置

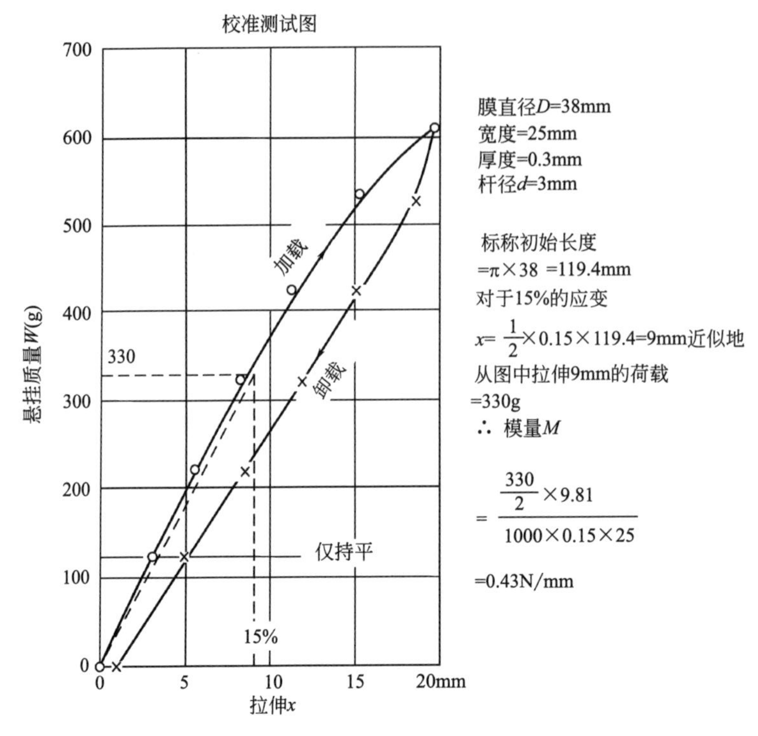


图 13.60　橡胶膜拉伸模量试验的典型数据

## 参考文献


ASTM D 2166-06 Standard Test method for unconfined compressive strength of cohesive soil. American Society for Testing and Materials，Philadelphia，PA，USA.

ASTM D 2850-AR07 Standard Test method for unconsolidated，undrained compressive strength of cohesive soils in triaxial compression. ASTM，Philadelphia，PA，USA.

Anderson，W. F.（1974）The use of multi-stage triaxial tests to find the undrained strength parameters of stony boulder clay. *Proc. Inst. Civ. Eng.*，Technical Note No. TN89.

Bishop，A. W. and Henkel，D. J.（1962）*The Measurement of Soil Properties in the Triaxial Test*（second edition）. Edward Arnold，London.

Bishop，A. W. and Green，G. E.（1965）The influence of end restraint on the compression strength of a cohesionless soil. *Géotechnique*，Vol. 15，No. 3.

Bishop，A. W. and Little，A. L.（1967）The influence of the size and orientation of the sample on the apparent strength of the London clay at Maldon，Essex. *Proc. Geotech. Conf.*，Oslo，Vol. 2，pp. 89-96.

BS EN ISO 7500-1：1998，Metallic materials verification of static uniaxial testing machines. Tension/compression testing machines. Verification of the force measuring system. British Standards Institution，London.

Case，J. and Chilver，A. H.（1971）*Strength of Materials and Structures*. Edward Arnold, London.

Cooling, L. F. and Golder, H. Q. (1940) Portable apparatus for compression tests in clay soils. *Engineering*, Vol., 149 (3862), pp. 57-58.

Cooling, L. F. and Smith, D. B. (1936) The shearing resistance of soils. Proc. 1st Int. *Conf. Soil Mech. and Found. Eng.*, Vol. 1. Harvard, MA, USA.

Henkel, D. J. and Gilbert, G. D. (1952) The effect of the rubber membrane on the measured triaxial compression strength of clay samples. *Géotechnique*, Vol. 3, No. 1.

Kenney, T. C. and Watson, G. H. (1961) Multiple-stage triaxial tests for determining c′ and ϕ′ of saturated soils'. Proc. 5th Int. *Conf. Soil Mech.*, Paris, Vol. 1.

Kolbuszewski, J. (1948) An experimental study of the maximum and minimum porosities of sands. *Proc. 2nd Int. Conf. Soil Mech. and Found. Eng.*, Rotterdam, Vol. 1.

Lumb, P. (1964) Multi-stage triaxial tests on undisturbed soils. *Civ. Eng. and Public Works Review*, May 1964.

Marschi, N. D., Chan, C. K. and Seed, H. B. (1972) Evaluation of properties of rockfillmaterials. *J. Soil Mech. Found. Div. ASCE*, Vol. 98, Paper No. 8672.

Mohr, O. (1871) Beiträge zur Theorie des Erddruckes *Z. Arch. u. Inng.* ver. Hannover, Vols. 17 and 18.

Rowe, P. W. (1972) The relevance of soil fabric to site investigation practice. 12th Rankine Lecture, *Géotechnique*, Vol. 22, No. 2.

Rowe, P. W. and Barden, L. (1964) Importance of free ends in triaxial testing. *J. Soil. Mech. Found. Div. ASCE*, Vol. 90, SMI, January, 1964.

Skempton, A. W. and Bishop, A. W. (1954) Soils. Chapter X of *Building Materials — their Elasticity and Inelasticity* (Reiner, M. and Ward, A. G. eds.). North Holland Publishing Company, Amsterdam.

Skempton, A. W. and Henkel, D. J. (1957) Tests on London Clay from deep boring at Paddington, Victoria and the South Bank. *Proc. 4th Inst. Conf. Soil Mech. and Found. Eng.*, Vol. 1, pp. 100-106. London.

Skempton, A. W. and La Rochelle, P. (1965) The Bradwell slip: a short-term failure in London clay. *Géotechnique*, Vol. 15, No. 3.

Terzaghi, K. and Peck, R. B. (1967) *Soil Mechanics in Engineering Practice*. Wiley, New York (currently available as Terzaghi, K., Peck, R. B. and Mesri, G. 1996, *Soil Mechanics in Engineering Practice* (third edition). Wiley, New York).

Transport and Road Research Laboratory (1952) *Soil Mechanics for Road Engineers*. Chapters 19, 22, HMSO, London.

Whitlow, R. (1973). *Materials and Structures*. Longmans, London.

Wood, D. M. and Wroth, C. P. (1976) The correlation of some basic engineering properties of soils. *Proc. Int. Conf. on Behaviour of Offshore Structures*, Trondheim, Vol. 2.

Wood, D. M. and Wroth, C. P. (1978) The use of the cone penetrometer to determine the plastic limit of soils. *Ground Engineering*, Vol. 11, No. 3.

# 第 14 章
# 固结试验

本章主译：贺勇（中南大学）

## 14.1 前言

### 14.1.1 试验范围

饱和黏土的标准固结试验是本章的主要内容。本章描述了正常固结黏土和超固结黏土的特性，介绍了黏土试验数据分析的常规方法，并对其在粉质土试验中的应用进行了阐述，分别阐述了膨胀土、非饱和土和泥炭土的特定试验步骤，以及直接测试固结压力室中土样渗透性的试验。

与其他载荷试验装置一样，固结加载架的校准非常重要，这部分内容将与试验装置和试验步骤等方面一起介绍。

### 14.1.2 试验目的

固结试验用于确定低渗透性土的固结特性。通常需要的两个参数为：土的压缩性（用体积压缩系数表示，也称为体积变化模量），该参数用于衡量土体在荷载作用下且发生固结时的压缩量；时间相关参数（用固结系数表示），它表明压缩速率以及发生固结沉降的时间。

1. 压缩性

每当一种荷载（如结构基础产生的荷载）施加在地基上时，即使施加的压力在土体的承载范围之内，地基也会发生一定的沉降。在基础设计中，将沉降量限制在容许范围之内，有时要比由抗剪强度得到的承载力限制更为重要。

2. 时间效应

通常在施工过程中，砂土和砾石的沉降会在很短时间内发生，这一般不会引起重大安全问题。但在黏土中，由于其渗透性低，沉降会发生在施工结束后的很长时期内，或许长达数月，数年，数十年甚至几个世纪。因此，对沉降速度和沉降完成时间的计算是基础设计中的重要组成部分。

### 14.1.3 试验原理

该试验是通过对一个高度约为其直径 1/4 的受侧向约束的试样施加一系列（4～8 个）

垂向荷载来进行的。在一定时间内（通常为 24h），观察每个荷载下的垂向压缩量。由于不允许横向变形，因此这是一个一维试验。由此可推导得到一维固结参数。

固结压力室主要由用于容纳和刚性支撑试样的模具、上下排水板、加载帽和装有水的外壳组成，整个试样可以浸入外壳之中。压力室和加载架的细节见第 14.5.3 节。

### 14.1.4　历史发展

太沙基（1925）在维也纳出版的 *Erdbumachanik*（《土力学》）一书首次引起人们对黏土长期固结问题的关注。太沙基提出了一种用于研究固结过程的理论方法，设计了第一台固结仪器，并将其命名为“oedometer”（源自希腊语 *oidema*，膨胀）。在 20 世纪 30 年代初期，美国学者首先对各种尺寸的试样进行了固结试验，卡萨格兰德（1932）、拉特利奇（1935）和吉尔博伊（1936）先后对此进行了报道。1936 年，太沙基和弗洛里奇发表了《固结数学理论》。

1938 年，伦敦帝国理工学院的斯肯普顿（Skempton）基于卡萨格兰德原理开发了一种固结仪，用于厚 1in 试样，该固结仪使用一个自行车车轮支撑横梁配重。1945 年，尼克森设计了一种更为小型的固结仪，用于直径 3in、高 0.75in 的试样，其中 4 个固结仪装在一个工作台上。基于同样原理由领先的试验设备制造商开发了其他仪器，且许多仪器至今仍在使用。

1945 年以后，当固结试验成为公认的实验室标准程序时，发展了两种类型的固结压力室，即固定环压力室和浮动环压力室。在固定环压力室中，试样从环刀中被转移到被固定在压力室中下部、下透水板顶部的模具中，其中下透水板的直径大于试样的直径（图 14.1）。紧靠加载帽下方的透水板稍小一些，以便在试样固结时能够进入环内。在固结过程中，只有试样的顶面发生位移。

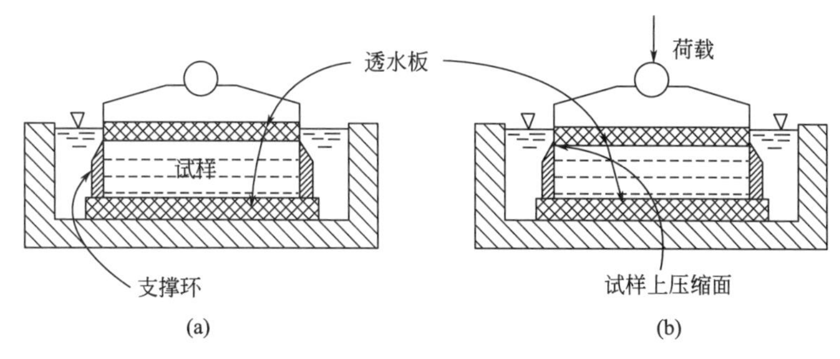


图 14.1　固定环固结仪固结压力室原理

（a）初始；（b）固结后

在浮动环压力室中，在试验过程中，用最初修剪试样的环来固定试样，该环仅由与试样的摩擦力所支撑（图 14.2）。上部和下部的透水板均略小于环的内径，因此试样在顶部和底部的压缩基本相同。其侧摩阻力为固定环压力室的一半（Lambe，1951）。浮动环压力室的优点是比固定环压力室成本更低，且省略了试样在环向模具中的转移过程，对试样的扰动更小。浮动环压力室的缺点是，只有一个轻环用来支承试样，因此在高压情况下可能会发生一定的横向变形，且环的重量会对软黏土造成一定的扰动。此外，这种类型的压力室不能用于直接测试渗透性。

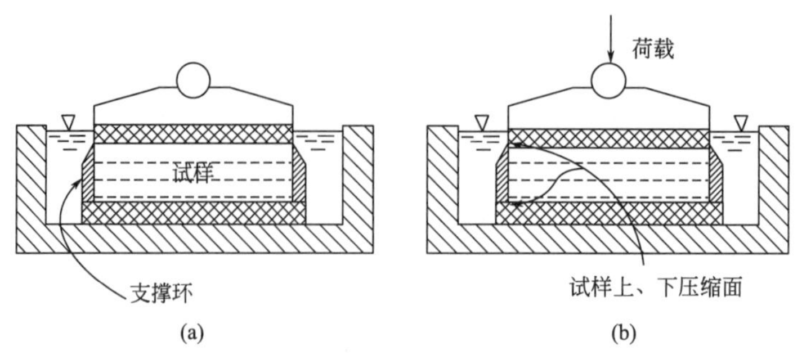


图 14.2 浮动环固结仪固结压力室原理

（a）初始；（b）固结后

固定环压力室是目前最常用的类型，在英国以其作为标准压力室。试样被固定在环刀内，环刀被固位器或侧向约束环精确定位且形成刚性约束，避免了试样被切割边缘带来的损伤（图 14.3）。该试验装置安装和拆卸简单易行，对试样的干扰很小。O 形密封圈的配置使试验过程中试样处于受压状态时可以直接进行渗透性的测试（第 14.6.6 节的图 14.46）。Lambe（1951）的建议：施加的荷载应该增加 10%，以考虑侧摩阻力。在英国的实践中该建议并没有被采纳，但其通过使用光滑抛光的轻质润滑环使摩擦力实现最小化。

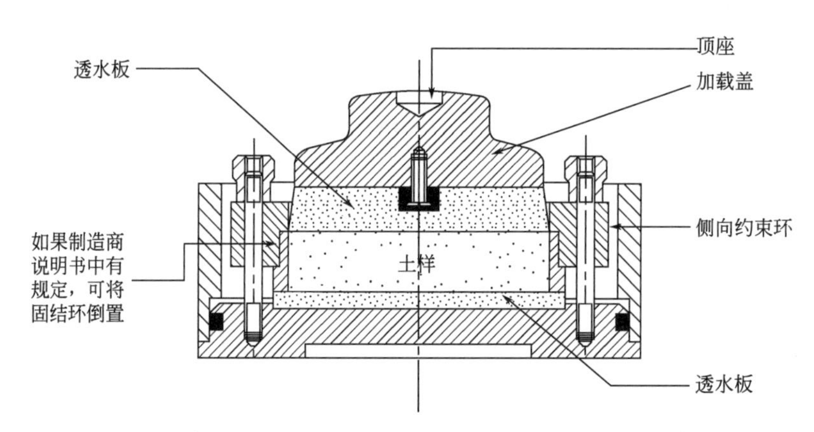


图 14.3 典型固结仪固结压力室的详细信息［摘自 BS 1377-5：1990 的图 1（a）］

1971 年，按照国际单位制计量的固结仪问世，且普通的英国固结仪试样直径为 75mm、高为 20mm。第 14.8.4 节给出了早期固结仪的使用方法，这些固结仪是以传统（英制）单位为基础设计的。

近年来的主要进步是使用位移传感器测量试样的垂向压缩量，使得自动记录（日夜）、数据处理、自动打印和图形绘制的系统实现商业化（第 8.2.6 节）。然而，本章所述的试验过程涉及手动操作和记录，以期为电子仪表提供手动备份。

## 14.2 定义

固结：在持续压力作用下，土颗粒的堆积在一段时间内变密的过程。它伴随着固体颗粒之间孔隙（空隙）中水的排出。

孔隙比（$e$）：土中孔隙（水和空气）的体积与固体颗粒体积之比。

饱和度（$S_r$）：土颗粒间孔隙中所含水的体积与总孔隙体积之比，用百分比来表示。

$$S_r = \frac{w\rho_s}{e}\%$$

式中，$w$ 为土体含水率（%）；$\rho_s$ 为颗粒密度（$Mg/m^3$）；$e$ 是孔隙比。

孔隙水压力（$u$）：固体颗粒之间的空隙或孔隙中水的静水压力，也称为孔隙压力或中性应力，缩写为 p. w. p。

总应力（$\sigma$）：由外部施加的压力或力引起的土体内的实际应力。

有效应力（$\sigma'$）：总应力与孔隙水压力之差。

$$\sigma' = \sigma - u$$

有效应力近似于固体土颗粒结构所承受的应力。

超孔隙压力：由外部压力或应力的突然施加而引起的孔隙水压力的增加，也叫超静水压力。

固结度（$U$）：在固结过程中的任意时刻，由于排水作用，在一定时间后损失的超孔隙压力与初始孔隙水压力增量之比。通常用百分数表示，有时也称为孔隙压力消散百分数。

$$U = \frac{u_1 - u_w}{u_1 - u_0} \times 100\%$$

式中，$u_w$ 为考虑时刻的孔隙压力；$u_1$ 为初始孔隙压力；$u_0$ 为固结完成时的最终平衡孔隙压力。

初始压缩：在室内试验中，施加荷载的瞬间到主固结阶段开始之间所产生的压缩量。

主固结：在荷载作用下，总压缩中太沙基固结理论适用的阶段。这是排水和孔隙压力消散的阶段。

次压缩：在主固结完成之后继续发生的压缩行为，且与时间有关。

曲线拟合：通过对比室内试验曲线与理论曲线的特性，确定固结系数。

压缩系数（$a_v$）：在压力变化引起固结时，单位压力变化下孔隙比的变化。

$$a_v = -\frac{\delta e}{\delta p}$$

体积压缩系数（$m_v$）：在压力变化引起固结时，单位压力变化下单位体的体积变化，有时称为体积变化模量。

$$m_v = \frac{a_v}{1+e} = -\left(\frac{1}{1+e}\right)\frac{\delta e}{\delta p}$$

固结系数（$c_v$）：将固结引起的超孔隙水压力随时间的变化与相同时间内黏土柱中孔隙水的排水量建立联系的参数。

$$c_v = \frac{k}{m_v \rho_w g}$$

时间因数（$T_v$）：与时间 $t$、固结系数 $c_v$、排水路径长度（第 14.3.4 节）相关的无量纲参数，用于描述固结曲线的理论速率。

$$T_v = \frac{c_v t}{H^2}$$

次压缩系数（$C_{sec}$）：在次压缩阶段，固结试样在 10 年（一个对数周期）内高度变化值与初始高度之比。

$$C_{sec}=\frac{(\delta H)_s}{H_0}\text{除以一个对数周期}$$
$$=\frac{1}{H_0}\times\frac{(\delta H)_s}{\delta(\lg t)}$$

原始压缩曲线：表示原位土的孔隙比与有效压力的关系，又称现场压缩曲线。

正常固结黏土：从未遭受过大于当前有效上覆压力的有效压力作用的黏土。

超固结黏土：在过去的地质年代中已经在大于当前有效压力的有效压力作用下发生固结的黏土，通常是由于上覆沉积物被冲蚀所形成的。

前期固结压力：超固结黏土历史上所遭受的最大压力。

超固结比（OCR）：前期固结压力与当前有效上覆压力之比。

膨胀：与固结相反的过程，即由水被吸进固体颗粒间的空隙引起的压力降低从而产生的土体膨胀。

膨胀压力：当土体遇水时，保持体积恒定（即防止膨胀）所需要的压力，又称平衡荷载。

压缩指数（$C_c$）：对于正常固结，法向有效应力（以对数坐标表示）$\tau$ 孔隙比曲线的斜率值。

$$C_c=\frac{-\delta e}{\delta(\lg\sigma')}$$

膨胀指数（$C_s$）：对于膨胀，法向有效应力（以对数坐标表示）-孔隙比曲线的斜率。

## 14.3　固结理论

### 14.3.1　固结原理

土由固体颗粒组成，颗粒之间是空隙，空隙可充入气体（通常是空气）、液体（通常是水）或两者的混合物［第 1 卷（第三版）第 3.3.2 节］。本节固结理论适用于完全饱和的土，即空隙中只含有水。

当土受到压应力时，其体积趋于减小，对于饱和土来说，这可以通过以下三种方式来实现：

（1）固体颗粒的压缩；

（2）颗粒间空隙内水的压缩；

（3）水从空隙中逸出。

在大多数无机土中，第 1 项的影响非常小，在固结理论中常把其忽略。对于有机土，特别是泥炭，固体物质的压缩性是相当大的（泥炭在第 14.7 节中单独介绍）。

水的压缩性与其他影响相比可以忽略不计，因此可以忽略第 2 项。大多数黏土沉积物是完全饱和或非常接近饱和的，在这些土体中，固结过程是最重要的。考虑非饱和将使分析过于复杂，难以实际应用，所以将空隙中的空气忽略不计。

因此，基于第 3 项建立的，即从固体颗粒骨架之间的空隙中逸出或“挤出”水。

在自由排水的土体中，如饱和的砂土，水会迅速排空。但是在黏土中，渗透系数可能比砂土小数万至数百万倍，水的运动要慢得多，因此要把多余的水挤出透水边界可能需要相当长的时间。

与固结相关的体积变化同样缓慢，因此在荷载作用下产生沉降需要很长一段时间。这个过程可以用以下描述的力学模型来表示。

### 14.3.2　弹簧与活塞的类比

太沙基和佩克（1948）所描述的这个简化版的类比模型来源于泰勒（1948）。

考虑一个圆柱形容器，装有一个质量可忽略不计的水密无摩擦活塞，其面积为 $A\mathrm{mm}^2$，并配有一个排水阀，该排水阀与小口径出口管相连。容器内充满水，活塞与底座之间是弹性压缩弹簧［图 14.4（a）］。最初，系统处于平衡状态，阀门关闭，活塞没有负载。弹簧没有被压缩，没有超静水压力。

在活塞上施加 200N 的砝码［图 14.4（b）］。水无法逸出，因此活塞不能向下运动，弹簧没有被压缩。因此，向下的力是由活塞上的向上的力支撑的，而此向上的力是由水中的附加压力产生的。这个压力称为超静水压力，等于 $200/A\ \mathrm{N/mm}^2$。在某一时刻（时间=0），打开排水阀开始计时，水开始从容器中逸出［图 14.4（c）］，但因出口管的内径很小，水的逸出速度很慢。活塞缓慢下沉，导致弹簧承受的荷载逐渐增大，水压逐渐减小［图 14.4（d）～图 14.4（f）］。最后弹簧被施加的力完全压缩，承受全部的荷载。此时没有超静水压力，重新达到平衡，运动停止［图 14.4（g）］。

从开始起由弹簧和水在不同时刻所承担的荷载以及弹簧的压缩量占最终压缩量的百分比（与弹簧在任一时刻所承担的荷载占最终总荷载的百分比相同）如图 14.4（c）～图 14.4（g）所示。当达到如图 14.4（g）所示的平衡状态时，压缩完成度为 100％。

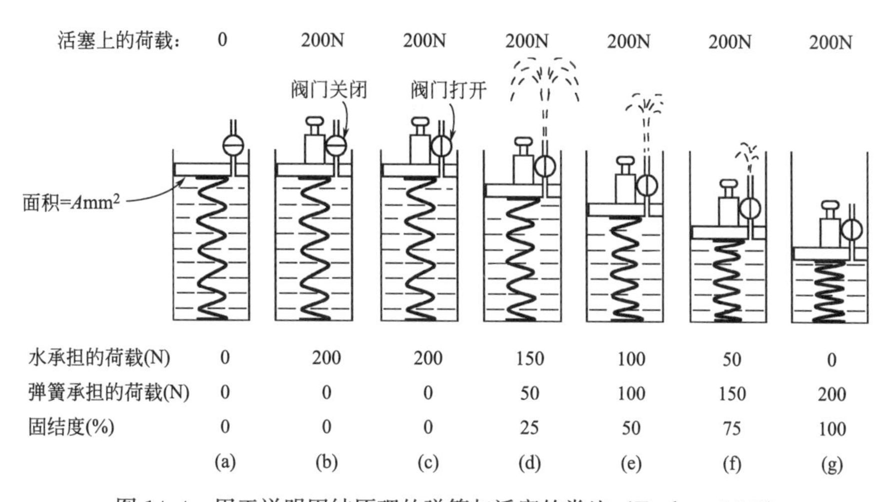


图 14.4　用于说明固结原理的弹簧与活塞的类比（Taylor，1948）

在此模型中，达到给定百分比压缩量所需的时间取决于以下因素：

（1）排水口尺寸；

（2）水的黏度（取决于温度）；

（3）弹簧的压缩性。

第 1 项和第 2 项影响水从出口流出的速度。第 3 项具有重要意义，因为在 200N 的荷载下，压缩系数较大的弹簧会压缩得更多，从而有更多的水逸出，因此达到平衡需要更长的时间。

### 14.3.3　土体固结

上述力学模型的行为类似于土体在固结过程中的行为。表14.1总结了模型和实际土体的相互关系。

力学模型与土体的性质对比　　表14.1

| 项目 | 力学模型 | 土体 |
|---|---|---|
| 1 | 水的逸出速度取决于：<br>(a)出水口尺寸；<br>(b)水的黏度；<br>(c)出水管长度 | 排水速度取决于：<br>孔隙大小(即渗透率)；<br>孔隙水黏度(取决于温度)；<br>排水路径长度 |
| 2 | 弹簧的压缩性控制：<br>(a)压缩量；<br>(b)达到平衡的时间 | 土结构的压缩性决定：<br>固结沉降量；<br>达到100%固结的时间 |
| 3 | 水初始压力 | 初始超孔隙水压力 $u_0$ |
| 4 | 任一时刻 $t$ 时水中的压力 | 任一时刻 $t$ 时平均超孔隙水压力 $u$ |
| 5 | 弹簧的负载 | 土骨架承载的应力 |
| 6 | 最终压缩量的百分比 | 固结百分比 |

由外部荷载引起的应力称为“总应力”，用 $\sigma$ 表示。土中固体颗粒间空隙中的水压力称为“孔隙水压力”（p. w. p.），或称孔隙压力，用 $u$ 表示，有时也用 $u_w$ 表示。当外部荷载作用于饱和黏土时，整个荷载首先由诱发的附加孔隙水压力承担，称为“超孔隙水压力”，等于施加的总应力。

若黏土周围有水可以逸出的地方（如图14.5中所示的相邻砂层），那么多余的压力会导致水从黏土中流出，流入相邻的砂层。由于黏土渗透性低，这一过程将缓慢进行，但随着水的流失，越来越多的荷载被转移到构成土“骨架”的颗粒上，孔隙压力相应降低。任意时刻施加的总应力与孔隙水压力之差称为“有效应力”，与土骨架所承受的应力大致相同（Simons 和 Menzies，1977）。它的形式如下：

$$\sigma' = \sigma - u \tag{14.1}$$

式（14.1）是土力学领域内最基本的关系式之一（Terzaghi，1926）。从本质上讲，固结过程是应力从孔隙水逐渐转移到土骨架上的过程。随着孔隙水压力的减小，有效应力增大。

在这一过程的任何阶段，应力传递的程度被称为“固结度”，用百分数表示，记作 $U$（不能与孔隙压力 $u$ 混淆）。

当 $u_1$=初始超静孔隙压力、$u_w$ =固结开始 $t$ 时刻后的超孔隙压力时，则 $t$ 时刻的固结度为：

$$U = \frac{u_1 - u_w}{u_1 - u_0} \times 100\% \tag{14.2}$$

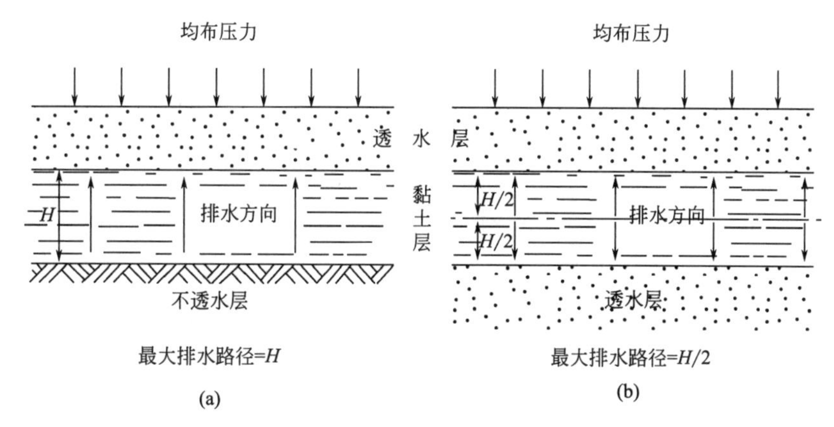


图 14.5　固结作用下的黏土层

（a）单排水；（b）双排水

式中，$u_0$ 为最终平衡孔隙压力。$U$ 的值有时也被称为“孔隙压力消散百分比”。第 14.3.5 节中固结方程［式（14.4）］的解用 $U$ 表示。

孔隙水压力在排水面附近比在远离排水面处下降得更快。如果固结百分比 $U$ 与 $t$ 时刻的平均孔隙压力有关，则可认为固结度与 $t$ 时刻的沉降量呈正比。若：

$\Delta H=t$ 时刻的沉降量；

$\Delta H_f$=最终发生的沉降量（即当 $U=100\%$时），那么：

$$U=\frac{\Delta H}{\Delta H_f}\times 100\% \tag{14.3}$$

由于在固结试验中没有对孔隙水压力进行测试，因此固结度与试样高度的变化有关。固结开始和结束时条件如下。固结开始时：

$$t=0,\ u=u_1,\ \Delta H=0 \quad 和 \quad U=0\%$$

固结完成时：

$$t=\infty,\ u=u_0,\ \Delta H=\Delta H_f \quad 和 \quad U=100\%$$

由于试样暴露于空气中，所以 $u_0=0$。

根据这个理论，100%的固结永远不会达到。然而，最终的沉降量可以计算，达到某一固结度所需时间也可以评估。固结度达到 50%、90%和 95%时的固结时间通常意义重大。

在实际工程中，固结过程中发生的水的流动和土体变形几乎都是三维的。三维效应的分析是极其复杂的，很少有切实可行的方法（Davis 和 Poulos，1965）。对于大多数实际应用，太沙基的一维分析为估算沉降量提供了可靠的基础，尽管必须谨慎地解释沉降的发展速度。对于建立在透水层之间相对较薄黏土层上的宽基础这种情况，排水模式与一维固结假设非常相似。

### 14.3.4　固结理论的假设

下面总结了太沙基固结理论所基于的假设，其中一些已经被提及。

1. 固结的土层是水平的、均质的、厚度均匀、侧向受限；
2. 土体完全饱和，即空隙中完全充满了水；

3. 土颗粒和水不可压缩；

4. 对于通过土体的水流，达西定律（第10.3.2节）有效；

5. 渗透系数和土的其他性质在任何一个应力增量过程中保持不变；

6. 施加的压力沿水平面是均匀的；

7. 水只在垂直方向流动，即排水和压缩是一维的；

8. 有效应力的变化引起孔隙比的相应变化，二者在任何一个应力增量过程中呈线性关系；

9. 荷载作用下的初始超孔隙压力在整个黏土层深度范围内是均匀的；

10. 固结时间延长完全是由土体的低渗透性引起；

11. 与黏土层相比，与黏土层相邻的一个或两个地层是完全自由排水的；

12. 土体本身的重量可忽略不计。

在本章中，符号 $H$ 用于表示试验中黏土层的厚度或土样的厚度。

当计算或使用固结系数 $c_v$ 时，重要的测量值不是黏土的厚度 $H$，而是最长排水路径的长度 $h$。当黏土只排水到一个透水表面，而另一个表面不透水时，最长排水路径与黏土层厚度相等。当黏土排水到两个透水表面时，最长排水路径等于该土层厚度的一半。因此，在图14.5（a）（单排水）中，$h=H$。在图14.5（b）（双排水）中，$h=0.5H$。

同样的理论方程适用于这两种情况，只要它们是用 $h$ 表示的。符号 $h$ 可以随后用 $H$ 或 $0.5H$ 来代替，两者以适当的值为准。在标准固结试验中，采用双面排水条件，如图14.5（b）所示。

### 14.3.5　固结理论

固结的数学理论的细节没有在这里给出，因为对于理解固结试验或者从试验数据推导参数，这些都是不必要的。数学分析在文献太沙基（1943）以及其他关于土力学的教科书（如Scott（1974））中给出。

由太沙基给出的均匀荷载作用下黏土层一维固结的简单例子（基于第14.3.4节的假设），可得到如下微分方程：

$$\frac{\partial u}{\partial t}=\frac{k}{\rho_w g m_v}\frac{\partial^2 u}{\partial z^2} \tag{14.4}$$

式中，$u$ 为在一个已知点处 $t$ 时刻的超孔隙水压力；$z$ 表示该点的垂直高度；$k$ 为黏土的渗透系数；$m_v$ 为黏土的体积压缩系数；$\rho_w$ 为水的密度；$g$ 为重力加速度。

将式（14.4）中右侧的复合系数替换为系数 $c_v$，称为固结系数，其中：

$$c_v=\frac{k}{\rho_w g m_v} \tag{14.5}$$

因此式（14.4）变为：

$$\frac{\partial u}{\partial t}=c_v\frac{\partial^2 u}{\partial z^2} \tag{14.6}$$

式（14.6）的解可表示为 $U$（在第14.3.3节中定义）关于 $c_v$、$h$ 和时间 $t$ 的函数，其中 $h$ 为最长排水路径的长度，即：

$$\frac{U}{100}=f\left(\frac{c_v t}{h^2}\right) \tag{14.7}$$

表达式（$c_v t/h^2$）是一个无量纲数，可以用“时间因数”$T_v$ 替换，其中：

$$T_v=\frac{c_v t}{h^2} \tag{14.8}$$

因此式（14.7）可表示为：

$$\frac{U}{100}=f(T_v) \tag{14.9}$$

由太沙基（1943）用数学方法推导出的 $U$ 与 $T_v$ 之间的关系，即式（14.6）的解，如图 14.6 所示。图 14.7 中给出了同样的关系，其中 $T_v$ 以对数坐标表示。在图 14.8 中给出了 $U$ 与 $\sqrt{T_v}$ 的关系。相较于第一类曲线，第二类和第三类曲线更常用于一维固结分析。在数学术语中，当时间趋于无穷时，曲线趋于渐近线 $U=100\%$；换句话说，在相当长的一段时间后，固结接近“完成”，但从未完全实现。$U$、$T_v$ 与 $\sqrt{T_v}$ 的计算值列于表 14.2 中。

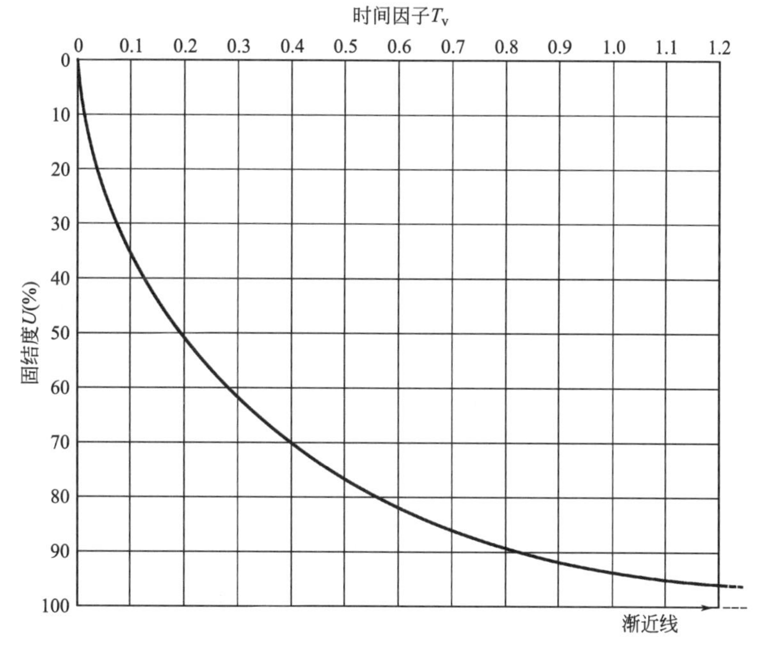


图 14.6　时间因子 $T_v$ 与固结度 $U$（%）的关系

对于非均匀加载、三维固结等不同于一维分析的情况，数学式会解得 $U$ 和 $T_v$ 的不同曲线，此处不进行讨论。例如太沙基和佩克（1967，图 108）和切博塔里奥夫（1951，图 6-11）。

由式（14.7）得出一个重要结论：一定时间后达到的固结度与最大排水路径长度的平方呈反比。实际上，这意味着固结时间随黏土层厚度的平方增加而增加。例如，在荷载和其他因素相同的情况下，6m 厚的黏土层达到 90%的固结度所需时间比 2m 厚的黏土层要长 9 倍。

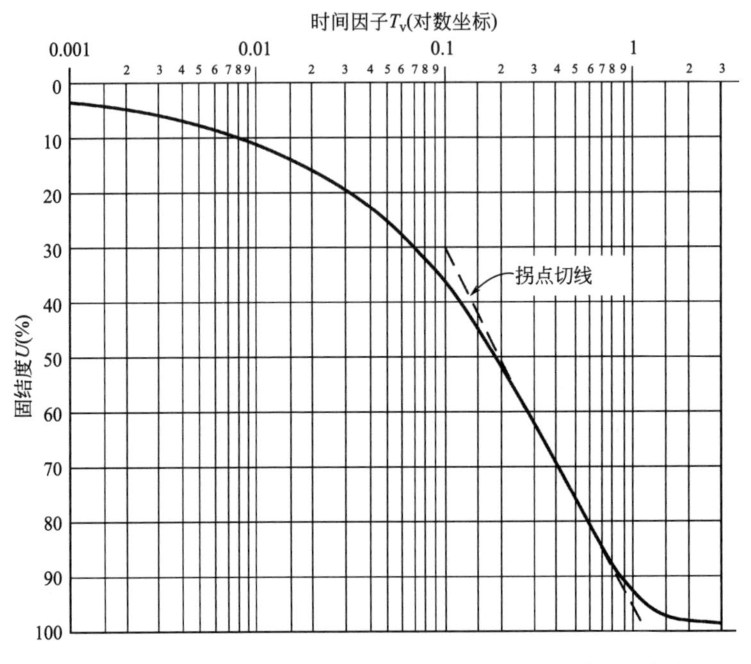


图 14.7　时间因子 $T_v$（对数坐标）与固结度 $U$（%）的关系

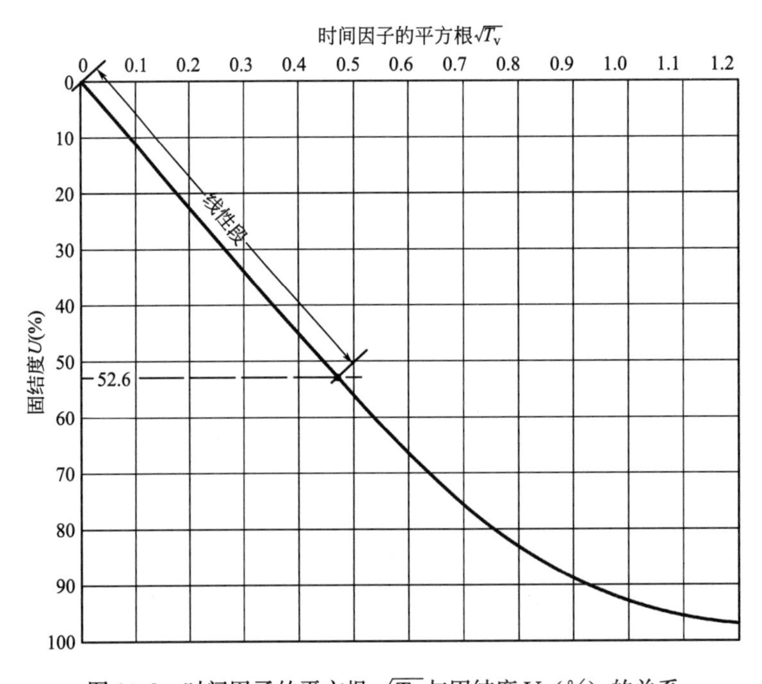


图 14.8　时间因子的平方根 $\sqrt{T_v}$ 与固结度 $U$（%）的关系

一维固结的时间因子（来自 Leonards，1962）　　表 14.2

| 固结度 $U$(%) | 时间因子 | |
|---|---|---|
| | $T_v$ | $\sqrt{T_v}$ |
| 0 | 0 | 0 |
| 10 | 0.0077 | 0.0877 |
| 20 | 0.031 | 0.176 |
| 30 | 0.071 | 0.266 |
| 40 | 0.126 | 0.355 |
| 50 | 0.196 | 0.443 |
| 60 | 0.286 | 0.535 |
| 70 | 0.403 | 0.635 |
| 80 | 0.567 | 0.753 |
| 90 | 0.848 | 0.921 |
| 95 | 1.129 | 1.063 |
| 100 | ∞ | ∞ |

### 14.3.6　固结阶段

一般情况下，对黏土样品进行典型室内试验，所得固结度与时间的关系与第 14.3.5 节中提到的理论关系相似，但存在显著偏差，下文将会提到。在这种情况下，固结度是由试样在固结开始后某一时刻的压缩量（即沉降量）来表示的。

沉降是根据对数坐标上的时间绘制的（$\log t$ -$s$ 曲线），或根据以分钟为单位的时间的平方根绘制的（$\sqrt{t}$ -$s$ 曲线）。这几类典型室内试验曲线分别如图 14.30 和图 14.31 所示（第 14.5.5 节，第 1 阶段），它们与图 14.7 和图 14.8 的理论曲线显然十分相似。

为便于分析，黏土在荷载作用下的压缩可分为三个阶段，即：

1. 初始压缩；

2. 主固结；

3. 次压缩。

事实上，这几个阶段可同时发生，如与时间相关的阶段 2 和阶段 3 可能同时发生。然而，最好单独考虑它们（图 14.9）。

1. 初始压缩几乎与室内试验中荷载的施加同时发生，且在排水开始之前发生。这一部分是由于孔隙内的小气团受到压缩，另一部分是由于在压力室和加载架内铺设接触面。一小部分可能是由于弹性压缩，当荷载被移除时，压缩可恢复。荷载刚开始增加的阶段，偏离理论曲线。在相对坚硬的高渗透土体中，在这一阶段不可避免地会发生一些排水，即主固结。

2. 主固结是由于荷载作用下的超孔隙压力消散而引起的与时间相关的压缩，这由太沙基固结理论可解释。对于大多数黏土来说，这一阶段与理论曲线十分相符。当荷载移除后，若土体遇水，可能发生少量恢复（膨胀）。

3. 在主固结阶段的超孔隙压力几乎完全消散后，次压缩仍在继续。机制很复杂，但次压缩被认为是由于随着土体结构自行调整以适应不断增加的土颗粒后续运动造成的有效应力。虽然在泥炭土中观察到二次膨胀，但当施加的荷载移除后，次压缩通常不可恢复。

在许多实际应用中，仅用主固结阶段来估算沉降量。对于无机黏土来说，主固结阶段通常是三个阶段中最重要的一个阶段，确定主固结的沉降量大小和主固结时间曲线，连同派生参数，是室内固结试验的主要目标。主固结阶段是唯一一个可以被恰当地称为“固结”的阶段，也就是第 14.2 节中定义的那个阶段。然而，在泥炭和高有机黏土中，次压缩阶段的重要性更大，如果时间足够长，其可能会超过主固结的沉降量。

就传统边界而言，这三个阶段可用理想的 log$t$-$s$ 曲线（图 14.9）来表示。在第 14.3.12 节中说明了压缩比的推导，其表示了三个阶段的相对大小。然而，英国标准 BS 1377：1990 并不要求计算压缩比。

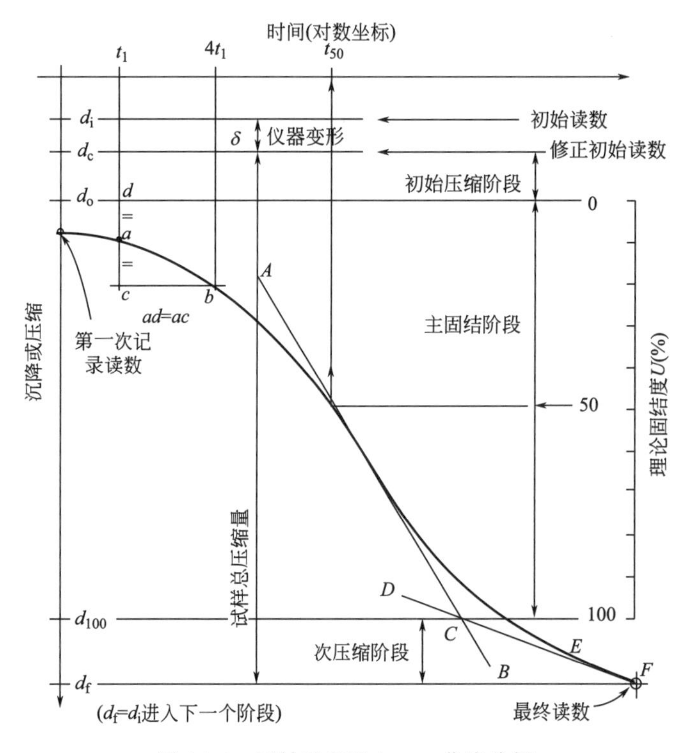


图 14.9　固结阶段及 log$t$-$s$ 曲线分析

## 14.3.7　主固结：曲线拟合

将室内试验固结曲线与第 14.3.5 节中提到的理论曲线进行对比的过程称为“曲线拟合”。它只与主固结阶段有关，并且每次增加荷载都可确定式（14.8）中的固结系数 $c_v$。

采用两种曲线拟合方法，一种是 log$t$-$s$ 曲线（log $t$ 法），另一种是 $\sqrt{t}$ -$s$ 曲线（$\sqrt{t}$ 法）。

1. log $t$ 法

该方法是由卡萨格兰德提出的，因此也称 Casagrande 法。该方法的原理如图 14.9 所示，图 14.9 是固结作用下试件的 $\log t$-$s$ 曲线的一个阶段，下文中进行解释。实际室内试验压缩曲线的应用示例如图 14.30 所示，并在第 14.5.6 节第 1（a）项中加以说明。

在图 14.9 中，加载瞬间（$t=0$）的沉降计读数，即初始读数，用 $d_i$ 表示，但零时刻对应的纵坐标不能用对数表示。加载结束时（通常为 $t=24$h，即 1440min）的位移量最终读数用 $d_f$ 表示。我们需要设定代表主固结阶段开始和结束时的位移量，即当理论固结度 $U=0\%$（用 $d_0$ 表示）和 $U=100\%$（用 $d_{100}$ 表示）时的位移量。这些数据与所观察到的 $d_i$ 和 $d_f$ 数据不同，如下所示。

（1）理论固结度 $U=0$

由式（14.9）定义的理论固结曲线的前半部分，即从 $U=0$ 到 $U=52.6\%$，可近似表示为：

$$\frac{U}{100}=2\sqrt{\left(\frac{T_v}{\pi}\right)} \tag{14.10}$$

其可改写为：

$$T_v=\frac{\pi}{4}\left(\frac{U}{100}\right)^2 \tag{14.11}$$

式（14.11）给出了一条抛物线，在如图 14.9 所示的几何构图中，利用抛物线的性质来确定 $U=0$ 时横坐标的位置。即使在 $\log t$ 图上实现，这种构图也是有效的，但前提是一般形式与图 14.7 中的理论曲线类似。

（2）理论固结度 $U=100\%$

$\log t$-$s$ 曲线的拐点是曲线的曲率变化点，也是曲线最陡的部分，出现在固结度为 75%的区域附近。此点处切线与次压缩线向后延线的交点定义了 $U=100\%$ 时的横坐标，如图 14.9 所示。

2. $\sqrt{t}$ 法

该方法由泰勒（1942）提出，称为泰勒法。原理如图 14.10 所示，下文中进行解释。图 14.31 显示了室内试验 $\sqrt{t}$-$s$ 曲线的应用示例（来自图 14.30 的同一组数据），并在第 14.5.6 节第 1（b）项中加以说明。

（1）理论固结度 $U=0$

室内试验曲线的前半部分为直线（图 14.8），除了开始时有一定偏差，其余与理论曲线类似，这是第 14.3.6 节中提到的初始压缩阶段的结果。这条线逆推出 $U=0$ 时的变形量，即与零时间轴交点（图 14.10 中的 $Q$ 点）的值 $d_0$。

（2）理论固结度 $U=100\%$

式（14.10）的理论曲线直线部分的表达式为：

$$\frac{U}{100}=2\sqrt{\left(\frac{T_v}{\pi}\right)}=1.128\sqrt{T_v}$$

这个式子由图 14.11 中的 OB 线表示。在这条线上的 B 点，$U=90\%$

$$\sqrt{T_v}=\frac{0.90}{1.128}=0.798$$

由表 14.2 可知，当 $U=90\%$ 时 $\sqrt{T_v}$ 在理论固结曲线上的值（点 C，图 14.11）为

0.921。这两个值的比值是 0.921/0.798=1.154（即 1.15）。

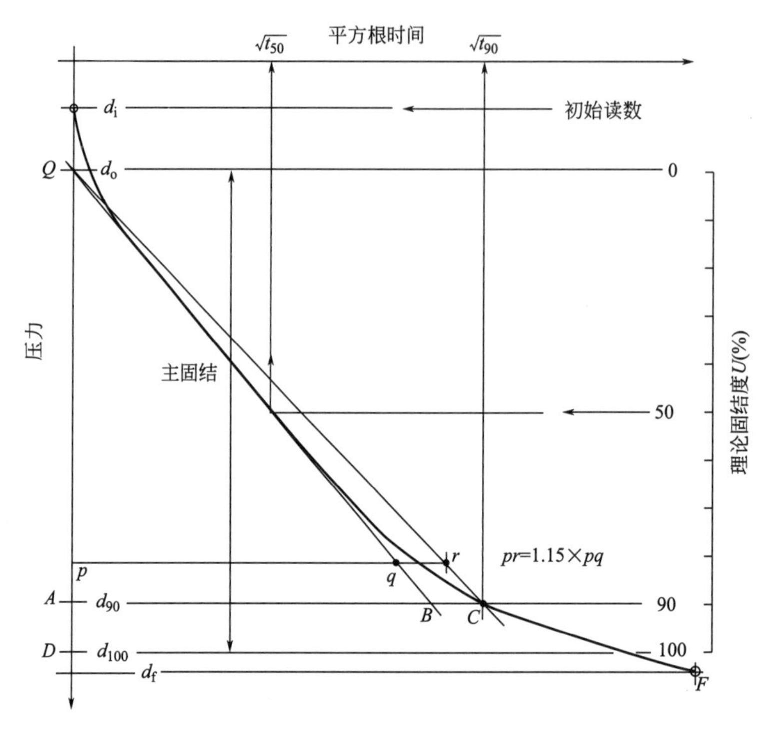


图 14.10　$\sqrt{t}$-$s$ 曲线分析

利用上述关系，从理论原点（图 14.10 中的 $Q$ 点）画出一条直线，其横坐标是直线 $QB$ 横坐标的 1.15 倍，与室内试验曲线相交于点 $C$，点 $C$ 处 $U=90\%$。通过 $C$ 的水平线与纵轴相交于 $A$ 点。$U=100\%$时的压缩量由 $D$ 表示，其中 $QD=(100/90)QA$。

3. 两种方法的优缺点

当沉降曲线为常规形状时，采用 $\log t$ 法通常优于$\sqrt{t}$ 法。当从 $\log t$ 图中计算 $d_0$ 点较为困难时，可从$\sqrt{t}$ 图中获得 $d_0$。如果后者提供了关于 $d_{100}$ 的明确指示，则可以将其调入 $\log t$ 图。

从$\sqrt{t}$ 图中求取 $d_{100}$ 点的值不是很方便，因为 $d_{90}$ 点是由一条直线和一条曲线定义的，它们相交的角度很小，所以准确的位置很难确定。

当开始进行固结试验时，或第一次对未知土体进行试验时，最好在不同的图表上同时绘制这两类图形，并使用相同的沉降量读数垂向比例尺。然后可以决定使用哪种类型的图，或者是否继续绘制这两种类型的图。一般来说，$\sqrt{t}$ 图更适合用于确定 $d_0$，$\log t$ 图更适合用于确定 $d_{100}$。

对某些土的试验可能会得到与理论曲线相差很大的曲线，从而使上述原理不直接适用。因此，该分析与第 14.5.6 节第 1 项所述的常规方法有所不同。粉质土的试验方法于第 14.5.6 节第 2 项和第 3 项给出，而非饱和黏土试验方法则于第 4 项给出。对泥炭的分析完全不同，于第 14.7 节给出。

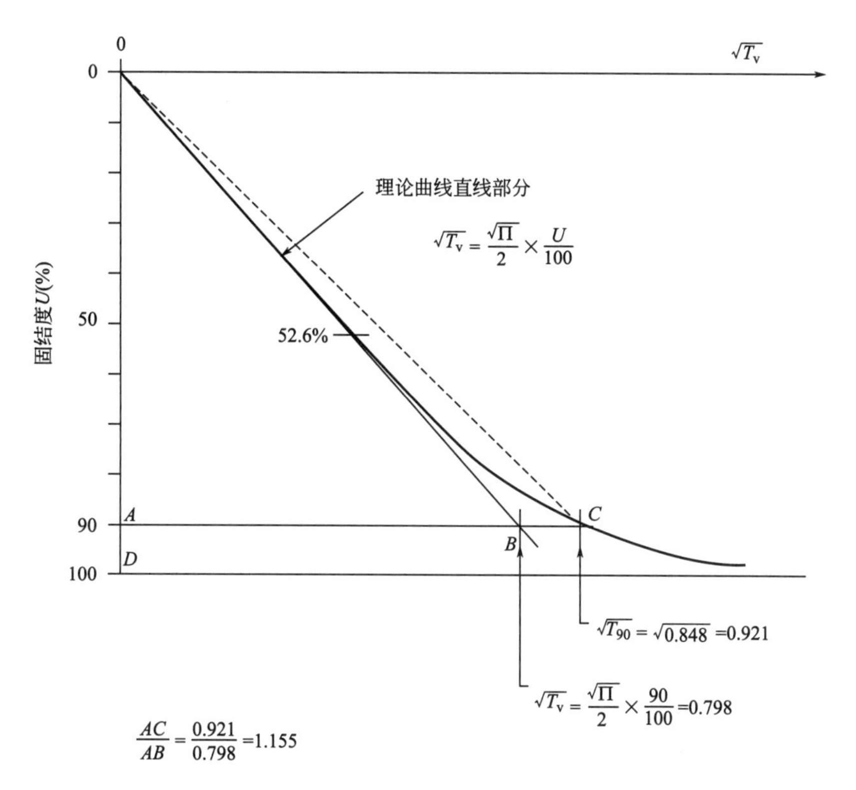


图 14.11　$\sqrt{t}$ 图形分析过程的推导

### 14.3.8　固结系数

对于一个施加特定荷载的试验，给定主固结百分比及相应的实际固结时间 $t$ 时，式（14.8）可用于确定该荷载下的固结系数，将其改写为：

$$c_v=\frac{T_v}{t}h^2 \tag{14.12}$$

如果 $t_{50}$ 对应于 50％的主固结（$U=50\%$），则理论时间因子 $T_{50}=0.197$，如表 14.2 所示。由式（14.12）可知：

$$c_v=\frac{T_{50}}{t_{50}}h^2=0.197\times\frac{h^2}{t_{50}} \tag{14.13}$$

式中，$h$ 为最大排水路径长度。系数 $c_v$ 通常用平方米/年（$m^2/a$）表示，所以如果 $h$ 以 mm 为单位，$t$ 以 min 为单位，则：

$$c_v=\frac{0.197\times\left(\frac{h}{1000}\right)^2}{t_{50}}\times 60\times 24\times 365.25 \tag{14.14}$$

$$=\frac{0.1036h^2}{t_{50}}m^a/a$$

在标准双排水固结试验中（第 14.5 节），试样高度 $H$ 等于 $2h$，为便于实际应用，式（14.14）变为：

$$c_{\mathrm{v}}=\frac{0.026\overline{H}^{2}}{t_{50}}\mathrm{m}^{2}/\mathrm{a} \tag{14.15}$$

式中，$\overline{H}$ 为加载过程中试样的平均高度，单位为 mm；$t_{50}$ 单位为 min。

若使用$\sqrt{t}$ 图中的$t_{90}$ 代替 $t_{50}$，则式（14.13）变为：

$$c_{\mathrm{v}}=\frac{T_{90}}{t_{90}}h^{2}=0.848\times\frac{h^{2}}{t_{90}}$$

则式（14.14）为：

$$c_{\mathrm{v}}=\frac{0.446h^{2}}{t_{90}}\mathrm{m}^{2}/\mathrm{a}$$

用 $H$ 表示为：

$$c_{\mathrm{v}}=\frac{0.112}{t_{90}}\overline{H}^{2}\mathrm{m}^{2}/\mathrm{a} \tag{14.16}$$

由于室内试验沉降曲线的中间部分是与理论曲线最接近的部分，因此计算 $t_{50}$ 时的 $c_{\mathrm{v}}$ 比计算 $t_{90}$ 时的更可取。

固结系数的典型值（由均质土试样的固结试验得出，与其近似塑性范围有关）见表 14.6（第 14.4.5 节）。

### 14.3.9　孔隙比

第 1 卷（第三版）第 3.3.2 节阐述了孔隙比、饱和度以及它们与含水率和干密度之间的关系，推导了与固结试验相关的孔隙比与饱和度的公式：

$$孔隙比：e=\left(\frac{\rho_{\mathrm{s}}}{\rho_{\mathrm{D}}}\right)-1 \tag{14.17}$$

$$饱和度：S=\frac{w\rho_{\mathrm{s}}}{e}\times100\% \tag{14.18}$$

式中，$\rho_{\mathrm{s}}$ 为颗粒密度（$\mathrm{Mg/m^3}$）；$\rho_{\mathrm{D}}$ 为干密度（$\mathrm{Mg/m^3}$）；$w$ 为含水率。

由于固结过程中的体积变化只发生在孔隙中，所以土样初始高度 $H_0$ 的变化量 $\Delta H$ 对应着初始孔隙比$e_0$ 的变化量 $\Delta e$（图 14.12）。

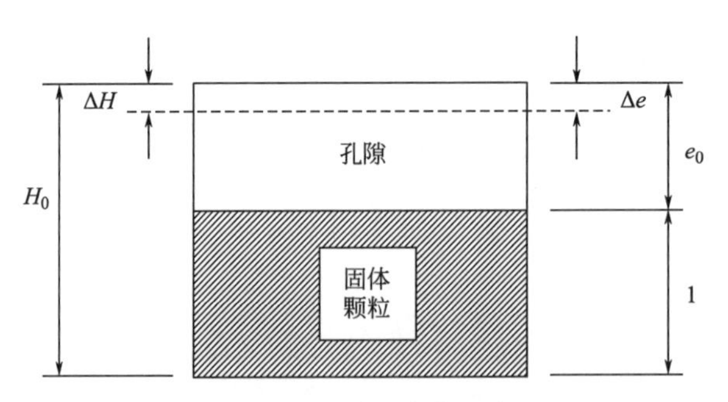


图 14.12　孔隙比变化示意图

孔隙比的变化用 $\Delta e$ 表示，高度的变化用 $\Delta H$ 表示，指的是 $e$ 和 $H$ 相对于初始值$e_0$ 和 $H_0$ 的总体变化（试样高度的实际变化 $\Delta H$ 是根据仪器变形后的实测沉降量计算而得，见第 14.5.6 节第 5 项）。因此，在比值上，有：

$$\frac{\Delta H}{H_0}=\frac{\Delta e}{1+e_0}$$

即
$$\Delta e=\frac{1+e_0}{H_0}\Delta H \tag{14.19}$$

或
$$\Delta e=\frac{\Delta H}{H_s} \tag{14.20}$$

式中，$H_s$ 为固体颗粒的有效高度，只取决于试样的初始条件，试验时保持为常数，可由如下关系求得：

$$H_s=\frac{H_0}{1+e_0}$$

式中，初始孔隙比 $e_0$ 为已知，试验时任一阶段的孔隙比可先利用试样高度变化通过式（14.20）求得孔隙比变化量，之后再根据下式求得：

$$e=e_0-\Delta e \tag{14.21}$$

描述孔隙比 $e$ 与施加压力 $p$（以对数刻度表示）关系的曲线图称为 $e$-log$p$ 曲线，如图 14.40 所示（第 14.5.7 节）。

### 14.3.10　压缩系数

根据土的可压缩性可以估计主固结引起的沉降量，其可由固结试验中得到的三个系数表示：

压缩系数，$a_v$；

体积压缩系数，$m_v$；

压缩指数，$C_c$。

压缩系数很少使用。体积压缩系数通常要在每一级加载中都计算一次，其值作为实验室固结试验结果的一部分。压缩指数是由工程师从 $e$-log$p$ 曲线或者是根据经验推导出来的，但它的测定通常不被认为是实验室测试的一部分。体积压缩系数 $m_v$ 一般适用于超固结黏土，$C_c$ 一般适用于正常固结黏土。

另一个系数回弹指数 $C_s$，是反映土样卸载时膨胀性能的指标。

1. 压缩系数

对于特定的载荷增量，压缩系数等于该增量下的孔隙比的变化 $\delta e$ 除以压力增量 $\delta p$ 。

$\delta e$ 表示孔隙比变化量，$\delta p$ 表示压力变化量，二者指的是增量的变化，即 $e$ 和 $p$ 相对于其前一个值的变化，且不同于第 14.3.9 节中由 $\Delta e$ 和 $\Delta p$ 表示的相对于初始条件的累积变化。

$$a_v=\frac{e_2-e_1}{\partial p}=-\frac{\partial e}{\partial p} \tag{14.22}$$

式中，$e_1$ 和 $e_2$ 分别为加载过程中土体固结开始时和结束时的孔隙比。出现负号是因为 $e$ 随着 $p$ 的增加而减少。

假定系数 $a_v$ 在加载范围内呈线性，则其值等于孔隙比-压力曲线的斜率（负）（图 4.13）。单位为应力单位的倒数，即 $m^2/kN$。

2. 体积压缩系数

比 $a_v$ 更有用的参数是土体单位反映单位厚度上体压缩性的参数，用体积压缩系数表

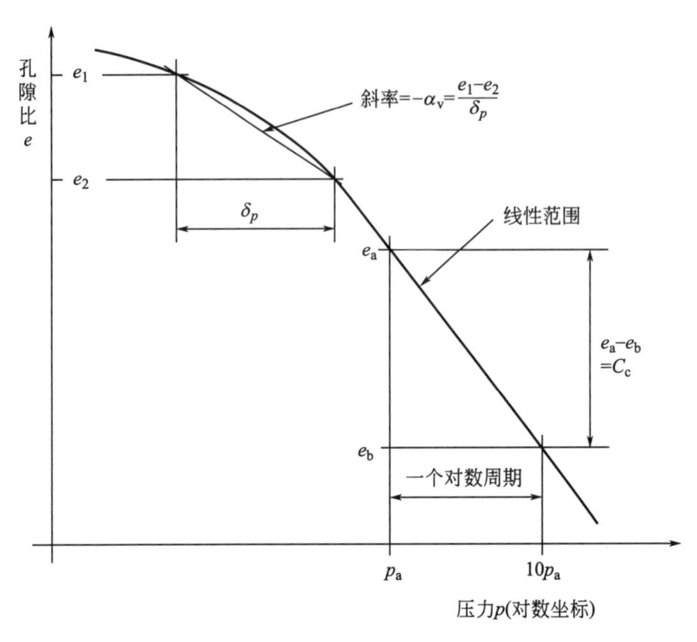


图14.13　孔隙比-压力（对数）曲线（$e$-log$p$ 曲线）

示，有时也称为体积变化模量，用 $m_v$ 表示：

$$m_v=\frac{a_v}{1+e_1}=\frac{1}{1+e_1}\left(-\frac{\partial e}{\partial p}\right) \tag{14.23}$$

式中，$e_1$ 是载荷增量$\partial p$ 开始时的孔隙比；$m_v$ 的单位与 $a_v$ 相同，但通常乘以1000变为 $m^2/MN$，防止小数位数太多，不方便记录或计算；因此，$\partial p$ 的单位为kPa。

$$m_v=\frac{1000}{1+e_1}\left(-\frac{\partial e}{\partial p}\right)m^2/MN \tag{14.24}$$

$m_v$ 值是通过在固结试验中改变每级荷载的增加量，得到的如第14.3.14节中试验结果报告所示的试验数值。

表14.5给出了许多类型黏土的体积压缩系数的一些经验值（第14.4.5节），可以从卸载曲线获得与膨胀相关的系数。

3. 压缩指数

压缩指数 $C_c$ 等于在线性范围内按压力 $p$ 对数标度的现场固结曲线的斜率，此直线由下式表示：

$$e=e_0-C_c\lg\frac{p_o+\delta p}{p_o} \tag{14.25}$$

如图14.13所示，在数值上 $C_c$ 等于压力变化的一个对数周期内孔隙比的变化，$C_c$ 为一个无量纲的量。

研究发现压缩指数与黏土的液限（$w_L$）相关，可近似表示为下式：

$$C_c=0.009(w_L-10\%) \tag{14.26}$$

受限于第14.4.5节中内容的限制。

对于重塑黏土，相应的压缩指数 $C'_c$ 可近似表示为：

$$C'_c = 0.007(w_L - 10\%) \tag{14.27}$$

4. 回弹指数

回弹指数 $C_s$ 等于 $e$ 膨胀（卸载）曲线 $\log p$ 上的斜率，其获取方法与压缩指数相似，其值也随着液限的增大而增大。

### 14.3.11　渗透系数

当得到参数 $c_v$ 和 $m_v$ 时，可以使用式（14.5）计算渗透系数 $k$，可以将其表示为：

$$k = c_v m_v p_w g \tag{14.28}$$

$$c_v \times m_v \times p_w \times g = k$$

$$\frac{m^2}{s} \times \frac{m^2}{N} \times \frac{kg}{m^3} \times \frac{m}{s^2} = m/s \text{（因为 } N = kgm/s^2\text{）}$$

表 14.3 第 2 列为通常使用的计量单位，为了使上述方程式保持一致的单位，在第 3 列中给出了国际通用单位。乘数因子显示在第 4 列中。因此，根据计量单位可得：

$$k = \left(\frac{c_v}{365.25 \times 24 \times 3600}\right)\left(\frac{m_v}{10^6}\right)(1 \times 10^3) \times 9.81 m/s$$

$$= c_v m_v \times 0.3109 \times 10^{-9} m/s$$

实际上就为：

$$k = c_v m_v \times 0.3109 \times 10^{-9} m/s \tag{14.29}$$

式中，$c_v$ 和 $m_v$ 单位分别为 $m^2/a$ 和 $Mg/m^3$。

与渗透系数相关的单位　　表 14.3

| 符号(1) | 计量单位(2) | 国际通用单位(3) | 倍数(4) |
|---|---|---|---|
| $k$ | m/s | m/s | 1 |
| $c_v$ | $m^2/a$ | $m^2/s$ | $(365.25 \times 24 \times 3600)^{-1}$ |
| $m_v$ | $m^2/MN$ | $m^2/N$ | $10^{-6}$ |
| $p_w$ | $Mg/m^3$ | $kg/m^3$ | $10^3(p_w = 1Mg/m^3)$ |
| $g$ | $m/s^2$ | $m/s^2$ | $1(g = 9.81m/s^2)$ |

### 14.3.12　压缩比

第 14.3.6 节中描述的固结三个阶段的相对大小可以用压缩比表示：

初始压缩比：$r_0$；

主压缩比：$r_p$；

次压缩比：$r_s$。

这些比率的推导是 BS 1377：1975 的规定，但不包括在 1990 年修订版中。表 14.4 列出了从固结阶段开始的不同时间间隔测量读数的符号。考虑到仪器的变形（第 14.5.6 节第 5 项），在加载增量过程中观察到的压缩总量为（$d_c - d_f$）。压缩比是每个固结阶段所占的比例，计算方法如下（图14.9）：

$$初始压缩比：r_0=\frac{d_c-d_0}{d_c-d_f} \tag{14.30}$$

**不同时间读数的规范符号代表　　表14.4**

| 规范 | 符号 |
| --- | --- |
| 负载增量的初始读数(零时间) | $d_1$ |
| 仪器变形校正初始读数 | $d_c$ |
| 校正零点： | |
| 主固结量0 | $d_0$ |
| 主固结量50% | $d_{50}$ |
| 主固结量90% | $d_{90}$ |
| 主固结量100% | $d_{100}$ |
| 最终读数(增量结束) | $d_f$ |

$$主压缩比：r_p=\frac{d_0-d_{100}}{d_c-d_f} \tag{14.31}$$

$$或\ r_p=\frac{10}{9}\times\frac{d_0-d_{90}}{d_c-d_f} \tag{14.32}$$

（如果在平方根-时间图上从 $d_{90}$ 开始计算）

$$次压缩比：r_s=\frac{d_{100}-d_f}{d_c-d_f} \tag{14.33}$$

$$或\ r_s=1-（r_0+r_p） \tag{14.34}$$

固结比是无量纲参数，通常计算到小数点后第二位（如果用百分比表示，则计算到整数）。初始固结比、主固结比和次固结比三者和等于1（或100%）。

### 14.3.13　次压缩

在无机黏土中主固结为沉降的主要原因，次压缩效应常被忽视。然而，次压缩对有机土特别是泥炭土是一个非常重要的因素，其沉降随着施加荷载的增加而增加。

基于次压缩的沉降估计比基于主固结的可靠性更差一些。次压缩通常被认为是在主固结阶段结束后立即开始，然而实际上这两个过程会有一些重叠。次压缩在时间对数沉降曲线上通常为线性关系，如图14.9中的 $EF$ 所示。次固结系数 $C_{sec}$ 是计算的基础，等于时间（对数坐标）-应变曲线的斜率，是一个无量纲的量。

计算 $C_{sec}$ 的方法如图14.14所示。对次固结图的线性部分进行延伸，延伸一个时间周期（例如在1000min和10000min时），并记录该周期开始和结束时的压缩计读数。若一个时间周期内试件高度变化量为 $(\delta H)_s$mm，试样的初始高度为 $H_0$mm，则次固结系数的方程为：

$$C_{sec}=\frac{(\delta H)_s}{H_0} \tag{14.35}$$

次固结系数的值可以乘以100通过百分数来表示。

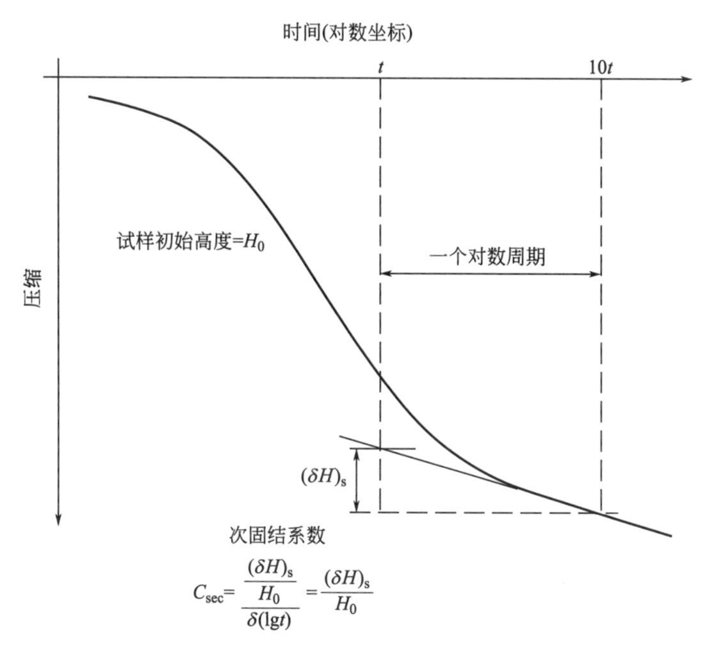


图 14.14　次固结系数 $C_{sec}$ 的确定

当无机黏土的应力超过预固结应力时，其 $C_{sec}$ 的值与附加应力无关。但对于高有机质土和泥炭土来说，该值随附加应力的增大而增大。$C_{sec}$ 的经验值范围见表 14.7（第 14.4.5 节）。

### 14.3.14　正常固结和超固结黏土

在考虑固结特性时，自然形成的黏土可分为以下两种主要类型：

正常固结黏土；

超固结黏土。

1. 正常固结黏土

正常固结黏土历史受到的最大有效应力为当前有效上覆压力，通常在相当深的范围内都是软弱的。例如，地质上最近的冲积物沉积，其后续覆盖层未被移除；仍在形成过程中的沉积物，如最近的海相或河口淤泥以及尾矿库中的尾矿，其都为“未固结”。

正常固结黏土受扰动的影响很敏感，扰动会影响黏土中孔隙比与固结试验压力之间的关系。因此，在制备试样时需要格外小心。

土样扰动对 $e$-log$p$ 曲线的影响如图 14.15 所示，其中曲线 $A$ 代表现场天然土体的现场荷载曲线（原始压缩曲线）；曲线 $B$ 表示真正未受干扰样品的“理想”加载曲线的形式；实线 $C$ 是质量平均的原状样品的典型实验室试验曲线，当它向线 $A$ 收敛时，变为线性；虚线 $D$ 是用完全重塑黏土得到的试验曲线。

由于现场曲线和实验室经验曲线之间存在差异，根据实验室试验（第 14.3.10 节）计算的 $m_v$ 值通常不同于现场沉降计算的值。因此，只能将其称为实验室值。

现场荷载曲线可以通过几个程序从实验室曲线中导出［例如 Schmertmann（1953）］，

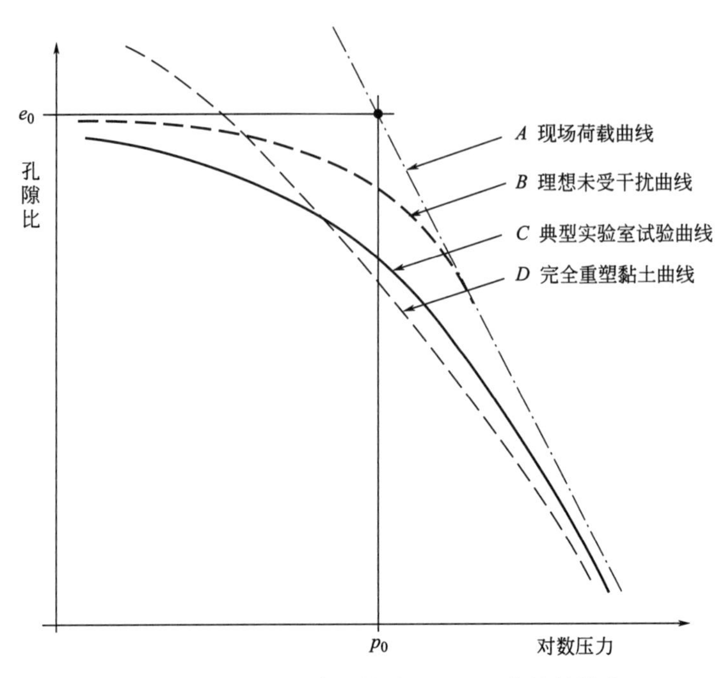


图 14.15　扰动对正常固结黏土 $e$-log$p$ 曲线的影响

但这是工程分析的一部分，超出了本书的讨论范围。扰动分析依赖于实验室试验中有足够的荷载增量，以获得 $e$-log$p$ 曲线上一条直线上的三个点，以及足够的点来定义膨胀（卸载）曲线。应测量颗粒密度并确定界限含水率，作为对压缩指数 $C_c$ 的交叉检查。

2. 超固结黏土（预压黏土）

超固结黏土在过去曾受到过大于现在有效上覆压力的有效应力。这可能是由于黏土被土体或岩石沉积物所覆盖，这些沉积物可能厚达数公里，随后在地质时期被侵蚀掉；或者是由于冰川时期的上覆冰层厚度过大。超固结是有效应力降低的结果，也可能是地下水位上升造成的。风化和部分干燥是可能产生先期固结效应的其他因素。超固结黏土通常比较坚硬，但如果附加压力很小的时候，它们会变得很软。当有自由水接触时，超固结黏土很容易膨胀和软化，但如果限制其膨胀，它们会产生相当大的膨胀压力。

土体受到的最大有效应力称为预固结压力，用 $p_c$ 表示。先期固结压力与现有有效压力 $p_0$ 的比值称为超固结比。

$$\mathrm{OCR}=\frac{p_c}{p_0}$$

机械扰动对超固结黏土的敏感性低于较软的正常固结黏土，但它们从地下取出容易受到应力释放效应的影响。对于裂隙黏土来说，其受到应力释放的影响更大。

超固结过程可通过图 14.16 中的 $e$-log$p$ 曲线来说明。线 $ABCH$ 代表黏土在地层叠加压力作用下固结时的原始压缩曲线。达到的最大压力是 $p_c$，用点 $C$ 表示。在地质时期，部分覆盖层的侵蚀或冰的清除将压力降低到 $p_0$，即目前的覆盖层压力。沿卸载曲线 $CDE$ 发生膨胀到 $E$ 点，OCR 等于 $p_c/p_0$。如果现在通过施加基础载荷来重新加载黏土，它将

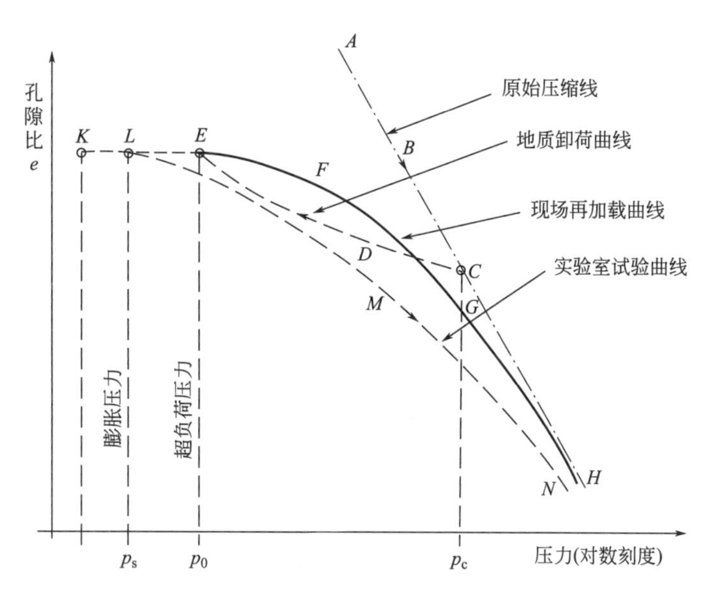


图 14.16　超固结对黏土 $e$-log$p$ 曲线的影响

沿着新的曲线 $EFG$ 重新固结。最初，此曲线比原始曲线要平滑得多（即黏土现在具有更低的可压缩性），但是如果达到等于 $p_c$ 的压力，它将变得更陡峭（黏土变得更可压缩），然后接近 $H$ 处的原始曲线。

在没有水的情况下，样品从地下取出并进行固结试验，样品卸载到以 $K$ 点为代表的非常小的压力下，孔隙比没有发生变化。当固结仪器中通入水时，可用膨胀压力或平衡载荷 $p_s$（用点 $L$ 表示）来抑制其膨胀趋势。随后，实验室固结试验给出了虚线 $L$-$M$-$N$，由于仪器量程的限制，试验将在压力明显小于 $p_c$ 的 $M$ 点终止。

实验室曲线 $LMN$ 在形式上与现场曲线 $EFG$ 有很大不同。然而，利用卡萨格兰德（1936）提出试验的试验流程，可以从实验室曲线中推导预固结压力 $p_c$ 和 OCR。还有一些公认的规程，如施默特曼（1954）和伦纳德（1962）提出的规程，能构建出现场固结曲线。这些规程属于工程分析的部分，超出了本书的讨论范围。超固结黏土固结试验数据在第 14.6.5 节列出。

### 14.3.15　膨胀特性

膨胀是固结过程的逆过程，当施加的应力减小时，由于孔隙吸水，导致土体积增加。膨胀由图 14.17 中 $MNP$ 的卸载曲线（也称为减压曲线）表示。由于固结造成的压缩在卸载时无法完全恢复，所以土样在经历加载—卸载—重加载循环时，图像上出现明显的滞回环，如图 14.17 中 $LMNPQR$ 所示。

由于超固结黏土具有很强的亲水性，所以当卸载时允许其自由接触水，就会发生膨胀。卸载后的超固结黏土在土骨架内具有非常高的吸力，它们把水吸进孔隙中，导致孔隙的体积增大、土体膨胀，并最终解体（通常速度较快）。但是，可以通过固定黏土以保持其原始体积来防止膨胀。抑制膨胀所需的压力被称为膨胀压力，可通过试验测得。在正常的超固结黏土中，笔者测得的膨胀压力远远超过 1MPa。

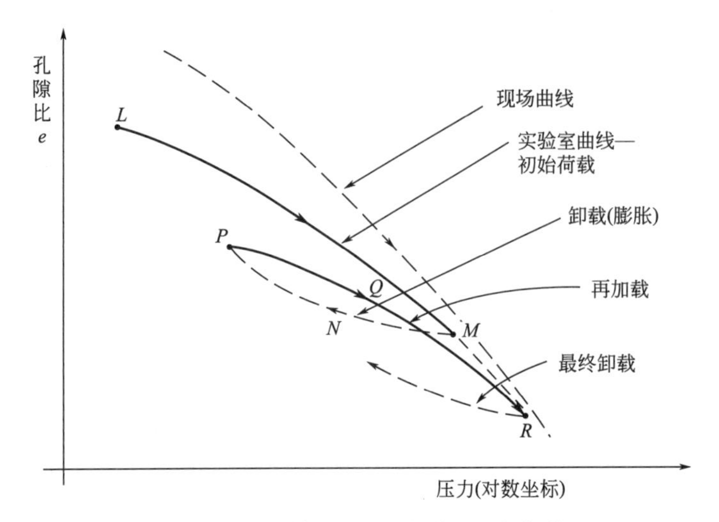


图 14.17　固结试验中的卸载和重新加载

## 14.3.16　温度

黏土的固结速度取决于其压缩性和渗透性，后者不仅与孔隙大小有关，还与孔隙中水的黏度有关（表 14.1）。水黏度取决于温度［第 1 卷（第三版）表 4.14］，35℃时水的黏度约为 5℃时的一半。因此，计算固结速率的固结系数还取决于温度。

固结试验通常在 20～25℃的实验室环境温度下进行。英国现场土体的平均温度约为 10℃，在将其应用于现场条件之前，需对实验室试验数据进行合适的温度校正。如图 14.18 所示的校正因素图像是一种便捷的校正方式。当实验室试验在不同温度下进行时，可将该曲线的试验结果转换为 20℃标准环境下的值。

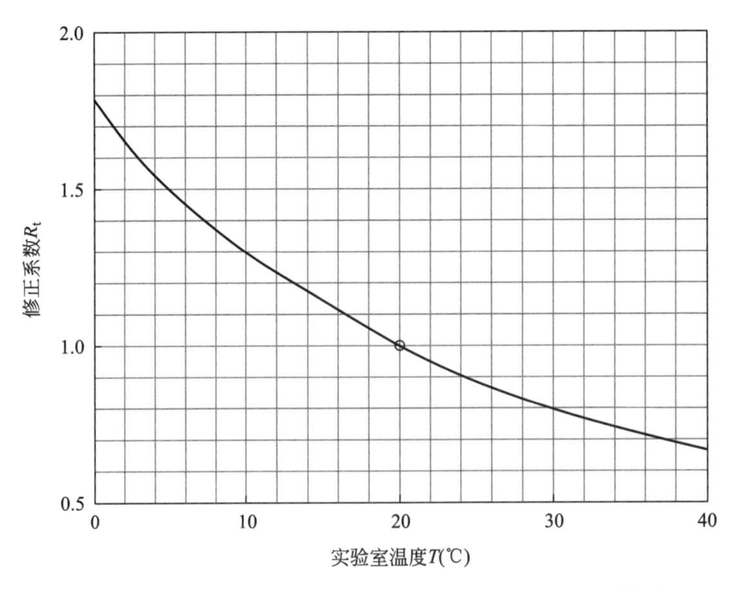


图 14.18　固结系数的温度曲线（摘自 BS 1377-5：1990 的图 4）

温度的升高虽然会提高固结速率，但并不会影响主固结量，而是会增加次压缩的压缩量。这对于无机土来说可以忽略不计，但对于泥炭土等有机土来说，影响更为明显。

由于上述原因，在整个固结测试期间，尽量保持固结仪内与实验室温度一致，并进行连续记录数据。然而，对温度的修正通常更多的是为了结果的标准化，而不是为了提高 $c_v$ 值精度，其精度通常都稍大一个数量级。

### 14.3.17　泥炭的孔隙比

可根据式（14.17）计算泥炭的孔隙比，其颗粒密度的确定应具有合理的精度，因为它比矿物土具有更大的可变性范围，其范围为 1.5～2.5Mg/m$^3$。用密度瓶法测量需要使用煤油［第 1 卷（第三版）第 3.6.2 节］，但是该过程可能比较复杂且时间周期较长。当对大量泥炭样品进行测试时，较可取的方法是将烧失量［第 1 卷（第三版）第 5.10.3 节］用作试验指标，其与有机物含量和颗粒密度相关，如下所述。

斯肯普顿和佩特利（1970）将相对密度与泥炭土有机质含量的关系表述如下（使用他们的术语）：

$$G=\frac{G_s G_p}{(G_s-G_p)P+G_p} \tag{14.36}$$

式中，$G$ 为泥炭样品的平均相对密度；$G_s$ 为矿物颗粒的相对密度；$G_p$ 为有机质的相对密度；$P$ 为有机质占泥炭颗粒质量的比例。

在大多数实际应用中，如果将斯肯普顿和佩特利方程中与有机物和烧失量相关的系数统一替换，则可以假定，如果使用 550℃的炉温，有机物含量等于烧失量。因此 $P$ 近似等于 $N/100$，其中 $N$ 是以百分比表示的烧失量。

矿物土颗粒的相对密度一般为 2.7 左右，有机质的相对密度一般为 1.4 左右。用颗粒密度代替相对密度，代入式（14.36）中，并作出上述假设，泥炭样品的平均颗粒密度 $\rho_{mp}$ 可从烧失量 $N\%$中获得，用下式表示：

$$\rho_{mp}=\frac{3.78}{\left(1.3\times\frac{N}{100}\right)+1.4} \tag{14.37}$$

然而，应直接进行试验检验，进一步确认这种关系。

## 14.4　应用

### 14.4.1　基础结构

黏土原状样的固结试验不仅能在基础深度处取样进行试验，而且可以在相当大的深度范围内进行。基于这些试验数据，加上分类数据和对黏土加载历史的了解，能够对地基的行为作出如下评估：

1. 整个结构产生的沉降量可以最终计算出来（例如，太沙基（1939）；麦克唐纳和斯坎普顿（1955）；斯坎普顿和比约姆（1957））。

2. 个别地基之间的差异沉降可以估算。差异沉降通常比整体沉降危害性更大，必须将其控制在一定范围内，以避免结构破坏（Skempton 和 Macdonald，1956）。

3. 不均匀的地基条件会引起差异沉降，导致结构整体倾斜和结构内部变形。基于适当的调查和测试分析可以防止这种情况的发生。

4. 倾斜最著名的例子是意大利比萨城的钟楼（斜塔），它建于12世纪，直到最近仍在以惊人的速度倾斜（太沙基，1934；Mitchell等，1977；惠勒，1993）。然而，由于伯兰教授设计的基础稳定措施，该结构变得安全，并在2002年停止进一步倾斜（伯兰，2001）。

5. 由于深层可压缩黏土层的存在，桩基础的沉降是可以估算的。

6. 基于估算得到的压缩比，可以判断在建设期间是否完成大部分沉降，或建设完成后沉降是否会继续，如果会，则在建设完成后沉降会持续多久。

7. 如果显示了长期沉降，则可以绘制沉降-时间图，以显示沉降重要部分的持续时间，这可以与结构的经济寿命进行比较（但必须谨慎使用此信息：见第14.4.4节）。

8. 根据沉降-时间关系曲线，可以确定过大的差异沉降是否在施工期间发生。

### 14.4.2　软土和填土

以冲积粉砂和黏土为代表的软土，由于其松散的特性，只能承受最轻的基础荷载。若要提升其承载能力，需要通过固结提高其抗剪强度。常见的方法是在地基上预装一堆临时填土来实现固结。实验室固结试验可用于估计最终沉降的范围，但沉降速率通常被低估（第14.4.4节）。现场试验更可靠地验证加速固结的方法（如打设砂井）是否合理。

施工前在软土地基上进行填土，会使软土层发生固结，沉降可能会持续很长一段时间。如果桩通过软质材料将建筑荷载传递到较深的地层，由于负摩阻力，填土和软土层的持续向下运动可能会给桩施加额外的荷载。对固结特性的了解保障了桩基安全假设，防止桩因这种效应而超载。

土石坝在自重作用下发生固结，其有效强度的增加可用于分析其长期稳定性。这同样适用于堤坝下面的土层。

从实验室测试中可以估算出泥炭的固结量和固结率。由于泥炭中发生的初始固结和次固结的比例都比较高，这些估计值比无机土的估计值更准确，而且要使用完全不同的方法（第14.7节）。

### 14.4.3　地下水的作用

降低地下水位导致有效应力增加，进而使黏土发生固结。地下水位下降1m，地下水位以下的整个黏土层的有效应力将增加约10kPa。固结量取决于土中有效应力的变化，由排水引起的沉降与荷载引起的沉降一样，可以通过室内试验来估计。

### 14.4.4　局限性和优势

虽然现在可以使用大样品进行更复杂的固结试验，但实验室测压计试验仍然被认为是确定均质黏土固结特性的标准试验。一般来说，对于无机黏土，试验提供了沉降量的合理估算。然而，沉降速率往往被低估，即最终达到完全固结的时间实际上比利用固结理论得到的试验数据预测的时间要短。这种效应很大程度上是由于试样的体积小所造成的，这使得它无法表现出许多自然特征，如叠层、裂纹和其他不连续（统称为土体结构），以及它们对排水条件的重大影响（Rowe，1972）。获得 $c_v$ 值最可靠的方法是根据实验室固结仪试验确定 $m_v$，并测量现场的渗透率 $k$，然后使用式（14.29）计算 $c_v$ 值，而 $c_v$ 值是沉降速率计算的基础。

在固结测试中，有时会尝试考虑水平排水，方法是在取样环内封堵透水衬层并密封试样两端［图 14.19（a）］，或者在垂直面对试样进行修剪［图 14.19（b）］。但是这两种方法的试验都不如在提供水平排水的单元中进行较大试样液压加载试验效果好（Rowe，1996）。这种类型的测试将在第 3 卷中介绍。

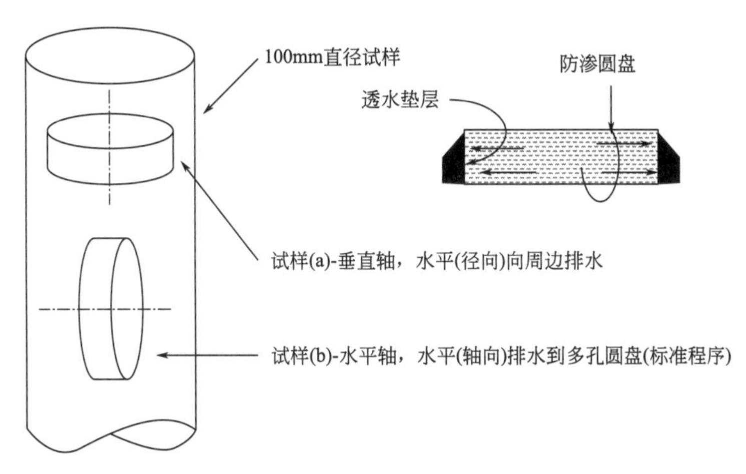


图 14.19　在标准固结仪中提供水平排水的测试土样

该试验的另一个限制是没有测量超孔隙水压力的方法，而超孔隙水压力的消散控制着固结过程。固结的程度完全取决于对试样高度变化的测量。

然而，上述提到的限制常常被测试的实际优势所抵消，这些优势可以总结如下。

1. 程序和校准已标准化，可以很容易地复制。
2. 如果正确地解释了测试结果，则测试可以合理地得到沉降量。
3. 该试验适用于多种土体类型：黏土、淤泥土和泥炭土等。
4. 试验可以在从直径为 100mm 的管或活塞样品中修整的原状试样上进行。
5. 在相邻的一排压力机上可以同时进行几个试验。
6. 由于试样厚度较小，所以试验时间不长。每个阶段通常 1d 内完成，一个装卸周期通常在两周内完成。如果需要次压缩特性，则需要进行长期试验。

### 14.4.5　固结系数的经验值

表 14.5 给出了根据压缩性分类的英国土体体积压缩系数（$m_v$）经验值的取值范围。该系数通常适用于超固结黏土。

从实验室固结仪试验中获得的固结系数（$c_v$）及压缩指数（$C_c$）的经验值范围如表 14.6 所示。Skempton 关于正常固结黏土液限（LL）的经验公式［式（14.26）］不适用于高有机黏土或液限（LL）超过 100%或自然含水率超过液限（LL）的情况。压缩指数 $C_c$ 通常适用于正常固结黏土。

次压缩系数 $C_{sec}$ 的一些典型值见表 14.7。

常用的体积压缩系数经验值　　表 14.5

| 可压缩的等级 | 体积压缩系数 $m_v$($m^2$/MN) | 黏土类型 |
|---|---|---|
| 非常高 | 大于 1.5 | 高有机质的冲积黏土和泥炭 |
| 高 | 0.3～1.5 | 通常固结冲积土(如河口黏土) |
| 中等 | 0.1～0.3 | 河川冰川黏土，湖黏土，上部的"蓝色"和风化的"棕色"伦敦黏土 |
| 低 | 0.05～0.1 | 大块黏土，非常坚硬或"蓝色"伦敦黏土 |
| 非常低 | 小于 0.05 | 严重超固结的"卵石黏土"坚硬的风化岩石 |

无机土固结系数和压缩指数经验值的取值范围（Lambe 和 Whitman，1979）　表 14.6

| 土的类型 | 塑性指数范围 | 固结系数 $c_v$($m^2$/a) | | 压缩指数 $C_c$ |
|---|---|---|---|---|
| | | 未扰动 | 重塑 | |
| 黏土-蒙脱石 | | | | 最高 2.6 |
| 高可塑性 | >25 | 0.1～1 | 占未扰动的 25%～50% | 0.2～0.8 |
| 中等可塑性 | 5～25 | 1～100 | | |
| 低塑性 | ≤15 | 10～100 | | |
| 泥浆 | | >100 | | |

$C_{sec}$ 的经验值（Lambe 和 Whitman，1979）　表 14.7

| 土类型 | $C_{sec}$ |
|---|---|
| 正常固结黏土 | 0.005～0.02 |
| 强可塑性黏土 | ≥0.03 |
| 有机黏土 | ≥0.03 |
| 超固结黏土(超固结比大于 2) | <0.001 |

## 14.5 固结试验（BS 1377-5：1990：3 和 ASTM D 2435）

### 14.5.1 概论

固结试验在第 14.5.3 节～第 14.5.7 节中已有描述，通常遵循 BS 1377：第 5 部分：1990 中给出的步骤。ASTM 试验（D 2435）的注意事项在第 14.5.8 节中单独给出。其中所提到的仪器，包括一种固定环形的固结仪，常用试验的试样直径约为 75mm，高 20mm，是英国市场上根据 BS 标准进行常规测试的仪器。

土被认为是一种饱和的、一般固结的无机黏土，其稠度从软到硬不等。固结试验步骤也适用于无机粉质黏土和砂土。样品允许从顶部和底部表面自由排水。其他类型土和不同试验条件的特殊步骤在第 14.6 节中单独处理。

BS 所允许的试样中最大颗粒的尺寸为试样高度的 1/5。对于 20mm 高的试样，试样颗粒可以达到 4mm，但这样的颗粒并不常见。相比较而言，颗粒最大尺寸为试样高度的 1/10 会更好一些。

在运用试验数据进行后续相关计算时，需要土的颗粒密度。除非可以假定可靠的值，否则应使用第 1 卷（第三版）第 3.6.2 节中规定的操作来测量。对于泥炭，可以用第

14.3.17 节中提供的间接方法加以补充。

从试验中获得的图形数据分析将在第 14.5.6 节中描述，使用适用于黏土的常规程序。粉质黏土和粉质土的时间-沉降曲线可能偏离理论关系，应对这些土分别进行分析。泥炭将在第 14.7 节中讨论。试验所得图形数据的分析运用的是适用于黏土的常规程序，具体内容在第 14.5.6 节中展现。

### 14.5.2　设备的特点

1. 目前的设计

先前已介绍过几种固结仪和加载架的设计，其中一部分在第 14.1.4 节中有提及。其中，固定环式固结仪是目前常用的类型，加载架上的加载轭装置消除了梁偏转时试样上出现偏心加载或侧向推力的隐患。使用标准化设备是获得准确且可重现的结果的重要因素。

2. 变形特性

当在加载架上增加砝码提高固结压力时，由于框架本身的弹性和接触面上的垫层效应，设备不可避免地会产生一些变形。千分表除了记录试土样身的沉降之外，还记录了设备的变形，一旦施加载荷，这种变形就会发生。这种变形可通过校准来解决，校准可根据第 14.8.1 节所描述的方法进行。加载架在使用前，应对每一个加载架进行校准。如果发现几个相似类型的加载架具有非常相似的校准曲线，则可以取所有这些加载架都适用的平均曲线。

对于总沉降量较小的硬黏土，其校正的意义要比一般黏土或软黏土大。

3. 试样尺寸

试样的尺寸会影响固结试验的结果。理想的试样应该尽可能大，这样就可以尽可能代表土体结构和材料本身。大尺寸试样比小尺寸试样更不易受干扰，且试样高度越大，沉降读数的相对精度越好。试样高度与直径的比（$H:D$）不宜太大，因为试样与试验环之间的侧摩阻力随着高度与直径的比（$H:D$）增大而增大。出于实际原因，为使制样过程更加简单，试样的尺寸应适合从标准原状试样中制备。

BS 规定试样直径（$D$）应在 50～105mm 之间，高度（$H$）应在 18mm 至直径的 0.4 倍之间，即：

$50\text{mm} \leqslant D \leqslant 105\text{mm}$；

$18\text{mm} \leqslant H \leqslant 0.4D$。

上述范围提供了关于尺寸合理的方案。直径为 75mm，高度为 20mm 的样品的 $H:D$ 为 1：3.75，该尺寸可以从直径为 100mm 的管或活塞样品的外边缘进行合理的修整。ASTM 标准要求最小 $H:D$ 比为 1：2.5，并且样品的直径不得小于 50mm，厚度不得小于 12.5mm。对于这些尺寸的土样，Cooling 和 Skempton（1941）表明观察到的土样性状与太沙基理论预测的行为非常吻合，并且所作的假设是合理有效的。

某些类型的加载架可以容纳多种不同尺寸的试样，为此提供了一系列的固结仪和配件。这使最大可行尺寸的试样可作为标准程序使用，同时规定在试样尺寸有限或施加比通常应力高的应力时使用较小的试样。该类型加载架还允许对符合世界许多地区现行标准的试样进行试验。表 14.8 列出了一些常用的土样尺寸。

固结样品尺寸和梁比　　表14.8

| 样品 | | 横梁比例* | 负载(kg) | 应力 | 最大应力经验值 | 1kg应力 | 应用 |
|---|---|---|---|---|---|---|---|
| 直径(mm) | 面积(mm²) | | | | | | |
| 50.5 | 1963 | 10∶1 | 1 | 50kPa | 8MPa | 50kPa | 高压(SI) |
| 50.5 | 2003 | 10∶1 | 10 | 5kgf/cm² | 80kgf/cm² | 0.5kgf/cm² | 公制“技术” |
| 63.5(2.5in) | 3167(4.909in²) | 10∶1 | 1.55 | 10001bf/ft² | 1032001bf/ft² | 6451bf/ft² | 美国试验材料学会 |
| 71.4 | 4004 | 10∶1 | 2 | 0.5kgf/cm² | 40kgf/cm² | 0.25kgf/cm² | 公制“技术” |
| 75.0 | 4418 | 9∶1 | 1 | 20kPa | 3.2MPa | 20kPa | BS 1377：第5部分：1990 |
| 112.0 | 9852 | 10∶1 | 1 | 10kPa | 1.6MPa | 10kPa | 大直径(SI) |
| 3in(76.2) | 7.069in²(4560) | 11∶1 | 101b | 1tonf/ft²(107.3kPa) | 16tonf/ft² | 0.22tonf/ft²(23.7kPa) | BS英制单位 |

注：*见第14.5.3节。

### 14.5.3　BS固结试验装置

1. 试样的制备

如前所述，下面列出的大多数项目在其他处均有描述。

（1）平板玻璃板，如用于液限试验［第1卷（第三版）第2.6.4节］。

（2）试样修整用切割工具和直尺（第9.1.2节）。

（3）用于从U-100管中顶出样品时将固结环固定到位的夹具（第9.2.2节和图9.16）。

（4）直径为100mm的护目镜或金属托盘，用于固定固结环。

（5）天平和测量仪器，用于称量和测量试样和环［第1卷（第三版）第1.2.2节和第1.2.3节］。

（6）测定含水率的仪器［第1卷（第三版）第2.5.2节］。

2. 试验装置

（7）固结压力室，包括：

（a）固结环（环刀），内径通常为75mm，高为20mm，由不锈钢或镀黄铜或铜合金制成，刚性，内表面光滑，有刃口。

（b）单元体和耐腐蚀材料的基座，防水，其具有一个固定环。在该固定环中，试样环可以通过推入配合安装在该固定环中，从而使其受到侧向约束。整个组件的材料之间不得发生电化学反应而腐蚀。

（c）加载帽（压力垫），通过一个中心密封座（通常是球形或半球形密封座）将垂直施加的力传递给试样。

（d）陶瓷器皿、烧结青铜或烧结熔融氧化铝的两个多孔圆盘，自由排水，上下表面平整，能够承受施加在试样上的最大垂直压力。上阀瓣直径应比阀环内径小0.5mm，并进行倒角处理以防止卡住；下阀瓣应足够大以支撑环。

固结压力室组装如图14.3所示。单独的组件如图14.20（a）所示，组装的单元如图

(a)

(b)

图 14.20 常规固结压力室

（a）组成部分；（b）组装后的固结压力室

14.20（b）所示。

滤纸不能放置在试样和多孔圆盘之间，因为细小的土颗粒会把滤纸纤维包裹，造成孔隙堵塞，影响排水。因此，必须检查多孔圆盘是否堵塞。每次试验前，应检查它们是否可以自由排水。每次使用后，应使用尼龙刷将圆盘翻松并煮沸。不要使用金属刷或钢丝刷。此外，可能需要定期研磨以清除表面堵塞。

通过在蒸馏水中煮沸，或通过在真空（压力约 20mm 汞柱，即约 2.5kPa）中浸入蒸馏水中至少 20min，使多孔圆盘的孔隙充满水饱和。如果待测土很容易吸收水，就让透水石在室温下风干，否则在使用前应将多孔圆盘浸入蒸馏水。

（8）千分表，量程 10mm，读数为 0.002mm。如图 14.21（a）所示，“反向读数”仪表非常方便，即当阀杆伸出时，读数增加。或者，可以使用位移传感器（第 8.2.1 节“常规电子测量仪器”部分）[图 14.21（b）]。

(a)

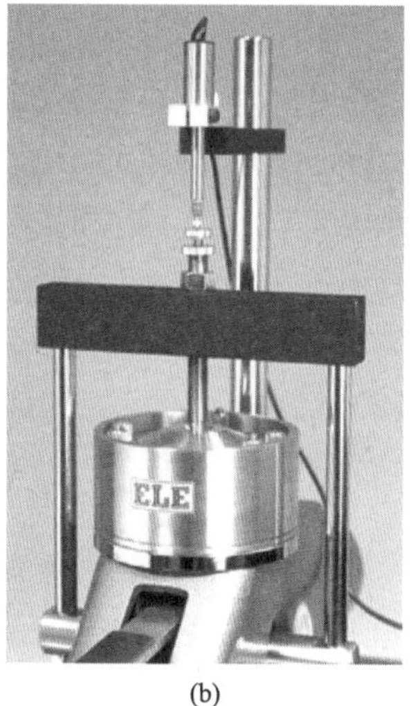


(b)

图 14.21 固结试验中压缩量测量

（a）千分表；（b）位移传感器

（9）固结压力机或加载架，其主要特点如下：

（e）以合适的支座支撑的刚性梁，提供方便的放大率，使施加在试样上的压强的测定精度在1%或1kPa（以较大者为准）以内。当以国际单位制压力单位工作时，9∶1的梁比适用于以千克称重的75mm试样。其他选择见表14.8。

（f）梁上可调节的配重。

（g）加载轭架组成，通过加载阀杆上的球形阀座对试件加载帽施加垂直力。

（h）梁用螺栓千斤顶支撑。

（i）支撑固结仪的刚性床。

（j）试样垂向压缩空间至少为15mm（如果试样厚度大于20mm，则至少为试样厚度的75%）。

（k）压力计的刚性支撑和安装。

（l）有槽重量吊架。

（m）小重量的秤盘。

固结仪的总体布置如图14.22所示，一组正在使用的固结仪如图14.23所示。加载架和固结压力室组件的变形特性按照第14.8.1节中的描述。

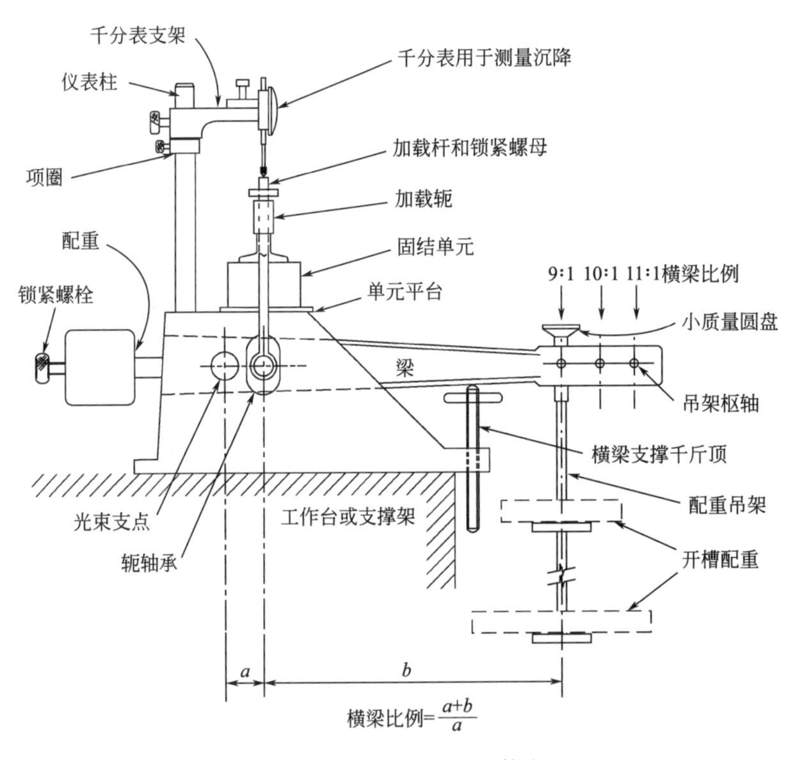


图14.22　典型固结仪的总体布置

（10）固定的工作台，可将加载架（或多个框架）固定在上面。在挂架满载时，要用螺栓紧固框架的背面，以防止翻转。工作台必须用螺栓固定在地板上，或提供一个搁板，可在搁板上放置平衡砝码（图14.24）。

如果在一个工作台上安装了许多加载架，工作台应足够坚固，能够承载加载架和全部

图 14.23　测试中装有固结压力的固结仪（照片由 Soil Mechanics 有限公司提供）

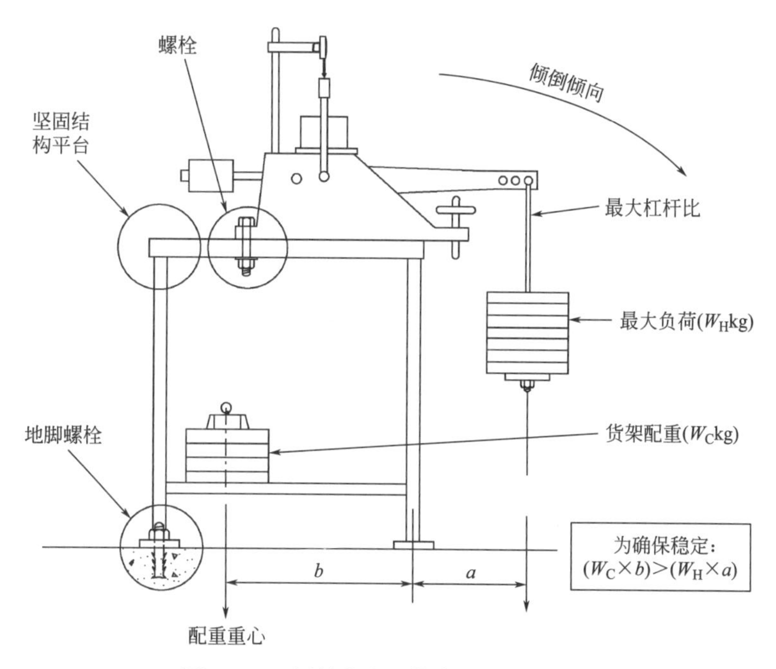


图 14.24　固结仪和工作台的稳定性要求

重量而不变形，并且必须确保在所有加载架满载时不会发生倾覆。最好将支架或工作台放置在地面水平的坚实地板上，但如果安装在悬空地板上，则应将脚放在吊具垫上，以避免高度集中的点荷载落在地板上。

| | | | |
|---|---|---|---|
| 开槽砝码 | 10kg×15 个<br>5kg×1 个<br>2kg×2 个<br>1kg×1 个 | 单个砝码 | 500g×1 个<br>100g×2 个<br>50g×1 个<br>10g×1 个 |

（11）校准质量，其准确值应为1%

当不使用时，应小心存放加载架上的开槽砝码，（第8.3.6节）。每个加载架应分配其自己的一组砝码。

小型的松散砝码应保存在载物架旁边的工作台上的容器中。

可读到1s的计时器或时钟；

最高最低温度计；

室温下装有水的洗涤瓶或烧杯；

硅脂。

### 14.5.4　流程阶段

1. 准备和检查仪器
2. 称重和测量固结环
3. 将试样切成环状
4. 从剩余试样中测定含水率和颗粒密度
5. 称量试样环
6. 在固结压力室中组装试样
7. 将压力固结腔室装入加载架中
8. 设置加载轭
9. 调整平衡梁
10. 设置千分表
11. 向吊架施加第一个荷载增量
12. 对试样施加荷载
13. 饱和试样
14. 记录沉降量读数
15. 绘图读数
16. 决定是否施加下一个荷载增量
17. 施加下一个荷载增量
18. 根据需要，进一步加载
19. 卸载
20. 绘图读数
21. 根据需要，进行卸载
22. 固结仪排水
23. 取出试样
24. 称量试样
25. 干燥并称重
26. 计算试样的含水率
27. 分析沉降图（图表详见第14.5.6节）
28. 计算 $e$，$m_v$，$c_v$ 的值（第14.5.7节）
29. 绘制孔隙比曲线（第14.5.7节）

30. 试验结果（第 14.5.7 节）

### 14.5.5　试验步骤

1. 准备仪器

检查固结环是否清洁、无变形、内表面是否光滑、剪刃是否锋利、有无毛刺。如果固结压力室和底座是独立的部件，需确保 O 形密封圈处于良好状态并安装正确，并需在拧紧底座之前向其涂抹少量硅脂。保证固结压力室组件是清洁干燥的，并按照制造商说明进行组装，以确保组装正确。注意：不要损坏固结环的刃口。拆卸组件并浸湿固结压力室内表面。多孔圆盘应按照第 14.5.3 节第 7（d）项中所述的方法进行制备。将下部圆盘安装在固结压力室基底的中心位置。

检查梁是否能够自由移动，荷载吊架是否安装到位，以提供所需的杠杆比（表 14.8）。

将吊臂垂直放置，根据需要调整配重，使梁和吊架保持平衡。将平衡锤锁定在适当的位置，并重新检查，以确保加载轭、砝码吊架和计量仪器支架上的螺栓连接牢固。

根据所用设备类型，具体的调整和检查也有所不同，应仔细遵循制造商的说明进行操作。

2. 固结环的测量

使用游标卡尺在两个方向以直角测量固结环的内径，精度为 0.1mm。平均直径用 $D$（mm）表示。

使用游标卡尺或千分尺在多个点测量固结环的高度，精度为 0.05mm。或者，可以使用安装在比较器支架上的千分表在平板玻璃上进行测量。平均测量值（四舍五入取最接近 0.1mm）为初始试样高度 $H_0$。称量固结环重量，精度为 0.01g（$m_R$）。用硅脂轻轻润滑内表面，或用气溶胶喷罐涂上一层薄薄的聚四氟乙烯（PTFE）化合物，以减少侧壁摩擦。称量表面皿或金属托盘的重量，精确至 0.01g（$m_T$）。

3. 将试样切成环状

试验步骤取决于试样类型，在第 9 章中介绍了 3 种类型。

从试管样品中制备原状试样（第 9.2.2 节）

从试样块中修整原状试样（第 9.3.1 节）

制备一个重塑样（第 9.5.3 节或第 9.5.5 节）

4. 测定初始含水率和颗粒密度

从紧邻试样的地方取下部分剩余试样放入一个或多个含水容器中。立即装上盖子，并通过常规方法测定剩余试样的含水率（$w_0$%）[第 1 卷（第三版）第 2.5.2 节]。剩余的试样可用于确定土体的颗粒密度 [第 1 卷（第三版）第 3.6.2 节]。

5. 称量试样

将试样放在观察皿或托盘上的固结环中称重，精确至 0.01g（$m_1$）。试样的质量 $m_0$ 由以下公式确定：

$$m_0 = m_1 - (m_R + m_T)\text{grams}$$

（$m_R$ 和 $m_T$ 在第2项中已测得）

6. 组装固结压力室

当下部多孔圆盘位于固结压力室底座的中心位置时，将固结环和试样（最上面的切削刃）放置于圆盘的中心位置。

将挡圈和压力室安装在环上，并逐渐紧固固定螺母使其固定。在某些类型的固结压力室中，固结压力室本身起着固定环的作用。

将上部多孔圆盘放在试样顶部的中心位置，并检查四周的间隙是否相等。

将加载盖上的插口定位到上盘的凹槽中，以便加载盖居中安装。

7. 在加载架上安装固结压力室

当加载轭向前摆动并停留在梁上时，将固结压力室放在机座平台的中心位置（图14.22），如果有插口，则用插口定位。如果使用非标准固结压力室，可能需要中间适配器。将梁升高至略高于水平位置，并用螺旋千斤顶支架将其固定。在顶部配重盘上放一小块砝码（10g），足以防止梁“漂移”。

8. 设置加载轭

提起梁的端部，使加载轭上升到垂直位置（图14.25），并通过向下拧紧调整加载杆，直至端部与加载盖顶部的凹槽紧密贴合。拧紧加载杆上的锁紧螺母（图14.26）。在某些压力机中，提供了一个单独的滚珠轴承，以将荷载从阀杆传递到顶盖。

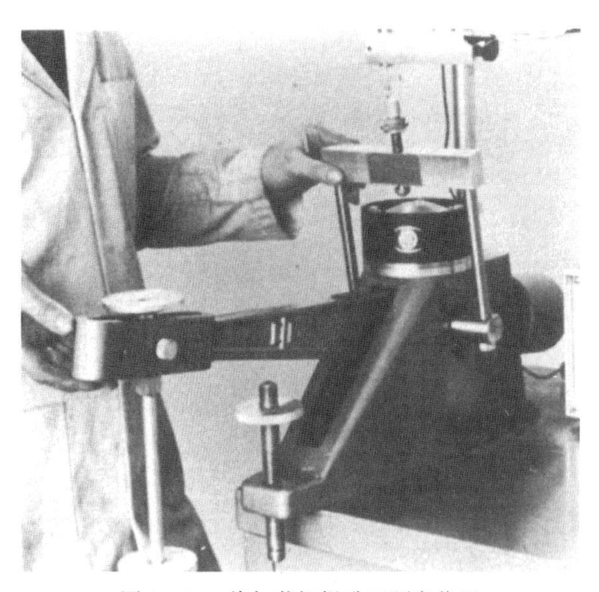

图14.25　将加载轭提升至预定位置

图14.26　将加载杆调整到顶盖上后，拧紧锁紧螺母

9. 调整平衡梁

梁最初的理想位置是在最大荷载增量结束时与水平方向相同的倾斜角度（图14.27）。

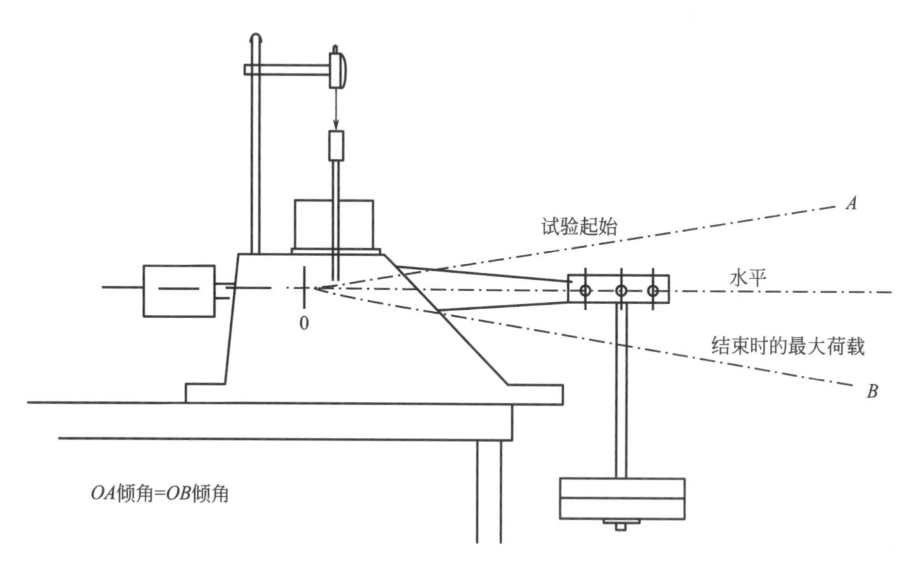


图 14.27　试验中梁的理想倾斜度

准确的位置并不重要，特别是对于压缩量较小的硬土，可以根据经验进行估计。倾斜调整只需要加载杆小幅度旋转，倾角调整只需加载杆稍作旋转即可。

如果在软土上进行试验时，梁出现较大的下陷，则可以通过调整加载杆在加载增量结束时将梁提升。进行上述操作时，压缩千分表产生的变化都应做好记录，并在随后的计算中加以说明。也可以重新设置千分表，使其示数与调整前相同。调整后，拧紧阀杆上的锁紧螺母（图 14.26），并检查是否仍与顶盖保持接触。

10. 设置千分表

将压缩千分表或传感器安装在支架的臂上。如果载荷杆的顶面是平的，则千分表应装有球形砧；如果荷载杆顶面是球形的，则应使用扁平的铁砧（第 8.3.2 节）。首先调整表盘高度，然后调整并锁定表盘阀杆阀座螺柱（图 14.28），以便提供准确的初始读数。如果使用的是千分表，则可以通过稍微旋转表圈来进行最后的微调整（第 8.3.2 节）。测量阀杆应该接近其行程的顶部，但不能完全压缩。这个读数是压力计的初始零读数。如果螺杆千斤顶支撑稍微下降片刻，则千分表的分数向下指示确认装配体的所有部件都已正确安装。重新调整支架，使表盘再次设置在初始零位读数（$d_i$ 表示）。

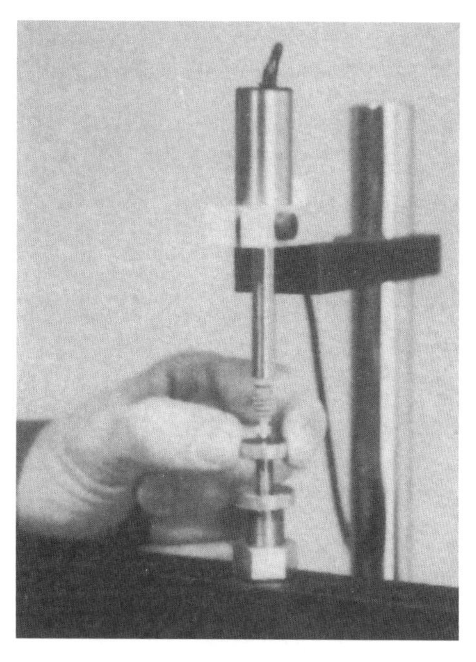

图 14.28　调整测量杆座螺柱

11. 增加吊杆重量

小心地将砝码添加至荷载吊架上，以提供

所需的初始压力，同时从顶盘上卸下小砝码。由于额外的荷载由螺旋千斤顶支架承担，因此压力表的偏转很小或没有发生偏转。

初始压力的取值应结合土体类型确定。表 14.9 给出了一般情况下基于 BS 给出的建议值，符号 $\sigma'_{vo}$ 表示在取样层位处的估计有效上覆压力。

**固结试验初始压力建议值　　表 14.9**

| 土体稠度 | 初始压力 |
|---|---|
| 坚硬土 | 与 $\sigma'_{vo}$ 或膨胀压力相等。为方便起见，可采用推荐加载顺序（表 14.12）上的压力值 |
| 坚实土 | 略小于 $\sigma'_{vo}$（或下一个较低的压力建议值） |
| 软土 | 小于 $\sigma'_{vo}$；通常小于或等于 20kPa |
| 超软土，包括泥炭 | 较低；6kPa 或 10kPa。在初始荷载很小的情况下，固结将提供足够的附加强度，以防止在下一个增量增加时，土通过环和上部多孔圆盘之间的间隙挤出 |

砝码应系统地放置在吊杆上。主（下部）配重盘用于最大（10kg）开槽配重，上部配重盘用于较小的开槽配重（5kg、2kg 和 1kg）（图 14.23）。顶部的秤盘（如已安装）用于较小的配重。表 14.10 总结了推荐压力的建议配重值。

**吊杆建议配重（横梁比例：9∶1；试样直径 75mm）　　表 14.10**

| 压力(kPa) | 总重(kg) | 配重 | | |
|---|---|---|---|---|
| | | 盘(g) | 上吊杆(kg) | 下吊杆(kg) |
| 3 | 0.15 | 100+50 | | |
| 6 | 0.3 | 200+100 | | |
| 10* | 0.5 | 500 | | |
| 12 | 0.6 | 500+100 | | |
| 20* | 1 | | 1 | |
| 25 | 1.25 | 200+50 | 1 | |
| 50 | 2.5 | 500 | 2 | |
| 100 | 5 | | 2+2+1 | |
| 200 | 10 | | 2+2+1 | 5 |
| 400 | 20 | | 2+2+1 | 5+10 |
| 800 | 40 | | 2+2+1 | 5+(3×10) |
| 1600 | 80 | | 2+2+1 | 5+(7×10) |
| 3200 | 160 | | 2+2+1 | 5+(15×10) |

* 与加倍顺序不一致。

注：参见第 8.5.2 节中关于吊架上施加砝码的说明。

12. *对试样施加荷载*

将梁支座旋松，同时开始计时。压力计应指示立即向下移动。

13. *浸泡试样*

在室温下，立即向压力室中加水，使试样和上部多孔圆盘完全浸没。如果产生膨胀的迹象，则增加荷载至下一级更高的压力，或提供足够的压力以克服膨胀趋势，并导致固结。如果需要测定膨胀压力，则应从一开始就应遵循第 14.6.1 节中给出的试验流程。

14. 记录沉降读数

观察压力表读数和计时器，并在选定的时间间隔内将读数记录在固结试验表上（图 14.29）。

表 14.11 左半部分给出的是常用的时间间隔，这些间隔是基于 BS 给出的。采用时间对数坐标绘图时，这些间隔大致相等，包括相应的时间平方根值（min），若将这些值打印在测试表格上（图 14.29），则有助于绘制时间平方根图。

**压缩读数时间间隔的记录**　　**表 14.11**

| （时间） | 对数间隔(BS) | | | 平方根间隔 | | |
|---|---|---|---|---|---|---|
| | $t$(min) | (s) | $\sqrt{t}$ | $t$(min) | (s) | $\sqrt{t}$ |
| | 0.167 | 10 | 0.409 | 0.09 | 5.4 | 0.3 |
| | 0.25 | 15 | 0.5 | 0.25 | 15 | 0.5 |
| | 0.5 | 30 | 0.707 | 0.49 | 29 | 0.7 |
| | 1 | | 1 | 1 | 60 | 1 |
| | 2 | | 1.41 | 2.25 | 135 | 1.5 |
| | 4 | | 2 | 4 | | 2 |
| | 8 | | 2.83 | 9 | | 3 |
| | 15 | | 3.87 | 16 | | 4 |
| $\frac{1}{2}$ | 30 | | 5.48 | 25 | | 5 |
| | | | | 36 | | 6 |
| 1 | 60 | | 7.75 | 64 | | 8 |
| | | | | 90.5 | | 9.5 |
| 2 | 120 | | 10.95 | 121 | | 11 |
| 4 | 240 | | 15.49 | 240 | | 15.5 |
| 8 | 480 | | 21.91 | 484 | | 22 |
| 24 | 1440 | | 37.95 | 1444 | | 38 |
| 28 | 1680 | | 41.0（仅限扩展测试） | | | |
| 32 | 1920 | | 43.8（仅限扩展测试） | | | |
| 2d | 2880 | | 53.7（仅限扩展测试） | | | |
| 3d | 4320 | | 65.7（仅限扩展测试） | | | |
| 4d | 5760 | | 75.9（仅限扩展测试） | | | |
| 5d | 7200 | | 84.8（仅限扩展测试） | | | |
| 6d | 8640 | | 92.9（仅限扩展测试） | | | |
| 7d | 10080 | | 100.4（仅限扩展测试） | | | |

固结试验　　　　沉降读数

| 地点 | Dulston | | | | | | | | | 膨胀压力 | | 直径 74.9 mm | | | 试样编号 3 | | | 地点编号 3824 | | | | |
|---|---|---|---|---|---|---|---|---|---|---|---|---|---|---|---|---|---|---|---|---|---|---|
| 实验员 | M.B.J. | | | | | | 开始日期 17/11/2009 | | | 0 kN/m$^2$ | | 高度 20.1 mm | | | 环编号 3 | | | 样品编号 C2/25 | | | | |
| 加载&卸载 | | 增量编号，日期 | | | (1) | 18.11.2009 | | (2) | 19.11.2009 | | (3) | 20.11.2009 | | (4) | 21.11.2009 | | (5) | 24.11.2009 | | (6) | 25.11.2009 | |
| | | 加载 | | | 2.5 kg 50kN/m$^2$ | | | 5 kg 100kN/m$^2$ | | | 10 kg 200kN/m$^2$ | | | 20 kg 400kN/m$^2$ | | | 10 kg 200kN/m$^2$ | | | 2.5 kg 50kN/m$^2$ | | |
| 持续时间 | | | 1 | | 时钟时间 | 仪表读数 | $\Delta H_x$ $10^3$mm | 时钟时间 | 仪表读数 | $\Delta H_x$ $10^3$mm | 时钟时间 | 仪表读数 | $\Delta H_x$ $10^3$mm | 时钟时间 | 仪表读数 | $\Delta H_x$ $10^3$mm | 时钟时间 | 仪表读数 | $\Delta H_x$ $10^3$mm | 时钟时间 | 仪表读数 | $\Delta H_x$ $10^3$mm |
| 小时 | 分钟 | 秒 | 分钟 | $\sqrt{t}$ | | 000 | | | 0 | | | 0 | | | 0 | | | 0 | | | 0 | |
| | | 0 | 0 | 0 | 0920 | 0 | | 0927 | 124 | | 0912 | 384 | | 0917 | 793 | | 0925 | 1309 | | 0918 | 1149 | |
| | | 6 | 0.1 | 0.32 | | 21 | | | 157 | | | 452 | | | 855 | | | 1281 | | | 1094 | |
| | | 10 | 0.17 | 0.41 | | 23 | | | 163 | | | 458 | | | 862 | | | 1280 | | | 1091 | |
| | | 15 | 0.25 | 0.5 | | 25 | | | 167 | | | 463 | | | 870 | | | 1278 | | | 1090 | |
| | | 30 | 0.5 | 0.71 | | 29 | | | 174 | | | 468 | | | 889 | | | 1273 | | | 1083 | |
| | 1 | | 1 | 1.0 | 0921 | 35 | | | 188 | | | 482 | | | 906 | | | 1267 | | | 1076 | |
| | 2 | | 2 | 1.41 | 22 | 41 | | | 209 | | | 499 | | | 927 | | | 1261 | | | 1070 | |
| | 4 | | 4 | 2.0 | 24 | 49 | | | 232 | | | 518 | | | 962 | | | 1251 | | | 1058 | |
| | 8 | | 8 | 2.83 | 28 | 58 | | | 260 | | | 546 | | | 1003 | | | 1237 | | | 1045 | |
| | 15 | | 15 | 3.9 | 35 | 66 | | | 284 | | | 573 | | | 1044 | | | 1225 | | | 1024 | |
| | 30 | | 30 | 5.5 | 50 | 75 | | 0957 | 311 | | 0942 | 620 | | | 1098 | | | 1205 | | | 999 | |
| 1 | | | 60 | 7.75 | 1020 | 86 | | 1027 | 332 | | 1012 | 661 | | 1017 | 1153 | | 1025 | 1183 | | 1018 | 957 | |
| | | | | | | | | | | | | | | | | | | | | | | |
| 2 | | | 120 | 11.0 | 1120 | 95 | | | 349 | | | 707 | | | 1211 | | (1147) | 1162 | | | 895 | |
| | | | (142) | (11.9) | | | | | | | | | | | | | | | | | | |
| 4 | | | 240 | 15.5 | 1320 | 107 | | 1327 | 364 | | | - | | | 1260 | | | 1157 | | | 826 | |
| | | | 283 | 16.8 | | | | | | | 1355 | 749 | | | | | | | | | | |
| 8 | | | 480 | 21.9 | 1720 | 115 | | 1727 | 375 | | 1712 | 768 | | | 1289 | | 1725 | 1155 | | | 783 | |
| | | | 770 | 27.7 | | | | | | | 2202 | 778 | | | | | | | | | | |
| 24 | | | 1440 | 38.0 | 0915 | 124 | 0.124 | 0902 | 384 | 0.384 | 0910 | 793 | 0.793 | 0930 | 1309 | 1.309 | 0915 | 1149 | 1.149 | 0910 | 763 | |
| 48 | | | 2880 | 53.7 | (19/11) | | | (20/11) | | | (21/11) | | | (22/11) | | | (25/11) | | | 0915 | | |
| 3days | | | 4320 | 65.7 | | | | | | | | | | 0905 | 1320 | | | | | (27/11) | | |
| | 累积校正 | | | | | 18 | 0.018 | | 24 | 0.024 | | 31 | 0.031 | (24/11) | 40 | 0.040 | | 31 | 0.031 | | 18 | 0.018 |
| | 净总沉降 | | | | | | 0.106 | | | 0.360 | | | 0.762 | | | 1.269 | | | 1.118 | | | 0.741 |

加载（(1)～(4)）　　卸载（(5)～(6)）

图 14.29　固结仪固结试验六阶段的典型沉降读数（4 次加载，2 次卸载）记录

表 14.11 的右半部分给出了时间间隔的替代序列，提供了时间平方根坐标上的等间隔。但实际上，这些时间间隔不太容易被牢记，而且与其他系列相比，绘制时间对数基准更为困难。

实验进行 1d 后，记录 8h 的读数，或者尽可能接近 8h。记录第二天的 24h 读数。记录每天试验区附近的最高和最低温度，精确至 1℃。

准确的读数时间并不重要，尤其是第一个小时之后的读数时间，只需记录实际时间，就可以绘制出真正的时间间隔。

15. 绘制读数

用五个周期的半对数纸将压力计的读数与时间按对数比例绘制出来（图 14.30）。仪表读数与时间平方根的关系图也可以绘制在单独的一张纸上（普通的坐标纸），如图 14.31 所示。在这种情况下，最好使两张图上仪表读数的纵坐标标度相同。施加荷载后，应尽快开始绘图，然后随着试验的进行，时时保持更新状态。

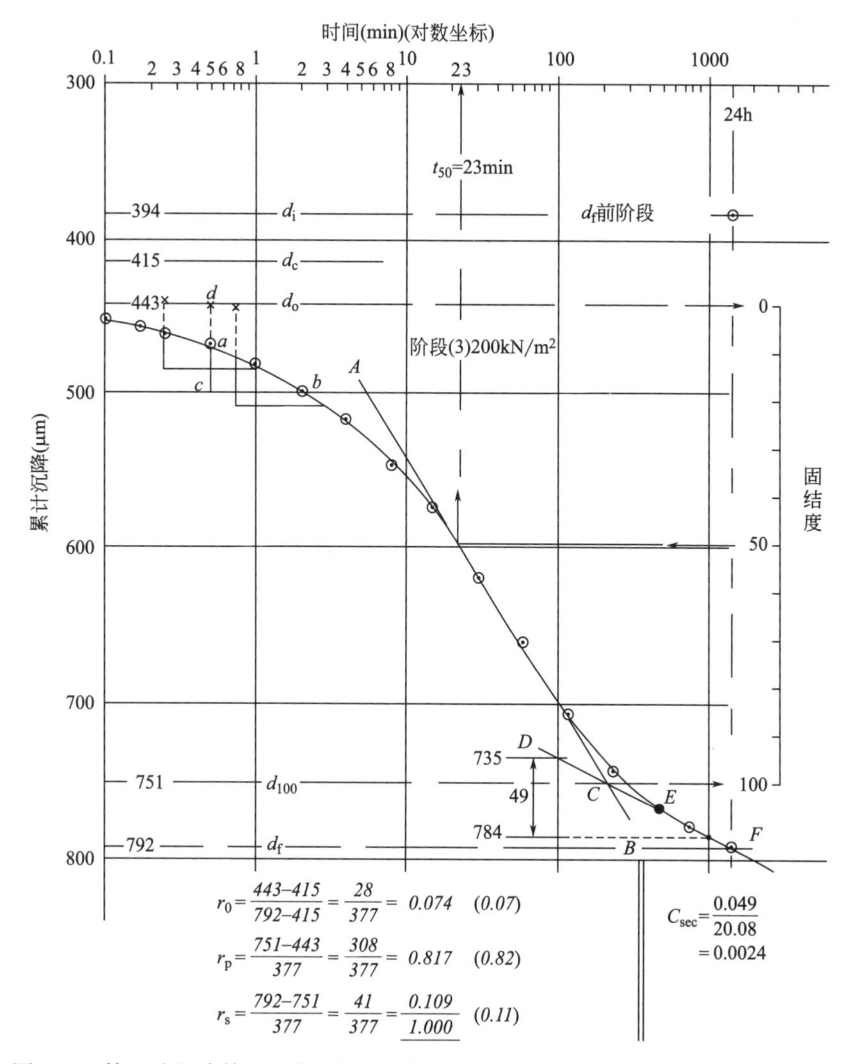


图 14.30　图 14.29 第三阶段读数的对数-时间-沉降曲线及压缩比和次固结系数的计算（与图 14.9 相比）

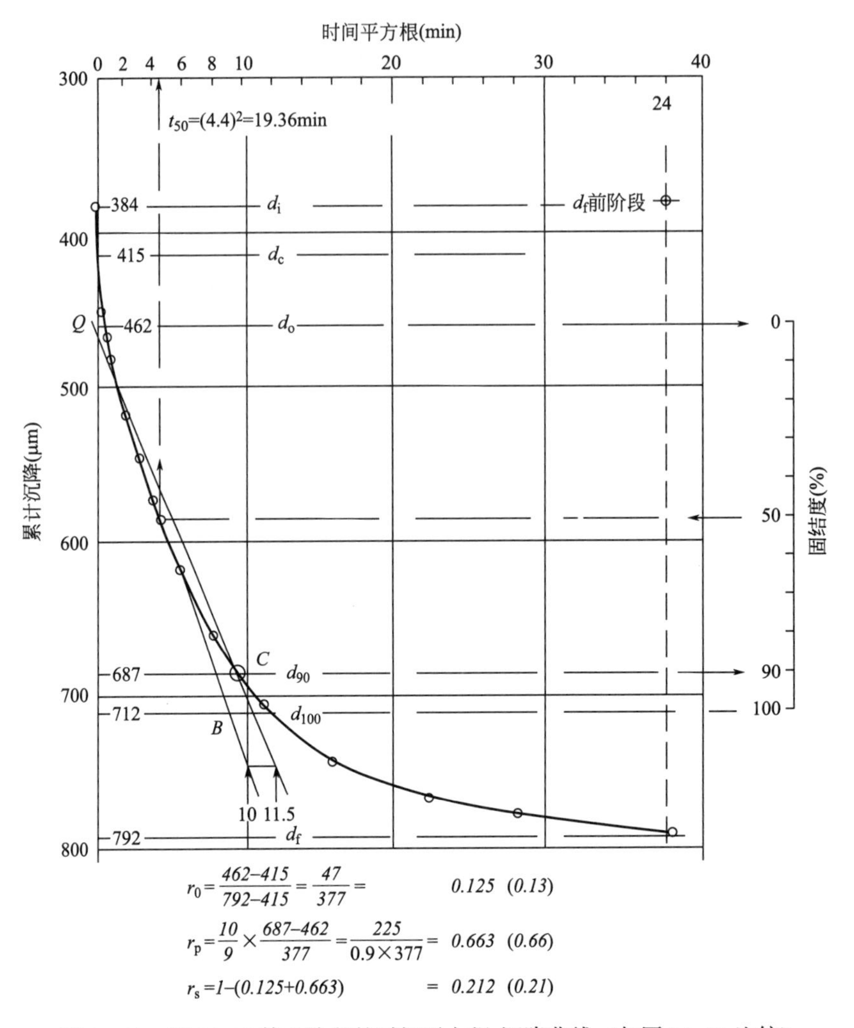


图 14.31　图 14.29 第 3 阶段的时间平方根-沉降曲线（与图 14.10 比较）

16. 关于下一个荷载增量的决定

绘制 24h 读数后，必须决定是否施加下一个荷载增量。如图 14.30 所示，如果时间对数图显示从曲线的陡峭部分到直线的平缓部分，则表明主固结阶段已经完成，可以应用下一个荷载增量。但是，如果代表次固结的倾斜直线尚未确定，则应将荷载保持 24h 不变。额外所需读数只需在荷载增量开始后约 28h、32h 和 48h 进行，即白天两次，次日一次。除非需要次固结数据，否则很少需要进一步延长加载阶段，在这种情况下可能需要一周（约 10000min）或更长时间。

在整个测试过程中，每个荷载增量的持续时间应保持相同。通常，为了方便起见，持续时间一般是 24h。长时间的次固结会影响后续阶段的主固结特性。如果无法避免在一个荷载下的持续时间比正常情况更长（例如节假日），并且在这段额外的时间内发生了明显的次固结，则在计算孔隙比变化图的数据时应考虑到这一点（第 14.5.6 节中第 2 项和图 14.34）。

如果主固结阶段在正常工作日内完成，则可以立即施加下一个荷载增量。

17. 进行下一步加载

当确定加载阶段可以终止并施加下一个荷载增量时，拧紧螺旋千斤顶直至其刚好接触到梁，此过程可能导致千分表的零星移动。将计时器重新调零而勿重新设置千分表。

在吊架上设置附加砝码，以提供所需的新压力。通常操作是每个新阶段施加的压力加倍。表 14.12 给出了 BS 1377 中的建议加载顺序。在第 14.8.2 节中进一步讨论了荷载增量。

**建议荷载值**　　　　**表 14.12**

| 试样的加载压力 ratio=2，$\left(\text{i. e}\frac{\partial p}{p}=1\right)$（kPa） | |
|---|---|
| 6<br>12 | 超软土的加载范围 |
| 25<br>50<br>100<br>200<br>400<br>800 | "正常"范围 |
| 1600<br>3200 | 适用于坚硬或坚实黏土的加载范围 |

如果需要卸载较小的砝码以换取较大的砝码，则应先添加较大重量，以使样品上的压力不会瞬间减小。所有附加荷载将由梁支撑千斤顶承载。重量配置见第 11 步。

要进行下一个加载阶段，收起梁支架，同时启动计时器，如第 12 步所示。读取读数，绘制沉降-时间图，如第 14 步和第 15 步所示。

18. 后续加载阶段

在第一次取第 16 步的建议值后，对每个连续的荷载增量重复第 17、14 和 15 步。应用阶段的数量取决于试验的目的，将在第 14.8.2 节中讨论。沉降读数按时间累计绘制，如图 14.32 所示。

当达到所需最大压力下的主固结阶段结束时（如次固结的起点所示），试样可被认为是完全加载并固结的。

19. 卸载

不应该一次性完成卸载，而应该是一系列的递减过程。通常的做法是卸载时允许膨胀周期约为固结周期的一半，且不少于两个卸载阶段。例如，如果加载顺序为 25kPa、50kPa、100kPa、200kPa、400kPa、800kPa，则合适的卸载顺序为 400kPa、100kPa、25kPa。

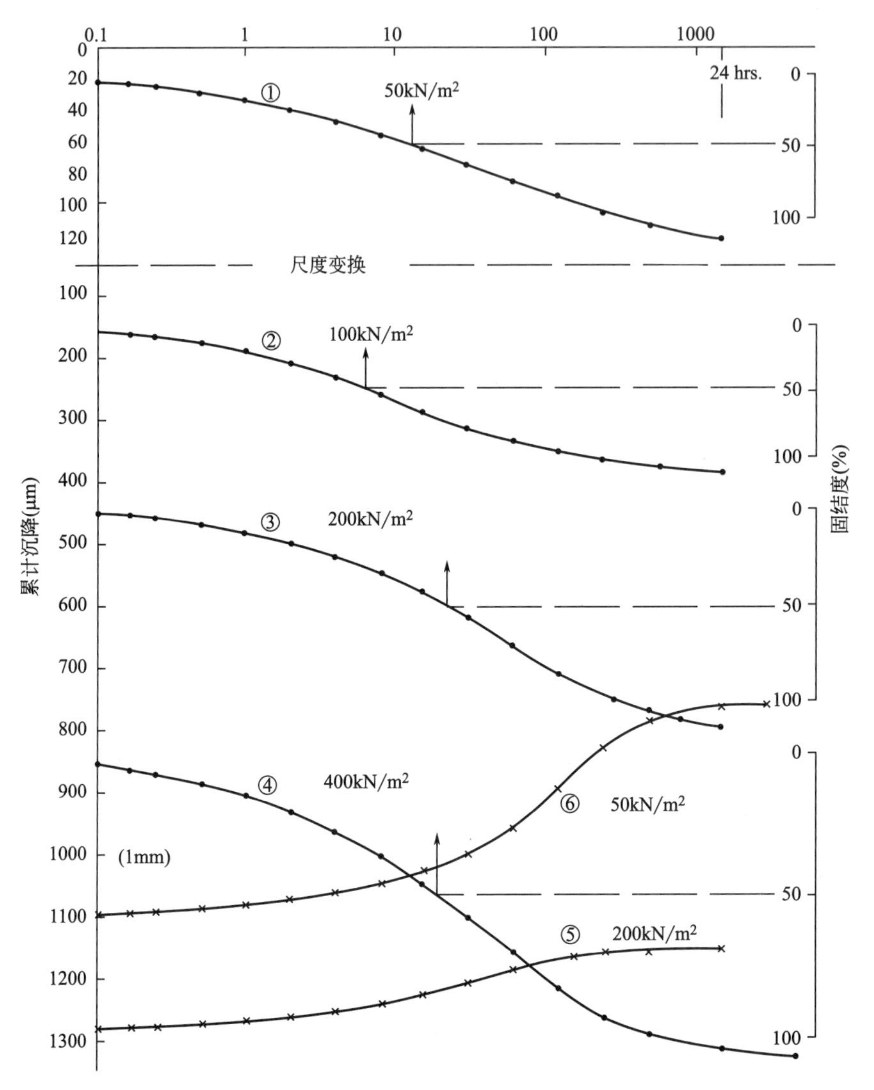


图 14.32　图 14.29 各阶段的对数-时间-沉降曲线（加载和卸载）

从吊架上取下所有砝码之前，将计时器设置为零，并收起梁支架，使其刚好接触梁。在取下砝码时，将梁牢牢地靠在支架上。除非仅需卸载较小的砝码，以上操作需要两人协作完成。检查千分表是否有轻微移动或无移动。

拧松梁，同时启动计时器。由于梁将随着试样膨胀而上升，因此无需向下拧紧梁支架。确保上部装载盖仍被水覆盖。在固结阶段准确读取压力计和温度计的读数，并按如图 14.29 所示增量 5 和增量 6 进行记录。

20. 绘图读数

将压力计读数与记录时间绘制在与固结阶段相同的图表上。膨胀曲线将与固结曲线相交，但很容易区分，因为它们向相反方向倾斜，如图 14.32 所示（曲线 5 和曲线 6）。对于膨胀阶段，通常不绘制时间平方根图。

在特定荷载下，膨胀情况由曲线的扁率表示。如果在 24h 后这种情况不明显，则需再膨胀 24h，然后再移除下一阶段的荷载。

21. 后续卸载阶段

按照第 19 步的说明移除每个荷载减量，并按照第 20 步的说明绘制读数，确保每个阶段试样完全膨胀。有时可能在一天内完成两个阶段的加载。

当压力恢复至初始压力（或膨胀压力，如适用）时，可能需要超过 24h 的时间来完成膨胀。在最终卸载和取出试样之前，必须建立平衡。

22. 排水腔室

当达到平衡时，如果有合适的连接件将水从腔室中排出，或通过虹吸将其排出。静置 15～30min，使多孔圆盘能够排水。观察千分表的进一步变化。

23. 取样

从吊架上取下剩余的砝码，将压力计移到一侧，并向前移动荷载轭，以便拆下固结压力室。

拆下固结压力室，取出固结环和试样。小心地取出多孔圆盘，然后刮掉附着在圆盘上的土样将其返回至试样并将固结环外部擦干。

24. 称量试样

将试样和固结环放在观察皿或托盘上称重，精确至 0.01g（$m_2$）。试样质量 $m_f$ 由以下公式确定：

$$m_f = m_2 - (m_R + m_T)$$

$$m_f = m_2 - (m_R + m_T)$$

（$m_R$ 和 $m_T$ 在第 2 阶段中已测得）

25. 干燥并称重

将装有试样和固结环的托盘放置在烘箱中过夜或放足够长的时间，以确保试样干燥至恒定质量。在干燥器中冷却并称重（$m_3$）。

试样的干质量（$m_d$）由下式计算得出：

$$m_d = m_3 - (m_R + m_T)$$

$$m_f = m_3 - (m_R + m_T)$$

若没有试样损失，则试验结束时试样的干质量与初始干质量相同。

26. 含水率计算

初始含水率 $w_i$ 由下式计算得出：

$$w_i = \frac{m_f - m_d}{m_d} \times 100\%$$

这提供了一个从剩余试样测得的含水率 $w_0$ 的核实对比（第 4 步）。

最终含水率（$w_f$）由下式计算得出：

$$w_f = \frac{m_f - m_d}{m_d} \times 100\%$$

27. 分析沉降图

第14.5.6节中详细介绍了时间对数-沉降和时间平方根-沉降图。

28. 计算

试验各阶段的计算参见第14.5.7节。

29. 绘制孔隙比曲线

参见第14.5.7节。

30. 试验结果

参见第14.5.7节。

### 14.5.6　图像分析

第14.5.5节中第15步进行了每个加载阶段沉降-时间曲线的绘制，包括对数时间坐标和平方根时间坐标。这些图表通过第14.3.7节中提到的曲线拟合分析（如下所述）来确定固结系数 $c_v$ 的值。曲线的形式取决于土体的类型。对于以固结理论为基础的饱和黏土，通常会得到与理论相似的常规曲线。这些曲线即为"标准"，其分析需依照规定流程进行。

其他类型的无机土，如粉土，给出的曲线似乎与常规曲线不同，但从根本上看，它们是相似的，只是这些土的渗透性相对较高。由于其他原因，未完全饱和的土可能会出现非标准曲线。对于非标准曲线的分析有时会造成困难，下文给出了处理这些问题的建议。

考虑了4种主要土体类型，即：

（1）黏土（"标准"）；

（2）黏质粉土；

（3）粉土；

（4）非饱和土。

对于所有类型土体的图像分析在其他方面都是通用的，具体如下所示：

（5）设备变形允许范围；

（6）压缩比的计算；

（7）次固结系数的测定。

第14.7节中描述了对泥炭（$c_v$ 值与泥炭无关）试验结果的分析。

1. 黏土（"标准"曲线）

分析沉降时间曲线的传统方法如下：

对数-时间曲线；

平方根-时间曲线。

这些方法与 BS 和大多数教科书中给出的方法相似。

本书建议在大多数情况下，用时间对数曲线来推导理论的 100%点，用时间平方根曲线来推导理论的 0%点。

（1）对数-时间法

理论 0%的点适用于曲线的初始凸起部分，通常对黏土有明确的定义。该过程如图 14.9 所示，典型示例如图 14.30 所示。

在曲线上选择两个时间比值为 1∶4 的点，例如 0.5min 和 2min（图 14.30 中的点 $a$ 和点 $b$）。从 $a$ 点向上测量等于 $ac$（$a$ 和 $b$ 之间的垂直距离）的距离 $ad$，得到 $d$ 点。重复该过程 1～2 次，例如在 0.25min 和 1min，在 0.75min 和 3min，前提是所有点都位于曲线的凸起部分。在已确定的 $d$ 点的平均水平面上绘制一条水平线。这表示理论上 $U=0\%$ 线，其与压缩比例尺的交点给出了与 $d_0$ 表示的校正点相对应的读数（图 14.9 和图 14.30）。

理论值 100%为时间对数-沉降曲线拐点，即曲率改变方向的点，发生在约 75%的固结处。在此点绘制的切线，是 S 形曲线的上、下分支的共同切线（图 14.9 中的 $AB$ 线）。在曲线的末端画直线部分的切线，并在 $C$ 点处反向画出与 $AB$ 相接的切线（$DEF$ 线）。在 $C$ 处画一条水平线，这表示理论上的 $U=100\%$ 线及其与压缩比例尺的交点给出了修正后的 100%主固结点的读数，用 $d_{100}$ 表示（图 14.30 和图 14.9）。

现在可以在沉降曲线右侧的 $d_0$ 到 $d_{100}$ 之间构建一个从 $U=0\%$ 到 $U=100\%$ 的百分比固结尺度。因此，可以绘制 50%主固结对应的横坐标 $d_{50}$，其横坐标位于压力计读数等于 0.5（$d_0-d_{100}$）处。在这条水平线与沉降曲线的交点处，可读出 50%初固结时间，用 $t_{50}$（min）表示，如图 14.30 所示。

（2）平方根-时间法

理论 0%的确定过程如图 14.10 所示，典型示例如图 14.31 所示。将沉降曲线的直线部分向下和向上延伸，使其在 $Q$ 处与零时间纵坐标相交（图 14.10）。该点代表理论 $U=0\%$，用 $d_0$ 表示，它低于初始读数 $d_i$。

理论 100%从点 $Q$ 开始画一条横坐标为直线 $QB$ 横坐标 1.15 倍的直线。一个简单方法是在 $\sqrt{t}=10$ 的 $QB$ 线上找到 $q$ 点（图 14.10），并通过 $q$ 画一条水平线，与 $p$ 处的零时间坐标相交。使 $pr=1.15\times pq$（即 $r$ 点对应于图 14.31 中的 $\sqrt{t}=11.5$）。加入 $Qr$，与 $c$ 处的沉降曲线相交。通过该点的水平面得出理论 90%固结点 $d_{90}$。读取相应值并将其自身相乘得 $t_{90}$（min）。

通过将 $d_0$ 和 $d_{90}$ 之间的垂直距离划分为九个相等的空间，并在 $d_{90}$ 以下外推一个等于一个空间的距离，可以找到 100%的主固结点 $d_{100}$。可以在图的右侧标记从 $U=0\%$ 到 $U=100\%$ 的百分比合并比例（图 14.31）。然后可以找到 $d_{50}$ 点，并且读数的值乘以自身，可得 50%的固结时间 $t_{50}$（min）。

2. 黏质粉土

本例涉及的土体，其时间对数-沉降曲线的形式如图 14.33 所示。该曲线的后半部分与图 14.30 所示类似，如上文所述，可绘制两条切线，用于确定 $d_{100}$ 点（100%主固结）。

曲线早期部分的形状与图 14.30 所示的曲线不同，这使得上述用于确定 $d_0$ 点（理论上为 0%的初固结）的方法无效。可以合理地假设，在加载后立即发生沉降，在读取任何读数之前，通过主曲线向上的初始凸起部分，如图 14.33 中 0.1min 纵坐标左侧的断裂曲线所示。在某些情况下，可以使用上述方法，从时间平方根-沉降曲线合理估计 $d_0$ 点。然后将 $d_0$ 点转换为时间对数曲线，进行常规分析。

如果从时间平方根曲线看 $d_0$ 的位置不明显，则合理的估计是假设它位于增量开始时的初始读数 $d_i$ 和最早观测读数之间的中间 1/3 范围内。如图 14.33 所示，这些限值被标记在图上，然后可以绘制 $d_{50}$ 的可能限值，从中可以读出 $t_{50}$ 的可能值范围。

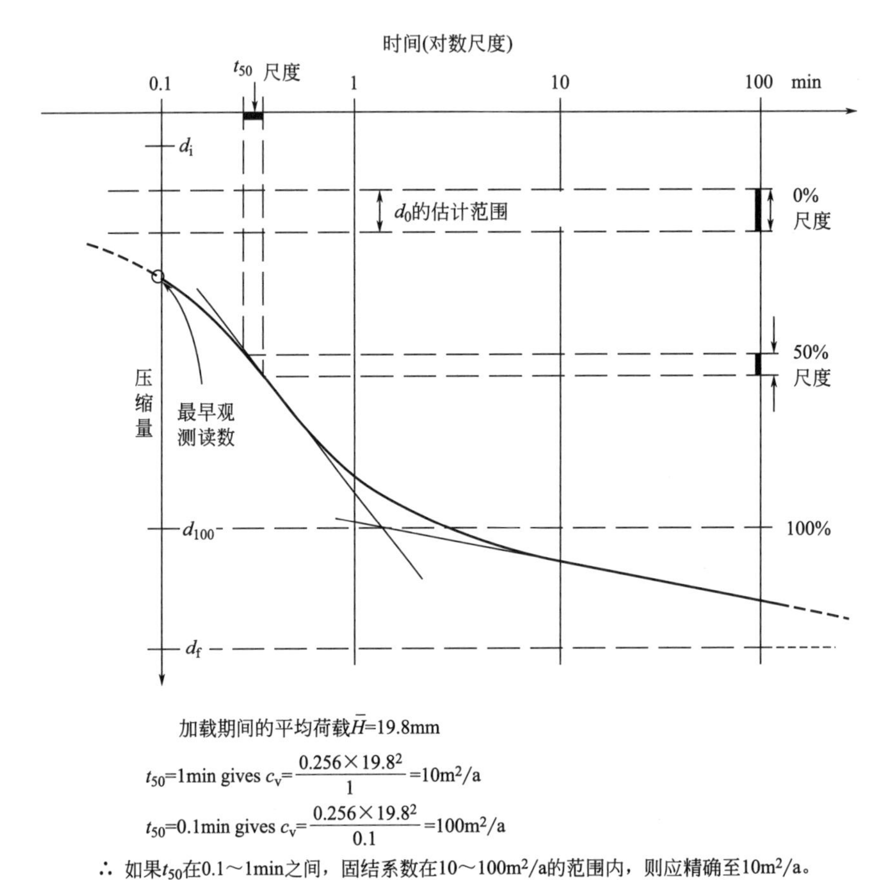


图 14.33　从粉质黏土的时间对数-沉降曲线推导 $c_v$ 的可能取值范围

该范围的中点可以用来获得 $c_v$ 的近似值，该值应被确定为一个有效数字，即如果在 10～100m²/a 的范围内，则应精确至 10m²/a。这种精度的准确性是足够的，因为这种量级的变异系数表明沉降会很快发生，并不会导致长期问题。

如图 14.33 所示，如果主固结阶段在 100min 时已明显完成，则可以立即应用第二个增量，而不必等待 24h，甚至可以在一天内完成几个增量。但是，如果随后的荷载增量持续较长时间，例如一整夜，则在此阶段发生的附加次固结不应包括在内，以避免 $e$-log$p$ 曲线出现不连续性。如图 14.34 所示，其中 $P$ 点代替 $Q$ 点用于计算 3 号增量末尾的 $e$ 值。

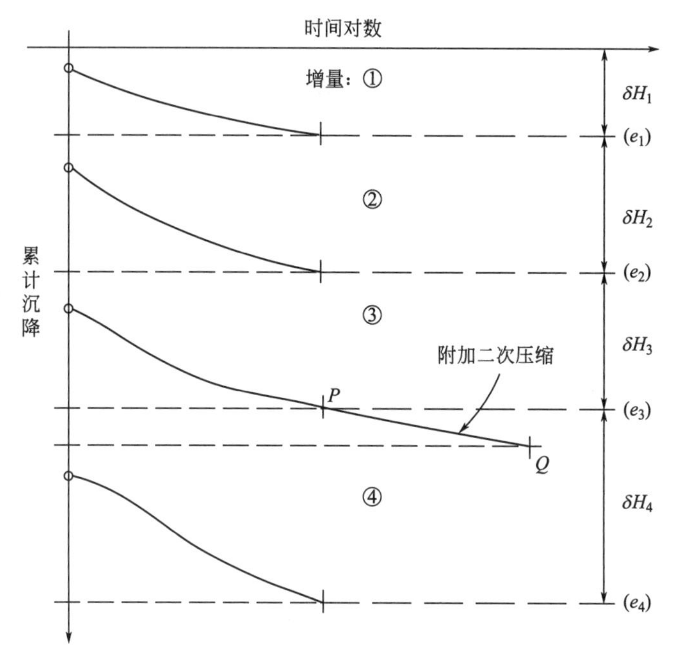


图 14.34　次固结荷载增量的孔隙比评估

3. 粉土

如图 14.35 所示为排水相对较快土体（如粉土）的典型对数时间-沉降曲线。在这种情况下，记录的数据给出了一条从一开始就向上凸的曲线。拐点已经过 0.1min，如假设虚线所示。$d_{100}$（100%原点）点不能用传统方法确定，时间平方根曲线（图 14.36）对于确定 $d_0$（0%一次）点用处不大，因为没有明显的线性部分。然而，可以合理假设 $d_{50}$（固结度为 50%）点位于试验中点附近的区域，即 $d_c$ 和 $d_f$ 之间。如图 14.35 所示，如果该区域明显位于试验曲线起点上方，则 $t_{50}$ 必须小于 0.1min。对于 20mm 的标准试样，$c_v$ 值将约大于 $0.0256\times20^2/0.1=102.4\text{m}^2/\text{a}$。固结系数大于 $100\text{m}^2/\text{a}$，即 $c_v>100\text{m}^2/\text{a}$。这表明固结非常迅速，可能不需要更明确的结果。

如果 $d_{50}$ 点的区域位于沉降读数范围内，则可以得到 $t_{50}$ 的估计值，从该值可以计算出 $c_v$ 的近似值并将可提供一个有效数字，如上面的第 2 项。

为了获得更准确的 $c_v$ 值，需要使用更大的土样进行测试，例如使用 Rowe 固结压力室（将在第 3 卷（第三版）中介绍）。或者，可以通过在试样和下部多孔盘之间放置不透膜（例如从三轴试验橡胶膜切割的圆盘），在标准固结压力室中进行单个排水试验。仅向上排水，排水路径的长度 $h$ 等于试样高度 $H$，达到给定固结百分比的时间增加了 4 倍。利用式（14.14）计算 $c_v$ 值：

$$c_v=\frac{0.104\times(\overline{H})^2}{t_{50}}\text{m}^2/\text{a}$$

对于单面排水实例而言，其他计算与双面排水均相同。

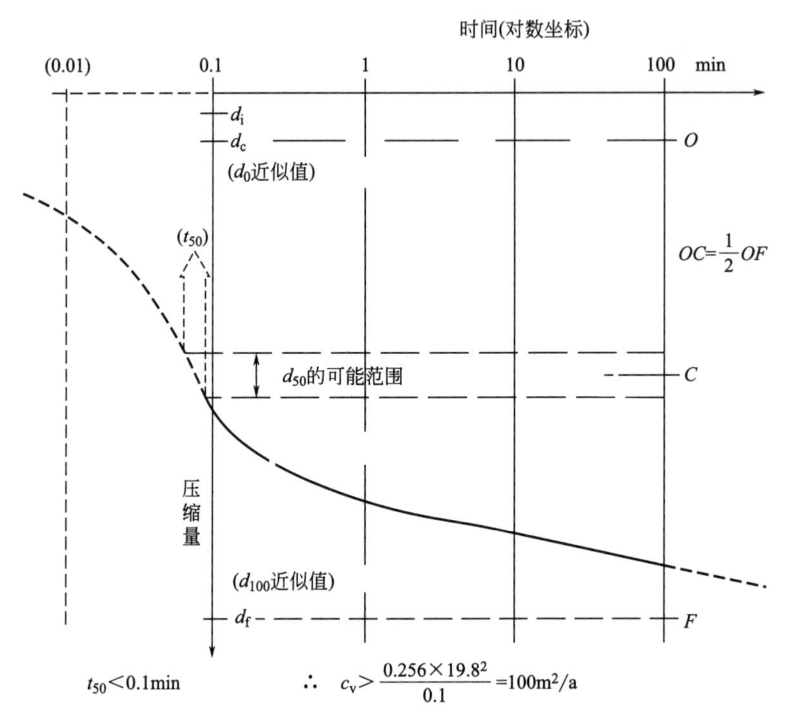


图 14.35　从粉土的时间对数-沉降曲线推导 $c_v$ 的可能取值

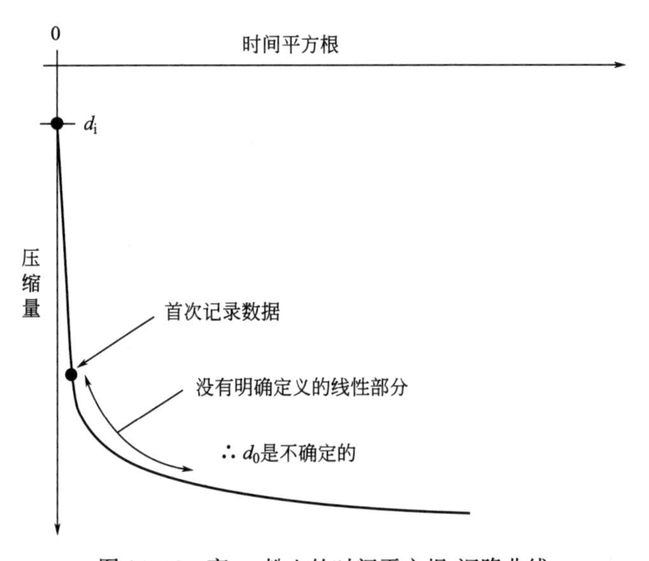


图 14.36　高 $c_v$ 粉土的时间平方根-沉降曲线

4. 非饱和黏土

未完全饱和的黏土在固体颗粒之间的孔隙中含有气穴或气泡（通常是空气）。这会造成与第 14.3.4 节所给出的假设存在两点出入：(1) 孔隙流体是可压缩的；(2) 在外加应力作用下黏土渗透性会发生变化。

即使在最优含水率或稍高于最优含水率情况下将黏土压实，上述影响也可能比天然非饱和黏土更加明显。

非饱和黏土的固结试验得到的时间-沉降曲线的特征一般如下：

1. 较大的初始压缩；
2. 在主固结阶段，时间对数-沉降曲线比理论曲线略平坦；
3. 初始阶段时间平方根-沉降曲线是连续弯曲的，而非线性关系；
4. 次压缩曲线斜率更陡。

这些特性如图 14.37 所示。在分析上述第 3 点所指的曲线段时，可以根据经验考虑这些影响。Barden（1965）对此进行了详细的理论研究，但至今尚未设计出标准的曲线拟合流程。

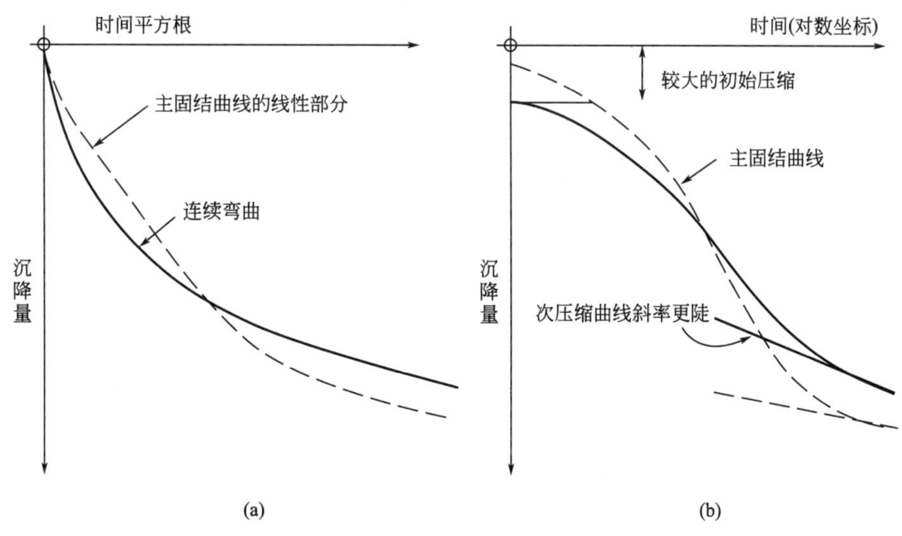


图 14.37　部分饱和黏土的时间-沉降曲线特征

（a）时间平方根关系；（b）时间对数关系

5. 校正

在计算孔隙比变化和压缩比时，必须考虑设备的变形（第 14.8.1 节）。对于极易压缩的土样，校正的效果一般不太明显。

在第 14.3.9 节中给出的孔隙比变化计算方法中使用了每个阶段相对于最初阶段的累积位移。从每个阶段结束时观测到的累积位移中减去设备的变形 $\Delta a$，可以得到试样高度的净变化量，用 $\Delta H$ 表示，$\Delta a$ 可直接从如图 14.54 所示的校准曲线读出，参照第 14.8.1 节所述。

压缩比

每个加载阶段的压缩比（第 14.3.12 节）分别计算。将由于在吊架上施加附加荷载而引起的仪器变形增量 $\delta$，增加到本加载阶段开始时位移计位移读数 $d_i$ 上（与前一阶结束时的读数 $d_f$ 相同），得出校正的初始读数 $d_c$，继而测量试样的实际压缩，该过程如图

14.9所示。$\delta$值从加载架的校准数据中获取，如图14.54所示（第14.8.1节）。

6. 压缩比

用上述修正方法修正之后，通过式（14.30）～式（14.34）计算压缩比$r_0$、$r_p$和$r_s$，如图14.30和图14.31所示为计算范例（规范BS 1377：1990中未要求给出压缩比的计算结果）。

7. 次压缩系数

如下式，次压缩系数$C_{sec}$是从时间对数-沉降曲线的直线部分推导出来的，计算过程如图14.14所示。试验开始时试样的初始高度为$H_0$mm。在一个对数周期时间内的线性压缩量为$(\Delta H)_s$mm。这与该周期内直线的斜率相同。次压缩系数为：

$$C_{sec}=\frac{(\Delta H)_s}{H_0}$$

对应计算示例如图14.30所示，$C_{sec}$是一个无量纲数，其结果保留两位有效数字。

### 14.5.7　计算结果

计算结果汇总如下，一般采用等式的形式表示，计算结果如图14.38和图14.39所示，主要内容有：初始条件、最终条件及每个加载阶段的参数。根据图14.29中的沉降量读数绘制图14.32，计算结果如图14.38和图14.39所示。

表14.13列举了等式中使用的符号，其中一些符号在前面已经出现过。绘制孔隙比-对数压力曲线，并在本节末尾列出结果。

1. 初始条件

$$\text{试样横截面积}\ A=\frac{\pi D^2}{4}\text{mm}^2$$

$$\text{初始体积}\ V_0=\frac{A\times H_0}{1000}\text{cm}^3$$

$$\text{初始质量}\ m_0=m_1-(m_R+m_T)\text{g}$$

$$\text{干重（维持常数）}\ m_d=m_3-(m_R+m_T)\text{g}$$

$$\text{含水率}\ \omega_0=\frac{m_0-m_d}{m_d}\times 100\%$$

$$\text{密度}\ \rho=\frac{m_0}{V_0}\text{Mg/m}^3$$

$$\text{干密度}\ \rho_D=\rho\times\frac{100}{100+\omega_a}\text{Mg/m}^3$$

$$\text{孔隙比}\ e_0=\frac{\rho_s}{\rho_D}-1$$

$$\text{饱和度}\ S_0=\frac{\omega_0\times\rho_s}{e_0}\%$$

| 固结试验计算表 | | | |
|---|---|---|---|
| 试验日期 | 2009.11.17 | 位置 | 3824 |
| 试验地点 | *Dulston* | 土样编号 | C2-25 |
| 土样类型 | 柔软—坚硬灰褐色斑驳粉质黏土 | 试样盒编号 | 3 |
| | | 试样环编号 | 3 |
| 试验前 | | | |
| 样品含水率 | 22.9 | 土粒密度(测量) | 2.66$Mg/m^3$ |
| 土样+试样环+托盘质量 | 439.35g | 直径 $D$ | 74.9mm |
| 试样环+托盘质量 | 260.43g | 面积 $A$ | 4406$mm^2$ |
| 土样质量 | 178.92g | 高度 $H_0$ | 20.1mm |
| 干燥试样质量 | 145.35g | 体积 | 88.56$cm^3$ |
| 试样初始含水的质量 | 33.57g | 密度 $\rho$ | 2.02$Mg/m^3$ |
| 初始含水率 $w_0$ | 23.1% | 干密度 $\rho_D$ | 1.64$Mg/m^3$ |
| 初始孔隙比 $e_0$ | $\frac{G}{\rho_D}-1$ | $\frac{2.66}{1.64}-1$ | 0.622 |
| 初始饱和度 $S_0$ | $\frac{m_0\times G}{e_0}=\frac{23.1\times 2.66}{0.622}=98.8\%$ | | |
| 固体颗粒等效高度 | $H_S=\frac{H_0}{1+e_0}=\frac{20.1}{1.622}=12.39mm$ | | |
| 试验后 | | | |
| 土样+试样环+托盘质量 | 436.94g | 总沉降 | 0.741mm |
| 干燥土样+试样环+托盘质量 | 405.36g | 体积变化量 | 3.26$cm^3$ |
| 试样环+托盘质量 | 260.43g | 最终体积 | 85.30$cm^3$ |
| 湿土样质量 | 176.51g | 最终密度 | 2.07$Mg/m^3$ |
| 干燥试样质量 | 144.93g | 最终干密度 | 1.70$Mg/m^3$ |
| 试样中水的质量 | 31.58g | 最终孔隙比 $e_f$ | 0.562 |
| 最终含水率 $w_f$ | 21.8% | | |
| 最终饱和度 $S_f$ | $\frac{m_f\times G}{e_f}=\frac{21.8\times 2.66}{0.562}=103.2\%$ | | |

图14.38 典型的固结仪试验试样细节数据表

$$\text{固体颗粒等效高度 } H_s=\frac{H_0}{1+e_0}\text{mm}$$

2. 最终条件

$$\text{质量 } m_f=m_2-(m_g+m_T)\text{g}$$

$$\text{含水率 } \omega_f=\frac{m_f-m_d}{m_d}\times 100\%$$

$$\text{土样高度 } H_f=H_0-(\Delta H)_f\text{mm}$$

压缩试验-$e$/lg $p$曲线数据

试验地点：Dulston 3824　　　　土样编号：C2-25　　　　试验日期：2008.5.28

| 增量编号 | 孔隙比 | | | | 体积压缩系数 | | | | 固结系数 | | | | |
|---|---|---|---|---|---|---|---|---|---|---|---|---|---|
| | 压力$p$ (kN/m²) | 沉降$\Delta H$ (mm) | $\Delta e=\frac{\Delta H}{H_s}$ $H_s$=12.39mm | $e=e_0-\Delta e$ $e_0$=0.622 | 压缩增量变化 $\delta e$ | $\delta p$ (kN/m²) | $(1+e_1)$ | $m_v=\frac{\delta e}{\delta p}\times\frac{1000}{1+e}$ (m²/MN) | $t_{50}$ (min) | $H=H_0-\Delta H$ (mm) | $\bar{H}=\frac{H_1+H_2}{2}$ (mm) | $(\bar{H})^2$ (mm²) | $c_v=\frac{0.026\times(\bar{H})^2}{t_{50}}$ (m²/a) |
| - | ○ | ○ | ○ | | ○ | ○ | - | - | - | $H_0$=20.10 | - | - | - |
| 1 | 50 | 0.106 | 0.0086 | 0.613 | 0.0086 | 50 | 1.622 | 0.106 | 13 | 19.99 | 20.05 | 402 | 0.804 |
| 2 | 100 | 0.360 | 0.0291 | 0.593 | 0.020 | 50 | 1.613 | 0.248 | 6.3 | 19.74 | 19.87 | 395 | 1.63 |
| 3 | 200 | 0.762 | 0.0615 | 0.561 | 0.032 | 100 | 1.593 | 0.201 | 23 | 19.34 | 19.54 | 382 | 0.432 |
| 4 | 400 | 1.269 | 0.1024 | 0.520 | 0.041 | 200 | 1.561 | 0.131 | 19 | 18.83 | 19.08 | 364 | 0.498 |
| 5 | 200 | 1.118 | 0.0902 | 0.532 | −0.012 | −200 | | | | | | | |
| 6 | 50 | 0.741 | 0.0598 | 0.562 | −0.032 | −150 | | | | | | | |

图 14.39　固结试验计算表，采用图 14.29 和图 14.38 的数据

**固结试验计算时所用参数符号说明**　　　　**表 14.13**

| 测量或读数 | 单位 | 试验前 | 试验时 | | | | 试验后 |
|---|---|---|---|---|---|---|---|
| | | | 本阶段初始 | 本阶段结束 | 累计变化量 | 增加量 | |
| 土样质量* | g | $m_0$ | | | | | $m_f$ |
| 干土质量* | g | $m_d$ | | | | | $m_d$ |
| 土样直径 | mm | $D$ | | | | | $D$ |
| 土样高度 | mm | $H_0$ | $H_1$ | $H_2$ | $\Delta H$ | $\delta H$ | $H_f$ |
| 平均高度 | mm | | $H=1/2(H_1+H_2)$ | | | | |
| 压缩量读数 | μm | $G_0$ | $G_1$ | | | | |
| 截面积* | mm² | $A$ | | | | | $A$ |
| 体积 | cm³ | $V_0$ | | | | | |
| 压力 | kPa | | $p$ | | $\Delta p$ | $\delta p$ | |
| 膨胀力 | kPa | $p_s$ | | | | | $p_s$ |
| 孔隙比 | — | $e_0$ | $e_1$ | $e_2$ | $\Delta e$ | $\delta e$ | $\varepsilon_f$ |
| 饱和度 | % | $S_0$ | | | | | $S_f$ |
| 含水率 | % | $\omega_0$ | | | | | $\omega_f$ |
| 体积压缩系数 | m²/MN | | $m_v$ | | | | |
| 固结系数 | m²/a | | $c_v$ | | | | |
| 渗透系数 | m/s | | $k$ | | | | |
| 土样＋试样环＋容器质量 | g | $m_1$ | | | | | $m_2$ |
| 试样环质量* | g | $m_R$ | | | | | $m_R$ |
| 密度 | Mg/m³ | $\rho$ | | | | | $\rho_f$ |
| 干密度* | Mg/m³ | $\rho_D$ | | | | | $\rho_{Df}$ |
| 土颗粒密度 | — | $\rho_s$ | | | | | |
| 设备变形修正 | μm | | | | $\Delta a$ | $\delta$ | |

注：* 代表试验期间数值保持常数。

$$密度\ \rho_f = \frac{m_f}{AH_f} \times 1000\text{Mg/m}^3$$

$$干密度\ \rho_{Df} = \rho_f \times \frac{100}{100+\omega_f}\text{Mg/m}^3$$

$$\left.\begin{aligned}&孔隙比\ e_f = \frac{\rho_s}{\rho_{Df}} - 1\\&或\ e_f = e_0 - (\Delta e)_f\end{aligned}\right\}两种方法计算孔隙比，可互相验证$$

$$饱和度\ S_f = \frac{\omega_f \times \rho_s}{e_f}\%$$

（一般计算出来的饱和度大于 100%）

3. 各加载阶段的结束

从试验开始（沉降读数为 $G_0$）到施加指定荷载阶段结束时（读数为 $G_2$）的总观测沉降量为（$G_2-G_1$）μm。从中必须减去累计的设备变形校正值 $\Delta a$（第 14.5.6 节，第 5 项），以获得土样净压缩量 $\Delta H$，如图 14.29 的最后两行所示。将最后一行的差值除以 1000，单位便转换成 mm，然后将其填到计算表（图 14.39）$\Delta H$ 栏中的对应位置，用于下列计算。

孔隙比变化（累积）：

$$\Delta e = \frac{\Delta H}{H_s}$$

施加荷载之后的孔隙比：

$$e = e_0 - \Delta e$$

施加荷载之后的孔隙比变化：

$$\delta e = e_1 - e_2$$

施加荷载后的体积压缩系数：

$$m_v = \frac{\delta e}{\delta p} \times \frac{1000}{1+e}\text{m}^2/\text{MN}$$

加载时的固结系数：

$$c_v = \frac{0.026 \times (\overline{H})^2}{t_{50}}\text{m}^2/\text{a}$$

加载时的渗透系数：

$$k = c_v m_v \times 0.31 \times 10^{-9}\text{m/s}$$

在计算渗透系数的时候必须要先说明计算时的压力大小。

如果某一加载阶段的平均实验室温度与 20℃相差超过 2℃，则用计算出的 $c_v$ 和 $k$ 值乘以图 14.18（第 14.3.16 节）中合适的修正系数，求出 20℃时的等效值。

次压缩系数（需要计算时按下式计算）：

$$C_{sec} = \frac{(\Delta H)_s}{H_0}$$

卸载和加载阶段的孔隙比都要计算，而 $m_v$、$c_v$ 和 $k$ 只需在加载阶段计算。

压缩比 $r_0$，$r_p$ 和 $r_s$ 的计算见第 14.3.12 节，在第 14.5.6 节的第 6 项中提供了计算示例（图 14.30）。

4. 绘制孔隙比曲线

根据如图 14.39 所示的计算数据，绘制加载和卸载阶段的孔隙比与对数压力的关系图像，即 $e$-log$p$ 曲线，如图 14.40 所示。

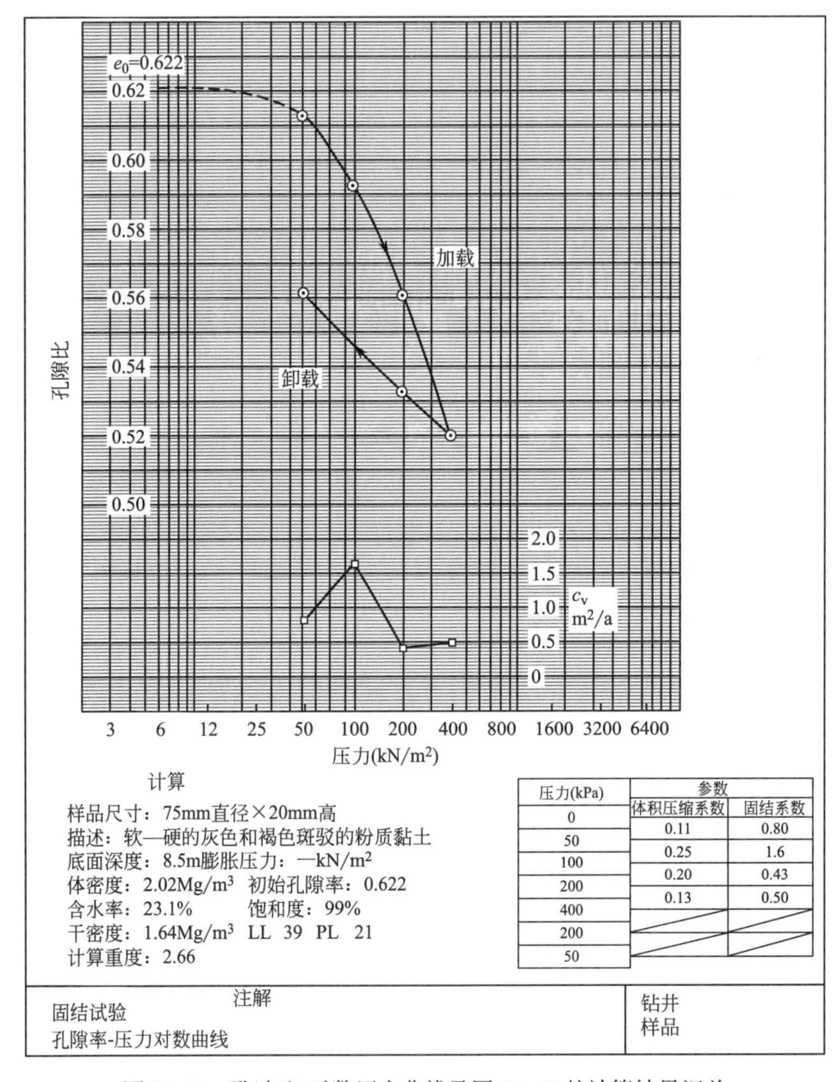


| 压力(kPa) | 参数 | |
|---|---|---|
| | 体积压缩系数 | 固结系数 |
| 0 | 0.11 | 0.80 |
| 50 | 0.25 | 1.6 |
| 100 | 0.20 | 0.43 |
| 200 | 0.13 | 0.50 |
| 400 | | |
| 200 | | |
| 50 | | |

图 14.40 孔隙比-对数压力曲线及图 14.39 的计算结果汇总

同图 14.40 中 $e$-log$p$ 曲线下方图像的绘制方法，可绘制 $c_v$ 与对数压力之间的关系图像。可以取两个相邻荷载的中间值对应的 $c_v$ 值来绘制图像，因为 $c_v$ 和 $m_v$ 与从本级荷载到下一级荷载的增量有关。图 14.40 即采用此方式对 $c_v$ 和 $m_v$ 进行取值。应当说明的是，这些是实验室取值，可能不能直接适用于工程上的沉降量计算（第 14.3.8 节和第 14.4.4 节）。

5. 试验结果

固结试验的结果包括：

试样鉴定，位置，深度；

土样描述；

试样尺寸；

重度，含水率，干密度；

初始孔隙比，饱和度（如果计算饱和度超过 100%，记录为 100%）；

土粒密度，根据需要可测量或假设；

膨胀压力（保留两位有效数字）；

加载和卸载阶段的孔隙比或垂直压缩（%）与对数压力的关系图；

施加或者卸除荷载的大小（kPa）；

体积压缩系数（保留两位有效数字）；

固结系数（保留两位有效数字）：计算每一级荷载下的系数，注意这些固结系数只是实验室计算值；

渗透系数（保留两位有效数字）（没有要求时一般不记录，仅作为实验室计算值）；

每一荷载增量下次压缩阶段的次压缩系数（保留两位有效数字）（可适当调整）；

每一级荷载增量的压缩量与时间对数的关系图像或压缩量与时间平方根之间的关系图像；

曲线拟合方法；

试验期间实验室平均温度；

试验方法，即测定一维固结特性的固结试验，按照规范 BS 1377-5：1990 第 3 款进行。

### 14.5.8　ASTM 固结试验

ASTM D 2435 规定的一维固结试验在原则上与 BS 试验非常相似，但在一些细节上有所不同，其中主要的差别如下所述：

1. 固结仪可以是固定环型或浮动环型。

2. 试样的最小尺寸为 2in（50mm）直径和 0.5in（12.5mm）高。直径与高最小的比值为 2.5∶1，优先选择超过 4∶1 的比例。

3. 采用铜盘或硬钢盘对仪器的变形进行校准，将透水石润湿。

4. 对试样施加 5kPa 的初始固定荷载，对极软弱土，应施加 2kPa 或 3kPa 的初始荷载。

5. 标准荷载（kPa）：5，12，25，50，100，200 等。

对极软弱土可以使用较小的荷载，或者可以采用加载、卸载和再加载顺序来模拟可能的原位应力状态改变。

结果的计算、绘图、图形分析和报告与第 14.5.6 节或第 14.5.7 节中关于黏土的描述相似。图像分析采用的是根据孔隙比-对数压力曲线估算先期固结压力的方法。

## 14.6　特殊用途试验

本节描述除了第 14.5 节中给出的标准固结试验以外的其他试验程序，其中大多数是标准试验的延伸或将其应用到特定的土体中。

### 14.6.1　膨胀力的测量（BS 1377-5：1990：4.3 和 ASTM D 4546）

本试验适用于超固结黏土或其他遇水易膨胀土（第 14.3.15 节），包括高压密的重压实土。若需要进行膨胀压力测量，则参照第 14.5.5 节第 13 步开始进行膨胀力测试；若在标准固结试验中施加荷载后观察到有膨胀，则从第 12 步开始测试。该测试流程由原作者设计，包含在 BS 1377：1990 中。ASTM D 4546 方法 c 给出了一个相似的测试流程，试样在浸水前已被施加原位竖向压力。

当压力表示数显示土样发生膨胀时，在顶部的荷载吊架上施加一个较小的荷载使压缩计回到初始读数，或者回到 1/2 或 1/3 倍初始读数以内的位置。如果荷载不够，则施加更大荷载；如果施加的荷载较大，则静置一定时间，防止膨胀恢复。继续观察压力表，并增加必要的荷载，以保持读数尽可能接近零。记录每次荷载的增量以及从开始到添加荷载时的时间。

随着加载架上重量的增加，必须考虑装置的变形。在第 14.8.1 节中已说明如何进行校正，参考校正曲线（图 14.55）的指示进行适当的变形修正。这个修正值被加到原来的零读数上，以便给出指针所指的读数。因此，随着荷载的调整，初始的“零”位置是不一样的。

超固结黏土达到平衡可能需要几个小时。如果试件必须放置一整夜，将超重的横梁放在支撑千斤顶上，用压力表按照现有的校正零读数装入吊架。膨胀压力可以继续发展，但只要吊架重量提供多余荷载，就会阻止其向上运动，多余的部分将由支撑千斤顶承担。在次日早上缓慢地卸除多余重量，放下支撑千斤顶，如前所述调整吊架荷载，直到压力表显示与所加荷载相对应的修正零读数，这个读数就是当时的膨胀压力。根据需要作进一步调整，直到达到平衡。此方法也许可以使试样在一晚上的时间内产生未知的内应力，但最好不要让试样在有足够约束的情况下膨胀，否则会导致试样无法进行固结试验。

如图 14.41 所示，绘制土样的压力（kPa）-时间平方根关系图像。曲线趋于平坦时表明土样将要达到平衡。保持试样在其初始高度所需的压力称为膨胀压力（$p_s$），记录时保留两位有效数字。当平衡建立时，百分表读数应该与校准曲线上显示的吊架荷载相同，即误差小于 0.01mm。

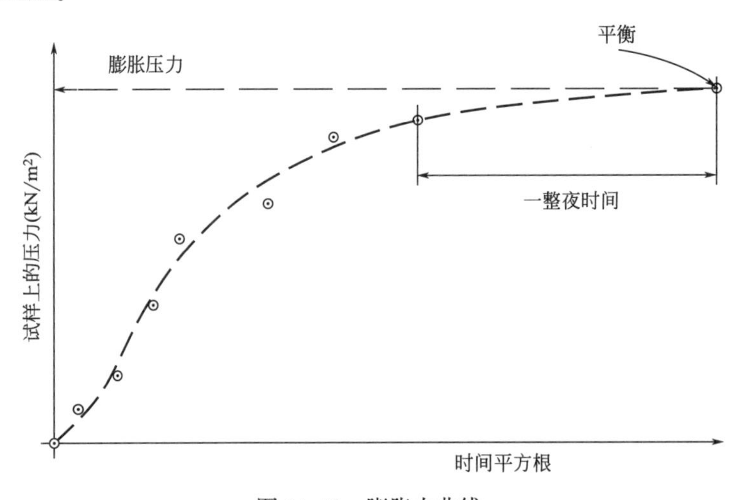


图 14.41　膨胀力曲线

然后在第 13 步开始固结试验（第 14.5.5 节），在吊架上增加重量，使试样的膨胀力达到“标准”加载顺序的下一级压力（表 14.12），不要重新设置压力表的读数。此后，按照正常的加载顺序进行试验。

卸载按标准试验方法进行，但最终卸载压力应与膨胀压力相等。除非准备进行膨胀试验（第 14.6.2 节），否则压力不应降低到该值以下，直到试样被移除。达到平衡的膨胀压力后，参照第 14.5.5 节第 22 步之后的步骤将土样盒排水，拆除试样。

在 $e$-log$p$ 曲线（图 14.42）上，膨胀压力用一条垂直线表示。曲线上的第一点是这条直线与代表初始孔隙比的水平直线的交点，因为在膨胀力测试期间，试样体积不变，因此孔隙比保持不变。整个 $e$-log$p$ 曲线位于代表膨胀压力的垂直线右侧。

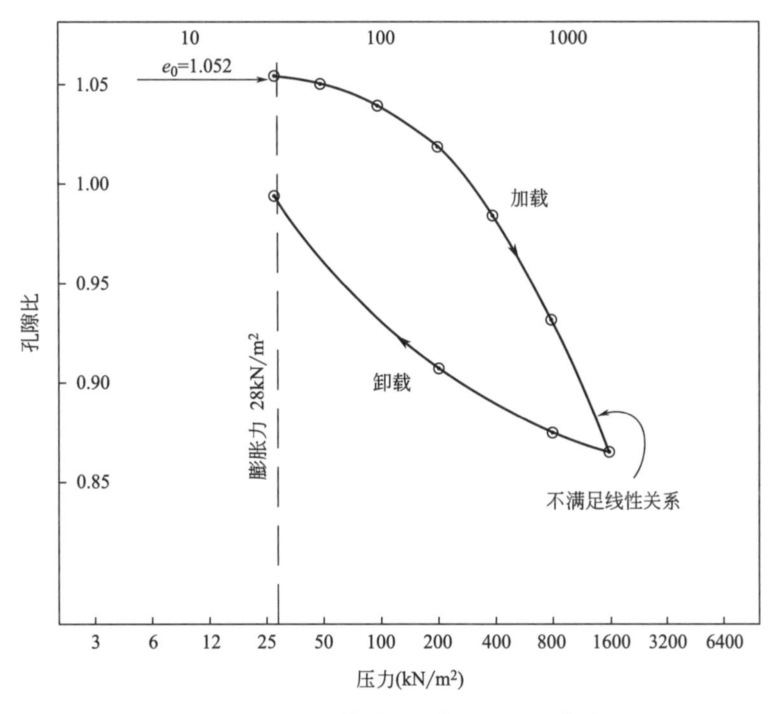


图 14.42　超固结黏土的典型 $e$-log$p$ 曲线

### 14.6.2　膨胀试验（BS 1377-5：1990：4.4）

应注意将膨胀试验与上述的膨胀力试验区分开来，膨胀力试验时要抑制土样膨胀，而膨胀试验中则允许试样产生变形，并对此变形进行测量。

当测量膨胀特性时，必须在试样制备阶段做出特殊规定。试样高度必须小于固结环的高度，以确保试样在膨胀时保持侧向约束，高度差通常为 3～5mm。

1. 试验仪器

除了第 14.5.3 节所列的仪器设备之外，唯一需要补充的内容是如图 14.43（e）所示的上下表面平行的耐腐蚀金属凸缘盘。直径 $D_1$ 应比试样直径 $D$ 小约 1mm，并且上部构件高度 $t$ 等于所要求的试样高度与固结环高度之间的差：通常为 3～5mm。凸缘盘直径 $D_2$ 应该比环的外径大几毫米。或者可以使用直径为 $D_1$ 和厚度为 $t$ 的玻璃或金属盘［图 14.43（a）］，但由于没有凸缘，可能难以从固结环内部拆卸。

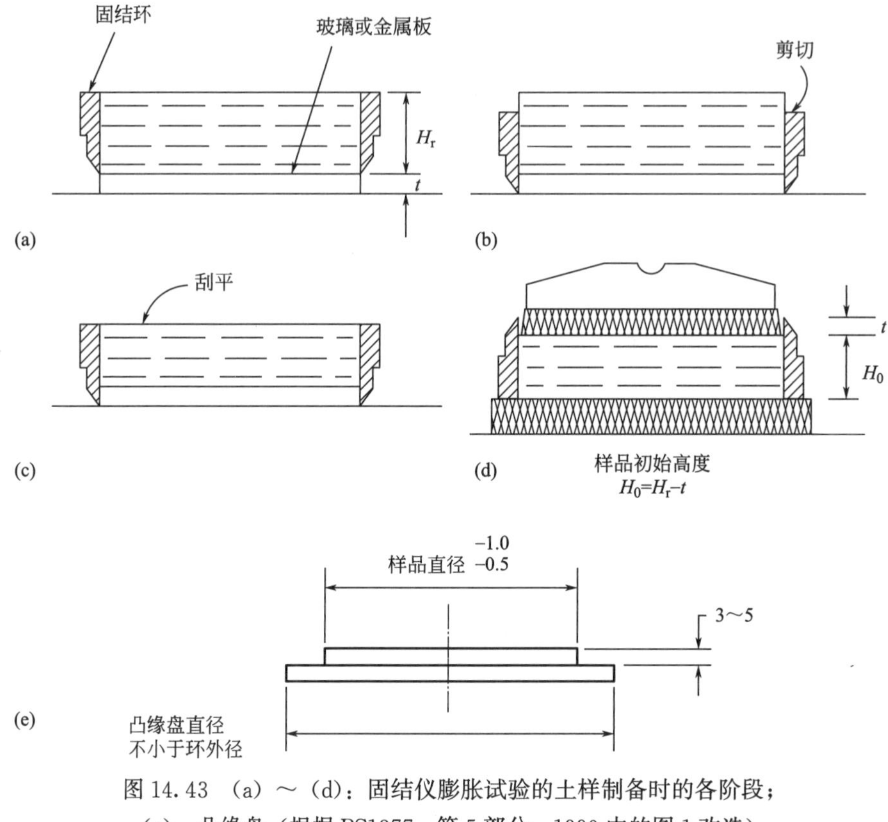


图 14.43　（a）～（d）：固结仪膨胀试验的土样制备时的各阶段；（e）：凸缘盘（根据 BS1377：第 5 部分：1990 中的图 1 改造）

2. 试验步骤

用千分尺测量圆盘和凸缘盘的厚度，精确到 0.01mm。二者之差为上部构件的高度。

按照第 14.5.5 节第 1～3 步所述，准备好试验仪器和试样，并参照第 4 步，测量含水率。

将凸缘盘放在平板玻璃上，然后将土样和固结环放在圆盘的中央，切削刃向下［图 14.43（a）］。

稳定地向下推环，不要倾斜，直到切削刃与玻璃板或凸缘紧密接触［图 14.43（b）］。在不移动试样的情况下，切断挤压部分，将试样剪切平整并与环的末端齐平［图 14.43（c）］。

在固结环中称取试样的质量，组装好仪器，并放置在加载架中，如第 14.5.5 节第 5～10 步所示。目前试样的顶部比固结环的顶部边缘低几毫米，如图 14.43（d）所示，通过调整加载杆可以将其弥补。试样的初始高度等于环的高度减去上部部件高度或凸缘盘的厚度。

然后再确定膨胀压力，如第 14.6.1 节所示。

达到平衡后，从膨胀压力开始分级卸载，进行膨胀试验。该过程如第 14.5.5 节第 19 步所述，在第 20 步中绘制了时间对数图。每级的卸载量为前一级荷载的一半；也就是说，如

果膨胀力用 $p_s$ 表示，卸载顺序可以是 $0.5p_s$，$0.25p_s$，$0.125p_s$ 等，直到所需的最小荷载。

也可以通过在每一级减少等量的 20kPa 荷载进行卸载，持续卸载直到达到图示的平衡状态为止。

如果膨胀量接近凸缘盘的厚度，则不允许进一步的膨胀，否则试样的顶部将不再被固结环所限制。若出现这种情况，应减小试样的厚度进行重复试验。

重新加载回平衡载荷的过程与卸载的过程相同。如果还需要固结特性，则可以继续进行标准固结试验。否则，试样可以在达到平衡后被移除，如第 14.5.5 节第 22 步所述。

在任何情况下，卸载和再加载的完整循环都以 $e$-log$p$ 曲线的形式绘制出来。$m_v$ 和 $c_v$ 的值只能在加载阶段计算得到。

计算结果与普通固结试验的结果相同（第 14.5.5 节，第 30 步）。这种试验被称为“膨胀试验”或“膨胀固结试验”，视情况而定。

### 14.6.3　饱和时的沉降（BS 1377-5：1990：4.5 和 ASTM D 4546）

对于非饱和土，瞬时浸没带来的影响有时较为显著。例如，相对密度低的粉土或砂，无论是在自然沉积还是再压实的情况下，都可能由于颗粒结构的破坏而导致其饱和体积突然减少（Capps 和 Hejj，1968）。飞灰（PFA）是一种易受这种影响的物质（这种现象与上文所述的超固结土在接触水时容易膨胀的特性正好相反）。在 BS 1377：1990 中包括了研究颗粒结构破坏的流程，ASTM D4546 方法 b 中给出的流程在原则上是相似的。

将多孔凸缘盘风干，再将样品放置在固结仪中。在固结仪中不加水，以适当的压力对试样进行加载，一直加载到原位土的上覆荷载。加载时，应当在固结仪上垫一块湿布，湿布上盖一块聚乙烯薄膜，以防止样品干燥。当达到平衡时，通水，使样品完全浸没在水中，同时压力保持不变。如果发生坍塌，可以通过千分表的读数反映此现象，在重新建立平衡之前，应以正常固结阶段同样的方式观测和记录压力千分表。在 $e$-log$p$ 曲线上，这个阶段将表现为一条垂直线，因为孔隙比在恒压下会发生变化（图 14.44）。接着，可以保持土样处于饱和状态，进行接下来的加载和卸载试验。可参考 Kezdi（1980）引用的试验范例。

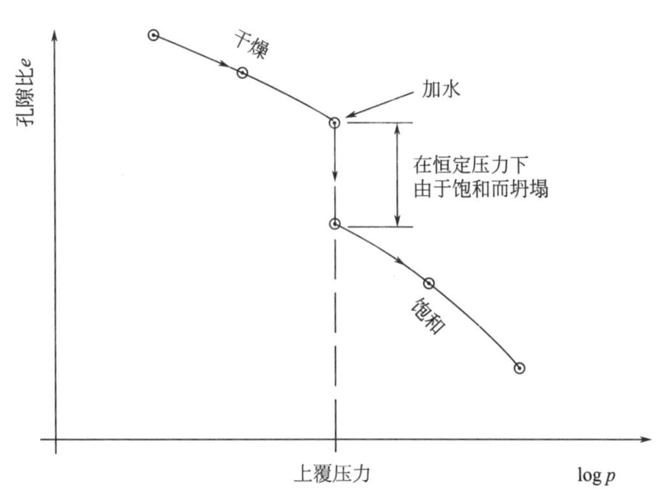


图 14.44　饱和产生的沉降对 $e$-log$p$ 曲线的影响

### 14.6.4　土样膨胀测量

1. 土的膨胀指数（ASTM D 4829）

本试验是为了测定压实土被水淹没时的膨胀量，用“膨胀指数”来表示。一个带有扩展环的模具可容纳一个直径102mm、高25.4mm的试样环。将含水率适宜的土压送到模具中，分两层夯实，用2.5kg的夯锤对每一层施加15次锤击，得到约50mm高的试样。然后，切割土样至与固结环等高，并放在固结仪的加载架上。

对试样施加6.9kPa的垂直压力，10min后将压力表设置为读数0。然后通水，浸没试样，记录下仪表读数，直到达到平衡，该过程的最短时间周期为3h。

试样高度的改变量$\Delta H$（mm）通过试验结束阶段的位移计读数与开始阶段的读数$H_1$（mm）之差得到；土样的膨胀指数（$EI$）则由下式计算：

$$EI=\frac{\Delta H}{H_1}\times 1000$$

EI的计算值按照与其最近的整数进行取值。试验结束时对应的饱和度也需要记录，据此可以估计饱和度为50%时的膨胀指数$EI$值。

2. 铁矿渣的膨胀

大多数矿渣是作为黑色金属工业在生产性能较好且稳定的填充材料过程中所产生的副产品。钢铁废渣是一个例外，它具有潜在的膨胀特性。如果要将其用作封闭填料，则需要对这种特性进行研究。Emery（1979）阐述了评估膨胀程度的试验流程，这套试验流程目前公布于ASTM标准D4792上。

将矿渣压入一个压实模具（可以使用CBR模具）中，同时用类似的方法将一种非膨胀材料压入另一个同样的模具内。安装好带孔的底座，并将样品浸泡在82℃±1℃的水浴中。施加适当的附加荷载，并用测量浸湿CBR土样膨胀性质的方法安装好测试仪表，观测膨胀（图14.45）。在7d之内应连续读数，膨胀量（相对于对照试样）用初始高度的百分比表示。82℃的温度加速了膨胀，在7d时观测到的膨胀量大约是在20℃下一年多观测到的膨胀量的2倍。

图14.45　多个矿渣试样的加速膨胀试验

### 14.6.5　超固结黏土

关于超固结黏土固结试验数据的一些分析方法，可参照第 14.3.14 节，这些内容超出了本书的讨论范围，但是进行分析需要用到以下数据，这些数据可以通过实验室测量得到。

1. $e$-log$p$ 曲线，在仪器容许的承载范围内测量。出现三个可以连成直线的数据点时并不一定表示已经到达原始压缩线；

2. 压力到达 $p_0$ 或膨胀力 $p_s$ 时的卸载曲线。这和加载曲线一样重要，应该通过多次卸载试验来明确界定；

3. 黏土的阿太堡界限，可据此根据经验求得 $C_c$ 的值；

4. 测量土的颗粒密度；

5. 一些分析方法中采用实验室加载—卸载—二次加载循环的流程。获得的曲线类型如图 14.17 所示，通过该曲线可以作出图 14.16 中的 *BCDEFG* 现场曲线。二次加载曲线的延长线最终与初始加载曲线合并在一起。

### 14.6.6　渗透系数测量

某些固结仪具有在对试样施加荷载时直接测量渗透系数的装置。这种固结仪的基本特征是：底部带有入水口，可以连接竖向水管，如滴定管；其带有密封圈，可以防止水从试样和试样环周围流出；其上部带有出水口。图 14.46 为用于变水头渗透试验的固结仪示意图。

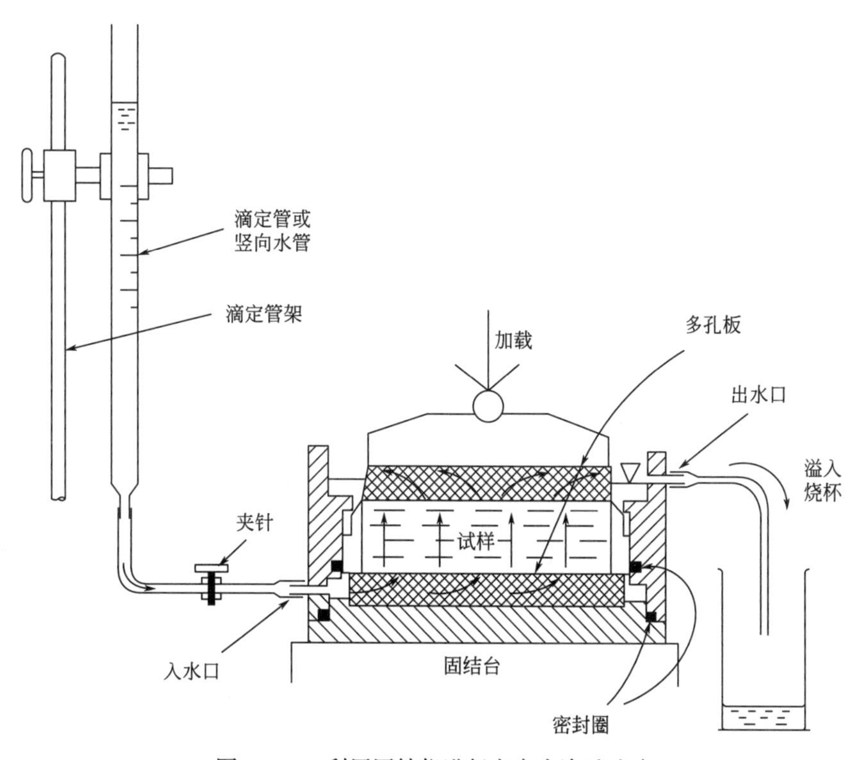


图 14.46　利用固结仪进行变水头渗透试验

当在测量渗透系数的压力下达到平衡时，通过带有夹钳的一段橡胶管，将底部进口连接到滴定管或一个经过适当校准的玻璃管上。将一段橡胶管连接到烧杯的上端出口。向滴定管顶部注入无气水，并使固结仪的水能够溢出。打开夹针，当滴定管中的液位达到给定的刻度时开始计时。记录竖向水管中水位下降到第二个标记所需的时间，重复此步骤2～3次。

根据每一组读数，参照变水头渗透试验流程（第10.7.2节）计算土样的渗透性。计算中采用的试样高度为加载结束时试样的高度。

记录平均值，保留两位有效数字，作为在特定有效应力下的测量渗透系数。

## 14.7　泥炭的固结试验

### 14.7.1　泥炭的性质

1. 一般特性

第1卷（第三版）第7.6.2节概述了泥炭的一般特征和分类。未固结的泥炭通常含水率很高（体积含水率一般为75%～95%，质量含水率甚至超过1000%），孔隙率很高（一般为5%～20%），有机物含量从30%～98%不等。泥炭中的孔隙还包括腐殖化过程中产生的气体。从泥炭的含水率分布和一般特征的变化可以明显看出，泥炭在很短的距离内也变化很大。霍布斯（1986）对泥炭的特性和工程行为作了非常详细的说明，这对于任何参与泥炭试验和解读测试数据的人来说都是必不可少的阅读材料。

由于上述特点，泥炭具有非常高的压缩性能、较低的抗剪强度、较高的初始渗透系数、较大的初始固结速率和较高的二次压缩量。这些特性在荷载增加时会发生剧烈的变化。

传统的太沙基固结理论（第14.3.5节）不适用于泥炭。对于第14.3.4节所列的与太沙基理论所依据的基本假设的偏离，可归纳如下：

（1）固体材料本身是可压缩的；

（2）在加载阶段，渗透性变化很大；

（3）竖向位移与材料厚度相比较大，导致移动边界使传统的边界假设破坏；

（4）由于这些大的变形，可观的结构重排发生在材料的固结过程中。

对泥炭试验的研究要求彻底颠覆传统的固结过程观点，传统的基于 $m_v$ 和 $c_v$ 值测定的方法是不适用的。

2. 术语

常用的术语如下所示（其中一些只与本节有关）。

“主”固结（$c_p$）：从前一级加载的主固结结束（或者在第一级荷载下，从加载开始）至所考虑的“主”阶段结束期间发生的总压缩，伴随超孔隙水压力的消散。“主”固结的结束阶段界定如下：

这个“主”字的定义包括本阶段的“初始”压缩（见下文），以及来自前一个加载阶段的任何二次压缩。

$t_p$：从加载开始到“主”固结阶段结束所经过的时间。

初始压缩量（$c_i$）：从加载的瞬间（$t=0$）到任意时刻（$t=15s$）（0.25min）所产生的压缩量，这个任意时刻通常是指观察到第一个明显的沉降变形的时刻。

次压缩：在“主”固结之后发生的显著压缩过程，与时间的对数呈线性关系。

压缩量 $\Delta H_p$：土样到 $t_p$ 时的累计压缩量。

次压缩系数（$C_{sec}$）：在一个时间对数周期内，试样在次压缩阶段的高度变化与原始高度的比值，其与传统压缩指数的关系如下式所示：

$$C_c^* = \frac{C_c}{1+e_0}$$

等时压缩指数（$C_c^*$）：应变与对数压力曲线上的压缩等时线斜率。

图 14.48 中包含了上面的大多数定义（第 14.7.2 节），有些定义与前面给出的传统测试的定义不同。这就是为什么“主”固结在这里要加引号。

3. 固结行为

在传统的黏土压缩性分析中，主要研究的是主固结过程，因为次压缩阶段的影响较小，往往被忽视。然而，在泥炭中，情况恰好相反，次压缩是主要过程。加载后的瞬间，由于主固结引起的时间滞后，压缩曲线发生扭曲。霍布斯（1986）将此现象描述为“沿着时间对数平稳变化之初的一个单纯的畸变”，如图 14.47 所示，其中次压缩曲线实际上已经向后延伸到加载开始时。除了可以得出二次曲线上的一个参考点外，主固结过程的作用不大。

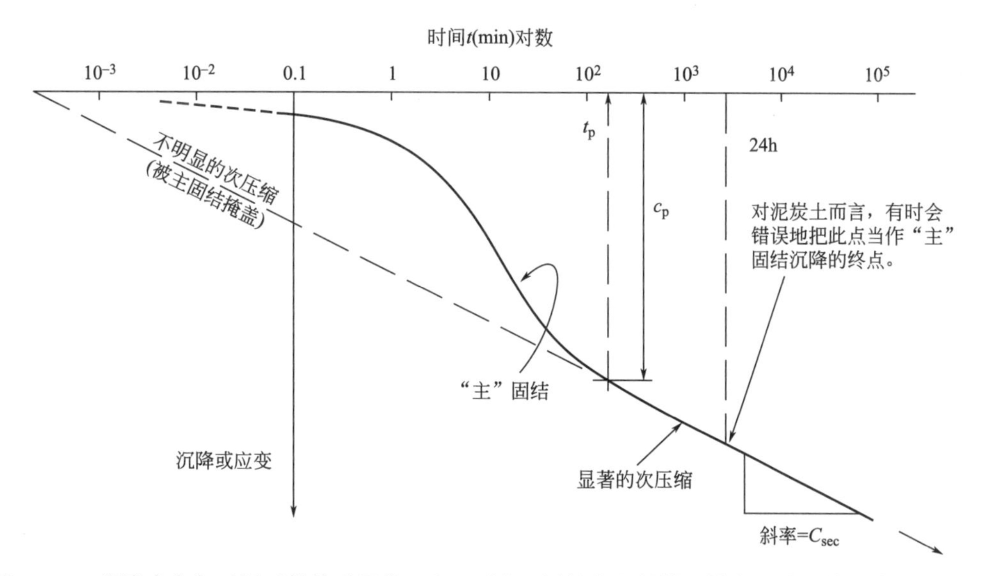


图 14.47　泥炭应变与时间对数关系图像，由于“主”固结产生的滞后效应导致开始时曲线出现偏折

由于次压缩的主导作用是随时间变化的，因此在变形与对数压力的关系中必须引入时间。用泥炭进行试验的主要目的之一是借此导出一组代表不同时期次压缩应变的曲线，称为等时线，等时线是分析固结试验数据的基础。虽然分析的过程不在本书讨论的范围之内，但是获取所需数据和图像的流程如下所述。在取泥炭进行试验时，应当对霍布斯（1986）论文中阐述的方法进行全面研究。

参照英国的惯例，一般可以将固结过程划分为初始阶段、“主”固结阶段和次固结阶段。一些加拿大工程师倾向于只考虑瞬时或初始阶段，然后是长期阶段（次固结）。初始压缩量 $c_i$ 最初在主固结量 $c_p$ 中占很大比例，但随着荷载的增加，这个比例逐渐减小。此过程发生得非常迅速。

参数 $c_i$ 可用作工程师描述沉降比的一个指标，在现场，随着建筑荷载施加速度的加快，沉降比也随之以较大的速率增大。

“主”固结时间 $t_p$ 很短，但随着渗透系数的降低，固结时间随着荷载的增加而增加。如果能测量孔隙水压力（可以用 Rowe 型固结仪或者用下述试样管测试的简单方法），则可以更准确地确定 $t_p$ 的大小。

次压缩系数 $C_{sec}$ 取决于多种因素，其关系十分复杂。从试验程序的角度看，以下因素与 $C_{sec}$ 的评估有关：

（1）荷载增量比应该等于或大于 1；

（2）每次加载应该持续足够长的时间，以消除多级加载过程中先前荷载的影响；

（3）应该确定 $C_{sec}$ 对施加荷载的依赖程度，当施加荷载超过 $p_c$ 时（图 14.49），两者间的关联程度可能很小。

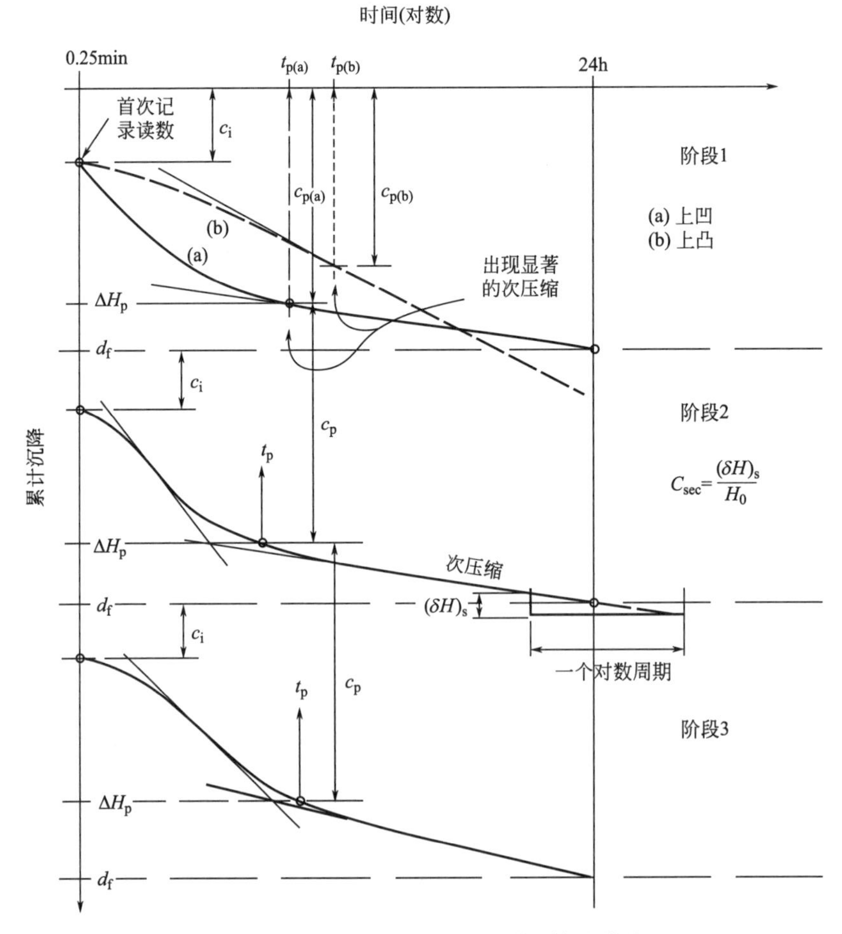


图 14.48　泥炭固结分析时用到的符号说明

主次压缩量与试样或原位土层的厚度近似成正比，如黏土。沉降量的计算是基于应变，而不是 $m_v$ 的值，因此需要累计应变（$H_p/H_0=\varepsilon$）与对数压力的关系图和 $e$-lg $p$ 图。

泥炭的主固结时间 $t_p$ 和排水通道长度 $h$ 的平方之间的比例（第 14.3.5 节）需要进行修正，因为泥炭在室外测得的竖向渗透系数比实验室的要大。霍布斯［1986，式（11）］阐述了二者间的关系：

$$\frac{t_f}{t_s}=\left(\frac{h_f}{h_s}\right)^2\cdot\frac{k_s}{k_f}$$

式中，$t_f$，$t_s$ 分别是室外和实验室固结试验的时间；$h_f$，$h_s$ 是室外和实验室固结试验排水通道的长度；$k_f$，$k_s$ 是室外和实验室固结试验的竖向渗透系数。

### 14.7.2　等时线的推导

图 14.49 显示了如何根据数据点绘制轻度腐殖化泥炭（H3）的主固结和次压缩等时线，其揭示了试样变形（用应变表示）与对数压力的关系。该图与霍布斯（1986）论文中的图 27 和图 29 有关，并且引用了后者随时间变化的测量数据。论文中描述了在相同 5 个土样中进行的一组理想化的单增量加载试验（本例中为 5kPa、10kPa、20kPa、40kPa、80kPa）。

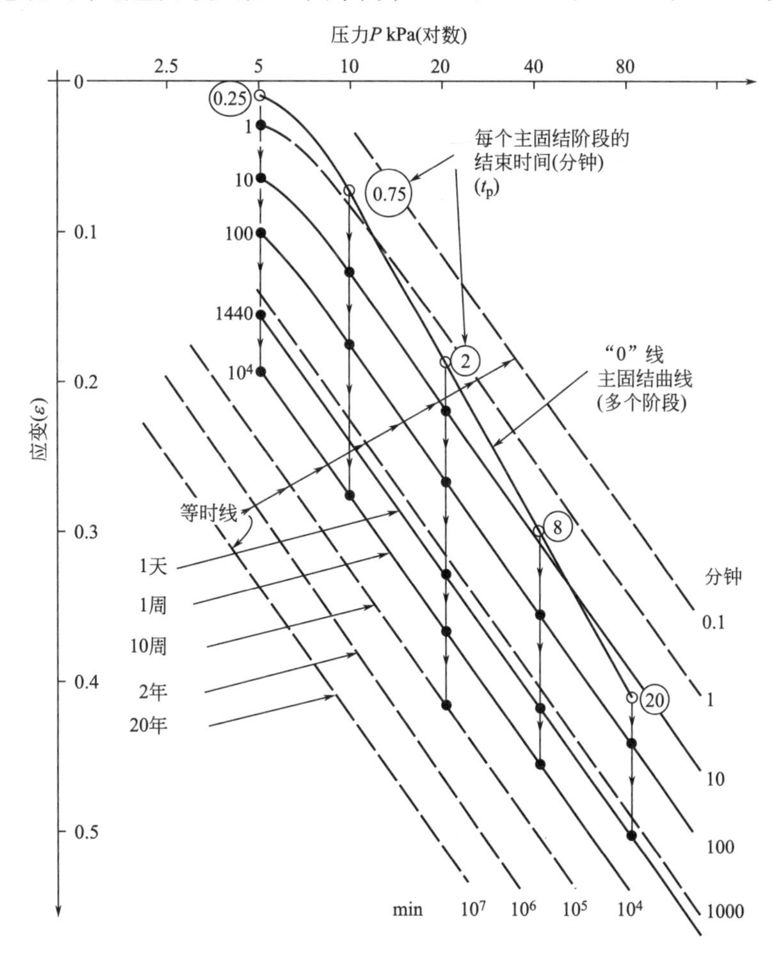


图 14.49　轻微腐殖化泥炭的主固结和次固结等时线推导

将每个主固结阶段结束时（$t_p$ 时）的应变与压力绘制成一个开放圆。一般情况下，$t_p$ 在小压力下可能小于 1min，随着压力的增大，根据腐殖质化程度的不同，$t_p$ 可能增加到 1h 以上。记录每个数据点对应的实际时间。连续施加各级荷载，这样二次压缩也会连续。从加载开始，绘制应变与对应时间的关系图。对数周期的时间间隔容易求出，即 100min、1000min、10000min（1 周）。此外还有 1440min（24h）。如果可行的话，试验可以持续 10 周，间隔为 $10^5$min。对长期试验，实验室的温度变化应控制在±2℃以内。

各时刻所对应的应变如图 14.48 所示用实心黑圆表示。相等时间点的连线构成二次压缩等时线（完整曲线），通过插值或投影的等时线用虚线表示。在泥炭的加载压力范围内，上述等时线均为直线，但它们不一定是平行或均匀排列的。它们的斜率（每个对数压力循环的应变变化）等于 $C_{ci}^*$，等时线之间的垂直间距除以 10 之后为 $C_{sec}$。由于时间 $t_p$ 随压力变化而变化，用空心圆代表数据点的主固结线不平行于等时线。

此类等时线对于合理分析泥炭试验数据至关重要。霍布斯（1986）更详细地介绍了等时线的推导，并阐述了它们的应用。

### 14.7.3　样品及试样

装有未受扰动的泥炭样的样品管应竖直存放，不得平放。未装满的管子应该从现场取水装满，不能用自来水，因为水的化学性质会影响泥炭的渗透性。

测量每个未扰动样的长度，并与取样时管子移动的距离进行对比。回收样品的长度与原位相应厚度的比值即为样品“回收率”。

试样的制备方法见第 9 章（第 9.2.2 节或第 9.3.1 节），并注意以下细节。

样品的检验和 von Post 测试（第 1 卷（第三版）第 7.6.2 节）应表明泥炭中是否含有木质物质或其他硬质材料。“木质”泥炭可能会导致倾斜、堵塞加载帽，或在试验中某一阶段压缩性明显下降等问题。因此，应尽可能对厚的试样进行测试。在任何情况下，都应该用大头针仔细检查试样，以确定试样中是否有任何木质或硬质材料的碎片，在称重之前将其剔除并用泥炭替换。如果试样被过度扰动，应丢弃试样，重新制样。然而，受过一些扰动的试样比一个包含硬块的薄试样更让人满意。

含有有机物的泥炭或土样存在一个问题，孔隙水中的气体可能会使试样膨胀，使平整的表面膨胀成圆形。如观察到这种现象应报告说明，如条件允许，应在一段时间内测量膨胀量，同时应避免试样失水。应制备另一个试样用于固结试验，将其置于固结盒，并尽快加载。

除了测定试样的体积密度外，即使可能已进行了初步的分类测试，如条件允许，也应对试样进行下列测试，以便为泥炭的相关性质提供数据：

von Post 分类（见上文）、含水率（试样烘干温度不超过 105℃）、烧失量（550℃）、液限（使用搅拌机彻底磨碎后，混合）、塑限（如果可行）、颗粒密度（用来测定饱和度，与烧失量有关，见第 14.3.17 节）

### 14.7.4　固结试验装置

除非采用改进的方法，否则正常试样尺寸的常规固结仪固结试验可能不适用于泥炭。理想情况下，试样应尽可能大，使用 Rowe 固结仪（块状试样直径 250mm，活塞试样直径

150mm）优于标准固结仪。应采用均匀应变加载，允许试样垂直排水。这种试验装置将在第 3 卷（第三版）中介绍。块状试样的固结也可以在大型剪切盒中进行，所使用的试样面积为 300mm$^2$，厚 150～200mm。为了使剪切盒不透水，两半盒子之间的接触面应涂好油并紧紧夹在一起，试验还需要一个 50mm 量程的沉降千分表。

如果标准固结仪是唯一可供的试验装置，则应准备一个比 20mm 更厚的试样（如果试样可被容纳）。如第 14.5.6 节第 3 项所述，如果进行单向排水试验，主固结阶段的持续时间可延长 4 倍。应使用 25mm 而不是 12mm 量程的沉降千分表。

使用透水性强的透水板。透水板与泥炭试样之间应铺一层霍曼 54 号滤纸，以防止泥炭堵塞透水板孔。

另一种方法是在试样管中直接对部分未扰动试样进行固结。可以将 U-100 试样管切割至合适长度，长度为 100mm 试样管可用于固结试验。试样可以在加载架上加载，也可以在平衡悬挂器上静压，如图 14.50 所示。加载活塞和管壁之间应保留足够的间隙，避免堵塞。加载活塞和试样之间应放置一块透水板，以便试样排水。固结沉降量可通过大量程千分表观测，总沉降量可用钢尺测量。收集试样固结过程中排出的水并测定其体积。在 100mm 直径的试样上施加 100kPa 的压力需要大约 80kg 的荷载，所以只有在最大荷载不太高的情况下，这种方法才是可行的。

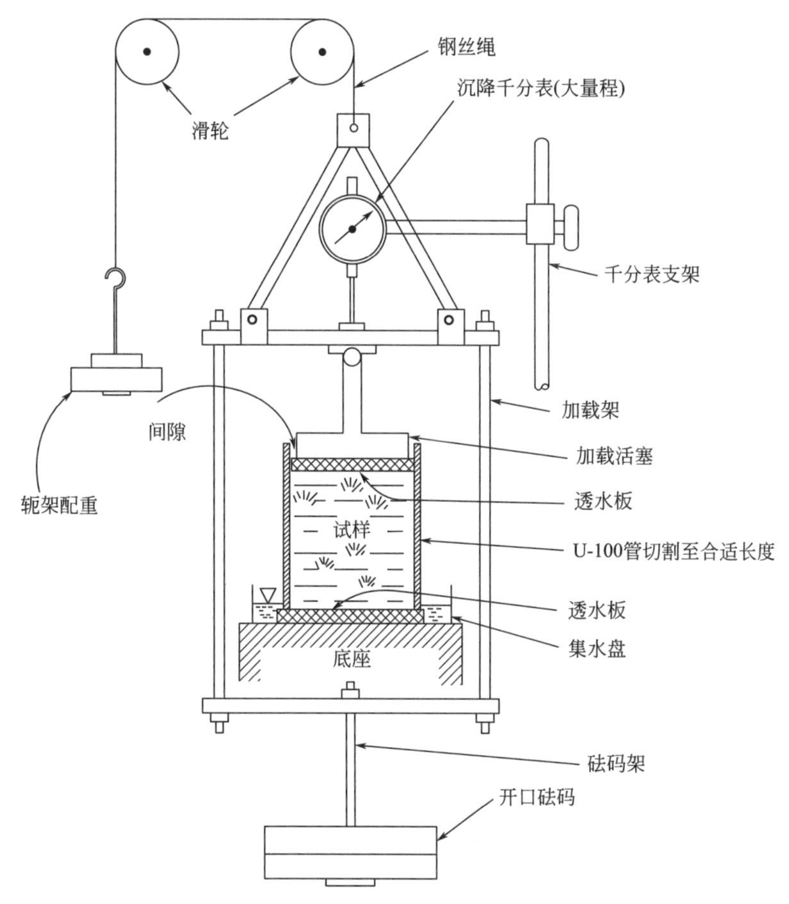


图 14.50　泥炭试样在 U-100 管中固结

该方法的缺点是侧摩擦阻力较大，对于 $H:D$ 为 1∶1 的试样，侧摩阻力约为施加荷载的 10%。因此，可以对施加的荷载作适当的修正。

另一方面，如图 14.51 所示，通过将一根长毛细管连接到试样的底部，可以测量孔隙水压力的变化。

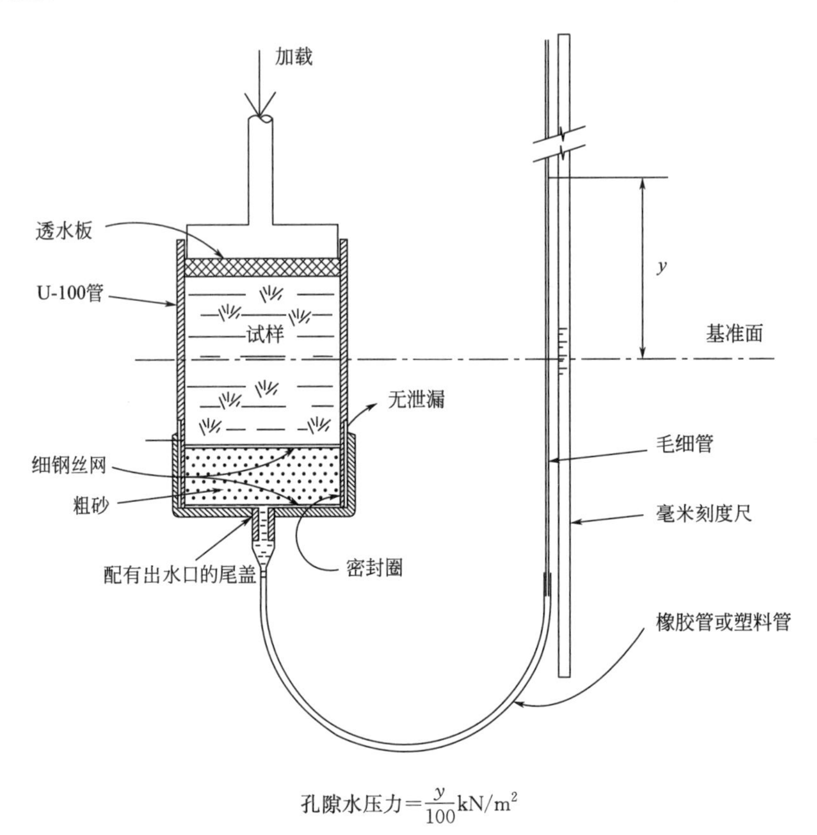


图 14.51　用毛细管测量孔隙水压力的简易方法，水位高度 $y$mm 表示试样底部的超静孔隙水压力

试样管的底端为一层粗砂，粗砂必须饱和至孔隙中完全没有空气，其位于两层细钢丝网之间。

最初，毛细管中的水位应与试样的中间高度大致水平，并以此作为基准面。在每次读取沉降量的同时，观察毛细管中高于基准面的水位高度 $y$，并记录此沉降量对数对应的 $y$。毛细管中水位高度上升 1m 相当于施加 10kPa 的压力。为了将体积位移限制在可忽略的范围内，必须使用细孔管。

所述的测试孔隙水压力的过程可以使用上述任何一种试验装置进行测试。

### 14.7.5　试验步骤

1. 试验类型

即使泥炭是一种相当均质的材料，但通过实验室试验预测泥炭的工程性质仍十分困难。然而，在不同地层之间水平方向上，尤其是垂直方向上，泥炭的性质在小距离上的巨大变化使得预测泥炭的工程性质变得更加复杂。每种试验方法都有其缺点，工程师必须尽其所能地利用现有条件和已有数据。多次试验取平均值通常是必要的。

以下描述了三种试验，它们与加载速率有关，与使用的设备类型无关。

（1）如第 14.5.5 节所述，常规多级加载；

（2）快速多级加载；

（3）单增量加载。

如果现场测定的渗透性显著大于实验室测量值，且 $C_{sec}$ 的实际值与实验室测试值不同，那么模拟现场荷载的多级加载试验将无法模拟泥炭实际的受力情况。无论试验步骤如何复杂，如果没有大规模的现场试验，就不可能准确预测沉降量。

这三种类型试验共有的步骤详见下文。

试验中施加给试样的压力不应超过现场估计的最大荷载值。初始阶段应采用小压力加载，以防止试样被挤出加载活塞。

由于加载后立即产生较大的初始沉降，试验装置的变形修正（第 14.8.1 节）可以忽略不计。

在整个试验过程中，应使用塞尺或抹刀检查加载板（包括透水石）和固结环（或室壁或管壁）之间的间隙。如果检测到间隙之间有摩擦，则应停止试验，并将原因记录在试验表上。

应按照标准试验方法（第 14.5.5 节，第 22 步），在试验结束时去除与试样接触的游离水。然后，卸载并取出试样，称重并干燥，测定试样的含水率（第 14.5.5 节，第 23～26 步）。烘箱干燥温度不应超过 105℃；不过即使不超过 105℃，部分有机物也可能被氧化。整个试样干燥后进行含水率测定，然后用于测定烧失率。

试样的初始孔隙比、饱和度、含水率、体积密度和干密度根据最终干燥后的质量进行计算。

下文描述的图形分析使用了沉降量与时间对数曲线。但是，也应针对时间平方根和算术标尺绘制沉降读数。这些曲线有时有助于确定主固结阶段的结束点，并且可以用来检查核对以确定所选点（在任何情况下都是任意的）是否合理。

2. *常规多级加载试验*

如果数据绘制后如图 14.52 所示，并按照霍布斯（1986）的描述进行解释，则可以使用第 14.5.5 节中描述的常规试验，使用单位荷载增量比，每级荷载持续 24h。

在每个荷载增量的时间对数-沉降曲线上，表示“主”固结阶段结束的 $t_p$ 点确定方法如下。如果曲线有明显的拐点，如图 14.48 第 2 和第 3 阶段所示，参照第 14.5.6 节 1（1）项绘制两条切线。通过切线交点绘制的水平线与 $t_p$ 点处的沉降曲线相交，如图 14.48 所示。

如果曲线没有明显的拐点（图 14.48 中第 1 阶段的曲线（a）或曲线（b）），则可以假设 $t_p$ 点位于图形的线性部分（二次压缩缩线）。当荷载增量比超过 1 时，可能出现类似图 14.48 中曲线（a）的曲线。

如图 14.48 所示，对于第一个荷载增量，“主固结”阶段试样的压缩量 $C_p$ 是指从施加荷载的瞬间（$t=0$）到 $t=t_p$ 时试样的总压缩量。对于之后的加载阶段，$C_p$ 是根据一个 $t_p$ 点到下一个 $t_p$ 点计算而来，包括前一荷载增量的二次压缩。这是一个简化的假设，得到的结果比常规分析得到的结果更可靠。

初始压缩量 $c_i$ 是指施加荷载增量后的前15s内试样的位移量，如图14.48所示。

记录每个“主固结”阶段结束时间 $t_p$ 和相应的累计沉降量 $\Delta H_p$。$\Delta H_p$ 用于计算每个“主固结”阶段结束时试样的孔隙比（第14.5.7节公式）。

如图14.48所示，二次压缩系数 $C_{sec}$ 是从每个加载阶段的二次压缩曲线斜率中获得，并根据试样的初始厚度计算得出的。

绘制 $e$-log$p$ 曲线并确定压缩指数 $C_c$［式（14.25）或图14.13］。也应绘制 log$p$-ε 曲线，因为这是在现场估算土体应变的推荐方法（霍布斯，1986）。

列出了以下数据：

每个“主固结”阶段结束之前的增量时间（$t_p$）；

从第一次增量开始到每个 $t_p$ 点的累计时间；

到每个加载阶段结束时的累计时间（通常为1440min的倍数）；

每个 $t_p$ 点和每24h荷载增量结束时的累积应变；

每个荷载增量下 $C_{sec}$ 值的计算方法如第14.5.7节所述。

绘制每个 $t_p$ 点的累积应变与加载应力的曲线图，如图14.52所示。

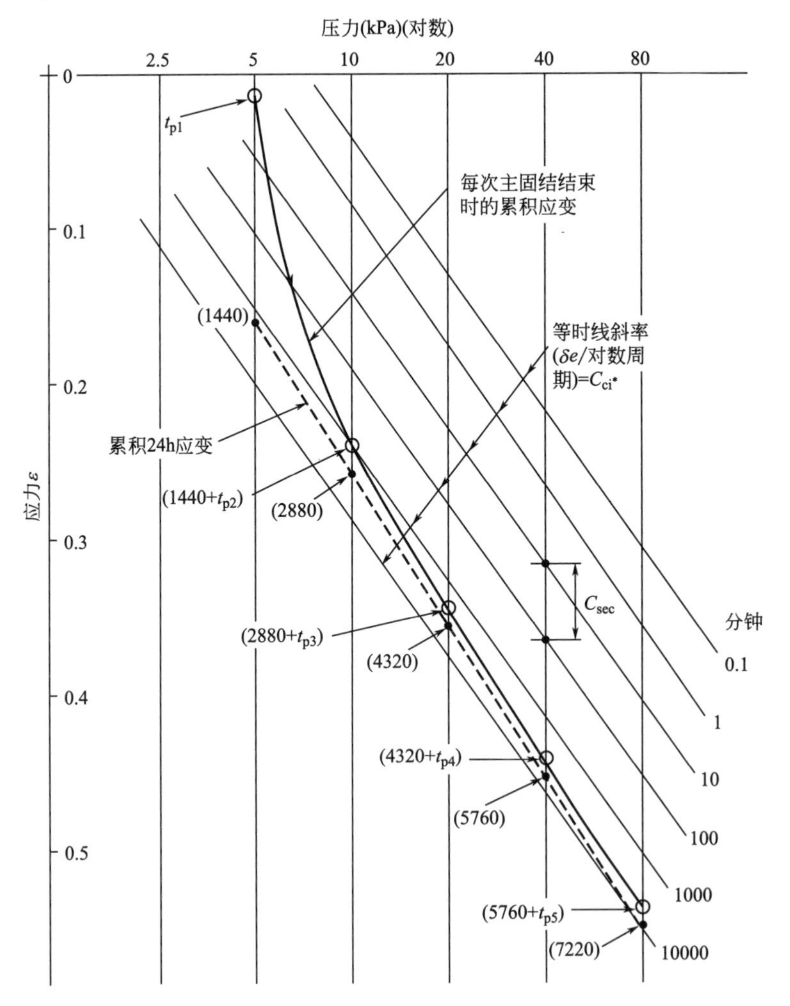


图14.52　单增量和常规多级加载试验的应力应变曲线

除了第一次荷载增量下产生的应变，图中其余应变并不是真正的主固结所产生的应变（图 14.49），因为每个后续绘制的应变包括前一个荷载增量下试样二次压缩产生的应变。如图 14.52 中的粗折线所示，也可绘制 24h 累积应变图。累积时间写在每个绘制点上。然后可以用 Hobbs（1986）所述方法来构造等时线。

### 3. 快速多级加载试验

Hobbs（1986）和 Macfarlane（1969）对这一试验步骤进行了描述，他们推荐的试样 $H:D$ 比值约为 1∶3，且不大于 1∶2.5。

试样的制备和加载与常规多级加载试验相同。当试样固结时，绘制了沉降量-时间对数曲线。一旦曲线进入次压缩的线性阶段（图 14.53）或通过超静孔隙水压力的消散检测到试样主固结的结束，就施加下一个荷载增量。除最后一个加载阶段外，在每个加载阶段重复此过程，最后一个加载阶段可以得到该压力下可靠的次压缩系数值。如果使用普通固结仪试样，则可以在一天内完成所有加载，并在第二天卸载并移除试样。

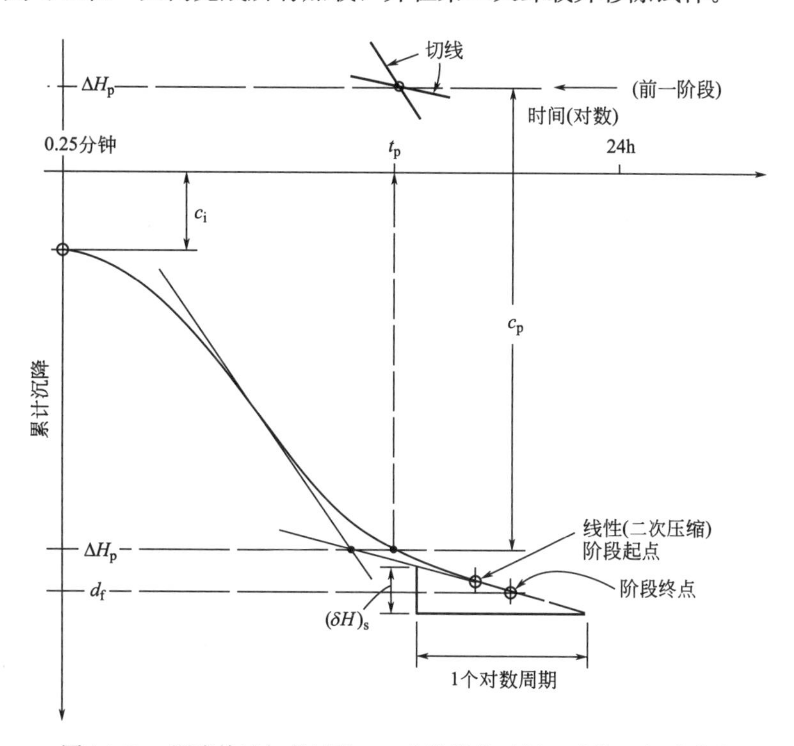


图 14.53 泥炭快速加载试验：一个阶段的时间（对数）-沉降曲线

如果需要较低压力下的 $C_{sec}$ 值，则应通过对相邻试样的单独试验来确定。等时线可按上述方法导出。

在每个加载阶段结束时，绘制累积应变-压力对数关系图，如上所述。除非应变和 $\log p$ 之间没有达到线性关系，否则试验压力不需要超过现场最大荷载所施加的压力。

### 4. 单增量加载试验

该过程是为了说明次压缩等时线的推导过程（图 14.49）。对一组相似试样中的每一个试样施加一个荷载增量，并保证施加的压力满足要求。每一荷载持续足够长的时间以计算 $C_{sec}$ 值，并提供可用于推导等时线的读数。延长试验时间可观察到 $C_{sec}$ 随时间的变化情况。

由于每个试样可能具有不同的初始孔隙比，因此应通过绘制压力（对数）-时间（对数）与应变的关系曲线（而不是与孔隙比的关系曲线）来综合分析各试样的试验结果。如果初始孔隙比取平均值，则可以根据孔隙比重新绘制曲线。

试验中不应一次性施加一个很高的压力，否则可能会将试样挤出。首先施加一个小荷载（比如 6kPa），大约 1min 后再施加一个小荷载增量，这取决于试样发生瞬时初始沉降所需的时间。沉降读数的计时从施加初始荷载的瞬间开始计时，记录沉降量读数（图 14.54）。当试样已经变得足够坚硬，不会被挤出加载板时，再施加全部荷载。

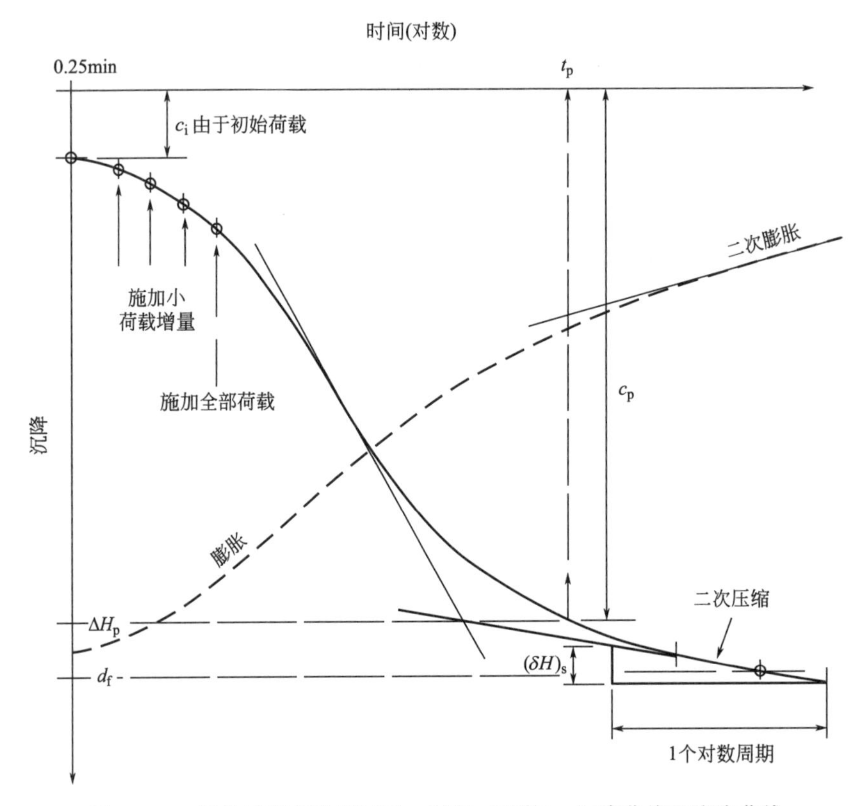


图 14.54　泥炭单荷载增量试验：时间（对数）-沉降曲线和膨胀曲线

5. 卸载

根据 Hobbs 的描述，通过依次模拟现场加载、超载和卸载，可以估算由于移除部分施加荷载后试样的膨胀量。当试样所受压力降低时，首先出现瞬时隆起（快速的主膨胀阶段），然后是长时间的二次膨胀，在时间对数曲线上变为线性。然后，这一过程变得平缓，如果试验持续足够长的时间，在现有的荷载下，可能会重新检测到试样的二次压缩。

从固结室中取出试样之前，应将荷载卸至小压力，保持足够长的时间以达到平衡，并让试样充分排水。应在不超过 105℃ 的温度下干燥并称重，计算试样的初始孔隙比和饱和度。

6. 试验结果

逐级加载和逐级卸载试验后应提供以下资料：

时间-沉降曲线；

时间对数-沉降曲线；

时间平方根-沉降曲线；

主固结结束时间 $t_p$；

主固结阶段结束后的累计沉降量 $\Delta H_p$；

主固结阶段结束后试样的厚度 $H_0-\Delta H_p$；

累计应变 $\Delta H_p/H_0$；

主固结阶段结束后的孔隙比 $e$；

次压缩系数 $\overline{C}_{sec}$；

初始压缩量 $C_i$；

主固结压缩量 $c_p$；

荷载增加时试样高度的总变化量 $\delta H$；

初始压缩率

$$\frac{c_i}{\delta H}\times 100\%$$

主固结压缩率

$$\frac{c_p}{\delta H}\times 100\%$$

如果要测量孔隙水压力，应分别绘制沉降量与时间、时间平方根、时间对数的关系图。

整个试验过程中应得到以下数据：

用导出的等时线绘制的 $\Delta H_p/H_0$ 与 $\log p$ 的关系图；

孔隙比 $e$ 和 $\log p$ 的关系图；

$C_{sec}$ 与 $\log p$ 的关系图；

试样的初始和最终含水率；

试样初始孔隙比和最终孔隙比；

试样的初始体积密度和干密度；

压缩指数 $C_c$；

试样直径，厚度，深度；

液限；

塑限；

烧失量；

颗粒密度；

初始饱和度；

试样的腐殖化程度和分解程度；

试样的外观描述。

## 14.8　试验装置的校准和使用

### 14.8.1　加载架的校准

获取试验装置变形特性的必要性已在第 14.5.2 节说明。

对于校准测试，需要一个与测试试样尺寸相同的金属圆盘（最好是黄铜或铜制成）。金属圆盘的端面必须平整、光滑。

加载架和固结室作为一个统一单元进行校准。固结室组装好后，按照标准试验的要求（第 14.5.5 节，第 6～10 步），放置在加载架上，金属圆盘代替土样和试样环，放置在两个透水板之间。固结室中无需加入水。

如第 14.5.5 节第 11 步和第 13 步所述，将千分表调整到初始读数后，在挂钩上添加砝码，使压力达到 12kPa。读取千分表，指针将发生瞬时偏转。继续在每个阶段成倍增加荷载增量，直到达到试验装置的最大值，记录在每个荷载下压力计读数 $\Delta a$。将同一阶段的荷载降低到 12kPa，再次读取千分表读数。重复加载-卸载循环 2 次以上。

将千分表读数与挂钩上的荷载（kg）相对应，后者用对数坐标表示，如图 14.55 所示。通过试验加载阶段获得的点绘制平滑曲线，并以此作为该试验装置的校准曲线。从校准曲线中读出每个标准荷载下的仪表读数并制成表格。从一个标准荷载到下一个标准荷载的千分表指针偏转增量，用 $\delta$ 表示，通过指针两次偏转量之差获得，也可以制成表格（图 14.55）。

千分表平均校准5～8号

| 加载架荷载 (kg) | 0.3 | 0.6 | 1.2 | 2.5 | 5 | 10 | 20 | 40 | 80 | 160 |
|---|---|---|---|---|---|---|---|---|---|---|
| 累计校正 $\Delta a$ (μm) | 5 | 8 | 13 | 18 | 24 | 31 | 40 | 52 | 70 | 96 |
| 修正增量 $\delta$ (μm) | 5 | 3 | 5 | 5 | 6 | 7 | 9 | 12 | 18 | 26 |

校准人 D.R.E.　　　日期 17.7.11

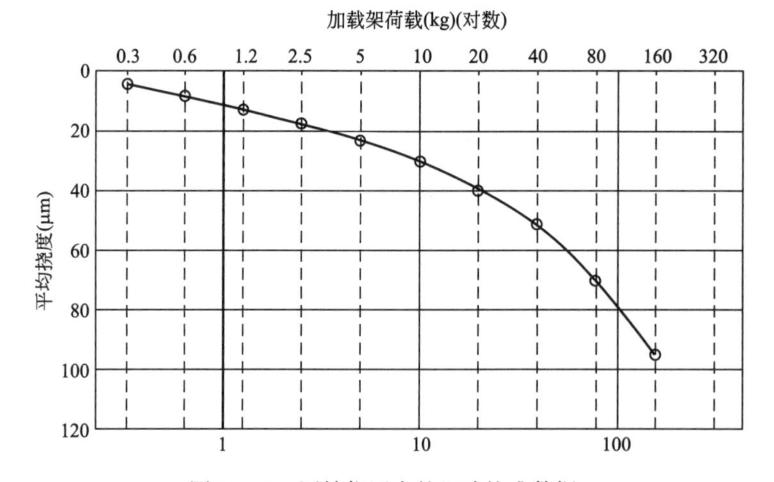


图 14.55　固结仪压力的经验校准数据

相同类型的加载架和固结室通常具有非常相似的校准曲线，因此可以为所有此类加载架绘制一般校准曲线。然而，如果使用非标准固结室或使用了不同的透水板，则需要重新校准。

在每次加载结束时，从试样的累积沉降中减去累积校正 $\delta$（第 14.5.6 节第 5 项和图 14.29）。将修正增量施加到对每个加载阶段的沉降时间图上，以获得 $d_c$ 点（图 14.9）。

在膨胀压力测试期间（第 14.6.1 节），需要参考校准曲线。

### 14.8.2　荷载增量

试样加载/卸载的次数取决于所考虑的特定加载或卸载情况下岩土体工程性质。卸载的次数不应少于加载次数的一半，因为分析试验建立的现场压缩曲线可能需要卸载曲线（第 14.6.5 节）。加载的次数至少应为 4 次，对应 2 次卸载。

通常的做法是使压力在每次施加荷载增量后都加倍，即荷载比为 2（另一种表达方法是，荷载增量 $\delta p$ 等于已施加的荷载 $p$，即 $\delta p/p$（单位荷载增量比）＝1）。这是表 14.12 中建议的加载顺序（第 14.5.4 节第 17 项）。

在整个试验过程中，荷载比应该保持恒定，最好是为 2，因为从一个增量到下一个增量的比率变化会影响 $c_v$ 值。如果需要比正常间距更近的点来绘制 $e$-log$p$ 曲线，则可用$\sqrt{2}$的荷载比，因为备选荷载与推荐荷载相同，顺序为 6kPa、8.4kPa、12kPa、17kPa、25kPa、30kPa、50kPa、71kPa、100kPa……如果使用 1.5 的荷载比，大多数荷载将是非“标准”的，并且重量不方便组合。

### 14.8.3　多次试验

在商用土工实验室中，固结试验很少单独进行，通常一次进行多个固结试验。如果工作台足够坚固，并且已做好在所有固结架满载时防止倾覆的准备（第 14.5.3 节第 10 项），那么可以将固结架并排安装在工作台上（图 14.23）。

一个人可以同时负责多个固结试验，但应谨慎选择相邻两次试验之间的时间间隔，以避免在标准时间段内需同时读取多组数据。表 14.14 为同时展开 8 个固结试验时推荐的时间间隔。这只是在手动读取数据时才需要考虑的问题。如果使用的是电子测量和记录设备系统，那么可以进行更多组加载试验，并自动读数，其精度比通过千分表和手动读数更高。

**多次试验的开始时间**　　**表 14.14**

| 试验编号 | 开始时间(min) | 时间间隔(min) |
|---|---|---|
| 1 | 0 | 5 |
| 2 | 5 | 5 |
| 3 | 10 | 11 |
| 4 | 21 | 5 |
| 5 | 26 | 5 |
| 6 | 31 | 11 |
| 7 | 42 | 5 |
| 8 | 47 | |

该模式可在后续试验中重复。在试验开始半小时后，读数上几秒钟的时间差异并不会带来很大误差。当准备进行加载或者卸载时，可能需要第二个人的帮助。

### 14.8.4　陈旧加载架的使用

如果用英制单位设计的加载架用于 SI 国际单位制的试验，那么是否需要对试验装置进行改进还有待进一步分析。在绘制 $e$-log$p$ 曲线时，更容易使用与之前相同的试样尺寸和吊架重量，并进行调整。例如，英国以前使用的标准试验装置中规定试样直径为 3in，加载梁的比例为 11∶1，因此吊架上 10lb 的重量相当于在试样上施加 1t/ft$^2$ 的应力。该装置可以完全像以前一样使用，但在绘制 $e$-log$p$ 曲线和计算压力时，应将 1t/ft$^2$ 换算为 107.25kPa。

由于压力标度是对数的，与标准加载顺序相对应的每个点都将以 100kPa 的精确倍数向右移动相同的小距离 $y$ ［图 14.56（a）］。在形状上，$e$-log$p$ 曲线将与使用 100kPa 精确倍数的压力时得到的曲线相同。在典型的 A4 纸上，位移 $y$ 大约为 1.5mm。

同样，根据 ASTM 标准设计的加载架，其荷载为 1000lb/ft$^2$ 的倍数，可将 1000lb/ft$^2$ 换算为 47.88kPa 而无需修正。每 1000lb/ft$^2$ 的倍数将以 50kPa 的精确倍数向左移动相同的小距离 $z$ ［图 14.56（b）］。在一般的纸张上，位移 $z$ 约为 1mm。

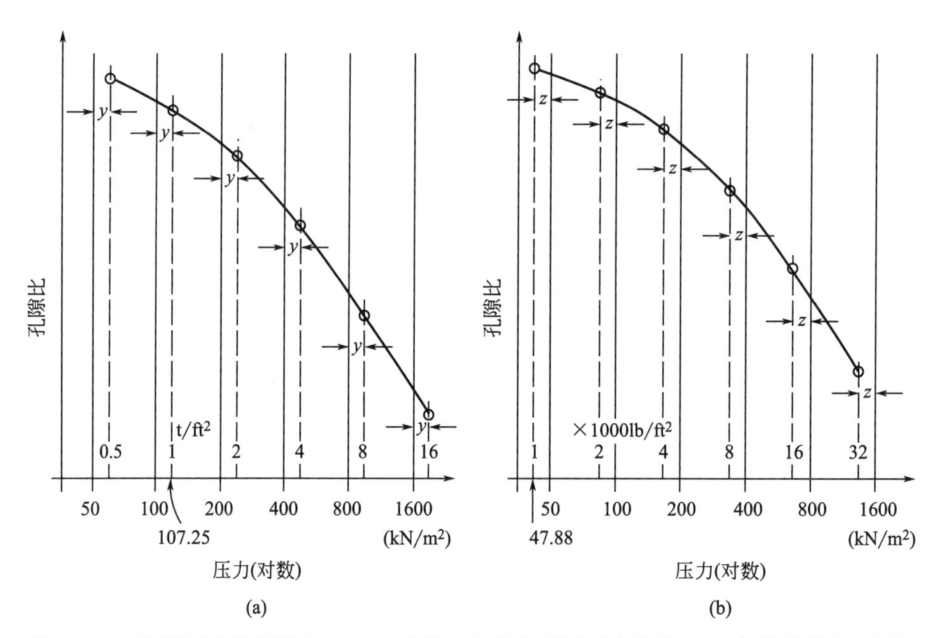


图 14.56　根据试验数据绘制 $e$-log$p$ 曲线，单位为英制压力单位（a）荷载单位为 t/ft$^2$；（b）荷载单位为 lb/ft$^2$（为清晰可见，放大了 $y$ 和 $z$）

试样尺寸应以毫米（3in=76.2mm）表示，需使用测量至毫米的压缩千分表。所有其他计算与第 14.5.7 节所述完全相同。

## 参考文献

ASTM D 2435-04. Standard test method for one-dimensional consolidation properties of soils. American Society for Testing and Materials, Philadelphia, PA, USA.

ASTM D 4546-08. Standard test method for one-dimensional swell or settlement potential of cohesive soil. American Society for Testing and Materials, Philadelphia, PA, USA.

ASTM D 4829-08A. Standard test method for expansion index of soils. American Society for Testing and Materials, Philadelphia, PA, USA.

ASTM D 4792-00 (reapproved 2006). Standard test method for potential expansion of aggregates from hydration reactions. American Society for Testing and Materials, Philadelphia, PA, USA.

Baracos, A. (1976). Clogged filter discs. Technical note, Géotechnique, Vol. 26, No. 4.

Barden, L. (1965). 'Consolidation of compacted and unsaturated clays'. Géotechnique, Vol. 15, No. 3.

Burland, J. B. (2001). The stabilisation of the Leaning Tower of Pisa, Ingenia, 2001, pp. 10-18.

Capps, J. F. andHejj, H. (1968). Laboratory and field tests on a collapsing sand in northern Nigeria. Technical Note, *Géotechnique*, Vol. 18, No. 4.

Casagrande, A. (1932). The structure of clay and its importance in foundation engineering. *J. Boston Soc. Civ. Eng.*, Vol. 19.

Casagrande, A. (1936). The determination of the pre-consolidation load and its practical significance. *Proc. 1st Int. Conf. Soil Mech.*, Cambridge, Mass., Vol. 3.

Cooling, L. F. and Skempton, A. W. (1941). Some experiments on the consolidation of clay. *J. Int. Civ. Eng.*, Vol. 16.

Davis, E. H. and Poulos, H. (1965). The analysis of settlement under three-dimensional conditions. *Symp. on Soft Ground Eng.*, Inst. Eng. Australia, Brisbane.

Emery, J. J. (1979). Assessment of Ferrous Slags for Fill Applications. Paper F1, Conference on Reclamation of Contaminated Land. *Proc. Soc. of Chemical Industry Conference*, Eastbourne, UK, October 1979.

Gilboy, G. (1936). Improved soil testing methods. *Eng. News Rec.*, 21 May 1936.

Hobbs, N. B. (1986). Mire morphology and the properties and behaviour of some British and foreign peats. *Quarterly Journal of Eng.* Geology, London, Vol. 19, No. 1.

Kezdi, A. (1980). *Handbook of Soil Mechanics, Vol. 2, Soil Testing*. Elsevier Scientific Co. (English translation from the Hungarian, *Talajmechanika I*, Budapest, 1960).

Lambe, T. W. (1951). *Soil Testing for Engineers*, Wiley, New York.

Lambe, T. W. and Whitman, R. V. (1979). *Soil Mechanics, SI Version*. Wiley, New York.

Leonards, G. A. (ed.) (1962). *Foundation Engineering*, Chapter 2. McGraw-Hill, New York.

MacDonald, D. H. and Skempton, A. W. (1955) A survey of comparisons between calculated and observed settlements of structures on clay. Paper No. 19. *Conf. on Correlation*

*Between Calculated and Observed Stresses and Displacements in Building. Inst. Civ. Eng.*，London.

Mitchell，J. K.，Vivatrat，V. and Lambe，T. W.（1977）. Foundation performance of the tower of Pisa. *Proc. ASCE. Geotech. Eng. Div.*，Vol. 103，No. GT3.

MacFarlane，I. C.（1969）. *Muskeg Engineering Handbook*，Chapter 4，University of Toronto Press，Toronto，Canada.

Rowe，P. W.（1966）. A new consolidation cell. *Géotechnique*，Vol. 16，No. 2.

Rowe，P. W.（1972）. The relevance of soil fabric to site investigation practice. 12th Rankine lecture，*Géotechnique*，Vol. 22，No. 2.

Rutledge，P. C.（1935）. Recent developments in soil testing apparatus. *J. Boston Soc. Civ. Eng.*，Vol. 22，No. 4.

Schmertmann，J. H.（1953）. Estimating the true consolidation behaviour of clay from laboratory test results. *Proc. ASCE*，Vol. 79，Separate No. 3111.

Schmertmann，J. H.（1954）. The undisturbed consolidation behaviour of clay. *Trans. ASCE*，Vol. 120，Paper 2775.

Scott，C. R.（1974）. *An Introduction to Soil Mechanics*. Applied Science Publishers，Barking，UK.

Simons，N. E. and Menzies，B. K.（1977）. *A Short Course in Foundation Engineering*. Newnes-Butterworth，London.

Skempton，A. W.（1944）. Notes on the compressibility of clays. *Q. J. Geol. Soc.*，Vol. C.

Skempton，A. W. and MacDonald，D. H.（1956）. The allowable settlements of buildings. *Proc. Inst. Civ. Eng.*，Vol. 5，No. 3，Part 3.

Skempton，A. W. and Bjerum，L.（1957）. A contribution to the settlement analysis of foundations on clay. *Géotechnique*，Vol. 7，p. 168.

Skempton，A. W. and Petley，J.（1970）. Ignition loss and other properties of peats and clays from Avonmouth，King's Lynn and Cranberry Moss. *Géotechnique*，Vol. 20，No. 4.

Taylor，D. W.（1948）. *Fundamentals of Soil Mechanics*，Wiley，New York.

Taylor，D. W.（1942）. Research on consolidation clays. Report No. 82. Department of Civil and Sanitary Engineering，Massachusetts Institute of Technology，Cambridge，MA，USA.

Terzaghi，K.（1925）. *Erdbaumechanik auf bodenphysikalischer Grundlage*. Deuticke，Wien.

Terzaghi，K.（1934）. Die Ursachen der Schiefstellung des Turmes von Pisa. *Der Bauingenieur*，Berlin. Reprinted（1960）. in *From Theory to Practice in Soil Mechanics*，Wiley，New York.

Terzaghi，K.（1939）. Soil mechanics—a new chapter in engineering science. James Forrest Lecture，*J. Inst. Civ. Eng.*，London，Vol. 12，No. 7.

Terzaghi，K.（1943）. *Theoretical Soil Mechanics*. Wiley，New York.

Terzaghi, K. and Fröhlich, O. K. (1936). *Theorie der Setzung von Tonschichten; eine Einführung in die analytische Tonmechanik*. Deuticke, Leipzig.

Terzaghi, K. and Peck, R. B. (1967). *Soil Mechanics in Engineering Practice*. Wiley, New York.

Tschebotarioff, G. P. (1951). *Soil Mechanics, Foundations and Earth Structures*, Chapter 6. McGraw-Hill, New York.

Wheeler, P. (1993). Academic leanings—Field trials at Pisa. *Ground Engineering*, Vol. 26, No. 6.

Hobbs, N. B. (1987). A note on the classification of peat. Technical Note, *Géotechnique*, Vol. 37, No. 3.

Landva, A. O. and Pheeney, P. E. (1980). Peat, fabric and structure. *Can. Geotech. J.*, Vol. 17, No. 3, pp. 416-435.

Padfield, C. J. and Sharrock, M. J. (1983). *Settlement of Structures on Clay Soils*. CIRIA Special Publication 27. Property Services Agency, Department of the Environment, London.

von Post, L. (1924). Das genetische System der organogenen Bildungen Schwedens. Int. Comm. Soil Sci., IV Commission.

# 附录：
# 单位，符号，参考数据

本章主译：刘浩（中国地质大学（武汉））

## B1 国际单位（SI）

第 1 卷和第 2 卷中使用的常用国际单位（SI）（通常也被用于土力学和基础工程）汇总在表 B1 中。表 B2 中给出了标准的乘法前缀。表 B3 给出了将英国、美国和 CGS 单位的参数转换成国际单位（SI），反之亦然，通常保留四个有效数字。

在第 1 卷（第三版）的附录 A. 1. 2 中提供了一些 SI 单位的定义和解释性注释，在此不再赘述。此处提供的表格包含第 1 卷附录（第三版）中列出的数据。

土力学的国际单位（SI）　　　　表 B1

| 名称 | 单位 | 单位符号 | 运用 | 单位换算 |
|---|---|---|---|---|
| 长度 | 毫米 | mm | 样品测量，粒径* | $1\mu m=10^{-6}m=10^{-3}mm$ |
| | 微米 | μm | 筛孔和粒度* | |
| 面积 | 平方毫米 | $mm^2$ | 截面面积 | |
| 体积 | 立方米 | $m^3$ | 土方工程 | $1m^3=10^6cm^3$ |
| | 立方厘米 | $cm^3$ | 样品体积 | |
| | 毫升 | mL | 流体测量 | |
| | 立方毫米 | $mm^3$ | 计算的样品体积 | |
| 质量 | 克 | g | 准确称量 | 1kg=1000g |
| | 千克 | kg | 大块样品和近似重量 | |
| | 兆克 | Mg | 也可以称为吨 | $1Mg=1000kg=10^6g$ |
| 密度（质量） | 兆克每立方米 | $Mg/m^3$ | 样品密度和干密度 | 水的密度$=1Mg/m^3=1g/cm^3$ |
| （重量） | 千牛每立方米 | $kN/m^3$ | 上覆压力 | $1Mg/m^3=9.807kN/m^3$ |
| 温度 | 摄氏度 | ℃ | 实验室和浴温 | Celsius 是 Centigrade 的常用名 |
| 时间 | 秒 | s | 实验室测试的时间 | 1min=60s |
| 力 | 牛 | N | 拉力环校准 | 1kgf=9.807N |
| | | | 小量级的力 | 1N=101.97gf |
| | 千牛 | kN | 中量级的力 | 1kN=1000N=约 0.1tf |
| 压力和压强 | 牛每平方=帕斯卡 | $N/m^2$<br>Pa | 非常小的压力和压强 | $1g/cm^2=98.07N/m^2=98.07Pa$ |
| | 千牛每平方=千帕 | $kN/m^2$ | 压力表 | $1kgf/cm^2=98.07kN/m^2$ |
| | | kPa | 土体强度和抗剪强度 | $1bar=100kN/m^2$ |

续表

| 名称 | 单位 | 单位符号 | 运用 | 单位换算 |
| --- | --- | --- | --- | --- |
| 压力(真空) | 托尔 | torr | 真空下很低的压强 | 1torr=133.3Pa=133.3N/$m^2$=1mmHg |
| 动力黏滞度 | 毫帕秒=豪牛秒每平方 | mPa·s=mN·s/$m^2$ | 水的黏度 | 1mPa·s=1cP(百分之一泊) |
| 体积压缩系数($m_v$) | 平方米每兆牛 | $m^2$/MN | 沉降计算 | 1$cm^2$/kgf=10.20$m^2$/MN |
| 固结系数($c_v$) | 平方米每年 | $m^2$/a | 估计沉降速率 | 1$cm^2$/s=3156$m^2$/a |
| 渗透系数($k$) | 米每秒 | m/s | 水在土体中的流动 | 1cm/s=0.01m/s |
| 频率 | 赫兹 | Hz | 振动速率、加载重复率等 | 1Hz=1$s^{-1}$=1 周期每秒(cps) |

* 表 4.5（第 1 卷（第三版））中列出了用于土体测试的公制筛孔尺寸。

**乘法前缀** **表 B2**

| 前缀符号 | 名称 | 乘数 |
| --- | --- | --- |
| G | giga | 1000000000=$10^9$ |
| M | mega | 1000000=$10^6$ |
| k | kilo | 1000=$10^3$ |
| h | [1] * hecto | 100=$10^2$ |
| da | * deca | 10 |
| d | * deci | $10^{-1}$=0.1 |
| c | * centi | $10^{-2}$=0.01 |
| m | milli | $10^{-3}$=0.001 |
| $\mu$ | micro | $10^{-6}$=0.000001 |
| n | nano | $10^{-9}$=0.000000001 |

* 不建议在国际单位（SI）中使用。

**换算系数：英国、美国、CGS 单位与 SI 之间** **表 B3**

| 其他单位换算为 SI | | | SI 换算为其他单位 | |
| --- | --- | --- | --- | --- |
| 长度 | 0.3408 | m | 英尺(ft) | 3.281 |
| | 25.4 * | mm | 英寸(in) | 0.03937 |
| 面积 | 0.0929 | $m^2$ | 平方英尺 | 10.76 |
| | 645.2 | $mm^2$ | 平方英寸 | 0.00155 |
| 体积 | 0.02832 | $m^3$ | 立方英尺 | 35.31 |
| | 4.546 | L | 加仑(UK) | 0.22 |
| | 3.785 | L | 加仑(USA) | 0.2642 |
| | 28.32 | L | 立方英尺 | 0.03531 |
| | 16.39 | mL | 立方英寸 | 0.06102 |
| | 16387 | $mm^3$ | 立方英寸 | |

续表

| 其他单位换算为SI | | | SI换算为其他单位 | |
|---|---|---|---|---|
| 质量 | 1.016 | Mg(t) | 吨 | 0.9842 |
| | 0.4536 | kg | 磅(lb) | 2.205 |
| | 453.6 | g | 磅 | |
| | 28.35 | g | 盎司(oz) | 0.03527 |
| | 0.9072 | Mg | 短吨(USA) | 1.1023 |
| 密度(质量) | 0.01602 | $Mg/m^3(g/cm^3)$ | 磅每立方英尺 | 62.43 |
| 密度(重量) | 0.1571 | $kN/m^3$ | $1b/ft^3$ | 6.366 |
| 力 | 9.964 | kN | 吨力 | 0.1004 |
| | 4.448 | N | 磅力 | 0.2248 |
| | 9.807 | N | kgf(千克力) | 0.10197 |
| | $10^{-5}$ * | N | 达因 | $10^5$ * |
| | 0.1383 | N | 磅达 | 7.233 |
| 压力和压强 | 0.04788 | $kPa, kN/m^2$ | lb f/sq ft | 20.89 |
| | 6.895 | $kN/m^2$ | lb f/sq in | 0.145 |
| | 47.88 | $Pa, N/m^2$ | lb f/sq ft | 0.02089 |
| | 107.25 | $kPa, kN/m^2$ | tonf/sq ft | 0.009324 |
| | 0.10725 | $MPa, MN/m^2$ | tonf/sq ft | 9.324 |
| | 98.07 | $kN/m^2$ | $kgf/sqcm(kp/cm^2)$ | 0.0102 |
| | 101.32 | $kN/m^2$ | atm | 0.009869 |
| | 100* | $kN/m^2$ | bar | 0.01* |
| | 0.1* | $Pa, N/m^2$ | dyne/sqcm | 10* |
| 流体压力 | 2.989 | $kN/m^2$ | 英尺水 | 0.3346 |
| | 0.2491 | $kN/m^2$ | 英寸水 | 4.015 |
| | 9.807 | $N/m^2$ | 毫米水 | 0.10197 |
| | 0.009807 | $kN/m^2$ | 毫米水 | 101.97 |
| 弹簧弹性模量 | 0.1751 | N/mm | lbf/in | 5.71 |
| | 0.009807 | N/mm | gf/mm | 101.97 |
| 转矩 | 112.98 | N·mm | lbf in | 0.008851 |
| | 1.356 | N·m | lbf ft | 0.7376 |
| 体积压缩系数 | 9.324 | $m^2/MN$ | $ft^2/ton$ | 0.1072 |
| | 10.197 | $m^2/MN$ | $cm^2/kgf$ | 0.9807 |
| 固结系数 | 0.0929 | $m^2/a$ | $ft^2/a$ | 10.76 |
| | 339.3 | $m^2/a$ | $in^2/minute$ | $2.947\times10^{-3}$ |
| | 3156 | $m^2/a$ | $cm^2/s$ | $3.169\times10^{-4}$ |
| 渗透系数 | $0.9659\times10^{-8}$ | m/s | ft/a | $1.035\times10^8$ |
| | 0.01* | m/s | cm/s | 100* |

续表

| 其他单位换算为SI | | | SI换算为其他单位 | |
|---|---|---|---|---|
| 流动速率 | 0.01667 | mL/s | mL/min | 60* |
| | 4546 | mL/min | 加仑/min(UK) | $2.2\times10^{-4}$ |
| | 0.07577 | 升/min | 加仑/hour(UK) | 13.2 |
| | 3785 | mL/min | 加仑/min(US) | $2.642\times10^{-4}$ |
| | 0.02832 | (立方米每秒)$m^3/s$ | cu. ft/s(立方英尺每秒) | 35.31 |

* 准确值

例如：其他单位换算成国际单位（SI）：英尺换算为米，乘以0.3048；

国际单位（SI）换算成其他单位：米换算成英尺，乘以3.281。

## B2 符号

第1卷和第2卷（第三版）中通常使用的符号汇总在表B4（土体特性）和表B5（杂项符号）中。希腊字母见表B6。

水土参数符号　　表B4

| 章节参考 | 测定量 | 符号 | 测量单位 |
|---|---|---|---|
| 2-6 | 含水率 | $w$ | % |
| | 液限 | $w_L$ | % |
| | 塑限 | $w_P$ | % |
| | 塑性指数 | $I_P$ | % |
| | 非塑性 | NP | — |
| | 相对稠度 | $C_r$ | — |
| | 液性指数 | $I_L$ | — |
| | 缩限 | $w_s$ | % |
| | 线性收缩 | $L_s$ | % |
| | 收缩率 | $R$ | — |
| | 重度 | $\gamma$ | $kN/m^3$ |
| | 体积密度(质量) | $\rho$ | $Mg/m^3$ |
| | 干密度 | $\rho_D$ | $Mg/m^3$ |
| | 饱和密度 | $\rho_{sat}$ | $Mg/m^3$ |
| | 有效密度 | $\rho'$ | $Mg/m^3$ |
| | 最小干密度 | $\rho_{Dmin}$ | $Mg/m^3$ |
| | 最大干密度 | $\rho_{Dmax}$ | $Mg/m^3$ |
| | 水的密度 | $\rho_w$ | $Mg/m^3$ |
| | 最优含水率 | OMC | % |
| | 土粒密度 | $\rho_s$ | $Mg/m^3$ |
| | 液体密度 | $\rho_L$ | $Mg/m^3$ |

续表

| 章节参考 | 测定量 | 符号 | 测量单位 |
| --- | --- | --- | --- |
| 2-6 | 饱和度 | $S$ | % |
| | 孔隙比 | $E$ | — |
| | 孔隙率 | $N$ | — |
| | 空隙百分比 | $V_a$ | % |
| | 粒径 | $D$ | μm or mm |
| | 小于粒径百分比 | $P$ | % |
| | 有效粒径 | $D_{10}$ | mm |
| | 限制粒径 | $D_{60}$ | mm |
| | 均匀系数 | $U$ | — |
| | 水的动态黏度 | $\eta$ | mPas |
| 10 | 渗透系数 | $k$ | m/s |
| | $T$ 摄氏度时渗透系数 | $k_T$ | m/s |
| | 绝对渗透率(特定的) | $K$ | $mm^2$ |
| | 表面系数 | $S$ | $mm^{-1}$ |
| 11 | 加州承载比 | CBR | % |
| 12,13 | 排水强度： | | |
| | 黏聚力 | $c'$ | $kN/m^2$(kPa) |
| | 内摩擦角 | $\varphi'$ | ° |
| | 残余强度： | | |
| | 黏聚力 | $c'_r$ | $kN/m^2$(kPa) |
| | 内摩擦角 | $\varphi'_r$ | ° |
| | 十字板抗剪强度 | $\tau_v$ | $kN/m^2$(kPa) |
| 13 | 无侧限抗压强度 | $q_u$ | $kN/m^2$(kPa) |
| | 重塑抗压强度 | $q_{ur}$ | $kN/m^2$(kPa) |
| | 灵敏度 | $S_t$ | — |
| 14 | 压缩系数 | $a_v$ | $m^2/kN$ |
| | 体积压缩系数 | $m_v$ | $m^2/MN$ |
| | 固结系数 | $c_v$ | $m^2/a$ |
| | 次压缩指数 | $C_{sec}$ | — |
| | 压缩指数 | $C_c$ | — |
| | 膨胀指数 | $C_s$ | — |

**杂项符号**　　**表 B5**

| 测定量 | 符号 | 测量单位 |
| --- | --- | --- |
| 长度 | $L,l$ | mm |
| 直径 | $D$ | mm |
| 高度,厚度 | $H$ | mm |

续表

| 测定量 | 符号 | 测量单位 |
| --- | --- | --- |
| 横截面积 | $A,a$ | m |
| 体积(固体) | $V$ | $cm^3$ |
| 体积(液体) | $Q$ | mL |
| 质量 | $m$ | g |
| 时间 | $t$ | min |
| 温度 | $T$ | ℃ |
| 流体的流速 | $q$ | mL/min |
| 水头 | $h$ | mm |
| 水头差 | $\Delta h$ | mm |
| 基准面之上的高度 | $y$ | mm |
| 水力梯度 | $i$ | — |
| 临界水力梯度 | $i_c$ | — |
| 流速 | $v$ | mm/s |
| 压力 | $p$ | $kN/m^2$(kPa) |
| 压力差或压力变化 | $\Delta p$ | $kN/m^2$(kPa) |
| 测力环因子 | $C_R$ | N/division |
| 力 | $P,F$ | N |
| 剪力 | $S$ | N |
| 重力 | $W$ | N |
| 法向应力 | $\sigma,\sigma_n$ | $kN/m^2$(kPa) |
| 最大主应力和最小主应力 | $\sigma_1,\sigma_3$ | $kN/m^2$(kPa) |
| 有效应力 | $\sigma'$ | $kN/m^2$(kPa) |
| 剪应力 | $\tau,S$ | $kN/m^2$(kPa) |
| 破坏剪应力 | $\tau_f$ | $kN/m^2$(kPa) |
| 应变 | $\varepsilon$ | % |
| 破坏应变 | $\varepsilon_f$ | % |
| 剪应变 | $\gamma$ | 弧度 |
| 扭力 | $T,T_r$ | N/mm |
| 孔隙水压力 | $u$ | $kN/m^2$ |
| 主固结度 | $U$ | % |
| 初始压缩率 | $r_o$ | — |
| 主固结率 | $r_p$ | — |
| 次固结率 | $r_s$ | — |
| 时间因数 | $T_v$ | — |
| 排水路径长度 | $H$ | mm |
| 无穷 | $\infty$ | — |

**希腊字母　　表 B6**

| 大写字母 | 小写字母 | 名称 | 大写字母 | 小写字母 | 名称 |
|---|---|---|---|---|---|
| Α | $\alpha$ | alpha | Ν | $\nu$ | nu |
| Β | $\beta$ | beta | Ξ | $\zeta$ | xi |
| Γ | $\gamma$ | gamma | Ο | $o$ | omicron |
| Δ | $\delta$ | delta | Π | $\pi$ | pi |
| Ε | $\varepsilon$ | epsilon | Ρ | $\rho$ | rho |
| Ζ | $\zeta$ | zeta | Σ | $\sigma$ | sigma |
| Η | $\eta$ | eta | Τ | $\tau$ | tau |
| Θ | $\vartheta$ | theta | Υ | $u$ | upsilon |
| Ι | $\iota$ | iota | Φ | $\phi$ | phi |
| Κ | $\kappa$ | kappa | Χ | $\chi$ | chi |
| Λ | $\lambda$ | lambda | Ψ | $\psi$ | psi |
| Μ | $\mu$ | mu | Ω | $\omega$ | omega |

## B3 参考数据

表 B7 给出了第 1 卷和第 2 卷（面积、体积、近似质量）中涉及的标准试样的相关数据。表 B8 给出了一些可供快速参考的有用数据。表格最后一栏中引用的近似质量基于 2.1Mg/m$^3$ 的体积密度。

**试样尺寸、面积、体积、质量　　表 B7**

| 土样类型 | 直径 | | 高度 | | 面积 | 体积 | 近似质量 |
|---|---|---|---|---|---|---|---|
| | (in) | (mm) | (mm) | (in) | (mm$^2$) | (cm$^3$) | |
| 常水头渗透 | | 75 | 180 | | 4418 | 795.2 | 1.67kg |
| | 3 | | | 7 | 4560 | 810.8 | 1.70kg |
| | | 114 | 350 | | 10207 | 3572 | 7.50kg |
| 变水头渗透 | | 100 | 130 | | 7854 | 1021 | 2.14kg |
| | 4 | | | 5 | 8107 | 1030 | 2.16kg |
| 带环压实模具(BS) | | 105 | 115.5 | | 8659 | 1000 | 2.10kg |
| | | 105 | 165.5 | | 8659 | 1433 | 3.01kg |
| 带环压实模具(ASTM) | 4 | | | 4.584 | 8107 | 944 | 1.98kg |
| | 4 | | | 6.584 | 8107 | 1356 | 2.85kg |
| 土的承载比试验模具(BS) | | 152 | 127 | | 18146 | 2305 | 4.84kg |
| | | 152 | 177 | | 18146 | 3212 | 6.74kg |

续表

| 土样类型 | 直径 | | 高度 | | 面积 | 体积 | 近似质量 |
|---|---|---|---|---|---|---|---|
| | (in) | (mm) | (mm) | (in) | ($mm^2$) | ($cm^3$) | |
| 土的承载比试验模具(ASTM) | 6 | | | 7 | 18243 | 3244 | 6.81kg |
| | 6 | | | 9 | 18243 | 4170 | 8.76kg |
| | 6 | | | 4.584 | 18243 | 2124 | 4.46kg |
| 单轴压缩和三轴压缩 | | 35 | 70 | | 962.1 | 67.35 | 141g |
| | 1.4 | | | 2.8 | 993.2 | 70.64 | 148g |
| | | 38 | 76 | | 1134 | 86.19 | 181g |
| | 1.5 | | | 3 | 1140 | 86.88 | 182g |
| | | 50 | 100 | | 1963 | 196.3 | 412g |
| | 2 | | | 4 | 2027 | 205.9 | 432g |
| | | 70 | 140 | | 3848 | 538.8 | 1.13kg |
| | 2.8 | | | 5.6 | 3973 | 565.1 | 1.19kg |
| | | 100 | 200 | | 7854 | 1571 | 3.30kg |
| | 4 | | | 8 | 8107 | 1647 | 3.46kg |
| | | 105 | 210 | | 8659 | 1818 | 3.82kg |
| | | 150 | 300 | | 17671 | 5301 | 11.1kg |
| | 6 | | | 12 | 18241 | 5560 | 11.7kg |
| 固结仪固结 | | 50 | 20 | | 1963 | 39.27 | 83g |
| | | 50.5 | 20 | | 2003 | 40.06 | 84g |
| | 2.5 | | | 0.75 | 3167 | 60.33 | 127g |
| | | 70 | 20 | | 3848 | 76.97 | 162g |
| | | 71.4 | 20 | | 4004 | 80.08 | 168g |
| | | 75 | 20 | | 4418 | 88.36 | 186g |
| | 3 | | | 0.75 | 4560 | 86.87 | 182g |
| | | 100 | 20 | | 7854 | 157.1 | 330g |
| | | 112 | 20 | | 9852 | 197 | 414g |
| 剪力盒 | | 60 | 20 | | 3600 | 72 | 151g |
| | | 60 | (19.05) | 0.75 | 3600 | 68.58 | 144g |
| | | 60 | (25.4) | 1 | 3600 | 91.44 | 192g |
| | 2.5 | | | 0.75 | 4032 | 76.81 | 161g |
| | | 100 | 20 | | 10000 | 200 | 420g |
| | 4 | | | 1 | 10322 | 262.2 | 551g |
| | | 150 | 75 | | 22500 | 1688 | 3.54kg |
| | 6 | | | 3 | 23226 | 1770 | 3.72kg |
| | | 300 | 150 | | 90000 | 13500 | 28.4kg |
| | 12 | | | 6 | 92909 | 14159 | 29.7kg |

有用的数据　　表 B8

| | | |
|---|---|---|
| 时间 | 1天 | =1440min |
| | 1周 | =10080min |
| | 1个月(平均) | =43920min |
| | 1年 | =525960min<br>=31.56×10⁶s |
| 密度(20℃) | 纯水 | 0.99820g/cm³ |
| | 海水 | 1.04g/cm³ |
| | 水银 | 13.546g/cm³ |
| 流体压力 | 1kN/m²=1kPa | =102mm 的水 |
| | 1m 的水 | =9.807kN/m²(kPa) |
| 通用 | 圆的周长比直径 | π=3.142 |
| | 自然对数的底数 | e=2.718 |
| | 地面重力引起的标准加速度 | g=9.807m/s² |

## 补充读物


Anderton, P. and Bigg, P. H. (1972) *Changing to the Metric System*. National Physical-Laboratory, HMSO, London

British Geotechnical Society Sub-committee on the Use of SI units in Geotechnics (1973) Report of the sub-committee. News Item, *Géotechnique*, Vol. 23, No. 4, pp. 607-610

Bureau International des Poids et Mesures (BIPM) (2006) *The International System of Units (SI)*. BIPM, Sèvres, France

International Society of Soil Mechanics and Foundations Engineering (1968) *Technical-Terms, Symbols and Defnitions (eight languages)*, (fourth edition). Société suisse demécanique des sols et des travaux de fondations, Zürich

Metrication Board (1976) *Going Metric: The International Metric System*. Leaflet UM1, 'An outline for technology and engineering'. Metrication Board, London

Metrication Board (1977) *How to Write Metric: A Style Guide for Teaching and Using SI Units*. HMSO, London

Page, C. H. and Vigoureux, P. (1977) *The International System of Units (approved translation of Le Systeme International des Unités*, Paris, 1977). National Physical Laboratory, HMSO, London

Walley, F. (1968) 'Metrication' (Technical Note). *Proc. Inst. Civ. Eng.*, Vol. 40, May 1968. Discussion includes contribution by Head, K. H., Vol. 41, December 1968

# 索　　引

# 索引